布尔函数与 e-导数及其在密码学中的应用

王 卓 黄景廉 著

科学出版社

北 京

内 容 简 介

　　本书主要内容有：布尔函数的e-导数的概念和性质、布尔导数的概念和性质、方程和布尔积分的概念和解法，e-导数和导数在解布尔微分方程中的应用，e-导数和导数在解布尔方程和布尔方程组中的应用，e-导数在逻辑电路检测中的应用，向量布尔函数与偏导数、偏e-导数，e-导数和导数在函数2-分解中的应用，e-导数和导数的谱性质，布尔函数最低代数次数零化子与e-导数、导数的关系，利用e-导数和导数构造最优代数免疫函数，通过解微分方程求最低代数次数零化子，代数免疫性与非线性度的线性函数关系，Bent函数的2-分解性，变量的P变换与Bent函数的不变性，$2n$元最优代数免疫Bent函数的构造，变量的P变换与代数免疫阶的不变性，e-导数和导数与平衡H布尔函数的最高相关免疫阶，H布尔函数相关免疫阶的e-导数和导数判定公式，平衡H布尔函数的最大相关度和最小相关度的e-导数、导数求解，2-分解H布尔函数的代数免疫性，2次齐次完全旋转对称布尔函数的矩阵和相关免疫性，偶数元和奇数元2次齐次完全旋转对称布尔函数的重量与非线性度的不同关系及高次非线性度，偶数元和奇数元的一类2次齐次旋转对称布尔函数的重量与非线性度的关系与高次非线性度，内容中的很多问题都是用传统方法难以解决的重要问题，但通过e-导数、导数推演方法就能够顺利解决.

　　本书适合高等院校相关专业本科生、研究生用作教材或参考书，也适合高等院校有关专业教师、社会各界相关专业科研人员和科技工作者作参考书籍.

图书在版编目(CIP)数据

布尔函数与e-导数及其在密码学中的应用/ 王卓，黄景廉 著. —北京：科学出版社，2019.11

ISBN 978-7-03-062797-1

Ⅰ.①布… Ⅱ.①王…②黄… Ⅲ.①布尔函数—应用—密码学—研究②导数—应用—密码学—研究 Ⅳ.① TN918.1

中国版本图书馆CIP数据核字（2019）第240285号

责任编辑：李　欣　李香叶 / 责任校对：彭珍珍
责任印制：吴兆东 / 封面设计：陈　敬

斜 学 出 版 社 出版

北京东黄城根北街 16 号
邮政编码：100717
http://www.sciencep.com

北京中石油彩色印刷有限责任公司 印刷
科学出版社发行　各地新华书店经销

*

2019 年 11 月第　一　版　开本：720×1000 1/16
2019 年 11 月第一次印刷　印张：32 1/2
字数：650 000

定价：198.00 元
（如有印装质量问题，我社负责调换）

前　　言

在布尔函数的理论和应用中, 从来都只有并不为人熟知的布尔函数的导数 (或称布尔差分) 的概念. 布尔函数密码安全性质研究中也几乎没有用到布尔导数. 但我们在研究布尔函数密码安全性质时发现, 布尔函数密码安全性质依赖于布尔函数自身的结构, 自然与布尔导数有一定的关联. 不过, 导数只能反映布尔函数的部分结构, 而不能反映布尔函数的另一部分结构, 这应该是导数不能在布尔函数密码安全性质研究中发挥作用并得到应用的根本原因, 也是导数在布尔函数理论和其他领域的应用中都得不到发展的原因. 我们定义了 e-导数来反映布尔函数的另一部分结构, 将 e-导数和导数结合以完整反映布尔函数的整体结构, 便能用于研究工作. e-导数的计算与差分的计算差异很大, 所以是不能称为 e-差分的, 只能称为 e-导数, 相应地, 也不可将导数称为差分, 只能因为 e-导数而使用导数这个名称.

我们将 e-导数和导数结合, 用来研究布尔函数的密码安全性质, 取得了很好的系列性成果. 将 e-导数和导数结合, 用到逻辑线路检测、布尔方程、布尔微分方程、布尔函数 2-分解等领域, 也得到很多有意义的成果. 将这些系列研究成果整理出来, 与 e-导数、导数研究方法一起, 汇集成本书.

e-导数的定义, 源自对布尔函数密码安全性质的研究, 自然, 本书就以布尔函数密码安全性质研究内容为主, 以布尔积分、布尔微分方程、布尔方程、逻辑线路检测、布尔函数 2-分解等领域的研究内容为辅写成. 通过导数、e-导数以求得布尔函数很多难以求得的密码安全性质, 这与实数域上连续函数微分方程稳定性理论和定性分析理论的分析很相似, 而布尔函数密码安全性质中的很多性质, 其实也是布尔函数理论中函数应该具有的性质, 如重量、代数次数、旋转对称、齐次函数、平衡性、与线性函数的关系、与布尔微分方程的关系等. 所以, 本书的内容, 大多既有实践的品格, 又有理论的品格, 而 e-导数和导数本身, 自然也既有实践的品格, 又有理论的品格.

全书共 11 章, 一个附录. 第 1 章布尔函数基本知识, 主要是要为后面 2-分解的例题服务, 第 2 章导数、e-导数的概念和性质, 既补充布尔函数理论中的不足, 又为后面各章提供工具, 其余 9 章对各研究领域中未解决的重要问题, 利用导数、e-导数给予解决, 如布尔方程的导数、e-导数求解算法, 解决了布尔方程难求解的问题; 又如布尔函数最低代数次数零化子的解微分方程的求解算法, 解决了迄今尚无求最低代数次数零化子的通用方法的问题; 又如用求导数和 e-导数的方法, 解决了 2 次齐次的完全旋转对称、旋转对称布尔函数中偶数元和奇数元函数各自的重量与非线性度相等和不相等两种关系的问题, 并求得接近布尔函数非线性度最大值的非线性度等. 更多的这一类内容读者自会从书中看到, 这里不再一一赘述.

本书得到国家自然科学基金 (项目编号: 61262085) 资助, 谨表示感谢!

本书难免存在疏漏或不足之处, 切盼方家批评指正.

王 卓 黄景廉

2018 年 11 月

目　　录

第一篇　布尔函数的导数、e-导数基础

第二篇　导数、e-导数与布尔函数的密码安全性质

第一篇 布尔函数的导数、e-导数基础

$GF(2)$ 上的布尔函数在密码设计和安全性研究中有重要作用. 由布尔函数密码安全性质研究的需要, 产生了布尔函数的 e-导数这一数学概念. 将 e-导数和布尔函数基础理论中原来已有的导数一起作为研究工具, 对布尔函数密码安全性质的研究能起到有益的作用. 随着 e-导数这一新概念的产生, 自然也产生了一些和 e-导数有关的布尔函数基础理论和应用的相关知识, 如含 e-导数的布尔微分方程及其解法、逻辑电路 e-导数误差检测方法、e-导数和 2-分解等. 布尔函数的 e-导数和伴随它而产生的一些新的知识, 对布尔函数密码安全性质的研究是有用的, 在逻辑电路误差检测中是必须具备的, 在布尔函数的一些应用, 如解布尔方程中是需要的. 同时, 布尔函数的 e-导数及其新知识, 也充实了布尔函数基础理论的内容. 本篇将介绍 e-导数、导数及与之相关的布尔函数基本理论知识.

第 1 章   布 尔 函 数

1.1 $GF(2)$ 上的布尔函数

布尔函数是布尔代数 $\langle S, \oplus, \otimes, -, 0, 1 \rangle$ 上的常量、变量由运算 "$\oplus$"(或运算)、"$\otimes$"(与运算)、"$-$"(非运算) 连接起来的布尔表达式. 布尔代数上的运算 "$\oplus$" "$\otimes$" "$-$" 和 $GF(2)$ 上的运算 "$+$" "$\cdot$" 有如下关系:

$$x_1 \otimes x_2 = x_1 \cdot x_2 \text{ (在不会引起混淆的情况下, } x_1 \cdot x_2 \text{ 可写为 } x_1 x_2), \quad (1.1.1)$$

$$x_1 \oplus x_2 = x_1 + x_2 + x_1 x_2, \quad (1.1.2)$$

$$\overline{x}_1 = 1 + x_1. \quad (1.1.3)$$

由于有 $\overline{x}_1 = 1 + x_2$ 这样的运算关系, 所以在 $GF(2)$ 上的布尔函数的运算中, 有时为方便表示, 也可以使用 "$\overline{x}_1$" 这样的非运算表示.

布尔函数是布尔代数中的布尔表达式, 而布尔代数中的运算 "$\oplus$" "$\otimes$" "$-$", 可以用 $GF(2)$ 上的表达式 (1.1.1)、(1.1.2)、(1.1.3) 表示, 所以可在 $GF(2)$ 上定义布尔函数.

布尔代数中, 常用基于数学归纳法的定义方法来定义函数. 方法是: 先规定某些初始项, 然后给出从已知的值求后续值的规则. 这样的定义称为递归定义或归纳定义. 定义 1.1.1 给出递归定义的具体描述.

定义 1.1.1   令 $R: N \times D \to D$, 对 $n \in N, c \in D$, 若 $f: N \to D$ 满足:

(1) $f(0) = c$;

(2) $f(n + 1) = R(n, f(n))(n \geqslant 0)$,

则称 f 是由 (1), (2) 规则定义的函数. 称 (1) 为定义的基础步, (2) 步为递归 (或归纳) 步.

有了递归定义的概念, 现在可以用递归定义方法来定义 $GF(2)$ 上的布尔函数.

定义 1.1.2   令 $x_1, x_2, \cdots, x_n$ 是 $GF(2)$ 上的布尔变量, c 是 $GF(2)$ 上的布尔常量. 映射 $f(x_1, x_2, \cdots, x_n): GF(2)^n \to GF(2)$ 若按下述递归定义构成, 则为 $GF(2)$ 上的布尔函数:

1. (基础步):

$f(x_1, x_2, \cdots, x_n) = c$ 是布尔函数, 称为常函数; $f(x_1, x_2, \cdots, x_n) = x_i (i = 1, 2, \cdots, n)$ 是布尔函数, 称为投影函数.

2. (归纳步):

若 $f(x_1, x_2, \cdots, x_n)$ 是布尔函数, 则 $1 + f(x_1, x_2, \cdots, x_n)$ (也可以记为补的形式 $\overline{f(x_1, x_2, \cdots, x_n)}$) 也是布尔函数; 若 $f_1(x_1, x_2, \cdots, x_n)$ 和 $f_2(x_1, x_2, \cdots, x_n)$ 是布尔函数, 则 $f_1(x_1, x_2, \cdots, x_n) + f_2(x_1, x_2, \cdots, x_n)$ 和 $f_1(x_1, x_2, \cdots, x_n) \cdot f_2(x_1, x_2, \cdots, x_n)$ 也都是布尔函数.

对 $GF(2)$ 上的 n 维布尔函数 f, 自然也可以记为 $f \in GF(2)^{GF(2)^n}$. 为方便起见, 也常将 $(x_1, x_2, \cdots, x_n)$ 记为 x, 将 $f(x_1, x_2, \cdots, x_n)$ 记为 $f(x)$.

本书描述和讨论的函数, 都是 $GF(2)$ 上的函数. 所讨论的 e-导数、导数等, 都是对 $GF(2)$ 上的布尔函数的 e-导数、导数等进行的, 所以运用的运算 "$+$" "$\cdot$", 自然是 $GF(2)$ 上的运算. 但书中也常常会碰到实数域上的 "$+$" "$\cdot$" 运算, 如常常要对布尔函数的汉明 (Hamming) 重量这一实数值进行运算. 由于对 $GF(2)$ 上布尔函数的运算和在实数域上的运算, 运算对象和运算意义完全不同, 对这两种运算的相同运算符的不同意义容易区分. 因此, 书中将不加说明地对两种运算的相应 "加" "乘" 运算一律使用相同的运算符 "$+$" "$\cdot$".

1.2　布尔函数的表示

$GF(2)$ 上的布尔函数有多种不同的表示方式. 在布尔函数的理论分析和应用上, 不同的表示方式有各自的使用方便之处和优点. 本节先介绍真值表 (表示)、小项 (表示)、多项式 (表示) 等最基本的表示方式.

1.2.1　真值表 (表示)

在 $GF(2)$ 上的布尔函数 $f(x)$, $\mathrm{dom}(f) = GF(2)^n$ 和 $\mathrm{ran}(f) = GF(2)$ 都是有限集, 因而可以用列表法表示.

将 $GF(2)^n$ 上的向量 $(x_1, x_2, \cdots, x_n)$ 看成 n 位的二进制数, 按从小到大的顺序排列, 并相应地与 $0 \sim 2^n - 1$ 这 2^n 个整数一一对应转换, 则依次表示出函数值 $f(0), f(1), f(2), \cdots, f(2^n - 1)$. 将这些函数值依次作为 2^n 维向量的 2^n 个分量, 所得向量

$$(f(0), f(1), f(2), \cdots, f(2^n - 1))^{\mathrm{T}} \tag{1.2.1}$$

称为 $f(x)$ 的真值 (表), 记为 $\vec{f}$. 将 $\vec{f}$ 列成表, 即得真值表. 对分量取布尔值 $0, 1$ 的布尔向量 α, 称 α 中分量 "1" 的个数为 α 的 Hamming 重量 (简称重量), 记为 $w_t(\alpha)$. 将布尔向量 $\vec{f}$ 的 Hamming 重量称为布尔函数 $f(x)$ 的 Hamming 重量 (简称重量), 记为 $w_t(f(x))$ 或 $w_t(f)$. 所以也有 $w_t(f(x)) = |\{x \,|\, x \in GF(2)^n, f(x) = 1\}|$.

若 $w_t(f(x)) = 2^{n-1}$, 则称 $f(x)$ 是平衡布尔函数.

有了布尔函数的真值表, 就一定能得出布尔函数的解析表达式. 该表达式对研究、分析布尔函数的性质是重要的.

1.2.2 小项 (表示)

对 $x_i, c_i \in GF(2)(i = 1, 2, \cdots, n)$, 规定

$$x_i^1 = x_i, \quad x_i^0 = 1 + x_i.$$

于是

$$x_i^{c_i} = \begin{cases} 1, & x_i = c_i, \\ 0, & x_i \neq c_i. \end{cases}$$

对 $x = (x_1, x_2, \cdots, x_n) \in GF(2)^n$ 和 $c = (c_1, c_2, \cdots, c_n) \in GF(2)^n$, 定义

$$x_i^c = \prod_{i=1}^n x_i^{c_i} = \begin{cases} 1, & x = c, \\ 0, & x \neq c. \end{cases}$$

于是

$$f(x) = \sum_{c=0}^{2^n-1} f(c)x^c, \tag{1.2.2}$$

称布尔表达式 x^c 为小项, (1.2.2) 式为 $f(x)$ 的小项表示. (1.2.2) 式中的符号 "$\sum$" 表示 $GF(2)$ 上的 "和". 要说明的是, 书中以后要用到实数域上的连和时, 也仍用符号 "$\sum$" 来表示. 二者是容易区分的.

1.2.3 多项式 (表示)

由 $x_i^1 = x_i, x_i^0 = 1 + x_i$, 在 (1.2.2) 式中以 x_i 代 x_i^1, $1 + x_i$ 代 x_i^0, 则 $f(x)$ 可展开得到 $GF(2)^n$ 上的多项式

$$\begin{aligned} f(x) &= a_0 + a_1 x_1 + a_2 x_2 + \cdots + a_n x_n + a_{12} x_1 x_2 + \cdots \\ &\quad + a_{n-1,n} x_{n-1} x_n + \cdots + a_{12\ldots n} x_1 x_2 \cdots x_n \\ &= a_0 + \sum_{k=1}^n \sum_{1 \leqslant i_1 < i_2 < \cdots < i_k \leqslant n} a_{i_1 i_2 \ldots i_k} x_{i_1} x_{i_2} \cdots x_{i_k}, \end{aligned} \tag{1.2.3}$$

(1.2.3) 式称为 $f(x)$ 的代数标准形或正规形.

从 $f(x)$ 的代数标准形 (1.2.3) 式和 $f(x)$ 的小项表示 (1.2.2) 式可以看出, 从 $f(x)$ 的小项表示 (1.2.2) 式转化为 $f(x)$ 的代数标准形, 可以用以下可编程的算法实现.

令 $f_0 = f(0, 0, \cdots, 0)$, $f_{i_1 i_2 \cdots i_k} = f(0, \cdots, \underset{\underset{i_1 位}{\downarrow}}{1}, \cdots, \underset{\underset{i_k 位}{\downarrow}}{1}, \cdots, 0)$.

(1) 令 $a_0 \leftarrow f_0$;

(2) 令 $k \leftarrow 1$;

(3) 对所有 $1 \leqslant i_1 < i_2 < \cdots < i_k \leqslant n$, 令

$$a_{i_1 i_2 \cdots i_k} \leftarrow f_0 + \sum_{l=1}^{k} \sum_{1 \leqslant j_1 < j_2 < \cdots < j_l \leqslant k} f_{i_{j_1}} x_{i_{j_2}} \cdots x_{i_{j_l}};$$

(4) 若 $k = n \to \Omega$;

(5) 令 $k \leftarrow k + 1$, 转 (3).

由已知的 (1.2.2) 式按算法求出 (1.2.3) 式的所有系数 $a_0, a_1, a_2, \cdots, a_{12\cdots n}$, 便得到代数标准形 (1.2.3). 自然, 这个算法可以用归纳法来证明, 这里不再赘述.

根据代数标准形 (1.2.3), 定义布尔函数的代数次数为 $\max\{k \,|\, a_{i_1 i_2 \cdots i_k} \neq 0\}$, 记为 $\deg(f)$. 若 $f(x) = c$ (常数), 则定义 $\deg(f) = 0$. 若 $\deg(f) = 1$, 则称 $f(x)$ 为仿射函数. 当 $a_0 = 0$, $\deg(f) = 1$ 时, 称 $f(x)$ 为线性函数. 也常常不严格区分地将仿射函数称为线性函数. 当 $\deg(f) \geqslant 2$ 时, 称 $f(x)$ 为非线性函数.

1.3   布尔函数的距离和重量

在 1.2.1 节中已定义了布尔函数的重量. 对两个布尔函数 $f(x) = f(x_1, x_2, \cdots, x_n)$ 和 $g(x) = g(x_1, x_2, \cdots, x_n)$, 记 $f(x)$ 和 $g(x)$ 的距离为 $d(f, g)$, 并定义为

$$d(f, g) = w_t(f(x) + g(x)). \tag{1.3.1}$$

两个函数 $f(x)$, $g(x)$ 之和的重量有关系:

$$w_t(f(x) + g(x)) = w_t(f(x)) + w_t(g(x)) - 2w_t(f(x)g(x)). \tag{1.3.2}$$

用归纳法可以证明, 任意 m 个函数 $f_1(x)$, $f_2(x)$, $\cdots$, $f_m(x)$ 的和的重量有关系:

$$w_t\left(\sum_{i=1}^{m} f_i(x)\right) = \sum_{k=1}^{m} \sum_{1 \leqslant i_1 < i_2 < \cdots < i_k \leqslant m} (-2)^{k-1} w_t(f_{i_1} f_{i_2} \cdots f_{i_k}). \tag{1.3.3}$$

n 维布尔向量 $\omega = (\omega_1, \omega_2, \cdots, \omega_n) \in GF(2)^n$, 有如下性质.

定理 1.3.1 对 n 维布尔向量 $\omega = (\omega_1, \omega_2, \cdots, \omega_n) \in GF(2)^n$, 有

$$\sum_{x \in GF(2)^n} (-1)^{\sum\limits_{i=1}^{n} \omega_i x_i} = \begin{cases} 2^n, & \omega = 0, \\ 0, & \omega \neq 0 \end{cases} \quad (\text{其中 } x = (x_1, x_2, \cdots, x_n) \in GF(2)^n).$$

定理 1.3.1 是易证的. 因为 $\omega \neq 0$ 时, $x \in GF(2)^n$ 共取 2^n 个值, 故 $\sum\limits_{i=1}^{n} \omega_i x_i = 0$ 和 $\sum\limits_{i=1}^{n} \omega_i x_i = 1$ 各有 2^{n-1} 个, 故性质成立. 而 $\omega = 0$ 时, 是显然的.

对 $GF(2)$ 上的两个布尔函数 $f(x)$, $g(x)$ 的和, 还有如下的定理.

定理 1.3.2 对 $f(x) = f(x_1, x_2, \cdots, x_n) \in GF(2)^{GF(2)^n}$, $g(x) = g(x_1, x_2, \cdots, x_n) \in GF(2)^{GF(2)^n}$, 有

(1) $f(x) + g(x) = f(x)\overline{g(x)} + \overline{f(x)}g(x);$ \hfill (1.3.4)

(2) $w_t(f(x) + g(x)) = w_t(f(x)\overline{g(x)}) + w_t(\overline{f(x)}g(x)).$ \hfill (1.3.5)

分 $f(x) = g(x)$ 和 $f(x) \neq g(x)$ 两种情况来讨论, 则 (1.3.4) 式显然成立. 由 (1.3.4) 式和 (1.3.2) 式, 显然 (1.3.5) 式也成立.

第 2 章　布尔函数的导数和 e-导数

2.1　布尔函数的导数

2.1.1　布尔函数对单个变元的导数

布尔函数对单个变元的导数和布尔函数对 2 个以上变元的导数, 可以按对多个变元的导数一起给出定义. 但因实际使用时各有用途, 这里分开定义. 首先定义布尔函数对单个变元的导数.

定义 2.1.1　设 $f \in GF(2)^{GF(2)^n}$.

(1) $f(x) = f(x_1, x_2, \cdots, x_n)$ 关于任意变元 x_i 的导数定义为

$$\frac{df(x)}{dx_i} = f(x_1, x_2, \cdots, x_{i-1}, x_i, x_{i+1}, \cdots, x_n)$$
$$+ f(x_1, x_2, \cdots, x_{i-1}, \overline{x_i}, x_{i+1}, \cdots, x_n) \quad (i = 1, 2, \cdots, n), \qquad (2.1.1)$$

$\dfrac{df(x)}{dx_i}$ 称为 $f(x)$ 关于 $x_i (i = 1, 2, \cdots, n)$ 的导数.

为书写方便, (2.1.1) 式可写为 $df(x)/dx_i$. 但为清晰起见, 还是以正规书写方式 $\dfrac{df(x)}{dx_i}$ 为好.

(2) $f(x_1, x_2, \cdots, x_n)$ 关于 $x_{i_1}, x_{i_2}, \cdots, x_{i_k}$ 的高阶布尔导数定义为

$$\frac{d^k f(x)}{dx_{i_1} dx_{i_2} \cdots dx_{i_k}} = \frac{d}{dx_{i_1}} \left(\frac{d}{dx_{i_2}} \left(\cdots \left(\frac{df(x)}{dx_{i_k}} \right) \right) \right)$$
$$(i_1, i_2, \cdots, i_k \in \{1, 2, \cdots, n\}, i_1 \neq i_2 \neq \cdots \neq i_k). \qquad (2.1.2)$$

下面讨论 $f(x_1, x_2, \cdots, x_n)$ 的导数的性质.

性质 1　$\dfrac{dc}{dx_i} = 0 (c = \text{const}).$

性质 2　当 $f(x)$ 的最高次项含有变元 x_i 时, 有

$$\deg \left(\frac{df(x)}{dx_i} \right) = \deg(f(x)) - 1.$$

这一性质由导数的定义即可证明, 或由 (2.1.10) 式, 可看出显然成立.

性质 3　$\dfrac{dx_i}{dx_i} = 1.$

性质 4 $\dfrac{d(cf(x))}{dx_i} = c\dfrac{d(f(x))}{dx_i}$ $(c = \mathrm{const})$.

性质 5 $\dfrac{\overline{df(x)}}{dx_i} = \dfrac{df(x)}{dx_i}$.

证明

$$\dfrac{\overline{df(x)}}{dx_i} = \overline{f(x_1, x_2, \cdots, x_{i-1}, x_i, x_{i+1}, \cdots, x_n)} + \overline{f(x_1, x_2, \cdots, x_{i-1}, \overline{x_i}, x_{i+1}, \cdots, x_n)}$$

$$= (1 + f(x_1, x_2, \cdots, x_{i-1}, x_i, x_{i+1}, \cdots, x_n))$$

$$+ (1 + f(x_1, x_2, \cdots, x_{i-1}, \overline{x_i}, x_{i+1}, \cdots, x_n))$$

$$= \dfrac{df(x)}{dx_i}.$$

性质 6 $\dfrac{d\overline{x_i}}{dx_i} = 1$.

性质 7 $\dfrac{dx_i}{d\overline{x_i}} = 1$.

利用性质 5, 有 $\dfrac{dx_i}{d\overline{x_i}} = \dfrac{d\overline{x_i}}{d\overline{x_i}} = 1$.

性质 8 $\dfrac{d}{dx_i}\left(\dfrac{df(x)}{dx_j}\right) = \dfrac{d}{dx_j}\left(\dfrac{df(x)}{dx_i}\right)$, 即 $\dfrac{d^2 f(x)}{dx_i dx_j} = \dfrac{d^2 f(x)}{dx_j dx_i}$.

性质 8 按导数的定义直接展开计算即可证明.

性质 9 $\dfrac{d(f(x)g(x))}{dx_i} = f(x)\dfrac{dg(x)}{dx_i} + g(x)\dfrac{df(x)}{dx_i} + \dfrac{df(x)}{dx_i}\dfrac{dg(x)}{dx_i}$.

证明

$$\dfrac{d(f(x)g(x))}{dx_i}$$

$$= f(x_1, x_2, \cdots, x_{i-1}, x_i, x_{i+1}, \cdots, x_n)g(x_1, x_2, \cdots, x_{i-1}, x_i, x_{i+1}, \cdots, x_n)$$

$$+ f(x_1, x_2, \cdots, x_{i-1}, \overline{x_i}, x_{i+1}, \cdots, x_n)g(x_1, x_2, \cdots, x_{i-1}, \overline{x_i}, x_{i+1}, \cdots, x_n)$$

$$= f(x_1, x_2, \cdots, x_{i-1}, \overline{x_i}, x_{i+1}, \cdots, x_n)g(x_1, x_2, \cdots, x_{i-1}, x_i, x_{i+1}, \cdots, x_n)$$

$$+ f(x_1, x_2, \cdots, x_{i-1}, \overline{x_i}, x_{i+1}, \cdots, x_n)g(x_1, x_2, \cdots, x_{i-1}, \overline{x_i}, x_{i+1}, \cdots, x_n)$$

$$+ g(x_1, x_2, \cdots, x_{i-1}, x_i, x_{i+1}, \cdots, x_n)f(x_1, x_2, \cdots, x_{i-1}, x_i, x_{i+1}, \cdots, x_n)$$

$$+ g(x_1, x_2, \cdots, x_{i-1}, x_i, x_{i+1}, \cdots, x_n)f(x_1, x_2, \cdots, x_{i-1}, \overline{x_i}, x_{i+1}, \cdots, x_n)$$

$$= f(x_1,x_2,\cdots,x_{i-1},\overline{x_i},x_{i+1},\cdots,x_n)[g(x_1,x_2,\cdots,x_{i-1},x_i,x_{i+1},\cdots,x_n)$$
$$+ g(x_1,x_2,\cdots,x_{i-1},\overline{x_i},x_{i+1},\cdots,x_n)] + g(x_1,x_2,\cdots,x_{i-1},x_i,x_{i+1},\cdots,x_n)$$
$$\cdot [f(x_1,x_2,\cdots,x_{i-1},x_i,x_{i+1},\cdots,x_n) + f(x_1,x_2,\cdots,x_{i-1},\overline{x_i},x_{i+1},\cdots,x_n)]$$
$$= [f(x_1,x_2,\cdots,x_{i-1},x_i,x_{i+1},\cdots,x_n) + f(x_1,x_2,\cdots,x_{i-1},x_i,x_{i+1},\cdots,x_n)$$
$$+ f(x_1,x_2,\cdots,x_{i-1},\overline{x_i},x_{i+1},\cdots,x_n)][g(x_1,x_2,\cdots,x_{i-1},x_i,x_{i+1},\cdots,x_n)$$
$$+ g(x_1,x_2,\cdots,x_{i-1},\overline{x_i},x_{i+1},\cdots,x_n)] + g(x_1,x_2,\cdots,x_{i-1},x_i,x_{i+1},\cdots,x_n)$$
$$\cdot [f(x_1,x_2,\cdots,x_{i-1},x_i,x_{i+1},\cdots,x_n) + f(x_1,x_2,\cdots,x_{i-1},\overline{x_i},x_{i+1},\cdots,x_n)]$$
$$= f(x_1,x_2,\cdots,x_{i-1},x_i,x_{i+1},\cdots,x_n)[g(x_1,x_2,\cdots,x_{i-1},x_i,x_{i+1},\cdots,x_n)$$
$$+ g(x_1,x_2,\cdots,x_{i-1},\overline{x_i},x_{i+1},\cdots,x_n)] + [g(x_1,x_2,\cdots,x_{i-1},x_i,x_{i+1},\cdots,x_n)$$
$$+ f(x_1,x_2,\cdots,x_{i-1},\overline{x_i},x_{i+1},\cdots,x_n)][g(x_1,x_2,\cdots,x_{i-1},x_i,x_{i+1},\cdots,x_n)$$
$$+ g(x_1,x_2,\cdots,x_{i-1},\overline{x_i},x_{i+1},\cdots,x_n)] + g(x_1,x_2,\cdots,x_{i-1},x_i,x_{i+1},\cdots,x_n)$$
$$\cdot [f(x_1,x_2,\cdots,x_{i-1},x_i,x_{i+1},\cdots,x_n) + f(x_1,x_2,\cdots,x_{i-1},\overline{x_i},x_{i+1},\cdots,x_n)]$$
$$= f(x)\frac{dg(x)}{dx_i} + g(x)\frac{df(x)}{dx_i} + \frac{df(x)}{dx_i}\frac{dg(x)}{dx_i}. \tag{2.1.3}$$

性质 10 $\dfrac{d(f(x)+g(x))}{dx_i} = \dfrac{df(x)}{dx_i} + \dfrac{dg(x)}{dx_i}.$

按布尔函数导数的定义 (2.1.1) 式, 直接计算即得证.

由于布尔代数中的 "⊕" 运算和 "⊗" 运算, 与 $GF(2)$ 上的 "+" 运算和 "·" 运算有 (1.1.2) 式和 (1.1.1) 式的关系, 故 $GF(2)$ 上的布尔函数也是布尔代数上的布尔函数, 对 $GF(2)$ 上的布尔函数之间也可以进行 "⊕" 运算和 "⊗" 运算. 于是有下面的性质.

性质 11 $\dfrac{d[f(x)\oplus g(x)]}{dx_i} = \overline{f(x)}\dfrac{dg(x)}{dx_i} + \overline{g(x)}\dfrac{df(x)}{dx_i} + \dfrac{df(x)}{dx_i}\dfrac{dg(x)}{dx_i}.$

证明 由 (1.1.2) 式、(1.1.1) 式和性质 5、性质 9, 便有

$$\frac{d[f(x)\oplus g(x)]}{dx_i} = \frac{d\overline{[f(x)\oplus g(x)]}}{dx_i} = \frac{d\overline{[f(x)\otimes \overline{g(x)}]}}{dx_i} = \frac{d[\overline{f(x)}\cdot\overline{g(x)}]}{dx_i}$$
$$= \overline{f(x)}\frac{d\overline{g(x)}}{dx_i} + \overline{g(x)}\frac{d\overline{f(x)}}{dx_i} + \frac{d\overline{f(x)}}{dx_i}\frac{d\overline{g(x)}}{dx_i}$$
$$= \overline{f(x)}\frac{dg(x)}{dx_i} + \overline{g(x)}\frac{df(x)}{dx_i} + \frac{df(x)}{dx_i}\frac{dg(x)}{dx_i}. \tag{2.1.4}$$

从以上性质可以看到, $f(x_1,x_2,\cdots,x_n)$ 对任意变元 x_i 的导数 $df(x)/dx_i$ 的很多性质与实数域上的连续可微函数的导数性质在形式上很相像.

2.1.2 布尔函数与变元的无关性和布尔函数的展开式

如果变元 x_i 的取值不影响 $f(x) = f(x_1, x_2, \cdots, x_n)$ 的取值, 则称 $f(x)$ 与变元 x_i 无关. 这一性质可用表达式来描述, 有下面的定义.

定义 2.1.2 如果布尔函数 $f(x)$ 有关系

$$f(x_1, x_2, \cdots, x_i, \cdots, x_n) = f(x_1, x_2, \cdots, \overline{x_i}, \cdots, x_n), \tag{2.1.5}$$

则称布尔函数与变量 x_i 无关. 这一性质称为布尔函数与变元的无关性.

由 (2.1.1) 式及 (2.1.5) 式知, 有如下的定理.

定理 2.1.1 布尔函数与变量 x_i 无关的充要条件是 $\dfrac{df(x)}{dx_i} = 0$.

于是, 如果布尔函数仅与变量 x_i 有关, 则

$$f(x_1, x_2, \cdots, \overline{x_i}, \cdots, x_n) = \overline{f(x_1, x_2, \cdots, x_i, \cdots, x_n)}.$$

故这时有 $f(x_1, x_2, \cdots, x_i, \cdots, x_n) + f(x_1, x_2, \cdots, \overline{x_i}, \cdots, x_n) = 1$.

由上述讨论可知, 布尔函数的导数还有下述性质.

性质 12 当 $f(x)$ 与变量 x_i 无关时, 有 $\dfrac{df(x)}{dx_i} = 0$.

性质 13 当 $f(x)$ 仅与变量 x_i 有关时, 有 $\dfrac{df(x)}{dx_i} = 1$.

性质 14 当 $f(x)$ 与变量 x_i 无关时, 有 $\dfrac{d[f(x)g(x)]}{dx_i} = f(x)\dfrac{dg(x)}{dx_i}$.

性质 15 当 $f(x)$ 与变量 x_i 无关时, 有 $\dfrac{d[f(x) \oplus g(x)]}{dx_i} = \overline{f(x)}\dfrac{dg(x)}{dx_i}$.

布尔函数对单个变元的导数要通过定义 2.1.1 来计算. 但通过布尔函数的展开定理 (定理 2.1.2), 并利用性质 6, 就可以得到更简单方便的计算方法.

定理 2.1.2 (展开定理) 设 $f(x) = f(x_1, x_2, \cdots, x_n) \in GF(2)^{GF(2)^n}$, 则对 $i = 1, 2, \cdots, n$, 有

$$f(x_1, x_2, \cdots, x_{i-1}, x_i, x_{i+1}, \cdots, x_n)$$
$$= x_i f(x_1, x_2, \cdots, x_{i-1}, 1, x_{i+1}, \cdots, x_n) + \overline{x_i} f(x_1, x_2, \cdots, x_{i-1}, 0, x_{i+1}, \cdots, x_n).$$

$$\tag{2.1.6}$$

证明 取 $f(x)$ 的小项表示, 便有

$$f(x) = \sum_{c=0}^{2^n-1} f(c)x^c$$

$$= \sum_1 f(x_1, x_2, \cdots, x_{i-1}, x_i, x_{i+1}, \cdots, x_n)^{(c_1, c_2, \cdots, c_{i-1}, 1, c_{i+1}, \cdots, c_n)}$$

$$+ \sum_2 f(x_1, x_2, \cdots, x_{i-1}, \overline{x_i}, x_{i+1}, \cdots, x_n)^{(c_1, c_2, \cdots, c_{i-1}, 1, c_{i+1}, \cdots, c_n)}$$

$$= x_i f(x_1, x_2, \cdots, x_{i-1}, 1, x_{i+1}, \cdots, x_n)$$

$$+ \overline{x_i} f(x_1, x_2, \cdots, x_{i-1}, 0, x_{i+1}, \cdots, x_n)$$

$$(i = 1, 2, \cdots, n), \tag{2.1.7}$$

其中, $\sum_1$ 和 $\sum_2$ 包含 $f(c) \neq 0$ 的所有小项. 在布尔函数很多问题的理论分析中, 布尔函数的展开定理 (定理 2.1.2) 都是非常有用的. 定理 2.1.2 是关于 $GF(2)$ 上布尔函数的展开定理. 对布尔代数上的 "⊕" 运算, 也可以通过 (2.1.6) 式得到关于 "⊕" 运算的展开定理.

推论 设 $f(x) = f(x_1, x_2, \cdots, x_n) \in GF(2)^{GF(2)^n}$, 则

$$f(x_1, x_2, \cdots, x_n) = x_i f(x_1, x_2, \cdots, x_{i-1}, 1, x_{i+1}, \cdots, x_n)$$

$$\oplus \overline{x_i} f(x_1, x_2, \cdots, x_{i-1}, 0, x_{i+1}, \cdots, x_n). \tag{2.1.8}$$

证明 由定理 2.1.2, 有

$$f(x_1, x_2, \cdots, x_n)$$

$$= x_i f(x_1, x_2, \cdots, x_{i-1}, 1, x_{i+1}, \cdots, x_n) + \overline{x_i} f(x_1, x_2, \cdots, x_{i-1}, 0, x_{i+1}, \cdots, x_n)$$

$$= \overline{x_i f(x_1, x_2, \cdots, x_{i-1}, 1, x_{i+1}, \cdots, x_n) \overline{x_i} f(x_1, x_2, \cdots, x_{i-1}, 0, x_{i+1}, \cdots, x_n)}$$

$$\oplus x_i f(x_1, x_2, \cdots, x_{i-1}, 1, x_{i+1}, \cdots, x_n) \overline{\overline{x_i} f(x_1, x_2, \cdots, x_{i-1}, 0, x_{i+1}, \cdots, x_n)}$$

$$= [\overline{x_i} \oplus \overline{f(x_1, x_2, \cdots, x_{i-1}, 1, x_{i+1}, \cdots, x_n)}] \overline{x_i} f(x_1, x_2, \cdots, x_{i-1}, 0, x_{i+1}, \cdots, x_n)$$

$$\oplus x_i f(x_1, x_2, \cdots, x_{i-1}, 1, x_{i+1}, \cdots, x_n)[x_i \oplus \overline{f(x_1, x_2, \cdots, x_{i-1}, 0, x_{i+1}, \cdots, x_n)}]$$

$$= \overline{x_i} f(x_1, x_2, \cdots, x_{i-1}, 0, x_{i+1}, \cdots, x_n)[1 \oplus \overline{f(x_1, x_2, \cdots, x_{i-1}, 1, x_{i+1}, \cdots, x_n)}]$$

$$\oplus x_i f(x_1, x_2, \cdots, x_{i-1}, 1, x_{i+1}, \cdots, x_n)[1 \oplus \overline{f(x_1, x_2, \cdots, x_{i-1}, 0, x_{i+1}, \cdots, x_n)}]$$

$$= \overline{x_i} f(x_1, x_2, \cdots, x_{i-1}, 0, x_{i+1}, \cdots, x_n) \oplus x_i f(x_1, x_2, \cdots, x_{i-1}, 1, x_{i+1}, \cdots, x_n)$$

$$= x_i f(x_1, x_2, \cdots, x_{i-1}, 1, x_{i+1}, \cdots, x_n) \oplus \overline{x_i} f(x_1, x_2, \cdots, x_{i-1}, 0, x_{i+1}, \cdots, x_n).$$

$$\tag{2.1.9}$$

有了展开定理, 便可以推出简便计算布尔函数导数的方法的定理 2.1.3.

定理 2.1.3 设 $f(x) = f(x_1, x_2, \cdots, x_n) \in GF(2)^{GF(2)^n}$, 则

$$\frac{df(x)}{dx_i} = f(x_1, x_2, \cdots, x_{i-1}, 1, x_{i+1}, \cdots, x_n)$$
$$+ f(x_1, x_2, \cdots, x_{i-1}, 0, x_{i+1}, \cdots, x_n) \quad (i = 1, 2, \cdots, n). \tag{2.1.10}$$

证明 由定理 2.1.2, 对 $i = 1, 2, \cdots, n$, 有

$$f(x) = x_i f(x_1, x_2, \cdots, x_{i-1}, 1, x_{i+1}, \cdots, x_n)$$
$$+ \overline{x_i} f(x_1, x_2, \cdots, x_{i-1}, 0, x_{i+1}, \cdots, x_n). \tag{2.1.11}$$

对 (2.1.11) 式, 求其对 x_i 的导数. 根据性质 15、性质 10、性质 3、性质 6, 便有

$$\frac{df(x)}{dx_i}$$

$$= f(x_1, x_2, \cdots, x_{i-1}, 1, x_{i+1}, \cdots, x_n)\frac{dx_i}{dx_i} + f(x_1, x_2, \cdots, x_{i-1}, 0, x_{i+1}, \cdots, x_n)\frac{d\overline{x_i}}{dx_i}$$

$$= f(x_1, x_2, \cdots, x_{i-1}, 1, x_{i+1}, \cdots, x_n) + f(x_1, x_2, \cdots, x_{i-1}, 0, x_{i+1}, \cdots, x_n).$$

2.1.3 布尔函数对多个变元的导数

定义 2.1.3 设 $f(x) = f(x_1, x_2, \cdots, x_n) \in GF(2)^{GF(2)^n}$, 则函数

$$\frac{\partial f(x_1, x_2, \cdots, x_n)}{\partial(x_{i_1}, x_{i_2}, \cdots, x_{i_k})}$$

$$= f(x_1, x_2, \cdots, x_{i_1}, x_{i_2}, \cdots, x_{i_k}, \cdots, x_n) + f(x_1, x_2, \cdots, \overline{x_{i_1}}, \overline{x_{i_2}}, \cdots, \overline{x_{i_k}}, \cdots, x_n)$$

$$(1 \leqslant i \leqslant n, \ 1 \leqslant i_1 \leqslant i_2 \leqslant \cdots \leqslant i_k \leqslant n, \ 1 \leqslant k \leqslant n) \tag{2.1.12}$$

称为布尔函数 $f(x)$ 对多个变元 $x_{i_1}, x_{i_2}, \cdots, x_{i_k}$ 的导数, 简称布尔导数或导数, 简记为 $\dfrac{\partial f(x)}{\partial(x_{i_1}, x_{i_2}, \cdots, x_{i_k})}$, 其中 $(x_{i_1}, x_{i_2}, \cdots, x_{i_k})(1 \leqslant i \leqslant n, j = 1, 2, \cdots, n,$ 记为 $x_{ij})$.

当 $k = 1$ 时, 布尔函数 $f(x)$ 对多个变元的导数的 (2.1.12) 式, 就成了对单个变元的导数. 除性质 2 外, 布尔函数 $f(x)$ 对多个变元的导数的性质和布尔函数 $f(x)$ 对单个变元的导数的性质是一样的. 只要在前述布尔函数 $f(x)$ 对单个变元的导数的性质中, 将导数符号代换成 $f(x)$ 对多个变元的导数符号即可.

对性质 2, 必须加强条件才能保证导数的代数次数比布尔函数的代数次数低 1 次的关系成立. 否则, 性质 2 不一定成立. 这一问题需要留待后面章节中介绍向量的广义补时才能完善解决.

布尔函数对多个变元的导数, 自然也希望有类似定理 2.1.3 的 (2.1.10) 式那样简便的计算公式. 下面利用布尔函数的展开定理来讨论这一问题.

定理 2.1.4   设布尔函数 $f(x) \in GF(2)^{GF(2)^n}$, 则

$$\frac{\partial f(x_1, x_2, \cdots, x_{n-k}, x_{n-k+1}, \cdots, x_n)}{\partial(x_{n-k+1}, x_{n-k+2}, \cdots, x_n)}$$

$$= h_1(x)[f(x_1, x_2, \cdots, x_{n-k}, \underbrace{11\cdots11}_{k\uparrow}) + f(x_1, x_2, \cdots, x_{n-k}, \underbrace{00\cdots00}_{k\uparrow})]$$

$$+ h_2(x)[f(x_1, x_2, \cdots, x_{n-k}, \underbrace{11\cdots10}_{k\uparrow}) + f(x_1, x_2, \cdots, x_{n-k}, \underbrace{00\cdots01}_{k\uparrow})]$$

$$+ \cdots + h_{2^{(k-1)}}(x)[f(x_1, x_2, \cdots, x_{n-k}, \underbrace{10\cdots00}_{k\uparrow}) + f(x_1, x_2, \cdots, x_{n-k}, \underbrace{01\cdots11}_{k\uparrow})],$$

$$(2.1.13)$$

其中, $h_i(x)(i = 1, 2, \cdots, 2^{(k-1)})$ 称为 (2.1.13) 式中第 i 项的权函数.

记 $x' = (x_{n-k+1}, x_{n-k+2}, \cdots, x_n)$, 则

$$h_i(x') = h_i(x), \tag{2.1.14}$$

且当 x' 取该 $h_i(x)$ 所在项括号中函数的自变量中 $x_{n-k+1}, x_{n-k+2}, \cdots, x_n$ 的取值时, $h_i(x') = 1$; 而为其他取值时, $h_i(x') = 0$. 如 $h_1(x_1, x_2, \cdots, x_{n-k}, 11\cdots11) = h_1(x_1, x_2, \cdots, x_{n-k}, 00\cdots00) = 1$, 当 $x \neq (x_1, x_2, \cdots, x_{n-k}, 11\cdots11)$ 且 $x \neq (x_1, x_2, \cdots, x_{n-k}, 00\cdots00)$ 时, $h_1(x) = 0$.

证明   当 $k = 2$ 时, $f(x)$ 对 $x_{n-1}x_n$ 的导数为

$$\frac{\partial f(x_1, x_2, \cdots, x_{n-2} - x_{n-1} - x_n)}{\partial(x_{n-1} - x_n)}$$

$$= f(x_1, x_2, \cdots, x_{n-2}x_{n-1}x_n) + f(x_1, x_2, \cdots, x_{n-2}\overline{x_{n-1}}\,\overline{x_n}). \tag{2.1.15}$$

根据展开定理 2.1.2, 对 (2.1.15) 式中的 $f(x_1, x_2, \cdots, x_{n-2}x_{n-1}x_n)$, 对 x_{n-1} 展开, 并接着对 x_n 展开, 有

$$f(x_1, x_2, \cdots, x_{n-2}, x_{n-1}, x_n)$$

$$= x_{n-1}f(x_1, x_2, \cdots, x_{n-2}, 1, x_n) + \overline{x_{n-1}}f(x_1, x_2, \cdots, x_{n-2}, 0, x_n)$$

$$= x_{n-1}x_n f(x_1, x_2, \cdots, x_{n-2}, 11) + x_{n-1}\overline{x_n}f(x_1, x_2, \cdots, x_{n-2}, 10)$$

$$+ \overline{x_{n-1}}x_n f(x_1, x_2, \cdots, x_{n-2}, 01) + \overline{x_{n-1}}\,\overline{x_n}f(x_1, x_2, \cdots, x_{n-2}, 00),$$

$$(2.1.16)$$

而 (2.1.15) 式中 $f(x_1, x_2, \cdots, x_{n-2}\overline{x_{n-1}}\,\overline{x_n})$ 对 x_{n-1}, x_n 的展开式为

$$f(x_1, x_2, \cdots, x_{n-2}\overline{x_{n-1}}\,\overline{x_n})$$

$$= \overline{x_{n-1}}f(x_1, x_2, \cdots, x_{n-2}, 1, \overline{x_n}) + x_{n-1}f(x_1, x_2, \cdots, x_{n-2}, 0, \overline{x_n})$$

$$= \overline{x_{n-1}}\,\overline{x_n}f(x_1, x_2, \cdots, x_{n-2}, 11) + \overline{x_{n-1}}x_nf(x_1, x_2, \cdots, x_{n-2}, 10)$$

$$+ x_{n-1}\overline{x_n}f(x_1, x_2, \cdots, x_{n-2}, 01) + x_{n-1}x_nf(x_1, x_2, \cdots, x_{n-2}, 00), \quad (2.1.17)$$

将 (2.1.16) 式、(2.1.17) 式代入 (2.1.15) 式, 便有

$$\frac{\partial f(x_1, x_2, \cdots, x_{n-2}x_{n-1}x_n)}{\partial(x_{n-1}x_n)}$$

$$= (x_{n-1}x_n + \overline{x_{n-1}}\,\overline{x_n})[f(x_1, x_2, \cdots, x_{n-2}, 11) + f(x_1, x_2, \cdots, x_{n-2}, 00)]$$

$$+ (x_{n-1}\overline{x_n} + \overline{x_{n-1}}x_n)[f(x_1, x_2, \cdots, x_{n-2}, 10) + f(x_1, x_2, \cdots, x_{n-2}, 01)],$$

$$(2.1.18)$$

于是

$$\begin{cases} h_1(x) = (x_{n-1}x_n + \overline{x_{n-1}}\,\overline{x_n}), \\ h_2(x) = (x_{n-1}\overline{x_n} + \overline{x_{n-1}}x_n), \end{cases}$$

有 $h_1(11) = h_1(00) = 1$, $h_1(01) = h_1(10) = 0$, $h_2(10) = h_2(01) = 1$, $h_2(11) = h_2(00) = 0$.

$f(x_1, x_2, \cdots, x_{n-2}x_{n-1}x_n)$ 和 $f(x_1, x_2, \cdots, x_{n-2}\overline{x_{n-1}}\,\overline{x_n})$ 都是在对 x_{n-1} 和 $\overline{x_{n-1}}$ 展开的基础上, 再对第 2 个变元 x_n 和 $\overline{x_n}$ 做展开. 于是, $f(x)$ 对 3 个变元 $x_{n-2}x_{n-1}x_n$ 的导数也易在 2 元展开式的基础上, 再对第 3 个变元展开, 有

$$\frac{\partial f(x_1, x_2, \cdots, x_{n-3}x_{n-2}x_{n-1}x_n)}{\partial(x_{n-2}x_{n-1}x_n)}$$

$$= f(x_1, x_2, \cdots, x_{n-3}x_{n-2}x_{n-1}x_n) + f(x_1, x_2, \cdots, x_{n-3}\overline{x_{n-2}}\,\overline{x_{n-1}}\,\overline{x_n}), \quad (2.1.19)$$

故有

$$f(x_1, x_2, \cdots, x_{n-3}x_{n-2}, x_{n-1}, x_n)$$

$$= x_{n-2}x_{n-1}x_nf(x_1, x_2, \cdots, x_{n-3}111) + x_{n-2}x_{n-1}\overline{x_n}f(x_1, x_2, \cdots, x_{n-3}110)$$

$$+ x_{n-2}\overline{x_{n-1}}x_nf(x_1, x_2, \cdots, x_{n-3}101) + x_{n-2}\overline{x_{n-1}}\,\overline{x_n}f(x_1, x_2, \cdots, x_{n-3}100)$$

$$+ \overline{x_{n-2}}x_{n-1}x_nf(x_1, x_2, \cdots, x_{n-3}011) + \overline{x_{n-2}}x_{n-1}\overline{x_n}f(x_1, x_2, \cdots, x_{n-3}010)$$

$$+ \overline{x_{n-2}}\,\overline{x_{n-1}}x_nf(x_1, x_2, \cdots, x_{n-3}001) + \overline{x_{n-2}}\,\overline{x_{n-1}}\,\overline{x_n}f(x_1, x_2, \cdots, x_{n-3}000),$$

$$(2.1.20)$$

相应地, 有

$$f(x_1, x_2, \cdots, x_{n-3}\overline{x_{n-2}}\,\overline{x_{n-1}}\,\overline{x_n})$$

$$= \overline{x_{n-2}}\,\overline{x_{n-1}}\,\overline{x_n} f(x_1, x_2, \cdots, x_{n-3}111) + \overline{x_{n-2}}\,\overline{x_{n-1}} x_n f(x_1, x_2, \cdots, x_{n-3}110)$$

$$+ \overline{x_{n-2}} x_{n-1}\overline{x_n} f(x_1, x_2, \cdots, x_{n-3}101) + \overline{x_{n-2}} x_{n-1} x_n f(x_1, x_2, \cdots, x_{n-3}100)$$

$$+ x_{n-2}\overline{x_{n-1}}\,\overline{x_n} f(x_1, x_2, \cdots, x_{n-3}011) + x_{n-2}\overline{x_{n-1}} x_n f(x_1, x_2, \cdots, x_{n-3}010)$$

$$+ x_{n-2} x_{n-1}\overline{x_n} f(x_1, x_2, \cdots, x_{n-3}001) + x_{n-2} x_{n-1} x_n f(x_1, x_2, \cdots, x_{n-3}000),$$
$$\tag{2.1.21}$$

将 (2.1.20) 式、(2.1.21) 式代入 (2.1.19) 式中, 便有

$$\frac{\partial f(x_1, x_2, \cdots, x_{n-3}x_{n-2}x_{n-1}x_n)}{\partial(x_{n-2}x_{n-1}x_n)}$$

$$= (x_{n-2}x_{n-1}x_n + \overline{x_{n-2}x_{n-1}x_n})[f(x_1, x_2, \cdots, x_{n-3}, 111)$$

$$+ f(x_1, x_2, \cdots, x_{n-3}, 000)]$$

$$+ (x_{n-2}x_{n-1}\overline{x_n} + \overline{x_{n-2}x_{n-1}}x_n)[f(x_1, x_2, \cdots, x_{n-3}, 110)$$

$$+ f(x_1, x_2, \cdots, x_{n-3}, 001)]$$

$$+ (x_{n-2}\overline{x_{n-1}}x_n + \overline{x_{n-2}}x_{n-1}\overline{x_n})[f(x_1, x_2, \cdots, x_{n-3}, 101)$$

$$+ f(x_1, x_2, \cdots, x_{n-3}, 010)]$$

$$+ (x_{n-2}\overline{x_{n-1}x_n} + \overline{x_{n-2}}x_{n-1}x_n)[f(x_1, x_2, \cdots, x_{n-3}, 100)$$

$$+ f(x_1, x_2, \cdots, x_{n-3}, 011)],$$
$$\tag{2.1.22}$$

故有

$$\begin{cases} h_1(x) = x_{n-2}x_{n-1}x_n + \overline{x_{n-2}}\,\overline{x_{n-1}}\,\overline{x_n}, \\ h_2(x) = x_{n-2}x_{n-1}\overline{x_n} + \overline{x_{n-2}}\,\overline{x_{n-1}}x_n, \\ h_3(x) = x_{n-2}\overline{x_{n-1}}x_n + \overline{x_{n-2}}x_{n-1}\overline{x_n}, \\ h_4(x) = x_{n-2}\overline{x_{n-1}}\,\overline{x_n} + \overline{x_{n-2}}x_{n-1}x_n. \end{cases}$$

定理 2.1.4 成立.

　　可知, 若用归纳法, 从对 k 个变元的导数推对 $k+1$ 个变元的导数, 定理 2.1.4 成立. 故知对任意 $n \in \{1, 2, \cdots, n\}$, 定理 2.1.4 成立. 这里不再详证.

　　定理 2.1.4 中, 并未明确给出 $h_i(x)$, 但从定理的简略证明中已可知, $h_i(x)$ 很容易在求具体问题时得出. 而且在实际问题中使用定理 2.1.4, 往往只是要求导数的 Hamming 重量, 只需按定理 2.1.4 考察并求出重量即可, 并非要用展开式来求导数. 而利用展开式来求导数的重量是非常方便的.

为证明和书写方便, 定理 2.1.4 只给出了布尔函数 $f(x)$ 对最后 k 个变量的导数. 从定理 2.1.4, 可以很容易地得出布尔函数 $f(x)$ 对任意 $k(k < n)$ 个变量的导数, 不再赘述.

有了定理 2.1.4, 很容易就能求出布尔函数 $f(x)$ 对所有 n 个变元 $x = (x_1, x_2, \cdots, x_n)$ 的导数. 下面不加证明地把它作为定理 2.1.5 给出.

定理 2.1.5 设布尔函数 $f(x) \in GF(2)^{GF(2)^n}$, 则

$$
\frac{\partial f(x_1, x_2, \cdots, x_n)}{\partial(x_1, x_2, \cdots, x_n)}
$$

$$
= h_1(x)[f(\underbrace{11\cdots11}_{n\uparrow}) + f(\underbrace{00\cdots00}_{n\uparrow})] + h_2(x)[f(\underbrace{11\cdots10}_{n\uparrow}) + f(\underbrace{00\cdots01}_{n\uparrow})]
$$

$$
+ \cdots + h_{2(n-1)}(x)[(\underbrace{10\cdots00}_{n\uparrow}) + f(\underbrace{01\cdots11}_{n\uparrow})], \tag{2.1.23}
$$

其中, 每一项中的 $h_i(x)(i = 1, 2, \cdots, 2^{n-1})$, 称为该项的权函数.

当 x 取该项中 $f(x)$ 的自变量取值时, $h_i(x) = 1$; 而对 x 的其他取值, 有 $h_i(x) = 0$. 如当 $x = (\underbrace{11\cdots11}_{n\uparrow})$ 和 $x = (\underbrace{00\cdots00}_{n\uparrow})$ 时, $h_1(\underbrace{11\cdots11}_{n\uparrow}) = h_1(\underbrace{00\cdots00}_{n\uparrow}) = 1$; 而当 $x \neq (\underbrace{11\cdots11}_{n\uparrow})$ 且 $x \neq (\underbrace{00\cdots00}_{n\uparrow})$ 时, 均有 $h_1(x) = 0$.

由定理 2.1.5 可得如下推论.

推论 若布尔函数 $f(x) \neq c$ (c 为常数), 且 $\deg f(x) = n$, $\dfrac{\partial f(x)}{\partial(x_1, x_2, \cdots, x_n)} \neq 0$, 则

$$
\max_{f(x)} \deg \left(\frac{\partial f(x)}{\partial(x_1, x_2, \cdots, x_n)} \right) = n - 1. \tag{2.1.24}
$$

定理 2.1.6 设布尔函数 $f(x) \in GF(2)^{GF(2)^n}$, 且 $\deg(f(x)) = 1$, 则

$$
\frac{\partial \left(\dfrac{\partial f(x)}{\partial(x_1, x_2, \cdots, x_n)} \right)}{\partial(x_1, x_2, \cdots, x_n)} = 0.
$$

很简单, 不再证明.

2.2 布尔函数的 e-导数

2007 年, 我们在密码安全研究中, 为研究布尔函数密码安全性质而提出了布尔函数的 e-导数这一新概念. 布尔函数的 e-导数和布尔函数的导数一起, 能全面

反映布尔函数取值的内部结构中两种不同的取值结构. 布尔函数的 e-导数和导数
的取值结构特点, 是影响布尔函数密码安全性质的一个深层次的原因. 如结合 e-
导数和导数, 能够证明 e-导数的代数次数的变化, 决定性地影响着布尔函数代数
免疫阶的变化, 布尔函数的 e-导数和布尔函数代数次数最低的零化子有紧密联系.
又如根据 e-导数和导数与线性函数的关系, 能轻易地判定布尔函数相关免疫阶的
高低. 布尔函数的 e-导数和导数在布尔函数密码安全性质研究中是很有用的研究
工具, e-导数这个很简单的数学元素, 却能派上大的用场. 布尔函数的 e-导数在电
子线路故障检测、布尔微分方程和布尔微分方程求解、布尔函数的 2–分解等方面
也有有益的应用.

2.2.1　布尔函数的 e-导数的概念和性质

定义 2.2.1　设布尔函数 $f(x) = f(x_1, x_2, \cdots, x_n) \in GF(2)^{GF(2)^n}$, 则

$$\frac{ef(x_1, x_2, \cdots, x_n)}{e(x_{i_1}, x_{i_2}, \cdots, x_{i_k})}$$

$$= f(x_1, x_2, \cdots, x_{i_1}, x_{i_2}, \cdots, x_{i_k}, \cdots, x_n) f(x_1, x_2, \cdots, \overline{x_{i_1}}, \overline{x_{i_2}}, \cdots, \overline{x_{i_k}}, \cdots, x_n)$$

$$(1 \leqslant i \leqslant n, \ 1 \leqslant i_1 \leqslant i_2 \leqslant \cdots \leqslant i_k \leqslant n, \ 1 \leqslant k \leqslant n) \tag{2.2.1}$$

称为布尔函数 $f(x) = f(x_1, x_2, \cdots, x_n)$ 对多个变元 $x_{i_1}, x_{i_2}, \cdots, x_{i_k}$ 的 e-导数, 简
称布尔 e-导数, 或 e-导数, 简记为 $\dfrac{ef(x)}{e(x_{i_1}, x_{i_2}, \cdots, x_{i_k})}$.

　　于是, 布尔函数 $f(x) = f(x_1, x_2, \cdots, x_n)$ 对单个变元 x_i 的 e-导数为

$$\frac{ef(x_1, x_2, \cdots, x_n)}{ex_i}$$

$$= f(x_1, x_2, \cdots, x_{i-1}, x_i, x_{i+1}, \cdots, x_n) f(x_1, x_2, \cdots, x_{i-1}, \overline{x_i}, x_{i+1}, \cdots, x_n)$$

$$(i = 1, 2, \cdots, n). \tag{2.2.2}$$

布尔函数 $f(x) = f(x_1, x_2, \cdots, x_n)$ 对单个变元 x_i 的 e-导数按展开定理展开, 便
得到定理 2.2.1.

定理 2.2.1　设布尔函数 $f(x) = f(x_1, x_2, \cdots, x_n) \in GF(2)^{GF(2)^n}$, 则

$$\frac{ef(x_1, x_2, \cdots, x_n)}{ex_i}$$

$$= f(x_1, x_2, \cdots, x_{i-1}, 1, x_{i+1}, \cdots, x_n) f(x_1, x_2, \cdots, x_{i-1}, 0, x_{i+1}, \cdots, x_n)$$

$$(i = 1, 2, \cdots, n). \tag{2.2.3}$$

证明 按展开定理 2.1.2 将布尔函数 $f(x) = f(x_1, x_2, \cdots, x_n)$ 对单个变元 x_i 的 e-导数展开, 有

$$\frac{ef(x_1, x_2, \cdots, x_n)}{ex_i}$$

$$= f(x_1, x_2, \cdots, x_{i-1}, x_i, x_{i+1}, \cdots, x_n) f(x_1, x_2, \cdots, x_{i-1}, \overline{x_i}, x_{i+1}, \cdots, x_n)$$

$$= [x_i f(x_1, x_2, \cdots, x_{i-1}, 1, x_{i+1}, \cdots, x_n) + \overline{x_i} f(x_1, x_2, \cdots, x_{i-1}, 0, x_{i+1}, \cdots, x_n)]$$

$$\cdot [\overline{x_i} f(x_1, x_2, \cdots, x_{i-1}, 1, x_{i+1}, \cdots, x_n) + x_i f(x_1, x_2, \cdots, x_{i-1}, 0, x_{i+1}, \cdots, x_n)]$$

$$= f(x_1, x_2, \cdots, x_{i-1}, 1, x_{i+1}, \cdots, x_n) f(x_1, x_2, \cdots, x_{i-1}, 0, x_{i+1}, \cdots, x_n)$$

$$(i = 1, 2, \cdots, n).$$

定理 2.2.1 成立.

利用 (2.2.3) 式的展开式来计算或表示布尔函数对单个变元的 e-导数是非常方便的. 在很多理论推导中, 也常常要使用这一展开式, 以方便计算和推导.

布尔函数对多个变元的 e-导数的展开式, 同样也可按照定理 2.1.2 将 (2.2.1) 式中相乘的两个函数分别展开得到. 下面只给出一个对最后 2 个变元的 e-导数的展开式.

$$\frac{ef(x_1, x_2, \cdots, x_n)}{e(x_{n-1}, x_n)}$$

$$= f(x_1, x_2, \cdots, x_{n-2}, x_{n-1}, x_n) f(x_1, x_2, \cdots, x_{n-2}, \overline{x_{n-1}}, \overline{x_n})$$

$$= [x_{n-1} f(x_1, x_2, \cdots, x_{n-2}, 1, x_n) + \overline{x_{n-1}} f(x_1, x_2, \cdots, x_{n-2}, 0, x_n)]$$

$$\cdot [\overline{x_{n-1}} f(x_1, x_2, \cdots, x_{n-2}, 1, \overline{x_n}) + x_{n-1} f(x_1, x_2, \cdots, x_{n-2}, 0, \overline{x_n})]$$

$$= \overline{x_{n-1}} f(x_1, x_2, \cdots, x_{n-2}, 0, x_n) f(x_1, x_2, \cdots, x_{n-2}, 1, \overline{x_n})$$

$$+ x_{n-1} f(x_1, x_2, \cdots, x_{n-2}, 1, x_n) f(x_1, x_2, \cdots, x_{n-2}, 0, \overline{x_n})$$

$$= \overline{x_{n-1}} [x_n f(x_1, x_2, \cdots, x_{n-2}, 01) + \overline{x_n} f(x_1, x_2, \cdots, x_{n-2}, 00)]$$

$$\cdot [\overline{x_n} f(x_1, x_2, \cdots, x_{n-2}, 11) + x_n f(x_1, x_2, \cdots, x_{n-2}, 10)]$$

$$+ x_{n-1} [x_n f(x_1, x_2, \cdots, x_{n-2}, 11) + \overline{x_n} f(x_1, x_2, \cdots, x_{n-2}, 10)]$$

$$\cdot [\overline{x_n} f(x_1, x_2, \cdots, x_{n-2}, 01) + x_n f(x_1, x_2, \cdots, x_{n-2}, 00)]$$

$$= \overline{x_{n-1}} [\overline{x_n} f(x_1, x_2, \cdots, x_{n-2}, 00) f(x_1, x_2, \cdots, x_{n-2}, 11)$$

$$+ x_n f(x_1, x_2, \cdots, x_{n-2}, 01) f(x_1, x_2, \cdots, x_{n-2}, 10)]$$

$$+ x_{n-1} [\overline{x_n} f(x_1, x_2, \cdots, x_{n-2}, 10) f(x_1, x_2, \cdots, x_{n-2}, 01)$$

$$+ x_n f(x_1, x_2, \cdots, x_{n-2}, 11) f(x_1, x_2, \cdots, x_{n-2}, 00)]$$

$$= (x_{n-1} x_n + \overline{x_{n-1} x_n}) f(x_1, x_2, \cdots, x_{n-2}, 11) f(x_1, x_2, \cdots, x_{n-2}, 00)$$

$$+ (x_{n-1} \overline{x_n} + \overline{x_{n-1}} x_n) f(x_1, x_2, \cdots, x_{n-2}, 10) f(x_1, x_2, \cdots, x_{n-2}, 01). \quad (2.2.4)$$

布尔函数对任意 k 个变元的 e-导数的展开式, 在后面的布尔函数密码安全性质研究等内容中一般用不到, 这里不再给出, 需要使用时可以临时推导.

下面给出布尔函数 $f(x)$ 的 e-导数的一些性质. 对 $1 \leqslant i \leqslant n$, $1 \leqslant i_1 \leqslant i_2 \leqslant \cdots \leqslant i_k \leqslant n$, $1 \leqslant k \leqslant n$, 有如下性质.

性质 1 $\dfrac{ec}{e(x_{i_1} x_{i_2} \cdots x_{i_k})} = c \ (c = \mathrm{const})$.

性质 2 $\dfrac{ex_i}{ex_i} = 0$.

性质 3 $\dfrac{e(cf(x))}{e(x_{i_1} x_{i_2} \cdots x_{i_k})} = c \dfrac{e(f(x))}{e(x_{i_1} x_{i_2} \cdots x_{i_k})} \ (c = \mathrm{const})$.

性质 4 $\dfrac{e\overline{f(x)}}{e(x_{i_1} x_{i_2} \cdots x_{i_k})} = 1 + \dfrac{\partial f(x)}{\partial(x_{i_1} x_{i_2} \cdots x_{i_k})} + \dfrac{ef(x)}{e(x_{i_1} x_{i_2} \cdots x_{i_k})}$.

证明

$$\frac{e\overline{f(x)}}{e(x_{i_1} x_{i_2} \cdots x_{i_k})}$$

$$= [1 + f(x_1, x_2, \cdots, x_{i_1}, x_{i_2}, \cdots, x_{i_k}, \cdots, x_n)]$$

$$\cdot [1 + f(x_1, x_2, \cdots, \overline{x_{i_1}}, \overline{x_{i_2}}, \cdots, \overline{x_{i_k}}, \cdots, x_n)]$$

$$= 1 + f(x_1, x_2, \cdots, x_{i_1}, x_{i_2}, \cdots, x_{i_k}, \cdots, x_n)$$

$$+ f(x_1, x_2, \cdots, \overline{x_{i_1}}, \overline{x_{i_2}}, \cdots, \overline{x_{i_k}}, \cdots, x_n)$$

$$+ f(x_1, x_2, \cdots, x_{i_1}, x_{i_2}, \cdots, x_{i_k}, \cdots, x_n)$$

$$\cdot f(x_1, x_2, \cdots, \overline{x_{i_1}}, \overline{x_{i_2}}, \cdots, \overline{x_{i_k}}, \cdots, x_n)$$

$$= 1 + \frac{\partial f(x)}{\partial(x_{i_1} x_{i_2} \cdots x_{i_k})} + \frac{ef(x)}{e(x_{i_1} x_{i_2} \cdots x_{i_k})}.$$

性质 5 $\dfrac{e\overline{x_i}}{ex_i} = \dfrac{ex_i}{e\overline{x_i}} = 0$.

性质 6 $\dfrac{e}{ex_i}\left(\dfrac{ef(x)}{ex_j}\right) = \dfrac{e}{ex_j}\left(\dfrac{ef(x)}{ex_i}\right)$, 即 $\dfrac{e^2 f(x)}{ex_i ex_j} = \dfrac{e^2 f(x)}{ex_j ex_i}$.

证明

$$\frac{e^2 f(x)}{ex_i ex_j}$$

$$= \frac{e}{ex_i}(f(\cdots, x_i, \cdots, x_j, \cdots) f(\cdots, x_i, \cdots, \overline{x_j}, \cdots))$$

$$= f(\cdots,x_i,\cdots,x_j,\cdots)f(\cdots,x_i,\cdots,\overline{x_j},\cdots)$$
$$\cdot f(\cdots,\overline{x_i},\cdots,x_j,\cdots)f(\cdots,\overline{x_i},\cdots,\overline{x_j},\cdots)$$
$$= f(\cdots,x_i,\cdots,x_j,\cdots)f(\cdots,\overline{x_i},\cdots,x_j,\cdots)$$
$$\cdot f(\cdots,x_i,\cdots,\overline{x_j},\cdots)f(\cdots,\overline{x_i},\cdots,\overline{x_j},\cdots)$$
$$= \frac{e}{ex_j}(f(\cdots,x_i,\cdots,x_j,\cdots)f(\cdots,\overline{x_i},\cdots,x_j,\cdots))$$
$$= \frac{e^2 f(x)}{ex_j ex_i}.$$

性质 7　$\dfrac{e(f(x)g(x))}{e(x_{i_1}x_{i_2}\cdots x_{i_k})} = \dfrac{ef(x)}{e(x_{i_1}x_{i_2}\cdots x_{i_k})}\dfrac{eg(x)}{e(x_{i_1}x_{i_2}\cdots x_{i_k})}.$

性质 8

$$\frac{e(f(x)+g(x))}{e(x_{i_1}x_{i_2}\cdots x_{i_k})}$$
$$= f(x)\frac{\partial g(x)}{\partial(x_{i_1}x_{i_2}\cdots x_{i_k})} + g(x)\frac{\partial f(x)}{\partial(x_{i_1}x_{i_2}\cdots x_{i_k})}$$
$$+ \frac{ef(x)}{e(x_{i_1}x_{i_2}\cdots x_{i_k})} + \frac{eg(x)}{e(x_{i_1}x_{i_2}\cdots x_{i_k})}.$$

证明

$$\frac{e(f(x)+g(x))}{e(x_{i_1}x_{i_2}\cdots x_{i_k})}$$
$$= [f(\cdots,x_{i_1},x_{i_2},\cdots,x_{i_k},\cdots)$$
$$+ g(\cdots,x_{i_1},x_{i_2},\cdots,x_{i_k},\cdots)][f(\cdots,\overline{x_{i_1}},\overline{x_{i_2}},\cdots,\overline{x_{i_k}},\cdots)$$
$$+ g(\cdots,\overline{x_{i_1}},\overline{x_{i_2}},\cdots,\overline{x_{i_k}},\cdots)]$$
$$= f(\cdots,x_{i_1},x_{i_2},\cdots,x_{i_k},\cdots)f(\cdots,\overline{x_{i_1}},\overline{x_{i_2}},\cdots,\overline{x_{i_k}},\cdots)$$
$$+ g(\cdots,x_{i_1},x_{i_2},\cdots,x_{i_k},\cdots)f(\cdots,\overline{x_{i_1}},\overline{x_{i_2}},\cdots,\overline{x_{i_k}},\cdots)$$
$$+ f(\cdots,x_{i_1},x_{i_2},\cdots,x_{i_k},\cdots)g(\cdots,\overline{x_{i_1}},\overline{x_{i_2}},\cdots,\overline{x_{i_k}},\cdots)$$
$$+ g(\cdots,x_{i_1},x_{i_2},\cdots,x_{i_k},\cdots)g(\cdots,\overline{x_{i_1}},\overline{x_{i_2}},\cdots,\overline{x_{i_k}},\cdots)$$
$$= \frac{ef(x)}{e(x_{i_1}x_{i_2}\cdots x_{i_k})} + \frac{eg(x)}{e(x_{i_1}x_{i_2}\cdots x_{i_k})}$$
$$+ g(\cdots,x_{i_1},x_{i_2},\cdots,x_{i_k},\cdots)f(\cdots,\overline{x_{i_1}},\overline{x_{i_2}},\cdots,\overline{x_{i_k}},\cdots)$$
$$+ g(\cdots,x_{i_1},x_{i_2},\cdots,x_{i_k},\cdots)f(\cdots,x_{i_1},x_{i_2},\cdots,x_{i_k},\cdots)$$
$$+ f(\cdots,x_{i_1},x_{i_2},\cdots,x_{i_k},\cdots)g(\cdots,x_{i_1},x_{i_2},\cdots,x_{i_k},\cdots)$$

$$+ f(\cdots, x_{i_1}, x_{i_2}, \cdots, x_{i_k}, \cdots)g(\cdots, \overline{x_{i_1}}, \overline{x_{i_2}}, \cdots, \overline{x_{i_k}}, \cdots)$$

$$= \frac{ef(x)}{e(x_{i_1}x_{i_2}\cdots x_{i_k})} + \frac{eg(x)}{e(x_{i_1}x_{i_2}\cdots x_{i_k})}$$

$$+ g(x)\frac{\partial f(x)}{\partial(x_{i_1}x_{i_2}\cdots x_{i_k})} + f(x)\frac{\partial g(x)}{\partial(x_{i_1}x_{i_2}\cdots x_{i_k})}.$$

性质 9　若 $f(x)$ 与变元 x_i 无关, 则 $\dfrac{ef(x)}{ex_i} = f(x)$.

性质 10　若 $f(x)$ 与变元 x_i 无关, 则

$$\frac{e(f(x)g(x))}{ex_i} = f(x)\frac{eg(x)}{ex_i}.$$

性质 11　若 $f(x)$ 与变元 x_i 无关, 则

$$\frac{e(f(x) + g(x))}{ex_i} = f(x) + f(x)\frac{dg(x)}{dx_i} + \frac{eg(x)}{ex_i}.$$

证明

$$\frac{e(f(x) + g(x))}{ex_i} = (f(x) + g(\cdots, x_i, \cdots))(f(x) + g(\cdots, \overline{x_i}, \cdots))$$

$$= f(x) + f(x)(g(\cdots, x_i, \cdots) + g(\cdots, \overline{x_i}, \cdots))$$

$$+ g(\cdots, x_i, \cdots)g(\cdots, \overline{x_i}, \cdots)$$

$$= f(x) + f(x)\frac{dg(x)}{dx_i} + \frac{eg(x)}{ex_i}.$$

性质 12　$\dfrac{df(x)}{d\overline{x_i}} = \dfrac{df(x)}{dx_i},\ \dfrac{ef(x)}{e\overline{x_i}} = \dfrac{ef(x)}{ex_i}.$

证明　作 $f(x)$ 关于 x_i 的展开式, 有

$$f(x) = x_i f(x_1, x_2, \cdots, x_{i-1}, 1, x_{i+1}, \cdots, x_n)$$

$$+ \overline{x_i} f(x_1, x_2, \cdots, x_{i-1}, 0, x_{i+1}, \cdots, x_n).$$

展开式中, $f(x_1, x_2, \cdots, x_{i-1}, 1, x_{i+1}, \cdots, x_n)$ 和 $f(x_1, x_2, \cdots, x_{i-1}, 0, x_{i+1},$ $\cdots, x_n)$ 均与变元 x_i 无关. 于是

$$\frac{df(x)}{d\overline{x_i}} = \frac{dx_i}{dx_i}f(x_1, x_2, \cdots, x_{i-1}, 1, x_{i+1}, \cdots, x_n)$$

$$+ \frac{d\overline{x_i}}{dx_i}f(x_1, x_2, \cdots, x_{i-1}, 0, x_{i+1}, \cdots, x_n)$$

$$= f(x_1, x_2, \cdots, x_{i-1}, 1, x_{i+1}, \cdots, x_n) + f(x_1, x_2, \cdots, x_{i-1}, 0, x_{i+1}, \cdots, x_n)$$

$$= \frac{df(x)}{dx_i},$$

$$\frac{ef(x)}{e\overline{x_i}} = (x_i f(x_1, x_2, \cdots, x_{i-1}, 1, x_{i+1}, \cdots, x_n)$$
$$+ \overline{x_i} f(x_1, x_2, \cdots, x_{i-1}, 0, x_{i+1}, \cdots, x_n))(\overline{x_i} f(x_1, x_2, \cdots, x_{i-1}, 1, x_{i+1}, \cdots, x_n)$$
$$+ x_i f(x_1, x_2, \cdots, x_{i-1}, 0, x_{i+1}, \cdots, x_n)) \cdot$$
$$= \overline{x_i} f(x_1, x_2, \cdots, x_{i-1}, 0, x_{i+1}, \cdots, x_n) f(x_1, x_2, \cdots, x_{i-1}, 1, x_{i+1}, \cdots, x_n)$$
$$+ x_i f(x_1, x_2, \cdots, x_{i-1}, 1, x_{i+1}, \cdots, x_n) f(x_1, x_2, \cdots, x_{i-1}, 0, x_{i+1}, \cdots, x_n)$$
$$= f(x_1, x_2, \cdots, x_{i-1}, 1, x_{i+1}, \cdots, x_n) f(x_1, x_2, \cdots, x_{i-1}, 0, x_{i+1}, \cdots, x_n)$$
$$= \frac{ef(x)}{ex_i}.$$

性质 13 $\dfrac{e}{ex_i}\left(\dfrac{df(x)}{dx_i}\right) = \dfrac{df(x)}{dx_i}, \dfrac{d}{dx_i}\left(\dfrac{ef(x)}{ex_i}\right) = 0.$

证明 将第 1 式导数展开, 并由性质 9 知, 有

$$\frac{e}{ex_i}\left(\frac{df(x)}{dx_i}\right) = \frac{e}{ex_i}(f(x_1, x_2, \cdots, x_{i-1}, 1, x_{i+1}, \cdots, x_n)$$
$$+ f(x_1, x_2, \cdots, x_{i-1}, 0, x_{i+1}, \cdots, x_n))$$
$$= f(x_1, x_2, \cdots, x_{i-1}, 1, x_{i+1}, \cdots, x_n)$$
$$+ f(x_1, x_2, \cdots, x_{i-1}, 0, x_{i+1}, \cdots, x_n)$$
$$= \frac{df(x)}{dx_i}.$$

将第 2 式 e-导数展开, 并由导数的性质 12 知

$$\frac{d}{dx_i}\left(\frac{ef(x)}{ex_i}\right) = \frac{d}{dx_i}(f(x_1, x_2, \cdots, x_{i-1}, 1, x_{i+1}, \cdots, x_n)$$
$$\cdot f(x_1, x_2, \cdots, x_{i-1}, 0, x_{i+1}, \cdots, x_n))$$
$$= 0.$$

在布尔函数 $f(x)$ 对单个变元的导数的性质中, 性质 2 给出了在 $f(x)$ 的最高次项中含求导变元 x_i 的条件下, 导数的代数次数比布尔函数 $f(x)$ 的代数次数低 1 次的关系. 在布尔函数 $f(x)$ 对多个变元的导数中, 这一性质不一定成立. 布尔函数 $f(x)$ 的 e-导数和 $f(x)$ 的关系更加复杂, $f(x)$ 的 e-导数的代数次数既可能低于 $f(x)$ 的代数次数, 也可能高于 $f(x)$ 的代数次数. 如例 2.2.1 所示.

例 2.2.1 (1)
$$f_1(x)\frac{df_1(x)}{dx_5}$$

$$= 1 + \sum_{i=1}^{5} x_i + x_1 \sum_{i=2}^{5} x_i + x_2 \sum_{i=3}^{5} x_i + x_3 \sum_{i=4}^{5} x_i + x_1 x_2 x_3 + x_1 x_2 x_5$$

$$+ x_1 x_3 x_4 + x_1 x_4 x_5 + x_2 x_3 x_5 + x_3 x_4 x_5 + x_1 x_3 x_4 x_5,$$

$$f_1(x) = 1 + x_1 + \sum_{i=3}^{5} x_i + x_1 \sum_{i=3}^{5} x_i + x_2 \sum_{i=4}^{5} x_i + x_3 \sum_{i=4}^{5} x_i + x_1 x_2 x_3 + x_1 x_2 x_5$$

$$+ x_1 x_4 x_5 + x_2 x_3 x_5 + x_3 x_4 x_5 + x_1 x_3 x_4 x_5,$$

$$\frac{ef_1(x)}{ex_5} = x_2 + x_2 x_3 + x_1 x_2 + x_1 x_3 x_4,$$

有 $\deg \dfrac{ef_1(x)}{ex_5} < \deg f_1(x)$.

(2) $f_2(x) \dfrac{df_2(x)}{dx_4} = x_4 + x_1 x_4 + x_2 x_4$,

$$f_2(x) = x_4 + x_1 x_3 + x_1 x_4 + x_2 x_3 + x_2 x_4, \quad \frac{ef_2(x)}{ex_4} = x_1 x_3 + x_2 x_3,$$

有 $\deg \dfrac{ef_2(x)}{ex_4} = \deg f_2(x)$.

(3) $f_3(x) \dfrac{df_3(x)}{dx_5} = x_1 x_5 + x_2 x_5 + x_3 x_5 + x_4 x_5 + x_1 x_2 x_3$

$$+ x_1 x_2 x_4 + x_1 x_3 x_4 + x_2 x_3 x_4,$$

$$f_3(x) = x_1 x_2 + x_1 x_3 + x_1 x_4 + x_1 x_5 + x_2 x_3 + x_2 x_4 + x_2 x_5 + x_3 x_4 + x_3 x_5 + x_4 x_5,$$

$$\frac{ef_3(x)}{ex_5} = x_1 x_2 + x_1 x_3 + x_1 x_4 + x_2 x_3 + x_2 x_4 + x_3 x_4 + x_1 x_2 x_3$$

$$+ x_1 x_2 x_4 + x_1 x_3 x_4 + x_2 x_3 x_4,$$

有 $\deg \dfrac{ef_3(x)}{ex_5} > \deg f_3(x)$.

布尔函数的 e-导数的代数次数和布尔函数的代数次数之间的关系, 之所以会出现上述复杂变化的情况, 其原因在 2.2.2 节中再予以解释和说明.

2.2.2 布尔函数的 e-导数和导数的基本关系

布尔函数 $f(x)$ 和它的 e-导数、导数之间的一些关系很奇特, 也是很重要的.

定理 2.2.2 布尔函数 $f(x) = f(x_1, x_2, \cdots, x_n) \in GF(2)^{GF(2)^n}$, 则

$$\frac{\partial f(x)}{\partial (x_{i_1} x_{i_2} \cdots x_{i_k})} \frac{ef(x)}{e(x_{i_1} x_{i_2} \cdots x_{i_k})} = 0$$

$$(1 \leqslant i \leqslant n, \ 1 \leqslant i_1 \leqslant i_2 \leqslant \cdots \leqslant i_k \leqslant n, \ 1 \leqslant k \leqslant n), \tag{2.2.5}$$

$$\frac{df(x)}{dx_i} \frac{ef(x)}{ex_i} = 0 \quad (i = 1, 2, \cdots, n). \tag{2.2.6}$$

(2.2.5) 式和 (2.2.6) 式只要将式子左端按 e-导数、导数的定义计算, 或按展开定理计算即可证明, 这里不再详证.

定理 2.2.3 布尔函数 $f(x) = f(x_1, x_2, \cdots, x_n) \in GF(2)^{GF(2)^n}$, 则

$$f(x) = f(x) \frac{\partial f(x)}{\partial(x_{i_1} x_{i_2} \cdots x_{i_k})} + \frac{ef(x)}{e(x_{i_1} x_{i_2} \cdots x_{i_k})}$$

$$(1 \leqslant i \leqslant n, \ 1 \leqslant i_1 \leqslant i_2 \leqslant \cdots \leqslant i_k \leqslant n, \ 1 \leqslant k \leqslant n), \tag{2.2.7}$$

$$f(x) = f(x) \frac{df(x)}{dx_i} + \frac{ef(x)}{ex_i} \quad (i = 1, 2, \cdots, n). \tag{2.2.8}$$

备注 (2.2.8) 式实质就是 (2.2.7) 式的一个特例. 因此, 只要证明了 (2.2.7) 式成立, (2.2.8) 式的正确性也就随之被证明了. 只是 (2.2.8) 式特别重要, 在很多地方都要经常用到, 所以在定理 2.2.3 中把它单独列出来.

证明 对一切 $1 \leqslant i \leqslant n, 1 \leqslant i_1 \leqslant i_2 \leqslant \cdots \leqslant i_k \leqslant n, 1 \leqslant k \leqslant n$, 有

$$f(x) \frac{\partial f(x)}{\partial(x_{i_1} x_{i_2} \cdots x_{i_k})} + \frac{ef(x)}{e(x_{i_1} x_{i_2} \cdots x_{i_k})}$$

$$= f(x_1, x_2, \cdots, x_{i_1}, x_{i_2}, \cdots, x_{i_k}, \cdots, x_n)[f(x_1, x_2, \cdots, x_{i_1}, x_{i_2}, \cdots, x_{i_k}, \cdots, x_n)$$

$$+ f(x_1, x_2, \cdots, \overline{x_{i_1}}, \overline{x_{i_2}}, \cdots, \overline{x_{i_k}}, \cdots, x_n)]$$

$$+ f(x_1, x_2, \cdots, x_{i_1}, x_{i_2}, \cdots, x_{i_k}, \cdots, x_n) f(x_1, x_2, \cdots, \overline{x_{i_1}}, \overline{x_{i_2}}, \cdots, \overline{x_{i_k}}, \cdots, x_n)$$

$$= f(x_1, x_2, \cdots, x_{i_1}, x_{i_2}, \cdots, x_{i_k}, \cdots, x_n)$$

$$+ f(x_1, x_2, \cdots, x_{i_1}, x_{i_2}, \cdots, x_{i_k}, \cdots, x_n) f(x_1, x_2, \cdots, \overline{x_{i_1}}, \overline{x_{i_2}}, \cdots, \overline{x_{i_k}}, \cdots, x_n)$$

$$+ f(x_1, x_2, \cdots, x_{i_1}, x_{i_2}, \cdots, x_{i_k}, \cdots, x_n) f(x_1, x_2, \cdots, \overline{x_{i_1}}, \overline{x_{i_2}}, \cdots, \overline{x_{i_k}}, \cdots, x_n)$$

$$= f(x_1, x_2, \cdots, x_{i_1}, x_{i_2}, \cdots, x_{i_k}, \cdots, x_n)$$

$$= f(x),$$

故知定理 2.2.3 成立.

推论 有布尔函数 $f(x) = f(x_1, x_2, \cdots, x_n) \in GF(2)^{GF(2)^n}$, $g(x) = g(x_1, x_2, \cdots, x_n) \in GF(2)^{GF(2)^n}$, $f(x_1, x_2, \cdots, x_n) = g(x_1, x_2, \cdots, x_n)$iff

$$f(x) \frac{\partial f(x)}{\partial(x_{i_1} x_{i_2} \cdots x_{i_k})} = g(x) \frac{\partial g(x)}{\partial(x_{i_1} x_{i_2} \cdots x_{i_k})} \ \text{且} \ \frac{ef(x)}{e(x_{i_1} x_{i_2} \cdots x_{i_k})} = \frac{eg(x)}{e(x_{i_1} x_{i_2} \cdots x_{i_k})}$$

$$\tag{2.2.9}$$

$$(1 \leqslant i \leqslant n, \ 1 \leqslant i_1 \leqslant i_2 \leqslant \cdots \leqslant i_k \leqslant n, \ 1 \leqslant k \leqslant n),$$

自然也包括 $f(x) = g(x)$ iff

$$f(x)\frac{df(x)}{dx_i} = g(x)\frac{dg(x)}{dx_i} \quad \text{且} \quad \frac{ef(x)}{ex_i} = \frac{eg(x)}{ex_i} \quad (i = 1, 2, \cdots, n). \tag{2.2.10}$$

定理 2.2.4   对任意布尔函数 $f(x) = f(x_1, x_2, \cdots, x_n) \in GF(2)^{GF(2)^n}$, 有

$$w_t(f(x)) = w_t\left(f(x)\frac{\partial f(x)}{\partial(x_{i_1}x_{i_2}\cdots x_{i_k})}\right) + w_t\left(\frac{ef(x)}{e(x_{i_1}x_{i_2}\cdots x_{i_k})}\right)$$

$$= 2^{-1}w_t\left(\frac{\partial f(x)}{\partial(x_{i_1}x_{i_2}\cdots x_{i_k})}\right) + w_t\left(\frac{ef(x)}{e(x_{i_1}x_{i_2}\cdots x_{i_k})}\right)$$

$$(1 \leqslant i \leqslant n, \ 1 \leqslant i_1 \leqslant i_2 \leqslant \cdots \leqslant i_k \leqslant n, \ 1 \leqslant k \leqslant n), \tag{2.2.11}$$

$$w_t(f(x)) = w_t\left(f(x)\frac{df(x)}{dx_i}\right) + w_t\left(\frac{ef(x)}{ex_i}\right)$$

$$= 2^{-1}w_t\left(\frac{df(x)}{dx_i}\right) + w_t\left(\frac{ef(x)}{ex_i}\right) \quad (i = 1, 2, \cdots, n).$$

定理 2.2.4 只需对 $f(x)$ 的 e-导数和导数表示式 (2.2.7) 和 (2.2.8) 直接求重量, 并按 (1.3.2) 式展开, 再根据定理 2.2.2 即可证明. 不再赘述.

有了定理 2.2.3 和定理 2.2.4 后, 就能够根据定理 2.2.3 和定理 2.2.4 对例 2.2.1 中, e-导数的代数次数与布尔函数的代数次数之间有复杂变化的关系的原因作出解释了. 为此, 再给出一个可作参照标准的例子.

例 2.2.2

$$f(x) = 1 + x_5 + x_4x_5 + x_3x_4 + x_3x_5 + x_2x_4 + x_2x_5 + x_1x_4 + x_1x_5,$$

$$\frac{ef(x)}{ex_5} = x_1 + x_2 + x_3 + x_4,$$

$$w_t\left(\frac{ef(x)}{ex_5}\right) = 2^{n-1} = 2^{5-1},$$

$$f(x)\frac{df(x)}{dx_5} = 1 + \sum_{i=1}^{5}x_i + x_4x_5 + x_3x_4 + x_3x_5 + x_2x_4 + x_2x_5 + x_1x_4 + x_1x_5,$$

$$w_t\left(f(x)\frac{df(x)}{dx_5}\right) = 2^{n-2} = 2^{5-2},$$

$$w_t(f(x)) = 2^{5-1} + 2^{5-2}.$$

对例 2.2.1 中的布尔函数 $f_1(x), f_2(x), f_3(x)$, 有

(1) $w_t\left(f_1(x)\frac{df_1(x)}{dx_5}\right) = 2^{5-2} = 2^{n-2}$, $w_t(f_1(x)) = 2^{5-1} = 2^{n-1}$,

$$w_t\left(\frac{ef_1(x)}{ex_5}\right) = 2^{5-2} = 2^{n-2}.$$

(2) $w_t\left(f_2(x)\frac{df_2(x)}{dx_4}\right) = 2^{4-2} = 2^{n-2}, \quad w_t(f_2(x)) = 2^{4-1} = 2^{n-1},$

$$w_t\left(\frac{ef_2(x)}{ex_4}\right) = 2^{4-2} = 2^{n-2}.$$

(3) $w_t\left(f_3(x)\frac{df_3(x)}{dx_5}\right) = 2^{5-2} = 2^{n-2}, \quad w_t(f_3(x)) = 2^{5-1}+2^{5-3} = 2^{n-1}+2^{n-3},$

$$w_t\left(\frac{ef_3(x)}{ex_5}\right) = 2^{5-2} + 2^{5-3} = 2^{n-2} + 2^{n-3}.$$

布尔函数 $f(x)$ 和它的 e-导数、导数有 (2.2.8) 式的关系, 就有可能如例 2.2.1 中 $f_3(x)$, 使 $\deg\left(f_3(x)\frac{df_3(x)}{dx_5}\right) = \deg\left(\frac{ef_3(x)}{ex_5}\right) > \deg f_3(x)$. 因而在构成 $f_3(x)$ 时, $f_3(x)\frac{df_3(x)}{dx_5}$ 和 $\frac{ef_3(x)}{ex_5}$ 的最高次项已完全相消掉. $f_3(x)$ 的这种情况在布尔函数中是可以经常看到的. 从 $f_3(x)\frac{df_3(x)}{dx_5}$ 和 $\frac{ef_3(x)}{ex_5}$ 的重量看, 与例 2.2.1 中的 $f_1(x)$, $f_2(x)$ 和例 2.2.2 中的 $f(x)$ 都不一样. 例 2.2.2 中的 $f(x)$, $w_t\left(\frac{ef(x)}{ex_5}\right) = 2^{n-1}$, e-导数就有可能为线性函数. 事实上, 例 2.2.2 中的 $f(x)$ 的 e-导数也的确是线性函数. 而 $\frac{d}{dx_5}\left(f(x)\frac{df(x)}{dx_5}\right) = \frac{df(x)}{dx_5} = 1+x_1+x_2+x_3+x_4$, $w_t\left(\frac{d}{dx_5}\left(f(x)\frac{df(x)}{dx_5}\right)\right) = w_t\left(\frac{df(x)}{dx_5}\right) = 2^{n-1}$, 即 $\frac{df(x)}{dx_5}$ 也是线性函数, 故 $\deg f(x) = \deg\left(f(x)\frac{df(x)}{dx_5}\right) \geqslant \deg\left(\frac{ef(x)}{ex_5}\right)$. 例 2.2.1 中 $f_1(x)$ 和 $f_2(x)$, 均有 e-导数重量为 2^{n-2}, 函数在 (2.2.8) 式中的导数部分的重量也都是 2^{n-2}, 故而例 2.2.2 中的 $f(x)$, 如例 2.2.1 中的 $f_1(x)$ 和 $f_2(x)$ 那样, 导数部分和 e-导数没有内在联系, 从而使代数次数有不同的变化.

2.2.3 布尔函数的平衡性

在 1.2.1 节中已对布尔函数的平衡性做了定义, 即 $w_t(f(x)) = 2^{n-1}$ 的布尔函数. 具有平衡性是密码函数的一个设计准则, 也是布尔函数很多重要的密码安全性质的成立标准. 在没有定义布尔函数的 e-导数之前, 对布尔函数平衡性的判定, 基本只能靠对重量直接计算. 而仅仅依靠布尔函数的导数来判定平衡性, 是复杂和困难的. 定义了布尔函数的 e-导数后, 将布尔函数的 e-导数和导数结合在一起, 用来描述或分析、判断布尔函数的平衡性, 能够方便、有效和深入地反映布尔函数平衡性的特点.

定义 2.2.2 　称 $\omega_Z^f = \left\| \dfrac{\partial f}{\partial Z} \right\|$ 为布尔函数 f 对自变量集合

$$Z = (x_{i_1} x_{i_2} \cdots x_{i_k}) \quad (1 \leqslant i_1 \leqslant i_2 \leqslant \cdots \leqslant i_k \leqslant n)$$

的活泼性, 其中 $\|f\| = 2^{-n} w_t(f)$. 并记

$$\Omega^f = \sum_Z \omega_Z^f,$$

其中 $\sum\limits_Z$ 表示对一切可能的 Z 求和.

定理 2.2.5 　布尔函数 $f(x) = f(x_1, x_2, \cdots, x_n) \in GF(2)^{GF(2)^n}$, $f(x)$ 平衡 $\left(\text{即 } w_t(f(x)) = 2^{n-1}, \text{亦即 } \|f\| = \dfrac{1}{2}\right)$ iff

$$\Omega^f = 2^{n-1}. \tag{2.2.12}$$

从定理 2.2.5 可以看到, 仅仅用布尔函数的导数来判断布尔函数的平衡性很麻烦, 实际使用时, 计算工作量很大. 定理 2.2.5 的证明更为繁难. 这里不再给出.

下面给出一个用布尔函数的 e-导数和导数来判定布尔函数平衡性的定理.

定理 2.2.6 　布尔函数 $f(x) = f(x_1, x_2, \cdots, x_n) \in GF(2)^{GF(2)^n}$, $f(x)$ 平衡 iff 对某一个 $i(i = 1, 2, \cdots, n)$

$$2^{-1} w_t\left(\frac{df(x)}{dx_i}\right) + w_t\left(\frac{ef(x)}{ex_i}\right) = 2^{n-1}. \tag{2.2.13}$$

根据定理 2.2.4 知, 定理 2.2.6 显然成立, 不再证明.

虽然定理 2.2.6 只要求对某一个 i 有 (2.2.13) 式成立. 但由定理 2.2.3 和定理 2.2.4 知, 只要 (2.2.13) 式对某一个 i 成立, 则 (2.2.13) 式一定对所有的 $i(i = 1, 2, \cdots, n)$ 都成立. 但需要注意的是, 对任意布尔函数 $f(x)$, 当 $i \neq j$ 时, 可能有 $w_t\left(\dfrac{df(x)}{dx_i}\right) \neq w_t\left(\dfrac{df(x)}{dx_j}\right)$, $w_t\left(\dfrac{ef(x)}{ex_i}\right) \neq w_t\left(\dfrac{ef(x)}{ex_j}\right)$, 一些有特殊密码安全性质的布尔函数, 才具有对一切 $i = 1, 2, \cdots, n$, 保证有 $w_t\left(\dfrac{df(x)}{dx_i}\right) = c_1$, $w_t\left(\dfrac{ef(x)}{ex_i}\right) = c_2 (c_1, c_2 = \text{const}, i = 1, 2, \cdots, n)$ 的关系.

下面给出关于布尔函数对变元 x_i 线性的定义 2.2.3 和一个平衡性的定理 2.2.7. 对定理 2.2.7, 分别给出两种证明方法: 证明 1 不使用 e-导数和导数, 证明 2 使用 e- 导数和导数. 二者对比之下可以发现, 使用 e-导数和导数是很有利的.

定义 2.2.3 布尔函数 $f(x) = f(x_1, x_2, \cdots, x_n) \in GF(2)^{GF(2)^n}$, 若对某个变量 x_i, $f(x)$ 的表达式为

$$f(x) = x_i + f_1(x_1, x_2, \cdots, x_{i-1}, 0, x_{i+1}, \cdots, x_n) \qquad (2.2.14)$$

(其中, $f_1(x)$ 是与 x_i 无关的函数), 则称 $f(x)$ 对变量 x_i 是线性的.

定理 2.2.7 布尔函数 $f(x) = f(x_1, x_2, \cdots, x_n) \in GF(2)^{GF(2)^n}$, $f(x)$ 对自变量 x_i 是线性的 iff

$$f(x_1, x_2, \cdots, x_{i-1}, x_i, x_{i+1}, \cdots, x_n) = \overline{f(x_1, x_2, \cdots, x_{i-1}, \overline{x_i}, x_{i+1}, \cdots, x_n)}$$

$$(x_i \in GF(2), 1 \leqslant i \leqslant n). \qquad (2.2.15)$$

证明 1 (1) 先证条件的必要性.

设 $f(x_1, x_2, \cdots, x_n) = x_i + \varphi(x_1, x_2, \cdots, x_{i-1}, 0, x_{i+1}, \cdots, x_n)$, 则

$$\overline{f(x_1, x_2, \cdots, x_{i-1}, \overline{x_i}, x_{i+1}, \cdots, x_n)}$$
$$= 1 + \overline{x_i} + \varphi(x_1, x_2, \cdots, x_{i-1}, 0, x_{i+1}, \cdots, x_n)$$
$$= x_i + \varphi(x_1, x_2, \cdots, x_{i-1}, 0, x_{i+1}, \cdots, x_n)$$
$$= f(x_1, x_2, \cdots, x_n).$$

(2) 证明充分性. 将 $f(x_1, x_2, \cdots, x_n)$ 对变量 x_i 展开, 有

$$f(x_1, x_2, \cdots, x_n)$$
$$= x_i \varphi(x_1, x_2, \cdots, x_{i-1}, 0, x_{i+1}, \cdots, x_n) + f_1(x_1, x_2, \cdots, x_{i-1}, 0, x_{i+1}, \cdots, x_n),$$
$$(2.2.16)$$

其中, φ 和 f_1 是与 x_i 无关的函数. 于是有

$$\overline{f(x_1, x_2, \cdots, x_{i-1}, \overline{x_i}, x_{i+1}, \cdots, x_n)}$$
$$= \overline{x_i} \varphi(x_1, x_2, \cdots, x_{i-1}, 0, x_{i+1}, \cdots, x_n) + f_1(x_1, x_2, \cdots, x_{i-1}, 0, x_{i+1}, \cdots, x_n) + 1.$$
$$(2.2.17)$$

若 (2.2.15) 式成立, 由 (2.2.16) 式和 (2.2.17) 式知

$$\varphi(x_1, x_2, \cdots, x_{i-1}, x_{i+1}, \cdots, x_n) \equiv 1, \qquad (2.2.18)$$

由 (2.2.16) 式和 (2.2.18) 式知

$$f(x_1, x_2, \cdots, x_n) = x_i + f_1(x_1, x_2, \cdots, x_{i-1}, x_{i+1}, \cdots, x_n),$$

即 $f(x)$ 对变量 x_i 是线性的.

下面对定理 2.2.7 用 e-导数和导数来证明.

证明 2　(1) 证明充分性.

若 (2.2.15) 式成立, 即有

$$f(x_1, x_2, \cdots, x_{i-1}, x_i, x_{i+1}, \cdots, x_n) = \overline{f(x_1, x_2, \cdots, x_{i-1}, \overline{x_i}, x_{i+1}, \cdots, x_n)},$$

则

$$\frac{df(x)}{dx_i}$$

$$= f(x_1, x_2, \cdots, x_{i-1}, x_i, x_{i+1}, \cdots, x_n) + f(x_1, x_2, \cdots, x_{i-1}, \overline{x_i}, x_{i+1}, \cdots, x_n)$$

$$= 1 + f(x_1, x_2, \cdots, x_{i-1}, \overline{x_i}, x_{i+1}, \cdots, x_n) + f(x_1, x_2, \cdots, x_{i-1}, \overline{x_i}, x_{i+1}, \cdots, x_n)$$

$$= 1, \tag{2.2.19}$$

$$\frac{ef(x)}{ex_i}$$

$$= f(x_1, x_2, \cdots, x_{i-1}, x_i, x_{i+1}, \cdots, x_n) f(x_1, x_2, \cdots, x_{i-1}, \overline{x_i}, x_{i+1}, \cdots, x_n)$$

$$= (1 + f(x_1, x_2, \cdots, x_{i-1}, \overline{x_i}, x_{i+1}, \cdots, x_n)) f(x_1, x_2, \cdots, x_{i-1}, \overline{x_i}, x_{i+1}, \cdots, x_n)$$

$$= 0. \tag{2.2.20}$$

由 (2.2.19) 式和 (2.2.20) 式知, 必有

$$f(x) = x_i + f_1(x_1, x_2, \cdots, x_{i-1}, 0, x_{i+1}, \cdots, x_n). \tag{2.2.21}$$

(2) 证明必要性.

若 $f(x)$ 的表达式为 (2.2.21) 式, 则

$$\frac{df(x)}{dx_i} = (x_i + f_1(x_1, x_2, \cdots, x_{i-1}, 0, x_{i+1}, \cdots, x_n))$$

$$+ (\overline{x_i} + f_1(x_1, x_2, \cdots, x_{i-1}, 0, x_{i+1}, \cdots, x_n))$$

$$= 1, \tag{2.2.22}$$

即

$$\frac{df(x)}{dx_i} = f(x_1, x_2, \cdots, x_{i-1}, x_i, x_{i+1}, \cdots, x_n)$$

$$+ f(x_1, x_2, \cdots, x_{i-1}, \overline{x_i}, x_{i+1}, \cdots, x_n) = 1, \tag{2.2.23}$$

故有

$$f(x_1, x_2, \cdots, x_{i-1}, x_i, x_{i+1}, \cdots, x_n) = \overline{f(x_1, x_2, \cdots, x_{i-1}, \overline{x_i}, x_{i+1}, \cdots, x_n)}.$$

定理 2.2.8 布尔函数 $f(x) = f(x_1, x_2, \cdots, x_n) \in GF(2)^{GF(2)^n}$. 若 $f(x)$ 对某自变量 x_i 线性, 则 $f(x)$ 是平衡的, 即

$$w_t(f(x)) = 2^{n-1}.$$

证明 $f(x)$ 对自变量 x_i 为线性, 有

$$f(x) = x_i + f_1(x_1, x_2, \cdots, x_{i-1}, 0, x_{i+1}, \cdots, x_n),$$

则

$$\begin{aligned}
\frac{df(x)}{dx_i} &= (1 + f_1(x_1, x_2, \cdots, x_{i-1}, 0, x_{i+1}, \cdots, x_n)) \\
&\quad + f_1(x_1, x_2, \cdots, x_{i-1}, 0, x_{i+1}, \cdots, x_n) \\
&= 1, \\
\frac{ef(x)}{ex_i} &= (1 + f_1(x_1, x_2, \cdots, x_{i-1}, x_{i+1}, \cdots, x_n))f(x_1, x_2, \cdots, x_{i-1}, x_{i+1}, \cdots, x_n) \\
&= 0.
\end{aligned}$$

故知

$$w_t(f(x)) = 2^{-1}w_t\left(\frac{df(x)}{dx_i}\right) + w_t\left(\frac{ef(x)}{ex_i}\right) = 2^{n-1}.$$

从定理 2.2.8 的证明可知, 若不使用 e-导数和导数来证明, 证明过程不易看明白. 而使用 e-导数和导数的证明是很清楚的.

定理 2.2.9 布尔函数 $f(x) = f(x_1, x_2, \cdots, x_n) \in GF(2)^{GF(2)^n}$, 若 $f(x)$ 是线性函数, 则 $f(x)$ 是平衡函数.

证明 不失一般性, 不妨假设 $f(x)$ 是含变量 x_i 的线性函数, 于是有

$$\frac{df(x)}{dx_i} = 1, \quad \frac{ef(x)}{ex_i} = 0.$$

故有

$$w_t(f(x)) = 2^{-1}w_t\left(\frac{df(x)}{dx_i}\right) + w_t\left(\frac{ef(x)}{ex_i}\right) = 2^{n-1}.$$

但定理 2.2.9 反过来, 即其逆命题是不成立的, 这从定理 2.2.8 就可看出.

线性函数是平衡的, 两个线性函数的和仍然是线性函数, 自然是平衡的. 两个线性函数的乘积可能是齐次函数 (当两个线性函数不含相同的变量时), 也可能不是齐次函数. 两个线性函数的乘积一定不是平衡函数. 对此, 要看下面的定理.

定理 2.2.10　布尔函数 $f(x), g(x) \in GF(2)^{GF(2)^n}$, 若 $f(x)$ 和 $g(x)$ 均为线性函数, 且 $f(x) \neq g(x)$, 其中 $f(x)$ 和 $g(x)$ 中至少有一个函数含变量 x_i 时, 有

$$w_t\left(\frac{d(f(x)g(x))}{dx_i}\right) = 2^{n-1},$$

$$\frac{e(f(x)g(x))}{ex_i} = 0, \quad w_t(f(x)g(x)) = 2^{n-2},$$

即两线性函数的积的非零导数是平衡函数; 而两线性函数的积不是平衡函数, 且积的重量为 2^{n-2}.

证明　分两种情况进行证明.

(1) 当 $f(x)$ 和 $g(x)$ 均含有变量 x_i 时, 有

$$\begin{aligned}
\frac{d(f(x)g(x))}{dx_i} &= f(x)\frac{dg(x)}{dx_i} + g(x)\frac{df(x)}{dx_i} + \frac{df(x)}{dx_i}\frac{dg(x)}{dx_i}\\
&= f(x) + g(x) + 1,
\end{aligned}$$

故有

$$w_t\left(\frac{d(f(x)g(x))}{dx_i}\right) = 2^{n-1},$$

即 $\dfrac{d(f(x)g(x))}{dx_i}$ 是平衡函数. 而

$$w_t\left(\frac{e(f(x)g(x))}{ex_i}\right) = w_t\left(\frac{ef(x)}{ex_i}\frac{eg(x)}{ex_i}\right) = 0,$$

故知

$$\begin{aligned}
w_t(f(x)g(x)) &= 2^{-1}w_t\left(\frac{d(f(x)g(x))}{dx_i}\right) + w_t\left(\frac{e(f(x)g(x))}{ex_i}\right)\\
&= 2^{n-2}.
\end{aligned}$$

(2) 当 $f(x)$ 和 $g(x)$ 中有一个函数不含变量 x_i. 不失一般性, 不妨设 $f(x)$ 含变量 x_i, 而 $g(x)$ 不含变量 x_i, 则

$$\frac{d(f(x)g(x))}{dx_i} = g(x)\frac{df(x)}{dx_i} = g(x).$$

故有

$$w_t\left(\frac{d(f(x)g(x))}{dx_i}\right) = 2^{n-1},$$

即 $\dfrac{d(f(x)g(x))}{dx_i}$ 是平衡函数. 而

$$w_t \left(\frac{e(f(x)g(x))}{ex_i} \right) = w_t \left(g(x) \frac{ef(x)}{ex_i} \right) = 0,$$

故知

$$
\begin{aligned}
& w_t(f(x)g(x)) \\
= {} & 2^{-1} w_t \left(\frac{d(f(x)g(x))}{dx_i} \right) + w_t \left(\frac{e(f(x)g(x))}{ex_i} \right) \\
= {} & 2^{n-2}.
\end{aligned}
$$

定理 2.2.10 成立.

两个线性函数的和仍然是线性函数, 自然也是平衡的. 但一个线性函数与一个平衡函数的和是否仍是平衡的, 或者在满足什么条件下仍是平衡的, 对此, 给出定理 2.2.11.

定理 2.2.11 布尔函数 $f(x), g(x) \in GF(2)^{GF(2)^n}$, 若 $f(x) = f(x_1, x_2, \cdots, x_n)$ 是线性函数, $g(x) = g(x_1, x_2, \cdots, x_n)$ 是平衡函数, 且 $w_t \left(\dfrac{dg(x)}{dx_i} \right) = 2^{n-1} (i = 1, 2, \cdots, n)$, 则

(1) $w_t \left(\dfrac{d(f(x) + g(x))}{dx_i} \right) = 2^{n-1}.$

(2) 若 $f(x)$ 含有变元 x_i, 则

$$w_t \left(\frac{e(f(x) + g(x))}{ex_i} \right) = 2^{n-2} \text{ iff } w_t \left(f(x)g(x) \frac{dg(x)}{dx_i} \right) = 2^{-1} w_t \left(f(x) \frac{dg(x)}{dx_i} \right).$$

$$(2.2.24)$$

证明 (1) 由于 $w_t \left(\dfrac{dg(x)}{dx_i} \right) = 2^{n-1} \ (i = 1, 2, \cdots, n)$, 故

$$
\begin{aligned}
& w_t \left(\frac{d(f(x) + g(x))}{dx_i} \right) \\
= {} & \begin{cases} 2^n - w_t \left(\dfrac{dg(x)}{dx_i} \right), & f(x) \text{ 含变元 } x_i, \\[3mm] w_t \left(\dfrac{dg(x)}{dx_i} \right), & f(x) \text{ 不含变元 } x_i \end{cases} \\
= {} & 2^{n-1}.
\end{aligned}
$$

(2) 由于 $f(x)$ 中也含有变元 x_i, 故

$$w_t\left(\frac{d(f(x)g(x))}{dx_i}\right)$$

$$= w_t\left(g(x) + (1+f(x))\frac{dg(x)}{dx_i}\right)$$

$$= w_t\left(\frac{dg(x)}{dx_i}\right) + w_t(f(x)\frac{dg(x)}{dx_i}) - 2w_t\left(f(x)\frac{dg(x)}{dx_i}\right) + w_t(g(x))$$

$$\quad - 2w_t\left(g(x)\frac{dg(x)}{dx_i}\right) + 2w_t\left(f(x)g(x)\frac{dg(x)}{dx_i}\right)$$

$$= w_t(g(x)) - w_t\left(f(x)\frac{dg(x)}{dx_i}\right) + 2w_t\left(f(x)g(x)\frac{dg(x)}{dx_i}\right), \qquad (2.2.25)$$

所以

$$w_t\left(\frac{d(f(x)g(x))}{dx_i}\right) = 2^{n-1} \text{ iff } w_t\left(f(x)g(x)\frac{dg(x)}{dx_i}\right) = 2^{-1}w_t\left(f(x)\frac{dg(x)}{dx_i}\right).$$

又由于

$$w_t\left(\frac{e(f(x)g(x))}{ex_i}\right) = w_t\left(\frac{ef(x)}{ex_i}\frac{eg(x)}{ex_i}\right) = 0,$$

所以

$$w_t(f(x)g(x)) = 2^{n-2} \text{ iff } w_t\left(f(x)g(x)\frac{dg(x)}{dx_i}\right) = 2^{-1}w_t\left(f(x)\frac{dg(x)}{dx_i}\right).$$

由于

$$w_t(f(x) + g(x)) = w_t(f(x)) + w_t(g(x)) - 2w_t(f(x)g(x)),$$

故有

$$w_t(f(x) + g(x)) = 2^{n-1} \quad \text{iff} \quad w_t\left(f(x)g(x)\frac{dg(x)}{dx_i}\right) = 2^{-1}w_t\left(f(x)\frac{dg(x)}{dx_i}\right).$$
$$\qquad (2.2.26)$$

又由于

$$w_t\left(\frac{e(f(x) + g(x))}{ex_i}\right)$$

$$= w_t(f(x) + g(x)) - 2^{-1}w_t\left(\frac{d(f(x) + g(x))}{dx_i}\right)$$

$$= w_t(f(x) + g(x)) - 2^{n-2}, \qquad (2.2.27)$$

由 (2.2.26) 式和 (2.2.27) 式知

$$w_t\left(\frac{e(f(x)+g(x))}{ex_i}\right)=2^{n-2} \quad \text{iff} \quad w_t\left(f(x)g(x)\frac{dg(x)}{dx_i}\right)=2^{-1}w_t\left(f(x)\frac{dg(x)}{dx_i}\right).$$

定理 2.2.11 成立.

定理 2.2.11 虽然形式上看起来复杂, 实际上把本来较难的计算变简单了.

定理 2.2.11 是重要的, 它是被用来判断线性函数 $f(x)$ 与平衡函数 $g(x)$ 的和 $f(x)+g(x)$ 是否仍平衡的定理.

例 2.2.3 线性函数 $f(x)=x_4$, 平衡布尔函数 $g(x)=x_1+x_4+x_1x_3+x_1x_4+x_2x_3+x_2x_4$, $x\in GF(2)^4$, 有

$$x_4\frac{dg(x)}{dx_4}=x_4+x_1x_4+x_2x_4, \quad w_t\left(x_4\frac{dg(x)}{dx_4}\right)=4,$$

$$x_4g(x)\frac{dg(x)}{dx_4}=x_4+x_1x_4+x_2x_4+x_1x_2x_4, \quad w_t\left(x_4g(x)\frac{dg(x)}{dx_4}\right)=2,$$

满足定理 2.2.11 的 (2.2.24) 式条件.

$$\frac{e(x_4+g(x))}{ex_4}=x_1x_2, \quad w_t\left(\frac{e(x_4+g(x))}{ex_4}\right)=4$$

也符合定理 2.2.11 结果.

例 2.2.3 中的平衡布尔函数 $g(x)$ 是一个 4 元 2 次函数, 即 $n-2$ 次函数; 也存在 $n-1$ 次的平衡布尔函数, 如

$$\begin{aligned}
f(x)=&1+x_1+x_3+x_4+x_5+x_1x_3+x_1x_4+x_1x_5+x_2x_4+x_2x_5+x_3x_4\\
&+x_3x_5+x_1x_2x_3+x_1x_2x_5+x_1x_4x_5+x_2x_3x_5+x_3x_4x_5\\
&+x_1x_3x_4x_5 \quad (x\in GF(2)^5)
\end{aligned}$$

便是 5 元 4 次平衡布尔函数.

但一定不存在 n 元 n 次的平衡布尔函数, 因为平衡布尔函数的重量是偶数. 可做如下简要证明.

证明 因为 $f(x)$ 是平衡布尔函数, 即 $w_t(f(x))=2^{n-1}$ 为偶数. 设 $f(x)=f(x)\frac{df(x)}{dx_n}+\frac{ef(x)}{ex_n}$, 则

$$w_t\left(f(x)\frac{df(x)}{dx_n}\right)=w_t(f(x))+w_t\left(\frac{ef(x)}{ex_n}\right).$$

又 $w_t\left(\frac{ef(x)}{ex_n}\right)$ 必为偶数 (也可为 0), 所以 $w_t\left(f(x)\frac{df(x)}{dx_n}\right)$ 也必为偶数.

假设 $\deg(f(x)) = n$, 则必有

$$
\begin{aligned}
f(x) &= x_1 x_2 \cdots x_n + g(x) \\
&= x_1 x_2 \cdots x_n + g(x)\frac{dg(x)}{dx_n} + \frac{eg(x)}{ex_n} \\
&= x_1 x_2 \cdots x_n + g(x)\frac{dg(x)}{dx_n} + \frac{ef(x)}{ex_n},
\end{aligned}
$$

其中必有

$$
w_t(x_1 x_2 \cdots x_n) = 1, \quad x_1 x_2 \cdots x_n g(x)\frac{dg(x)}{dx_n} = 0,
$$

$$
x_1 x_2 \cdots x_n \frac{ef(x)}{ex_n} = 0, \quad \deg(x_1 x_2 \cdots x_n) = n.
$$

所以, $x_1 x_2 \cdots x_n$ 的值必占 $00 \sim 11$ 这样的 2 元小区间的整 1 个小区间.

由于 $\dfrac{ef(x)}{ex_n}$ 的值按 $00 \sim 11$ 这样的 2 元小区间构成的 2 元函数, 只能是 $x_{n-1}, 1+x_{n-1}, 1$ 等 1 次或 0 次 2 元函数中的函数, 所以必有

$$
\deg\left(\frac{ef(x)}{ex_n}\right) \leqslant n - 1 \quad 且 \quad w_t\left(\frac{ef(x)}{ex_n}\right) = 偶数.
$$

$f(x)\dfrac{df(x)}{dx_n}$ 只能由 $00 \sim 11$ 这样的小区间的 $x_n, 1+x_n$ 且 $w_t(x_n) = w_t(1+x_n) = 2$ 的 2 元 1 次函数中的偶数值函数和 $x_{n-1}x_n, 1+x_{n-1}x_n, x_n+x_{n-1}+x_{n-1}x_n, 1+x_n+x_{n-1}x_n, 1+x_{n-1}+x_{n-1}x_n$ 且重量为奇数 1 或 3 的 2 元 2 次函数中的奇数个函数构成 $\left(由于 x_1 x_2 \cdots x_n \in f(x)\dfrac{df(x)}{dx_n}\right)$. 但 $x_1 x_2 \cdots x_n$ 已占有 1 个小区间, 所以必有

$$
\deg\left(g(x)\frac{dg(x)}{dx_n}\right) \leqslant n - 1.
$$

所以必有

$$
w_t\left(f(x)\frac{df(x)}{dx_n}\right) = 奇数.
$$

而这与 $w_t\left(f(x)\dfrac{df(x)}{dx_n}\right) = 偶数$ 矛盾.

所以, 由反证结果知, 必有

$$
\deg\left(f(x)\frac{df(x)}{dx_n}\right) < n.
$$

所以

$$\deg(f(x)) < n.$$

所以, 这里有定理 2.2.12.

定理 2.2.12 布尔函数 $f(x) = f(x_1, x_2, \cdots, x_n) \in GF(2)^{GF(2)^n}$, 若 $w_t(f(x)) = 2^{n-1}$, 则

$$\max_{f(x)} \deg(f(x)) \leqslant n - 1.$$

2 次齐次布尔函数 $f(x)$ 虽然有 $\dfrac{df(x)}{dx_i}$ 为线性函数, 即有 $w_t\left(\dfrac{df(x)}{dx_i}\right) = 2^{n-1}$ 的特点, 但由于还要考虑 $w_t\left(\dfrac{ef(x)}{ex_i}\right)$, 所以 2 次齐次布尔函数可能有的是平衡的, 但一般来说不一定都是平衡的. 如例 2.2.4 中的 2 次齐次布尔函数, $f_1(x)$ 是平衡的, 而 $f_2(x)$ 不是平衡的.

例 2.2.4 有 2 次齐次布尔函数 $f_1(x)$ 和 $f_2(x)$,

$$\begin{aligned}
f_1(x) = {} & x_1x_2 + x_1x_3 + x_1x_4 + x_1x_5 + x_1x_6 + x_1x_7 + x_2x_3 + x_2x_4 + x_2x_5 \\
& + x_2x_6 + x_2x_7 + x_3x_4 + x_3x_5 + x_3x_6 + x_3x_7 + x_4x_5 + x_4x_6 + x_4x_7 \\
& + x_5x_6 + x_5x_7 + x_6x_7 \\
& (x \in GF(2)^7),
\end{aligned}$$

$$f_2(x) = x_1x_2 + x_3x_4.$$

$f_1(x)$ 便是平衡布尔函数, 有

$$w_t\left(\frac{df_1(x)}{dx_i}\right) = 2^{n-1}, \quad w_t\left(\frac{ef_1(x)}{ex_i}\right) = 2^{n-2} \quad (i = 1, 2, \cdots, 7, n = 7).$$

而 2 次齐次布尔函数 $f_2(x)$, 有 $w_t(f_2(x)) = 2^{n-2} + 2^{n-3}$ $(n = 4)$, $f_2(x)$ 不是平衡布尔函数, 有

$$w_t\left(\frac{df_2(x)}{dx_n}\right) = 2^{n-1}, \quad w_t\left(\frac{ef_2(x)}{ex_n}\right) = 2^{n-3} \quad (n = 4).$$

第 3 章 布尔积分和布尔微分方程

布尔函数的导数的概念最早是在 20 世纪 50 年代提出来的, 也称为布尔差分、布尔微分. 布尔差分 (微分) 在组合电路、时序电路的故障检测、设计、分析中有广泛的研究和应用. 在布尔函数的分解、布尔网络的控制、离散事件动态系统、元胞自动机理论、自动机理论、图像边界检测、滤波理论等理论中也有广泛应用. 离散变量的布尔函数有 n 个变元, 在指数级个数 2^{2^n} 个布尔函数中, 一般都有多个布尔函数的导数是同一个函数, 因而在只知布尔函数对某一个变元的导数的情况下, 求布尔函数的原函数是困难的. 有学者利用矩阵的半张量积于布尔网络的分析与控制的同时, 将矩阵的半张量积应用于布尔微分方程求解. 在布尔函数导数的基础上, 将布尔函数导数的概念与布尔微分的概念划分开来, 提出了单独的布尔微分的概念, 并定义了布尔函数的不定积分, 给出了布尔函数不定积分的矩阵半张量积解法. 自然, 布尔函数的不定积分与布尔微分方程是有关联的. 而为研究布尔函数密码安全性质提出的布尔函数的 e-导数, 也使布尔微分方程产生一些新解法和新类型, 从而可以用导数、e-导数来解布尔积分. 本章对布尔积分和布尔微分方程的一些知识作初步介绍, 也对布尔函数的 e-导数和布尔微分方程的一些关系作初步介绍.

3.1 布 尔 积 分

先给出布尔导数的原函数的定义.

定义 3.1.1 若布尔函数 $f(x), F(x) \in GF(2)^{GF(2)^n}$, 有

$$\frac{dF(x)}{dx_i} = f(x_1, x_2, \cdots, x_n), \tag{3.1.1}$$

则称 $F(x) = F(x_1, x_2, \cdots, x_n)$ 是 $f(x) = f(x_1, x_2, \cdots, x_n)$ 的第 i 次原函数, 记作

$$\int f(x_1, x_2, \cdots, x_n) dx_i = F(x_1, x_2, \cdots, x_n). \tag{3.1.2}$$

但是, 如本章前言所述, 仅仅知道一个 (3.1.1) 式, 要求出原函数 $F(x_1, x_2, \cdots, x_n)$ 是困难的. 这里以一个简单例子例 3.1.1 具体说明.

例 3.1.1 已知 2 元布尔函数 $F(x_1, x_2)$ 对变元 x_1 的导数

$$\frac{dF(x_1, x_2)}{dx_1} = \overline{x_2},\qquad(3.1.3)$$

求原函数 $F(x_1, x_2)$.

解 根据定理 2.1.3,

$$\frac{dF(x_1, x_2)}{dx_1} = F(1, x_2) + F(0, x_2),$$

$\overline{x_2}$ 只可能是 $\overline{x_2} + 0, 0 + \overline{x_2}, 1 + x_2, x_2 + 1$. 故只可能有

(1) $\begin{cases} F(1, x_2) = \overline{x_2}, \\ F(0, x_2) = 0; \end{cases}$

(2) $\begin{cases} F(1, x_2) = 0, \\ F(0, x_2) = \overline{x_2}; \end{cases}$

(3) $\begin{cases} F(1, x_2) = 1, \\ F(0, x_2) = x_2; \end{cases}$

(4) $\begin{cases} F(1, x_2) = x_2, \\ F(0, x_2) = 1. \end{cases}$

又 $F(x_1, x_2)$ 只有 4 个可能的小项 $x_1 x_2, x_1 \overline{x_2}, \overline{x_1} x_2, \overline{x_1}\, \overline{x_2}$, 故由 (3) 得 $F(x_1, x_2) = x_1 \overline{x_2}$, 由 (4) 得 $F(x_1, x_2) = \overline{x_1}\, \overline{x_2}$, 由 (1) 得 $F(x_1, x_2) = x_1 + \overline{x_1} x_2$, 由 (2) 得 $F(x_1, x_2) = \overline{x_1} + x_1 x_2$. 故知 (3.1.3) 式有 4 个原函数.

可知, 对 n 元函数 $F(x) = F(x_1, x_2, \cdots, x_n)$, 仅知道 $F(x)$ 对某个 x_i 的导数, 在 2^{2^n} 个函数中, 有多个布尔函数对 x_i 的导数是 (3.1.1) 式, 故原函数不是唯一确定的. 但利用 $F(x_1, x_2, \cdots, x_n)$ 的多项式表示式, 做如下定义后, 便能唯一确定原函数.

定义 3.1.2 称 dF 为布尔函数 $F(x) = F(x_1, x_2, \cdots, x_n)$ 的微分, 并有如下微分的形式表示:

$$dF = \frac{dF}{dx_1} dx_1 + \frac{dF}{dx_2} dx_2 + \cdots + \frac{dF}{dx_n} dx_n.\qquad(3.1.4)$$

要注意的是, (3.1.4) 式中的 "+" 只是一个形式记号, 并不是真正意义上的 $GF(2)$ 上的 "+" 运算. 后面的根据导数解不定积分的定理 3.1.1 中, 将会看到如何赋予形式记号 "+" 的意义. 下面给出布尔函数不定积分的概念.

定义 3.1.3 若有布尔函数 $F(x) = F(x_1, x_2, \cdots, x_n)$, 分别对所有 n 个变元

的导数是

$$\frac{dF}{dx_1} = f_1(x_2, x_3, \cdots, x_n),$$

$$\frac{dF}{dx_2} = f_2(x_1, x_3, \cdots, x_n), \qquad (3.1.5)$$

$$\vdots$$

$$\frac{dF}{dx_n} = f_n(x_1, x_2, \cdots, x_{n-1}),$$

则函数 $F(x_1, x_2, \cdots, x_n)$ 称为微分形式 $dF = f_1 dx_1 + f_2 dx_2 + \cdots + f_n dx_n$ 的不定积分, dF 称为是可积的, 并在 $F(x_1, x_2, \cdots, x_n)$ 为多项式表示的意义下形式地记为

$$\int dF = \int f_1 dx_1 + \int f_2 dx_2 + \cdots + \int f_n dx_n. \qquad (3.1.6)$$

同样要注意的是, (3.1.6) 式只能是形式表示.

定理 3.1.1 将赋予 (3.1.4) 式、(3.1.6) 式的形式记号 "+" 的实际意义, 并给出已知 (3.1.5) 式的情况下求 $F(x_1, x_2, \cdots, x_n)$ 的方法.

定理 3.1.1　已知布尔函数 $F(x) = F(x_1, x_2, \cdots, x_n)$ 为多项式表示, 且知 $F(x)$ 分别对 n 个变元的导数为

$$\frac{dF(x)}{dx_1} = f_1(x_2, x_3, \cdots, x_n),$$

$$\frac{dF(x)}{dx_2} = f_2(x_1, x_3, \cdots, x_n), \qquad (3.1.7)$$

$$\vdots$$

$$\frac{dF(x)}{dx_n} = f_n(x_1, x_2, \cdots, x_{n-1}),$$

则 dF 是可积的, 且 $F(x_1, x_2, \cdots, x_n) = \int dF$ 为并集 (非多重集) 为

$$A = \big\{ f_1(x_2, x_3, \cdots, x_n) x_1 \text{所有的项} \big\} \bigcup \big\{ f_2(x_1, x_3, \cdots, x_n) x_2 \text{所有的项} \big\}$$

$$\bigcup \cdots \bigcup \big\{ f_n(x_1, x_2, \cdots, x_{n-1}) x_n \text{所有的项} \big\}, \qquad (3.1.8)$$

A 中所有项的和:

$$F(x) = \sum_{k=1}^{n} \sum_{1 \leqslant i_1 < i_2 < \cdots < i_k \leqslant n} a_{i_1} a_{i_2} \cdots a_{i_k} x_{i_1} x_{i_2} \cdots x_{i_k} \qquad (3.1.9)$$

便是 $F(x)$ 的微分形式 dF 的不定积分, 即

$$F(x_1, x_2, \cdots, x_n) = \int dF = \sum_{k=1}^{n} \sum_{1 \leqslant i_1 < i_2 < \cdots < i_k \leqslant n} a_{i_1} a_{i_2} \cdots a_{i_k} x_{i_1} x_{i_2} \cdots x_{i_k}$$

也是布尔微分方程 (3.1.7) 的解.

证明 $F(x)$ 中与 x_r 有关的项有 x_r, 含 x_r 但不含 x_s 的项 $\sum x_{i_1} x_{i_2} \cdots x_r \cdots x_{i_k}$ (注意: 这里和后面无下标的 "$\sum$" 只是表示 "某一类项的和"), 含 x_r 同时也含 x_s 的项 $\sum x_{i_1} x_{i_2} \cdots x_r \cdots x_s \cdots x_{i_k}$, 即

$$x_r + \sum x_{i_1} x_{i_2} \cdots x_r \cdots x_{i_k} + \sum x_{i_1} x_{i_2} \cdots x_r \cdots x_s \cdots x_{i_k}, \tag{3.1.10}$$

于是有

$$\frac{dF(x)}{dx_r} = 1 + \sum x_{i_1} x_{i_2} \cdots 1 \cdots x_{i_k} + \sum x_{i_1} x_{i_2} \cdots 1 \cdots x_s \cdots x_{i_k},$$

故

$$\int f_r dx_r = x_r + \sum x_{i_1} x_{i_2} \cdots x_r \cdots x_{i_k} + \sum x_{i_1} x_{i_2} \cdots x_r \cdots x_s \cdots x_{i_k} \tag{3.1.11}$$

而 $F(x)$ 与 x_s 有关的项为

$$x_s + \sum x_{j_1} x_{j_2} \cdots x_s \cdots x_{j_k} + \sum x_{i_1} x_{i_2} \cdots x_r \cdots x_s \cdots x_{i_k}, \tag{3.1.12}$$

则

$$\frac{dF(x)}{dx_s} = 1 + \sum x_{j_1} x_{j_2} \cdots 1 \cdots x_{j_k} + \sum x_{i_1} x_{i_2} \cdots x_r \cdots 1 \cdots x_{i_k},$$

故

$$\int f_s dx_s = x_s + \sum x_{j_1} x_{j_2} \cdots x_{j_s} \cdots x_{j_k} + \sum x_{i_1} x_{i_2} \cdots x_r \cdots x_s \cdots x_{i_k}. \tag{3.1.13}$$

所以, $\int f_r dx_r$ 和 $\int f_s dx_s$ 中所有项的并集为

$$A_1 = \left\{ \begin{array}{l} x_r, x_s, \sum x_{i_1} x_{i_2} \cdots x_r \cdots x_{i_k} \text{ 中所有的项,} \\ \sum x_{j_1} x_{j_2} \cdots x_s \cdots x_{j_k} \text{ 中所有的项,} \\ \sum x_{i_1} x_{i_2} \cdots x_r \cdots x_s \cdots x_{i_k} \text{ 中所有的项} \end{array} \right\}, \tag{3.1.14}$$

于是, 由 (3.1.11) 式、(3.1.13) 式、(3.1.14) 式可知, 当 $1 \leqslant r < s \leqslant n$ 时, (3.1.8) 式的并集 A 中所有元素 (项), 便是 $F(x)$ 的代数表示式中所有的项. 于是, 这些项的和便为微分形式 dF 的不定积分

$$F(x_1, x_2, \cdots, x_n) = \int dF = \sum_{k=1}^{n} \sum_{1 \leqslant i_1 < i_2 < \cdots < i_k \leqslant n} a_{i_1} a_{i_2} \cdots a_{i_k} x_{i_1} x_{i_2} \cdots x_{i_k},$$

(3.1.15)

(3.1.15) 式也就是布尔微分方程 (3.1.7) 的解.

显然, $1 + F(x)$ 也是微分形式 dF 的不定积分, 也是布尔微分方程 (3.1.7) 的解.

所以, 如果 dF 是可积的, 则可记 dF 的不定积分为

$$\int dF = F(x) + c \quad (c \in GF(2)).$$

(3.1.16)

下面的定理将通过 (3.1.7) 式中函数 f_i 之间关系, 看 $F(x)$ 中是否存在某些特殊项.

定理 3.1.2   设布尔函数 $F(x) = F(x_1, x_2, \cdots, x_n)$ 为多项式表示, $F(x)$ 对各变元的导数为 (3.1.7) 式. 则 $F(x)$ 中有同时含有 x_r 和 x_s 的项, iff

$$\frac{df_r}{dx_s} = \frac{df_s}{dx_r} \neq 0.$$

(3.1.17)

证明   (1) 必要性.

设 $F(x)$ 中所含的同时含有 x_r 和 x_s 的项为 $\sum x_{i_1} x_{i_2} \cdots x_r \cdots x_s \cdots x_{i_k}$, 则

$$\begin{cases} f_r = a_r + \sum x_{l_1} x_{l_2} \cdots 1 \cdots x_{l_k} + \sum x_{i_1} x_{i_2} \cdots 1 \cdots x_s \cdots x_{i_k} \\ f_s = a_s + \sum x_{p_1} x_{p_2} \cdots 1 \cdots x_{p_k} + \sum x_{i_1} x_{i_2} \cdots x_r \cdots 1 \cdots x_{i_k} \end{cases} \quad (a_r \in GF(2)),$$

(3.1.18)

故

$$\frac{df_r}{dx_s} = \frac{df_s}{dx_r} = \sum x_{i_1} x_{i_2} \cdots 1 \cdots 1 \cdots x_{i_k} \neq 0.$$

(3.1.19)

(2) 充分性.

当 (3.1.17) 式成立, 可设为

$$\frac{df_r}{dx_s} = \frac{df_s}{dx_r} = \sum x_{i_1} x_{i_2} \cdots 1 \cdots 1 \cdots x_{i_k} \neq 0,$$

则 f_r 中一定含有项 $\sum x_{i_1} x_{i_2} \cdots 1 \cdots 1 \cdots x_{i_k} x_r$, f_s 中一定含有项 $\sum x_{i_1} x_{i_2} \cdots 1 \cdots$ $1 \cdots x_{i_k} x_s$. 故由 $\dfrac{dF(x)}{dx_r} = f_r$ 和 $\dfrac{dF(x)}{dx_s} = f_s$ 知, $F(x)$ 中必含有项 $\sum x_{i_1} x_{i_2} \cdots$ $x_r \cdots x_s \cdots x_{i_k}$.

方程 (3.1.7) 是一阶微分方程. 从定理 3.1.1 的证明可以看出, 如果不考虑常数项, 方程 (3.1.7) 的解就是唯一的. 下面通过几个例子 (例 3.1.2, 例 3.2.1) 来具体了解一下方程 (3.1.7) 解的唯一性.

例 3.1.2　解微分方程

$$\begin{cases} \dfrac{dF(x)}{dx_1} = x_3 + x_4 + x_2 x_4 + x_3 x_4, \\ \dfrac{dF(x)}{dx_2} = x_4 + x_1 x_4, \\ \dfrac{dF(x)}{dx_3} = 1 + x_1 + x_4 + x_1 x_4, \\ \dfrac{dF(x)}{dx_4} = x_1 + x_2 + x_3 + x_1 x_2 + x_1 x_3. \end{cases} \tag{3.1.20}$$

解　根据定理 3.1.1, 可得解中各项的并集为

$$A = \{x_3, \ x_1 x_3, \ x_1 x_4, \ x_2 x_4, \ x_3 x_4, \ x_1 x_2 x_4, \ x_1 x_3 x_4\},$$

故解为

$$F(x) = x_3 + x_1 x_3 + x_1 x_4 + x_2 x_4 + x_3 x_4 + x_1 x_2 x_4 + x_1 x_3 x_4. \tag{3.1.21}$$

但若对 $x_4 + F(x)$, 则方程 (3.1.20) 中的前 3 个导数不变, 第 4 个导数要改变. 第 4 个导数变为

$$\frac{d(x_4 + F(x))}{dx_4} = 1 + x_1 + x_2 + x_3 + x_1 x_2 + x_1 x_3.$$

可见, 函数变元项改变一项, 导数都会改变. 反之, 导数中某一个导数改变一项, 都会在解的各项的并集中增加一项, 导致解改变.

显然, 这种唯一性是容易证明的, 这里不再赘言. 但对于后面要叙述的二阶及二阶以上的方程, 如果方程中不含对所有变元的 n 个一阶导数, 则不能保证解的唯一性.

3.2　e-导数在解布尔微分方程中的应用

在 3.1 节中叙述布尔积分时, 已讲了一阶布尔微分方程. 这一节主要通过讨论一般二阶布尔微分方程, 在方程中不包含对所有 n 个变元的一阶导数时, 解不唯一; 讨论布尔函数的 e-导数对确定解的唯一性的应用.

下面先给出一般布尔微分方程的定义.

定义 3.2.1　方程

$$G_j\left(c_j,x_i,f,\frac{df(x)}{dx_{i_1}},\frac{df^2(x)}{dx_{i_1}dx_{i_2}},\cdots,\frac{df^k(x)}{dx_{i_1}dx_{i_2}\cdots dx_{i_k}}\right)=0$$

$$(1\leqslant i_k\leqslant r,\ k=1,2,\cdots,r,\ i=1,2,\cdots,n) \tag{3.2.1}$$

称为 k 阶布尔微分方程. 式 (3.2.1) 中, G 表示函数.

下面要说明在不包含对所有 n 个变元的一阶导数时, 二阶布尔微分方程的解不唯一. 由于作详细严谨的理论证明过于复杂, 而且本节主要要讨论利用 e-导数来确定唯一解, 所以对二阶布尔微分方程的解的不唯一只作简要说明.

设函数 $F(x)$ 中含变元 x_r、变元 x_s 的项为

$$\sum x_{i_1}x_{i_2}\cdots x_r\cdots x_{i_k}+\sum x_{i_1}x_{i_2}\cdots x_s\cdots x_{i_k}+\sum x_{i_1}x_{i_2}\cdots x_r\cdots x_s\cdots x_{i_k} \tag{3.2.2}$$

((3.2.2) 式中的 "$\sum$" 只是形式记号, 说明的是: 次数不同的若干项的和及次数相同但变元不尽相同的若干项的和), 故

$$\frac{\partial^2 F}{\partial x_r\partial x_s}=\sum x_{i_1}x_{i_2}\cdots 1\cdots 1\cdots x_{i_k}, \tag{3.2.3}$$

故而 (3.2.3) 式求原函数时, 只能求得 $\sum x_{i_1}x_{i_2}\cdots x_r\cdots x_s\cdots x_{i_k}$ 这一部分的项, 丢失了 $F(x)$ 中的 (3.2.2) 式中两部分的项. 故而 (3.2.2) 式中 $\sum x_{i_1}x_{i_2}\cdots x_r\cdots x_{i_k}$ 和 $\sum x_{i_1}x_{i_2}\cdots x_s\cdots x_{i_k}$ 两部分中, 任意项与 $\sum x_{i_1}x_{i_2}\cdots x_r\cdots x_s\cdots x_{i_k}$ 的和均满足方程 (3.2.3), 均为方程 (3.2.3) 的解, 所以解不唯一. 而对一阶方程

$$\begin{cases}\dfrac{dF}{dx_r}=\sum x_{i_1}x_{i_2}\cdots 1\cdots x_{i_k}+\sum x_{i_1}x_{i_2}\cdots 1\cdots x_s\cdots x_{i_k},\\[3mm]\dfrac{dF}{dx_s}=\sum x_{i_1}x_{i_2}\cdots 1\cdots x_{i_k}+\sum x_{i_1}x_{i_2}\cdots x_r\cdots 1\cdots x_{i_k},\end{cases} \tag{3.2.4}$$

原函数则能找回 (3.2.2) 式的所有的项, 所以解是唯一的.

例 3.2.1　解如下微分方程, 边界条件 $F(0,0,0,0)=0$.

$$\begin{cases}\dfrac{dF(x)}{dx_3}=1+x_1+x_4+x_1x_4,\\[3mm]\dfrac{dF^2(x)}{dx_1dx_4}=1+x_2+x_3,\\[3mm]\dfrac{dF^2(x)}{dx_2dx_4}=1+x_1.\end{cases} \tag{3.2.5}$$

解 记 $f_1 = 1 + x_1 + x_4 + x_1x_4$, $f_2 = 1 + x_2 + x_3, f_3 = 1 + x_1$. 则

$$f_1x_3 = x_3 + x_1x_3 + x_3x_4 + x_1x_3x_4,$$
$$f_2x_1x_4 = x_1x_4 + x_1x_2x_4 + x_1x_3x_4,$$
$$f_3x_2x_4 = x_2x_4 + x_1x_2x_4.$$

所以, f_1x_3 各项与 $f_2x_1x_4$ 各项, 以及 $f_3x_2x_4$ 各项的并集为

$$A = \{x_3, x_1x_3, x_1x_4, x_2x_4, x_3x_4, x_1x_2x_4, x_1x_3x_4\}.$$

但 $\dfrac{dF^2(x)}{dx_1dx_4}$ 和 $\dfrac{dF^2(x)}{dx_2dx_4}$ 会把 F 中可能的项 x_4, x_3, x_2, x_3x_4 处理为 0. 故这些项加入 A 中后, 所构成的函数仍是方程 (3.2.5) 的解. 故

$$F_1 = x_3 + x_1x_3 + x_1x_4 + x_2x_4 + x_3x_4 + x_1x_2x_4 + x_1x_3x_4,$$
$$F_2 = x_4 + F_1 = x_4 + x_3 + x_1x_3 + x_1x_4 + x_2x_4 + x_3x_4 + x_1x_2x_4 + x_1x_3x_4,$$
$$F_3 = x_2 + F_1 = x_2 + x_3 + x_1x_3 + x_1x_4 + x_2x_4 + x_3x_4 + x_1x_2x_4 + x_1x_3x_4,$$
$$F_4 = x_2 + x_4 + F_1 = x_2 + x_4 + x_3 + x_1x_3 + x_1x_4 + x_2x_4 + x_3x_4 + x_1x_2x_4 + x_1x_3x_4$$

均为方程 (3.2.5) 的解.

但如果方程 (3.2.5) 中, 还给出 $F_1(x)$ 的 e-导数 $\dfrac{eF_1(x)}{ex_4} = x_2x_3 + x_1x_2x_3$, 且知 $F_1(x)$, $F_2(x)$, $F_3(x)$, $F_4(x)$ 的 e-导数不同, 则 $\dfrac{eF_1(x)}{ex_4} \cdot F_1(x) = \dfrac{eF_1(x)}{ex_4}$, 而 $\dfrac{eF_1(x)}{ex_4} \cdot F_i(x) \neq \dfrac{eF_1(x)}{ex_4}(i = 2, 3, 4)$, 便可确定满足 e-导数的唯一解.

布尔函数的导数和 e-导数还可用来帮助求特殊函数解, 这时已不是严格意义上的布尔微分方程. 但由于方程中含有导数和 e-导数, 而且所求解与导数和 e-导数有密切关系, 所以可仍称为微分方程.

对下面的方程

$$g(x) + g(x)f(x)\frac{df(x)}{dx_n} + g(x)\frac{ef(x)}{ex_n} = 0 \tag{3.2.6}$$

要从方程 (3.2.6) 中求 $g(x)$.

若已知 (3.2.6) 式中 $f(x)$ 的重量为 $w_t(f(x)) = m$, 则显然方程 (3.2.6) 有 $2^m - 1$ 个解, 而且显然 $f(x)$ 是方程 (3.2.6) 的一个解, 所以把 (3.2.6) 仍称为微分方程还是可以的.

当 m 较大时, $2^m - 1$ 数量很大, 是指数级数量. 但方程 (3.2.6) 是从后面的第二篇——导数、e-导数与布尔函数的密码安全性质的讨论中产生的, 在布尔函数密

码安全性质研究中, 要求的是方程 (3.2.6) 的满足条件的特解 $g'(x)$:

$$\deg(g'(x)) = \min_{g(x) \in G_n[x]} \deg(g(x)). \tag{3.2.7}$$

在条件 (3.2.7) 的要求下, 方程 (3.2.6) 的特解可能只有 1 个, 也可能有多个, 这已是可计算的问题. 当然, 在 $2^m - 1$ 个解中求出满足条件 (3.2.7) 的解也是困难的, 这一问题留待第二篇再予以解决.

3.3　与导数有关的布尔微分方程

在第二篇中还会碰到一些布尔微分方程, 如和前述微分方程不同的布尔函数对多个变元的导数构成的微分方程

$$\frac{\partial f(x_1, x_2, \cdots, x_n)}{\partial(x_1 x_2 \cdots x_r)} = 0. \tag{3.3.1}$$

但在第二篇中已不是要求解出 $f(x_1, x_2, \cdots, x_n)$, 而是要根据方程 (3.3.1) 来讨论函数 $f(x_1, x_2, \cdots, x_n)$ 的密码学性质. 这有点像实数域上常微分方程解的定性分析、偏微分方程解的存在性之类的性质的讨论.

布尔函数对多个变元的导数, 在布尔函数的高次扩散性分析中也有用途, 这一问题也将在第二篇中叙述.

如果已给出布尔函数 $f(x) = f(x_1, x_2, \cdots, x_n)$ 对 2 个变元的导数的展开式中的函数 $f(x_1, x_2, \cdots, 1, \cdots, 0, \cdots, x_n)$, $f(x_1, x_2, \cdots, 0, \cdots, 1, \cdots, x_n)$, $f(x_1, x_2, \cdots, 0, \cdots, 0, \cdots, x_n)$, 再给出布尔函数 $f(x_1, x_2, \cdots, x_n)$ 对单个相关变元的 1 个导数, 则可解出 $f(x_1, x_2, \cdots, x_n)$.

如已知 $f(x_1, x_2, \cdots, x_n)$ 对变元 x_i 和 $x_j(i, j = 1, 2, \cdots, n, \ i < j)$ 的导数中的展开式函数

$$f(x_1, x_2, \cdots, 1, \cdots, 0, \cdots, x_n) = f_1(x),$$
$$f(x_1, x_2, \cdots, 0, \cdots, 1, \cdots, x_n) = f_2(x),$$
$$f(x_1, x_2, \cdots, 0, \cdots, 0, \cdots, x_n) = f_3(x),$$
$$\frac{df(x_1, x_2, \cdots, x_i, \cdots, x_j, \cdots, x_n)}{dx_j}$$
$$= f_4(x) \left(\text{或} \ \frac{df(x_1, x_2, \cdots, x_i, \cdots, x_j, \cdots, x_n)}{dx_i} = f_4(x) \right),$$

求 $f(x) = f(x_1, x_2, \cdots, x_n)$.

由于有 $f(x_1, x_2, \cdots, 0, \cdots, 0, \cdots, x_n) = f_3(x)$, 则可得 $f(x)$ 中所有不含 x_i 和 x_j 的项. $f(x_1, x_2, \cdots, 1, \cdots, 0, \cdots, x_n) = f_1(x)$, 而 $f(x_1, x_2, \cdots, 1, \cdots, 0, \cdots, x_n) = \dfrac{df(x)}{dx_i}\bigg|_{(x_1, x_2, \cdots, 1, \cdots, 0, \cdots, x_n)}$, 将 $f(x)$ 中含 x_j 项去掉了, 又将 $f(x)$ 中含 x_i 的项中的 x_i 代为 1, 会使 $f(x)$ 中含 x_i 的 2 次项变成 1 次项, 从而使 $f(x)$ 中可能含的单个变元的 1 次项, 即 $x_1, x_2, \cdots, x_{i-1}, x_{i+1}, \cdots, x_{j-1}, x_{j+1}, \cdots, x_n$ 中 1 项或若干项中消掉其中一些项, 而这一类消掉的项在 $f(x_1, x_2, \cdots, 0, \cdots, 0, \cdots, x_n)$ 中可找回. 但由于 $x_j = 0$ 会使 $f(x)$ 中同时含有 x_i 和 x_j 的 2 次及 2 次以上的项丢失. 同样, $f(x_1, x_2, \cdots, 0, \cdots, 1, \cdots, x_n) = \dfrac{df(x)}{dx_j}\bigg|_{(x_1, x_2, \cdots, 0, \cdots, 1, \cdots, x_n)}$ 将 $f(x)$ 中含 x_i 的项去掉了, 又将 $f(x)$ 中含 x_j 的项中的 x_j 代为 1, 使 $f(x)$ 中含 x_j 的 2 次项变成 1 次项, 从而使 $f(x)$ 中可能含的单个变元的 1 次项, 即 $x_1, x_2, \cdots, x_{i-1}, x_{i+1}, \cdots, x_{j-1}, x_{j+1}, \cdots, x_n$ 中 1 项或若干项中消掉其中一些项, 而这一类消掉的项同样可在 $f(x_1, x_2, \cdots, 0, \cdots, 0, \cdots, x_n)$ 中找回. 但由于 $x_i = 0$, 会使 $f(x)$ 中同时含有 x_i 和 x_j 的 2 次及 2 次以上的项丢失. 于是, 将 $f(x_1, x_2, \cdots, 1, \cdots, 0, \cdots, x_n)$ 和 $f(x_1, x_2, \cdots, 0, \cdots, 0, \cdots, x_n)$ 比较, 在 $f(x_1, x_2, \cdots, 1, \cdots, 0, \cdots, x_n)$ 中去掉和 $f(x_1, x_2, \cdots, 0, \cdots, 0, \cdots, x_n)$ 中的项相同的项, 剩余的项乘以 x_i, 所得的项即为 $f(x)$ 中只含 x_i 而不含 x_j 的项. 这时, 不必去做比较 $f(x_1, x_2, \cdots, 0, \cdots, 1, \cdots, x_n)$ 和 $f(x_1, x_2, \cdots, 0, \cdots, 0, \cdots, x_n)$ 中相同项的工作. 因为即使做这一工作, 也只能找回只含 x_j 而不含 x_i 的项, 而同样也未能找回同时含 x_i 和 x_j 的项. 但如果这时还知道布尔函数 $f(x)$ 对单个变元 x_j 的导数 $\dfrac{df(x)}{dx_j} = f_4(x)$, 则由 $\dfrac{df(x)}{dx_j} = f_4(x)$ 就可同时求出 $f(x)$ 中仅含 x_j 不含 x_i 的项和同时含有 x_i 和 x_j 的项. 上述论证中, "含" 这个词的意义, 是指该项中的变元可能还有不同于 x_i 和 x_j 的其他变元. 由上述论证可知, 微分方程

$$
\begin{aligned}
&f(x_1, x_2, \cdots, x_{i-1}, 0, x_{i+1}, \cdots, x_{j-1}, 1, x_{j+1}, \cdots, x_n) = h(x), \\
&f(x_1, x_2, \cdots, x_{i-1}, 0, x_{i+1}, \cdots, x_{j-1}, 0, x_{j+1}, \cdots, x_n) = g(x) \\
&(i, j = 1, 2, \cdots, n, i < j), \\
&\frac{df(x_1, x_2, \cdots, x_n)}{dx_j} = p(x)
\end{aligned}
\tag{3.3.2}
$$

可解.

微分方程

$$
\begin{aligned}
&f(x_1, x_2, \cdots, x_{i-1}, 1, x_{i+1}, \cdots, x_{j-1}, 0, x_{j+1}, \cdots, x_n) = r(x), \\
&f(x_1, x_2, \cdots, x_{i-1}, 0, x_{i+1}, \cdots, x_{j-1}, 0, x_{j+1}, \cdots, x_n) = s(x)
\end{aligned}
$$

$$(i, j = 1, 2, \cdots, n, i < j), \tag{3.3.3}$$

$$\frac{df(x_1, x_2, \cdots, x_n)}{dx_i} = t(x)$$

可解.

例 3.3.1　已知方程

$$f(x_1, x_2, x_3, x_4, 1, 0) = x_1x_4 + x_3 + x_1x_2 + x_4 + x_3x_4 + x_2 + x_2x_3 + x_1,$$

$$f(x_1, x_2, x_3, x_4, 0, 0) = x_1x_4 + x_1x_2 + x_3 + x_3x_4 + x_2x_3,$$

$$\frac{df(x_1, x_2, x_3, x_4, x_5, x_6)}{dx_6} = 1 + x_4 + x_3 + x_2 + x_1,$$

求 $f(x_1, x_2, x_3, x_4, x_5, x_6)$.

解　可知并集

$$A = \{x_1x_4, x_1x_2, x_3, x_3x_4, x_2x_3, x_3x_5, x_4x_5, x_2x_5, x_1x_5, x_6, x_4x_6, x_3x_6, x_2x_6, x_1x_6\}$$

中的所有元素即为 $f(x_1, x_2, x_3, x_4, x_5, x_6)$ 的所有的项. 故

$$f(x_1, x_2, x_3, x_4, x_5, x_6)$$
$$= x_6 + x_4x_6 + x_3x_6 + x_2x_6 + x_1x_6 + x_1x_4 + x_1x_2 + x_3 + x_3x_4$$
$$+ x_2x_3 + x_4x_5 + x_3x_5 + x_2x_5 + x_1x_5.$$

例 3.3.2　已知方程

$$f(x_1, x_2, 0, 1) = x_2 + x_1 + x_1x_2,$$
$$f(x_1, x_2, 0, 0) = 0,$$
$$\frac{df(x_1, x_2, x_3, x_4)}{dx_3} = 1 + x_4 + x_1 + x_1x_2x_4,$$

求 $f(x_1, x_2, x_3, x_4)$.

解　可知并集

$$A = \{x_2x_4, x_1x_4, x_1x_2x_4, x_3, x_3x_4, x_1x_3, x_1x_2x_3x_4\}$$

中的所有元素即 $f(x_1, x_2, x_3, x_4)$ 的所有的项. 故

$$f(x_1, x_2, x_3, x_4) = x_3 + x_3x_4 + x_2x_4 + x_1x_3 + x_1x_4 + x_1x_2x_4 + x_1x_2x_3x_4.$$

3.4 导数、e-导数与布尔方程的解法

这里只讲述定义在 $GF(2)$ 上的布尔真值方程和方程组.

解布尔方程的工作很烦琐, 特别是当方程的变量个数较多时更是麻烦. 但借助布尔导数和布尔 e-导数, 可以减少方程的项数, 通过解与布尔方程相应的导数方程和 e-导数方程, 可以较容易地求得布尔方程的解.

定义 3.4.1 设有 n 元布尔函数 $f(x) = f(x_1, x_2, \cdots, x_n) \in GF(2)^n$, 则称

$$f(x) = a \quad (a \in GF(2), \ x \in GF(2)^n)$$

为 $GF(2)$ 上的布尔真值方程. 可简称布尔方程.

若有常向量 $\omega = (\omega_1, \omega_2, \cdots, \omega_n) \in GF(2)^n$, 使方程等式成立, 即 $f(\omega) = f(\omega_1, \omega_2, \cdots, \omega_n) = a$ 成立, 则称 $\omega = (\omega_1, \omega_2, \cdots, \omega_n)$ 是方程 $f(x) = a$ 的解, 或称 ω 满足方程 $f(x) = a$. 解布尔方程 $f(x) = a$, 就是要用某种方法来找出所有使方程成立, 即满足方程的 n 元常向量 $\omega = (\omega_1, \omega_2, \cdots, \omega_n)$.

通常的布尔方程都是有解的, 除非当 $f(x) \equiv a(a \in GF(2))$ 时, 方程 $f(x) = 1 + a$ 才无解.

定义 3.4.2 将 $k(k \geqslant 2)$ 个布尔方程联立成一组, 则构成布尔方程组. 满足布尔方程组中每一个布尔方程的公共解, 称为布尔方程组的解.

求解布尔方程组, 就是要用某种方法来找出布尔方程组的所有解. 由于布尔方程组的解是要满足方程组中每一个方程的公共解, 所以, 通常的布尔方程组中, 虽然构成方程组的每一个方程都有解, 但并不能保证布尔方程组也一定有解. 如果布尔方程组有解, 则称布尔方程组是相容的; 如果布尔方程组无解, 则称布尔方程组是不相容的.

后面要用布尔函数的导数和 e-导数来解布尔方程, 还需要使用布尔不等式, 所以这里给出布尔不等式的概念.

定义 3.4.3 对 $GF(2)^n$ 中的布尔向量 $x = (x_1, x_2, \cdots, x_n)$ 和 $y = (y_1, y_2, \cdots, y_n)$, 如果 $\forall i(1 \leqslant i \leqslant n)$ 都有 $x_i \leqslant y_i$, 称 x 不大于 y, 记为 $x \leqslant y$. 如果 $\forall i(1 \leqslant i \leqslant n)$ 都有 $x_i \leqslant y_i$, 且至少 $\exists i_0(1 \leqslant i_0 \leqslant n)$ 有 $x_{i_0} < y_{i_0}$, 则称 x 小于 y, 记为 $x < y$. 显然, 对任意 $x \in GF(2)^n$, 有 $(0, 0, \cdots, 0) \leqslant x \leqslant (1, 1, \cdots, 1)$.

定义 3.4.4 给出 n 元布尔函数 $f_1(x) : GF(2)^n \to GF(2)$ 和 $f_2(x) : GF(2)^n \to GF(2)$, 对任意 $x_i \in GF(2)^n$, 都有 $f_1(x_i) \leqslant f_2(x_i)$, 称 $f_1(x)$ 不大于 $f_2(x)$, 记为 $f_1(x) \leqslant f_2(x)$. 若对 $\forall x_i \in GF(2)^n$, 都有 $f_1(x_i) \leqslant f_2(x_i)$, 但至少 $\exists x_{i_0} \in GF(2)^n$, 有 $f_1(x_{i_0}) < f_2(x_{i_0})$, 则称 $f_1(x)$ 小于 $f_2(x)$, 记为 $f_1(x) < f_2(x)$. 先给出一个布尔方程的解集和它的导数方程的解集及 e-导数方程的解集之间关系的定理 3.4.1.

定理 3.4.1 设布尔函数 $f(x) \in GF(2)^{GF(2)^n}$, 且 $f(x) \not\equiv a(a \in GF(2))$. 又设布尔方程

$$f(x) = 0$$

的解集为 S. 对任意 $x_i \in \{x_1, x_2, \cdots, x_n\}$, 下列微分方程

$$\frac{df(x)}{dx_i} = 0, \quad \frac{df(x)}{dx_i} = 1, \quad \frac{ef(x)}{ex_i} = 0, \quad \frac{ef(x)}{ex_i} = 1$$

的解集均非空集且分别为 S_1, S_2, S_3, S_4. 则必有

$$\subset S_1 \bigcap S_3 \bigcup S_2 \bigcap S_3,$$

$$S = S_1 \bigcap S_3 \bigcup S \bigcap S_2 \bigcap S_3.$$

证明 由定理 2.2.3 知, 对任意 x_i, 都有

$$f(x) = f(x)\frac{df(x)}{dx_i} + \frac{ef(x)}{ex_i}.$$

由已知 $f(x) \not\equiv a(a \in GF(2))$, 必有

$$f(x)\frac{df(x)}{dx_i} < \frac{df(x)}{dx_i}.$$

于是可知, 对

$$\left(f(x)\frac{df(x)}{dx_i} \right)\bigg|_{x=x'} = 1,$$

则必有

$$\left(\frac{df(x)}{dx_i} \right)\bigg|_{x=x'} = 1 \quad \text{且} \quad \left(\frac{ef(x)}{ex_i} \right)\bigg|_{x=x'} = 0.$$

又由已知条件, 方程

$$\frac{df(x)}{dx_i} = 0, \quad \frac{ef(x)}{ex_i} = 0, \quad \frac{df(x)}{dx_i} = 1, \quad \frac{ef(x)}{ex_i} = 1$$

均有解且解集分别为 S_1, S_2, S_3, S_4. 又由于

$$\frac{df(x)}{dx_i} \cdot \frac{ef(x)}{ex_i} = 0, \quad f(x)\frac{df(x)}{dx_i} \cdot \frac{ef(x)}{ex_i} = 0,$$

所以对 $f(x) = 0$, 则当 $f(x')\dfrac{df(x')}{dx_i'} = 1$ 且 $\dfrac{df(x')}{dx_i'} = 1$ 时, 必有 $\dfrac{ef(x')}{ex_i'} = 0$; 当 $\dfrac{df(x')}{dx_i'} = 0$ 且 $\dfrac{ef(x')}{ex_i} = 0$ 时, 必有 $f(x')\dfrac{df(x')}{dx_i} = 0$; 当 $\dfrac{ef(x')}{ex_i} = 1$ 时, 必有 $\dfrac{df(x')}{dx_i} = 0$. 所以有

$$S_1 - S_3 = S_4, \quad S_1 \bigcap S_3 \subseteq S, \quad S \bigcap S_2 \subset S_2 \bigcap S_3 \subseteq S_3, \quad S \bigcap S_1 = S_1 \bigcap S_3 \subseteq S_3.$$

所以必有

$$S = S\bigcap S_1 \bigcup S\bigcap S_2 \subset S_1\bigcap S_3 \bigcup S_2\bigcap S_3 = S_3.$$

又有 $S\bigcap S_2\bigcap S_3 \subset S_2\bigcap S_3$, 所以有

$$S = S_1\bigcap S_3 \bigcup S\bigcap S_2\bigcap S_3.$$

定理 3.4.2 只要解出导数和 e-导数方程组

$$\begin{cases} \dfrac{df(x)}{dx_i} = 0, \\ \dfrac{ef(x)}{ex_i} = 0 \end{cases} \tag{3.4.1}$$

的解和方程组

$$\begin{cases} \dfrac{df(x)}{dx_i} = 1, \\ \dfrac{ef(x)}{ex_i} = 0 \end{cases} \tag{3.4.2}$$

的解, 则方程组 (3.4.1) 的解是布尔方程 $f(x) = 0$ 的解; 方程组 (3.4.2) 的解中包含了布尔方程 $f(x) = 0$ 的除从方程组 (3.4.1) 中解得的解外的剩余的解. 因此, 解布尔方程就只需解如上两组导数和 e-导数方程组, 并将方程组 (3.4.2) 的解代入原布尔方程 $f(x) = 0$ 检验即可.

例 3.4.1 求解布尔真值方程

$$f(x) = 1 + x_1 + x_2 + x_1x_2 + x_2x_3 = 0.$$

解 先求解导数方程

$$\frac{df(x)}{dx_3} = x_2 = 0,$$

求得解集

$$S_1 = \{(0,0,0),\ (0,0,1),\ (1,0,0),\ (1,0,1)\}.$$

求解导数方程

$$\frac{df(x)}{dx_3} = x_2 = 1,$$

求得解集

$$S_2 = \{(0,1,0),\ (0,1,1),\ (1,1,0),\ (1,1,1)\}.$$

求解 e-导数方程

$$\frac{ef(x)}{ex_3} = 1 + x_1 + x_2 + x_1x_2 = 0,$$

求得解集

$$S_3 = \{(0,1,0),\ (0,1,1),\ (1,0,0),\ (1,0,1),\ (1,1,0),\ (1,1,1)\}.$$

又求得

$$S_2 \bigcap S_3 = \{(0,1,0),\ (0,1,1),\ (1,1,0),\ (1,1,1)\}.$$

将集合 $S_2 \bigcap S_3$ 中的向量代入原布尔方程检验解, 得 $(0,1,0),(1,1,0)$ 是布尔方程 $f(x) = 0$ 的解.

又求得

$$S_1 \bigcap S_3 = \{(1,0,0),\ (1,0,1)\}.$$

所以, 布尔方程 $f(x) = 0$ 的解集为

$$S = \{(0,1,0),\ (1,0,0),\ (1,0,1),\ (1,1,0)\}.$$

从定理 3.4.1 和例 3.4.1 中可以看到两点:

(1) 定理 3.4.1 和例 3.4.1 都没能直接得出方程 $f(x) = 0$ 的解, 而是得出包含解集的一个势大于解集的势的有限集, 然后通过检验解, 再把解集找出来. 那么, 为什么不直接就解出解集, 而要再花费检验解的步骤呢?

(2) 既然对方程 $f(x) = 0$, 可以用求出并解出它的导数方程和 e-导数方程的方法来解, 那么, 是否会出现导数方程. 特别是 e-导数方程仍然不好解的问题呢? 实际中如果出现这种问题, 又该如何来解决这个问题呢?

对于上述的问题 (1) 确实也可以找到直接通过解导数方程和 e-导数方程就立即得出方程 $f(x) = 0$ 的解的方法. 如: 设 e-导数方程 $\dfrac{ef(x)}{ex_i} = 1$ 的解集为 S_4, 导数方程 $f(x)\dfrac{df(x)}{dx_i}$ 的解集为 S_5, 方程 $f(x) = 0$ 的解集为 S^*. 则必有 $S^* = S - \overline{S_4} \bigcap \overline{S_5}$, $S^* = S_4 \bigcup S_5$.

但是, 这种直接利用导数、e-导数求解集的方法却可能使 $f(x)\dfrac{df(x)}{dx_i} = 1 \Big($ 或 $f(x)\dfrac{df(x)}{dx_i} = 0\Big)$ 仍然是一个项数较多、变量个数也没有减少的函数, 或者项数稍有减少而变量个数没有减少的函数. 例如, 有

$$f(x) = 1 + x_2 + x_3 + x_1x_3 + x_2x_4 + x_3x_4 + x_1x_2x_3 + x_1x_2x_4 + x_1x_2x_3x_4,$$

$$f(x)\frac{df(x)}{dx_4} = x_3x_4 + x_2x_4 + x_1x_2x_3 + x_1x_2x_4 + x_1x_3x_4 + x_1x_2x_3x_4$$

就是 1 个变量个数都并未减少的 $f(x)\dfrac{df(x)}{dx_4}$. 这样, 本来要通过解导数方程和 e-导数方程来减少要求解的方程的项数与变量数的目的就未达到, 反而成了多此一举

的方法而失去了意义. 所以, 定理 3.4.1 并不是给出了一个要死套的解方程的公式,
而只是给出了一种解方程的方法, 使得解方程有了使解方程变得更简单、更容易
的灵活性.

对问题 (2), 的确是一个在解实际应用问题的布尔方程时经常会遇到的问题.
比如在图论、运筹学等学科中遇到的实际问题, 所得布尔方程一般都是变量数较
多、$GF(2)^n$ 的 n 很大、项也很多的方程. 对这类实际中经常要遇到的布尔方程,
自然可以将解导数方程和 e-导数方程的方法举一反三地再次用到已得到的导数方
程和 e-导数方程上, 使得最终能最简便地解出布尔方程. 但是, 在这里只讲使用导
数和 e-导数简化解布尔方程工作的基本方法, 所以不再举出并叙述这种更为复杂
的布尔方程的实例.

例 3.4.1 主要是为了用来说明这种利用导数和 e-导数来解布尔方程的方法.
例 3.4.1 中的布尔真值方程是比较简单的方程, 所以, 对 $f(x)\dfrac{df(x)}{dx_i} = 0$ 也可以求
一下, 对这个方程来说, 要更简单一点. 但对 $GF(2)^n$ 的 n 很大、项数较多的方程,
一般不适宜再对 $f(x)\dfrac{df(x)}{dx_i} = 0$ 求解.

对例 3.4.1, 还可以有

$$\frac{df(x)}{dx_1} = 1 + x_2, \quad f(x)\frac{df(x)}{dx_1} = 1 + x_1 + x_2 + x_1x_2, \quad \frac{ef(x)}{ex_1} - x_2x_3.$$

令 $f(x)\dfrac{df(x)}{dx_1} = 0$, 有解集

$$S_1 = \{(0,1,0),\ (0,1,1),\ (1,0,0),\ (1,0,1),\ (1,1,0),\ (1,1,1)\};$$

令 $\dfrac{ef(x)}{ex_1} = 0$, 有解集

$$S_2 = \{(0,0,0),\ (0,0,1),\ (0,1,0),\ (1,0,0),\ (1,0,1),\ (1,1,0)\}.$$

所以有 $f(x) = 0$ 的解集

$$S = S_1 \bigcap S_2 = \{(0,1,0),\ (1,0,0),\ (1,0,1),\ (1,1,0)\}.$$

在很多实际工作中, 需要求解布尔真值方程组. 如有布尔真值方程组

$$\begin{cases} f_1(x) = 0, \\ f_2(x) = 0, \\ \quad \vdots \\ f_k(x) = 0, \end{cases}$$

求解这个布尔真值方程组, 需要对每一个方程 $f_i(x) = 0$, 通过求解 $\dfrac{df_i(x)}{dx_r} = 0$ 和 $\dfrac{ef_i(x)}{ex_r} = 0$ 得解集 S_{i_1}, 求解 $\dfrac{df_i(x)}{dx_r} = 1$ 和 $\dfrac{ef_i(x)}{ex_r} = 0$, 并经检验解, 求得解集 S_{i_2}, 则可求得 $f_i(x) = 0$ 的解集 $S_i = S_{i_1} \bigcup S_{i_2}$. 在求得每一个方程的解集 S_1, S_2, $\cdots$, S_i, $\cdots$, S_k 后, 各方程解集的交集

$$S = S_1 \bigcap S_2 \bigcap \cdots \bigcap S_i \bigcap \cdots \bigcap S_k,$$

即为布尔真值方程组的解集.

例 3.4.2   求解布尔真值方程组

$$\begin{cases} f_1(x) = 1 + x_1 + x_2 + x_1 x_2 + x_2 x_3 = 0, \\ f_2(x) = x_2 + x_3 + x_1 x_2 + x_1 x_3 + x_2 x_3 + x_1 x_2 x_3 + x_1 x_2 x_4 = 0, \\ f_3(x) = 1 + x_1 + x_4 + x_1 x_2 + x_1 x_4 = 0. \end{cases}$$

解   求 $f_1(x) = 0$ 的布尔导数方程和布尔 e-导数方程:

$$\frac{df_1(x)}{dx_1} = 1 + x_2 = 0, \quad \frac{ef_1(x)}{ex_1} = x_2 x_3 = 0, \quad \frac{df_1(x)}{dx_1} = 1 + x_2 = 1.$$

通过如例 3.4.1 的求解方法求解, 求得布尔方程 $f_1(x) = 0$ 的解集为

$$\begin{aligned} S_1 = \{ & (0,1,0,0), (0,1,0,1), (1,0,0,0), (1,0,0,1), (1,0,1,0), \\ & (1,0,1,1), (1,1,0,0), (1,1,0,1) \}. \end{aligned}$$

对 $f_2(x) = 0$, 也通过对其布尔导数方程和布尔 e-导数方程

$$\begin{aligned} \frac{df_2(x)}{dx_1} &= x_2 + x_3 + x_2 x_3 + x_2 x_4 = 0, \\ \frac{ef_2(x)}{ex_1} &= x_2 x_4 = 0, \\ \frac{df_2(x)}{dx_1} &= x_2 + x_3 + x_2 x_3 + x_2 x_4 = 1 \end{aligned}$$

求解, 求得布尔方程 $f_2(x) = 0$ 的解集为

$$\begin{aligned} S_2 = \{ & (0,0,0,0), (0,0,0,1), (1,0,0,0), (1,0,0,1), (1,0,1,0), \\ & (1,0,1,1), (1,1,0,0), (1,1,1,0) \}. \end{aligned}$$

对 $f_3(x) = 0$, 也通过对其布尔导数方程和布尔 e-导数方程

$$\frac{df_3(x)}{dx_1} = 1 + x_2 + x_4 = 0, \quad \frac{ef_3(x)}{ex_1} = x_2 + x_2 x_4 = 0, \quad \frac{df_3(x)}{dx_1} = 1 + x_2 + x_4 = 1$$

求解, 求得布尔方程 $f_3(x) = 0$ 的解集为

$$S_3 = \{(0,0,0,1),(0,0,1,1),(0,1,0,1),(0,1,1,1),(1,0,0,0),$$
$$(1,0,0,1),(1,0,1,0),(1,0,1,1)\}.$$

于是可求得布尔方程组的解集为

$$S = S_1 \bigcap S_2 \bigcap S_3 = \{(1,0,0,0),(1,0,0,1),(1,0,1,0),(1,0,1,1)\}.$$

利用布尔导数方程和布尔 e-导数方程来求解布尔方程组, 只能如同例 3.4.2 这样的解法, 求出每一个方程的解集后, 再通过求各解集的交集来求得布尔方程组的解集. 通常, 布尔方程组都一定有解. 但布尔方程组当然也有无解的情形, 如布尔方程组

$$\begin{cases} f_1(x) = 1 + x_1 + x_1x_3 + x_2x_3 = 0, \\ f_2(x) = x_1 + x_2 + x_3 + x_1x_2 + x_1x_3 + x_2x_3 = 0, \\ f_3(x) = x_2x_3 = 0 \end{cases}$$

就是无解的, 或说它的解集是空集.

利用布尔导数方程和布尔 e-导数方程来求解布尔方程, 如果能选择好求导变量, 就会将原来项数较多的布尔方程变为项数较少的布尔导数方程和布尔 e-导数方程, 从而使求解工作变得容易了. 这是利用布尔导数方程和布尔 e-导数方程来求解布尔方程的方法的优点. 这一方法在布尔方程或布尔方程组的变量较多、项数也较多的情况下, 更能显示其优势, 它能将要求解的布尔方程变成项数少得多的布尔导数方程和布尔 e-导数方程求解, 这要比直接解布尔方程容易很多. 但要实现这一优点, 一定要注意对求导变量的选择, 选择不当, 就不能实现这一优点. 一般应该选择在方程中含有该变量的项的项数约占方程总项数一半的变量作为求导变量. 这样选择的原理可以从布尔导数和布尔 e-导数的定义看出.

例 3.4.3 求解布尔真值方程

$$f(x) = 1 + x_2 + x_3 + x_1x_3 + x_2x_4 + x_3x_4 + x_1x_2x_3 + x_1x_3x_4 + x_1x_2x_3x_4 = 0.$$

解 求解布尔导数方程

$$\frac{df(x)}{dx_4} = x_2 + x_3 + x_1x_3 + x_1x_2x_3 = 0,$$

求得导数方程的解集为

$$S_1 = \{(0,0,0,0),(0,0,0,1),(0,1,1,0),(0,1,1,1),(1,0,0,0),(1,0,0,1),(1,0,1,0),$$
$$(1,0,1,1),(1,1,1,0),(1,1,1,1)\},$$

求解布尔 e-导数方程

$$\frac{ef(x)}{ex_4} = 1 + x_2 + x_3 + x_1x_3 + x_1x_2x_3 = 0,$$

求得 e-导数方程的解集为

$$S_2 = \{(0,0,1,0),(0,0,1,1),(0,1,0,0),(0,1,0,1),(1,1,0,0),(1,1,0,1)\}.$$

求解布尔导数方程

$$\frac{df(x)}{dx_4} = x_2 + x_3 + x_1x_3 + x_1x_2x_3 = 1,$$

求得导数方程的解集为

$$S_3 = \{(0,0,1,0),(0,0,1,1),(0,1,0,0),(0,1,0,1),(1,1,0,0),(1,1,0,1)\}.$$

于是有

$$S_1 \bigcap S_2 = \varnothing,$$

$$S_2 \bigcap S_3 = \{(0,0,1,0),(0,0,1,1),(0,1,0,0),(0,1,0,1),(1,1,0,0),(1,1,0,1)\}.$$

将 $S_2 \bigcap S_3$ 中的向量代入原布尔方程检验, 求得 $(0,0,1,0)$,$(0,1,0,0)$,$(1,1,0,0)$ 是布尔方程 $f(x) = 0$ 的解. 所以, 布尔方程的解集为

$$S = S_1 \bigcap S_2 \bigcup S \bigcap S_2 \bigcap S_3 = \varnothing \bigcup \{(0,0,1,0),(0,1,0,0),(1,1,0,0)\}$$

$$= \{(0,0,1,0),\ (0,1,0,0),\ (1,1,0,0)\}.$$

例 3.4.4　求解布尔真值方程

$$f(x) = 1 + x_1x_3 + x_2x_4 + x_3x_4 + x_3x_5 + x_1x_2x_3 + x_1x_3x_4 + x_1x_3x_5 + x_2x_3x_4$$

$$+ x_2x_3x_5 + x_2x_4x_5 + x_3x_4x_5 + x_1x_2x_3x_4 + x_1x_2x_3x_5 + x_1x_3x_4x_5$$

$$= 0,$$

解　选择 x_5 为求导变量. 求解布尔导数方程

$$\frac{df(x)}{dx_5} = x_3 + x_1x_3 + x_2x_3 + x_2x_4 + x_3x_4 + x_1x_2x_3 + x_1x_3x_4 = 0,$$

求得导数方程的解集为

$$S_1 = \{(0,0,1,0,0),(0,0,1,0,1),(0,1,0,1,0),(0,1,0,1,1),(1,1,0,1,0),$$

$$(1,1,0,1,1),(1,1,1,1,0),(1,1,1,1,1)\}.$$

求解布尔 e-导数方程

$$\frac{ef(x)}{ex_5} = 1 + x_3 + x_2x_3 + x_2x_4 = 0,$$

求得布尔 e-导数方程的解集为

$$S_2 = \left\{ \begin{array}{l} (0,0,1,0,0), (0,0,1,0,1), (0,0,1,1,0), (0,0,1,1,1), (0,1,0,1,0), \\ (0,1,0,1,1), (0,1,1,1,0), (0,1,1,1,1), (1,0,1,0,0), (1,0,1,0,1), \\ (1,0,1,1,0), (1,0,1,1,1), (1,1,0,1,0), (1,1,0,1,1), (1,1,1,1,0), \\ (1,1,1,1,1) \end{array} \right\}.$$

于是可求得

$$S_2 - S_1 \bigcap S_2 = \left\{ \begin{array}{l} (0,0,1,1,0), (0,0,1,1,1), (0,1,1,1,0), (0,1,1,1,1), (1,0,1,0,0), \\ (1,0,1,0,1), (1,0,1,1,0), (1,0,1,1,1) \end{array} \right\}.$$

将向量集合 S_1 中的向量代入原布尔方程检验, 得到

$$S_1' = \{(0,0,1,0,1), (0,1,0,1,0), (1,1,0,1,0), (1,1,1,1,0)\}.$$

于是, 求得原布尔方程 $f(x) = 0$ 的解集为

$$\begin{aligned} S &= S_1' \bigcup (S_2 - S_1 \bigcap S_2) \\ &= \left\{ \begin{array}{l} (0,0,1,0,1), (0,0,1,1,0), (0,0,1,1,1), (0,1,0,1,0), (0,1,1,1,0), \\ (0,1,1,1,1), (1,0,1,0,0), (1,0,1,0,1), (1,0,1,1,0), (1,0,1,1,1), \\ (1,1,0,1,0), (1,1,1,1,0) \end{array} \right\}. \end{aligned}$$

例 3.4.4 中的布尔真值方程变量为 5 个, 项数较多, 有 15 项. 选择的求导变量 x_5 出现的项的项数为 7 项, 约占总项数的一半, 所以求得的布尔导数只有 7 项, 布尔 e-导数有 4 项, 所以求解较容易. 变量 x_3 出现的项的项数为 12 项, 如果选择 x_3 为求导变量, 则

$$\begin{aligned} \frac{df(x)}{dx_3} = &x_1 + x_4 + x_5 + x_1x_2 + x_1x_4 + x_1x_5 + x_2x_4 + x_2x_5 + x_4x_5 + x_1x_2x_4 \\ &+ x_1x_2x_5 + x_1x_4x_5 \end{aligned}$$

为 12 项,

$$\begin{aligned} \frac{ef(x)}{ex_3} = &1 + x_1 + x_4 + x_5 + x_1x_2 + x_1x_4 + x_1x_5 + x_2x_5 + x_4x_5 + x_1x_2x_4 \\ &+ x_1x_2x_5 + x_1x_4x_5 + x_2x_4x_5 \end{aligned}$$

为 13 项. 由对变量 x_3 的布尔导数和布尔 e-导数分别构成的方程就较为难解了.

例 3.4.4 的解法, 并不是按定理 3.4.1 要求的那样一步步地解, 而是只求解了布尔导数方程和布尔 e-导数方程

$$\frac{df(x)}{dx_5} = 0 \quad \text{和} \quad \frac{ef(x)}{ex_5} = 0,$$

便从其解集中直接找出了原布尔方程 $f(x) = 0$ 的解. 这种方法对如例 3.4.4 那样的 n 较大, 导数为 0 的导数方程的解集元素太多的方程来说, 大大减少了工作量和求交集的工作. 这种解法对解如例 3.4.4 那样的布尔方程是需要的. 而这种解布尔方程的方法在定理 3.4.1 的证明中, 也包含有对其存在与正确的证明. 下面把这一解法不再做重复证明地给出定理 3.4.2.

定理 3.4.3   设布尔函数 $f(x) \in GF(2)^{GF(2)^n}$, 且 $f(x) \not\equiv a \ (a \in GF(2))$. 对任意 x_i 的布尔导数方程和布尔 e-导数方程

$$\frac{df(x)}{dx_i} = 0, \quad \frac{ef(x)}{ex_i} = 0, \quad \frac{df(x)}{dx_i} = 1, \quad \frac{ef(x)}{ex_i} = 1$$

都有解. 又设布尔方程

$$f(x) = 0$$

的解集为 S. 相应的布尔导数方程

$$\frac{df(x)}{dx_i} = 0$$

的解集为 S_1; 布尔 e-导数方程

$$\frac{ef(x)}{ex_i} = 0$$

的解集为 S_2. 则

$$S \subseteq S_1 \bigcup S_2, \quad S = S \bigcap (S_1 \bigcup S_2), \quad (S_2 - S_1) \subset S.$$

根据定理 3.4.2, 解布尔方程 $f(x) = 0$, 只需求得如定理 3.4.2 中所述的布尔导数方程的解集 S_1 和布尔 e-导数方程的解集 S_2, 求出 $S_2 - S_1$, 这是 S 中的一部分解. 再将 S_1 中的向量代入布尔方程 $f(x) = 0$ 中检验, 找出其中所含的布尔方程 $f(x) = 0$ 的解. 不妨将这些解构成的集合记为 S_1', 则 $|S_1'| = 2^{-1}|S_1|$, 而 $S = S_1' \bigcup (S_2 - S_1)$, 即可得出布尔方程 $f(x) = 0$ 的全部的解.

例 3.4.5 求解布尔真值方程组

$$
\begin{cases}
\overline{x_9} + x_1 = \overline{x_1 x_4} + \overline{x_1} x_8 + \overline{x_1 x_9} + \overline{x_1 x_4 x_9} + \overline{x_1} x_8 \overline{x_9} + \overline{x_1 x_4} x_8 \overline{x_9}, \\
\overline{x_9} + x_2 = \overline{x_2 x_3} + \overline{x_2} x_6 + \overline{x_2 x_9} + \overline{x_2 x_3 x_9} + \overline{x_2} x_6 \overline{x_9} + \overline{x_2 x_3} x_6 \overline{x_9}, \\
\overline{x_9} + x_3 = \overline{x_3 x_4} + \overline{x_3} x_6 + \overline{x_3 x_9} + \overline{x_3 x_4 x_9} + \overline{x_3} x_6 \overline{x_9} + \overline{x_3 x_4} x_6 \overline{x_9}, \\
\overline{x_9} + x_4 = \overline{x_4 x_5} + \overline{x_4} x_6 + \overline{x_4 x_9} + \overline{x_4 x_5 x_9} + \overline{x_4} x_6 \overline{x_9} + \overline{x_4 x_5} x_6 \overline{x_9}, \\
\overline{x_9} + x_5 = \overline{x_5 x_2} + \overline{x_5} x_1 + \overline{x_5 x_9} + \overline{x_5 x_2 x_9} + \overline{x_5} x_1 \overline{x_9} + \overline{x_5 x_2} x_1 \overline{x_9}, \\
\overline{x_9} + x_6 = \overline{x_6 x_5} + \overline{x_6} x_8 + \overline{x_6 x_9} + \overline{x_6 x_5 x_9} + \overline{x_6} x_8 \overline{x_9} + \overline{x_6 x_5} x_8 \overline{x_9}, \\
\overline{x_9} + x_7 = \overline{x_7 x_3} + \overline{x_7} x_8 + \overline{x_7 x_9} + \overline{x_7 x_3 x_9} + \overline{x_7} x_8 \overline{x_9} + \overline{x_7 x_3} x_8 \overline{x_9}, \\
\overline{x_9} + x_8 = \overline{x_8 x_2} + \overline{x_8} x_1 + \overline{x_8 x_9} + \overline{x_8 x_2 x_9} + \overline{x_8} x_1 \overline{x_9} + \overline{x_8 x_2} x_1 \overline{x_9}.
\end{cases}
$$

解 方程组中共有 8 个方程, 9 个变量. 将 8 个方程分别记为

$$
f_1(x) = 0, \ f_2(x) = 0, \ f_3(x) = 0, \ f_4(x) = 0, \ f_5(x) = 0,
$$

$$
f_6(x) = 0, \ f_7(x) = 0, \ f_8(x) = 0.
$$

这 8 个方程均以 $\overline{x_9}$ 为求导变量是适宜的.

(1) 先对第 1 个方程 $f_1(x) = 0$ 求解, 以 $\overline{x_9}$ 为求导变量, 有

$$
\frac{df_1(x)}{d\overline{x_9}} = 1 + \overline{x_1} + \overline{x_1 x_4} + \overline{x_1} x_8 + \overline{x_1 x_4} x_8 \quad \text{和} \quad \frac{ef_1(x)}{e\overline{x_9}} \equiv 0.
$$

由于 $\dfrac{ef_1(x)}{e\overline{x_9}} \equiv 0$, 所以只需求

$$
\frac{df_1(x)}{d\overline{x_9}} = 0 \quad \text{和} \quad \frac{df_1(x)}{d\overline{x_9}} = 1
$$

的解. 求得 $\dfrac{df_1(x)}{d\overline{x_9}} = 0$ 的解为

$$
(0, *, *, 1, *, *, *, 0, *).
$$

求得 $\dfrac{df_1(x)}{d\overline{x_9}} = 1$ 的解为

$$
(0, *, *, 0, *, *, *, *, *), \quad (0, *, *, 1, *, *, *, 1, *), \quad (1, *, *, *, *, *, *, *, *).
$$

由于布尔 e-导数恒等于零, 即 $\dfrac{ef_1(x)}{e\overline{x_9}} \equiv 0$, 所以 $\dfrac{df_1(x)}{d\overline{x_9}} = 0$ 的解一定是原布尔方程 $f_1(x) = 0$ 的解, 即

$$
(0, *, *, 1, *, *, *, 0, *)
$$

是布尔方程 $f_1(x) = 0$ 的解.

将布尔导数方程 $\dfrac{df_1(x)}{d\overline{x_9}} = 1$ 的解代入原布尔方程 $f_1(x) = 0$ 进行检验, 得到

$$(0, *, *, 0, *, *, *, 0, 0), \quad (0, *, *, 0, *, *, *, 1, 1), \quad (0, *, *, 1, *, *, *, 1, 0),$$

$$(1, *, *, *, *, *, *, *, 0)$$

是布尔方程 $f_1(x) = 0$ 的解.

所以, 布尔方程 $f_1(x) = 0$ 的解是

$$(0, *, *, 0, *, *), \quad (0, *, *, 0, *, *, *, 1, 1), \quad (0, *, *, 1, *, *, *, 1, 0),$$

$$(1, *, *, *, *, *, *, *, 0), \quad (0, *, *, 1, *, *, *, 0, *).$$

(2) 对第 2 个方程 $f_2(x) = 0$ 以 $\overline{x_9}$ 为求导变量求解, 有

$$\frac{df_2(x)}{d\overline{x_9}} = 1 + \overline{x_2} + \overline{x_2 x_3} + \overline{x_2} x_6 + \overline{x_2 x_3} x_6 \quad \text{和} \quad \frac{ef_2(x)}{e\overline{x_9}} \equiv 0.$$

于是求得 $\dfrac{df_2(x)}{d\overline{x_9}} = 0$ 的解为

$$(*, 0, 1, *, *, 0, *, *).$$

求得 $\dfrac{df_2(x)}{d\overline{x_9}} = 1$ 的解为

$$(*, 0, 0, *, *, *, *, *, *), \quad (*, 0, 1, *, *, 1, *, *, *), \quad (*, 1, *, *, *, *, *, *, *).$$

同样, 由于 $\dfrac{ef_2(x)}{e\overline{x_9}} \equiv 0$, 所以 $\dfrac{df_2(x)}{d\overline{x_9}} = 0$ 的解一定是原布尔方程 $f_2(x) = 0$ 的解, 即

$$(*, 0, 1, *, *, 0, *, *, *)$$

是布尔方程 $f_2(x) = 0$ 的解.

将布尔导数方程 $\dfrac{df_2(x)}{d\overline{x_9}} = 1$ 的解代入原布尔方程 $f_2(x) = 0$ 进行检验, 得到

$$(*, 0, 0, *, *, 1, *, *, 1), \quad (*, 0, 0, *, *, 0, *, *, 0), \quad (*, 0, 1, *, *, 1, *, *, 0),$$

$$(*, 1, *, *, *, *, *, *, 0)$$

是布尔方程 $f_2(x) = 0$ 的解.

所以, 布尔方程 $f_2(x) = 0$ 的解是

$$(*, 0, 1, *, *, 0, *, *, *), \quad (*, 0, 0, *, *, 1, *, *, 1), \quad (*, 0, 0, *, *, 0, *, *, 0),$$

$$(*, 0, 1, *, *, 1, *, *, 0), \quad (*, 1, *, *, *, *, *, *, 0).$$

(3) 对第 3 个方程 $f_3(x) = 0$ 以 $\overline{x_9}$ 为求导变量求解, 有

$$\frac{df_3(x)}{d\overline{x_9}} = 1 + \overline{x_3} + \overline{x_3 x_4} + \overline{x_3} x_6 + \overline{x_3 x_4} x_6 \quad 和 \quad \frac{ef_3(x)}{e\overline{x_9}} \equiv 0.$$

于是求得 $\dfrac{df_3(x)}{d\overline{x_9}} = 0$ 的解为

$$(*, *, 0, 1, *, 0, *, *, *).$$

求得 $\dfrac{df_3(x)}{d\overline{x_9}} = 1$ 的解为

$$(*, *, 0, 0, *, *, *, *, *), \quad (*, *, 0, 1, *, 1, *, *, *), \quad (*, *, 1, *, *, *, *, *, *).$$

将布尔导数方程 $\dfrac{df_3(x)}{d\overline{x_9}} = 1$ 的解代入原布尔方程 $f_3(x) = 0$ 进行检验, 得到

$$(*, *, 0, 0, *, 0, *, *, 0), \quad (*, *, 0, 0, *, 1, *, *, 1), \quad (*, *, 0, 1, *, 1, *, *, 0),$$

$$(*, *, 1, *, *, *, *, *, 0)$$

是布尔方程 $f_3(x) = 0$ 的解.

由于 $\dfrac{ef_3(x)}{e\overline{x_9}} \equiv 0$, 所以布尔导数方程 $\dfrac{df_3(x)}{d\overline{x_9}} = 0$ 的解是原布尔方程 $f_3(x) = 0$ 的解.

所以, 布尔方程 $f_3(x) = 0$ 的解是

$$(*, *, 0, 1, *, 0, *, *, *), \quad (*, *, 0, 0, *, 0, *, *, 0), \quad (*, *, 0, 0, *, 1, *, *, 1),$$

$$(*, *, 0, 1, *, 1, *, *, 0), \quad (*, *, 1, *, *, *, *, *, 0).$$

(4) 对第 4 个方程 $f_4(x) = 0$ 以 $\overline{x_9}$ 为求导变量求解, 有

$$\frac{df_4(x)}{d\overline{x_9}} = 1 + \overline{x_4} + \overline{x_4 x_5} + \overline{x_4} x_6 + \overline{x_4 x_5} x_6 \quad 和 \quad \frac{ef_4(x)}{e\overline{x_9}} \equiv 0.$$

于是求得 $\dfrac{df_4(x)}{d\overline{x_9}} = 0$ 的解为

$$(*, *, *, 0, 1, 0, *, *, *).$$

求得 $\dfrac{df_4(x)}{d\overline{x}_9} = 1$ 的解为

$$(*, *, *, 0, 0, *, *, *, *), \quad (*, *, *, 0, 1, 1, *, *, *), \quad (*, *, *, 1, *, *, *, *, *).$$

将布尔导数方程 $\dfrac{df_4(x)}{d\overline{x}_9} = 1$ 的解代入原布尔方程 $f_4(x) = 0$ 进行检验, 得到

$$(*, *, *, 0, 0, 0, *, *, 0), \quad (*, *, *, 0, 0, 1, *, *, 1), \quad (*, *, *, 0, 1, 1, *, *, 0),$$
$$(*, *, *, 1, *, *, *, *, 0)$$

是布尔方程 $f_4(x) = 0$ 的解.

由于 $\dfrac{ef_4(x)}{e\overline{x}_9} \equiv 0$, 所以布尔导数方程 $\dfrac{df_4(x)}{d\overline{x}_9} = 0$ 的解是原布尔方程 $f_4(x) = 0$ 的解.

所以, 布尔方程 $f_4(x) = 0$ 的解是

$$(*, *, *, 0, 0, 0, *, *, 0), \quad (*, *, *, 0, 0, 1, *, *, 1), \quad (*, *, *, 0, 1, 1, *, *, 0),$$
$$(*, *, *, 1, *, *, *, *, 0), \quad (*, *, *, 0, 1, 0, *, *, *).$$

(5) 同样的方法, 通过对第 5 个方程 $f_5(x) = 0$ 求 $f_5(x)$ 对有补变量 $\overline{x}_9$ 的布尔导数、布尔 e-导数, 然后求解 2 个布尔导数方程并检验解, 求得布尔方程 $f_5(x) = 0$ 的解为

$$(0, 1, *, *, 0, *, *, *, *), \quad (0, 0, *, *, 0, *, *, *, 0), \quad (1, 0, *, *, 0, *, *, *, 1),$$
$$(1, 1, *, *, 0, *, *, *, 0), \quad (*, *, *, *, 1, *, *, *, 0).$$

(6) 同样, 通过对第 6 个方程 $f_6(x) = 0$ 求 $f_6(x)$ 对有补变量 $\overline{x}_9$ 的布尔导数、布尔 e-导数, 然后求解 2 个布尔导数方程并检验解, 求得布尔方程 $f_6(x) = 0$ 的解为

$$(*, *, *, *, 0, 0, *, 0, 0), \quad (*, *, *, *, 0, 0, *, 1, 1), \quad (*, *, *, *, 1, 0, *, 0, *),$$
$$(*, *, *, *, 1, 0, *, 1, 0), \quad (*, *, *, *, 1, *, *, *, 0).$$

(7) 同样, 通过对第 7 个方程 $f_7(x) = 0$ 求 $f_7(x)$ 对有补变量 $\overline{x}_9$ 的布尔导数、布尔 e-导数, 然后求解 2 个布尔导数方程并检验解, 求得布尔方程 $f_7(x) = 0$ 的解为

$$(*, *, 0, *, *, *, 0, 0, 0), \quad (*, *, 0, *, *, *, 0, 1, 1), \quad (*, *, 1, *, *, *, 0, 1, 0),$$
$$(*, *, *, *, *, *, 1, *, 0), \quad (*, *, 1, *, *, *, 0, 0, *).$$

(8) 同样, 通过对第 8 个方程 $f_8(x) = 0$ 求 $f_8(x)$ 对有补变量 $\overline{x_9}$ 的布尔导数、布尔 e-导数, 然后求解 2 个布尔导数方程并检验解, 求得布尔方程 $f_8(x) = 0$ 的解为

$$(0, 0, *, *, *, *, *, 0, 0), \quad (1, 0, *, *, *, *, *, 0, 1), \quad (1, 1, *, *, *, *, *, 0, 0),$$
$$(*, *, *, *, *, *, *, 1, 0), \quad (0, 1, *, *, *, *, *, 0, *).$$

将布尔方程 $f_1(x) = 0$, $f_2(x) = 0$, 直到 $f_8(x) = 0$ 的各自的解集分别记为 $S_1, S_2, S_3, S_4, S_5, S_6, S_7, S_8$, 求这 8 个解集的交集, 得到

$$S_1 \bigcap S_2 \bigcap S_3 \bigcap S_4 \bigcap S_5 \bigcap S_6 \bigcap S_7 \bigcap S_8$$
$$= \{(0, 0, 0, 0, 0, 0, 0, 0, 0), \ (1, 1, 1, 1, 1, 1, 1, 1, 0)\}.$$

所以, 原布尔方程组的解是

$$(0, 0, 0, 0, 0, 0, 0, 0, 0), \quad (1, 1, 1, 1, 1, 1, 1, 1, 0).$$

在例 3.4.5 的求解中可以看到, 由于布尔方程 $f(x) = 0$ 的函数 $f(x)$ 的 e-导数恒等于零, 所以只需求解函数 $f(x)$ 的导数等于 1 和 $f(x)$ 的导数等于 0 的这样两个导数方程, 即可求得原布尔方程 $f(x) = 0$ 的解. 这样的解法的道理其实已包含在定理 3.4.1 中了. 同样, 如果某布尔方程 $f(x) = 0$ 的函数 $f(x)$ 的导数恒等于零, 则只需求解函数 $f(x)$ 的 e-导数等于 0 的 e-导数方程, 而布尔方程 $f(x) = 0$ 的解集就等于所解 e-导数方程的解集. 同样, 这样的解法的道理也包含在定理 3.4.1 中. 上述两种解法, 在解布尔方程时是极为可能会需要的. 因此, 将这两种解法作为定理 3.4.1 的推论明确给出.

推论 设布尔方程

$$f(x) = 0$$

的解集为 S. 又设布尔导数方程

$$\frac{df(x)}{dx_i} = 0$$

的解集为 S_1; 布尔导数方程

$$\frac{df(x)}{dx_i} = 1$$

的解集为 S_2. 布尔 e-导数方程

$$\frac{ef(x)}{ex_i} = 0$$

的解集为 S_3.

(1) 如果布尔函数 $f(x)$ 对变量 x_i 的 e-导数恒等于零, 则必有

$$S \subset S_1 \bigcup S_2,$$

且 S_1 中函数的导数方程的解, 全部是布尔方程 $f(x) = 0$ 的解.

(2) 如果布尔函数 $f(x)$ 对变量 x_i 的导数恒等于零, 则必有

$$S = S_3,$$

$f(x) = 0$ 与 $\dfrac{ef(x)}{ex_i} = 0$ 等价, 即这两个方程有完全相同的解.

在前面用布尔导数、e-导数方法求解布尔方程组的例 3.4.2 和例 3.4.5 中, 方程组中的每个方程都是以同一个变量来求导数和 e-导数. 例 3.4.2 的方程组中的 3 个方程都是以 x_1 为求导变量, 来求函数的布尔导数和布尔 e-导数, 并解布尔导数方程和布尔 e-导数方程来求解布尔方程. 例 3.4.5 的方程组中的 8 个方程都是以 $\overline{x_9}$ 为求导变量, 来求函数的布尔导数和布尔 e-导数, 并解布尔导数方程来求解布尔方程. 但这两个例子中的布尔方程组, 只是布尔方程组中的一种情况. 一般情况下, 布尔方程组中的各方程很有可能要用不同的求导变量来求导并求解, 这样才能简化计算, 如例 3.4.6.

例 3.4.6　求解布尔真值方程组

$$
\begin{cases}
f_1(x) = 1 + x_2 + x_3 + x_4 + x_5 + x_1x_3 + x_2x_3 + x_2x_5 + x_4x_5 + x_1x_4x_5 \\
\qquad + x_2x_3x_4 + x_2x_3x_5 + x_3x_4x_5 + x_1x_2x_3x_4 + x_1x_2x_3x_5 + x_1x_2x_4x_5 = 0, \\
f_2(x) = x_2 + x_3 + x_4 + x_5 + x_2x_5 + x_4x_5 + x_1x_2x_3 + x_1x_2x_5 + x_1x_3x_4 \\
\qquad + x_1x_4x_5 + x_2x_3x_5 + x_3x_4x_5 \\
\qquad = 0.
\end{cases}
$$

解　对布尔方程 $f_1(x) = 0$, 选择 x_5 为求导变量, 有

$$\frac{df_1(x)}{dx_5} = 1 + x_2 + x_4 + x_2x_3 + x_3x_4 + x_1x_4 + x_1x_2x_3 + x_1x_2x_4,$$

$$\frac{ef_1(x)}{ex_5} = x_1x_2x_3x_4 + x_1x_2x_3.$$

于是通过解布尔导数方程和布尔 e-导数方程, 求得布尔方程 $f_1(x) = 0$ 的解集 S_1.

对布尔方程 $f_2(x) = 0$, 选择 x_2 为求导变量, 有

$$\frac{df_2(x)}{dx_2} = 1 + x_5 + x_1x_3 + x_1x_5 + x_3x_5,$$

$$\frac{ef_2(x)}{ex_2} = x_5 + x_1x_3 + x_1x_5 + x_3x_5.$$

于是通过解布尔导数方程和布尔 e-导数方程, 求得布尔方程 $f_2(x) = 0$ 的解集 S_2.

最终求得原布尔真值方程组的解集为

$$S = S_1 \bigcap S_2 = \{(0,1,1,0,0),\ (1,0,1,0,1),\ (1,1,0,0,1),\ (1,1,1,1,1)\}.$$

在例 3.4.6 的求解计算中, 对布尔方程 $f_1(x) = 0$ 和布尔方程 $f_2(x) = 0$ 分别使用了不同的求导变量 x_5 和 x_2. 可以看到, 对布尔方程 $f_2(x) = 0$ 使用求导变量 x_2, 可使函数 $f_2(x)$ 的布尔导数和布尔 e-导数很简单, 项数很少, 便于求解. 倘若仍要和布尔方程 $f_1(x) = 0$ 保持一致, 将求导变量取为 x_5, 就有

$$\frac{df_2(x)}{dx_5} = 1 + x_2 + x_4 + x_1x_2 + x_2x_3 + x_3x_4,$$

$$\frac{ef_2(x)}{ex_5} = x_2 + x_4 + x_1x_2 + x_1x_4 + x_2x_3 + x_3x_4 + x_1x_2x_3 + x_1x_2x_4.$$

函数 $f_2(x)$ 的布尔导数和布尔 e-导数的项数都较题解中所用的、对变量 x_2 的函数的布尔导数和布尔 e-导数的项数要多, 尤其是 e-导数的项数增加更多, 这自然也增加了求导数方程和 e-导数方程解的难度. 所以, 对布尔方程组, 要根据各方程的特点, 各自选取不一定相同的求导变量.

第 4 章　e-导数微分方程在逻辑电路检测中的应用

4.1　e-导数微分方程在逻辑电路检测中的应用

在组成逻辑电路的分支电路中, 可能有些分支电路易出故障, 造成逻辑电路在数据 (或信号) 传输中某些支线出现输出误差, 从而使最终的输出结果错误. 因此, 需要有能够对这些易出故障的支线进行误差检测的技术手段, 以确认该逻辑电路是否有故障. 如果有故障, 是哪一条支线出了故障, 这就是误差检测工作. 用含布尔函数导数的微分方程进行误差检测, 是一种易于使用的误差检测方法. 但布尔函数导数的微分方程有时对一些线路的误差不能检测. 这时, 用布尔函数 e-导数的微分方程却可以对这种误差进行检测. 因此, 布尔函数 e-导数微分方程的逻辑线路误差检测方法, 是必须具备的方法. 自然, 为说明布尔函数 e-导数微分方程逻辑电路误差检测方法的必要性, 也需要对布尔函数导数微分方程逻辑电路误差检测方法进行叙述.

下面先给出误差检测的概念.

定义 4.1.1　在逻辑电路 $f(x_1, x_2, \cdots, x_n)$ 的某根导线 j 所传输信号的误差检测中, 对某组输入信号 $x_1, x_2, \cdots, x_n$, 导线 j 的传输信号原应为 1, 而却误为 0, 则称这种误差为线路 j 的 0-误差; 若导线 j 的传输信号原应为 0, 而却误为 1, 则称这种误差为 j 线的 1-误差.

下面给出布尔微分方程检测逻辑电路误差的定理 4.1.1 和定理 4.1.2. 要注意的是, 这里的逻辑电路是由门电路组成的组合电路. 而前面将布尔函数、布尔函数的导数和 e-导数都定义在 $GF(2)$ 上, 所以本节都用 $GF(2)$ 上的运算来表示逻辑电路.

由于 j 线是逻辑电路 $f(x_1, x_2, \cdots, x_n)$ 中某些电路的输出线, 所以 j 线以 x_j 表示. 而 x_j 是输入变量 $x_1, x_2, \cdots, x_n$ 的函数, 可表示为 $x_j(x_1, x_2, \cdots, x_n)$. 而逻辑电路的输出 $f(x_1, x_2, \cdots, x_n)$ 也是变量 x_j 的函数, 故可表示为 $f(x_1, x_2, \cdots, x_n, x_j)$.

定理 4.1.1　逻辑电路 $f(x_1, x_2, \cdots, x_n, x_j)$ 的 j 线的 0-误差可由导数微分方程检测 iff 导数微分方程

$$x_j(x_1, x_2, \cdots, x_n) \frac{df(x_1, x_2, \cdots, x_n, x_j)}{dx_j} = 1 \qquad (4.1.1)$$

有解. 导数微分方程 (4.1.1) 有解时, 它的解就是 j 线的 0-误差检测向量.

j 线的 1-误差可由导数微分方程检测 iff 导数微分方程

$$\overline{x_j(x_1, x_2, \cdots, x_n)} \, \frac{df(x_1, x_2, \cdots, x_n, x_j)}{dx_j} = 1 \qquad (4.1.2)$$

有解. 导数微分方程 (4.1.2) 有解时, 它的解就是 j 线的 1-误差检测向量.

定理 4.1.1 的证明是容易的, 不再证明.

推论 若导数微分方程 (4.1.1) 恒假, 则逻辑电路 $f(x_1, x_2, \cdots, x_n, x_j)$ 的 j 线的 0-误差不能由导数微分方程检测. 若导数微分方程 (4.1.2) 恒假, 则逻辑电路 $f(x_1, x_2, \cdots, x_n, x_j)$ 的 j 线的 1-误差不能由导数微分方程检测.

当逻辑电路 $f(x_1, x_2, \cdots, x_n, x_j)$ 的 j 线的 0-误差或 1-误差不能由导数微分方程检测时, 却往往可由该逻辑电路的 j 线的 e-导数微分方程检测. 同样, 也有 e-导数微分方程的 0-误差和 1-误差检测定理 4.1.2.

定理 4.1.2 逻辑电路 $f(x_1, x_2, \cdots, x_n, x_j)$ 的 j 线的 0-误差可由 e-导数微分方程检测 iff e-导数微分方程

$$x_j(x_1, x_2, \cdots, x_n) \frac{ef(x_1, x_2, \cdots, x_n, x_j)}{ex_j} = 1 \qquad (4.1.3)$$

有解. e-导数微分方程 (4.1.3) 有解时, 它的解就是 j 线的 0-误差检测向量.

证明 e-导数微分方程展开, 有

$$x_j(x_1, x_2, \cdots, x_n) \, f(x_1, x_2, \cdots, x_n, x_j) \, f(x_1, x_2, \cdots, x_n, \overline{x_j}) = 1,$$

若方程有解 $(a_1, a_2, \cdots, a_n)$, 则

$$x_j(a_1, a_2, \cdots, a_n) = 1, \quad f(a_1, a_2, \cdots, a_n, 1) = 1, \quad f(a_1, a_2, \cdots, a_n, 0) = 1,$$

可知, 将 $(a_1, a_2, \cdots, a_n)$ 作为输入向量, 即可作 0-误差检测. 而若 x_j 线能由向量 $(a_1, a_2, \cdots, a_n)$ 作 0-误差检测, 则 $(a_1, a_2, \cdots, a_n)$ 就是这个 e-导数微分方程的解.

j 线的 1-误差可由 e-导数微分方程检测 iff e-导数微分方程

$$\overline{x_j(x_1, x_2, \cdots, x_n)} \, \frac{ef(x_1, x_2, \cdots, x_n, x_j)}{ex_j} = 1 \qquad (4.1.4)$$

有解. e-导数微分方程 (4.1.4) 有解时, 它的解就是 j 线的 1-误差检测向量. 这是由于

$$\frac{ef(x_1, x_2, \cdots, x_n, x_j)}{ex_j} = x_j f(x_1, x_2, \cdots, x_n, 1) f(x_1, x_2, \cdots, x_n, 0)$$
$$+ \overline{x_j} f(x_1, x_2, \cdots, x_n, 1) f(x_1, x_2, \cdots, x_n, 0), \qquad (4.1.5)$$

因而证明也是容易的, 不再详证.

同样, 也存在 j 线的 0-误差和 1-误差都不能由 e-导数微分方程检测的情形.

推论　若 e-导数微分方程 (4.1.3) 恒假, 则逻辑电路 $f(x_1, x_2, \cdots, x_n, x_j)$ 的 j 线的 0-误差不能由 e-导数微分方程检测. 若导数微分方程 (4.1.4) 恒假, 则逻辑电路 $f(x_1, x_2, \cdots, x_n, x_j)$ 的 j 线的 1-误差不能由 e-导数微分方程检测.

由定理 4.1.1 的推论和定理 4.1.2 的推论可知, 无论是导数微分方程误差检测方法, 还是 e-导数微分方程误差检测方法都是需要的.

4.2　微分方程线路检测实例

本节将通过检测实例, 说明逻辑电路误差检测的导数微分方程检测方法和 e-导数微分方程检测方法的具体操作, 也说明两种误差检测方法对逻辑电路的误差检测都是必须的.

例 4.2.1　有逻辑电路如图 4.2.1 所示. 分别求 j 线和 r 线的 0-误差检测和 1-误差检测的导数微分方程检测向量、e-导数微分方程检测向量.

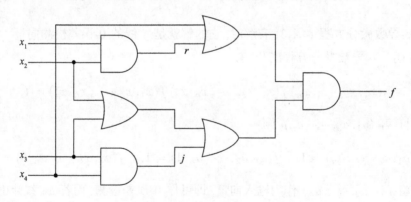

图 4.2.1　例 4.2.1 的组合电路图

解　图 4.2.1 逻辑电路的逻辑函数分别包含 x_j 和 x_r 的函数表达式在 $GF(2)$ 上的表示式为

$$f(x_1, x_2, x_3, x_4, x_j) = (x_j + x_2 x_j + x_3 x_j + x_2 x_3 x_j + x_2 + x_3 \\ + x_2 x_3)(x_3 + x_1 x_2 + x_1 x_2 x_3),$$

$$f(x_1, x_2, x_3, x_4, x_r) = (x_r + x_3 x_r + x_3)(x_2 + x_3 + x_2 x_3).$$

(1) 先求 j 线的 0-误差检测和 1-误差检测的导数微分方程检测向量.

求含变元 x_j 的布尔函数 $f(x_1, x_2, x_3, x_4, x_j)$ 对 x_j 的导数:

$$\frac{df(x_1, x_2, x_3, x_4, x_j)}{dx_j} = (1 + x_2 + x_3 + x_2 x_3)(x_3 + x_1 x_2 + x_1 x_2 x_3) = 0.$$

所以, j 线的 0-误差和 1-误差均不能由导数微分方程检测.

(2) 求 j 线的 0-误差检测和 1-误差检测的 e-导数微分方程检测向量.

求布尔函数 $f(x_1, x_2, x_3, x_4, x_j)$ 对 x_j 的 e-导数:

$$\frac{ef(x_1, x_2, x_3, x_4, x_j)}{ex_j} = x_3 + x_1 x_2 + x_1 x_2 x_3.$$

又有 $x_j = x_3 x_4$, 故

$$x_j \frac{ef(x_1, x_2, x_3, x_4, x_j)}{ex_j} = x_3 x_4.$$

所以, j 线的 0-误差检测的 e-导数微分方程的解, 即 j 线的 0-误差检测向量为

$$\{0011,\ 0111,\ 1011,\ 1111\}.$$

又有

$$\overline{x_j} \frac{ef(x_1, x_2, x_3, x_4, x_j)}{ex_j} = x_3 + x_3 x_4 + x_1 x_2 + x_1 x_2 x_3,$$

所以, j 线的 1-误差检测的 e-导数微分方程的解, 即 j 线的 1-误差检测向量为

$$\{1100,\ 1101,\ 1110\}.$$

(3) 求 r 线的 0-误差检测和 1-误差检测的导数微分方程检测向量.

求布尔函数 $f(x_1, x_2, x_3, x_4, x_r)$ 对 x_r 的导数, 有

$$\frac{df(x_1, x_2, x_3, x_4, x_r)}{dx_r} = x_2(1 + x_3).$$

又 $x_r = x_1 x_2$, 故有

$$x_r \frac{df(x_1, x_2, x_3, x_4, x_r)}{dx_r} = x_1 x_2(1 + x_3).$$

所以, r 线的 0-误差检测的导数微分方程的解, 即 r 线的 0-误差检测向量为

$$\{1100,\ 1101\}.$$

又由于

$$\overline{x_r} \frac{df(x_1, x_2, x_3, x_4, x_r)}{dx_r} = x_2 + x_1 x_2 + x_2 x_3 + x_1 x_2 x_3,$$

所以, r 线的 1-误差检测的导数微分方程的解, 即 r 线的 1-误差检测向量为

$$\{0100,\ 0101\}.$$

(4) 求 r 线的 0-误差检测和 1-误差检测的 e-导数微分方程检测向量.

求布尔函数 $f(x_1, x_2, x_3, x_4, x_r)$ 对 x_r 的 e-导数, 有

$$\frac{ef(x_1, x_2, x_3, x_4, x_r)}{ex_r} = x_3.$$

又 $x_r = x_1 x_2$, 故有

$$x_r \frac{ef(x_1, x_2, x_3, x_4, x_r)}{ex_r} = x_1 x_2 x_3.$$

所以, r 线的 0-误差检测的 e-导数微分方程的解, 即 r 线的 0-误差检测向量为

$$\{1110,\ 1111\}.$$

又由于

$$\overline{x_r} \frac{ef(x_1, x_2, x_3, x_4, x_r)}{ex_r} = x_3 + x_1 x_2 x_3,$$

所以, r 线的 1-误差检测的 e-导数微分方程的解, 即 r 线的 1-误差检测向量为

$$\{0010,\ 0011,\ 0110,\ 0111,\ 1010,\ 1011\}.$$

取 r 线的 0-误差检测的导数微分方程检测向量集和 e-导数微分方程检测向量集的并集:

$$\{1100,\ 1101,\ 1110,\ 1111\}, \tag{4.2.1}$$

该并集中的向量元素就是 r 线的 0-误差检测的全部检测向量.

取 r 线的 1-误差检测的导数微分方程检测向量集和 e-导数微分方程检测向量集的并集:

$$\{0100,\ 0101,\ 0010,\ 0011,\ 0110,\ 0111,\ 1010,\ 1011\}, \tag{4.2.2}$$

该并集中的向量元素就是 r 线的 1-误差检测的全部检测向量.

从例 4.2.1 中可以看到, 当导数微分方程误差检测方法不能检测时, 而相应的 e-导数微分方程误差检测方法却能进行有效的、相应的线路检测. 这说明 e-导数微分方程误差检测方法是一种必不可少的逻辑电路检测方法.

同样, 也有逻辑电路不能用 e-导数微分方程误差检测方法进行检测, 却可以用导数微分方程误差检测方法进行有效检测, 如例 4.2.2.

例 4.2.2 有逻辑电路如图 4.2.2 所示. 分别求 j 线和 r 线的 0-误差检测和 1-误差检测的导数微分方程检测向量、e-导数微分方程检测向量.

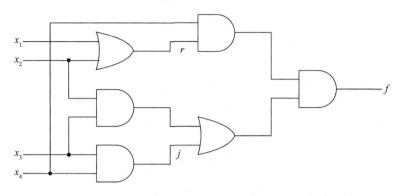

图 4.2.2 例 4.2.2 的组合电路图

解 图 4.2.2 逻辑电路的逻辑函数分别包含 x_j 和 x_r 的函数表达式在 $GF(2)$ 上的表示式为

$$f(x_1, x_2, x_3, x_4, x_j) = (x_j + x_2x_3x_j + x_2x_3)(x_1 + x_2 + x_1x_2)x_4,$$
$$f(x_1, x_2, x_3, x_4, x_r) = x_rx_4(x_3x_4 + x_2x_3 + x_2x_3x_4).$$

(1) 求 j 线的 0-误差检测和 1-误差检测的导数微分方程检测向量和 e-导数微分方程检测向量.

先求 j 线的 0-误差检测和 1-误差检测的导数微分方程检测向量.

求含变元 x_j 的布尔函数 $f(x_1, x_2, x_3, x_4, x_j)$ 对 x_j 的导数:

$$\frac{df(x_1, x_2, x_3, x_4, x_j)}{dx_j} = (1 + x_2x_3)(x_1 + x_2 + x_1x_2)x_4 = (x_1 + x_2 + x_1x_2 + x_2x_3)x_4.$$

又 $x_j = x_3x_4$, 所以

$$x_j\frac{df(x_1, x_2, x_3, x_4, x_j)}{dx_j} = x_1x_3x_4 + x_1x_2x_3x_4.$$

所以 j 线的 0-误差检测的导数微分方程的解, 即 j 线的 0-误差检测向量为 $\{1011\}$.

又有

$$\overline{x_j}\frac{df(x_1, x_2, x_3, x_4, x_j)}{dx_j} = x_1x_4 + x_2x_4 + x_1x_2x_4 + x_2x_3x_4 + x_1x_3x_4 + x_1x_2x_3x_4,$$

所以 j 线的 1-误差检测的导数微分方程的解, 即 j 线的 1-误差检测向量为

$$\{1001, 1101, 0101\}.$$

下面求 j 线的 0-误差检测和 1-误差检测的 e-导数微分方程检测向量.

求含变元 x_j 的布尔函数 $f(x_1, x_2, x_3, x_4, x_j)$ 对 x_j 的 e-导数, 有

$$\frac{ef(x_1, x_2, x_3, x_4, x_j)}{ex_j} = x_2 x_3 x_4.$$

所以有

$$x_j \frac{ef(x_1, x_2, x_3, x_4, x_j)}{ex_j} = x_2 x_3 x_4.$$

所以 j 线的 0-误差检测的 e-导数微分方程的解, 即 j 线的 0-误差检测向量为

$$\{0111, \ 1111\}.$$

取 j 线的 0-误差检测的导数微分方程检测向量集和 e-导数微分方程检测向量集的并集

$$\{1011, \ 0111, \ 1111\}, \tag{4.2.3}$$

该并集即 j 线的 0-误差检测向量集. 又有

$$\overline{x_j} \frac{ef(x_1, x_2, x_3, x_4, x_j)}{ex_j} = 0,$$

所以, j 线的 1-误差不能由 e-导数微分方程检测.

(2) 求 r 线的 0-误差和 1-误差检测的导数微分方程检测向量与 e-导数微分方程检测向量.

求布尔函数 $f(x_1, x_2, x_3, x_4, x_r)$ 对 x_r 的导数, 有

$$\frac{df(x_1, x_2, x_3, x_4, x_r)}{dx_r} = x_3 x_4.$$

又 $x_r = x_1 + x_2 + x_1 x_2$, 故

$$x_r \frac{df(x_1, x_2, x_3, x_4, x_r)}{dx_r} = x_1 x_3 x_4 + x_2 x_3 x_4 + x_1 x_2 x_3 x_4.$$

所以, r 线的 0-误差检测的导数微分方程的解集, 即 r 线的 0-误差检测向量的集合为

$$\{1011, \ 1111, \ 0111\}.$$

又由于

$$\overline{x_r} \frac{df(x_1, x_2, x_3, x_4, x_r)}{dx_r} = x_3 x_4 + x_1 x_3 x_4 + x_2 x_3 x_4 + x_1 x_2 x_3 x_4,$$

所以, 可求出 r 线的 1-误差检测的导数微分方程的解集, 即 r 线的 1-误差检测向量的集合为

$$\{0011\}.$$

由于

$$\frac{ef(x_1, x_2, x_3, x_4, x_r)}{ex_r} = 0,$$

所以, r 线的 0-误差和 1-误差都不能由 e-导数微分方程检测.

例 4.2.1 和例 4.2.2 的逻辑电路的某些线路的 0-误差或 1-误差, 或是不能由导数微分方程检测, 或是不能由 e-导数微分方程检测. 但也有些逻辑电路, 它的 j 线、r 线的 0-误差和 1-误差, 都可以由导数微分方程检测, 也都可以由 e-导数微分方程检测.

例 4.2.3 有逻辑电路如图 4.2.3 所示. 分别求 j 线和 r 线的 0-误差检测和 1-误差检测的导数微分方程检测向量、e-导数微分方程检测向量.

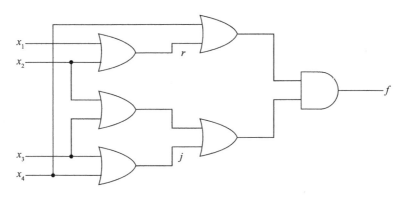

图 4.2.3 例 4.2.3 的组合电路图

解 图 4.2.3 逻辑电路的逻辑函数分别包含 x_j 和 x_r 的函数表达式在 $GF(2)$ 上的表示式为

$$f(x_1, x_2, x_3, x_4, x_j)$$
$$= (x_j + x_2 + x_3 + x_2 x_j + x_3 x_j + x_2 x_3 + x_2 x_3 x_j)$$
$$\cdot (x_1 + x_2 + x_4 + x_1 x_2 + x_1 x_4 + x_2 x_4 + x_1 x_2 x_4),$$
$$f(x_1, x_2, x_3, x_4, x_r)$$
$$= (x_r + x_4 + x_4 x_r)(x_2 + x_3 + x_4 + x_2 x_3 + x_2 x_4 + x_3 x_4 + x_2 x_3 x_4).$$

(1) 求 j 线的 0-误差检测和 1-误差检测的导数微分方程检测向量.

求含变元 x_j 的布尔函数 $f(x_1, x_2, x_3, x_4, x_j)$ 对 x_j 的导数:

$$\frac{df(x_1, x_2, x_3, x_4, x_j)}{dx_j} = (x_1 + x_2 + x_4 + x_1x_2 + x_1x_4 + x_2x_4 + x_1x_2x_4)$$
$$\cdot (1 + x_2 + x_3 + x_2x_3).$$

又 $x_j = x_3 + x_4 + x_3x_4$, $\overline{x_j} = 1 + x_3 + x_4 + x_3x_4$, 所以

$$x_j \frac{df(x_1, x_2, x_3, x_4, x_j)}{dx_j}$$
$$= (x_1 + x_2 + x_4 + x_1x_2 + x_1x_4 + x_2x_4 + x_1x_2x_4)$$
$$\cdot (1 + x_2 + x_3 + x_2x_3)(x_3 + x_4 + x_3x_4),$$

所以, j 线的 0-误差检测的导数微分方程的解, 即 j 线的 0-误差检测向量为

$$\{1001, \ 0001\}.$$

又有

$$\overline{x_j} \frac{df(x_1, x_2, x_3, x_4, x_j)}{dx_j} = x_1 + x_1x_2 + x_1x_3 + x_1x_4 + x_1x_2x_3 + x_1x_2x_4$$
$$+ x_1x_3x_4 + x_1x_2x_3x_4,$$

所以, j 线的 1-误差检测的导数微分方程的解, 即 j 线的 1-误差检测向量为

$$\{1000\}.$$

(2) 现在来求 j 线的 0-误差检测和 1-误差检测的 e-导数微分方程检测向量. 求含变元 x_j 的布尔函数 $f(x_1, x_2, x_3, x_4, x_j)$ 对 x_j 的 e-导数, 有

$$\frac{ef(x_1, x_2, x_3, x_4, x_j)}{ex_j} = (x_2 + x_3 + x_2x_3)(x_1 + x_2 + x_4 + x_1x_2 + x_1x_4$$
$$+ x_2x_4 + x_1x_2x_4),$$

所以有

$$x_j \frac{ef(x_1, x_2, x_3, x_4, x_j)}{ex_j} = (x_2 + x_3 + x_2x_3)(x_1 + x_2 + x_4 + x_1x_2 + x_1x_4$$
$$+ x_2x_4 + x_1x_2x_4)(x_3 + x_4 + x_3x_4).$$

所以, j 线的 0-误差检测的 e-导数微分方程的解, 即 j 线的 0-误差检测向量为

$$\{0101, \ 0110, \ 0111, \ 1010, \ 1011, \ 1101, \ 1110, \ 1111\}.$$

又有

$$\overline{x_j}\frac{ef(x_1,x_2,x_3,x_4,x_j)}{ex_j}=x_1x_2+x_1x_2x_3+x_1x_2x_4+x_1x_2x_3x_4$$
$$+x_2+x_2x_3+x_2x_4+x_2x_3x_4,$$

所以, j 线的 1-误差检测的 e-导数微分方程的解, 即 j 线的 1-误差检测向量为

$$\{0100\}.$$

于是, 取 j 线的 0-误差检测的导数微分方程检测向量集和 e-导数微分方程检测向量集的并集:

$$\{1001,\ 0001,\ 0101,\ 0111,\ 1010,\ 1011,\ 1101,\ 1110,\ 1111\},\qquad(4.2.4)$$

该并集就是 j 线的 0-误差检测向量集.

取 j 线的 1-误差检测的导数微分方程检测向量集和 e-导数微分方程检测向量集的并集

$$\{1000,\ 0100\},\qquad(4.2.5)$$

该并集就是 j 线的 1-误差检测向量集.

(3) 求 r 线的 0-误差检测和 1-误差检测的检测向量.

① 先求 0-误差的导数微分方程检测向量.

求含变元 x_r 的逻辑函数 $f(x_1,x_2,x_3,x_4,x_r)$ 对 x_r 的导数, 有

$$\frac{df(x_1,x_2,x_3,x_4,x_r)}{dx_r}=x_2+x_3+x_2x_3+x_2x_4+x_3x_4+x_2x_3x_4.$$

又 $x_r=x_1+x_2+x_1x_2$, 所以

$$x_r\frac{df(x_1,x_2,x_3,x_4,x_r)}{dx_r}=x_2+x_1x_3+x_2x_4+x_1x_2x_3+x_1x_3x_4+x_1x_2x_3x_4.$$

所以, r 线的 0-误差检测的导数微分方程检测向量为

$$\{0100,\ 0110,\ 1010,\ 1100,\ 1110\}.$$

又 $\overline{x_r}=1+x_1+x_2+x_1x_2$, 所以

$$\overline{x_r}\frac{df(x_1,x_2,x_3,x_4,x_r)}{dx_r}=x_3+x_1x_3+x_2x_3+x_3x_4+x_1x_2x_3$$
$$+x_1x_3x_4++x_2x_3x_4+x_1x_2x_3x_4.$$

所以, r 线的 1-误差检测的导数微分方程检测向量为

$$\{0010\}.$$

② 现在来求 r 线 0-误差检测和 1-误差检测的 e-导数微分方程检测向量.
求含变元 x_r 的逻辑函数 $f(x_1, x_2, x_3, x_4, x_r)$ 对变元 x_r 的 e-导数

$$\frac{ef(x_1, x_2, x_3, x_4, x_r)}{ex_r} = x_4,$$

所以

$$x_r \frac{ef(x_1, x_2, x_3, x_4, x_r)}{ex_r} = x_1 x_4 + x_2 x_4 + x_1 x_2 x_4.$$

所以, r 线的 0-误差检测的 e-导数微分方程的解, 即 r 线的 0-误差检测向量为

$$\{1111,\ 1101,\ 1011,\ 1001,\ 0101,\ 0111\}.$$

又由于

$$\overline{x_r} \frac{ef(x_1, x_2, x_3, x_4, x_r)}{ex_r} = x_4 + x_1 x_4 + x_2 x_4 + x_1 x_2 x_4,$$

所以, r 线的 1-误差检测的 e-导数微分方程的解, 即 r 线的 1-误差检测向量为

$$\{0011,\ 0001\}.$$

于是, 取 r 线的 0-误差检测的导数微分方程检测向量集和 e-导数微分方程检测向量集的并集:

$$\{0100,\ 0110,\ 1010,\ 1100,\ 1110,\ 1111,\ 1101,\ 1011,\ 1001,\ 0101,\ 0111\}, \quad (4.2.6)$$

该并集就是 r 线 0-误差检测向量集.

取 r 线的 1-误差检测的导数微分方程检测向量集和 e-导数微分方程检测向量集的并集:

$$\{0010,\ 0011,\ 0001\}.$$

该并集就是 r 线 1-误差检测向量集.

例 4.2.1 和例 4.2.3 会引发一些思考并得出相应的结论, 留待 4.3 节专门论述.

4.3　e-导数与线路检测的说明

在 4.2 节中不厌其烦地举了三个不同的实例来讨论导数微分方程误差检测和 e-导数微分方程误差检测. 从中可以看到, 有的逻辑电路的某逻辑线的 0-误差或

1-误差, 可由导数微分方程检测却不能由 e-导数微分方程检测；而有的逻辑电路的某逻辑线的 0-误差或 1-误差, 可由 e-导数微分方程检测却不能由导数微分方程检测；又有的逻辑电路的线路的 0-误差和 1-误差, 既可以由导数微分方程检测, 也可以由 e-导数微分方程检测. 对于既可以由导数微分方程检测, 又可以由 e-导数微分方程检测的线路的 0-误差或 1-0 误差, 它的检测向量集就不仅仅是导数微分方程检测向量集, 而必须是导数微分方程检测向量集和 e-导数微分方程检测向量集的并集.

那么, 为什么会出现上述几种情况? 从表面上看, 比如, 作 0-误差检测的导数微分方程, 有

$$x_j(x_1,x_2,\cdots,x_n)\frac{df(x_1,x_2,\cdots,x_n,x_j)}{dx_j}$$
$$= x_j(x_1,x_2,\cdots,x_n)[f(x_1,x_2,\cdots,x_n,1) + f(x_1,x_2,\cdots,x_n,0)]$$
$$= 1.$$

要满足这一方程, 必须有

$$f(x_1,x_2,\cdots,x_n,1) = 1 + f(x_1,x_2,\cdots,x_n,0).$$

而作 0-误差检测的 e-导数微分方程有

$$x_j(x_1,x_2,\cdots,x_n)\frac{ef(x_1,x_2,\cdots,x_n,x_j)}{ex_j}$$
$$= x_j(x_1,x_2,\cdots,x_n)[f(x_1,x_2,\cdots,x_n,1)\,f(x_1,x_2,\cdots,x_n,0)]$$
$$= 1,$$

要满足这一方程, 必须有

$$f(x_1,x_2,\cdots,x_n,1) = f(x_1,x_2,\cdots,x_n,0) = 1.$$

在导数微分方程中关于 $f(x_1,x_2,\cdots,x_n,1)$ 和 $f(x_1,x_2,\cdots,x_n,0)$ 的等式, 和在 e-导数微分方程中关于 $f(x_1,x_2,\cdots,x_n,1)$ 和 $f(x_1,x_2,\cdots,x_n,0)$ 的等式似乎是矛盾的. 其实, 这是因为这两个方程的解都不是唯一的, 这两个不同的方程都不具有解的唯一性. 两个方程都是要从有限集 $GF(2)^n$ 中, 从 $(0,0,\cdots,0)\sim$ $(1,1,\cdots,1)$ 这 2^n 个常向量中, 取到满足自身等式的向量解. 两个等式不同, 它们所取的向量解也不同. 这也就是为什么原先只利用导数微分方程来找线路检测向量的方法并不完备, 还必须要定义 e-导数, 并以 e-导数微分方程来寻找更多的检测向量, 或者以两个不同的微分方程的部分或全部检测向量来进行线路检测, 以保

证线路检测的可靠性. 或者在用导数微分方程不能进行检测时, 还可以通过 e-导数微分方程得到的检测解向量来进行检测, 使检测工作得以实现.

　　需要注意的是, 对某些布尔函数 $f(x_1, x_2, \cdots, x_n)$, 如果把它当作对逻辑电路的表示, 以它的一些变量组成的函数当作逻辑电路 $f(x_1, x_2, \cdots, x_n)$ 的某支线, 而无论以导数微分方程检测方法, 还是用 e-导数微分方程检测方法都不可检测. 如有

$$f(x_1, x_2, x_3, x_r) = x_r x_1(x_2 + x_3 + x_2 x_3), \quad \overline{x_r} = 1 + x_1 + x_2 + x_1 x_2,$$

由于

$$\frac{ef(x)}{ex_r} = 0, \quad \frac{df(x)}{dx_r} = x_1(x_2 + x_3 + x_2 x_3),$$

所以

$$\overline{x_r} \frac{ef(x)}{ex_r} = 0, \quad \overline{x_r} \frac{df(x)}{dx_r} = 0.$$

　　所以, r 线的 1-误差是不可检测的. 既不能由导数微分方程检测, 也不能用 e-导数微分方程来检测. 但是, 仅凭这一实例并不能就下断语说布尔微分方程线路故障检测方法对某些逻辑线路的检测不适用. 否则, 这一检测方法的实际意义就要大打折扣了. 从理论上看, 表示逻辑线路且包含 j 线变量 x_j 的布尔函数 $f(x_1, x_2, \cdots, x_n, x_j)$ 的关于 x_j 的导数和 e-导数, 将 x_j 的 0 值和 1 值对应的自变量向量全部都包括进去了 $(f(x_1, x_2, \cdots, x_n, 1)$ 和 $f(x_1, x_2, \cdots, x_n, 0))$, 自然, x_j 的值改变, 就完全能从函数的导数和 e-导数中找出相应的位置, 即自变量向量, 并且不会有遗漏. 所以, 在原已有的线路故障导数微分方程检测方法的基础上, 再加入 e-导数微分方程检测方法后, 这种微分方程检测方法就已完善了, 它可以对任何 $f(x_1, x_2, \cdots, x_n)$ 表示的逻辑线路的支线故障进行检测.

　　而前面所举的不能检测的实例, 是因为有

$$x_r x_1(x_2 + x_3 + x_2 x_3) = x_1(x_2 + x_3 + x_2 x_3),$$

即 x_r 根本就不是 $f(x_1, x_2, \cdots, x_n) = x_1(x_2 + x_3 + x_2 x_3)$ 的某支线, 它的故障可以直接发现, 而且也不会对线路 $f(x_1, x_2, \cdots, x_n)$ 造成影响. 所以, 在对逻辑线路的故障做导数微分方程和 e-导数微分方程检测时, 一定要先判定要检测的线路是逻辑线路的某支线, 这样才能保证导数微分方程检测和 e-导数微分方程检测工作的顺利进行.

　　对 e-导数这一新的数学概念来说, 从 e-导数在逻辑电路检测中的应用中, 可得出以下几点认识: 第一, e-导数不仅是一个抽象的数学概念, 而是一个有实际用途的数学工具; 第二, 无论对布尔函数理论, 还是对布尔函数的实际用途, e-导数

这一数学概念或数学工具都是必要和重要的. e-导数和导数, 分别描述了布尔函数两种不同特点的非零值, 是布尔函数两种不同特点的非零值在数学概念上的反映. e-导数和导数一起, 对布尔函数不同特点非零值的反映才具有完备性. 而在逻辑电路误差检测中, 只有导数微分方程检测方法和 e-导数微分方程检测方法都齐备, 才能得到所有的误差检测向量, 使检测工作得以顺利进行.

第 5 章　向量布尔函数、偏导数、偏 E-导数

在大规模集成电路的数字设计中, 普通布尔代数已不敷所用, 需要使用向量布尔代数作为设计理论工具. 在现代密码学的布尔函数密码学性质研究中, 有时也需要用到布尔向量、向量布尔函数的一些运算和性质. 本章将对布尔向量、向量布尔函数, 以及向量布尔函数的偏导数、偏 E-导数作简要叙述.

5.1　布尔向量和布尔矩阵

很多有关布尔代数的书对布尔代数 $B_2^n(B_2 = \{0,1\})$ 有介绍. 在介绍布尔代数 B_2^n 时, 就会介绍布尔向量、布尔向量关于 "$\vee$" "$\wedge$" "$-$" (或记为 "$\oplus$" "$\odot$" "$'$") 的运算以及 B_2^n 的原子等简要内容. 由于本书讨论的是 $GF(2)$ 上的布尔函数, 所以要在 $GF(2)$ 上来讨论布尔向量及向量的运算等内容.

$GF(2)^n = GF(2) \times GF(2) \times \cdots \times GF(2)$, 即 $GF(2)^n$ 是 n 个 $GF(2)$ 的直积. 将 $GF(2)$ 上的 n 元组 $a = (a_1, a_2, \cdots, a_n)(a \in GF(2)^n, a_i \in GF(2))$ 称为 n 维布尔向量, $a = (a_1, a_2, \cdots, a_n)$ 称为 n 维行向量. a^{T} 表示 a 的转置, 这时 a^{T} 是一个 n 维列向量, 即 $a^{\mathrm{T}} = \begin{bmatrix} a_1 \\ a_2 \\ \vdots \\ a_n \end{bmatrix}$.

对 $GF(2)$ 上布尔向量的运算规定如下:

(1) $(a_1, a_2, \cdots, a_n) + (b_1, b_2, \cdots, b_n) = (a_1 + b_1, a_2 + b_2, \cdots, a_n + b_n)$.

(2) $(a_1, a_2, \cdots, a_n) \cdot (b_1, b_2, \cdots, b_n) = (a_1 \cdot b_1, a_2 \cdot b_2, \cdots, a_n \cdot b_n)$.

可将运算符 "$\cdot$" 省略, 表示为 $(a_1, a_2, \cdots, a_n)(b_1, b_2, \cdots, b_n) = (a_1 b_1, a_2 b_2, \cdots, a_n b_n)$.

(3) $\bar{a} = (\overline{a_1}, \overline{a_2}, \cdots, \overline{a_n})$.

需要特别说明的是: 在 $GF(2)$ 上还需要定义向量的点积 (或称数积) 运算. 向量的点积运算的运算符 "$\cdot$" 和前述运算 (2) 中的乘运算的运算符 "$\cdot$" 相同, 但运算意义不同. 这是不应混淆但却又在表示符号上混淆为一的两种运算. 如果用不同运算符分开表示上述两种运算, 会造成实际使用时书写累赘的缺陷. 好在这两种运算导致的运算结果截然不同, 点积的结果是一个 $GF(2)$ 中的数, 而 $GF(2)^n$ 中向

量相乘的结果仍是 $GF(2)^n$ 中的向量. 在实际使用中, 可根据具体情况就能轻易地区分这两种运算. 故而很多书上对这两种运算的运算符都不做区分, 本书也同样采取对运算符不加区分的方式来定义向量的点积.

定义 5.1.1 设 $x = (x_1, x_2, \cdots, x_n)$, $w = (w_1, w_2, \cdots, w_n) \in GF(2)^n$, 定义 x 与 w 的点积为 $x \cdot w = x_1 w_1 + x_2 w_2 + \cdots + x_n w_n \in GF(2)$.

实际使用时, 常将点积运算符 "·" 省略.

两个 n 元布尔函数 $f(x)$ 和 $g(x)$ 的乘积 $f(x) g(x)$, 其实可看成两个 2^n 维向量的乘积, 其运算结果对应地仍是一个 2^n 维向量:

$$(f(0), \ f(1), \ \cdots, \ f(2^n - 1)) \cdot (g(0), \ g(1), \ \cdots, \ g(2^n - 1))$$
$$= (f(0) \, g(0), \ f(1) \, g(1), \ \cdots, \ f(2^n - 1) \, g(2^n - 1)),$$

这易于与点积区分.

与复数域、实数域的向量空间相比, 布尔向量空间不存在数乘向量的运算, 因而布尔向量空间只对加法进行定义. 这是布尔向量空间与复数域、实数域上的向量空间不同的地方.

定义 5.1.2 设 V 是 $GF(2)$ 上 n 维布尔向量的集合, 且 $\underline{0} \in V$ ($\underline{0}$ 表示 n 维零向量). 若 $\forall a, b \in V$, 则 $a + b \in V$, 称 V 为 n 维布尔向量空间.

于是, 若 V_n 是 $GF(2)$ 上所有 n 维布尔向量的集合, 则 V_n 是 n 维布尔向量空间.

定义 5.1.3 若 $V \subseteq V_n$, 且 $\underline{0} \in V$ ($\underline{0}$ 表示 n 维零向量). 又若 $a, b \in V$, 则 $a + b \in V$, 称 V 为 V_n 的子空间.

单独由零向量组成的向量空间称为零空间. 任一个向量空间 V 都至少有 V 本身和零空间这两个子空间.

本书中, 以后都以 ε_i 表示除第 i 个分量是 1, 其余分量都是 0 的 n 维单位布尔向量, 即

$$\varepsilon_1 = (1, 0, 0, \cdots, 0), \varepsilon_2 = (0, 1, 0, \cdots, 0), \cdots, \varepsilon_i$$
$$= (0, 0, \cdots, 0, \underset{\underset{\text{第}i\text{位}}{\uparrow}}{1}, 0, \cdots, 0), \cdots, \varepsilon_n = (0, 0, \cdots, 0, 1).$$

全 1 向量和零向量分别记为 $I = (1, 1, \cdots, 1)$ 和 $\underline{0} = (0, 0, \cdots, 0)$.

定义 5.1.4 设 W 是一个 n 维向量集合, 则包含 W 的所有子空间的交集称为 W 的生成空间, 记为 $\langle W \rangle$.

显然, $\langle W \rangle$ 是一个子空间. 因为零向量 $\underline{0}$ 属于所有子空间, 所以 $\underline{0} \in \langle W \rangle$. 又若 a, b 属于包含 W 的所有子空间, 则 $a, b \in \langle W \rangle$ 且 $a + b \in \langle W \rangle$, 故 $\langle W \rangle$ 是一个子空间.

定义 5.1.5　设 $W \subset V_n$, 若 $a \in V_n$ iff $a \in \langle W \rangle$, 称 a 与 W 相关. $\forall a \in W$, 称集合 W 是无关的 iff a 与 $W \setminus \{a\}$ 不是相关的, 其中 "$\setminus$" 表示集合的差. 如果 W 不是无关的, 就说它是相关的.

定义 5.1.6　设 $a, b \in V_n$, a 小于等于 b, 即 $a \leqslant b$ iff $\forall i (a_i = 1 \rightarrow b_i = 1)$. 如果 $a \leqslant b$ 但 $a \neq b$, 则 $a < b$.

定义 5.1.7　设子空间 $W \subset V_n$, $B \subseteq W$, 称 B 是 W 的一个基 (或称基底)iff $W = \langle B \rangle$, 且 B 是一个无关的集合.

由此可知 $\{\varepsilon_1, \varepsilon_2, \cdots, \varepsilon_n\}$ 是 V_n 的基底. 如果 B 是子空间 W 的一个基底, 则 W 的每个元素都是 B 的元素的有限和.

在后面第二篇布尔函数密码学性质的讨论中, 会用到 $GF(2)$ 上的布尔矩阵. 由于 $GF(2)$ 上的加法没有幂等律, 所以 $GF(2)$ 上的布尔矩阵和布尔代数中的布尔矩阵在运算性质上就有很多不同, 这里不做太多讨论, 只介绍第二篇中要用到的有关布尔矩阵的基础知识.

定义 5.1.8　设 $a_{ij} \in GF(2)(i = 1, 2, \cdots, m, j = 1, 2, \cdots, n)$, 则由 a_{ij} 构成的 $m \times n$ 矩阵 $A = \begin{bmatrix} a_{11} & a_{12} & \cdots & a_{1n} \\ a_{21} & a_{22} & \cdots & a_{2n} \\ \vdots & \vdots & & \vdots \\ a_{m1} & a_{m2} & \cdots & a_{mn} \end{bmatrix}$ 称为一个阶数是 $m \times n$ 的布尔矩阵. 所有这样的 $m \times n$ 矩阵的集合用 $A_{m \times n}$ 表示. 如果 $m = n$, 把该集合记为 A_n, A_n 的元素即 $n \times n$ 矩阵称为 n 阶布尔方阵. 若用 a_{ij} 表示布尔矩阵第 i 行、第 j 列的元素, 则 $m \times n$ 矩阵可表示为 $A = [a_{ij}]_{m \times n}$ 或 $A = [a_{ij}]$.

定义 5.1.9　将如下矩阵 $0 = \begin{bmatrix} 0 & 0 & \cdots & 0 \\ 0 & 0 & \cdots & 0 \\ \vdots & \vdots & & \vdots \\ 0 & 0 & \cdots & 0 \end{bmatrix}$, $J = \begin{bmatrix} 1 & 1 & \cdots & 1 \\ 1 & 1 & \cdots & 1 \\ \vdots & \vdots & & \vdots \\ 1 & 1 & \cdots & 1 \end{bmatrix}$, $I = \begin{bmatrix} 1 & 0 & \cdots & 0 \\ 0 & 1 & \cdots & 0 \\ \vdots & \vdots & & \vdots \\ 0 & 0 & \cdots & 1 \end{bmatrix}$ $= \begin{bmatrix} 1 & & 0 \\ & \ddots & \\ 0 & & 1 \end{bmatrix}$ 分别称为 0 矩阵、全 1 阵 J 和单位矩阵 I.

下面定义布尔矩阵的 "和" 运算与 "积" 运算.

有时, 用矩阵乘积的形式来表示布尔函数, 能更清晰地表现布尔函数的特点, 如用上三角阵表示布尔函数.

定义 5.1.10 在 $A_{m \times n}$ 中定义如下运算:

(1) 布尔和

$$[a_{ij}]_{m \times n} + [b_{ij}]_{m \times n} = [a_{ij} + b_{ij}]_{m \times n},$$

(2) 布尔积

$$[a_{ij}]_{m \times n} \times [b_{jk}]_{n \times p} = \left[\sum_{j=1}^{n} (a_{ij} \cdot b_{jk}) \right]_{m \times p}.$$

$A \times B$ 可记为 $A \cdot B$ 或 AB.

对布尔矩阵的"和"运算、"积"运算, 有定理 5.1.1.

定理 5.1.1 设 $A, B, C \in A_n$, 则

(1) $A + B = B + A$.

(2) $(A \cdot B) \cdot C = A \cdot (B \cdot C)$, $(A + B) + C = A + (B + C)$.

(3) $A \cdot (B + C) = A \cdot B + A \cdot C$.

(4) $(A + B) \cdot C = A \cdot C + B \cdot C$.

(5) $A \cdot I = I \cdot A = A$.

定理 5.1.1 很容易证明, 从略.

由于运算"×"(或"·") 满足结合律, 所以可以按照定义 5.1.11 来定义矩阵的幂.

定义 5.1.11 设 $A \in A_n$, 则定义 A 的幂为

$$A^0 = I,$$
$$A^k = A^{k-1} A \quad (k = 1, 2, \cdots),$$

A^k 称为 A 的 k 次幂.

定理 5.1.2 设 X 是一个 n 阶布尔方阵, 对 $\forall A \in A_n$, $XA = AX = A$ iff $X = I$.

证明 若 $X = I$, 显然 $XA = AX = A$ 成立.

反之, 对 $\forall A \in A_n$, $XA = AX = A$ 成立. 取 $A = I$, 有

$$XI = IX = I, \tag{5.1.1}$$

但

$$XI = IX = X, \tag{5.1.2}$$

由 (5.1.1) 式、(5.1.2) 式知

$$X = I.$$

同在复矩阵和实矩阵中的情形一样, 布尔矩阵中的排列矩阵也经常要用到, 故也定义如下.

定义 5.1.12   对 $A \in A_n$, 如果 A 的每一行和每一列中只包含一个 1, 则称 A 为排列矩阵, 以 P_n 表示所有 n 阶排列矩阵的集合.

如果 A 的每一行和每一列中最多包含一个 1, 则称 A 为部分排列矩阵.

在现代密码学中, $GF(2)$ 上的布尔矩阵的逆矩阵也要用到. 如在滚动密钥生成器产生的 m 序列二元加法流密码的破译中, 就需要使用矩阵的逆. 下面的定义给出了 $GF(2)$ 上布尔矩阵的逆矩阵的概念.

定义 5.1.13   对 $A \in A_n$, 如果存在 $B \in A_n$, 使

$$AB = BA = I,$$

则称 B 是 A 的逆矩阵, 将 B 记为 A^{-1}.

如果布尔矩阵 A 有逆矩阵 A^{-1}, 则 A 的逆矩阵 A^{-1} 是唯一的.

$GF(2)$ 上的布尔矩阵与在 $B_2 = \{0,1\}$ 布尔代数上的布尔矩阵有很多性质不同. 如 B_2 布尔代数上矩阵的逆的定义就有多种, 这与 $GF(2)$ 上布尔矩阵是不同的. 又如在 B_2 布尔代数上的任意 n 阶布尔方阵, 一定有 $A^{n-1} = A^n = A^{n+1} = \cdots$ 这样的性质, 而 $GF(2)$ 上的布尔矩阵没有这样的性质. 不同的原因在于 B_2 布尔代数的加法运算中有幂等律成立, 而在 $GF(2)$ 的加法运算中没有幂等律.

5.2 布尔向量的广义求补运算和转置运算

对 $GF(2)$ 上的布尔向量, 需要对它的求补运算的概念加以扩展, 即定义广义求补运算, 并再定义 "转置" 运算这一新的运算.

定义 5.2.1   令 $P = (P_1, P_2, \cdots, P_n)$ 是 $GF(2)^n$ 中任意一个 n 维常向量. 对 $GF(2)^n$ 中的任意 n 维向量 $X = (x_1, x_2, \cdots, x_n)$, 定义 X 对 P 的广义求补运算为如下变换:

$$X^P = (x_1^{P_1}, x_2^{P_2}, \cdots, x_n^{P_n}).$$

其中

$$x_i^{P_i} = \begin{cases} \overline{x_i}, & P_i = 0, \\ x_i, & P_i = 1 \end{cases} \quad (i = 1, 2, \cdots, n).$$

可将布尔向量广义求补运算简称为 P 运算.

定义 5.2.2 对 $GF(2)^n$ 中的任意元 $X = (x_1, x_2, \cdots, x_n)$, 定义右转置、左转置运算如下:

右转置: $\tilde{R}X = (x_n, x_1, x_2, \cdots, x_{n-1})$;

左转置: $\tilde{L}X = (x_2, x_3, \cdots, x_{n-1}, x_1)$.

以 $\tilde{S}X$ 表示转置, 即对 X 既可以是右转置, 也可以是左转置.

以 $\tilde{S}^m X$ 表示对 X 连续进行 m 次转置运算. 这时, 规定每次转置必须是同一方向进行, 即若第 1 次转置是右转置, 则从第 2 次开始, 直到第 m 次转置均为右转置; 若第 1 次转置是左转置, 则从第 2 次开始, 直到第 m 次转置均为左转置.

以 $\tilde{R}^m X$ 表示对 X 进行 m 次右转置运算; 以 $\tilde{L}^m X$ 表示对 X 进行 m 次左转置运算.

可将转置运算简称为 S 运算, 右转置运算、左转置运算分别简称为 R 运算、L 运算. 显然, $GF(2)^n$ 上的布尔向量对广义求补运算和转置运算封闭.

现在来讨论 P 运算和 S 运算的性质.

性质 1 $X^P = X + \overline{P}$.

证明

$$x_i + \overline{P_i} = \begin{cases} \overline{x_i}, & P_i = 0 \\ x_i, & P_i = 1 \end{cases} = x_i^{P_i},$$

故知性质成立.

性质 2

$$X^{\underline{0}} = \overline{X} \quad (\text{其中 } \underline{0} = (0, 0, \cdots, 0)),$$

$$X^I = X \quad (\text{其中 } I = (1, 1, \cdots, 1)).$$

证明 由性质 1 知

$$X^{\underline{0}} = X + \overline{\underline{0}} = X + I = \overline{X},$$

$$X^I = X + \overline{I} = X + \underline{0} = X.$$

性质 3 (1) $P^P = I$.

(2) $\overline{P^P} = P^{\overline{P}} = \overline{P}^P = \underline{0}$.

证明 (1) $P^P = P + \overline{P} = I$.

(2) $\overline{P^P} = \overline{I} = \underline{0}$,

$$P^{\overline{P}} = P + P = \underline{0},$$

$$\overline{P}^P = \overline{P} + \overline{P} = \underline{0}.$$

性质 4　$P_1 = \overline{P_2}$ iff $X^{P_1} = X^{\overline{P_2}}$.

证明　若 $P_1 = \overline{P_2}$, 则 $X^{P_1} = X^{\overline{P_2}}$ 显然成立.

若 $X^{P_1} = X^{\overline{P_2}}$, 则 $X + \overline{P_1} = X + P_2$. 等式两端同加 X, 且由结合律, 便有 $P_1 = \overline{P_2}$, 得证.

性质 5　$\left(X^P\right)^P = X^{(P^P)} = X$.

证明

$$\left(X^P\right)^P = (X + \overline{P}) + \overline{P} = X + (\overline{P} + \overline{P}) = X + \overline{P}^P$$
$$= X + \overline{(P^P)} = X^{(P^P)} = X + \underline{0} = X,$$

故也将 $\left(X^P\right)^P = X^{(P^P)}$ 记为 X^{PP}, 也记为 X^{P^2}. 对 $m \in I_+$, 记 $X^{P^m} = \underbrace{\left(\cdots\left(X^P\right)^P\cdots\right)^P}_{m \text{ 个 } P \text{ 次方}}$. 于是有性质 6.

性质 6

$$X^{P^{2n+1}} = X^P \quad (n \in I_+).$$

证明

$$X^{P^{2n+1}} = \left(X^P\right)^{2n} = (X^P) + (\underbrace{\overline{P} + \overline{P} + \cdots + \overline{P}}_{2n\text{个}}) = X^P.$$

同样地, 有性质 7.

性质 7　$X^{P^{2n}} = X$.

性质 8　(1) $P^{P^m} = \begin{cases} I, & m \text{ 为奇数}, \\ P, & m \text{ 为偶数}. \end{cases}$

(2) $P^{\overline{P}^m} = \begin{cases} \underline{0}, & m \text{ 为奇数}, \\ P, & m \text{ 为偶数}. \end{cases}$

证明　(1) 当 m 为奇数时, 设 $m = 2n+1$, 则由性质 6、性质 3, 有

$$P^{P^m} = P^{P^{2n+1}} = P^P = I.$$

当 m 为偶数时, 设 $m = 2n$, 则

$$P^{P^m} = P^{P^{2n}} = P + (\underbrace{\overline{P} + \overline{P} + \cdots + \overline{P}}_{2n\text{个}}) = P + \underline{0} = P.$$

(2) 当 m 为奇数时, 由性质 6、性质 3, 有

$$P^{\overline{P}^m} = P^{\overline{P}} = \overline{I} = \underline{0}.$$

当 m 为偶数时, 由性质 7 便得 $P^{\overline{P}^m} = P$.

性质 9 (1) $X_1^P + X_2^P = X_1 + X_2$.

(2) $\overline{X_1^P} X_2^P = X_1\overline{X_2} + (X_1 + X_2)P$.

(3) $X_1^P X_2^P = X_1 X_2 + (X_1 + \overline{X_2})P = X_1 X_2 + (\overline{X_1} + X_2)P$.

证明 (1) $X_1^P + X_2^P = (X_1 + \overline{P}) + (X_2 + \overline{P}) = X_1 + X_2$.

(2) $\overline{X_1^P} X_2^P = (X_1 + P)(X_2 + \overline{P}) = X_1 X_2 + X_1 + X_1 P + X_2 P = X_1\overline{X_2} + (X_1 + X_2)P$.

(3) $X_1^P X_2^P = X_1 X_2 + (X_1 + X_2 + I)P = X_1 X_2 + (X_1 + \overline{X_2})P = X_1 X_2 + (\overline{X_1} + X_2)P$.

性质 10 (1) $(X_1 + X_2)^P = \overline{X_1} + \overline{X_2^P} = \overline{X_1^P} + \overline{X_2}$.

(2) $(X_1 X_2)^P = X_1\overline{X_2} + X_1^P = \overline{X_1}X_2 + X_2^P$.

证明 (1) $(X_1 + X_2)^P = X_1 + X_2 + I + P = \overline{X_1} + \overline{X_2^P} = \overline{X_1^P} + \overline{X_2}$.

(2) $(X_1 X_2)^P = X_1 X_2 + I + P = \begin{cases} X_1 X_2 + X_1 + \overline{X_1} + P = X_1\overline{X_2} + X_1^P, \\ X_1 X_2 + X_2 + \overline{X_2} + P = \overline{X_1}X_2 + X_2^P. \end{cases}$

性质 11 (1) $(X_1^P + X_2^P)^P = X_1^P + X_2 = X_1 + X_2^P$.

(2) $(X_1^P X_2^P)^P = X_1 X_2^P + X_2\overline{P} = X_1^P X_2 + X_1\overline{P}$.

证明 (1) $(X_1^P + X_2^P)^P = X_1 + \overline{P} + X_2 + \overline{P} + \overline{P} = X_1^P + X_2 = X_1 + X_2^P$.

(2) $(X_1^P X_2^P)^P = (X_1 + \overline{P})(X_2 + \overline{P}) + \overline{P} = X_1 X_2 + X_1\overline{P} + X_2\overline{P} = X_1 X_2^P + X_2\overline{P} = X_1^P X_2 + X_1\overline{P}$.

下面讨论 "$\tilde{S}$" 运算的性质.

性质 12 $\tilde{S}^n X = X$.

性质 12 的证明由转置运算的定义即得.

性质 13 (1) $\tilde{S}(X_1 X_2) = (\tilde{S}X_1)(\tilde{S}X_2)$.

(2) $\tilde{S}(X_1 + X_2) = \tilde{S}X_1 + \tilde{S}X_2$.

证明 设 $X_1 = (x_{11}, x_{12}, \cdots, x_{1n})$, $X_2 = (x_{21}, x_{22}, \cdots, x_{2n})$. 只对 1 按右转置 "$\tilde{R}$" 来证.

$$\begin{aligned} \tilde{R}(X_1 X_2) &= \tilde{R}(x_{11}x_{21}, x_{12}x_{22}, \cdots, x_{1n}x_{2n}) \\ &= (x_{1n}x_{2n}, x_{11}x_{21}, x_{12}x_{22}, \cdots, x_{1,n-1}x_{2,n-1}) \\ &= (x_{1n}, x_{11}, x_{12}, \cdots, x_{1,n-1})(x_{2n}, x_{21}, x_{22}, \cdots, x_{2,n-1}) \\ &= (\tilde{R}X_1)(\tilde{R}X_2). \end{aligned}$$

性质 13 中 (1) 的左转置、(2) 的右转置和左转置与上述证明相仿, 不再证明.

性质 14　(1) $\tilde{S}^m(X_1 \cdot X_2) = (\tilde{S}^m X_1)(\tilde{S}^m X_2)$.

(2) $\tilde{S}^m(X_1 + X_2) = \tilde{S}^m X_1 + \tilde{S}^m X_2$.

性质 15　$\tilde{S}(X^P) = (\tilde{S}X)^{(\tilde{S}P)}$.

证明　对右转置 "$\tilde{R}$" 做证明.

$$
\begin{aligned}
\tilde{R}(X^P) &= \tilde{R}(X_1^{P_1}, X_2^{P_2}, \cdots, X_n^{P_n}) \\
&= (X_n^{P_n}, X_1^{P_1}, X_2^{P_2}, \cdots, X_{n-1}^{P_{n-1}}) \\
&= (X_n, X_1, X_2, \cdots, X_{n-1})^{(P_n, P_1, P_2, \cdots, P_{n-1})} \\
&= (\tilde{R}X)^{(\tilde{R}P)}.
\end{aligned}
$$

左转置 "$\tilde{L}$" 证明相同. 故性质成立.

性质 16　$\tilde{S}^m(X^P) = (\tilde{S}^m X)^{(\tilde{S}^m P)}$.

下面给出一个转置运算 "$\tilde{S}$" 和广义求补运算的定理 5.2.1.

定理 5.2.1　在 $GF(2)^n$ 中恒有

(1) $(X^P)\tilde{S}(X^P)\tilde{S}^2(X^P) \cdots \tilde{S}^{n-1}(X^P) = \begin{cases} I, & X = P, \\ \underline{0}, & X \neq P. \end{cases}$

(2) $(X^{\overline{P}}) + \tilde{S}(X^{\overline{P}}) + \tilde{S}^2(X^{\overline{P}}) + \cdots + \tilde{S}^{n-1}(X^{\overline{P}}) = \begin{cases} \underline{0}, & X = P, \\ I, & X \neq P. \end{cases}$

证明　(1) 当 $X = P$ 时, 有

$$X^P = P^P = I.$$

而 $\tilde{S}^i(X^P) = \tilde{S}^i I = I(i = 1, 2, \cdots, n - 1)$, 故

$$(X^P)\tilde{S}(X^P)\tilde{S}^2(X^P) \cdots \tilde{S}^{n-1}(X^P) = II \cdots I = I.$$

当 $X \neq P$ 时, X^P 中至少有一个分量 $x_i^{P_i}$ 有 $x_i \neq P_i$, 故 $x_i^{P_i} = 0$, 即 X^P 中至少有一个分量: 第 i 个分量 $x_i^{P_i} = 0$. 不妨设 $\tilde{S}$ 取右转置 $\tilde{R}$. 于是, $\tilde{R}(X^P)$ 的第 $i + 1$ 个分量为 $0, \cdots, \tilde{R}^{n-i}(X^P)$ 的第 n 个分量为 0, $\tilde{R}^{n-i+1}(X^P)$ 的第 1 个分量为 $0, \cdots, \tilde{R}^{n-1}(X^P)$ 的第 $i - 1$ 个分量为 0. 于是便有

$$(X^P)\tilde{R}(X^P)\tilde{R}^2(X^P) \cdots \tilde{R}^{n-1}(X^P) = \underline{0}.$$

(2) 当 $X = P$ 时, 有

$$X^{\overline{P}} = X + P = \underline{0},$$

所以有

$$(X^{\overline{P}}) + \tilde{R}(X^{\overline{P}}) + \tilde{R}^2(X^{\overline{P}}) + \cdots + \tilde{R}^{n-1}(X^{\overline{P}}) = \underline{0}.$$

当 $X \neq P$ 时, X^P 中至少有 1 个分量 $x_i^{P_i}$ 有 $x_i \neq P_i$, 故 $x_i = \overline{P_i}$. 故 $X^{\overline{P}}$ 中至少有 $x_i^{\overline{P_i}} = 1$. 和 (1) 的证明相仿, 便知, 分别经过 $1, 2, \cdots, n-1$ 次转置, $X^{\overline{P}}$, $\tilde{R}(X^{\overline{P}})$, $\tilde{R}^2(X^{\overline{P}})$, $\cdots$, $\tilde{R}^{n-1}(X^{\overline{P}})$ 这几个向量将分别有第 i 位、第 $i+1$ 位 $\cdots$、第 n 位、$\cdots$、第 $i-1$ 位的分量为 1. 故

$$(X^{\overline{P}}) + \tilde{R}(X^{\overline{P}}) + \tilde{R}^2(X^{\overline{P}}) + \cdots + \tilde{R}^{n-1}(X^{\overline{P}}) = I.$$

5.3 广义求补变换和转置变换下布尔函数一些性质的不变性

布尔函数的广义求补和转置运算都是对布尔函数的自变量作变换. 这样的变换对布尔函数及布尔函数的性质有什么样的影响, 这是本节要讨论的问题.

在实函数中有不变量的概念, 在拓扑学和方程中有不动点的概念. 与之相仿, 虽然布尔函数在自变量作广义求补变换下, 当 $P \neq I$ 时, 函数本身会发生改变, 即 $f(x^P) \neq f(x)$. 在自变量作转置变换下, 函数也会发生改变, 即 $f(\tilde{S}x) \neq f(x)$. 但布尔函数有很多重要性质却不会发生改变, 如 Hamming 重量、平衡性、代数次数和线性性. 在自变量广义求补变换下, 函数导数的重量、e-导数的重量等性质不会改变. 下面对这一不变性的特点展开讨论.

定理 5.3.1 对布尔函数 $f(x)(x \in GF(2)^n)$ 和任意常向量 $P \in GF(2)^n$, 有

(1) $w_t(f(X^P)) = w_t(f(x))$;

(2) $\begin{cases} w_t(df(x^P)/dx_i) = w_t(df(x)/dx_i) \\ w_t(ef(x^P)/ex_i) = w_t(ef(x)/ex_i) \end{cases}$ $(i = 1, 2, \cdots, n)$.

证明 (1) 对 $x \in GF(2)^n$, x 取 $00\cdots0 \sim 11\cdots1$ 的所有值, 则 $x^P \in GF(2)^n$, 且 x^P 也取 $00\cdots0 \sim 11\cdots1$ 的所有值. 所以, 对 x 取 $00\cdots0 \sim 11\cdots1$ 中的任一固定值, 必有某一个 x' 使 $x'^P = x$, 从而有

$$f(x'^P) = f(x).$$

所以对 $x \in GF(2)^n$, 必有

$$w_t(f(x^P)) = w_t(f(x)).$$

(2) 对 $P \in GF(2)^n$, $i = 1, 2, \cdots, n$, 有

$$\frac{df(x^P)}{dx_i} = \frac{df(x + \overline{P})}{dx_i} = \frac{df(x + \overline{P})}{d(x_i + \overline{P_i})} = \frac{df(y)}{dy_i}$$
$$(y = x + \overline{P}, \ y_i = x_i + \overline{P_i}, \ i = 1, 2, \cdots, n), \tag{5.3.1}$$

由导数公式

$$\frac{df(x)}{dx_i} = f(x_1, x_2, \cdots, x_{i-1}, 1, x_{i+1}, \cdots, x_n) + f(x_1, x_2, \cdots, x_{i-1}, 0, x_{i+1}, \cdots, x_n)$$

知

$$\frac{df(y)}{dy_i} = \left. \frac{df(x)}{dx_i} \right|_{x^P}, \tag{5.3.2}$$

又由 1 的 $w_t(f(X^P)) = w_t(f(x))$, 即布尔函数的重量是自变量广义求补下的不变量, 以及 (5.3.1) 式、(5.3.2) 式知

$$w_t\left(\frac{df(x)}{dx_i}\right) = w_t\left(\left.\frac{df(x)}{dx_i}\right|_{x^P}\right) = w_t\left(\frac{df(y)}{dy_i}\right) = w_t\left(\frac{df(x^P)}{dx_i}\right)$$

$$(y = x + \overline{P}, \ y_i = x_i + \overline{P_i}, \ i = 1, 2, \cdots, n), \tag{5.3.3}$$

即

$$w_t\left(\frac{df(x^P)}{dx_i}\right) = w_t\left(\frac{df(x)}{dx_i}\right)$$

成立.

对 e-导数同样有

$$\frac{ef(x^P)}{ex_i} = \frac{ef(x + \overline{P})}{ex_i} = \frac{ef(x + \overline{P})}{e(x_i + \overline{P_i})} = \frac{ef(y)}{ey_i}$$

$$(y = x + \overline{P}, \ y_i = x_i + \overline{P_i}, \ i = 1, 2, \cdots, n). \tag{5.3.4}$$

由 e-导数公式

$$\frac{ef(x)}{ex_i} = f(x_1, x_2, \cdots, x_{i-1}, 1, x_{i+1}, \cdots, x_n) f(x_1, x_2, \cdots, x_{i-1}, 0, x_{i+1}, \cdots, x_n)$$

知

$$\frac{ef(y)}{ey_i} = \left. \frac{ef(x)}{ex_i} \right|_{x^P}. \tag{5.3.5}$$

又由 (1) 的 $w_t(f(X^P)) = w_t(f(x))$, 即布尔函数的重量是自变量广义求补下的不变量, 以及 (5.3.4) 式、(5.3.5) 式知

$$w_t\left(\frac{ef(x)}{ex_i}\right) = w_t\left(\left.\frac{ef(x)}{ex_i}\right|_{x^P}\right) = w_t\left(\frac{ef(y)}{ey_i}\right) = w_t\left(\frac{ef(x^P)}{ex_i}\right)$$

$$(y = x + \overline{P}, \ y_i = x_i + \overline{P_i}, \ i = 1, 2, \cdots, n), \tag{5.3.6}$$

即

$$w_t\left(\frac{ef(x^P)}{ex_i}\right) = w_t\left(\frac{ef(x)}{ex_i}\right)$$

成立. 定理得证.

推论 1 对任意布尔函数 $f(x)(x \in GF(2)^n)$ 和任意常向量 $P \in GF(2)^n$, 都有

$$w_t(f(x^P)) = 2^{-1}w_t\left(\frac{df(x)}{dx_i}\right) + w_t\left(\frac{ef(x)}{ex_i}\right) \quad (i = 1, 2, \cdots, n),$$

$$w_t(f(x)) = 2^{-1}w_t\left(\frac{df(x^P)}{dx_i}\right) + w_t\left(\frac{ef(x^P)}{ex_i}\right) \quad (i = 1, 2, \cdots, n).$$

推论 2 对任意平衡布尔函数 $f(x)(x \in GF(2)^n)$ 和任意常向量 $P \in GF(2)^n$, $f(x^P)$ 也是平衡布尔函数.

例 5.3.1 对 4 元布尔函数

$$f(x) = x_1 + x_2 + x_3 + x_4 + x_2x_3 + x_2x_4 + x_1x_3 + x_1x_2 + x_1x_3x_4$$

和任意常向量 $P = 0011$, 有

$$f(x^P) = 1 + x_3 + x_2x_4 + x_1x_3 + x_1x_2 + x_3x_4 + x_2x_3 + x_1x_3x_4,$$

$$w_t(f(x)) = w_t(x^P) = 12,$$

$$\frac{df(x)}{dx_1} = 1 + x_3 + x_2 + x_3x_4, \quad \frac{df(x^P)}{dx_1} = x_3 + x_2 + x_3x_4,$$

$$w_t\left(\frac{df(x)}{dx_1}\right) = w_t\left(\frac{df(x^P)}{dx_1}\right) = 8.$$

$$\frac{df(x)}{dx_2} = 1 + x_3 + x_4 + x_1, \quad \frac{df(x^P)}{dx_2} = x_4 + x_1 + x_3,$$

$$w_t\left(\frac{df(x)}{dx_2}\right) = w_t\left(\frac{df(x^P)}{dx_2}\right) = 8.$$

$$\frac{df(x)}{dx_3} = 1 + x_1 + x_2 + x_1x_4, \quad \frac{df(x^P)}{dx_3} = 1 + x_1 + x_2 + x_4 + x_1x_4,$$

$$w_t\left(\frac{df(x)}{dx_3}\right) = w_t\left(\frac{df(x^P)}{dx_3}\right) = 8.$$

$$\frac{df(x)}{dx_4} = 1 + x_2 + x_1x_3, \quad \frac{df(x^P)}{dx_4} = x_2 + x_3 + x_1x_3,$$

$$w_t\left(\frac{df(x)}{dx_4}\right) = w_t\left(\frac{df(x^P)}{dx_4}\right) = 8.$$

$$\frac{ef(x)}{ex_1} = x_2 + x_3 + x_3x_4, \quad \frac{ef(x^P)}{ex_1} = 1 + x_2 + x_3 + x_3x_4,$$

$$w_t\left(\frac{ef(x)}{ex_1}\right) = w_t\left(\frac{ef(x^P)}{ex_1}\right) = 8.$$

$$\frac{ef(x)}{ex_2} = x_1 + x_3 + x_4, \qquad \frac{ef(x^P)}{ex_2} = 1 + x_1 + x_3 + x_4,$$

$$w_t\left(\frac{ef(x)}{ex_2}\right) = w_t\left(\frac{ef(x^P)}{ex_2}\right) = 8.$$

$$\frac{ef(x)}{ex_3} = x_1 + x_2 + x_1x_4, \qquad \frac{ef(x^P)}{ex_3} = x_1 + x_2 + x_4 + x_1x_4,$$

$$w_t\left(\frac{ef(x)}{ex_3}\right) = w_t\left(\frac{ef(x^P)}{ex_3}\right) = 8.$$

$$\frac{ef(x)}{ex_4} = x_2 + x_1x_3, \qquad \frac{ef(x^P)}{ex_4} = 1 + x_2 + x_3 + x_1x_3,$$

$$w_t\left(\frac{ef(x)}{ex_4}\right) = w_t\left(\frac{ef(x^P)}{ex_4}\right) = 8.$$

定理 5.3.2　若布尔函数 $f(x) = f(x_1, x_2, \cdots, x_n)$ 对自变量 x_i 是线性的, 则对任意常向量 $P \in GF(2)^n$, $f(x^P)$ 对自变量 x_i 也是线性的.

只要注意到 $f(x^P) = f(x + \overline{P})$, 即可知定理 5.3.2 成立.

定理 5.3.3　若布尔函数 $f(x)$ 和 $g(x)(x \in GF(2)^n)$ 有 $g(x^{\underline{0}}) = f(x)$, 则对任意常向量 $P(P \in GF(2)^n)$, 有 $f(x^P) = g(x^{\overline{P}})$.

证明　由于

$$g(x + I) = f(x),$$

所以

$$f(x^P) = f(x + \overline{P}) = g(x + I + \overline{P}) = g(x + P) = g(x^{\overline{P}}).$$

由定理 5.3.3 显然可得到如下推论.

推论　若布尔函数 $f(x)$ 和 $g(x)(x \in GF(2)^n)$ 有 $g(x^{\underline{0}}) = f(x)$, 则对任意常向量 $P \in GF(2)^n$, 有

$$\begin{cases} \dfrac{dg(x^P)}{dx_i} = \dfrac{df(x^{\overline{P}})}{dx_i}, \\[3mm] \dfrac{eg(x^P)}{ex_i} = \dfrac{ef(x^{\overline{P}})}{ex_i} \end{cases} \qquad (i = 1, 2, \cdots, n).$$

例 5.3.2　4 元布尔函数

$$f(x) = x_1 + x_2 + x_3 + x_4 + x_2x_3 + x_2x_4 + x_1x_3 + x_1x_2 + x_1x_3x_4,$$

$$g(x) = 1 + x_4 + x_3x_4 + x_2x_3 + x_2x_4 + x_1x_2 + x_1x_4 + x_1x_3x_4.$$

有

$$f(x^{1101}) = 1 + x_3 + x_4 + x_2x_3 + x_2x_4 + x_1x_3 + x_1x_2 + x_1x_4 + x_1x_3x_4 = g(x^{0010}),$$

$$f(x^{1110}) = 1 + x_1 + x_3 + x_4 + x_2x_3 + x_2x_4 + x_1x_2 + x_1x_3x_4 = g(x^{0001}),$$

$$f(x^{1100}) = x_1 + x_2 + x_3 + x_4 + x_2 x_3 + x_2 x_4 + x_1 x_2 + x_1 x_4 + x_1 x_3 x_4 = g(x^{0011}).$$

从例 5.3.1 和例 5.3.2 中可以看到, 自变量经过广义求补变换后, 布尔函数的代数次数没有改变, 最高次项也没有改变. 那么, 这一特性是否具有一般性? 这一点很重要. 因为在密码学中, 布尔函数的代数次数是密钥流序列线性复杂度的决定性因素, 而密钥流序列的线性复杂度是密码安全的影响因素. 下面对在自变量广义求补变换下布尔函数的最高次项和代数次数也是不变量给出一般性的定理 5.3.4.

定理 5.3.4 对任意布尔函数 $f(x)(x \in GF(2)^n)$ 和任意常向量 $P \in GF(2)^n$, $f(x^P)$ 与 $f(x)$ 有相同的代数次数最高的项, 从而 $\deg f(x^P) = \deg f(x)$.

证明 设布尔函数 $f(x)$ 为 k 次函数, 且 $f(x)$ 有多个 k 次项. 又设 $f(x)$ 的任意两个 k 次项为

$$x_{i1} x_{i2} \cdots x_{ik} \quad 和 \quad x_{j1} x_{j2} \cdots x_{jk},$$

且

$$x_{i1} x_{i2} \cdots x_{ik} \neq x_{j1} x_{j2} \cdots x_{jk},$$

$$\deg(x_{i1} x_{i2} \cdots x_{ik}) = \deg(x_{j1} x_{j2} \cdots x_{jk}) = \deg(f(x)).$$

由于

$$f(x^P) = f(x + \overline{P}) = f((x_1 + \overline{P_1}), (x_2 + \overline{P_2}), \cdots, (x_n + \overline{P_n})),$$

所以 $f(x^P)$ 的所有项由 $f(x)$ 的各项中将 $x_i(x_i \in \{x_1, x_2, \cdots, x_n\})$ 代为 $x_i + \overline{P_i}$ 后得到. 而对

$$(x_{i1} + \overline{P_{i1}})(x_{i2} + \overline{P_{i2}}) \cdots (x_{ik} + \overline{P_{ik}}) \quad 和 \quad (x_{j1} + \overline{P_{j1}})(x_{j2} + \overline{P_{j2}}) \cdots (x_{jk} + \overline{P_{jk}}),$$

若 $\overline{P_i} = 0$, 则 $x_i + \overline{P_i} = x_i$; 若 $\overline{P_i} = 1$, 则 $x_i + \overline{P_i} = x_i + 1$. 所以最高次项仍分别为

$$x_{i1} x_{i2} \cdots x_{ik} \quad 和 \quad x_{j1} x_{j2} \cdots x_{jk},$$

可知 $f(x)$ 的次数低于 k 的那些项经 x^P 变换后仍是 $f(x^P)$ 的次数低于 k 的项. $f(x^P)$ 的次数最高的项由 $f(x)$ 的次数最高的项变换得到, 且 $f(x)$ 的代数次数最高的项等于 $f(x^P)$ 的代数次数最高的项, 从而 $f(x^P)$ 与 $f(x)$ 有相同的代数次数最高的项, 所以有 $\deg f(x^P) = \deg f(x)$.

定理 5.3.5 若布尔函数 $f(x)(x \in GF(2)^n)$ 是线性函数, 则对任意常向量 $P \in GF(2)^n$, $f(x^P)$ 也是线性函数, 并且, 或者 $f(x^P) = f(x)$, 或者 $f(x^P) = 1 + f(x)$.

由 $f(x^P) = f(x + \overline{P}) = f((x_1 + \overline{P_1}), (x_2 + \overline{P_2}), \cdots, (x_n + \overline{P_n}))$, 且 $f(x)$ 是线性函数知, 定理 5.3.5 成立.

推论　设布尔函数 $f(x)(x \in GF(2)^n)$ 是线性函数, P $(P \in GF(2)^n)$ 是任意常向量. 若 $\dfrac{df(x)}{dx_i} = 1\,(i \in \{1, 2, \cdots, n\})$, 则 $\dfrac{df(x^P)}{dx_i} = 1, \dfrac{ef(x)}{ex_i} = 0$; 若 $\dfrac{df(x)}{dx_i} = 0$, 则 $\dfrac{df(x^P)}{dx_i} = 0$, 并且, 或者 $\dfrac{ef(x^P)}{ex_i} = f(x)$, 或者 $\dfrac{ef(x^P)}{ex_i} = 1 + f(x)$.

推论显然成立, 不再证明.

用自变量广义求补的函数的导数, 可以求解原函数即可求解广义求补函数的导数构成的微分方程.

例 5.3.3　解下面的布尔微分方程, 求原函数 $f(x)$.

$$\begin{cases} \dfrac{df(x^{1101})}{dx_1} = x_2 + x_3 x_4, \\ \dfrac{df(x^{1101})}{dx_2} = 1 + x_3 + x_4 + x_1, \\ \dfrac{df(x^{1101})}{dx_3} = x_4 + x_2 + x_1 x_4, \\ \dfrac{df(x^{1101})}{dx_4} = x_3 + x_2 + x_1 x_3. \end{cases}$$

解　求得以各微分方程解的项为元素构成的集合的并集为

$$\{x_1 x_2,\ x_1 x_3 x_4,\ x_2,\ x_2 x_3,\ x_2 x_4,\ x_3 x_4\}.$$

所以

$$f(x) = x_4 + x_3 x_4 + x_2 x_3 + x_2 x_4 + x_1 x_2 + x_1 x_4 + x_1 x_3 x_4,$$

或

$$f(x) = 1 + x_4 + x_3 x_4 + x_2 x_3 + x_2 x_4 + x_1 x_2 + x_1 x_4 + x_1 x_3 x_4.$$

例 5.3.4　解下面的布尔微分方程, 求 4 元布尔函数 $f(x)$.

$$\begin{cases} \dfrac{df(x^{0011})}{dx_1} = 1 + x_2 + x_4 + x_3 x_4, \\ \dfrac{df(x^{0011})}{dx_2} = 1 + x_3 + x_1, \\ \dfrac{df(x^{0011})}{dx_3} = 1 + x_2 + x_1 x_4, \\ \dfrac{df(x^{0011})}{dx_4} = 1 + x_1 + x_1 x_3. \end{cases}$$

解　求得以各微分方程解的项为元素构成的集合的并集为

$$\{x_1,\ x_2,\ x_3,\ x_4,\ x_2 x_3,\ x_1 x_2,\ x_1 x_4,\ x_1 x_3 x_4\}.$$

所以

$$f(x^{0011}) = x_1 + x_2 + x_3 + x_4 + x_2x_3 + x_1x_2 + x_1x_4 + x_1x_3x_4,$$

所以

$$f(x) = f((x^{0011})^{0011}) = x_4 + x_3x_4 + x_2x_3 + x_2x_4 + x_1x_2 + x_1x_4 + x_1x_3x_4,$$

或

$$f(x) = f((x^{0011})^{0011}) = 1 + x_4 + x_3x_4 + x_2x_3 + x_2x_4 + x_1x_2 + x_1x_4 + x_1x_3x_4.$$

例 5.3.5 解下面的布尔微分方程, 求 4 元布尔函数 $f(x)$.

$$\begin{cases} \dfrac{df(x^{0010})}{dx_1} = x_2 + x_3 + x_4 + x_3x_4, \\[2mm] \dfrac{df(x^{0010})}{dx_2} = x_1 + x_3 + x_4, \\[2mm] \dfrac{df(x^{0010})}{dx_3} = 1 + x_1 + x_2 + x_1x_4, \\[2mm] \dfrac{df(x^{0010})}{dx_4} = 1 + x_1 + x_2 + x_1x_3. \end{cases}$$

解 求得以各微分方程解的项为元素构成的集合的并集为

$$\{x_1x_2, x_1x_3, x_1x_4, x_1x_3x_4, x_2x_3, x_2x_4, x_3, x_4\}.$$

所以

$$f(x^{0010}) = x_3 + x_4 + x_2x_3 + x_2x_4 + x_1x_2 + x_1x_3 + x_1x_4 + x_1x_3x_4,$$

故

$$f(x) = f((x^{0010})^{0010}) = x_4 + x_3x_4 + x_2x_3 + x_2x_4 + x_1x_2 + x_1x_4 + x_1x_3x_4.$$

由于自变量的转置变换是将函数的每一个自变量值变换为另一个相对应的自变量值, 从而将每一个函数值从一个对应的自变量处变换到另一个相对应的自变量处. 经自变量转置变换后, 函数值总体并未改变, 故经自变量转置变换后, 函数的重量不变. 于是有定理 5.3.6.

定理 5.3.6 布尔函数自变量经转置变换后, 函数重量不变. 有

$$w_t(f(x)) = w_t(f(\tilde{R}x)) = w_t(f(\tilde{L}x)).$$

相同的道理, 也可以得到

$$w_t\left(\frac{df(x)}{dx_i}\right)=w_t\left(\frac{df(\tilde{R}x)}{dx_{i+1}}\right),\quad w_t\left(\frac{ef(x)}{ex_i}\right)=w_t\left(\frac{ef(\tilde{R}x)}{ex_{i+1}}\right)$$

等结果.

不再详述.

由转置函数的微分方程也可以求解原函数. 由于较简单, 不做一般性讨论, 只以例 5.3.6 说明.

例 5.3.6　解下面的布尔微分方程, 求 4 元布尔函数 $f(x)$.

$$\begin{cases}\dfrac{df(x)}{dx_1}=x_3+x_4+x_2x_4+x_2x_3x_4,\\[2mm]\dfrac{df(x)}{dx_2}=x_4+x_1x_4+x_1x_3x_4,\\[2mm]\dfrac{d}{dx_1}\left(\dfrac{df(\tilde{R}x)}{dx_4}\right)=1+x_2x_3,\\[2mm]\dfrac{d}{dx_2}\left(\dfrac{df(\tilde{R}x)}{dx_4}\right)=1+x_1x_3,\\[2mm]\dfrac{d}{dx_3}\left(\dfrac{df(\tilde{R}x)}{dx_4}\right)=x_1x_2,\\[2mm]\dfrac{df(x)}{dx_4}=x_3+x_2+x_1+x_1x_2+x_1x_2x_3,\end{cases}$$

且 $f(0010)=1$.

解　先解自变量转置变换后的函数, 得

$$\{x_1x_4,\,x_2x_4,\,x_1x_2x_3x_4\}.$$

令 $g(x)=x_1x_4+x_2x_4+x_1x_2x_3x_4$, 则

$$g(\tilde{L}x)=x_3x_4+x_1x_3+x_1x_2x_3x_4.$$

又 $f(0010)=1$, 所以得解的项集

$$\{x_3,\,x_3x_4,\,x_1x_3,\,x_1x_2x_3x_4\}.$$

于是可得解

$$f(x)=x_3+x_3x_4+x_2x_4+x_1x_3+x_1x_4+x_1x_2x_4+x_1x_2x_3x_4.$$

在自变量的转置变换下, 显然线性函数仍变换为线性函数, 即线性性不变. 由于在自变量的转置变换下, 函数的重量不变, 所以有如下的定理.

定理 5.3.7 对任意布尔函数 $f(x)(x \in GF(2)^n)$, 有

$$w_t(f(x)) = 2^{-1}w_t\left(\frac{df(\tilde{S}x)}{dx_i}\right) + w_t\left(\frac{ef(\tilde{S}x)}{ex_i}\right),$$
$$w_t(f(\tilde{S}x)) = 2^{-1}w_t\left(\frac{df(x)}{dx_i}\right) + w_t\left(\frac{ef(x)}{ex_i}\right).$$

由于转置变换只是将函数中的一个变量变为另一个变量, 所以在自变量转置变换下, 函数的项数不会改变, 函数的代数次数也不会改变.

5.4 向量布尔函数

在利用大规模集成电路的成品部件进行数字设计时, 需要使用向量布尔代数理论作工具. 在多通路大规模集成电路的逻辑网络中, 误差的检测十分重要, 向量布尔函数的偏导数能在这一误差检测工作中发挥作用. 在向量布尔函数中, 同样能定义它的偏导数和偏 E-导数. 本书只对向量布尔函数和向量布尔函数的偏导数、偏 E-导数作简要说明. 本节首先简要介绍向量布尔函数.

下面给出向量布尔函数的递归定义.

定义 5.4.1 令 A 表示 $GF(2)^n$ 中的常向量, $A \in GF(2)^n$, 向量变元 $X_1, X_2, \cdots, X_i, \cdots, X_m \in GF(2)^n$, 则

(1) 函数

$$F_1(X_1, X_2, \cdots, X_m) = A$$

是向量布尔函数, 并称为常向量函数.

(2) 函数

$$F_2(X_1, X_2, \cdots, X_m) = X_i \quad (X_i \in \{X_1, X_2, \cdots, X_m\})$$

是向量布尔函数, 称为投影函数.

(3) 如果 $F(X_1, X_2, \cdots, X_m)$ 是向量布尔函数, 则

$$F(\tilde{S}^{n_1}X_1, \tilde{S}^{n_2}X_2, \cdots, \tilde{S}^{n_m}X_m)$$

也是向量布尔函数.

(4) 如果 $F(X_1, X_2, \cdots, X_m)$ 是向量布尔函数, 则

$$F^P(X_1^{P_1}, X_2^{P_2}, \cdots, X_m^{P_m})$$

也是向量布尔函数, 其中 $P, P_i \in GF(2)^n$ $(1 \leqslant i \leqslant m)$ 是任意常向量.

(5) 如果 $F_1(X_1, X_2, \cdots, X_m)$ 和 $F_2(X_1, X_2, \cdots, X_m)$ 是向量布尔函数, 则

$$F_1(X_1, X_2, \cdots, X_m) + F_2(X_1, X_2, \cdots, X_m)$$

和

$$F_1(X_1, X_2, \cdots, X_m) \cdot F_2(X_1, X_2, \cdots, X_m)$$

也是向量布尔函数.

(6) 只有有限次利用上述规则产生的函数才是向量布尔函数.

向量布尔函数 $F(X_1, X_2, \cdots, X_m)$ 的真值表如表 5.4.1 所示.

表 5.4.1　向量布尔函数 $F(X_1, X_2, \cdots, X_m)$ 的真值表

X_1	X_2	$\cdots\cdots$	X_m	F
$x_{11}, x_{12}, \cdots, x_{1n}$	$x_{21}, x_{22}, \cdots, x_{2n}$	$\cdots\cdots$	$x_{m1}, x_{m2}, \cdots, x_{mn}$	$f_1, f_2, \cdots, f_n$
$0, 0, \cdots, 0$	$0, 0, \cdots, 0$	$\cdots\cdots$	$0, 0, \cdots, 0$	$f_{10}, f_{20}, \cdots, f_{n0}$
$0, 0, \cdots, 0$	$0, 0, \cdots, 0$	$\cdots\cdots$	$0, 0, \cdots, 1$	$f_{11}, f_{21}, \cdots, f_{n1}$
$\vdots$	$\vdots$		$\vdots$	
$1, 1, \cdots, 1$	$1, 1, \cdots, 1$	$\cdots\cdots$	$1, 1, \cdots, 1$	$f_{12^{mn}}, f_{22^{mn}}, \cdots, f_{n2^{mn}}$

由表 5.4.1 可以得到 $GF(2)$ 上向量布尔函数的表达式, 于是有定理 5.4.1.

定理 5.4.1　令 $F = (f_1, f_2, \cdots, f_n)$ 是 $GF(2)$ 上 m 个向量变元 $X_1, X_2, \cdots, X_m$ 的向量布尔函数, 则 F 的表达式为

$$
\begin{aligned}
&F(X_1, X_2, \cdots, X_m) \\
&= \sum F(P_1, P_2, \cdots, P_m)[X_1^{P_1} \tilde{S}(X_1^{P_1}) \tilde{S}^2(X_1^{P_1}) \cdots \\
&\quad \cdot \tilde{S}^{n-1}(X_1^{P_1})][X_2^{P_2} \tilde{S}(X_2^{P_2}) \tilde{S}^2(X_2^{P_2}) \cdots \tilde{S}^{n-1}(X_2^{P_2})] \\
&\quad \cdots \cdot [X_m^{P_m} \tilde{S}(X_m^{P_m}) \tilde{S}^2(X_m^{P_m}) \cdots \tilde{S}^{n-1}(X_m^{P_m})].
\end{aligned}
\tag{5.4.1}
$$

由定理 5.2.1 可知

$$
\begin{aligned}
&F(P_1, P_2, \cdots, P_m)[X_1^{P_1} \tilde{S}(X_1^{P_1}) \tilde{S}^2(X_1^{P_1}) \cdots \\
&\quad \cdot \tilde{S}^{n-1}(X_1^{P_1})][X_2^{P_2} \tilde{S}(X_2^{P_2}) \tilde{S}^2(X_2^{P_2}) \cdots \tilde{S}^{n-1}(X_2^{P_2})] \\
&\quad \cdots \cdot [X_m^{P_m} \tilde{S}(X_m^{P_m}) \tilde{S}^2(X_m^{P_m}) \cdots \tilde{S}^{n-1}(X_m^{P_m})] \\
&= \begin{cases} F(P_1, P_2, \cdots, P_m), & X_1 = P_1, X_2 = P_2, \cdots, X_m = P_m, \\ 0, & X_1 \neq P_1, X_2 \neq P_2, \cdots, X_m \neq P_m. \end{cases}
\end{aligned}
$$

由于 (5.4.1) 式是对 $P_1, P_2, \cdots, P_m$ 的所有可能组合取值, 所以对于 F 的真值表 (表 5.4.1) 的每一行,(5.4.1) 式中必有一项且仅有一项与之相对应, 故知定理 5.4.1 成立.

例 5.4.1 已知向量布尔函数的真值表如表 5.4.2 所示. 求表 5.4.2 的向量布尔函数在 $GF(2)$ 上的表达式.

表 5.4.2 例 5.4.1 的向量布尔函数 $F(\mathbf{X}_1, \mathbf{X}_2)$ 的真值表

X_1		X_2		F	
x_{11}	x_{12}	x_{21}	x_{22}	f_1	f_2
0	0	0	0	0	1
0	0	0	1	1	1
0	1	1	0	1	0
1	0	1	1	0	1
其他				0	0

解 表 5.4.2 的 $GF(2)$ 上的向量布尔函数 $F(X_1, X_2)$ 的表达式为

$$F(X_1, X_2) = (01)X_1^{00}\tilde{S}(X_1^{00})X_2^{00}\tilde{S}(X_2^{00}) + (11)X_1^{00}\tilde{S}(X_1^{00})X_2^{01}\tilde{S}(X_2^{01})$$
$$+ (10)X_1^{01}\tilde{S}(X_1^{01})X_2^{10}\tilde{S}(X_2^{10}) + (01)X_1^{10}\tilde{S}(X_1^{10})X_2^{11}\tilde{S}(X_2^{11}).$$

例 5.4.1 中向量布尔函数 $F(X_1, X_2)$ 的表达式显然可以写成如下形式:

$$F(X_1, X_2) = X_1^{00}\tilde{S}(X_1^{00})F(00, X_2) + X_1^{01}\tilde{S}(X_1^{01})F(01, X_2)$$
$$+ X_1^{10}\tilde{S}(X_1^{10})F(10, X_2) + X_1^{11}\tilde{S}(X_1^{11})F(11, X_2).$$

于是可知, 可将定理 5.4.1 的 (5.4.1) 式也写成这种形式, 变成一个具有一般性的式子, 这样就得到了向量布尔函数的广义展开定理.

定理 5.4.2 (广义展开定理) 向量布尔函数 $F(X_1, X_2, \cdots, X_m)$ 有展开式如下

$$F(X_1, X_2, \cdots, X_m)$$
$$= \sum_{a=00\cdots0}^{11\cdots1} X_1^a\tilde{S}(X_1^a)\tilde{S}^2(X_1^a)\cdots\tilde{S}^{n-1}(X_1^a)F(X_1=a, X_2, X_3, \cdots, X_m), \quad (5.4.2)$$

(5.4.2) 式中 "$\sum$" 表示向量 a 取遍 $GF(2)^n$ 的所有元的和.

向量布尔函数还有很多内容, 如按 F 取值的列来得到表示式等.

5.5   向量布尔函数的偏导数和偏 E-导数

首先给出向量布尔函数的偏导数的概念.

定义 5.5.1   令 $F(X,Y)(X,Y \in GF(2)^n)$ 是一向量布尔函数. $F(X,Y)$ 按常向量 $a(a \in GF(2)^n)$ 对 X 的偏导数为

$$\frac{\partial F(X,Y)}{\partial X^a} = F(X,Y) + F(X+a,Y).$$

向量布尔函数的偏导数具有如下一些性质, 设 $a,b \in GF(2)^n$, a, b 是常向量.

性质 1 $\dfrac{\partial a}{\partial X^b} = 0,$

证明 $\dfrac{\partial a}{\partial X^b} = a + a = 0.$

性质 2 $\dfrac{\partial a F(X,Y)}{\partial X^a} = a\dfrac{\partial F(X,Y)}{\partial X^a}.$

证明 $\dfrac{\partial a F(X,Y)}{\partial X^a} = aF(X,Y) + aF(X+a,Y) = a(F(X,Y) + F(X+a,Y)) = a\dfrac{\partial F(X,Y)}{\partial X^a}.$

性质 3 $\dfrac{\partial (F(X,Y) + G(X,Y))}{\partial X^a} = \dfrac{\partial F(X,Y)}{\partial X^a} + \dfrac{\partial G(X,Y)}{\partial X^a}.$

证明

$$\frac{\partial (F(X,Y) + G(X,Y))}{\partial X^a} = F(X,Y) + G(X,Y) + F(X+a,Y) + G(X+a,Y)$$
$$= \frac{\partial F(X,Y)}{\partial X^a} + \frac{\partial G(X,Y)}{\partial X^a}.$$

性质 4

$$\frac{\partial (F(X,Y)G(X,Y))}{\partial X^a} = G(X,Y)\frac{\partial F(X,Y)}{\partial X^a} + F(X,Y)\frac{\partial G(X,Y)}{\partial X^a}$$
$$+ \frac{\partial F(X,Y)}{\partial X^a}\frac{\partial G(X,Y)}{\partial X^a}.$$

证明

$$\frac{\partial(F(X,Y)G(X,Y))}{\partial X^a}$$

$$=F(X,Y)G(X,Y) + F(X+a,Y)G(X+a,Y)$$

$$=G(X,Y)F(X,Y) + G(X,Y)F(X+a,Y) + F(X,Y)G(X,Y)$$

$$\quad + F(X,Y)G(X+a,Y) + F(X,Y)G(X,Y) + G(X,Y)F(X+a,Y)$$

$$\quad + F(X,Y)G(X+a,Y) + G(X+a,Y)F(X+a,Y)$$

$$=G(X,Y)[F(X,Y) + F(X+a,Y)] + F(X,Y)[G(X,Y) + G(X+a,Y)]$$

$$\quad + [F(X,Y) + F(X+a,Y)][G(X,Y) + G(X+a,Y)]$$

$$=G(X,Y)\frac{\partial F(X,Y)}{\partial X^a} + F(X,Y)\frac{\partial G(X,Y)}{\partial X^a} + \frac{\partial F(X,Y)}{\partial X^a}\frac{\partial G(X,Y)}{\partial X^a}.$$

性质 5　$\dfrac{\partial F^P(X,Y)}{\partial X^a} = \dfrac{\partial F(X,Y)}{\partial X^a}.$

只要注意到有 $P, F(X,Y) \in GF(2)^n$, 则由广义补的性质, 即知性质 5 成立.

性质 6　$\dfrac{\partial}{\partial X^a}\left(\dfrac{\partial F(X,Y)}{\partial X^a}\right) = 0.$

性质 7　$\dfrac{\partial}{\partial X^a}\left(\dfrac{\partial}{\partial X^a}\left(\cdots\left(\dfrac{\partial F(X,Y)}{\partial X^a}\right)\right)\cdots\right) = 0.$

性质 8　$\dfrac{\partial}{\partial X^b}\left(\dfrac{\partial F(X,Y)}{\partial X^a}\right) = \dfrac{\partial}{\partial X^a}\left(\dfrac{\partial F(X,Y)}{\partial X^b}\right).$

证明

$$\frac{\partial}{\partial X^b}\left(\frac{\partial F(X,Y)}{\partial X^a}\right) = F(X,Y) + F(X+a,Y) + F(X+b,Y) + F(X+a+b,Y),$$

$$\frac{\partial}{\partial X^a}\left(\frac{\partial F(X,Y)}{\partial X^b}\right) = F(X,Y) + F(X+b,Y) + F(X+a,Y) + F(X+b+a,Y).$$

故知性质 8 成立.

性质 9　$\dfrac{\partial F(X^{\overline{a}},Y)}{\partial X^a} = \dfrac{\partial F(X,Y)}{\partial X^a}.$

证明

$$\frac{\partial F(X^{\overline{a}},Y)}{\partial X^a} = F(X^{\overline{a}},Y) + F(X^{\overline{a}}+a,Y) = F(X+a,Y) + F(X,Y) = \frac{\partial F(X,Y)}{\partial X^a}.$$

性质 10　$\dfrac{\partial F(X^a,Y)}{\partial X^{\overline{a}}} = \dfrac{\partial F(X,Y)}{\partial X^{\overline{a}}}.$

证明

$$\frac{\partial F(X^a, Y)}{\partial X^{\overline{a}}} = F(X^a, Y) + F(X^a + \overline{a}, Y) = F(X + \overline{a}, Y) + F(X, Y) = \frac{\partial F(X, Y)}{\partial X^{\overline{a}}}.$$

例 5.5.1　已知

$$\frac{\partial}{\partial X^{\overline{a}}}\left(\frac{\partial F(X, Y)}{\partial X^a}\right) = f_1(X, Y), \quad \frac{\partial F(X^a, Y)}{\partial X^a} = f_2(X, Y),$$

$$\frac{\partial F(X^{\overline{a}}, Y)}{\partial X^{\overline{a}}} = f_3(X, Y), \quad F(X^{\underline{0}}, Y) = f_4(X, Y),$$

求 $F(X, Y)$.

解　由于

$$\frac{\partial}{\partial X^{\overline{a}}}\left(\frac{\partial F(X, Y)}{\partial X^a}\right) = F(X, Y) + F(X + a, Y) + F(X + \overline{a}, Y) + F(X + I, Y),$$
$$\frac{\partial F(X^a, Y)}{\partial X^a} = F(X + \overline{a}, Y) + F(X + I, Y),$$
$$\frac{\partial F(X^{\overline{a}}, Y)}{\partial X^{\overline{a}}} = F(X + a, Y) + F(X + I, Y),$$
$$F(X^{\underline{0}}, Y) = F(X + I, Y),$$

所以

$$F(X, Y) = f_1(X, Y) + f_2(X, Y) + f_3(X, Y) + f_4(X, Y).$$

同布尔函数的 e-导数一样, 向量布尔函数也可以定义与之相似的 e-导数.

定义 5.5.2　令 $F(X, Y)(X, Y \in GF(2)^n)$ 是向量布尔函数 $F(X, Y)$ 按常向量 $a(a \in GF(2)^n)$ 对 X 的偏 E-导数为

$$\frac{EF(X, Y)}{EX^a} = F(X, Y)\,F(X + a, Y).$$

下面同样给出向量布尔函数的偏 E-导数的一些性质. 设 $a, b \in GF(2)^n$, a, b 是常向量.

性质 1　$\dfrac{Ea}{EX^b} = a.$

性质 2　$\dfrac{EaF(X, Y)}{EX^a} = a\dfrac{EF(X, Y)}{EX^a}.$

性质 3

$$\frac{E(F(X, Y) + G(X, Y))}{EX^a} = \frac{EF(X, Y)}{EX^a} + \frac{EG(X, Y)}{EX^a}$$
$$+ F(X, Y)\frac{\partial G(X, Y)}{\partial X^a} + G(X, Y)\frac{\partial F(X, Y)}{\partial X^a}.$$

证明

$$\frac{E(F(X,Y)+G(X,Y))}{EX^a}$$

$$=(F(X,Y)+G(X,Y))(F(X+a,Y)+G(X+a,Y))$$

$$=F(X,Y)F(X+a,Y)+G(X,Y)G(X+a,Y)+G(X,Y)F(X+a,Y)$$

$$+F(X,Y)G(X,Y)+F(X,Y)G(X+a,Y)+F(X,Y)G(X,Y)$$

$$=\frac{EF(X,Y)}{EX^a}+\frac{EG(X,Y)}{EX^a}+G(X,Y)\frac{\partial F(X,Y)}{\partial X^a}+F(X,Y)\frac{\partial G(X,Y)}{\partial X^a}.$$

性质 4 $\quad\dfrac{E(F(X,Y)G(X,Y))}{EX^a}=\dfrac{EF(X,Y)}{EX^a}\dfrac{EG(X,Y)}{EX^a}.$

由于 $\dfrac{E(F(X,Y)G(X,Y))}{EX^a}=F(X,Y)G(X,Y)F(X+a,Y)G(X+a,Y)$, 即知性质 4 成立.

性质 5 $\quad\dfrac{EF^P(X,Y)}{EX^a}=P+\dfrac{EF(X,Y)}{EX^a}+P\dfrac{\partial F(X,Y)}{\partial X^a}.$

证明

$$\frac{EF^P(X,Y)}{EX^a}$$

$$=F(X,Y)F(X+a,Y)+P(F(X,Y)+F(X+a,Y))+P$$

$$=P+\frac{EF(X,Y)}{EX^a}+P\frac{\partial F(X,Y)}{\partial X^a}.$$

由性质 5 便可直接得到性质 6.

性质 6 $\quad\dfrac{EF^{\underline{0}}(X,Y)}{EX^a}=I+\dfrac{EF(X,Y)}{EX^a}+\dfrac{\partial F(X,Y)}{\partial X^a}.$

性质 7 $\quad\dfrac{E}{EX^a}\left(\dfrac{EF(X,Y)}{EX^a}\right)=\dfrac{EF(X,Y)}{EX^a}.$

证明

$$\frac{E}{EX^a}\left(\frac{EF(X,Y)}{EX^a}\right)$$

$$=\frac{E}{EX^a}(F(X,Y)F(X+a,Y))$$

$$=F(X,Y)F(X+a,Y)F(X+a,Y)F(X,Y)$$

$$=\frac{EF(X,Y)}{EX^a}.$$

性质 8 $\quad\dfrac{E}{EX^a}\left(\dfrac{E}{EX^a}\left(\cdots\left(\dfrac{EF(X,Y)}{EX^a}\right)\right)\cdots\right)=\dfrac{EF(X,Y)}{EX^a}.$

性质 9 $\dfrac{E}{EX^b}\left(\dfrac{EF(X,Y)}{EX^a}\right)=\dfrac{E}{EX^a}\left(\dfrac{EF(X,Y)}{EX^b}\right).$

证明

$$\dfrac{E}{EX^b}\left(\dfrac{EF(X,Y)}{EX^a}\right)$$

$$=F(X,Y)F(X+a,Y)F(X+b,Y)F(X+b+a,Y)$$

$$=\dfrac{E}{EX^a}\left(\dfrac{EF(X,Y)}{EX^b}\right).$$

性质 10 $\dfrac{EF(X^{\overline{a}},Y)}{EX^a}=\dfrac{EF(X,Y)}{EX^a}.$

证明

$$\dfrac{EF(X^{\overline{a}},Y)}{EX^a}$$

$$=F(X^{\overline{a}},Y)F(X^{\overline{a}}+a,Y)=F(X+a,Y)F(X,Y)$$

$$=\dfrac{EF(X,Y)}{EX^a}.$$

性质 11 $\dfrac{EF(X^a,Y)}{EX^{\overline{a}}}=\dfrac{EF(X,Y)}{EX^{\overline{a}}}.$

证明

$$\dfrac{EF(X^a,Y)}{EX^{\overline{a}}}=F(X^a,Y)F(X^a+\overline{a},Y)=F(X+\overline{a},Y)F(X,Y)=\dfrac{EF(X,Y)}{EX^{\overline{a}}}.$$

性质 12 $\dfrac{E}{EX^a}\left(\dfrac{\partial F(X,Y)}{\partial X^a}\right)=\dfrac{\partial F(X,Y)}{\partial X^a}.$

证明

$$\dfrac{E}{EX^a}\left(\dfrac{\partial F(X,Y)}{\partial X^a}\right)$$

$$=\dfrac{E}{EX^a}(F(X,Y)+F(X+a,Y))$$

$$=(F(X,Y)+F(X+a,Y))(F(X+a,Y)+F(X,Y))$$

$$=\dfrac{\partial F(X,Y)}{\partial X^a}.$$

性质 13 $\dfrac{\partial}{\partial X^a}\left(\dfrac{EF(X,Y)}{EX^a}\right)=0.$

证明

$$\frac{\partial}{\partial X^a}\left(\frac{EF(X,Y)}{EX^a}\right)$$
$$=\frac{\partial}{\partial X^a}\left(F(X,Y)F(X+a,Y)\right)$$
$$=F(X,Y)F(X+a,Y)+F(X+a,Y)F(X,Y)$$
$$=0.$$

有了向量布尔函数的偏导数和偏 E-导数, 就可以用向量布尔函数的偏导数和偏 E-导数将向量布尔函数表示出来, 于是有定理 5.5.1.

定理 5.5.1 向量布尔函数 $F(X,Y)\in GF(2)^n(X,Y\in GF(2)^n)$, 对任意常向量 $a(a\in GF(2)^n, a\neq \underline{0})$,$F(X,Y)$ 和它的偏导数、偏 E-导数有如下关系

$$F(X,Y)=F(X,Y)\frac{\partial F(X,Y)}{\partial X^a}+\frac{EF(X,Y)}{EX^a}.$$

证明

$$F(X,Y)$$
$$=F(X,Y)+F(X,Y)F(X+a,Y)+F(X,Y)F(X+a,Y)$$
$$=F(X,Y)(F(X,Y)+F(X+a,Y))+F(X,Y)F(X+a,Y)$$
$$=F(X,Y)\frac{\partial F(X,Y)}{\partial X^a}+\frac{EF(X,Y)}{EX^a}.$$

例 5.5.2 已知向量布尔函数

$$F(X_1,X_2)$$
$$=(01)X_1^{00}\tilde{S}(X_1^{00})X_2^{00}\tilde{S}(X_2^{00})+(11)X_1^{00}\tilde{S}(X_1^{00})X_2^{01}\tilde{S}(X_2^{01})$$
$$+(10)X_1^{01}\tilde{S}(X_1^{01})X_2^{10}\tilde{S}(X_2^{10})+(01)X_1^{10}\tilde{S}(X_1^{10})X_2^{11}\tilde{S}(X_2^{11}),$$

求 $\dfrac{\partial F(X_1,X_2)}{\partial X_1^{01}}$.

解 由于

$$F(X_1+01,X_2)$$
$$=(01)X_1^{01}\tilde{S}(X_1^{01})X_2^{00}\tilde{S}(X_2^{00})+(11)X_1^{01}\tilde{S}(X_1^{01})X_2^{01}\tilde{S}(X_2^{01})$$
$$+(10)X_1^{00}\tilde{S}(X_1^{00})X_2^{10}\tilde{S}(X_2^{10})+(01)X_1^{11}\tilde{S}(X_1^{11})X_2^{11}\tilde{S}(X_2^{11}),$$

所以

$$\frac{\partial F(X_1, X_2)}{\partial X_1^{01}} = F(X_1, X_2) + F(X_1 + 01, X_2)$$

$$= (01)[X_1^{00}\tilde{S}(X_1^{00}) + X_1^{01}\tilde{S}(X_1^{01})]X_2^{00}\tilde{S}(X_2^{00})$$

$$+ (11)[X_1^{00}\tilde{S}(X_1^{00}) + X_1^{01}\tilde{S}(X_1^{01})]X_2^{01}\tilde{S}(X_2^{01})$$

$$+ (10)[X_1^{01}\tilde{S}(X_1^{01}) + X_1^{00}\tilde{S}(X_1^{00})]X_2^{10}\tilde{S}(X_2^{10})$$

$$+ (01)[X_1^{10}\tilde{S}(X_1^{10}) + X_1^{11}\tilde{S}(X_1^{11})]X_2^{11}\tilde{S}(X_2^{11}).$$

本章在 $GF(2)$ 中定义了两种新的运算: 广义求补运算和转置运算. 这两种运算在密码学中也有用途, 广义求补运算在布尔函数的相关免疫性研究中有用, 利用转置运算, 可以构造具有良好密码学性质的布尔函数, 如构造满足 $f(\tilde{R}x) = f(x)(x \in GF(2)^4)$ 的 3 次布尔函数 $f(x)$:

$$f(x) = x_1x_2 + x_2x_3 + x_3x_4 + x_4x_1 + x_1x_2x_3 + x_2x_3x_4 + x_3x_4x_1 + x_4x_1x_2.$$

$f(x)$ 就是一个有高线性复杂度的平衡 H 布尔函数, 其满足高线性复杂度、严格雪崩准则和平衡性三种密码学性质.

5.6　布尔函数的 2-分解

数字电路可以用布尔函数表示. 如果表示某数字电路的布尔函数可以化简, 则可以简化原数字电路. 若一个布尔函数可以 2-分解, 自然可以改善原数字电路的性能. 利用布尔函数的导数和 e-导数, 可以很容易地判断布尔函数是否可以进行 2-分解, 并实现布尔函数的 2-分解.

数字电路通常是用布尔代数 $(B_2; \oplus, \otimes, -, 0, 1)(B_2 = \{0, 1\})$ 上的布尔函数来表示. 布尔代数 $(B_2; \oplus, \otimes, -, 0, 1)$ 上的布尔函数 $f(x)$ 可以用范式

$f(X) = \overset{2^n-1}{\underset{c=0}{\oplus}} f(c)X^c$ 表示. 由于范式中的小项 X^c 有性质

$$X^c = \prod_{i=1}^{n} x_i^{c_i} = \begin{cases} 1, & X = c, \\ 0, & X \neq c, \end{cases}$$

因此, 布尔函数的范式也可以直接变换为 $GF(2)$ 上的布尔函数的小项表示:

$$f(X) = \sum_{c=0}^{2^n-1} f(c) X^c.$$

于是, 原来定义在布尔代数 $(B_2; \oplus, \otimes, -, 0, 1)$ 上的布尔函数的 2-分解, 就可以变换为 $GF(2)$ 上的布尔函数的 2-分解. 定义在布尔代数 $(B_2; \oplus, \otimes, -, 0, 1)$ 上的

布尔函数的 2-分解工作, 可以由 $GF(2)$ 上的布尔函数的 2-分解工作来完成. 本书关于布尔函数 2-分解的概念和有关内容, 均是指 $GF(2)$ 上的布尔函数的 2-分解.

定义 5.6.1 对布尔函数 $f(x_1, x_2, \cdots, x_n) \in GF(2)^{GF(2)^n}$, 设 $\Gamma \bigcup \Lambda$ 是 $\{1, 2, \cdots, n\}$ 的一个划分. 如果存在 3 个布尔函数

$$F(\varphi, \psi) \in GF(2)^{GF(2)^2},$$

$$\varphi(x_r \,|\, r \in \Gamma) \in GF(2)^{GF(2)^{|\Gamma|}}, \quad 记为 \quad \varphi(x_r),$$

$$\psi(x_\lambda \,|\, \lambda \in \Lambda) \in GF(2)^{GF(2)^{|\Lambda|}}, \quad 记为 \quad \psi(x_\lambda),$$

使得

$$f(x_1, x_2, \cdots, x_n) = F(\varphi(x_r), \ \psi(x_\lambda)),$$

则称 $f(x_1, x_2, \cdots, x_n)$ 是关于 Γ 和 Λ 可以 2-分解的.

布尔函数 $f(x_1, x_2, \cdots, x_n)$ 如果能进行 2-分解, 则可以被分解为 $\varphi(x_r)\,\psi(x_\lambda)$, $\varphi(x_r) + \psi(x_\lambda), \varphi(x_r) + \psi(x_\lambda)(1 + \varphi(x_r))$, $\varphi(x_r) + \varphi(x_r)\,\psi(x_\lambda)(\psi(x_\lambda) + \psi(x_\lambda)\,\varphi(x_r)$ 形式相同) 等形式. 显然, 如果 $f(x_1, x_2, \cdots, x_n)$ 是线性函数, 则 $f(x_1, x_2, \cdots, x_n)$ 的 2-分解是很容易的, 也没有电路化简的实际意义, 即使 $f(x_1, x_2, \cdots, x_n)$ 是用小项表示的线性函数也是如此. 因此, 在下面考虑上述 2-分解形式时, 通常只考虑 $\varphi(x_r)$ 和 $\psi(x_\lambda)$ 均为非线性函数的情形.

利用布尔函数的 e-导数和导数, 可以对小项表示的布尔函数是否可以进行 2-分解直接作出判断, 继而进行 2-分解工作. 由于布尔函数 $f(x_1, x_2, \cdots, x_n)$ 最初是用小项表示的形式, 经利用 e-导数和导数对布尔函数 $f(x_1, x_2, \cdots, x_n)$ 进行处理后, 求 e-导数和导数的变量变为 1 和 0, 使变量数减少, 并使一些小项变为 0, 从而使 e-导数和导数化为多项式表示并进行 2-分解, 变得较为容易, 且易于通过求解布尔函数微分方程, 求得 $f(x_1, x_2, \cdots, x_n)$ 的 2-分解的多项式表示. 特别是 e-导数在布尔函数 $f(x_1, x_2, \cdots, x_n)$ 的 2-分解中, 能起到很重要的作用.

由于 $f(x)$ 以小项表示, 则 $f(x)$ 是否为线性函数, 需要给出一个判断, 为此有定理 5.6.1.

定理 5.6.1 布尔函数 $f(x_1, x_2, \cdots, x_n) \in GF(2)^{GF(2)^n}$, 则 $f(x) = \sum\limits_{i=1}^{n} x_i$ iff

$$\frac{df(x)}{dx_1} = \frac{df(x)}{dx_2} = \cdots = \frac{df(x)}{dx_n} = 1 \quad 且 \quad f(0) = 0.$$

证明 (必要性) 直接对每个变量 $x_i (i = 1, 2, \cdots, n)$ 求导数, 必要性即得证. (充分性) 解微分方程

$$\frac{df(x)}{dx_i} = 1 \quad (i = 1, 2, \cdots, n),$$

并代入初值 $f(0) = 0$, 即得证充分性.

推论 1　$f(x) = x_i + f_1(x) \in GF(2)^{GF(2)^n}$ (其中 $f_1(x)$ 不含 x_i) iff $\dfrac{df(x)}{dx_i} = 1$ 且 $f(0, 0, \cdots, 0, \underset{\substack{\uparrow \\ \text{第 } i \text{ 位}}}{1}, 0, 0, \cdots, 0) = 1$.

推论 2　若 $f(x)$ 有 $\dfrac{df(x)}{dx_i} = 1$ $(i = 1, 2, \cdots, n)$, 则 $\dfrac{ef(x)}{ex_i} = 0$ $(i = 1, 2, \cdots, n)$.

证明　方程 $\dfrac{df(x)}{dx_i} = 1$ $(i = 1, 2, \cdots, n)$ 的解为

$$f(x) = \sum_{i=1}^{n} x_i \quad \text{和} \quad f(x) = 1 + \sum_{i=1}^{n} x_i.$$

故对一切 $i = 1, 2, \cdots, n$, 有

$$\frac{ef(x)}{ex_i} = 0 \quad (i = 1, 2, \cdots, n).$$

定理 5.6.2　布尔函数 $f(x_1, x_2, \cdots, x_n) \in GF(2)^{GF(2)^n}$, $f(x)$ 有 2-分解式 $f(x) = \varphi(x_r)\psi(x_\lambda)(r = \Gamma, \lambda = \Lambda, \Gamma \bigcup \Lambda = \{1, 2, \cdots, n\}, \Gamma \bigcap \Lambda = \varnothing)$. 若 $f(x)$ 又有 2-分解式

$$f(x) = x_{i1}x_{i2} \cdots x_{is} f_1(x) = x_{i1}x_{i2} \cdots x_{is} \varphi_1(x_{r1})\psi_1(x_{\lambda 1}), \tag{5.6.1}$$

其中 $f_1(x), \varphi_1(x_{r1})\psi_1(x_{\lambda 1})$ 中不含变量 $x_{i1}, x_{i2}, \cdots, x_{is}$, 则

$$\frac{ef(x)}{ex_{i1}} = \frac{ef(x)}{ex_{i2}} = \cdots = \frac{ef(x)}{ex_{is}} = 0. \tag{5.6.2}$$

定理 5.6.2 的证明很容易, 不再证明.

定理 5.6.2 中, (5.6.2) 式是 (5.6.1) 式的必要条件, 而不是充分条件. 如 $f(x) = x_{i1} + x_{i2} + \cdots + x_{is} + f_1(x)$ 和 $f(x) = \varphi(x_r)(x_{i1} + x_{i2} + \cdots + x_{is} + f_2(x))$, 虽也有 (5.6.2) 式的关系, 但 $f(x)$ 却显然不能 2-分解为 (5.6.1) 式的形式. 又如

$$f(x) = \overline{x_1}\,\overline{x_2}\,\overline{x_3}x_4 + \overline{x_1}x_2x_3\,\overline{x_4} + x_1x_2\overline{x_3}\,\overline{x_4}$$

$$= x_4 + x_1x_2 + x_1x_4 + x_2x_3 + x_2x_4 + x_3x_4 + x_1x_3x_4 + x_1x_2x_3x_4,$$

虽然有 $\dfrac{ef(x)}{ex_1} = \dfrac{ef(x)}{ex_2} = \dfrac{ef(x)}{ex_3} = \dfrac{ef(x)}{ex_4} = 0$, 但 $f(x)$ 是不能进行 2-分解的函数. 又如

$$f_1(x) = (x_1x_2 + x_1x_3 + x_2x_3 + x_1x_2x_3)(x_7 + x_4x_5 + x_4x_7 + x_5x_6$$

$$+ x_5x_7 + x_6x_7 + x_4x_6x_7 + x_4x_5x_6x_7),$$

虽然有 $\dfrac{ef_1(x)}{ex_1} = \dfrac{ef_1(x)}{ex_2} = \dfrac{ef_1(x)}{ex_3} = \dfrac{ef_1(x)}{ex_4} = \dfrac{ef_1(x)}{ex_5} = \dfrac{ef_1(x)}{ex_6} = \dfrac{ef_1(x)}{ex_7} = 0$,
但 $f_1(x)$ 可以进行 2-分解, 且 $f_1(x)$ 的 2-分解式是唯一的. 所以, 定理 5.6.3 也只是关于 2-分解唯一性的充分性, 而非必要性的定理.

定理 5.6.3 布尔函数 $f(x_1, x_2, \cdots, x_n) \in GF(2)^{GF(2)^n}$, 若 $f(x)$ 能 2-分解为

$$f(x) = \varphi(x_r)\,\psi(x_\lambda) \quad (r = \Gamma, \ \lambda = \Lambda, \ \Gamma \bigcup \Lambda = \{1, 2, \cdots, n\}, \ \Gamma \bigcap \Lambda = \varnothing),$$

且

$$\frac{ef(x)}{ex_i} \neq 0 \quad (i = 1, 2, \cdots, n),$$

则 $f(x)$ 的 2-分解式是唯一的.

证明 假设 $f(x)$ 的 2-分解式不唯一, 有

$$f(x) = \varphi_1(x_r)\,\psi_1(x_\lambda) = \varphi_2(x_r)\,\psi_2(x_\lambda)$$
$$(r = \Gamma, \ \lambda = \Lambda, \Gamma \bigcup \Lambda = \{1, 2, \cdots, n\}, \ \Gamma \bigcap \Lambda = \varnothing),$$

其中

$$\varphi_1(x_r) \neq \varphi_2(x_r), \quad \psi_1(x_\lambda) \neq \psi_2(x_\lambda).$$

于是有

$$\frac{e[\varphi_1(x_r)\psi_1(x_\lambda) + \varphi_2(x_r)\psi_2(x_\lambda)]}{ex_{\lambda i}} = 0 \quad (i \in \Lambda).$$

将求 e-导数的上式展开并化简, 有

$$\varphi_2(x_r)\,\psi_2(0)[\varphi_1(x_r)\,\psi_1(1) + \psi_2(1)] + \varphi_1(x_r)\,\psi_1(0)[\psi_1(1) + \varphi_2(x_r)\,\psi_2(1)] = 0,$$
$$(5.6.3)$$

其中 $\psi_1(m), \psi_2(m)(m = 0, 1)$ 表示 $\psi_1(x_\lambda), \psi_2(x_\lambda)$ 中含变量 $x_{\lambda i}$ 的项中, 变量 $x_{\lambda i}$ 取值 $m(m = 0, 1)$.

由于 $r = \Gamma, \ \lambda = \Lambda, \ \varphi_1(x_r) \neq \varphi_2(x_r), \psi_1(1) \neq \psi_2(1)$, 故

$$\varphi_2(x_r)\,\psi_2(1) + \varphi_2(x_r)\,\varphi_1(x_r)\,\psi_1(1) \neq \varphi_1(x_r)\,\psi_1(1) + \varphi_2(x_r)\,\varphi_1(x_r)\,\psi_2(1).$$

所以, (5.6.3) 式成立 iff $\psi_2(0) = \psi_1(0) = 0$.

故当取 $x_i \in \{x_{\lambda 1}, x_{\lambda 2}, \cdots\}$ 时, 有

$$\frac{ef(x)}{ex_i} = \varphi_1(x_r)\,\frac{e\psi_1(x_\lambda)}{ex_i} = \varphi_2(x_r)\,\frac{e\psi_2(x_\lambda)}{ex_i} = 0.$$

与已知 $\dfrac{ef(x)}{ex_i} \neq 0 \ (i = 1, 2, \cdots, n)$ 矛盾. 所以 $f(x)$ 的 2-分解式是唯一的.

利用 e-导数和导数, 可以很容易地求得 $f(x) = \varphi(x_r)\,\psi(x_\lambda)$ 这一分解式, 这有定理 5.6.4.

定理 5.6.4　对布尔函数 $f(x_1, x_2, \cdots, x_n) \in GF(2)^{GF(2)^n}$, 若有 $\Gamma \bigcup \Lambda = \{1, 2, \cdots, n\}$, $\Gamma \bigcap \Lambda = \varnothing$, 且对所有 $\lambda_i \in \Lambda$ 有

$$\frac{ef(x)}{ex_i} \neq 0 \quad (i \in \{\lambda_1, \lambda_2, \cdots\}). \tag{5.6.4}$$

又有布尔函数 $\varphi(x_r)(r = \Gamma)$ 和 $\psi(x_\lambda)$ $(\lambda = \Lambda)$, 以 $\psi(有x_i)$ 表示 $\psi(x_\lambda)$ 的多项式表示中含有变量 x_i 的项, 以 $\psi(无x_i)$ 表示 $\psi(x_\lambda)$ 的多项式表示中不含变量 x_i 的项, $\psi(1)$ 和 $\psi(0)$ 分别表示 $\psi(x_\lambda)$ 的多项式表示中含变量 x_i 的项中 x_i 取为 1 和取为 0 的表示式. 若又有

$$\frac{ef(x)}{ex_i} = \varphi(x_r)\,\psi(无x_i)\,(1 + \psi(1)), \tag{5.6.5}$$

$$\frac{df(x)}{dx_i} = \varphi(x_r)\,\psi(1), \tag{5.6.6}$$

则布尔函数 $f(x_1, x_2, \cdots)$ 一定能 2-分解为

$$f(x) = \varphi(x_r)\,\psi(x_\lambda) \quad (r = \Gamma,\ \lambda = \Lambda,\ \Gamma \bigcup \Lambda = \{1, 2, \cdots, n\},\ \Gamma \bigcap \Lambda = \varnothing), \tag{5.6.7}$$

其中 $\varphi(x_r)$ 和 $\psi(x_\lambda)$ 可以通过比较 (5.6.5) 式和 (5.6.6) 式, 并对 (5.6.5) 式、(5.6.6) 式构成的布尔微分方程进行求解得到.

证明　由定理 5.6.4 的表示式表示知, $\psi(0) = 0$. 故由 (5.6.4) 式、(5.6.5) 式知

$$\frac{ef(x)}{ex_i} = \varphi(x_r)\,\psi(无x_i)\,(1 + \psi(1))$$

$$= \varphi(x_r)\,[\psi(无x_i) + \psi(无x_i)\,\psi(1)]$$

$$= \varphi(x_r)\,[\psi(无x_i) + \psi(1)]\,[\psi(无x_i) + \psi(0)]$$

$$= \varphi(x_r)\,\frac{e\psi(x_\lambda)}{ex_i}, \tag{5.6.8}$$

由 (5.6.6) 式有

$$\frac{df(x)}{dx_i} = \varphi(x_r)\,\psi(1)$$

$$= \varphi(x_r)\left[\frac{d\psi(无x_i)}{dx_i} + \psi(1) + \psi(0)\right]$$

$$= \varphi(x_r)\left[\frac{d\psi(无x_i)}{dx_i} + \frac{d\psi(有x_i)}{dx_i}\right]$$

$$= \varphi(x_r)\frac{d\psi(x_\lambda)}{dx_i}. \tag{5.6.9}$$

由于 $f(x)$ 是已知的, 故 $\dfrac{ef(x)}{ex_i}$ 和 $\dfrac{df(x)}{dx_i}$ 是可求的, 且知 $\dfrac{ef(x)}{ex_i} \neq 0$. 故通过求 $\dfrac{ef(x)}{ex_i}$ 和 $\dfrac{df(x)}{dx_i}$ 并化简为多项式表示, 有 (5.6.5) 式、(5.6.6) 式, 便可得到 (5.6.8) 式、(5.6.9) 式.

比较 (5.6.8) 式和 (5.6.9) 式, 可求得 $\varphi(x_r)$. 解 (5.6.9) 式构成的布尔微分方程, 便可求得 $\psi(x_\lambda)$. 又由 (5.6.8) 式和 (5.6.9) 式知

$$\varphi(x_r)\,\psi(x_\lambda)\frac{df(x)}{dx_i}+\frac{ef(x)}{ex_i}$$
$$= \varphi(x_r)\,\psi(x_\lambda)\frac{d\psi(x_\lambda)}{dx_i}+\varphi(x_r)\frac{e\psi(x_\lambda)}{ex_i}$$
$$= \varphi(x_r)\left[\psi(x_\lambda)\frac{d\psi(x_\lambda)}{dx_i}+\frac{e\psi(x_\lambda)}{ex_i}\right]$$
$$= \varphi(x_r)\psi(x_\lambda), \tag{5.6.10}$$

故由定理 2.2.3 及 (5.6.10) 式知

$$f(x) = \varphi(x_r)\,\psi(x_\lambda),$$

即 $f(x)$ 一定能 2-分解为 (5.6.7) 式.

例 5.6.1 有布尔函数

$$f(x)$$
$$= \overline{x_1}x_2\overline{x_3}x_4x_5x_6 + \overline{x_1}x_2x_3x_4\overline{x_5}x_6 + \overline{x_1}x_2x_3x_4x_5\overline{x_6} + \overline{x_1}x_2x_3x_4x_5x_6$$
$$+ x_1\overline{x_2}\,\overline{x_3}x_4x_5x_6 + x_1\overline{x_2}x_3x_4\overline{x_5}x_6 + x_1\overline{x_2}x_3x_4x_5\overline{x_6} + x_1\overline{x_2}x_3x_4x_5x_6$$
$$+ x_1x_2\overline{x_3}\,\overline{x_4}x_5x_6 + x_1x_2\overline{x_3}x_4x_5x_6 + x_1x_2x_3\overline{x_4}\,\overline{x_5}x_6 + x_1x_2x_3\overline{x_4}x_5\overline{x_6}$$
$$+ x_1x_2x_3\overline{x_4}x_5x_6 + x_1x_2x_3x_4\overline{x_5}x_6 + x_1x_2x_3x_4x_5\overline{x_6} + x_1x_2x_3x_4x_5x_6,$$

判断 $f(x)$ 是否可以进行 2-分解, 2-分解式是否唯一, 并利用 e-导数对 $f(x)$ 进行 2-分解.

解

$$\frac{ef(x)}{ex_1} = x_2\overline{x_3}x_4x_5x_6 + x_2x_3x_4\overline{x_5}x_6 + x_2x_3x_4x_5\overline{x_6} + x_2x_3x_4x_5x_6$$
$$= x_2x_4x_5x_6 + x_2x_3x_4x_6 + x_2x_3x_4x_5$$
$$= (x_5x_6 + x_3x_6 + x_3x_5)(x_2x_4),$$

故可能有

$$\psi(x_\lambda) = x_5 x_6 + x_3 x_6 + x_3 x_5.$$

而 $\Gamma = \{1, 2, 4\}$, 这时虽然可以通过分别求导数 $\dfrac{df(x)}{dx_1}$, $\dfrac{df(x)}{dx_2}$ 和 $\dfrac{df(x)}{dx_4}$, 并解微分方程来求 $\varphi(x_r)$, 但由于 $f(x)$ 是小项表示, 其导数过于复杂, 较难计算, 所以仍利用求 $f(x)$ 的 e-导数来确定 $\varphi(x_r)$. 于是

$$\frac{ef(x)}{ex_2} = x_1 x_3 x_4 \overline{x_5} x_6 + x_1 x_3 x_4 x_5 \overline{x_6} + x_1 \overline{x_3} x_4 x_5 x_6 + x_1 x_3 x_4 x_5 x_6$$

$$= x_1 x_3 x_4 x_6 + x_1 x_3 x_4 x_5 + x_1 x_4 x_5 x_6$$

$$= (x_3 x_6 + x_3 x_5 + x_5 x_6)(x_1 x_4),$$

$$\frac{ef(x)}{ex_4} = x_1 x_2 \overline{x_3} x_5 x_6 + x_1 x_2 x_3 \overline{x_5} x_6 + x_1 x_2 x_3 x_5 \overline{x_6} + x_1 x_2 x_3 x_5 x_6$$

$$= x_1 x_2 x_5 x_6 + x_1 x_2 x_3 x_6 + x_1 x_2 x_3 x_5$$

$$= (x_5 x_6 + x_3 x_6 + x_3 x_5)(x_1 x_2).$$

由于 (5.6.8) 式中, $\psi(\text{无} x_i)$, $\psi(1)$ 均用小项表示, 且可知为 3 元 2 次多项式, 故 $\psi(1)\psi(\text{无} x_i) = 0$. 故 $\dfrac{ef(x)}{ex_1}$, $\dfrac{ef(x)}{ex_2}$, $\dfrac{ef(x)}{ex_4}$ 的表示式中, $x_2 x_4$, $x_1 x_4$, $x_1 x_2$ 即 $\varphi(x_r)$ 的所有的项. 所以

$$\varphi(x_r) = x_1 x_2 + x_1 x_4 + x_2 x_4,$$

且

$$\psi(x_\lambda) = x_5 x_6 + x_3 x_5 + x_3 x_6,$$

即 $f(x)$ 可 2-分解为

$$f(x) = (x_1 x_2 + x_1 x_4 + x_2 x_4)(x_3 x_5 + x_3 x_6 + x_5 x_6).$$

由于可求得

$$\frac{ef(x)}{ex_i} \neq 0 \quad (i = 1, 2, 3, 4, 5, 6),$$

故知 $f(x)$ 的 2-分解式是唯一的.

例 5.6.2　有布尔函数

$$f(x) = \overline{x_1} x_2 x_3 x_4 \overline{x_5} x_6 + \overline{x_1} x_2 x_3 x_4 x_5 \overline{x_6} + \overline{x_1} x_2 x_3 x_4 x_5 x_6 + x_1 x_2 x_3 \overline{x_4}\ \overline{x_5} x_6$$

$$+ x_1 x_2 x_3 \overline{x_4} x_5 \overline{x_6} + x_1 x_2 x_3 \overline{x_4} x_5 x_6 + x_1 x_2 x_3 x_4 \overline{x_5} x_6 + x_1 x_2 x_3 x_4 x_5 \overline{x_6}$$

$$+ x_1 x_2 x_3 x_4 x_5 x_6,$$

判断 $f(x)$ 是否可进行 2-分解, 2-分解式是否唯一, 并利用 e-导数和导数对 $f(x)$ 进行 2-分解.

解

$$\frac{ef(x)}{ex_1} = x_2x_3x_4\overline{x_5}x_6 + x_2x_3x_4x_5\overline{x_6} + x_2x_3x_4x_5x_6$$

$$= x_2x_3x_4x_6 + x_2x_3x_4x_5 + x_2x_3x_4x_5x_6$$

$$= (x_3x_4)(x_2x_5 + x_2x_6 + x_2x_5x_6),$$

$$\frac{ef(x)}{ex_2} = 0,$$

$$\frac{ef(x)}{ex_3} = 0,$$

$$\frac{ef(x)}{ex_4} = x_1x_2x_3\overline{x_5}x_6 + x_1x_2x_3x_5\overline{x_6} + x_1x_2x_3x_5x_6$$

$$= (x_1x_3)(x_2x_5 + x_2x_6 + x_2x_5x_6).$$

由于 $\dfrac{ef(x)}{ex_2} = 0, \dfrac{ef(x)}{ex_3} = 0$, 可知 $f(x)$ 的 2-分解式不唯一, 而且仅由 e-导数已不能找到所有构成 2-分解式的组成项, 需要借助导数来帮助寻找 2-分解式的所有组成项. 对比 $\dfrac{ef(x)}{ex_1}$ 和 $\dfrac{ef(x)}{ex_4}$ 可知, 已有 $\psi(x_\lambda) = x_2x_5 + x_2x_6 + x_2x_5x_6$, 且 $\varphi(x_r)$ 有项 x_1x_3 和 x_3x_4, 故只需求 $\dfrac{df(x)}{dx_3}$ 即可找到 $\varphi(x_r)$ 的所有组成项. 于是求 $\dfrac{df(x)}{dx_3}$, 得

$$\frac{df(x)}{dx_3} = \overline{x_1}x_2x_4\overline{x_5}x_6 + \overline{x_1}x_2x_4x_5\overline{x_6} + \overline{x_1}x_2x_4x_5x_6 + x_1x_2\overline{x_4}\,\overline{x_5}x_6$$

$$+ x_1x_2\overline{x_4}x_5\overline{x_6} + x_1x_2\overline{x_4}x_5x_6 + x_1x_2x_4\overline{x_5}x_6 + x_1x_2x_4x_5\overline{x_6}$$

$$+ x_1x_2x_4x_5x_6.$$

由于 $\dfrac{df(x)}{dx_3}$ 较为复杂, 采用导数与 e-导数解微分方程的方法来求 $\varphi(x_r)$. 于是

$$\frac{d}{dx_4}\left(\frac{df(x)}{dx_3}\right) = \overline{x_1}x_2\overline{x_5}x_6 + \overline{x_1}x_2x_5\overline{x_6} + \overline{x_1}x_2x_5x_6$$

$$= x_2x_6 + x_2x_5 + x_2x_5x_6 + x_1(x_2x_6 + x_2x_5 + x_2x_5x_6)$$

$$= (1 + x_1)(x_2x_6 + x_2x_5 + x_2x_5x_6).$$

又由 $\dfrac{ef(x)}{ex_4} = (x_1x_3)(x_2x_5 + x_2x_6 + x_2x_5x_6)$ 知, $\dfrac{d}{dx_4}\left(\dfrac{df(x)}{dx_3}\right)$ 将 $\dfrac{df(x)}{dx_3}$ 中不

含 x_4 的项 x_1x_3 消掉了, 故

$$\varphi(x_r) = x_1x_3 + x_3x_4 + x_1x_3x_4.$$

故

$$\psi(x_\lambda) = x_2x_5 + x_2x_6 + x_2x_5x_6.$$

所以 $f(x)$ 有 2-分解式:

$$f(x) = (x_1x_3 + x_3x_4 + x_1x_3x_4)(x_2x_5 + x_2x_6 + x_2x_5x_6).$$

由于 $\dfrac{ef(x)}{ex_2} = \dfrac{ef(x)}{ex_3} = 0$, 所以 $f(x)$ 的 2- 分解式不唯一, 尚有

$$f(x) = (x_1 + x_4 + x_1x_4)(x_2x_3x_5 + x_2x_3x_6 + x_2x_3x_5x_6),$$

$$f(x) = (x_1x_2x_3 + x_2x_3x_4 + x_1x_2x_3x_4)(x_5 + x_6 + x_5x_6),$$

$$f(x) = (x_2x_3)(x_1 + x_4 + x_1x_4)(x_5 + x_6 + x_5x_6)$$

等三个 2-分解式.

例 5.6.1 求解的过程中, 在使用 (5.6.8) 式时的论证说明中已经看到, $\psi(x_\lambda)$ 的多项式表示中, 不含 x_i 的项与多项式表示的 $\varphi(x_r)$ 的乘积, 就是 $f(x)$ 中不含 x_i 而含 $\overline{x_i}$ 的那些小项, 并在例 5.6.1 和例 5.6.2 的求解过程中清楚地得到了证实. 故定理 5.6.4 有如下推论.

推论 对布尔函数 $f(x_1, x_2, \cdots, x_n) \in GF(2)^{GF(2)^n}$, 若有 $\Gamma \bigcup \Lambda = \{1, 2, \cdots, n\}$, $\Gamma \bigcap \Lambda = \varnothing$, 对所有 $\lambda_i \in \Lambda$, $r_i \in \Gamma$, $\dfrac{ef(x)}{ex_{\lambda_i}}$ 有为 0 者但不全为 0, $\dfrac{ef(x)}{ex_i}$ 有为 0 者但不全为 0, 则 $f(x)$ 能 2-分解为

$$f(x) = \varphi(x_r)\psi(x_\lambda) \quad (r = \Gamma, \lambda = \Lambda, \Gamma \bigcup \Lambda = \{1, 2, \cdots, n\}, \Gamma \bigcap \Lambda = \varnothing),$$

且当 $\dfrac{ef(x)}{ex_i} \neq 0 (i \in \{\lambda_1, \lambda_2, \cdots\})$ 时, $\dfrac{ef(x)}{ex_i}$ 等于多项式表示的 $\varphi(x_r)$ 与多项式表示的 $\psi(x_\lambda)$ 中不含 x_i 的那些项的乘积, 且乘积等于 $f(x)$ 的小项表示的含 $\overline{x_i}$ 的小项取 $\overline{x_i} = 1(x_i = 0)$ 的那些小项的和. 当 $\dfrac{ef(x)}{ex_j} \neq 0 (j \in \{r_1, r_2, \cdots\})$ 时, $\dfrac{ef(x)}{ex_j}$ 等于多项式表示的 $\varphi(x_r)$ 中不含 x_i 的那些项的和与多项式表示的 $\psi(x_\lambda)$ 的乘积, 且乘积等于 $f(x)$ 的小项表示的含 $\overline{x_j}$ 的小项取 $\overline{x_j} = 1(x_j = 0)$ 的那些小项的和.

下面来讨论 $f(x) = \varphi(x_r) + \psi(x_\lambda)$ 这种类型的布尔函数的 2-分解问题.

如果 $\varphi(x_r)$ 和 $\psi(x_\lambda)$ 都已是多项式表示的布尔函数, 从而 $f(x)$ 已是多项式表示的布尔函数, 就只需把在 $f(x)$ 中分散的各项整理出 $\varphi(x_r)$ 和 $\psi(x_\lambda)$ 就可以

了, 2-分解不存在什么问题. 但当 $\varphi(x_r)$ 和 $\psi(x_\lambda)$ 都是小项表示, 即 $f(x)$ 是小项表示的布尔函数时, 由于 $\varphi(x_r)$ 和 $\psi(x_\lambda)$ 这两个布尔函数有相同的小项, 在取 $\varphi(x_r)$ 和 $\psi(x_\lambda)$ 的和 $\varphi(x_r) + \psi(x_\lambda)$ 时被相互消掉了. 如记

$$\begin{cases} \varphi'(x_r) = \varphi(x_r) + \varphi(x_r)\,\psi(x_\lambda), \\ \psi'(x_\lambda) = \psi(x_\lambda) + \varphi(x_r)\,\psi(x_\lambda). \end{cases} \tag{5.6.11}$$

由于小项表示时, 通常 $\varphi(x_r)\psi(x_\lambda) \neq 0$, 则

$$f(x) = \varphi'(x_r) + \psi'(x_\lambda), \tag{5.6.12}$$

$f(x)$ 已不能按 $\varphi(x_r)$ 和 $\psi(x_\lambda)$ 来处理了. 于是需要通过 $\varphi'(x_r)$ 和 $\psi'(x_\lambda)$ 来找回 $\varphi(x_r)$ 和 $\psi(x_\lambda)$, 并给出 $\varphi(x_r)$ 和 $\psi(x_\lambda)$ 的多项式表示式, 从而得到 $f(x)$ 的多项式表示的 2-分解式.

通过对 (5.6.11) 式中 $\varphi'(x_r)$(或 $\psi'(x_\lambda)$) 求导数并解布尔微分方程, 或求 e-导数并解布尔微分方程的方法, 可以很容易地同时得到 $\varphi(x_r)$ 和 $\psi(x_\lambda)$ 的多项式表示, 从而得到 $f(x)$ 的 2-分解式的多项式表示. 从定理 5.6.5 和例 5.6.3 中, 可以看到这个结果.

定理 5.6.5 布尔函数 $f(x_1, x_2, \cdots, x_n) \in GF(2)^{GF(2)^n}$ 有小项表示式

$$f(x) = \varphi'(x_r) + \psi'(x_\lambda), \tag{5.6.13}$$

其中 $\varphi'(x_r)$ 和 $\psi'(x_\lambda)$ 是已知的小项表示式. 则由 (5.6.14) 式的两个布尔微分方程

$$\begin{cases} \dfrac{d\varphi'(x_r)}{dx_{r_i}} = f_1(x) & (r_i \in \{r_1, r_2, \cdots, r_i\} = \Gamma), \\ \dfrac{d\varphi'(x_r)}{dx_{\lambda_j}} = f_2(x) & (\lambda_j \in \{\lambda_1, \lambda_2, \cdots, \lambda_j\} = \Lambda) \end{cases} \tag{5.6.14}$$

便可解得布尔函数 $f(x) = f(x_1, x_2, \cdots, x_n)$ 的多项式表示的 2-分解式:

$$f(x) = \varphi(x_r) + \psi(x_\lambda) \quad (r = \Gamma,\ \lambda = \Lambda,\ \Gamma \bigcup \Lambda = \{1, 2, \cdots, n\},\ \Gamma \bigcap \Lambda = \varnothing). \tag{5.6.15}$$

证明 由于

$$\varphi'(x_r) = \varphi(x_r) + \varphi(x_r)\,\psi(x_\lambda), \tag{5.6.16}$$

所以

$$\begin{cases} \dfrac{d\varphi'(x_r)}{dx_{r_i}} = \dfrac{d\varphi(x_r)}{dx_{r_i}} + \psi(x_\lambda)\dfrac{d\varphi(x_r)}{dr_i}, \\ \dfrac{d\varphi'(x_r)}{dx_{\lambda_j}} = \varphi(x_r)\dfrac{d\psi(x_\lambda)}{dx_{\lambda_j}}. \end{cases} \tag{5.6.17}$$

将 (5.6.17) 式的布尔微分方程的右端的小项表示化为多项式表示, 即可得到 $\varphi(x_r)$ 和 $\psi(x_\lambda)$, 从而得到 (5.6.13) 式的多项式表示的 2- 分解式 (5.6.15) 式.

定理 5.6.5 看似多求了 2 次导数, 其实正是因为求这 2 次导数, 才使得从 $f(x)$ 的未知能否 2-分解的小项表示化为多项式表示的 2-分解式变得更易于计算. 原因在于, 求导数去掉一个变量后, 使很多小项易于两两相消或两两合并. 从例 5.6.3 中即可看出这一点.

例 5.6.3　已知小项表示的布尔函数

$$f(x) = \varphi'(x_r) + \psi'(x_\lambda),$$

其中

$$\varphi'(x_r)$$
$$= \overline{x_1}x_2\overline{x_3}x_4\overline{x_5}\ \overline{x_6} + \overline{x_1}x_2\overline{x_3}x_4\overline{x_5}x_6 + \overline{x_1}x_2\overline{x_3}x_4x_5\overline{x_6} + \overline{x_1}x_2x_3x_4\overline{x_5}\ \overline{x_6}$$
$$+ x_1\overline{x_2}\ \overline{x_3}x_4\overline{x_5}\ \overline{x_6} + x_1\overline{x_2}\ \overline{x_3}x_4\overline{x_5}x_6 + x_1\overline{x_2}\ \overline{x_3}x_4x_5\overline{x_6} + x_1\overline{x_2}x_3x_4\overline{x_5}\ \overline{x_6}$$
$$+ x_1x_2\overline{x_3}\ \overline{x_4}\ \overline{x_5}\ \overline{x_6} + x_1x_2\overline{x_3}\ \overline{x_4}\ \overline{x_5}x_6 + x_1x_2\overline{x_3}\ \overline{x_4}x_5\overline{x_6} + x_1x_2\overline{x_3}x_4\overline{x_5}\ \overline{x_6}$$
$$+ x_1x_2\overline{x_3}x_4\overline{x_5}x_6 + x_1x_2\overline{x_3}x_4x_5\overline{x_6} + x_1x_2x_3\overline{x_4}\ \overline{x_5}\ \overline{x_6} + x_1x_2x_3x_4\overline{x_5}\ \overline{x_6}.$$

求 $f(x)$ 的多项式表示的 2-分解式 $f(x) = \varphi(x_r) + \psi(x_\lambda), \psi'(x_\lambda)$ 的小项表示及 $f(x)$ 的小项表示.

解

$$\frac{d\varphi'(x_r)}{dx_1}$$
$$= x_2\overline{x_3}x_4\overline{x_5}\ \overline{x_6} + x_2\overline{x_3}x_4\overline{x_5}x_6 + x_2\overline{x_3}x_4x_5\overline{x_6} + x_2x_3x_4\overline{x_5}\ \overline{x_6}$$
$$+ \overline{x_2}\ \overline{x_3}x_4\overline{x_5}\ \overline{x_6} + \overline{x_2}\ \overline{x_3}x_4\overline{x_5}x_6 + \overline{x_2}\ \overline{x_3}x_4x_5\overline{x_6} + \overline{x_2}x_3x_4\overline{x_5}\ \overline{x_6}$$
$$+ x_2\overline{x_3}\ \overline{x_4}\ \overline{x_5}\ \overline{x_6} + x_2\overline{x_3}\ \overline{x_4}\ \overline{x_5}x_6 + x_2\overline{x_3}\ \overline{x_4}x_5\overline{x_6} + x_2\overline{x_3}x_4\overline{x_5}\ \overline{x_6}$$
$$+ x_2\overline{x_3}x_4\overline{x_5}x_6 + x_2\overline{x_3}x_4x_5\overline{x_6} + x_2x_3\overline{x_4}\ \overline{x_5}\ \overline{x_6} + x_2x_3x_4\overline{x_5}\ \overline{x_6}$$
$$= \overline{x_2}\ \overline{x_3}x_4\overline{x_5}\ \overline{x_6} + \overline{x_2}x_3x_4\overline{x_5}\ \overline{x_6} + \overline{x_2}\ \overline{x_3}x_4x_5\overline{x_6} + \overline{x_2}\ \overline{x_3}x_4x_5\overline{x_6}$$
$$+ x_2\overline{x_3}\ \overline{x_4}\ \overline{x_5}\ \overline{x_6} + x_2x_3\overline{x_4}\ \overline{x_5}\ \overline{x_6} + x_2\overline{x_3}\ \overline{x_4}x_5\overline{x_6} + x_2\overline{x_3}\ \overline{x_4}x_5\overline{x_6}$$
$$= x_2 + x_4 + (x_2 + x_4)(x_3x_5 + x_3x_6 + x_5x_6). \tag{5.6.18}$$

由 (5.6.18) 式和 (5.6.17) 式有

$$\frac{d\varphi(x_r)}{dx_1} = x_2 + x_4, \quad \psi(x_\lambda) = x_3x_5 + x_3x_6 + x_5x_6.$$

故由 (5.6.17) 式的第 2 式知, 可再求 $\varphi'(x_r)$ 对变量 x_3 的导数, 有

$$\frac{d\varphi'(x_r)}{dx_3}$$

$$= \overline{x_1}x_2x_4\overline{x_5}\;\overline{x_6} + \overline{x_1}x_2x_4\overline{x_5}x_6 + \overline{x_1}x_2x_4x_5\overline{x_6} + \overline{x_1}x_2x_4\overline{x_5}\;\overline{x_6}$$

$$\quad + x_1\overline{x_2}x_4\overline{x_5}\;\overline{x_6} + x_1\overline{x_2}x_4\overline{x_5}x_6 + x_1\overline{x_2}x_4x_5\overline{x_6} + x_1\overline{x_2}x_4\overline{x_5}\;\overline{x_6}$$

$$\quad + x_1x_2\overline{x_4}\;\overline{x_5}\;x_6 + x_1x_2\overline{x_4}\;\overline{x_5}\;x_6 + x_1x_2\overline{x_4}x_5\overline{x_6} + x_1x_2x_4\overline{x_5}\;\overline{x_6}$$

$$\quad + x_1x_2x_4\overline{x_5}x_6 + x_1x_2x_4x_5\overline{x_6} + x_1x_2x_4\overline{x_5}\;\overline{x_6} + x_1x_2x_4\overline{x_5}\;\overline{x_6}$$

$$= \overline{x_1}x_2x_4\overline{x_5}x_6 + x_1x_2x_4\overline{x_5}x_6 + \overline{x_1}x_2x_4x_5\overline{x_6} + x_1x_2x_4x_5\overline{x_6} + x_1\overline{x_2}x_4\overline{x_5}x_6$$

$$\quad + x_1\overline{x_2}x_4x_5\overline{x_6} + x_1x_2\overline{x_4}\;\overline{x_5}x_6 + x_1x_2\overline{x_4}x_5\overline{x_6}$$

$$= (x_5 + x_6)(x_1x_2 + x_1x_4 + x_2x_4). \tag{5.6.19}$$

于是, 由 (5.6.19) 式和 (5.6.17) 式有

$$\varphi(x_r) = x_1x_2 + x_1x_4 + x_2x_4, \qquad \frac{d\psi(x_\lambda)}{dx_3} = x_5 + x_6.$$

于是, 得到布尔函数 $f(x)$ 的 2-分解式:

$$f(x) = (x_1x_2 + x_1x_4 + x_2x_4) + (x_3x_5 + x_3x_6 + x_5x_6).$$

将 $\varphi(x_r) = x_1x_2 + x_1x_4 + x_2x_4$ 和 $\psi(x_\lambda) = x_3x_5 + x_3x_6 + x_5x_6$ 均化为小项表示, 故可得 $\varphi(x_r)\,\psi(x_\lambda)$ 的小项表示:

$$\varphi(x_r)\,\psi(x_\lambda) = \varphi(x_r) + \varphi'(x_r).$$

从而得到 $\psi'(x_\lambda)$ 的小项表示:

$$\psi'(x_\lambda) = \psi(x_\lambda) + \varphi(x_r)\,\psi(x_\lambda).$$

于是得到布尔函数 $f(x)$ 的小项表示为

$$f(x) = \varphi'(x_r) + \psi'(x_\lambda),$$

其中

$$\psi'(x_\lambda)$$

$$= \overline{x_1}\;\overline{x_2}\;\overline{x_3}\;\overline{x_4}x_5x_6 + \overline{x_1}\;\overline{x_2}\;x_3x_4x_5x_6 + \overline{x_1}\;\overline{x_2}x_3\overline{x_4}\;\overline{x_5}x_6 + \overline{x_1}\;\overline{x_2}x_3\overline{x_4}x_5\overline{x_6}$$

$$\quad + \overline{x_1}\;\overline{x_2}x_3\overline{x_4}x_5x_6 + \overline{x_1}\;\overline{x_2}x_3x_4\overline{x_5}x_6 + \overline{x_1}\;\overline{x_2}x_3x_4x_5\overline{x_6} + \overline{x_1}\;\overline{x_2}x_3x_4x_5x_6$$

$$\quad + \overline{x_1}x_2\overline{x_3}\;\overline{x_4}x_5x_6 + \overline{x_1}x_2x_3\overline{x_4}\;\overline{x_5}x_6 + \overline{x_1}x_2x_3\overline{x_4}x_5\overline{x_6} + \overline{x_1}x_2x_3\overline{x_4}x_5x_6$$

$$\quad + x_1\overline{x_2}\;\overline{x_3}\;\overline{x_4}x_5x_6 + x_1\overline{x_2}x_3\overline{x_4}\;\overline{x_5}x_6 + x_1\overline{x_2}x_3\overline{x_4}x_5\overline{x_6} + x_1\overline{x_2}x_3\overline{x_4}x_5x_6.$$

定理 5.6.5 是在已知布尔函数有 (5.6.13) 式的小项表示, 即 $f(x)$ 一定是关于 $\varphi'(x_r)$ 与 $\psi'(x_\lambda)$ 的和的情况下的定理. 但事先给出的只是 $\varphi'(x_r)$ 的小项表示, 若不说明是由 $\varphi'(x_r)$ 求 $f(x) = \varphi'(x_r) + \psi'(x_\lambda)$ 这样的 2-分解式, 则并不知道 $f(x)$ 是否一定是 $\varphi'(x_r) + \psi'(x_\lambda)$ 这样的 2 个函数的和. 如 $f(x) = \varphi'(x_r) + \psi'(x_\lambda) + \varphi(x_r)\psi(x_\lambda)$ 这样的函数, 显然也可以只由 $\varphi'(x_r)$ 的导数求得 2-分解式. 所以, 需要对上述两种不同类型布尔函数 $f(x)$ 的 2-分解式给出定理 5.6.6 加以区分.

定理 5.6.6　已知布尔函数 $f(x)$ 的小项表示式和 $\varphi'(x_r)$ 的小项表示式, 在通过 $\varphi'(x_r)$ 求导数的算法求出 $\varphi(x_r)$ 和 $\psi(x_\lambda)$ 后:

(1) 若有几个导数的布尔微分方程如 (5.6.20) 式

$$\begin{cases} \dfrac{df(x)}{dx_{r_i}} = \dfrac{d\varphi(x_r)}{dx_{r_i}} & (r_i \in \{r_1, r_2, \cdots\} = r = \Gamma), \\[3mm] \dfrac{df(x)}{dx_{\lambda_j}} = \dfrac{d\psi(x_\lambda)}{dx_{\lambda_j}} & (\lambda_j \in \{\lambda_1, \lambda_2, \cdots\} = \lambda = \Lambda), \end{cases} \tag{5.6.20}$$

则 $f(x)$ 有 2-分解式

$$f(x) = \varphi(x_r) + \psi(x_\lambda).$$

(2) 若有几个导数构成的布尔微分方程如 (5.6.21) 式

$$\begin{cases} \dfrac{df(x)}{dx_{r_i}} = \dfrac{d\varphi(x_r)}{dx_{r_i}} + \psi(x_\lambda)\dfrac{d\varphi(x_r)}{dx_{r_i}} & (r_i \in \{r_1, r_2, \cdots\} = r = \Gamma), \\[3mm] \dfrac{df(x)}{dx_{\lambda_j}} = \dfrac{d\psi(x_\lambda)}{dx_{\lambda_j}} + \varphi(x_r)\dfrac{d\psi(x_\lambda)}{dx_{\lambda_j}} & (\lambda_j \in \{\lambda_1, \lambda_2, \cdots\} = \lambda = \Lambda), \end{cases} \tag{5.6.21}$$

则 $f(x)$ 有 2-分解式

$$f(x) = \varphi(x_r) + \psi(x_\lambda) + \varphi(x_r)\psi(x_\lambda).$$

证明　(1) 解布尔微分方程 (5.6.20) 式, 便有几个待定解:

$$\begin{cases} f(x) = \varphi(x_{r_i}) + A & (r_i \in \{r_1, r_2, \cdots\},\ r = \Gamma), \\[2mm] f(x) = \psi(x_{\lambda_j}) + B & (\lambda_j \in \{\lambda_1, \lambda_2, \cdots\},\ \lambda = \Lambda), \end{cases} \tag{5.6.22}$$

由方程 (5.6.22) 各式, 便有

$$A = \psi(x_\lambda), \quad B = \varphi(x_r).$$

所以 $f(x)$ 有 2-分解式

$$f(x) = \varphi(x_r) + \psi(x_\lambda).$$

(2) 解布尔微分方程 (5.6.21) 式, 有几个待定解:

$$\begin{cases} f(x) = \varphi(x_{r_i}) + \psi(x_\lambda)\left[\varphi(x_{r_i}) + A\right], \\ f(x) = \psi(x_{\lambda_j}) + \varphi(x_r)\left[\psi(x_{\lambda_j}) + B\right], \end{cases} \tag{5.6.23}$$

由方程 (5.6.23) 各式, 便有

$$A = B = 1,$$

即 $f(x)$ 有 2-分解式

$$f(x) = \varphi(x_r) + \psi(x_\lambda) + \varphi(x_r)\,\psi(x_\lambda).$$

虽然定理 5.6.6 要求通过求几个导数才能判定布尔函数 $f(x)$ 的 2-分解式的类型, 但定理 5.6.6 中, 两种布尔函数的 2-分解式类型差别很大, 而又都仅只通过求有限的几次导数 $\left(\text{若干次 } \dfrac{d\varphi'(x_r)}{dx_{r_i}} \text{ 及 } 1 \text{ 次 } \dfrac{d\varphi'(x_r)}{dx_{\lambda_j}}\right)$, 便可求得 $\varphi(x_r)$ 的多项式表示和 $\psi(x_\lambda)$ 的多项式表示, 再利用 $\varphi(x_r)$ 和 $\psi(x_\lambda)$ 的真值与 $f(x)$ 的小项比较, 便很容易判断 $f(x)$ 的上述两种 2-分解式的类型.

例 5.6.4 布尔函数

$$\begin{aligned} &f(x) \\ =\ & x_1\overline{x_2}\ \overline{x_3}\ \overline{x_4}\ \overline{x_5}x_6 + x_1\overline{x_2}\ \overline{x_3}\ \overline{x_4}x_5\overline{x_6} + x_1\overline{x_2}\ \overline{x_3}x_4\overline{x_5}x_6 + x_1\overline{x_2}\ \overline{x_3}x_4x_5x_6 \\ & + x_1\overline{x_2}x_3\overline{x_4}\ \overline{x_5}\ \overline{x_6} + x_1\overline{x_2}x_3\overline{x_4}x_5x_6 + x_1\overline{x_2}x_3x_4\overline{x_5}\ \overline{x_6} + x_1\overline{x_2}x_3x_4x_5x_6 \\ & + x_1x_2\overline{x_3}\ \overline{x_4}\ \overline{x_5}x_6 + x_1x_2\overline{x_3}\ \overline{x_4}x_5\overline{x_6} + x_1x_2x_3\overline{x_4}\ \overline{x_5}\ \overline{x_6} + x_1x_2x_3\overline{x_4}x_5x_6 \\ & + \overline{x_1}x_2x_3x_4\overline{x_5}\ \overline{x_6} + \overline{x_1}x_2x_3x_4\overline{x_5}x_6 + \overline{x_1}x_2\overline{x_3}x_4x_5\overline{x_6} + \overline{x_1}x_2\overline{x_3}x_4x_5x_6 \\ & + \overline{x_1}x_2x_3x_4\overline{x_5}\ \overline{x_6} + \overline{x_1}x_2x_3x_4x_4\overline{x_5}x_6 + \overline{x_1}x_2x_3x_4x_5\overline{x_6} + \overline{x_1}x_2x_3x_4x_5x_6 \\ & + x_1x_2\overline{x_3}x_4\overline{x_5}\ \overline{x_6} + x_1x_2\overline{x_3}x_4x_5x_6 + x_1x_2x_3x_4\overline{x_5}x_6 + x_1x_2x_3x_4x_5\overline{x_6} \\ & + x_1x_2\overline{x_3}x_4x_5x_6 + x_1x_2\overline{x_3}x_4x_5\overline{x_6} + x_1x_2x_3x_4\overline{x_5}\ \overline{x_6} + x_1x_2x_3x_4x_5x_6, \end{aligned}$$

判断 $f(x)$ 是否能进行 2-分解, 若能则求其 2-分解式.

解 对 $f(x)$ 求导数

$$\begin{aligned} &\frac{df(x)}{dx_1} \\ =\ & \overline{x_2}\ \overline{x_3}\ \overline{x_4}\ \overline{x_5}x_6 + \overline{x_2}\ \overline{x_3}\ \overline{x_4}x_5\overline{x_6} + \overline{x_2}\ \overline{x_3}x_4\overline{x_5}x_6 + \overline{x_2}\ \overline{x_3}x_4x_5\overline{x_6} + \overline{x_2}x_3\overline{x_4}\ \overline{x_5}\ \overline{x_6} \\ & + \overline{x_2}x_3\overline{x_4}x_5x_6 + \overline{x_2}x_3x_4\overline{x_5}\ \overline{x_6} + \overline{x_2}x_3x_4x_5x_6 + x_2\overline{x_3}\ \overline{x_4}\ \overline{x_5}x_6 + x_2\overline{x_3}\ \overline{x_4}x_5\overline{x_6} \\ & + x_2x_3\overline{x_4}\ \overline{x_5}\ \overline{x_6} + x_2x_3\overline{x_4}x_5x_6 + x_2\overline{x_3}x_4\overline{x_5}\ \overline{x_6} + x_2\overline{x_3}x_4\overline{x_5}x_6 + x_2\overline{x_3}x_4x_5\overline{x_6} \\ & + x_2\overline{x_3}x_4x_5x_6 + x_2x_3x_4\overline{x_5}\ \overline{x_6} + x_2x_3x_4\overline{x_5}x_6 + x_2x_3x_4x_5\overline{x_6} + x_2x_3x_4x_5x_6 \end{aligned}$$

$$+ x_2\overline{x_3}x_4\overline{x_5}\ \overline{x_6} + x_2\overline{x_3}x_4x_5x_6 + x_2x_3x_4\overline{x_5}x_6 + x_2x_3x_4x_5\overline{x_6} + x_2\overline{x_3}x_4\overline{x_5}x_6$$

$$+ x_2\overline{x_3}x_4x_5\overline{x_6} + x_2x_3x_4\overline{x_5}\ \overline{x_6} + x_2x_3x_4x_5x_6$$

$$= (x_3 + x_5 + x_6) + x_2x_4(x_3 + x_5 + x_6),$$

$$\frac{df(x)}{dx_2}$$

$$= x_1\overline{x_3}\ \overline{x_4}\ \overline{x_5}x_6 + x_1\overline{x_3}\ \overline{x_4}x_5\overline{x_6} + x_1\overline{x_3}x_4\overline{x_5}x_6 + x_1\overline{x_3}x_4x_5\overline{x_6} + x_1x_3\overline{x_4}\ \overline{x_5}\ \overline{x_6}$$

$$+ x_1x_3\overline{x_4}x_5x_6 + x_1x_3x_4\overline{x_5}\ \overline{x_6} + x_1x_3x_4x_5x_6 + x_1\overline{x_3}\ \overline{x_4}\ \overline{x_5}x_6 + x_1\overline{x_3}\ \overline{x_4}x_5\overline{x_6}$$

$$+ x_1x_3\overline{x_4}\ \overline{x_5}\ \overline{x_6} + x_1x_3\overline{x_4}x_5x_6 + \overline{x_1}\ \overline{x_3}x_4\overline{x_5}\ \overline{x_6} + \overline{x_1}\ \overline{x_3}x_4x_5\overline{x_6} + \overline{x_1}\ \overline{x_3}x_4x_5\overline{x_6}$$

$$+ \overline{x_1}\ \overline{x_3}x_4x_5x_6 + \overline{x_1}x_3x_4\overline{x_5}\ \overline{x_6} + \overline{x_1}x_3x_4x_5\overline{x_6} + \overline{x_1}x_3x_4x_5\overline{x_6} + \overline{x_1}x_3x_4x_5x_6$$

$$+ x_1\overline{x_3}x_4\overline{x_5}\ \overline{x_6} + x_1\overline{x_3}x_4x_5x_6 + x_1x_3x_4\overline{x_5}x_6 + x_1x_3x_4x_5\overline{x_6} + x_1\overline{x_3}x_4\overline{x_5}x_6$$

$$+ x_1\overline{x_3}x_4x_5\overline{x_6} + x_1x_3x_4\overline{x_5}\ \overline{x_6} + x_1x_3x_4x_5x_6$$

$$= x_4 + x_4(x_1x_3 + x_1x_5 + x_1x_6).$$

由 $f(x)$ 的导数 $\dfrac{df(x)}{dx_1}, \dfrac{df(x)}{dx_2}$ 和定理 5.6.6 即可知, $f(x)$ 有 2-分解式:

$$f(x) = \varphi(x_r) + \psi(x_\lambda) + \varphi(x_r)\,\psi(x_\lambda),$$

其中

$$\varphi(x_r) = x_1x_3 + x_1x_5 + x_1x_6,$$

$$\psi(x_\lambda) = x_2x_4.$$

前述布尔函数 $f(x)$ 的 2-分解中, 只对 $\varphi(x_r)$ 和 $\psi(x_\lambda)$ 均为 2 次及 2 次以上的函数的有关情形做了叙述, 没有涉及 $\varphi(x_r)$ 和 $\psi(x_\lambda)$ 中至少有一个分解函数是一次函数的情形. 但在分解函数 $\varphi(x_r)$ 和 $\psi(x_\lambda)$ 中至少有一个分解函数是一次函数的布尔函数, 有些布尔函数是很重要的函数. 如 $f(x) = \varphi(x_r)\psi(x_\lambda)$, 当 $\varphi(x_r)$ 和 $\psi(x_\lambda)$ 都是一次函数时, $f(x)$ 是 H 布尔函数. H 布尔函数是现代密码学中一种重要的函数. 下面对 $\varphi(x_r)$ 和 $\psi(x_\lambda)$ 中至少有一个分解函数是一次函数的这类布尔函数的 2-分解给出一些结果.

定理 5.6.7　若布尔函数 $f(x_1, x_2, \cdots, x_n) \in GF(2)^{GF(2)^n}$ 可以 2-分解为

$$f(x) = \varphi(x_r)\psi(x_\lambda) \quad (r = \Gamma,\ \lambda = \Lambda,\ \Gamma \bigcup \Lambda = \{1, 2, \cdots, n\},\ \Gamma \bigcap \Lambda = \varnothing)$$

形式, 其中 $\varphi(x_r)$ 和 $\psi(x_\lambda)$ 均为一次函数, 且 $f(x)$ 含所有 n 个变元. 则对一切

$i = 1, 2, \cdots, n$, 有

$$\frac{ef(x)}{ex_i} = 0 \quad (i = 1, 2, \cdots, n).$$

定理 5.6.7 由 e-导数的性质及定理 5.6.1 的推论 2 即容易得到证明, 不再详证. 需要说明的是, 定理 5.6.7 中条件 "$f(x)$ 含所有 n 个变元", 是为便于叙述有 $\frac{ef(x)}{ex_i} = 0(i = 1, 2, \cdots, n)$ 这一结果. 如果不是含所有 n 个变元, 只要 e-导数是 $f(x)$ 对 $f(x)$ 中含有的变元 x_i 所求, 自然仍有 $\frac{ef(x)}{ex_i} = 0$. 但当 x_j 不是 $f(x)$ 中含有的变元时, $\frac{ef(x)}{ex_j} \neq 0$.

自然, $\frac{ef(x)}{ex_i} = 0$ 是必要条件, 而不是充分条件. 这只要参阅本节前述的例子就很清楚, 不可能成为充分条件的. 所以, 定理 5.6.7 只是必要性定理.

下面给出求定理 5.6.7 中那种两个一次函数乘积的 2-分解式的定理 5.6.8.

定理 5.6.8 若 $\Gamma = \{r_1, r_2, \cdots, r_i\}$, $\Lambda = \{\lambda_1, \lambda_2, \cdots, \lambda_j\}$, $\Gamma \bigcup \Lambda = \{1, 2, \cdots, n\}$, $\Gamma \bigcap \Lambda = \varnothing$, 布尔函数 $f(x_1, x_2, \cdots, x_n) \in GF(2)^{GF(2)^n}$ 满足微分方程:

$$\begin{cases} \dfrac{df(x)}{dx_{r_1}} = \psi(x_\lambda), \\[2mm] \dfrac{df(x)}{dx_{r_2}} = \psi(x_\lambda), \\[2mm] \quad\cdots\cdots \\[2mm] \dfrac{df(x)}{dx_{r_i}} = \psi(x_\lambda), \\[2mm] \dfrac{df(x)}{dx_{\lambda_1}} = \varphi(x_r), \\[2mm] \dfrac{df(x)}{dx_{\lambda_2}} = \varphi(x_r), \qquad (r = \Gamma, \quad \lambda = \Lambda), \\[2mm] \quad\cdots\cdots \\[2mm] \dfrac{df(x)}{dx_{\lambda_j}} = \varphi(x_r) \end{cases} \tag{5.6.24}$$

则布尔函数 $f(x)$ 能 2-分解为

$$f(x) = \varphi(x_r)\,\psi(x_\lambda),$$

且

$$\begin{cases} \varphi(x_r) = x_{r_1} + x_{r_2} + \cdots + x_{r_i}, \\ \psi(x_\lambda) = x_{\lambda_1} + x_{\lambda_2} + \cdots + x_{\lambda_j}. \end{cases}$$

定理 5.6.8 中的方程 (5.6.24) 是一个很简单的布尔微分方程, 显然方程 (5.6.24) 的解即是定理 5.6.8 的结果, 不再详证.

布尔微分方程 (5.6.24) 要求 n 个导数, 工作量较大. 但 (5.6.24) 的布尔微分方程很简单, 显然可以利用 e-导数和 2 个导数方程一起构成的等价的方程来代替, 从而有定理 5.6.9.

定理 5.6.9　若 $\Gamma = \{r_1, r_2, \cdots, r_i\}$, $\Lambda = \{\lambda_1, \lambda_2, \cdots, \lambda_j\}$, $\Gamma \bigcup \Lambda = \{1, 2, \cdots, n\}$, $\Gamma \bigcap \Lambda = \varnothing$, 布尔函数 $f(x_1, x_2, \cdots, x_n) \in GF(2)^{GF(2)^n}$ 满足微分方程:

$$
\begin{cases}
\dfrac{df(x)}{dx_{r_s}} = \psi(x_\lambda) & (r_s \in \{r_1, r_2, \cdots, r_i\}), \\
\dfrac{df(x)}{dx_{\lambda_t}} = \varphi(x_r) & (\lambda_t \in \{\lambda_1, \lambda_2, \cdots, \lambda_j\}), \\
\dfrac{ef(x)}{ex_i} = 0 & (i = 1, 2, \cdots, n),
\end{cases}
\tag{5.6.25}
$$

则布尔函数 $f(x)$ 一定能 2-分解为

$$
f(x) = \varphi(x_r)\, \psi(x_\lambda),
$$

且

$$
\begin{cases}
\varphi(x_r) = x_{r_1} + x_{r_2} + \cdots + x_{r_i}, \\
\psi(x_\lambda) = x_{\lambda_1} + x_{\lambda_2} + \cdots + x_{\lambda_j}.
\end{cases}
$$

显然, 方程 (5.6.25) 的解就是定理 5.6.9 的结果, 所以定理 5.6.9 也不再给出详细证明. 下面通过一个例子来看定理 5.6.9 的应用.

例 5.6.5　布尔函数

$$
f(x)
$$
$$
= \overline{x_1}\,\overline{x_2}\,\overline{x_3}x_4x_5 + \overline{x_1}\,\overline{x_2}x_3\overline{x_4}x_5 + \overline{x_1}x_2\overline{x_3}\,\overline{x_4}x_5 + \overline{x_1}x_2x_3x_4x_5 + x_1\overline{x_2}\,\overline{x_3}x_4\overline{x_5}
$$
$$
+ x_1\overline{x_2}x_3\overline{x_4}\,\overline{x_5} + x_1x_2\overline{x_3}\,\overline{x_4}\,\overline{x_5} + x_1x_2x_3x_4\overline{x_5},
$$

判断 $f(x)$ 是否可进行 2-分解, 若可以则求其 2-分解式.

解　对 $f(x)$ 求导数, 可求得

$$
\frac{df(x)}{dx_1} = x_2 + x_3 + x_4,
$$
$$
\frac{df(x)}{dx_2} = x_1 + x_5.
$$

故 $f(x)$ 可能 2-分解为

$$f(x) = (x_1 + x_5)(x_2 + x_3 + x_4) = \varphi(x_r)\,\psi(x_\lambda), \qquad (5.6.26)$$

显然, 由于 $\varphi(x_r)$ 和 $\psi(x_\lambda)$ 均为一次函数, 所以对 (5.6.26) 式求 $f(x)$ 对一切 $i = 1, 2, 3, 4, 5$ 的 x_i 的偏导数, 均有

$$\frac{ef(x)}{ex_i} = 0 \quad (i = 1, 2, 3, 4, 5).$$

所以 $f(x)$ 有 2-分解式

$$f(x) = \varphi(x_r)\,\psi(x_\lambda) = (x_1 + x_5)(x_2 + x_3 + x_4).$$

本节讨论了 e-导数和导数在布尔函数 2-分解中的应用, 对布尔函数一些最基本的 2-分解类型进行了讨论. 通过这些讨论, 可以了解 e-导数和导数在布尔函数 2-分解中应用的方法和效果, 可以很容易地将这一方法应用到更多的布尔函数 2-分解问题中去, 以得到更多的有用的结果.

第二篇　导数、e-导数与布尔函数的密码安全性质

在第一篇中已指出, 布尔函数的导数起源于逻辑电路的故障检测, 布尔函数的 e-导数起源于布尔函数密码安全性质的研究及在布尔方程求解、2-分解、逻辑电路检测中的应用. 将布尔函数的导数和 e-导数结合在一起作研究工具, 可以对布尔函数的密码安全性质进行深入研究. 布尔函数密码安全性质的研究是密码安全、信息安全研究的重要而关键的内容, 这一篇即对布尔函数的密码安全性质及以导数、e-导数对布尔函数密码安全性质进行研究.

第 6 章　布尔函数的 Walsh 谱与布尔函数的导数、e-导数

6.1　对称密码与布尔函数

对称密码体制分为流密码体制和分组密码体制, 流密码和分组密码都与布尔函数有紧密关系, 布尔函数是流密码和分组密码组成的基本部件.

流密码. 流密码是将一串短的密钥 $k = (k_0, k_1, \cdots, k_n)$, 通过密钥流生成器扩展成足够长的伪随机密钥流序列 z, 并由生成的密钥流序列对明文逐位异或运算生成密文 c, 以实现对明文的加密流密码的加密方式. 如图 6.1.1 所示.

图 6.1.1　流密码的加密方式

密钥流生成器由基于线性反馈移位寄存器 (LFSR) 和基于非线性反馈移位寄存器 (NLFSR) 的密钥流生成器. 组成 LFSR 和 NLFSR 的基本部件有 $GF(2)$ 上的 n 级反馈移位寄存器和布尔函数. 若构成 n 级反馈移位寄存器的布尔函数是线性函数, 则相应的反馈移位寄存器称为线性反馈移位寄存器 LFSR. n 级线性反馈移位寄存器如图 6.1.2 所示. 若构成 n 级反馈移位寄存器的布尔函数不是线性函数, 则相应的反馈移位寄存器称为非线性反馈移位寄存器 NLFSR.

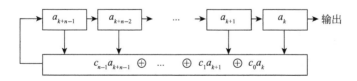

图 6.1.2　n 级线性反馈移位寄存器

由线性移位寄存器为基本构件和布尔函数为基本部件构成的密钥流生成器, 有非线性滤波生成器 (图 6.1.3)、非线性组合生成器 (图 6.1.4). 这种密钥流生成器可分为两部分, 其中 LFSR 部分称为驱动部分, 布尔函数这部分称为非线性组

合部分.

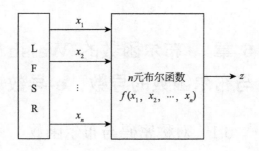

图 6.1.3　非线性滤波生成器

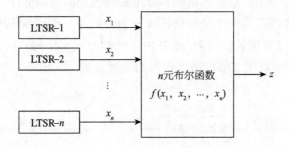

图 6.1.4　非线性组合生成器

　　这种密钥流生成器的工作原理, 是将驱动部分在每一时刻的状态变量 $x = (x_1, x_2, \cdots, x_n)$ 输入非线性组合部分的布尔函数, 非线性组合部分输出密钥流 z.

　　分组密码. 分组密码是许多密码系统中保证系统安全的重要组成部分. 分组密码有通用性, 用分组密码可以构成如伪随机数生成器、流密码、消息认证码 (MAC) 和 Hash 函数等的组件.

　　分组密码是将明文消息编码后的数字序列

$$x_0, x_1, \cdots, x_i, \cdots$$

划分成等长的消息组

$$(x_0, x_1, \cdots, x_{n-1}), (x_n, x_{n+1}, \cdots, x_{2n-1}), \cdots,$$

各组 (长为 n 的向量) 分别在密钥 $k = (k_0, k_1, \cdots, k_{t-1})$ 控制下, 按固定的算法 E_k, 一组一组地变换成等长的输出密文组数字序列, 每一组数字序列都是长为 m 的向量

$$(y_0, y_1, \cdots, y_{m-1}), (y_m, y_{m+1}, \cdots, y_{2m-1}), \cdots.$$

其加密函数 $E : V_n \times K_t \to V_m$, 其中 V_n 和 V_m 分别是 n 维和 m 维向量空间, K_t 是密钥空间. 分组密码加密流程框图如图 6.1.5 所示.

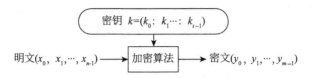

图 6.1.5 分组密码加密流程框图

分组密码和流密码 (序列密码) 的区别在于加密方式的不同. 流密码是逐比特加密, 加密输出的每一位数字只与相应时刻输入的明文数字有关. 而分组密码是按消息组一组一组加密, 每一时刻加密输出的密文组与一组长为 n 的明文组有关, 每一组加密所施行的变换是相同的, 即在相同密钥下, 对长为 n 的输入明文消息组施行相同的变换.

通常分组密码使用相同的密钥 (子密钥、轮密钥) 加密和解密, 只不过加密置换网络 S, 则解密逆置换网络 S^{-1}. 分组密码解密流程框图如图 6.1.6 所示.

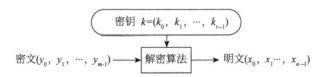

图 6.1.6 分组密码解密流程框图

一般地, 分组密码可如下定义.

定义 6.1.1 一个 (私钥) 分组密码是一个映射:

$$E_k(X) : V_n \times K_t \to V_m,$$

n 维向量空间 V_n 称为明文空间, m 维向量空间 V_m 称为密文空间, t 维向量空间 K_t 为密钥空间.

当 $n > m$ 时, 称为有数据压缩的分组密码; 当 $n < m$ 时, 称为有数据扩展的分组密码; 当 $n = m$ 且映射是一一映射时, $E_k(X)$ 就是 V_n 到 V_n 的置换, 即布尔置换.

分组密码设计中的一个关键部分称为 S 盒 (黑盒), 每一个 S 盒是一个多输出布尔函数. 这使得布尔函数的密码安全性质对分组密码的安全性起着关键作用. 而流密码和布尔函数的关系在前面已经描述过了. 所以, 布尔函数的密码安全性质对流密码和分组密码都是一个关键内容.

6.2　布尔函数的 Walsh 谱

肖国镇教授和 J. L. Massey 教授于 20 世纪 80 年代后期将 Walsh 谱用于密码学研究, 使 Walsh 谱成为布尔函数密码学性质研究的一个重要工具, 并使布尔函数密码学性质的研究取得了很多有用的成果. 布尔函数的导数和 e-导数与布尔函数的 Walsh 谱也有紧密的关系. 要阐释布尔函数的导数、e-导数与布尔函数的 Walsh 谱的关系, 就需要介绍布尔函数的 Walsh 谱及由 Walsh 谱得出的一些结果. 而且, 给出布尔函数导数、e-导数的 Walsh 谱也是布尔函数密码学性质研究所需要的. 如布尔函数 $f(x)$ 满足雪崩准则的充分必要的导数 Walsh 谱条件, 就需要用到导数的 Walsh 谱.

定义 6.2.1　设布尔函数 $f(x) : GF(2)^n \to GF(2)$, $x = (x_1, x_2, \cdots, x_n)$, $\omega = (\omega_1, \omega_2, \cdots, \omega_n) \in GF(2)^n$, x 和 ω 的点积定义为

$$\omega \cdot x = \omega_1 x_1 + \omega_2 x_2 + \cdots + \omega_n x_n \in GF(2).$$

为方便, 常将 $\omega \cdot x$ 的乘号 "·" 省略, 写成 ωx. 则 n 个变元的布尔函数 $f(x)$ 的第一种 Walsh 谱 (又称线性谱、第一种 Walsh 变换) 定义为

$$S_f(\omega) = 2^{-n} \sum_{x=0}^{2^n - 1} (-1)^{\omega x} f(x).$$

布尔函数 $f(x)$ 的第二种 Walsh 谱 (又称循环谱、第二种 Walsh 变换) 定义为

$$S_{(f)}(\omega) = 2^{-n} \sum_{x=0}^{2^n - 1} (-1)^{\omega x} (-1)^{f(x)}.$$

对函数 $(-1)^{\omega x}$, 显然有关系

$$\sum_{x=0}^{2^n - 1} (-1)^{\omega x} = \begin{cases} 2^n, & \omega = 0, \\ 0, & \omega \neq 0. \end{cases}$$

又由于 $(-1)^{f(x)} = 1 - 2f(x)$, 所以定义 6.2.1 中的两种 Walsh 谱有如下关系

$$S_{(f)}(\omega) = \begin{cases} -2S_f(\omega), & \omega \neq 0, \\ 1 - 2S_f(\omega), & \omega = 0. \end{cases}$$

作 Walsh 谱的逆变换, 可得布尔函数的 Walsh 谱表示公式.

定理 6.2.1 对布尔函数 $f(x) = f(x_1, x_2, \cdots, x_n) \in GF(2)^{GF(2)^n}$, $x \in GF(2)^n$, $f(x)$ 与其第一种 Walsh 谱和第二种 Walsh 谱有如下关系

$$f(x) = \sum_{\omega=0}^{2^n-1} S_f(\omega)(-1)^{\omega x},$$

$$(-1)^{f(x)} = \sum_{\omega=0}^{2^n-1} S_{(f)}(\omega)(-1)^{\omega x}.$$

证明 由于对 $x, y \in GF(2)^n$, 当 $x \neq y$ 时, 有

$$\sum_{\omega=0}^{2^n-1} (-1)^{\omega(x+y)} = 0.$$

所以, 对任一取定的 $x \in GF(2)^n$, 便有

$$
\begin{aligned}
\sum_{\omega=0}^{2^n-1} S_f(\omega)(-1)^{\omega x} &= \sum_{\omega=0}^{2^n-1} 2^{-n} \sum_{y=0}^{2^n-1} f(y)(-1)^{\omega y}(-1)^{\omega x} \\
&= 2^{-n} \sum_{y=0}^{2^n-1} f(y) \sum_{\omega=0}^{2^n-1} (-1)^{\omega(x+y)} \\
&= 2^{-n} f(x) \sum_{\omega=0}^{2^n-1} (-1)^{\omega(x+x)} + 2^{-n} \sum_{y=0, y\neq x}^{2^n-1} f(y) \sum_{\omega=0}^{2^n-1} (-1)^{\omega(x+y)} \\
&= 2^{-n} f(x) 2^n + 0 \\
&= f(x),
\end{aligned}
$$

又有

$$
\begin{aligned}
\sum_{\omega=0}^{2^n-1} S_{(f)}(\omega)(-1)^{\omega x} &= 2^{-n} \sum_{\omega=0}^{2^n-1} (-1)^{\omega x} \sum_{y=0}^{2^n-1} (-1)^{\omega y}(-1)^{f(y)} \\
&= 2^{-n} \sum_{y=0}^{2^n-1} (-1)^{f(y)} \sum_{\omega=0}^{2^n-1} (-1)^{\omega(x+y)} \\
&= 2^{-n} (-1)^{f(x)} \sum_{\omega=0}^{2^n-1} (-1)^{\omega(x+x)} \\
&\quad + 2^{-n} \sum_{y=0, y\neq x}^{2^n-1} (-1)^{f(y)} \sum_{\omega=0}^{2^n-1} (-1)^{\omega(x+y)} \\
&= 2^{-n} (-1)^{f(x)} 2^n + 0 \\
&= (-1)^{f(x)}.
\end{aligned}
$$

定理 6.2.1 给出的公式称为 $f(x)$ 的第一种 Walsh 谱和第二种 Walsh 谱的逆变换 (也称反演公式).

当已有布尔函数 $f(x)$ 在 ω 的谱值为 $S_f(\omega)$ 时, 要求 $f(x+a)(a \in GF(2)^n)$ 在 ω 的谱值, 则有

$$S_{f(x+a)}(\omega) = (-1)^{\omega a} S_f(\omega).$$

对这一公式, 只要注意到 $f(x+a)$ 仍取的是 $f(x)$ 的 x 从 $0 \sim 2^n - 1$ 的值, 只不过将 $f(x)$ 在 x 的值变为取在 $x+a$ 处的值 $f(x+a)$ 而已, 所以有

$$S_{f(x+a)}(\omega) = 2^{-n} \sum_{x=0}^{2^n-1} (-1)^{\omega x} f(x+a) = 2^{-n} \sum_{x=0}^{2^n-1} (-1)^{\omega(x+a)} f(x) = (-1)^{\omega a} S_f(\omega).$$

同样有

$$S_{(f(x+a))}(\omega) = 2^{-n} \sum_{x=0}^{2^n-1} (-1)^{f(x+a)} (-1)^{\omega x}$$

$$= 2^{-n} \sum_{x=0}^{2^n-1} (-1)^{f(x)} (-1)^{\omega(x+a)}$$

$$= (-1)^{\omega a} S_{(f)}(\omega).$$

Walsh 谱有下面两个定理.

定理 6.2.2 (Plancheral 公式, 或称初值定理)

$$\sum_{\omega=0}^{2^n-1} S_f^2(\omega) = S_f(0) = 2^{-n} w_t(f(x)).$$

只需按 $S_f(\omega)$ 的定义推导即可证明, 比较简单, 不详述.

定理 6.2.3 (Parseval 公式, 又称能量守恒定理) $\displaystyle\sum_{\omega=0}^{2^n-1} S_{(f)}^2(\omega) = 1.$

按当 $\omega = 0$ 时 $S_{(f)}(\omega) = 1 - 2S_f(\omega)$, 当 $\omega \neq 0$ 时 $S_{(f)}(\omega) = -2S_f(\omega)$ 的关系及定理 6.2.2 的 Plancheral 公式来证明, 也可以直接按 $S_{(f)}(\omega)$ 的定义来推导. 均不详述.

用概率来表示布尔函数的 Walsh 谱, 可反映布尔函数 $f(x)$ 和线性函数之间是否相符的概率, 从而揭示出布尔函数的 Walsh 谱的本质, 是反映布尔函数和线性函数之间的符合程度. 有定理 6.2.4.

定理 6.2.4　对布尔函数 $f(x) = f(x_1, x_2, \cdots, x_n) \in GF(2)^{GF(2)^n}$, 有

$$S_{(f)}(\omega) = P\{f(x) + \omega x = 0\} - P\{f(x) + \omega x = 1\},$$

其中 $P\{\cdot\}$ 表示概率.

证明

$$S_{(f)}(\omega) = 2^{-n}\left[\sum_{\substack{x=0\\f(x)+\omega x=0}}^{2^n-1}(-1)^{f(x)+\omega x} + \sum_{\substack{x=0\\f(x)+\omega x=1}}^{2^n-1}(-1)^{f(x)+\omega x}\right]$$

$$= 2^{-n}\left[|\{x\,|\,x\in GF(2)^n, f(x)+\omega x=0\}|\right.$$
$$\left.- |\{x\,|\,x\in GF(2)^n, f(x)+\omega x=1\}|\right]$$

$$= P\{f(x)+\omega x=0\} - P\{f(x)+\omega x=1\}\quad(\omega\in GF(2)^n).$$

又对 $\omega\in GF(2)^n$ 时, 有 $P\{f(x)+\omega x=1\} + P\{f(x)+\omega x=0\} = 1$. 于是, 由定理 6.2.4, 还有

$$S_{(f)}(\omega) = 2P\{f(x)+\omega x=0\} - 1 = 1 - 2P\{f(x)+\omega x=1\}\,(\omega\in GF(2)^n).$$

于是, 对 $f(x)\in GF(2)^{GF(2)^n}$, 存在 $\omega\in GF(2)^n$, 使得 $S_{(f)}(\omega)=-1$, 当且仅当 $f(x)=1+\omega x, x\in GF(2)^n$, 使得 $S_{(f)}(\omega)=1$, 当且仅当 $f(x)=\omega x, x\in GF(2)^n$. 于是又可推导出

$$P\{f(x)=\omega x\} = \frac{1+S_{(f)}(\omega)}{2},$$
$$P\{f(x)\neq\omega x\} = \frac{1-S_{(f)}(\omega)}{2}.$$

6.3 布尔函数的导数、e-导数与 Walsh 谱

布尔函数 $f(x)$ 的导数和 e-导数也还是布尔函数, 只不过布尔函数 $f(x)$ 对单个变元 x_i 的导数 $\dfrac{df(x)}{dx_i}$ 和 e-导数 $\dfrac{ef(x)}{ex_i}$, 一定比原函数 $f(x)$ 至少要少一个变元 x_i 而已. 因此, 布尔函数的导数和 e-导数也有 Walsh 谱. 由于布尔函数可由它的导数和 e-导数来表示, 如

$$f(x) = f(x)\frac{df(x)}{dx_i} + \frac{ef(x)}{ex_i}\quad(i\in\{1,2,\cdots,n\}).$$

因此, 布尔函数的导数和 e-导数的 Walsh 谱也一定与布尔函数的 Walsh 谱有关系. 这一节就讲述这两个方面的问题, 而且出于方便和常用的考虑, 只讲述布尔函数 $f(x)$ 对单个变元 x_i 的导数 $\dfrac{df(x)}{dx_i}$ 和 e-导数 $\dfrac{ef(x)}{ex_i}$ 的 Walsh 谱, 以及 $\dfrac{df(x)}{dx_i}$ 和 $\dfrac{ef(x)}{ex_i}$ 的 Walsh 谱与布尔函数原函数 $f(x)$ 的 Walsh 谱之间的关系.

显然, 直接使用 $\dfrac{df(x)}{dx_i}$ 和 $\dfrac{ef(x)}{ex_i}$ 这样的对单个变元 x_i 的导数和 e-导数的表示, 是无法表示出 $\dfrac{df(x)}{dx_i}$ 和 $\dfrac{ef(x)}{ex_i}$ 的 Walsh 谱的. 这是因为 $\dfrac{df(x)}{dx_i}$ 和 $\dfrac{ef(x)}{ex_i}$ 只表示出了 $f(x)$ 对 x_i 的导数和 e-导数, 而并未表示出导数和 e-导数仍是 x 的函数. 因此, 记

$$\frac{df(x)}{dx_i} = f_{dx_i}(x), \quad \frac{ef(x)}{ex_i} = f_{ex_i}(x),$$

这样, 以 $f_{dx_i}(x)$ 明确表示 $f(x)$ 对 x_i 的导数是 x 的函数, 以 $f_{ex_i}(x)$ 明确表示 $f(x)$ 对 x_i 的 e-导数是 x 的函数, 就可以求得并表示出导数和 e-导数的 Walsh 谱了.

定义 6.3.1　对 $f(x) \in GF(2)^{GF(2)^n}$, 设 $f(x)$ 对 $x_i \in \{x_1, x_2, \cdots, x_n\}$ 的导数为 $f_{dx_i}(x) \in GF(2)^{GF(2)^n}$, $f(x)$ 对 $x_i \in \{x_1, x_2, \cdots, x_n\}$ 的 e-导数为 $f_{ex_i}(x) \in GF(2)^{GF(2)^n}$, $x, \omega \in GF(2)^n$, 则 $f_{dx_i}(x)$ 和 $f_{ex_i}(x)$ 的第一种 Walsh 谱定义为

$$S_{f_{dx_i}}(\omega) = 2^{-n} \sum_{x=0}^{2^n-1} (-1)^{\omega x} f_{dx_i}(x),$$

$$S_{f_{ex_i}}(\omega) = 2^{-n} \sum_{x=0}^{2^n-1} (-1)^{\omega x} f_{ex_i}(x).$$

而 $f_{dx_i}(x)$ 和 $f_{ex_i}(x)$ 的第二种 Walsh 谱定义为

$$S_{(f_{dx_i})}(\omega) = 2^{-n} \sum_{x=0}^{2^n-1} (-1)^{\omega x} (-1)^{f_{dx_i}(x)},$$

$$S_{(f_{ex_i})}(\omega) = 2^{-n} \sum_{x=0}^{2^n-1} (-1)^{\omega x} (-1)^{f_{ex_i}(x)}.$$

同样, 布尔函数的导数和 e-导数与它们的 Walsh 谱之间也有逆变换, 即反演公式:

$$\frac{df(x)}{dx_i} = f_{dx_i}(x) = \sum_{\omega=0}^{2^n-1} S_{f_{dx_i}}(\omega)(-1)^{\omega x},$$

$$\frac{ef(x)}{ex_i} = f_{ex_i}(x) = \sum_{\omega=0}^{2^n-1} S_{f_{ex_i}}(\omega)(-1)^{\omega x},$$

$$(-1)^{\frac{df(x)}{dx_i}} = (-1)^{f_{dx_i}(x)} = \sum_{\omega=0}^{2^n-1} S_{(f_{dx_i})}(\omega)(-1)^{\omega x},$$

$$(-1)^{\frac{ef(x)}{ex_i}} = (-1)^{f_{ex_i}(x)} = \sum_{\omega=0}^{2^n-1} S_{(f_{ex_i})}(\omega)(-1)^{\omega x}.$$

对 $f(x)\dfrac{df(x)}{dx_i} = f(x)f_{dx_i}(x)$, 自然也有第一种 Walsh 变换和第二种 Walsh 变换及相应的逆变换:

$$S_{ff_{dx_i}}(\omega) = 2^{-n}\sum_{x=0}^{2^n-1}(-1)^{\omega x}f(x)f_{dx_i}(x),$$

$$S_{(ff_{dx_i})}(\omega) = 2^{-n}\sum_{x=0}^{2^n-1}(-1)^{\omega x}(-1)^{f(x)f_{dx_i}(x)},$$

$$f(x)f_{dx_i}(x) = \sum_{\omega=0}^{2^n-1}S_{ff_{dx_i}}(\omega)(-1)^{\omega x},$$

$$(-1)^{f(x)f_{dx_i}(x)} = \sum_{\omega=0}^{2^n-1}S_{(ff_{dx_i})}(\omega)(-1)^{\omega x}.$$

由于有

$$S_f(\omega) = 2^{-n}\sum_{x=0}^{2^n-1}(-1)^{\omega x}[f(x)f_{dx_i}(x)+f_{ex_i}(x)]$$

$$= 2^{-n}\sum_{x=0}^{2^n-1}(-1)^{\omega x}f(x)f_{dx_i}(x) + 2^{-n}\sum_{x=0}^{2^n-1}(-1)^{\omega x}f_{ex_i}(x)$$

$$= S_{ff_{dx_i}}(\omega) + S_{f_{ex_i}}(\omega),$$

$$S_{(ff_{dx_i})}(\omega) = \begin{cases} -2S_{ff_{dx_i}}(\omega), & \omega \neq 0, \\ 1-2S_{ff_{dx_i}}(\omega), & \omega = 0, \end{cases}$$

$$S_{(f_{ex_i})}(\omega) = \begin{cases} -2S_{f_{ex_i}}(\omega), & \omega \neq 0, \\ 1-2S_{f_{ex_i}}(\omega), & \omega = 0, \end{cases}$$

便有

$$S_{(f)}(\omega) = \begin{cases} S_{(ff_{dx_i})}(\omega) + S_{(f_{ex_i})}(\omega), & \omega \neq 0, \\ S_{(ff_{dx_i})}(\omega) + S_{(f_{ex_i})}(\omega) - 1, & \omega = 0. \end{cases}$$

同样, 对 $S_{ff_{dx_i}}(\omega)$ 和 $S_{f_{ex_i}}(\omega)$ 也有 Plancheral 公式. 而且进一步, 还可以推出 $S_f(\omega)$ 与 $S_{ff_{dx_i}}(\omega)$ 和 $S_{f_{ex_i}}(\omega)$ 的关系, 以及 $\sum_{\omega=0}^{2^n-1}S_f^2(\omega)$ 与 $\sum_{\omega=0}^{2^n-1}S_{ff_{dx_i}}^2(\omega)$,

$\sum\limits_{\omega=0}^{2^n-1} S_{f f_{dx_i}}(\omega) S_{f_{ex_i}}(\omega)$, $\sum\limits_{\omega=0}^{2^n-1} S_{f_{ex_i}}^2(\omega)$ 的关系, 即有

$$\sum_{\omega=0}^{2^n-1} S_{f f_{dx_i}}^2(\omega) = S_{f f_{dx_i}}(0) = 2^{-n} w_t(f(x) f_{dx_i}(x)),$$

$$\sum_{\omega=0}^{2^n-1} S_{f_{ex_i}}^2(\omega) = S_{f_{ex_i}}(0) = 2^{-n} w_t(f_{ex_i}(x)),$$

以及定理 6.3.1.

定理 6.3.1　(1) $S_f(\omega) = S_{f f_{dx_i}}(\omega) + S_{f_{ex_i}}(\omega)$.

(2) $\sum\limits_{\omega=0}^{2^n-1} S_{f f_{dx_i}}(\omega) S_{f_{ex_i}}(\omega) = 0$.

(3) $\sum\limits_{\omega=0}^{2^n-1} S_f^2(\omega) = \sum\limits_{\omega=0}^{2^n-1} S_{f f_{dx_i}}^2(\omega) + \sum\limits_{\omega=0}^{2^n-1} S_{f_{ex_i}}^2(\omega)$.

证明　(1)

$$S_f(\omega) = 2^{-n} \sum_{x=0}^{2^n-1} (-1)^{\omega x} f(x)$$

$$= 2^{-n} \sum_{x=0}^{2^n-1} (-1)^{\omega x} [f(x) f_{dx_i}(x) + f_{ex_i}(x)]$$

$$= 2^{-n} \sum_{x=0}^{2^n-1} (-1)^{\omega x} f(x) f_{dx_i}(x) + 2^{-n} \sum_{x=0}^{2^n-1} (-1)^{\omega x} f_{ex_i}(x)$$

$$= S_{f f_{dx_i}}(\omega) + S_{f_{ex_i}}(\omega),$$

即 $S_f(\omega) = S_{f f_{dx_i}}(\omega) + S_{f_{ex_i}}(\omega)$ 成立.

(2) 由于若

$$f_{ex_i}(2^n - i) = 1,$$

则必有

$$f_{ex_i}(2^n - i - 1) = 1.$$

又若 $(-1)^{\omega(2^n-i+x)} = 1$(或 -1), 则必有

$$(-1)^{\omega(2^n-i-1+x)} = -1 \quad (\text{或相应为 } 1),$$

故

$$(-1)^{\omega(2^n-i+x)}f(x)f_{dx_i}(x)f_{ex_i}(2^n-i)$$
$$+(-1)^{\omega(2^n-i-1+x)}f(x)f_{dx_i}(x)f_{ex_i}(2^n-i-1)$$
$$=1\cdot f(x)f_{dx_i}(x)\cdot 1+(-1)f(x)f_{dx_i}(x)\cdot 1$$
$$=0,$$

所以必有

$$2^{-2n}\sum_{\omega=0}^{2^n-1}\sum_{x,y=0}^{2^n-1}(-1)^{\omega(x+y)}f(x)f_{dx_i}(x)f_{ex_i}(y)=2^{-n}\sum_{\omega=0}^{2^n-1}0=0,$$

即 $\sum_{\omega=0}^{2^n-1}S_{ff_{dx_i}}(\omega)S_{f_{ex_i}}(\omega)=0.$

(3) 有

$$\sum_{\omega=0}^{2^n-1}S_f^2(\omega)=\sum_{\omega=0}^{2^n-1}[S_{ff_{dx_i}}(\omega)+S_{f_{ex_i}}(\omega)]^2$$
$$=\sum_{\omega=0}^{2^n-1}S_{ff_{dx_i}}^2(\omega)+2\sum_{\omega=0}^{2^n-1}S_{ff_{dx_i}}(\omega)S_{f_{ex_i}}(\omega)+\sum_{\omega=0}^{2^n-1}S_{f_{ex_i}}^2(\omega)$$
$$=\sum_{\omega=0}^{2^n-1}S_{ff_{dx_i}}^2(\omega)+\sum_{\omega=0}^{2^n-1}S_{f_{ex_i}}^2(\omega),$$

即 $\sum_{\omega=0}^{2^n-1}S_f^2(\omega)=\sum_{\omega=0}^{2^n-1}S_{ff_{dx_i}}^2(\omega)+\sum_{\omega=0}^{2^n-1}S_{f_{ex_i}}^2(\omega)$ 成立. 于是也有

$$\sum_{\omega=0}^{2^n-1}S_f^2(\omega)=2^{-n}w_t(f(x)f_{dx_i}(x))+2^{-n}w_t(f_{ex_i}(x))$$
$$=S_{ff_{dx_i}}(0)+S_{f_{ex_i}}(0).$$

例 6.3.1 对 3 元函数 $f(x)=x_1+x_3+x_2x_3$, 有

$$f(x)f_{dx_3}(x)=x_1+x_3+x_1x_2+x_2x_3,$$
$$f_{ex_3}(x)=x_1x_2.$$

对 $\omega\in GF(2)^3$, 可求得

$$S_f(\omega)=2^{-3}[(-1)^{\omega_3}+(-1)^{\omega_1}+(-1)^{\omega_1+\omega_2}+(-1)^{\omega_1+\omega_2+\omega_3}],$$
$$S_{ff_{dx_i}}(\omega)=2^{-3}[(-1)^{\omega_3}+(-1)^{\omega_1}],$$

$$S_{f_{ex_i}}(\omega) = 2^{-3}[(-1)^{\omega_1+\omega_2} + (-1)^{\omega_1+\omega_2+\omega_3}],$$

有

$$S_f(\omega) = S_{f f_{dx_3}}(\omega) + S_{f_{ex_3}}(\omega).$$

又求得

$$S_f(0) = 2^{-1},$$
$$2^{-3} w_t(f(x)) = 2^{-1},$$
$$S_{f f_{dx_3}}(0) = 2^{-2},$$
$$2^{-3} w_t(f(x) f_{dx_3}(x)) = 2^{-2},$$
$$S_{f_{ex_3}}(0) = 2^{-2},$$
$$2^{-3} w_t(f_{ex_3}(x)) = 2^{-2},$$
$$\sum_{\omega=0}^{2^n-1} S_f^2(\omega) = 2^{-1},$$
$$\sum_{\omega=0}^{2^n-1} S_{f f_{dx_3}}^2(\omega) = 2^{-2},$$
$$\sum_{\omega=0}^{2^n-1} S_{f_{ex_3}}^2(\omega) = 2^{-2},$$
$$S_{f f_{dx_3}}(\omega) S_{f_{ex_3}}(\omega) = 2^{-6}[(-1)^{\omega_1+\omega_2+\omega_3} + (-1)^{\omega_2} + (-1)^{\omega_1+\omega_2} + (-1)^{\omega_2+\omega_3}],$$
$$\sum_{\omega=0}^{2^n-1} S_{f f_{dx_3}}(\omega) S_{f_{ex_3}}(\omega) = 2^{-6}[2^2 + 0 + (-2^2) + 0 + 0 + 0 + 0 + 0] = 0.$$

所以有

$$S_f(0) = S_{f f_{dx_3}}(0) + S_{f_{ex_3}}(0),$$
$$S_f(0) = \sum_{\omega=0}^{2^n-1} S_f^2(\omega) = \sum_{\omega=0}^{2^n-1} S_{f f_{dx_3}}^2(\omega) + \sum_{\omega=0}^{2^n-1} S_{f_{ex_3}}^2(\omega) = S_{f f_{dx_3}}(0) + S_{f_{ex_3}}(0),$$

也有

$$S_f(0) = 2^{-3} w_t(f(x))$$
$$= 2^{-3} w_t(f(x) f_{dx_3}(x)) + 2^{-3} w_t(f_{ex_3}(x))$$
$$= S_{f f_{dx_3}}(0) + S_{f_{ex_3}}(0).$$

对 $\sum\limits_{\omega=0}^{2^n-1} S_{(f)}^2(\omega)$, 还有如定理 6.3.2 的一些关系.

定理 6.3.2　对 $\sum\limits_{\omega=0}^{2^n-1}S^2_{(f)}(\omega),S_{(ff_{dx_i})}(\omega),S_{(f_{dx_i})}(\omega),S_{ff_{dx_i}}(\omega),S_{f_{ex_i}}(\omega)$, 有

(1) $\sum\limits_{\omega=0}^{2^n-1}S_{(ff_{dx_i})}(\omega)S_{(f_{ex_i})}(\omega)=1-2S_{ff_{dx_i}}(0)-2S_{f_{ex_i}}(0);$

(2) $\sum\limits_{\omega=0}^{2^n-1}S^2_{(f)}(\omega)=1-4S_{ff_{dx_i}}(0)-4S_{f_{ex_i}}(0)+4\sum\limits_{\omega=0}^{2^n-1}S^2_{ff_{dx_i}}(\omega)+4\sum\limits_{\omega=0}^{2^n-1}S^2_{f_{ex_i}}(\omega).$

证明　(1) 由定理 6.3.1 知

$$\sum_{\omega=0}^{2^n-1}S_{ff_{dx_i}}(\omega)S_{f_{ex_i}}(\omega)=0.$$

所以有

$$\sum_{\omega=0}^{2^n-1}S_{(ff_{dx_i})}(\omega)S_{(f_{ex_i})}(\omega)$$

$$=S_{(ff_{dx_i})}(0)S_{(f_{ex_i})}(0)+\sum_{\omega=1}^{2^n-1}S_{(ff_{dx_i})}(\omega)S_{(f_{ex_i})}(\omega)$$

$$=1-2S_{ff_{dx_i}}(0)-2S_{f_{ex_i}}(0)+4\sum_{\omega-0}^{2^n-1}S_{ff_{dx_i}}(\omega)S_{f_{ex_i}}(\omega)$$

$$=1-2S_{ff_{dx_i}}(0)-2S_{f_{ex_i}}(0).$$

(2) 由于

$$S^2_{(f)}(\omega)=\begin{cases}S^2_{(ff_{dx_i})}(\omega)+2S_{(ff_{dx_i})}(\omega)S_{(f_{ex_i})}(\omega)+S^2_{(f_{ex_i})}(\omega), & \omega\neq0,\\ S^2_{(ff_{dx_i})}(\omega)+2S_{(ff_{dx_i})}(\omega)S_{(f_{ex_i})}(\omega)+S^2_{(f_{ex_i})}(\omega)\\ -2S_{(ff_{dx_i})}(\omega)-2S_{(f_{ex_i})}(\omega)+1, & \omega=0,\end{cases}$$

所以有

$$\sum_{\omega=0}^{2^n-1}S^2_{(f)}(\omega)=\sum_{\omega=0}^{2^n-1}S^2_{(ff_{dx_i})}(\omega)+\sum_{\omega=0}^{2^n-1}S^2_{(f_{ex_i})}(\omega)+2\sum_{\omega=0}^{2^n-1}S_{(ff_{dx_i})}(\omega)S_{(f_{ex_i})}(\omega)$$

$$-2S_{(ff_{dx_i})}(0)-2S_{(f_{ex_i})}(0)+1$$

$$=1-4S_{ff_{dx_i}}(0)+4\sum_{\omega=0}^{2^n-1}S^2_{ff_{dx_i}}(\omega)+1-4S_{f_{ex_i}}(0)+4\sum_{\omega=0}^{2^n-1}S^2_{f_{ex_i}}(\omega)$$

$$+2-4S_{ff_{dx_i}}(0)-4S_{f_{ex_i}}(0)$$

$$-2+4S_{ff_{dx_i}}(0)-2+4S_{f_{ex_i}}(0)+1$$

$$=1 - 4S_{f f_{dx_i}}(0) - 4S_{f_{ex_i}}(0) + 4\sum_{\omega=0}^{2^n-1} S_{f f_{dx_i}}^2(\omega) + 4\sum_{\omega=0}^{2^n-1} S_{f_{ex_i}}^2(\omega).$$

显然, 由 Plancheral 公式, 仍然得到 Parseval 公式

$$\sum_{\omega=0}^{2^n-1} S_{(f)}^2(\omega) = 1.$$

这要比直接由 $S_{(f)}(\omega)$ 的定义来证明 Parseval 公式方便.

在密码学中, 常有布尔函数 $f(x) \in GF(2)^n$, 有

$$\frac{ef(x)}{ex_n} = \omega x,$$

或

$$\frac{ef(x)}{ex_n} = 1 + \omega x,$$

所以也有概率关系:

$$S_{(f_{ex_i})}(\omega) = P\left\{\frac{ef(x)}{ex_n} + \omega x = 0\right\} - P\left\{\frac{ef(x)}{ex_n} + \omega x\right\} = 1,$$

$$P\left\{\frac{ef(x)}{ex_n} = \omega x\right\} = \frac{1 + S_{(f_{ex_i})}(\omega)}{2},$$

$$P\left\{\frac{ef(x)}{ex_n} \neq \omega x\right\} = \frac{1 - S_{(f_{ex_i})}(\omega)}{2}.$$

6.4　布尔函数的非线性性

布尔函数的非线性性, 对提高密码系统抵抗密码攻击能力非常重要. 布尔函数的很多与提高密码系统抵抗密码攻击能力相关的性质都属于非线性性, 如非线性代数次数、非线性度 (与线性度)、线性结构、相关免疫性、严格雪崩准则和扩散性等. 本节仅涉及非线性代数次数、线性结构、非线性度 (与线性/ 度) 的概念及对它们的初步探讨.

定义 6.4.1　设 $f(x) \in GF(2)^{GF(2)^n}$, 若 $\alpha \in GF(2)^n$, 若对任意 $x \in GF(2)^n$, 都有

$$f(x + \alpha) + f(x) = \begin{cases} 0, \\ 1, \end{cases}$$

则称 α 为 $f(x)$ 的一个线性结构.

于是, 若 α 中有且仅有分量 $\alpha_{i1} = 1$, $\alpha_{i2} = 1$, $\cdots$, $\alpha_{ir} = 1$, 其他分量为 0, 则记 $x_{i1} = \alpha_{i1}$, $x_{i2} = \alpha_{i2}$, $\cdots$, $x_{ir} = \alpha$, 便有

$$\frac{\partial f(x)}{\partial(x_{i1}, x_{i2}, \cdots, x_{ir})} = \begin{cases} 0, \\ 1, \end{cases}$$

也就是说, 可以通过导数求得 $f(x)$ 的线性结构 α.

记 $L_n[x]$ 为 $GF(2)$ 上所有线性布尔函数 (包括仿射函数) 的集合, 可记为

$$L_n[x] = \{\omega x + a \,|\, \omega, x \in GF(2)^n, \ a \in GF(2)\}.$$

于是有如下定义.

定义 6.4.2 设 $f(x) \in GF(2)^{GF(2)^n}$, 则 $f(x)$ 的非线性度定义为非负整数:

$$\min_{l(x) \in L_n[x]} d(f(x), l(x)),$$

其中, $d(f(x), l(x))$ 表示 $f(x)$ 与 $l(x)$ 之间的 Hamming 距离, 即

$$d(f(x), l(x)) = |\{x \,|\, f(x) \neq l(x), \ x \in GF(2)^n\}|.$$

记 $f(x)$ 的非线性度为 N_f. 可知, $f(x)$ 的非线性度 N_f 为 $f(x)$ 与所有线性函数的最短距离. 对二元域 $GF(2)$, 有

$$d(f(x), l(x)) = w_t(f(x) + l(x)).$$

所以有

$$N_f = \min_{l(x) \in L_n[x]} w_t(f(x) + l(x)).$$

于是, 可以推出 $f(x)$ 的非线性度 N_f 与 $f(x)$ 的导数部分 $f(x)\dfrac{df(x)}{dx_n}$ 的非线性度 $N_{ff_{dx_n}}$ 和 e-导数部分 $\dfrac{ef(x)}{ex_n}$ 的非线性度 N_{fex_n} 之间的关系定理 6.4.1.

定理 6.4.1 设 $f(x) \in GF(2)^{GF(2)^n}$, 则 $f(x)$ 的非线性度 N_f 与 $f(x)$ 的导数部分 $f(x)\dfrac{df(x)}{dx_n}$ 的非线性度 $N_{ff_{dx_n}}$ 和 e-导数部分 $\dfrac{ef(x)}{ex_n}$ 的非线性度 N_{fex_n} 之间有关系

$$N_f = N_{ff_{dx_n}} + N_{fex_n} - 2^{n-1}.$$

证明　由于

$$
\begin{aligned}
w_t(f(x)+l(x)) &= w_t\left(f(x)\frac{df(x)}{dx_n}+l(x)\right)+\left(\frac{ef(x)}{ex_n}+l(x)+w_t(l(x))\right.\\
&\quad \left.-2w_tl(x)f(x)\frac{df(x)}{dx_n}+l(x)\frac{ef(x)}{ex_n}\right)\\
&= w_t\left(f(x)\frac{df(x)}{dx_n}+l(x)\right)+w_t\left(\frac{ef(x)}{ex_n}+l(x)\right)\\
&\quad -2w_t\left(l(x)f(x)\frac{df(x)}{dx_n}+l(x)\frac{ef(x)}{ex_n}\right)-2w_t(l(x))\\
&\quad +4w_t\left(l(x)f(x)\frac{df(x)}{dx_n}+l(x)\frac{ef(x)}{ex_n}\right)+w_t(l(x))\\
&\quad -2w_t\left(l(x)f(x)\frac{df(x)}{dx_n}+l(x)\frac{ef(x)}{ex_n}\right)\\
&= w_t\left(f(x)\frac{df(x)}{dx_n}+l(x)\right)+w_t\left(\frac{ef(x)}{ex_n}+l(x)-w_t(l(x))\right),
\end{aligned}
$$

所以有

$$
\begin{aligned}
N_f &= \min_{l(x)\in L_n[x]} w_t(f(x)+l(x))\\
&= \min_{l(x)\in L_n[x]} w_t(f(x)\frac{df(x)}{dx_n}+l(x))+\min_{l(x)\in L_n[x]} w_t(\frac{ef(x)}{ex_n}+l(x))\\
&\quad -\min_{l(x)\in L_n[x]} w_t(l(x))\\
&= N_{f f_{dx_n}}+N_{f e_{x_n}}-2^{n-1}.
\end{aligned}
$$

$f(x)$ 的非线性度为 N_f 是 $f(x)$ 与所有线性函数距离之最短者. 将 $f(x)$ 与所有线性函数的最大距离定义为 $f(x)$ 的线性度, 记为 C_f, 即有

$$
C_f = \max_{l(x)\in L_n[x]} d(f(x),l(x)) = \max_{l(x)\in L_n[x]} w_t(f(x)+l(x)).
$$

与 N_f 和 $N_{f f_{dx_i}}$, $N_{f e_{x_i}}$ 的关系相似, 同样有 C_f 和 $C_{f f_{dx_i}}$, $C_{f e_{x_i}}$ 的关系:

$$
C_f = C_{f f_{dx_i}}+C_{f e_{x_i}}-2^{n-1}.
$$

由非线性度和线性度的定义可知

$$
N_f + C_f = 2^n,
$$
$$
N_{f f_{dx_i}} + C_{f f_{dx_i}} = 2^n,
$$
$$
N_{f e_{x_i}} + C_{f e_{x_i}} = 2^n,
$$

且若有 $l_0(x) \in L_n[x]$, 使

$$N_f = \min_{l(x) \in L_n[x]} w_t(f(x) + l(x)) = w_t(f(x) + l_0(x)),$$

则必有 $1 + l_0(x)$, 使

$$C_f = \max_{l(x) \in L_n[x]} w_t(f(x) + l(x)) = w_t(f(x) + 1 + l_0(x)),$$

且 $l_0(x)$, $1 + l_0(x) \in L_n[x]$ 也使得

$$N_{ff_{dx_i}} = w_t \left(f(x) \frac{df(x)}{dx_i} + l_0(x) \right),$$

$$N_{fe_{x_i}} = w_t \left(\frac{ef(x)}{ex_i} + l_0(x) \right);$$

$$C_{ff_{dx_i}} = w_t \left(f(x) \frac{df(x)}{dx_i} + l_0(x) + 1 \right),$$

$$C_{fe_{x_i}} = w_t \left(\frac{ef(x)}{ex_i} + l_0(x) + 1 \right).$$

对上述 $l_0(x) \in L_n[x]$, 称 $l_0(x)$ 是 $f(x)$ 的最佳线性逼近.

由定理 6.2.4, 容易推得定理 6.4.2.

定理 6.4.2 设 $f(x) \in GF(2)^{GF(2)^n}$, 则

$$N_f = 2^n \left(\frac{1 - \max\limits_{\omega \in GF(2)^n} \left| S_{(f)}(\omega) \right|}{2} \right),$$

$$C_f = 2^n \left(\frac{1 + \max\limits_{\omega \in GF(2)^n} \left| S_{(f)}(\omega) \right|}{2} \right).$$

由

$$(-1)^a S_{(f)}(\omega) = 2^{-n} \sum_{x=0}^{2^n-1} (-1)^{f(x) + \omega x + a} \quad (\omega \in GF(2)^n, \ a \in GF(2)),$$

可知, 若 $\max\limits_{\omega \in GF(2)^n} \left| S_{(f)}(\omega) \right| = S_{(f)}(\omega)$, 则 ωx 是 $f(x)$ 的最佳线性逼近; 若 $\max\limits_{\omega \in GF(2)^n} \left| S_{(f)}(\omega) \right| = -S_{(f)}(\omega)$, 则 $\omega x + 1$ 是 $f(x)$ 的最佳线性逼近.

由定理 6.2.3 知

$$\sum_{\omega=0}^{2^n-1} S_{(f)}^2(\omega) = 1,$$

所以有

$$\max_{\omega \in GF(2)^n} \left| S_{(f)}(\omega) \right| \geqslant 2^{-\frac{n}{2}},$$

因而有

$$N_f \leqslant 2^{n-1}(1 - 2^{-\frac{n}{2}}).$$

$\max\limits_{\omega \in GF(2)^n} \left| S_{(f)}(\omega) \right|$ 越大, N_f 就越小; $\max\limits_{\omega \in GF(2)^n} \left| S_{(f)}(\omega) \right|$ 越小, N_f 就越大. 当

$$\max_{\omega \in GF(2)^n} \left| S_{(f)}(\omega) \right| = 2^{-\frac{n}{2}}$$

时, 即 $\max\limits_{\omega \in GF(2)^n} \left| S_{(f)}(\omega) \right|$ 取最小值时, N_f 达到最大值:

$$N_f = 2^{n-1} - 2^{\frac{n}{2}-1}.$$

也就是 $f(x)$ 对线性函数 $l(x)$ 的符合程度最小时, $f(x)$ 的非线性度 N_f 最大; $f(x)$ 对线性函数 $l(x)$ 的符合程度最大时, 即 $f(x)$ 就是线性函数 $l(x)$ 时, $\left| S_{(f)}(\omega) \right| = 1$, 而 $N_f = 0$, 即 N_f 最小.

N_f 最大的函数是非常重要的函数, 有如下定义.

定义 6.4.3　对 $f(x) \in GF(2)^{GF(2)^n}$, 若 $f(x)$ 的非线性度为

$$N_f = 2^{n-1} - 2^{\frac{n}{2}-1},$$

则称 $f(x)$ 为 Bent 函数.

也就是说, $\left| S_{(f)}(\omega) \right| = 2^{-\frac{n}{2}}$, $\omega \in GF(2)^n$ 时, $f(x)$ 是 Bent 函数.

由 N_f 的定义可知, N_f 为正整数. 所以, 从定义 6.4.3 可知, 对 Bent 函数, $\frac{n}{2}$ 必为正整数, 所以 n 必为偶数. 所以 Bent 函数存在的必要条件是变元数 n 为偶数.

对 Bent 函数, 有 $S_{(f)}(0) = 2^{-\frac{n}{2}}$. 这由前面 $\left| S_{(f)}(\omega) \right| = 2^{-\frac{n}{2}}$, 只可得到 $S_{(f)}(0) = 2^{-\frac{n}{2}}$, 但不能清楚地对 $w_t(f(x)) = 2^{n-1} - 2^{\frac{n}{2}-1}$ 的 Bent 函数以及 $w_t(f(x)) = 2^{n-1} + 2^{\frac{n}{2}-1}$ 的函数进行区分. 而用布尔函数 $f(x)$ 的导数和 e-导数, 就可以证明并进行区分. 这留待讲扩散性后再予以证明.

对 Bent 函数 $f(x)$, 有关于 $f(x)$ 的重量 $w_t(f(x))$ 的定理 6.4.3.

定理 6.4.3　若 $f(x) \in GF(2)^{GF(2)^n}$ 是 Bent 函数, 则

$$w_t(f(x)) = 2^{n-1} \pm 2^{\frac{n}{2}-1}.$$

前面已讲过, $\left| S_{(f)}(\omega) \right| = 2^{-\frac{n}{2}}$ 时, $f(x)$ 是 Bent 函数. 还可证明 $f(x)$ 是 Bent 函数, 则 $\left| S_{(f)}(\omega) \right| = 2^{-\frac{n}{2}}$. 这里不再证明, 可参看书后所列参考文献. Bent 函数的重量有两种, 重量不同, 函数的 Walsh 谱值不同. 下面对 $S_{(f)}(0)$ 给出定理 6.4.4, 该定理可用布尔函数的导数和 e-导数来轻易地得到证明. 因还要涉及布尔函数的扩散性, 所以这里只给出定理, 以说明两种重量的 Bent 函数对应着正负不同的两个 $S_{(f)}(0)$.

定理 6.4.4 对 $f_1(x),\ f_2(x) \in GF(2)^{GF(2)^n}$, 且 n 为偶数, $f_1(x),\ f_2(x)$ 是 Bent 函数.

(1) 若

$$w_t(f_1(x)) = 2^{n-1} - 2^{\frac{n}{2}-1},$$

则

$$S_{(f_1)}(0) = 2^{-n}\left[2^n - 2w_t\left(f_1(x)\frac{df_1(x)}{dx_n} \right) - 2w_t\left(\frac{ef_1(x)}{ex_n} \right) \right] = 2^{-\frac{n}{2}}.$$

(2) 若

$$w_t(f_2(x)) = 2^{n-1} + 2^{\frac{n}{2}-1},$$

则有 Bent 函数 $f_0(x)$, 且

$$f_0(x) = 1 + f_2(x),$$
$$w_t(f_0(x)) = 2^{n-1} - 2^{\frac{n}{2}-1},$$
$$S_{(f_2)}(0) = -S_{(f_0)}(0) = -2^{-\frac{n}{2}}.$$

同样有

$$S_{(f_2)}(0) = 2^{-n}\left[2^n - 2w_t\left(\frac{df_2(x)}{dx_n} \right) - 2w_t\left(\frac{ef_2(x)}{ex_n} \right) \right] = -2^{\frac{n}{2}}.$$

于是, 对任意布尔函数 $f(x)$, 也有和定理 6.4.4 相同的公式, 见定理 6.4.5.

定理 6.4.5 对 $f(x) \in GF(2)^{GF(2)^n}$, 有

$$S_{(f)}(0) = 2^{-n}\left[2^n - 2w_t\left(f(x)\frac{df(x)}{dx_n} \right) - 2w_t\left(\frac{ef(x)}{ex_n} \right) \right].$$

这里可以先用一个两种重量的 Bent 函数的具体实例, 对定理 6.4.4 进行验证.

例 6.4.1　8 元 Bent 函数 $f(x)$ 为

$$f(x) = x_1x_5 + x_2x_6 + x_3x_7 + x_4x_8 + x_1x_2x_3x_4.$$

(1) 求 $w_t(f(x)), f(x)\dfrac{df(x)}{dx_8}, \dfrac{ef(x)}{ex_8}, S_{(f)}(0)$.

(2) 证明 $f_1(x) = 1 + f(x)$ 也是 Bent 函数, 并求 $w_t(f_1(x)), S_{(f_1)}(0)$.

解　(1) 有

$$w_t(f(x)) = 2^{n-1} - 2^{\frac{n}{2}-1},$$

$$\frac{df(x)}{dx_8} = x_4.$$

所以

$$f(x)\frac{df(x)}{dx_8} = x_4x_8 + x_1x_4x_5 + x_2x_4x_6 + x_3x_4x_7 + x_1x_2x_3x_4,$$

$$\frac{ef(x)}{ex_8} = x_1x_5 + x_2x_6 + x_3x_7 + x_1x_4x_5 + x_2x_4x_6 + x_3x_4x_7,$$

$$S_{(f)}(0) = 2^{-n}\left[2^n - w_t\left(\frac{df(x)}{dx_n}\right) - w_t\left(\frac{d\left(\dfrac{ef(x)}{ex_n}\right)}{dx_{n-1}}\right)\right]$$

$$= 2^{-8}[2^8 - 2^7 - 2^7 + 2^4]$$

$$= 2^{-4}.$$

(2) 有

$$w_t(f_1(x)) = w_t(1 + f(x)) = 2^n - w_t(f(x)) = 2^{n-1} - 2^{\frac{n}{2}-1},$$

$$S_{(f_1)}(0) = 2^{-8}[2^8 - 2^7 - 2^7 - 2^4] = -2^{-4} = -S_{(f)}(0).$$

若按 Walsh 谱的定义来求 $S_{(f)}(0)$ 和 $S_{(f_1)}(0)$, 同样可求得 $S_{(f)}(0) = 2^{-4}$ 和 $S_{(f_1)}(0) = -2^{-4}$, 但要烦琐得多.

定理 6.4.6　对 $f_1(x), f_2(x) \in GF(2)^{GF(2)^n}$, 且 n 为偶数, $f_1(x), f_2(x)$ 是 Bent 函数. 则

(1) 若

$$w_t(f_1(x)) = 2^{n-1} - 2^{\frac{n}{2}-1},$$

则

$$S_{(f_1)}(0) = 2^{-n} \left[2^n - w_t\left(\frac{df_1(x)}{dx_n}\right) - 2w_t\left(\frac{d\left(\frac{ef_1(x)}{ex_n}\right)}{dx_{n-1}}\right) \right] = 2^{-\frac{n}{2}}.$$

(2) 若 $w_t(f_2(x)) = 2^{n-1} + 2^{\frac{n}{2}-1}$, 则有 Bent 函数 $f_0(x)$, 且 $f_0(x) = 1 + f_2(x)$, 且

$$w_t(f_0(x)) = 2^{n-1} - 2^{\frac{n}{2}-1},$$
$$S_{(f_2)}(0) = -S_{(f_0)}(0) = -2^{-\frac{n}{2}}.$$

证明 (1) $S_{(f_1)}(0) = 2^{-n} \sum (-1)^{0x} (-1)^{f_1(x)df_1(x)} (-1)^{ef_1(x)}$.

由于 $f_1(x)\dfrac{df_1(x)}{dx_n}\dfrac{ef_1(x)}{ex_n} = \dfrac{df_1(x)}{dx_n}\dfrac{ef_1(x)}{ex_n} = 0$, 又 $w_t\left(\dfrac{df_1(x)}{dx_n}\right) = 2^{n-1}$, 且

$$w_t\left(\frac{d\left(\frac{ef_1(x)}{ex_n}\right)}{dx_{n-1}}\right) = 2^{n-1} \pm 2^{\frac{n}{2}},$$ 所以

$$S_{(f_1)}(0) = 2^{-n} \left[2^n - w_t\left(\frac{df_1(x)}{dx_n}\right) - 2w_t\left(\frac{d\left(\frac{ef_1(x)}{ex_n}\right)}{dx_{n-1}}\right) \right] = 2^{-\frac{n}{2}}.$$

(2) 若 $w_t(f_2(x)) = 2^{n-1} + 2^{\frac{n}{2}-1}$, 则一定有

$$f_2(x) = 1 + f_0(x).$$

则 $f_0(x)$ 是 Bent 函数, 且

$$w_t(f_0(x)) = 2^{n-1} - 2^{\frac{n}{2}-1}.$$

所以

$$S_{(f_2)}(0) = 2^{-n} \sum (-1)^{0x} (-1)^1 (-1)^{f_0(x)} = -S_{(f_0)}(0) = -2^{-\frac{n}{2}}.$$

6.5 布尔函数的严格雪崩准则和扩散性的概念

A. F. Webster 和 S. E. Tavares 在研究 S 盒的设计时, 提出严格雪崩准则 (Strict Avalanche Criterion) 的概念, 可记为 SAC. SAC 是布尔函数一个重要的

非线性准则. B.Preneel 又给出高次扩散准则 (propagation criterion) 的概念. 这些布尔函数密码学性质, 都是需要深入研究的布尔函数的非线性性质. 本节只对这些重要概念做最基本的描述.

先给出自相关函数的概念和性质.

定义 6.5.1 设 $f(x) \in GF(2)^{GF(2)^n}$. 对 $x,\ s \in GF(2)^n$, 称

$$r_f(s) = \sum_{x=0}^{2^n-1} (-1)^{f(x+s)+f(x)}$$

为布尔函数 $f(x)$ 的自相关函数.

于是, 由多变元偏导数, 有

$$r_f(s) = \sum_{x=0}^{2^n-1} (-1)^{\dfrac{\partial f(x)}{\partial s_t}} \quad (s=(0,0,\cdots,0,s_{i1},s_{i2},\cdots,s_{iu},0,0,\cdots,0),$$

且 $s_{i1}=s_{i2}=\cdots=s_{iu}=1, s_t=(x_{i1},x_{i2},\cdots,x_{iu}))$.

由自相关函数的定义可推出

$$S_{r_f}(\omega) = 2^{-n} \sum_{s=0}^{2^n-1} r_f(s)(-1)^{\omega\cdot s} = 2^n S_{(f)}^2(\omega),$$

且又有

$$r_f(s) = 2^n \sum_{\omega=0}^{2^n-1} S_{(f)}^2(\omega)(-1)^{\omega\cdot s},$$

于是可得到定理 6.5.1 和定理 6.5.2.

定理 6.5.1 对 $f(x) \in GF(2)^n, s \in GF(2)^n$, 有

$$r_f(s) = 2^n \left[\sum_{\omega=0}^{2^n-1} S_{(ff_{dx_i})}^2(\omega)(-1)^{\omega s} + 2\sum_{\omega=0}^{2^n-1} S_{(ff_{dx_i})}(\omega)S_{(f_{ex_i})}(\omega)(-1)^{\omega s} \right.$$
$$\left. + \sum_{\omega=0}^{2^n-1} S_{(f_{ex_i})}^2(\omega)(-1)^{\omega s} + 2^n - 2w_t\left(f(x)\frac{df(x)}{dx_n}\right) - 2w_t\left(\frac{ef(x)}{ex_n}\right) \right].$$

定理 6.5.2 对 $f(x) \in GF(2)^{GF(2)^n}$, 则 $f(x)$ 是 Bent 函数, 当且仅当

$$r_f(s) = \begin{cases} 0, & s \neq 0, \\ 2^n, & s = 0. \end{cases}$$

由自相关函数 $r_f(s)$ 的定义可知, 当且仅当 $w_t(f(x+s)+f(x)) = 2^{n-1}$, 即 $f(x+s)+f(x)$ 是平衡函数时, $r_f(s) = 0$. 所以由定理 6.5.2 有

定理 6.5.3 对 $f(x) \in GF(2)^{GF(2)^n}$, 则 $f(x)$ 是 Bent 函数, 当且仅当对一切 $s \in GF(2)^n$, 有

$$w_t(f(x+s)+f(x)) = 2^{n-1},$$

即 $w_t\left(\dfrac{\partial f(x)}{\partial(x_{i1}, x_{i2}, \cdots, x_{iu})}\right) = 2^{n-1}$. 其中 $s = (0, 0, \cdots, 0, s_{i1}, s_{i2}, \cdots, s_{iu}, 0,$ $0, \cdots, 0)$, 且 $s_{i1} = s_{i2} = \cdots = s_{iu} = 1$.

下面给出严格雪崩准则 (SAC) 的概念.

定义 6.5.2 设 $f(x) \in GF(2)^{GF(2)^n}$, 如果对任意 $\alpha = (\alpha_1, \alpha_2, \cdots, \alpha_n) \in GF(2)^n$, $w_t(\alpha) = 1$, 都有

$$w_t(f(x+\alpha)+f(x)) = 2^{n-1},$$

即 $f(x+\alpha)+f(x)$ 是平衡函数, 则称 $f(x)$ 满足严格雪崩准则, 记严格雪崩准则为 SAC.

于是由布尔函数的导数的定义可知

定理 6.5.4 设 $f(x) \in GF(2)^{GF(2)^n}$, 则 $f(x)$ 满足严格雪崩准则, 当且仅当

$$w_t\left(\frac{df(x)}{dx_i}\right) = 2^{n-1} \quad (i = 1, 2, \cdots, n).$$

用定理 6.5.4 来计算确定布尔函数 $f(x)$ 满足严格雪崩准则, 显然比用定义 6.5.2 来计算确定布尔函数 $f(x)$ 满足严格雪崩准则要简便得多. 于是可知, 对 $f(x) \in GF(2)^{GF(2)^n}$, 若

$$w_t\left(\frac{df(x)}{dx_i}\right) = 2^{n-1} \quad (i = 1, 2, \cdots, n),$$

则对 $\alpha \in GF(2)^n$, 且 $w_t(\alpha) = 1$, 有

$$r_f(\alpha) = 0,$$

$$\sum_{\omega=0}^{2^n-1} S_{(f)}^2(\omega)(-1)^{\omega \cdot \alpha} = 0.$$

反之, 亦成立.

显然, 定理 6.5.4 有如下推论.

推论　对布尔函数 $f(x) \in GF(2)^{GF(2)^n}$, 若

$$w_t\left(\frac{df(x)}{dx_i}\right) = 2^{n-1} \quad (i = 1, 2, \cdots, n),$$

则

$$w_t\left(\frac{ef(x)}{ex_i}\right) \leqslant 2^{n-1} \quad (i = 1, 2, \cdots, n).$$

定理 6.5.5　设 $f(x) \in GF(2)^{GF(2)^n}$, 则 $f(x)$ 满足严格雪崩准则, 当且仅当

$$S_{(ff_{dx_i})}(0) = 2^{-1} \quad (i = 1, 2, \cdots, n).$$

证明　若 $f(x)$ 满足严格雪崩准则, 则对一切 $i = 1, 2, \cdots, n$, 有

$$w_t\left(\frac{df(x)}{dx_i}\right) = 2^{n-1}.$$

所以, 对一切 $i = 1, 2, \cdots, n$, 有

$$w_t\left(f(x)\frac{df(x)}{dx_i}\right) = 2^{n-2}.$$

所以, 对一切 $i = 1, 2, \cdots, n$, 有

$$\begin{aligned}
S_{(ff_{dx_i})}(0) &= 2^{-n} \sum_{x=0}^{2^n-1} (-1)^{f(x)\frac{df(x)}{dx_i}} (-1)^{0 \cdot x} \\
&= 2^{-n} \cdot 2^{n-1} \\
&= 2^{-1}.
\end{aligned}$$

反之, 如果对一切 $i = 1, 2, \cdots, n$, 有

$$S_{(ff_{dx_i})}(0) = 2^{-1},$$

则对一切 $i = 1, 2, \cdots, n$, 有

$$w_t\left(f(x)\frac{df(x)}{dx_i}\right) = 2^{n-2}.$$

又由于对一切 $i = 1, 2, \cdots, n$, 有

$$\frac{d\left(f(x)\frac{df(x)}{dx_i}\right)}{dx_i} = \frac{df(x)}{dx_i},$$

$$\frac{d\left(\frac{ef(x)}{ex_i}\right)}{dx_i} = 0.$$

所以, 对一切 $i = 1, 2, \cdots, n$, 有

$$w_t\left(\frac{df(x)}{dx_i}\right) = 2^{n-1}.$$

所以由定理 6.5.4 知, $f(x)$ 满足严格雪崩准则.

定理 6.5.6 设 $f(x) \in GF(2)^{GF(2)^n}$, 则 $f(x)$ 满足严格雪崩准则, 当且仅当对一切 $i = 1, 2, \cdots, n$, 有

$$S_{ff_{dx_i}}(0) = 2^{-2}(i = 1, 2, \cdots, n).$$

定理 6.5.6 的必要性显然成立, 充分性的证明只要仿照定理 6.5.5 的证明即可.

由定理 6.5.5 和定理 6.5.6 可得如下推论.

推论 对 $f(x) \in GF(2)^{GF(2)^n}$, 若 $f(x)$ 满足严格雪崩准则, 则对一切 $i = 1, 2, \cdots, n$, 有

$$S_{(ff_{dx_i})}(0) = 2S_{ff_{dx_i}}(0).$$

下面给出高次扩散准则的概念.

定义 6.5.3 设 $f(x) \in GF(2)^{GF(2)^n}$, $\alpha \in GF(2)^n$, $\alpha \neq 0$, 如果

$$w_t(f(x + \alpha) + f(x)) = 2^{n-1},$$

即 $f(x + \alpha) + f(x)$ 是平衡布尔函数, 则称 $f(x)$ 关于 α 满足扩散准则. 如果对所有满足 $1 \leqslant w_t(\alpha) \leqslant k$ 的向量 α, $f(x)$ 关于 α 满足扩散准则, 则称 $f(x)$ 满足 k 次扩散准则.

显然由定义可知, $f(x)$ 满足 1 次扩散准则和 $f(x)$ 满足严格雪崩准则是一致的. 由布尔函数 $f(x)$ 对多个变元的导数的概念可知, 关于 $f(x)$ 满足 k 次扩散准则有定理 6.5.7.

定理 6.5.7 设 $f(x) \in GF(2)^{GF(2)^n}$, 如果 $\alpha = (0, 0, \cdots, 0, \alpha_{i1}, \alpha_{i2}, \cdots, \alpha_{ir}, 0, 0, \cdots, 0) \in GF(2)^n$, 则 $f(x)$ 关于 α 满足扩散准则, 当且仅当

$$w_t\left(\frac{\partial f(x)}{\partial(x_{i1}, x_{i2}, \cdots, x_{ir})}\right) = 2^{n-1}.$$

如果对所有向量 $\alpha \in GF(2)^n, 1 \leqslant w_t(\alpha) \leqslant k$, 则 $f(x)$ 关于 α 满足 k 次扩散准则, 当且仅当

$$w_t\left(\frac{\partial f(x)}{\partial(x_{i1}, x_{i2}, \cdots, x_{ir})}\right) = 2^{n-1},$$

且其中 $1 \leqslant i_1 \leqslant i_2 \leqslant \cdots \leqslant i_r \leqslant n,\ r = 1, 2, \cdots, k,\quad 1 \leqslant k \leqslant n.$

同样, 对所有 $\alpha \in GF(2)^n$, $1 \leqslant w_t(\alpha) \leqslant k$, $f(x)$ 关于 α 满足 k 次扩散准则, 当且仅当 $r_f(\alpha) = 0.$

由定理 6.5.7 可得推论.

推论　设 $f(x) \in GF(2)^{GF(2)^n}$. 如果对所有向量 $\alpha \in GF(2)^n$, $1 \leqslant w_t(\alpha) \leqslant k$, $f(x)$ 关于 α 满足 k 次扩散准则, 有

$$w_t \left(\frac{\partial f(x)}{\partial(x_{i1}, x_{i2}, \cdots, x_{ir})} \right) = 2^{n-1},$$

其中 $1 \leqslant i_1 \leqslant i_2 \leqslant \cdots \leqslant i_r \leqslant k \leqslant n,\ 1 \leqslant r \leqslant k \leqslant n.$ 则有

$$w_t \left(\frac{ef(x)}{e(x_{i1}, x_{i2}, \cdots, x_{ir})} \right) \leqslant 2^{n-1}.$$

定理 6.5.7 的推论和定理 6.5.4 的推论一样, 显然成立, 不再证明.

和定理 6.5.5、定理 6.5.6 及推论一样, 也有定理 6.5.8、定理 6.5.9.

定理 6.5.8　设 $f(x) \in GF(2)^{GF(2)^n}$, 并记 $f(x) \dfrac{\partial f(x)}{\partial(x_{i1}, x_{i2}, \cdots, x_{ir})} (1 \leqslant i_1 \leqslant i_2 \leqslant \cdots \leqslant i_r \leqslant n, 1 \leqslant r \leqslant n)$ 为 $ff_{\partial(x_{i1}, x_{i2}, \cdots, x_{ir})}$, 则 $f(x)$ 满足 k 次扩散准则, 当且仅当

$$S_{(ff_{\partial(x_{i1}, x_{i2}, \cdots, x_{ir})})}(0) = 2^{-1} (1 \leqslant i_1 \leqslant i_2 \leqslant \cdots \leqslant i_r \leqslant k \leqslant n,\ 1 \leqslant r \leqslant k \leqslant n).$$

定理 6.5.9　设 $f(x) \in GF(2)^{GF(2)^n}$, 则 $f(x)$ 满足 k 次扩散准则, 当且仅当

$$S_{ff_{\partial(x_{i1}, x_{i2}, \cdots, x_{ir})}}(0) = 2^{-2} \quad (1 \leqslant i_1 \leqslant i_2 \leqslant \cdots \leqslant i_r \leqslant k \leqslant n,\ 1 \leqslant r \leqslant k \leqslant n).$$

由定理 6.5.8 和定理 6.5.9 可得推论.

推论　对 $f(x) \in GF(2)^{GF(2)^n}$, 若 $f(x)$ 满足 k 次扩散准则, 则对 $1 \leqslant i_1 \leqslant i_2 \leqslant \cdots \leqslant i_r \leqslant k \leqslant n, 1 \leqslant r \leqslant k \leqslant n$, 有

$$S_{(ff_{\partial(x_{i1}, x_{i2}, \cdots, x_{ir})})}(0) = 2 S_{ff_{\partial(x_{i1}, x_{i2}, \cdots, x_{ir})}}(0).$$

$f(x)$ 满足 k 次扩散准则当且仅当 $f(x)$ 是 Bent 函数. 这一结果的证明可参阅书后的参考文献. 于是, 由于

$$\frac{\partial \left(f(x) \dfrac{\partial f(x)}{\partial(x_{i1}, x_{i2}, \cdots, x_{ir})} \right)}{\partial(x_{i1}, x_{i2}, \cdots, x_{ir})} = \frac{\partial f(x)}{\partial(x_{i1}, x_{i2}, \cdots, x_{ir})}$$

$(1 \leqslant i_1 \leqslant i_2 \leqslant \cdots \leqslant i_r \leqslant n,\ 1 \leqslant r \leqslant n),$

$$\frac{\partial \left(\dfrac{ef(x)}{e(x_{i1}, x_{i2}, \cdots, x_{ir})} \right)}{\partial(x_{i1}, x_{i2}, \cdots, x_{ir})} = 0 \quad (1 \leqslant i_1 \leqslant i_2 \leqslant \cdots \leqslant i_r \leqslant n,\ 1 \leqslant r \leqslant n),$$

可知, 若 $f(x)$ 是 Bent 函数, 必有

$$w_t\left(f(x)\frac{\partial f(x)}{\partial(x_{i1}, x_{i2}, \cdots, x_{ir})}\right) = 2^{n-2}(1 \leqslant i_1 \leqslant i_2 \leqslant \cdots \leqslant i_r \leqslant n, \ 1 \leqslant r \leqslant n),$$

$$w_t\left(\frac{ef(x)}{e(x_{i1}, x_{i2}, \cdots, x_{ir})}\right) = 2^{n-2} \pm 2^{\frac{n}{2}-1}(1 \leqslant i_1 \leqslant i_2 \leqslant \cdots \leqslant i_r \leqslant n, \ 1 \leqslant r \leqslant n).$$

于是有定理 6.5.10.

定理 6.5.10 设 $f(x) \in GF(2)^{GF(2)^n}$, 若 $f(x)$ 是 Bent 函数, 则有

$$S_{(f_{e(x_{i1}, x_{i2}, \cdots, x_{ir})})}(0) = 2^{-1} \mp 2^{-\frac{n}{2}} \quad (1 \leqslant i_1 \leqslant i_2 \leqslant \cdots \leqslant i_r \leqslant k \leqslant n, \ 1 \leqslant r \leqslant n).$$

6.6 布尔函数的相关免疫性与 Walsh 谱

在流密码系统中, 密钥流由线性移位寄存器组成的驱动部分生成驱动序列 x_k^i, 传输入非线性组合函数构成的组合部分, 组合部分生成输出序列 z_k. 如果驱动序列 x_k^i 与输出序列 z_k 的符合率等于 $\frac{1}{2} + \varepsilon(\varepsilon > 0)$, 就称 $\{x_k^i\}$ 与 $\{z_k\}$ 是统计相关的. 利用这种驱动信息在输出序列中的泄漏 (也称熵漏) 实施攻击, 即利用这种统计相关实施的攻击称为相关攻击.

为研究滚动密钥产生器抵抗相关攻击的能力, 即研究流密码系统的安全性, 日本学者 Siegenthalar 于 1984 年提出组合函数相关免疫性的概念. 对布尔函数相关免疫性有关问题的研究, 是布尔函数密码安全性质研究的一个重要方面.

定义 6.6.1 设 $f(x) \in GF(2)^{GF(2)^n}$, $x_1, x_2, \cdots, x_n$ 是 $GF(2)$ 上独立的、均匀分布的二元随机变量. 如果对任意的 $(a_1, a_2, \cdots, a_m) \in GF(2)^m(m \leqslant n)$ 及 $a \in GF(2)$, 都有

$$P(f(x_1, x_2, \cdots, x_n) = a, \ x_{i1} = a_1, \ x_{i2} = a_2, \cdots, \ x_{im} = a_m)$$
$$= 2^{-m}P(f(x_1, x_2, \cdots, x_n) = a),$$

则称 $f(x_1, x_2, \cdots, x_n)$ 与变元 $x_{i1}, x_{i2}, \cdots, x_{im}$ 统计无关. 如果 $f(x_1, x_2, \cdots, x_n)$ 与 $x_1, x_2, \cdots, x_n$ 中的任意 m 个变元都统计无关, 则称布尔函数 $f(x_1, x_2, \cdots, x_n)$ 是 m 阶相关免疫的.

当 $m = 1$ 时, 称 $f(x)$ 是 1 阶相关免疫函数, 或称为相关免疫函数；当 $m \geqslant 2$ 时, 称 $f(x)$ 为高阶相关免疫函数. 显然, 若 $f(x)$ 是 m 阶相关免疫的, 则对任意 $1 \leqslant r \leqslant m, f(x)$ 是 r 阶相关免疫的. 相关免疫记为 CI, 相应的函数称为 CI 函数；m 阶相关免疫记为 $CI(m)$, 相应的函数称为 $CI(m)$ 函数.

　　一个布尔函数 $f(x)$ 是相关免疫的, 也称布尔函数具有相关免疫性, 或称 $f(x)$ 满足相关免疫准则.

　　下面先不加证明地给出定理 6.6.1 和定理 6.6.2.

　　定理 6.6.1　设 $f(x) \in GF(2)^{GF(2)^n}$, 则下列各条等价:

　　(1) $f(x)$ 是 m 阶相关免疫的;

　　(2) 对任意的 $\omega \in GF(2)^n$, $1 \leqslant w_t(\omega) \leqslant m$, $f(x)$ 与 $\omega \cdot x$ 统计无关;

　　(3) 对任意的 $\omega \in GF(2)^n$, $1 \leqslant w_t(\omega) \leqslant m$, $f(x) + \omega x$ 是平衡函数.

　　由定理 6.6.1 可得: 若 $f(x)$ 是 m 阶相关免疫函数, 则 $1 + f(x)$ 也是 m 阶相关免疫函数. 这由 $w_t(f(x) + \omega x) = 2^{n-1}, w_t(1 + f(x) + \omega x) = 2^n - w_t(f(x) + \omega x) = 2^{n-1}$ 即得.

　　定理 6.6.2　设 $f(x) \in GF(2)^{GF(2)^n}$, 则 $f(x)$ 是 m 阶相关免疫的, 当且仅当对任意的 $\omega \in GF(2)^n$, $1 \leqslant w_t(\omega) \leqslant m$, 有

$$S_{(f)}(\omega) = 0.$$

　　下面来讨论布尔函数 $f(x)$ 和它的导数、e-导数的 Walsh 谱与 $f(x)$ 相关免疫性的关系.

　　定理 6.6.3　设 $f(x) \in GF(2)^{GF(2)^n}$, $f(x)$ 对 $x_i (i = 1, 2, \cdots, n)$ 的导数和 e-导数为

$$f_{dx_i}(x) = \frac{df(x)}{dx_i}, \quad f_{ex_i}(x) = \frac{ef(x)}{ex_i} \quad (i = 1, 2, \cdots, n).$$

对任意 $\omega \in GF(2)^n$, $1 \leqslant w_t(\omega) \leqslant m$ 和任意 $i \in \{1, 2, \cdots, n\}$, 如果

$$S_{(ff_{dx_i})}(\omega) = 0, \quad S_{(f_{ex_i})}(\omega) = 0,$$

则布尔函数 $f(x)$ 是 m 阶相关免疫的.

　　证明　由于

$$
\begin{aligned}
w_t(f(x) + \omega x) &= w_t\left(f(x)\frac{df(x)}{dx_i} + \frac{ef(x)}{ex_i} + \omega x\right) \\
&= w_t\left(f(x)\frac{df(x)}{dx_i} + \omega x\right) + w_t\left(\frac{ef(x)}{ex_i} + \omega x\right) \\
&\quad - 2w_t\left(\omega x f(x)\frac{df(x)}{dx_i} + \omega x\frac{ef(x)}{ex_i} + \omega x\right) \\
&\quad + w_t(\omega x) - 2w_t\left(\omega x f(x)\frac{df(x)}{dx_i} + \omega x\frac{ef(x)}{ex_i}\right) \\
&= w_t\left(f(x)\frac{df(x)}{dx_i} + \omega x\right) + w_t\left(\frac{ef(x)}{ex_i} + \omega x\right) - w_t(\omega x)
\end{aligned}
$$

$$(i = 1, 2, \cdots, n),$$

于是, 若对任意 $\omega \in GF(2)^n, 1 \leqslant w_t(\omega) \leqslant m$, 有

$$S_{(ff_{dx_i})}(\omega) = 0, \quad S_{(f_{ex_i})}(\omega) = 0.$$

则由定理 6.6.1 和定理 6.6.2 知, $f(x)\dfrac{df(x)}{dx_i} + \omega x$ 和 $\dfrac{ef(x)}{ex_i} + \omega x$ 是平衡布尔函数, 即

$$w_t\left(f(x)\frac{df(x)}{dx_i} + \omega x\right) = 2^{n-1},$$

$$w_t\left(\frac{ef(x)}{ex_i} + \omega x\right) = 2^{n-1}.$$

又 $w_t(\omega x) = 2^{n-1}$, 所以有

$$w_t(f(x) + \omega x) = 2^{n-1}.$$

所以, $f(x)$ 是 m 阶相关免疫函数.

由定理 6.6.2 可推出 Xiao-Massey 定理.

定理 6.6.4　设 $f(x) \in GF(2)^{GF(2)^n}$, 则 $f(x)$ 是相关免疫的, 当且仅当对任意的 $\omega \in GF(2)^n, 1 \leqslant w_t(\omega) \leqslant m$, 有 $S_f(\omega) = 0$.

于是由定理 6.6.3 和定理 6.6.4, 可得到定理 6.6.5.

定理 6.6.5　设 $f(x) \in GF(2)^{GF(2)^n}$, 对任意 $\omega \in GF(2)^n, 1 \leqslant w_t(\omega) \leqslant m$ 和任意 $i \in \{1, 2, \cdots, n\}$, 如果

$$S_{ff_{dx_i}}(\omega) = 0, \quad S_{f_{ex_i}}(\omega) = 0,$$

则布尔函数 $f(x)$ 是 m 阶相关免疫的.

定理 6.6.5 的证明与定理 6.6.3 的证明相似. 相关免疫性是关于布尔函数的重要的密码学性质, 对相关免疫性的研究也比较多. 后面会用专门的章节来介绍利用布尔函数的导数、e-导数研究布尔函数的相关免疫性问题.

第 7 章　　布尔函数的代数免疫性

21 世纪伊始的 2003 年, 法国密码学家 Courtois N T, Meier W 提出代数攻击方法这一有效的密码分析新方法. 代数攻击方法从计算过程上看, 是通过把一个密码算法表示成一个多变量多项式方程组, 进而求解这个方程组来获取密钥以实施攻击的方法. 从实质上看, 是利用密码算法所使用的布尔函数的密码学性能的弱点, 而对密码算法实施攻击. 代数攻击方法已对 Toyocrypt、LILI-128、SFINKS、Eo 等密码算法实施了成功的攻击. Courtois 和 Meier 根据对代数攻击的特点和滤波函数性能的分析, 提出布尔函数代数免疫性、代数免疫阶、最优代数免疫性的概念, 指出为提高密码算法抵抗代数攻击的能力, 构造密码系统的布尔函数应具备的密码学性质, 为密码安全研究开辟出了一个新的方向. 对称密码代数攻击方法和布尔函数代数免疫性的提出, 引起了国内外学者的关注, 并对布尔函数代数免疫性的众多问题进行了深入研究. 本章对代数攻击方法和布尔函数的代数免疫性做初步介绍.

7.1　代数攻击和布尔函数的代数免疫性

对密码系统的代数攻击是一种新型的密码攻击方法. 代数攻击不同于人们已熟知的以前的各种根据统计特性进行分析的密码分析技术, 是针对密码算法自身的结构弱点进行代数分析方法以获取密钥的攻击技术. 这里对非线性滤波函数生成器的代数攻击原理做一简要介绍.

非线性滤波函数生成器由 LFSR 序列组成的驱动器, 控制存储器的状态转移, 负责向组合部分提供有良好特性的序列, 而由非线性布尔函数构成的组合部分将驱动部分传输来的序列组合成性质良好的密钥流序列. 流密码的这种生成情形可做如下描述.

设 $(s_0, s_1, \cdots, s_{n-1})$ 为 LFSR 的初始状态, 在此刻 t 的状态为 $L^t(s_0, s_1, \cdots, s_{n-1})$, 输出密钥流信息为 $z_t = f(L^t(s_0, s_1, \cdots, s_{n-1}))$. 于是得到密钥流序列 $b_0, b_1, \cdots, b_{m-1}$, 便构成如下方程组表示

$$
\begin{aligned}
&f(s_0, s_1, \cdots, s_{n-1}) = b_0, \\
&f(L(s_0, s_1, \cdots, s_{n-1})) = b_1, \\
&f(L^2(s_0, s_1, \cdots, s_{n-1})) = b_2,
\end{aligned}
\tag{7.1.1}
$$

$$\vdots$$
$$f(L^{m-1}(s_0, s_1, \cdots, s_{n-1})) = b_{m-1}.$$

由于状态转移函数 L 和非线性组合函数假设是已经给定的, 只有初始状态和初始状态的平移等价类未知, 因此攻击者可通过分析观察到的密钥流序列 $(b_0, b_1, \cdots, b_{m-1})$ 来恢复初态, 从而达到攻击目的. 理论上, 如果知道较多的 b_i, 就可以建立较多的方程而求解出密钥.

如果把非线性布尔函数 $f(x_1, x_2, \cdots, x_n)$ 中每个次数大于 1 的单项式都看成一个新的变量, 变成新变量后得到的方程便成为线性方程, 称为多变量方程. 设布尔函数 $f(x_1, x_2, \cdots, x_n)$ 的代数次数为 k. 由于线性变换不改变函数的代数次数, $f(L^t(s_0, s_1, \cdots, s_{n-1}))(t$ 任意$)$ 并不改变 $f(s_0, s_1, \cdots, s_{n-1})$ 的代数次数, 仍为 k 次. 因此, 将方程 (7.1.1) 变换为新变元方程后, 新变元的个数最多为 $\sum\limits_{i=1}^{k}\binom{n}{i}$ 个, 于是得到含 $\sum\limits_{i=1}^{k}\binom{n}{i}$ 个变元的线性方程组. 方程组 (7.1.1) 及其变换后得到的线性方程组可能是超定方程组. 于是, 如果存在代数次数为 d 的非零布尔函数 $g(g \in GF(2)^{GF(2)^n})$, 且 $d < k$, 使得 $gf = 0$. 则对任意的 $r = 0, 1, 2, \cdots$, 在满足 $f(x) = 1$ 的点 $L^{ir}(s_0, s_1, \cdots, s_{n-1})$, 有

$$f(L^{ir}(s_0, s_1, \cdots, s_{n-1}))g(L^{ir}(s_0, s_1, \cdots, s_{n-1})) = zr\, g(L^{ir}(s_0, s_1, \cdots, s_{n-1})) = 0.$$

于是在每个时刻 $z_r = 1$, 有 $g(L^{ir}(s_0, s_1, \cdots, s_{n-1})) = 0$, 即得到方程组

$$
\begin{aligned}
&g(L^{i1}(s_0, s_1, \cdots, s_{n-1})) = 0, \\
&g(L^{i2}(s_0, s_1, \cdots, s_{n-1})) = 0, \quad (r = 1, 2, \cdots), \\
&\qquad\qquad \vdots \\
&g(L^{ir}(s_0, s_1, \cdots, s_{n-1})) = 0.
\end{aligned}
\tag{7.1.2}
$$

方程组 (7.1.2) 中变元个数最多为 $\sum\limits_{i=1}^{d}\binom{n}{d}$. 由于 d 远小于 k, 所以方程组 (7.1.2) 中方程的变元个数远小于方程组 (7.1.1) 中方程的变元个数. 只要方程组 (7.1.2) 中线性无关的方程个数大于变元的个数 $\sum\limits_{i=1}^{d}\binom{n}{d}$, 就可以恢复密钥.

同理, 若 $fg = h \neq 0$, 则 $(1+f)h = 0$. 而 $\deg h = d < k$, 则在某时刻 $z_r = 0$, 就有

$$(1 + f(L^{ir}(s_0, s_1, \cdots, s_{n-1})))h(L^{ir}(s_0, s_1, \cdots, s_{n-1})) = 0,$$

得到

$$h(L^{ir}(s_0, s_1, \cdots, s_{n-1})) = 0,$$

可得到相应的方程组. 同样也通过解次数较低的函数构成的方程组而恢复密钥.

这种利用函数 g(或者可能为函数 h) 得到多变量方程构成的方程组, 通过解方程组恢复密钥的攻击方法称为代数攻击.

使 $fg = 0$ 或 $(1+f)g = 0$ 的 g 的代数次数, 关系到解方程组的难易程度, 即关系到代数攻击成功的可能. 若 g 的代数次数较低, 则代数攻击成功的可能性就高. 为布尔函数抵抗代数攻击的能力给出了一个评价的度量指标. Meier 等随即给出了布尔函数代数免疫阶的概念.

定义 7.1.1　若 $f(x), g(x) \in GF(2)^{GF(2)^n}$, 且 $f(x)g(x) = 0$, 则称 $g(x)$ 是 $f(x)$ 的零化子; 同样, 若 $(1+f(x))g(x) = 0$, 则 $g(x)$ 是 $1+f(x)$ 的零化子.

由于 $f(x)(1+f(x)) = 0$, 所以 $f(x)$ 或 $1+f(x)$ 一定存在零化子. 而对于非常数布尔函数 $f(x)$(或 $1+f(x)$), 除 $1+f(x)$(相应的 $f(x)$) 是非零零化子外, 一定还存在其他的非零零化子. 所以有如下布尔函数代数免疫阶的定义.

定义 7.1.2　对 $f(x) \in GF(2)^{GF(2)^n}$, 若 $g(x) \in GF(2)^{GF(2)^n}$ 是 $f(x)$ 和 $1+f(x)$ 的所有非零零化子中代数次数最小的非零零化子, 则称 $g(x)$ 的代数次数为 $f(x)$ 的代数免疫阶, 记为 $AI(f(x))$(或 $AI(f)$), 即

$$AI(f) = \min \left\{ \deg(g(x)) \,\middle|\, f(x)g(x) = 0 \text{ 或 } (1+f(x))g(x) = 0 \ (g(x) \neq 0) \right\}$$

Meier 等还给出并证明了布尔函数能达到的代数免疫阶的上界, 并相应地给出了最优代数免疫函数的概念.

定理 7.1.1　设 $f(x) \in GF(2)^{GF(2)^n}$, 则 $f(x)$ 的代数免疫阶满足

$$AI(f) \leqslant \min \left(\left\lceil \frac{n}{2} \right\rceil, \ \deg f(x) \right).$$

定理的证明可参看书后的参考文献.

定义 7.1.3　对 $f(x) \in GF(2)^{GF(2)^n}$, 若 $f(x)$ 的代数免疫阶为 $\left\lceil \dfrac{n}{2} \right\rceil$, 则称 $f(x)$ 为最优代数免疫函数, 简称 MAI 函数.

高代数免疫阶仅仅是抵抗代数攻击能力的必要条件, 而不是充分条件. 代数免疫阶低的函数易受到代数攻击, 但是高代数免疫阶布尔函数对抵抗代数攻击也不是绝对无虞的. 不过, 只要设计较大的密钥流比特, 代数免疫阶足够高的布尔函数抵抗代数攻击的能力还是可依恃的. 对于这一问题, 可参看书后的参考文献.

7.2 最低代数次数零化子和导数、e-导数

要用代数攻击方法攻击密码系统, 即要攻击给定的布尔函数 $f(x)$, 必须先计算出 $f(x)$ 的最低代数次数零化子 $g(x)$, 通过建立低次数, 从而 "变量" 数少的超定方程组来较容易地解出初始密钥. 而要确定一个布尔函数 $f(x)$ 的代数免疫阶的高低, 也必须计算找出 $f(x)$ 的最低代数次数非零零化子 $g(x)$, 由 $g(x)$ 的代数次数确定 $f(x)$ 的代数免疫阶. 因此, 计算找出布尔函数 $f(x)$ 的最低代数次数非零零化子 $g(x)$, 并对 $g(x)$ 的特点和性质进行研究, 是很重要的工作. 这一节讨论布尔函数的最低代数次数非零零化子和导数、e-导数的关系.

定义 7.2.1 设 $g(x), f(x) \in GF(2)^{GF(2)^n}$, 且 $g(x), f(x)$ 皆为非零布尔函数. 若 $g(x)f(x) = g(x)$, 且 $w_t(g(x)) < w_t(f(x))$, 则称 $g(x)$ 是 $f(x)$ 的子函数. 同样, 若 $g(x)(1 + f(x)) = g(x)$, 且 $w_t(g(x)) < w_t(1 + f(x))$, 则称 $g(x)$ 是 $1 + f(x)$ 的子函数.

由定义 7.1.1 和定义 7.2.1 可知, 若 $g(x)$ 是 $f(x)$ 的子函数, 则 $g(x)$ 是 $1+f(x)$ 的零化子; 若 $g(x)$ 是 $1 + f(x)$ 的子函数, 则 $g(x)$ 是 $f(x)$ 的零化子.

定义 7.2.2 设 $f_1(x^*), f_2(x^*) \in GF(2)^{GF(2)^n}$, $x^* = (x_1, x_2, \cdots, x_n) \in GF(2)^n$, 变量 $x_0 \in GF(2)$. 若 $x - (x_0, x_1, x_2, \cdots, x_n) \in GF(2)^{n+1}, f(x)$ 有

$$f(x) = (1 + x_0)f_1(x^*) + x_0 f_2(x^*) = f_1(x^*) + x_0(f_1(x^*) + f_2(x^*)),$$

则称 $f(x)$ 是 $f_1(x^*)$ 和 $f_2(x^*)$ 的级联函数. 通常用符号 "||" 表示级联运算符. 所以有 $f(x) = f_1(x^*) || f_2(x^*)$.

设 $g(x), f(x) \in GF(2)^{GF(2)^n}, g(x)$ 是 $f(x)$ 和 $1 + f(x)$ 的零化子中代数次数最小的零化子. 由

$$f(x) = f(x)\frac{df(x)}{dx_n} + \frac{ef(x)}{ex_n},$$

$$1 + f(x) = (1 + f(x))\frac{d(1 + f(x))}{dx_n} + \frac{e(1 + f(x))}{ex_n},$$

$$(1 + f(x))\frac{d(1 + f(x))}{dx_n} = \frac{df(x)}{dx_n} + f(x)\frac{df(x)}{dx_n},$$

$$\frac{e(1 + f(x))}{ex_n} = 1 + \frac{df(x)}{dx_n} + \frac{ef(x)}{ex_n},$$

$$\deg\left(\frac{df(x)}{dx_n}\right) < \deg\left(f(x)\frac{df(x)}{dx_n}\right),$$

$$\deg(f(x)) \geqslant \deg\left(\frac{df(x)}{dx_n}\right)$$

有

$$\deg\left((1+f(x))\frac{d(1+f(x))}{dx_n}\right) = \deg\left(f(x)\frac{df(x)}{dx_n}\right),$$

$$\deg\left(\frac{e(1+f(x))}{ex_n}\right) = \max\left(\deg\left(\frac{df(x)}{dx_n}\right), \deg\left(\frac{ef(x)}{ex_n}\right)\right).$$

又有

$$\deg\left(f(x)\frac{df(x)}{dx_n}\right) < \deg\left(\frac{ef(x)}{ex_n}\right) = \deg(f(x)),$$

或

$$\deg\left(\frac{ef(x)}{ex_n}\right) < \deg\left(f(x)\frac{df(x)}{dx_n}\right) = \deg(f(x)),$$

或

$$\deg\left(f(x)\frac{df(x)}{dx_n}\right) = \deg\left(\frac{ef(x)}{ex_n}\right) > \deg(f(x)).$$

所以必有定理 7.2.1.

定理 7.2.1 设 $g(x), f(x) \in GF(2)^{GF(2)^n}$, $g(x)$ 是 $f(x)$ 和 $1+f(x)$ 的零化子中代数次数最小的零化子, 则有

$$AI(f(x)) = \deg(g(x)) \leqslant \min\left(\deg\left(f(x)\frac{df(x)}{dx_n}\right), \deg\left(\frac{ef(x)}{ex_n}\right)\right).$$

推论 1 对 $g(x), f(x) \in GF(2)^{GF(2)^n}$, 若 $\dfrac{ef(x)}{ex_n}$ 为线性函数, 则 $g(x) = \dfrac{ef(x)}{ex_n}$ 是 $f(x)$ 和 $1+f(x)$ 的零化子中代数次数最低的零化子.

推论 2 对 $g(x), f(x) \in GF(2)^{GF(2)^n}$, 且 $g(x)$ 是 $f(x)$ 和 $1+f(x)$ 的零化子中代数次数最低的零化子, 若

$$\deg\left(f(x)\frac{df(x)}{dx_n}\right) = 2,$$

则

$$\deg(g(x)) \leqslant 2.$$

证明 由于 $\dfrac{d\left(f(x)\dfrac{df(x)}{dx_n}\right)}{dx_n} = \dfrac{df(x)}{dx_n}$, 且有 $\deg\left(\dfrac{df(x)}{dx_n}\right) = \deg\left(f(x)\dfrac{df(x)}{dx_n}\right) - 1$, 所以可能有 $\deg\left(\dfrac{ef(x)}{ex_n}\right) = 1$, 所以推论 2 必成立.

定理 7.2.2 设 $g(x), f(x) \in GF(2)^{GF(2)^n}$, $g(x)$ 是 $f(x)$ 和 $1 + f(x)$ 的零化子中代数次数最小的零化子. 若

$$w_t\left(f(x)\frac{df(x)}{dx_n}\right) \geqslant 2^{n-2},$$

$$w_t\left(\frac{d(f(x)\frac{df(x)}{dx_n})}{dx_i}\right) > 2^{n-2} \quad (i = 2, 3, \cdots, n-2, n-1),$$

$$w_t\left(\frac{ef(x)}{ex_n}\right) \geqslant 2^{n-3},$$

$$w_t\left(\frac{e\left(\frac{ef(x)}{ex_n}\right)}{ex_{n-1}}\right) = 0,$$

且又有

$$\deg(f(x)) = n,$$

则有

$$2^{n-2} \leqslant w_t\left(f(x)\frac{df(x)}{dx_n}\right) \leqslant 1 + \sum_{k=0}^{n}\sum_{i=0}^{k-2} C_{k-2}^i < 2^{n-1}$$

和

$$1 < \deg(g(x)) \leqslant 4.$$

证明 由于

$$w_t\left(f(x)\frac{df(x)}{dx_n}\right) \geqslant 2^{n-2},$$

$$w_t\left(\frac{d\left(f(x)\frac{df(x)}{dx_n}\right)}{dx_i}\right) > 2^{n-2} \quad (i = 2, 3, \cdots, n-2, n-1),$$

所以

$$\max w_t\left(f(x)\frac{df(x)}{dx_n}\right) = 2^{n-1}.$$

而当

$$w_t\left(f(x)\frac{df(x)}{dx_n}\right) = 2^{n-1}$$

时,

$$w_t(f(x)) = w_t\left(f(x)\frac{df(x)}{dx_n}\right) = 2^{n-1}.$$

设 $f(x)$ 可依次序划分为如 $2^k + 2^5 \sim 2^k + 2^5 + 2^4 - 1$ 等 4 元布尔函数, 且为这些 4 元布尔函数级联构成. 则这时这些 4 元布尔函数 f_4' 均有 $w_t(f_4') = 2^3$. 所以, 每一 4 元布尔函数均有 $\deg(f_4') < 4$. 所以 $\deg(f(x)) < n$, 这与已知 $\deg(f(x)) = n$ 矛盾. 所以有

$$w_t\left(f(x)\frac{df(x)}{dx_n}\right) < 2^{n-1}.$$

对于前述对 $f(x)$ 依次序划分的 4 元函数, 只有当 $w_t\left(f_4'\frac{df_4'}{dx_n}\right)$ 为奇数且不超过 3 时, 可以构成 4 元 4 次多项式函数. 而由 $\dfrac{ef(x)}{ex_n} \neq 0$ 依上面的次序构成的 4 元函数, 次数最高也就是 3 次, 这时这个 4 元函数的重量小于 $2^3 + 2^2$.

由于已知 $\deg(f(x)) = n$, 所以 $f(x)\dfrac{df(x)}{dx_n}$ 按前述的次序所划分的 4 元函数中, 有且必有 1 个 4 元函数是 4 次多项式函数. 又由于已知

$$w_t\left(f(x)\frac{df(x)}{dx_n}\right) > 2^{n-2},$$

所以有

$$2^{n-2} < w_t\left(f(x)\frac{df(x)}{dx_n}\right) \leqslant 1 + \sum_{k=4}^{n}\sum_{i=0}^{k-2} C_{k-2}^i.$$

又由于

$$w_t\left(\frac{d\left(f(x)\frac{df(x)}{dx_n}\right)}{dx_i}\right) > 2^{n-2} \quad (i = 2, 3, \cdots, n-2, n-1),$$

所以可选取 $x' = (x_2, x_3, \cdots, x_n)$, 有

$$w_t\left(f_2(x')\frac{df_2(x')}{dx_n}\right) = 2^{n-2}.$$

则可用归纳法证明得

$$\min \deg\left(f_2(x')\frac{df_2(x')}{dx_n}\right) = 1,$$

$$\max \deg\left(f_2(x')\frac{df_2(x')}{dx_n}\right) = 2.$$

又由于

$$2^{n-2} < w_t \left(f(x) \frac{df(x)}{dx_n} \right) \leqslant 1 + \sum_{k=4}^{n} \sum_{i=0}^{k-2} \mathrm{C}_{k-2}^i,$$

所以有

$$2 \leqslant \deg \left((1+x_1)0 + x_1 f_2(x') \frac{df_2(x')}{dx_n} \right) \leqslant 3.$$

如果选取

$$w_t \left(f_2(x') \frac{df_2(x')}{dx_n} \right) = 2^{n-3},$$

则有

$$\min \deg \left(f_2(x') \frac{df_2(x')}{dx_n} \right) = 2,$$

$$\max \deg \left(f_2(x') \frac{df_2(x')}{dx_n} \right) = 3.$$

所以有

$$3 \leqslant \deg \left((1+x_1)0 + x_1 f_2(x') \frac{df_2(x')}{dx_n} \right) \leqslant 4.$$

由于

$$2^{n-2} > w_t \left(\frac{ef(x)}{ex_n} \right) \geqslant 2^{n-3},$$

$$w_t \left(\frac{e \left(\frac{ef(x)}{ex_n} \right)}{ex_{n-1}} \right) = 0,$$

所以, 可选取

$$w_t \left(\frac{ef(x)}{ex_n} \right) = 2^{n-3},$$

则有

$$\min \deg \left(\frac{ef(x)}{ex_n} \right) = 3,$$

$$\max \deg \left(\frac{ef(x)}{ex_n} \right) = 4.$$

所以可知, 满足定理条件的这些 $f(x)$ 的最低代数次数的子函数的代数次数可以有 2 次、3 次和最高为 4 次的.

由定理已知条件及导数、e-导数性质可知

$$w_t \left((1 + f(x)) \frac{df(x)}{dx_n} \right) > 2^{n-2},$$

$$w_t \left(\frac{d\left((1 + f(x)) \dfrac{df(x)}{dx_n} \right)}{dx_i} \right) > 2^{n-2} \quad (i = 2, 3, \cdots, n-2, n-1),$$

$$w_t \left(\frac{e\left(1 + f(x)\right)}{ex_n} \right) \geqslant 2^{n-3},$$

$$w_t \left(\frac{e\left(\dfrac{ef(x)}{ex_n} \right)}{ex_{n-1}} \right) = 0,$$

$$\deg(1 + f(x)) = \deg(f(x)) = n.$$

所以, 必有 $1 + f(x)$ 的最低代数次数的子函数的代数次数最高为 4. 相应地, 也有 $1 + f(x)$ 的最低代数次数子函数的代数次数或者为 2, 或者为 3.

于是由子函数和零化子的定义知, 若 $g(x)$ 是 $f(x)$ 和 $1 + f(x)$ 的零化子中代数次数最低的零化子, 则

$$1 < \deg(g(x)) \leqslant 4.$$

布尔函数 $f(x)$ 可以由它的导数部分和 e-导数部分的和组成为

$$f(x) = f(x) \frac{df(x)}{dx_n} + \frac{ef(x)}{ex_n}$$

的形式. 一般的布尔函数, 组成它的导数部分和 e-导数部分都不恒为零. 导数部分恒为零而 e-导数部分不恒为零; 或者导数部分不恒为零而 e-导数部分恒为零的这类布尔函数. 它连同时满足平衡性和 1 次扩散性都做不到, 从而这类函数在密码学中, 一般都不必去单独研究它们. 所以这里在讨论布尔函数的最低代数次数零化子的导数和 e-导数结构时, 也只讨论导数部分和 e-导数部分都不恒为零的一般的布尔函数.

寻找布尔函数最低代数次数零化子是不太容易的, 特别是把 $f(x)$ 作为一个整体而不区分 $f(x)$ 的导数部分和 e-导数部分分别对其最低代数次数零化子的不同影响, 同时也不区分最低代数次数零化子本身的导数和 e-导数结构情况时, 更增加了求最低代数次数零化子的困难. 在 $f(x)$ 的导数部分不恒为零, 而 e-导数部分恒为零, 或者导数部分恒为零而 e-导数部分不恒为零, 这样的情况下, 如果能够判

定一般布尔函数都存在最低代数次数零化子, 则求最低代数次数零化子的工作就要简单容易很多. 于是有下面的定理.

定理 7.2.3   对任意布尔函数 $f(x) \in GF(2)^{GF(2)^n}$, 设 $g(x) \in GF(2)^{GF(2)^n}$ 是 $f(x)$ 和 $1 + f(x)$ 的最低代数次数零化子 (或相对应的子函数).

(1) 若 $f(x)$ 为代数次数 $r \geqslant 2$ 的齐次函数, $f(x)$ 的导数部分和 e-导数部分为

$$f(x)\frac{df(x)}{dx_n} = f_1(x) + \sigma(x),$$

$$\frac{ef(x)}{ex_n} = f_2(x) + \sigma(x).$$

其中 $\sigma(x)$ 和 $f_1(x), f_2(x)$ 有关系:

$$\deg(f_1(x)) < \deg(\sigma(x)), \quad \deg(f_1(x)) = \deg(f_2(x)) < \deg(\sigma(x)).$$

则 $f(x)$ 与 $f_1(x), f_2(x)$ 必有关系:

$$f_1(x) + f_2(x) = f(x).$$

如果以 $\delta(x)$ 表示 $f(x)$ 的项数, $f(x)$ 与 $f_1(x), f_2(x)$ 的项数还满足关系:

$$\delta(f_1(x)) + \delta(f_2(x)) = \delta(f(x)).$$

则必有

$$\deg(g(x)) = \deg(f(x)),$$

或者为

$$g(x) = f(x) \quad 或 \quad g(x) = 1 + f(x).$$

(2) 如果布尔函数 $f(x)$ 是不满足本定理 (1) 中条件的任意布尔函数, 即等价地不满足条件

$$\deg(f(x)) < \deg\left(f(x)\frac{df(x)}{dx_n}\right) = \deg\left(\frac{ef(x)}{ex_n}\right),$$

且假设 $f(x)$ 的最低代数次数子函数就是 $g(x)$, 则 $g(x)$ 必或者为

$$g(x) = g(x)\frac{dg(x)}{dx_n},$$

且

$$\frac{eg(x)}{ex_n} \equiv 0;$$

或者为

$$g(x) = \frac{eg(x)}{ex_n},$$

且

$$g(x)\frac{dg(x)}{dx_n} \equiv 0,$$

或者为

$$\deg(g(x)) = \deg\left(g(x)\frac{dg(x)}{dx_n}\right) = \deg\left(\frac{eg(x)}{ex_n}\right),$$

即

$$g(x) = g(x)\frac{dg(x)}{dx_n} + \frac{eg(x)}{ex_n}$$

和

$$g(x)\frac{dg(x)}{dx_n} \quad 与 \quad \frac{eg(x)}{ex_n}$$

为 3 个 $1 + f(x)$ 的最低代数次数子函数.

(3) 在本定理 2 的条件下, $f(x)$ 和 $1 + f(x)$ 的最低代数次数零化子的结构与本定理 (2) 的相同.

证明　(1) 由条件知

$$f(x)\frac{df(x)}{dx_n} = f_1(x) + \sigma(x),$$

$$\frac{ef(x)}{ex_n} = f_2(x) + \sigma(x).$$

又由于

$$f(x) = f(x)\frac{df(x)}{dx_n} + \frac{ef(x)}{ex_n},$$

所以有

$$f(x) = f(x)\frac{df(x)}{dx_n} + \frac{ef(x)}{ex_n}$$
$$= (f_1(x) + \sigma(x)) + (f_2(x) + \sigma(x))$$
$$= f_1(x) + f_2(x),$$

即

$$f_1(x) + f_2(x) = f(x).$$

由于

$$\deg(f(x)) < \sigma(x),$$

$$\deg(f_1(x)) = \deg(f_2(x)) < \deg(\sigma(x)),$$

$$\delta(f_1(x)) + \delta(f_2(x)) = \delta(f(x))$$

及已证得 $f_1(x) + f_2(x) = f(x)$, 所以可知, $f_1(x)$ 和 $f_2(x)$ 分别是 $f(x)$ 全部的项分配而构成的同次齐次函数, 即有

$$\deg(f(x)) = \deg(f_1(x)) = \deg(f_2(x)).$$

若以 $\{f(x)\}$ 表示 $f(x)$ 的所有的项构成的集合, 则有

$$\{f_1(x)\text{的项}\} \bigcap \{f_2(x)\text{的项}\} = \varnothing,$$

$$\{f_1(x)\text{的项}\} \bigcup \{f_2(x)\text{的项}\} = \{f(x)\text{的项}\},$$

即 $\{f_1(x)\text{的项}\}$、$\{f_2(x)\text{的项}\}$ 是 $\{f(x)\text{的项}\}$ 的一个划分, $\{f_1(x)\text{的项}\}$ 和 $\{f_2(x)\text{的项}\}$ 是 $\{f(x)\text{的项}\}$ 的划分块.

设 $g^*(x)$ 是 $f(x)$ 的最低代数次数子函数. 由于 $g^*(x)$ 要从 $f(x)\dfrac{df(x)}{dx_n}$ 和 $\dfrac{ef(x)}{ex_n}$ 中, 选取使 $g^*(x)$ 次数可能最低的值来构成, 所以, 必选取给出这些值的 $f_1(x)$ 和 $f_2(x)$ 的项, 而舍掉由 $\sigma(x)$ 给出的值和 $\sigma(x)$ 的项. 所以必有

$$\deg(g^*(x)) = \deg(f_1(x)) = \deg(f_2(x)) = \deg(f(x)).$$

对 $1 + f(x)$, 由于

$$\begin{aligned} 1 + f(x) &= 1 + (f_1(x) + \sigma(x)) + (f_2(x) + \sigma(x)) \\ &= 1 + f_1(x) + f_2(x), \end{aligned}$$

所以 $1 + f(x)$ 的最低代数次数子函数的代数次数, 也必等于 $\deg(1 + f(x))$. 所以必有

$$\deg(g(x)) = \deg(f(x)),$$

或者为

$$g(x) = f(x) \quad \text{或} \quad g(x) = 1 + f(x).$$

(2) 由于 $f(x)$ 不满足条件

$$\deg(f(x)) < \deg\left(f(x)\frac{df(x)}{dx_n}\right) = \deg\left(\frac{ef(x)}{ex_n}\right),$$

且有

$$f(x) = f(x)\frac{df(x)}{dx_n} + \frac{ef(x)}{ex_n},$$

所以有

$$\deg(f(x)) = \deg\left(f(x)\frac{df(x)}{dx_n}\right) > \deg\left(\frac{ef(x)}{ex_n}\right),$$

或者

$$\deg(f(x)) = \deg\left(\frac{ef(x)}{ex_n}\right) > \deg\left(f(x)\frac{df(x)}{dx_n}\right),$$

或者

$$\deg(f(x)) = \deg\left(f(x)\frac{df(x)}{dx_n}\right) = \deg\left(\frac{ef(x)}{ex_n}\right).$$

于是可知, 若假设 $g^*(x)$ 是 $f(x)$ 的最低代数次数子函数, 则 $g^*(x)$ 可从 $f(x)\frac{df(x)}{dx_n}$ 的子函数中求得, 也可从 $\frac{ef(x)}{ex_n}$ 的子函数中求得, 还可能要从 $f(x)\frac{df(x)}{dx_n}$ 本身与 $\frac{ef(x)}{ex_n}$ 的值中寻找, 以得到导数部分不为零, 而 e-导数部分为零的子函数.

　　设在 $f(x)\frac{df(x)}{dx_n}$ 中最低代数次数子函数为 $g_1(x)\frac{dg_1(x)}{dx_n}$, 在 $\frac{ef(x)}{ex_n}$ 中最低代数次数子函数为 $\frac{eg_2(x)}{ex_n}$. 以 $f(x)\frac{df(x)}{dx_n}$ 本身与 $\frac{ef(x)}{ex_n}$ 的部分值结合, 得到导数部分不为零, 而 e-导数部分为零的子函数为 $g_3(x)\frac{dg_3(x)}{dx_n}$. 于是, 由于

$$g^*(x) = g^*(x)\frac{dg^*(x)}{dx_n} + \frac{eg^*(x)}{ex_n},$$

所以, 若

$$\deg\left(g^*(x)\frac{dg^*(x)}{dx_n}\right) > \deg\left(\frac{eg^*(x)}{ex_n}\right),$$

则取 $\frac{eg^*(x)}{ex_n}$ 为 $f(x)$ 的最低代数次数子函数.
　　若

$$\deg\left(g^*(x)\frac{dg^*(x)}{dx_n}\right) < \deg\left(\frac{eg^*(x)}{ex_n}\right),$$

则取 $g^*(x)\frac{dg^*(x)}{dx_n}$ 为 $f(x)$ 的最低代数次数子函数.
　　若

$$\deg\left(g^*(x)\frac{dg^*(x)}{dx_n}\right) = \deg\left(\frac{eg^*(x)}{ex_n}\right),$$

则

$$g^*(x)\frac{dg^*(x)}{dx_n}, \frac{eg^*(x)}{ex_n}, g^*(x) = g^*(x)\frac{dg^*(x)}{dx_n} + \frac{eg^*(x)}{ex_n}$$

均可取为 $f(x)$ 的最低代数次数子函数. 所以, $f(x)$ 的最低代数次数子函数 $g(x)$
必可从

$$g_1(x)\frac{dg_1(x)}{dx_n}, \quad \frac{eg_2(x)}{ex_n}, \quad g_3(x)\frac{dg_3(x)}{dx_n}$$

中, 通过对比代数次数求得, 即

$$g(x) = \min\left(\deg\left(g_1(x)\frac{dg_1(x)}{dx_n}\right), \deg\frac{eg_2(x)}{ex_n}, \deg\left(g_3(x)\frac{dg_3(x)}{dx_n}\right)\right).$$

(3) 由于

$$(1+f(x))\frac{d(1+f(x))}{dx_n} + \frac{df(x)}{dx_n} = f(x)\frac{df(x)}{dx_n},$$

$$\frac{d\left((1+f(x))\frac{d(1+f(x))}{dx_n}\right)}{dx_n} = \frac{d\left(f(x)\frac{df(x)}{dx_n}\right)}{dx_n} = \frac{df(x)}{dx_n},$$

$$\deg\left((1+f(x))\frac{d(1+f(x))}{dx_n}\right) = \deg\left(f(x)\frac{df(x)}{dx_n}\right) > \deg\left(\frac{df(x)}{dx_n}\right),$$

又由于

$$\frac{d\left(\frac{ef(x)}{ex_n}\right)}{dx_{n-1}} + \frac{ef(x)}{ex_n} = \frac{e(1+f(x))}{ex_n},$$

所以, $1+f(x)$ 同样满足定理 7.2.2 的相同条件. 所以 $1+f(x)$ 的最低代数次数子
函数的结构也与 $f(x)$ 的最低代数次数子函数的结构相同, 诸如或者为

$$(1+g^*(x))\frac{d(1+g^*(x))}{dx_n},$$

这一类等等. 于是可知, $f(x)$ 和 $1+f(x)$ 的最低代数次数零化子 $g(x)$ 或为

$$g(x) = g(x)\frac{dg(x)}{dx_n},$$

且

$$\frac{eg(x)}{ex_n} \equiv 0;$$

或为

$$g(x) = \frac{eg(x)}{ex_n},$$

且

$$g(x)\frac{dg(x)}{dx_n} \equiv 0;$$

或者

$$g(x)\frac{dg(x)}{dx_n}, \quad \frac{eg(x)}{ex_n}, \quad g(x) = g(x)\frac{dg(x)}{dx_n} + \frac{eg(x)}{ex_n}$$

它们同为 $f(x)$ 和 $1 + f(x)$ 的代数次数零化子.

推论 1　对定理 7.2.3 中的函数 $\sigma(x)$, 必有

$$\frac{d\sigma(x)}{dx_n} \equiv 0.$$

这个结果从 $\dfrac{ef(x)}{ex_n}$ 的定义即可得出.

推论 2　若布尔函数 $f(x) \in GF(2)^{GF(2)^n}$, 有 $\deg(f(x)) = 2$, 且

$$\deg\left(f(x)\frac{df(x)}{dx_n}\right) > \deg\left(\frac{ef(x)}{ex_n}\right),$$

则 $\dfrac{ef(x)}{ex_n}$ 和 $1 + \dfrac{df(x)}{dx_n} + \dfrac{ef(x)}{ex_n}$ 是 $f(x)$ 和 $1 + f(x)$ 的 2 个最低代数次数零化子.

通常求布尔函数 $f(x)$ 的最低代数次数零化子的方法, 都是把 $f(x)$ 作为一个单一结构的整体体系来进行分析, 使得求 $f(x)$ 的最低代数次数零化子的工作较为困难. 而定理 7.2.3 指出, 布尔函数 $f(x)$ 的最低代数次数零化子一般都是导数部分和 e-导数部分中, 某一部分恒为零而另一部分不为零的简单的结构, 求最低代数次数零化子时, 只需要对 $f(x)$ 的导数部分或 e-导数部分进行单独分析即可求得. 与通常对函数整体进行分析, 以求最低代数次数零化子的方法相比, 定理 7.2.3 的方法能给出最低代数次数零化子的结构, 能有明确目标地去求解最低代数次数零化子, 使求最低代数次数零化子的工作更为简单、清晰. 所以, 定理 7.2.3 虽然简单, 但却是重要的. 同时, 这也说明了布尔函数的导数和 e-导数在布尔函数密码学性质的研究中是很有应用价值和意义的.

例 7.2.1　有布尔函数 $f_1(x), f_2(x), f_3(x)$,

$$
\begin{aligned}
f_1(x) = {} & x_6 + x_4 + x_2 + x_5x_6 + x_3x_5 + x_3x_4 + x_2x_6 + x_2x_3 + x_1x_6 + x_1x_5 + x_1x_4 \\
& + x_1x_2 + x_4x_5x_6 + x_3x_4x_5 + x_2x_5x_6 + x_2x_4x_5 + x_2x_3x_5 + x_2x_3x_4 \\
& + x_1x_5x_6 + x_1x_3x_5 + x_1x_2x_6 + x_1x_2x_4 + x_3x_4x_5x_6 + x_2x_4x_5x_6 \\
& + x_2x_3x_5x_6 + x_2x_3x_4x_6 + x_1x_4x_5x_6 + x_1x_2x_5x_6 + x_1x_3x_4x_5 + x_1x_2x_4x_5 \\
& + x_1x_2x_3x_5 + x_2x_3x_4x_5x_6 + x_1x_3x_4x_5x_6 + x_1x_2x_4x_5x_6 + x_1x_2x_3x_5x_6 \\
& + x_1x_2x_3x_4x_6 + x_1x_2x_3x_4x_5x_6,
\end{aligned}
$$

$$f_1(x)\frac{df_1(x)}{dx_6} = x_6 + x_4 + x_5x_6 + x_3x_4 + x_2x_6 + x_2x_4 + x_1x_6$$

$$+ x_1x_4 + x_4x_5x_6 + x_2x_5x_6 + x_1x_5x_6 + x_1x_3x_4 + x_1x_2x_6 + x_1x_2x_4$$

$$+ x_3x_4x_5x_6 + x_2x_4x_5x_6 + x_2x_3x_5x_6 + x_2x_3x_4x_6 + x_2x_3x_4x_5 + x_1x_4x_5x_6$$

$$+ x_1x_2x_5x_6 + x_2x_3x_4x_5x_6 + x_1x_3x_4x_5x_6 + x_1x_2x_4x_5x_6 + x_1x_2x_3x_5x_6$$

$$+ x_1x_2x_3x_4x_6 + x_1x_2x_3x_4x_5 + x_1x_2x_3x_4x_5x_6,$$

$$\frac{ef_1(x)}{ex_6} = x_2 + x_3x_5 + x_2x_4 + x_2x_3 + x_1x_5 + x_1x_2 + x_3x_4x_5 + x_2x_4x_5 + x_2x_3x_5$$

$$+ x_2x_3x_4 + x_1x_3x_5 + x_1x_3x_4 + x_2x_3x_4x_5 + x_1x_3x_4x_5 + x_1x_2x_4x_5$$

$$+ x_1x_2x_3x_5 + x_1x_2x_3x_4x_5.$$

$f_1(x)$ 的最低代数次数零化子有

$$g_1(x) = x_1x_2x_5 + x_1x_2x_4 + x_1x_2x_3,$$

$$g_2(x) = x_2x_5 + x_2x_4x_5 + x_2x_3x_5,$$

$$g_3(x) = x_1x_4 + x_1x_4x_5 + x_1x_3x_4 + x_1x_2x_4.$$

这 3 个 $f_1(x)$ 和 $1+f_1(x)$ 的最低代数次数零化子中, $g_1(x)$ 和 $g_2(x)$ 是 $f_1(x)$ 的最低代数次数子函数, 同时为 $1+f_1(x)$ 的最低代数次数零化子; $g_3(x)$ 是 $1+f_1(x)$ 的最低代数次数子函数, 同时为 $f_1(x)$ 的最低代数次数零化子. 还能找到其他的最低代数次数零化子.

而这 3 个最低代数次数零化子都有

$$g_1(x) = \frac{eg_1(x)}{ex_6}, \quad \text{而} \ g_1(x)\frac{dg_1(x)}{dx_6} \equiv 0;$$

$$g_2(x) = \frac{eg_2(x)}{ex_6}, \quad \text{而} \ g_2(x)\frac{dg_2(x)}{dx_6} \equiv 0;$$

$$g_3(x) = \frac{eg_3(x)}{ex_6}, \quad \text{而} \ g_3(x)\frac{dg_3(x)}{dx_6} \equiv 0.$$

$f_1(x)$ 有性质:

$$n = 6, \quad \deg(f_1(x)) = 6, \quad AI(f_1(x)) = 3.$$

$$f_2(x) = x_6 + x_4 + x_2 + x_5x_6 + x_3x_5 + x_3x_4 + x_2x_6 + x_1x_3 + x_1x_2 + x_4x_5x_6$$

$$+ x_3x_4x_5 + x_2x_3x_6 + x_2x_3x_4 + x_1x_5x_6 + x_1x_3x_5 + x_1x_3x_4 + x_1x_2x_6$$

$$+ x_3x_4x_5x_6 + x_2x_4x_5x_6 + x_1x_4x_5x_6 + x_1x_2x_3x_6 + x_1x_3x_4x_5$$

$$+ x_1x_2x_3x_4 + x_2x_3x_4x_5x_6 + x_1x_3x_4x_5x_6 + x_1x_2x_3x_4x_5x_6,$$

$$f_2(x)\frac{df_2(x)}{dx_6} = x_6 + x_4 + x_5x_6 + x_3x_4 + x_2x_6 + x_2x_5 + x_2x_4 + x_2x_3 + x_1x_3$$

$$+ x_4x_5x_6 + x_2x_4x_5 + x_2x_3x_6 + x_1x_5x_6 + x_1x_3x_4 + x_1x_2x_6 + x_1x_2x_5$$

$$+ x_1x_2x_4 + x_1x_2x_3 + x_2x_4x_5x_6 + x_1x_4x_5x_6 + x_1x_2x_4x_5 + x_1x_2x_3x_6$$

$$+ x_2x_3x_4x_5x_6 + x_1x_3x_4x_5x_6 + x_1x_2x_4x_5x_6 + x_1x_2x_3x_4x_5x_6,$$

$$\frac{ef_2(x)}{ex_6} = x_2 + x_3x_5 + x_2x_5 + x_2x_4 + x_2x_3 + x_1x_2 + x_3x_4x_5 + x_2x_4x_5$$

$$+ x_2x_3x_4 + x_1x_3x_5 + x_1x_2x_5 + x_1x_2x_4 + x_1x_2x_3 + x_1x_3x_4x_5$$

$$+ x_1x_2x_4x_5 + x_1x_2x_3x_4.$$

$f_2(x)$ 有最低代数次数零化子:

$$g_1(x) = x_1x_6 + x_1x_4 + x_1x_3,$$

$$g_2(x) = x_1 + x_1x_6 + x_1x_4 + x_1x_3.$$

$g_1(x)$ 是 $f_2(x)$ 的最低代数次数子函数, $g_2(x)$ 是 $1 + f_2(x)$ 的最低代数次数子函数, 且有

$$g_1(x) = g_1(x)\frac{dg_1(x)}{dx_6}, \quad \text{而} \quad \frac{eg_1(x)}{ex_6} \equiv 0;$$

$$g_2(x) = g_2(x)\frac{dg_2(x)}{dx_6}, \quad \text{而} \quad \frac{eg_2(x)}{ex_6} \equiv 0.$$

$f_2(x)$ 有性质:

$$n = 6, \quad \deg(f_2(x)) = 6, \quad AI(f_2(x)) = 2.$$

$$f_3(x) = x_1x_4 + x_2x_5 + x_3x_6 + x_1x_2x_3,$$

且有

$$f_3(x)\frac{df_3(x)}{dx_6} = x_3x_6 + x_1x_2x_3 + x_2x_3x_5 + x_1x_3x_4,$$

$$\frac{ef_3(x)}{ex_6} = x_2x_5 + x_1x_4 + x_2x_3x_5 + x_1x_3x_4.$$

$f_3(x)$ 的最低代数次数零化子有

$$g_1(x) = 1 + x_6 + x_2 + x_1 + x_2x_6 + x_1x_6 + x_1x_2 + x_1x_2x_6,$$

$$g_2(x) = 1 + x_5 + x_3 + x_3x_5 + x_1 + x_1x_5 + x_1x_3 + x_1x_3x_5,$$

且有

$$g_1(x) = g_1(x)\frac{dg_1(x)}{dx_6}, \quad \overline{\text{而}} \ \frac{eg_1(x)}{ex_6} \equiv 0;$$

$$g_2(x) = \frac{eg_2(x)}{ex_6}, \quad \overline{\text{而}} \ g_2(x)\frac{dg_2(x)}{dx_6} \equiv 0.$$

$f_3(x)$ 有性质

$$n = 6, \quad \deg(f_3(x)) = 3, \quad AI(f_3(x)) = 3.$$

从例 7.2.1 中可看到定理 7.2.3 的结果. 更重要的是, 从例 7.2.1 中可看到, $f_1(x)$ 和 $f_2(x)$ 的代数次数均为 $\deg(f_1(x)) = \deg(f_2(x)) = 6$, 但 $f_1(x)$ 的代数免疫阶比 $f_2(x)$ 的代数免疫阶高 1 阶. $f_3(x)$ 的代数次数 $\deg(f(x)) = 3$, 但 $f_3(x)$ 的代数免疫阶比 $f_2(x)$ 的代数免疫阶也高 1 阶. 可以想知, 布尔函数的代数免疫阶应该与布尔函数的代数次数无关. 这一点将留在第 8 章给出准确的描述和详细的证明.

例 7.2.2 有布尔函数 $f_1(x)$, $f_2(x)$,

$$f_1(x) = x_1x_2 + x_1x_3 + x_1x_4 + x_1x_5 + x_2x_3 + x_2x_4 + x_2x_5 + x_3x_4 + x_3x_5 + x_4x_5,$$

有

$$f_1(x)\frac{df_1(x)}{dx_5} = x_1x_5 + x_2x_5 + x_3x_5 + x_4x_5 + x_1x_2x_3 + x_1x_2x_4 + x_1x_3x_4 + x_2x_3x_4,$$

$$\frac{ef_1(x)}{ex_5} = x_1x_2 + x_1x_3 + x_1x_4 + x_2x_3 + x_2x_4 + x_3x_4 + x_1x_2x_3$$

$$+ x_1x_2x_4 + x_1x_3x_4 + x_2x_3x_4.$$

$f_1(x)$ 的最低代数次数零化子有

$$g_1(x) = x_3x_4 + x_3x_5 + x_2x_4 + x_2x_5 = g_1(x)\frac{dg_1(x)}{dx_5},$$

$$g_2(x) = x_2x_4 + x_2x_3 + x_1x_4 + x_1x_3 = \frac{eg_2(x)}{ex_5},$$

$$g_3(x) = x_3x_4 + x_2x_4 + x_1x_3 + x_1x_2 = \frac{eg_3(x)}{ex_5},$$

以及 $f_1(x)$ 和 $1 + f_1(x)$.

$$f_2(x) = x_1x_2 + x_1x_3 + x_1x_4 + x_1x_5 + x_1x_6 + x_2x_3 + x_2x_4 + x_2x_5 + x_2x_6$$

$$+ x_3x_4 + x_3x_5 + x_3x_6 + x_4x_5 + x_4x_6 + x_5x_6,$$

$$f_2(x)\frac{df_2(x)}{dx_6}$$

$$= x_1x_6 + x_2x_6 + x_3x_6 + x_4x_6 + x_5x_6 + x_3x_4x_5 + x_2x_4x_5 + x_2x_3x_5$$

$$+ x_2x_3x_4 + x_1x_4x_5 + x_1x_3x_5 + x_1x_2x_5 + x_1x_3x_4 + x_1x_2x_4$$

$$+ x_1x_2x_3.$$

$f_2(x)$ 的最低代数次数零化子只有 $f_2(x)$ 和 $1 + f_2(x)$.

例 7.2.3　有布尔函数 $f_3(x)$,

$$f_3(x) = 1 + x_5 + x_2 + x_1 + x_4x_5 + x_3x_5 + x_3x_4$$

$$+ x_2x_4 + x_2x_3 + x_1x_4 + x_1x_3 + x_1x_2,$$

$$f_3(x)\frac{df_3(x)}{dx_5} = 1 + x_5 + x_4 + x_3 + x_2 + x_1 + x_4x_5 + x_3x_5 + x_3x_4$$

$$+ x_2x_4 + x_2x_3 + x_1x_4 + x_1x_3 + x_1x_2,$$

$$\frac{ef_3(x)}{ex_5} = x_4 + x_3.$$

$f_3(x)$ 的最低代数次数零化子为

$$g_1(x) = \frac{ef_3(x)}{ex_5} = x_4 + x_3,$$

$$g_2(x) = 1 + x_5 + x_3 + x_2 + x_1 = g_2(x)\frac{dg_2(x)}{dx_5}.$$

从定理 7.2.3 及例 7.2.1、例 7.2.3 可知, 一般布尔函数的最低代数次数零化子 (或相应子函数) 都是或对 x_n 的导数部分不恒为零, 而对 x_n 的 e-导数部分恒为零; 或对 x_n 的 e-导数部分不恒为零, 而对 x_n 的导数部分恒为零的结构形式. 所以, 要寻找函数的最低代数次数零化子, 就得从函数对 x_n 的 e-导数部分的值中, 或者从函数对 x_n 的导数部分的值中, 或者从函数对 x_n 的导数部分的值中与对 x_n 的 e-导数部分一串的值中去寻找. 但这并不意味着那种只有对 x_n 的 e-导数部分不恒为零, 而对 x_n 的导数部分恒为零; 或只有对 x_n 的导数部分不恒为零, 而对 x_n 的 e-导数部分恒为零的函数中, 就一定存在有高代数免疫阶的函数. 因此, 分析并了解那种只有对 x_n 的 e-导数不恒为零, 而对 x_n 的导数部分恒为零的布尔函数, 以及那种只有对 x_n 的导数部分不恒为零, 而对 x_n 的 e-导数部分恒为零的布尔函数的最低代数次数零化子和代数免疫阶是需要的, 也是必要的.

定理 7.2.4　设有布尔函数 $f(x) \in GF(2)^{GF(2)^n}$.

(1) 若 $f(x) \not\equiv 0$, 但

$$f(x)\frac{df(x)}{dx_n} \equiv 0,$$

所以对 $w_t(f(x)) \leqslant 2^{n-1}$ 的 $f(x)$, 有

$$\frac{ef(x)}{ex_{n-1}} \equiv 0.$$

且当 $w_t(f(x)) = 2^{n-1}$, $\deg(f(x)) > 3$ 时, 任意 $i(|x| - 2 \geqslant i > 3)$ 次函数 $f^i(x)$, 都由 $i-1$ 次函数 $f^{i-1}(x')$ 和 $i-2$ 次函数 $f^{i-2}(x')$(其中 $|x| = |x'| + 1$) 级联构成, 即

$$f^i(x) = f^{i-1}(x') \| f^{i-2}(x') \ (|x| = |x'| + 1).$$

则

$$AI(f(x)) \leqslant 3.$$

(2) 若 $f(x) \not\equiv 0$, 且有

$$\frac{ef(x)}{ex_n} \equiv 0, \quad \frac{df(x)}{dx_{n-1}} \equiv 0.$$

当 $w_t(f(x)) = 2^{n-1}$ 且 $\deg(f(x)) > 3$ 时, 任意 $i(|x|-2 \geqslant i > 3)$ 次函数 $f^i(x)$, 都由 $i-1$ 次函数 $f^{i-1}(x')$ 和 $i-2$ 次函数 $f^{i-2}(x')$ 级联构成 (其中 $|x| = |x'|+1$):

$$f^i(x) = f^{i-1}(x') \| f^{i-2}(x') \ (|x| = |x'| + 1)$$

则

$$AI(f(x)) \leqslant 3.$$

证明 设有 $f(x) \in GF(2)^{GF(2)^n}$.

(1) 由条件知

$$f(x) = \frac{ef(x)}{ex_n}, \quad \text{且} \quad \frac{df(x)}{dx_n} \equiv 0.$$

所以, 若 $w_t(f(x)) = 2^{n-1}$, 则必有 $\deg(f(x)) \geqslant 1$, 且 $\max(\deg(f(x))) = n - 2$.

① 当 $\deg(f(x)) = 1$, 则 $AI(f(x)) = 1$.

② 当 $\deg(f(x)) = 2$, 则

(a) 或者有 $n-1$ 元 1 次函数 $f_{(n-1)_1}(x')$, $f_{(n-1)_2}(x')(x' = x_2 x_3 \cdots x_n)$, 有

$$\deg f_{(n-1)_1}(x') = \deg(f_{(n-1)_2}(x')) = 1,$$

且 $f_{(n-1)_1}(x') \neq f_{(n-1)_2}(x')$, 并且 $f_{(n-1)_1}(x')$ 和 $f_{(n-1)_2}(x')$ 是含不相等的元数的不同的 1 次函数. $f(x)$ 为

$$f(x) = f_{(n-1)_1}(x') \| f_{(n-1)_2}(x').$$

所以, $f(x)$ 的最低代数次数子函数为

$$g_1(x) = 0 \,\|\, f_{(n-1)_2}(x') \,, \quad g_2(x) = f_{(n-1)_1}(x') \,\|\, 0 \,,$$

$$g_3(x) = f(x), \quad g_4(x) = 1 + f(x).$$

且有

$$\deg(g_1(x)) = \deg(g_2(x)) = \deg(g_3(x)) = \deg(g_4(x)) = 2.$$

同样, $1 + f(x)$ 也是 $1 + f(x)$ 的最低代数次数子函数. 所以, $f(x)$ 和 $1 + f(x)$ 的最低代数次数零化子为 2 次函数, 所以有 $AI(f(x)) = 2$.

(b) 或者有 2^{n-4} 个完全相等的 4 元 2 次函数 $f_4^2(x^*)$ 级联构成 $f(x)$, 即

$$f(x) = \underbrace{f_4^2(x^*) \,\|\, f_4^2(x^*) \,\|\, \cdots \,\|\, f_4^2(x^*)}_{2^{n-4} \text{个} f_4^2(x^*) \text{级联}}.$$

则有

$$\deg(f(x)) = \deg(f_4^2(x^*)) = 2,$$

且 $f_4^2(x), 1 + f_4^2(x)$ 为 $f(x)$ 和 $1 + f(x)$ 的 2 个最低代数次数零化子. 所以

$$AI(f(x)) = 2.$$

③ 证明 $\deg(f(x)) \geqslant 3$ 的满足定理条件的函数的代数免疫阶问题.

由定理条件知, 这样的函数一定包含有 4 元 2 次函数和 5 元 3 次函数. 为方便证明, 现规定所有 4 元 2 次函数都取为

$$f_4^2(x^*) = x_{n-1} + x_{n-2} + x_{n-3} + x_{n-3}x_{n-2};$$

规定所有的 5 元 3 次函数都取为

$$f_5^3(x^*) = (x_{n-1} + x_{n-2} + x_{n-3}x_{n-2}) \,\|\, x_{n-1}$$

$$= x_{n-1} + x_{n-2} + x_{n-3}x_{n-2} + x_{n-4}x_{n-2} + x_{n-4}x_{n-3}x_{n-2}.$$

显然, 这样的规定并不损害一般性.

(a) 对 $\deg(f(x)) = 3$ 的情形.

由于 $\dfrac{ef(x)}{ex_{n-1}} \equiv 0$, 所以必有 $f(x)$ 的元数 $n = |x| \geqslant 5$. 对 $n > 5$, $f(x)$ 或者由 1 个 $n-1$ 元 2 次函数和 1 个 $n-1$ 元 1 次函数级联构成, 或者由 2^{n-5} 个完全相等的 5 元 3 次函数级联构成, 即或者

$$f(x) = f_{(n-1)1}(x') \,\|\, f_{(n-1)2}(x') \quad (|x| = |x'| + 1),$$

且 $\deg(f_{(n-1)1}(x')) = 2, \deg(f_{(n-1)2}(x')) = 1$. 这时有

$$\deg(g(x)) = \deg(0\,\|\,f_{(n-1)2}(x')) = 2.$$

所以有 $AI(f(x)) = 2$.

或者

$$f(x) = \underbrace{f_5^3(x^*)\,\|\,f_5^3(x^*)\,\|\cdots\,\|\,f_5^3(x^*)}_{2^{n-5}\text{个}f_5^3(x^*)\text{级联}},$$

所以有

$$g_1(x) = \underbrace{(0\,\|\,x_{n-1})\,\|\,(0\,\|\,x_{n-1})\,\|\cdots\,\|\,(0\,\|\,x_{n-1})}_{2^{n-5}\text{个}(0\|x_{n-1})\text{级联}},$$

且

$$\deg(g_1(x)) = 2.$$

同样, 有

$$1 + f(x) = \underbrace{(1 + f_5^3(x^*))\,\|\,(1 + f_5^3(x^*))\,\|\cdots\,\|\,(1 + f_5^3(x^*))}_{2^{n-5}\text{个}(1+f_5^3(x^*))\text{级联}},$$

所以, $1 + f(x)$ 的最低代数次数子函数 $g_2(x)$ 为

$$g_2(x) = \underbrace{(0\,\|\,(1+x_{n-1}))\,\|\,(0\,\|\,(1+x_{n-1}))\,\|\cdots\,\|\,(0\,\|\,(1+x_{n-1}))}_{2^{n-5}\text{个}(0\|(1+x_{n-1}))\text{级联}}.$$

所以, $f(x)$ 和 $1 + f(x)$ 的最低代数次数零化子 $g_i(x)$ 有

$$\deg(g_i(x)) = 2 \quad (i = 1, 2).$$

所以 $AI(f(x)) = 2$.

在上面的 $f_4^2(x^*)$ 中, x^* 表示 4 元变量, 即 $x^* = x_{n-3}x_{n-2}x_{n-1}x_n$; 在 $f_5^3(x^*)$ 中, x^* 表示 5 元变量, 即 $x^* = x_{n-4}x_{n-3}x_{n-2}x_{n-1}x_n$. 这是为方便叙述而权宜使用的记号. 在后面的证明中, 为方便记叙, 同样将任意 i 元变量 $x_{n-i+1}x_{n-i+2}x_{n-i+3}\cdots x_{n-1}x_n$, 也都一概以 x^* 表示.

(b) 对 $\deg(f(x)) > 3$ 的情形, 用归纳法来证明.

从 7 元 5 次函数开始证起. 可求得 $f_7^5(x^*)$ 有最低代数函数子函数:

$$g_{71}(x^*) = 0\,\|\,[(0\,\|\,x_{n-1})\,\|\,(0\,\|\,x_{n-1})] = x_{n-6}x_{n-4}x_{n-1}.$$

而 $f_7^4(x^*)$ 有最低代数次数子函数:

$$g_{72}(x^*) = [(0 \,\|x_{n-1}) \,\|(0 \,\|x_{n-1})] \,\|0 = x_{n-4}x_{n-1} + x_{n-6}x_{n-4}x_{n-7}.$$

于是对 n 元 5 次函数 $f^5(x)$, 由 $|x| - 2 \geqslant i > 3$ 的条件知

$$f^5(x) = \underbrace{f_7^5(x^*) \,\|f_7^5(x^*) \,\|\cdots \|f_7^5(x^*)}_{2^{n-5}个f_7^5(x^*)级联}.$$

且 $f^5(x)$ 有最低代数次数子函数:

$$g_1(x) = \underbrace{g_{71}(x^*) \,\|g_{71}(x^*) \,\|\cdots \|g_{71}(x^*)}_{2^{n-5}个g_{71}(x^*)级联} = x_{n-6}x_{n-4}x_{n-1}.$$

对 $f_8^6(x^*)$, 有

$$f_8^6(x^*) = f_7^5(x^*) \,\|f_7^4(x^*).$$

($f_8^6(x^*)$ 的 x^*, 有 $|x^*| = 8$; 而 $f_7^5(x^*)$, $f_7^4(x^*)$ 的 x^*, 有 $|x^*| = 7$. 后面证明时相同, 不再说明). 而 $f_8^6(x^*)$ 的最低代数次数子函数为

$$g_{81}(x^*) = g_{71}(x^*) \,\|g_{72}(x^*) = x_{n-6}x_{n-4}x_{n-1} + x_{n-7}x_{n-4}x_{n-1}.$$

又有 $f_8^5(x^*)$ 的最低代数次数子函数:

$$g_{82}(x^*) = x_{n-4}x_{n-1} + x_{n-6}x_{n-4}x_{n-1} + x_{n-7}x_{n-4}x_{n-1}.$$

对 $f_9^7(x^*)$, 有

$$f_9^7(x^*) = f_8^6(x^*) \,\|f_8^5(x^*).$$

$f_9^7(x^*)$ 的最低代数次数子函数为

$$g_{91}(x^*) = g_{81}(x^*) \,\|g_{82}(x^*) = x_{n-6}x_{n-4}x_{n-1} + x_{n-7}x_{n-4}x_{n-1} + x_{n-8}x_{n-4}x_{n-1}.$$

同样, 可求得 $f_9^6(x^*)$ 的最低代数次数子函数为

$$g_{92}(x^*) = x_{n-4}x_{n-1} + x_{n-6}x_{n-4}x_{n-1} + x_{n-7}x_{n-4}x_{n-1} + x_{n-8}x_{n-4}x_{n-1}.$$

同样可得 $AI(f^7(x)) = 3$.

设 $f_{n-1}^{n-3}(x^*)$, 有

$$f_{n-1}^{n-3}(x^*) = f_{n-2}^{n-4}(x^*) \,\|f_{n-2}^{n-5}(x^*),$$

且 $f_{n-2}^{n-4}(x^*)$ 有最低代数次数子函数:

$$g_{(n-2)1}(x^*) = \sum_{i=3}^{n-6} x_i x_{n-4} x_{n-1};$$

$f_{n-2}^{n-5}(x^*)$ 有最低代数次数子函数:

$$g_{(n-2)2}(x^*) = x_{n-4} x_{n-1} + \sum_{i=3}^{n-6} x_i x_{n-4} x_{n-1}.$$

又有 $f_{n-1}^{n-3}(x^*)$ 的最低代数次数子函数为

$$
\begin{aligned}
g_{(n-1)1}(x^*) &= g_{(n-2)1}(x^*) \,\big\|\, g_{(n-2)2}(x^*) \\
&= \left(\sum_{i=3}^{n-6} x_i x_{n-4} x_{n-1} \right) \,\bigg\|\, \left(x_{n-4} x_{n-1} + \sum_{i=3}^{n-6} x_i x_{n-4} x_{n-1} \right) \\
&= \sum_{i=2}^{n-6} x_i x_{n-4} x_{n-1},
\end{aligned}
$$

且又有 $f_{n-1}^{n-4}(x^*)$ 的最低代数次数子函数为

$$g_{(n-2)2}(x^*) = x_{n-4} x_{n-1} + \sum_{i=2}^{n-6} x_i x_{n-4} x_{n-1}.$$

所以, 对 $f_n^{n-2}(x) = f_{n-1}^{n-3}(x^*) \,\big\|\, f_{n-1}^{n-4}(x^*)$, $f_n^{n-2}(x)$ 必有最低代数次数子函数:

$$g_{n1}(x) = g_{(n-1)1}(x^*) \,\big\|\, g_{(n-1)2}(x^*) = \sum_{i=1}^{n-6} x_i x_{n-4} x_{n-1}.$$

所以, 对任意满足条件的 n 元布尔函数 $f(x)$, 有最低代数次数子函数:

$$g(x) = \sum_{i=1}^{n-6} x_i x_{n-4} x_{n-1}.$$

而当元数大于 5 时, 将上面证明中的 3 次子函数由 3 次函数与相同的 3 次函数级联, 改为直接由 2 次函数和 1 次函数级联构成的一般情形. 同样用归纳法, 可得到任意满足条件的 n 元 $n-2$ 次布尔函数 $f(x)$ 有最低代数次数子函数为

$$g(x) = \sum_{i=1}^{n-6} x_i x_{n-5} x_{n-1}.$$

由于有已知条件

$$\frac{df(x)}{dx_n} \equiv 0, \quad \frac{ef(x)}{ex_{n-1}} \equiv 0, \quad w_t\left(\frac{ef(x)}{ex_n}\right) = 2^{n-1},$$

所以有

$$\frac{d(1+f(x))}{dx_n} \equiv 0, \quad \frac{df(x)}{dx_{n-1}} \equiv 1, \quad w_t(1+f(x)) = 2^{n-1}.$$

所以也有

$$\frac{e(1+f(x))}{ex_{n-1}} \equiv 1 + \frac{df(x)}{dx_{n-1}} + \frac{ef(x)}{ex_{n-1}} \equiv 0.$$

所以, $1 + f(x)$ 的最低代数子函数 $g(x)$ 也有

$$\deg(g(x)) = 3.$$

所以, 由 $f(x)$ 和 $1 + f(x)$ 的最低代数次数子函数和最低代数次数零化子的定义可知

$$AI(f(x)) = 3.$$

由上面的证明可看到, 对 $f_n^{n-2}(x)$, 有 $\deg(g_n(x)) = 3$; 对 $f_{(n-1)1}^{n-3}(x^*)$, 也有 $\deg(g_{(n-1)1}(x^*)) = 3$; 对 $f_{(n-1)2}^{n-4}(x^*)$, 也有 $\deg(g_{(n-1)2}(x^*)) = 3$. 所以可知, 对代数次数小于 $n-2$ 的满足条件的 n 元函数 $f(x)$, 同样有 $AI(f(x)) = 3$. 于是, 对所有满足条件且 $\deg(f(x)) \geqslant 1$ 的 $f(x)$, 有

$$AI(f(x)) \leqslant 3.$$

(i) 对 $w_t(f(x)) = 2^{n-2}$, $f(x)\frac{df(x)}{dx_n} \equiv 0$, $\frac{ef(x)}{ex_{n-1}} \equiv 0$ 的情形.

先设 $f^*(x)$ 为满足条件 $f^*(x)\frac{df^*(x)}{dx_n} \equiv 0$, $\frac{ef^*(x)}{ex_{n-1}} \equiv 0$, 且 $w_t(f^*(x)) = 2^{n-1}$ 的布尔函数. 于是取 $f_1(x)$ 和 $f_2(x)$ 使

$$f^*(x) = f_1(x) + f_2(x),$$

且

$$w_t(f_1(x)) = w_t(f_2(x)) = 2^{n-2}.$$

所以有 $f_1(x)f_2(x) = 0$, 且有 $w_t(1+f^*(x)) = 2^{n-1}$.

于是, $1 + f^*(x)$ 必有最低代数次数子函数 $g^*(x)$, 有

$$\deg(g^*(x)) \leqslant 3.$$

由于

$$1 + f^*(x) + f_2(x) = 1 + f_1(x),$$

$$w_t(1 + f^*(x) + f_2(x)) = w_t(1 + f_1(x)) = 2^{n-1} + 2^{n-2},$$

所以 $1 + f_1(x)$ 必有子函数 $g_1(x)$, 有

$$\deg(g_1(x)) \leqslant 3.$$

所以, $f_1(x)$ 和 $1 + f_1(x)$ 必有最低代数次数零化子 $g_1{}'(x)$, 且

$$\deg(g_1'(x)) \leqslant 3.$$

所以有

$$AI(f_1(x)) \leqslant 3.$$

同理, 也必有

$$AI(f_2(x)) \leqslant 3.$$

(ii) 同理, 对 $w_t(f(x)) \geqslant 2^{n-1}$ 或 $0 < w_t(f(x)) \leqslant 2^{n-1}$ 的满足 $\dfrac{df(x)}{dx_n} \equiv 0$, 或也有 $\dfrac{ef(x)}{ex_{n-1}} \equiv 0$, 或也有 $\dfrac{e(1 + f(x))}{ex_{n-1}} \equiv 0$ 的函数 $f(x)$, 可知, 同样有 $AI(f(x)) \leqslant 3$.

(2) 由已知条件知

$$\frac{ef(x)}{ex_n} \equiv 0,$$

所以必有

$$0 < w_t(f(x)) \leqslant 2^{n-1}.$$

① 对 $w_t(f(x)) = 2^{n-1}$ 的情形. 这时必有

$$\deg(f(x)) \geqslant 1 \quad 且 \quad \max(\deg(f(x))) = n - 2.$$

这是因为, 只有当元数 $n \geqslant 4$ 时, 才能得到次数不小于 2 的函数, 元数 $n \geqslant 5$ 时, 才能得到次数不小于 3 的函数.

(a) 当 $\deg(f(x)) = 1$ 时, 必有 $AI(f(x)) = 1$;

(b) 当 $\deg(f(x)) = 2$ 时, 则或者有 $f_{(n-1)1}(x')$, $f_{(n-1)2}(x')(x' = x_2 x_3 \cdots x_n)$, 有

$$\deg(f_{(n-1)1}(x')) = \deg(f_{(n-1)2}(x')) = 1.$$

且 $f_{(n-1)1}(x') \neq f_{(n-1)2}(x')$, $f_{(n-1)1}(x')$ 和 $f_{(n-1)2}(x')$ 是有不相等元数的不同的 1 次函数. $f(x)$ 为

$$f(x) = f_{(n-1)1}(x') \,\|\, f_{(n-1)2}(x') \,.$$

这时, $f(x)$ 和 $1 + f(x)$ 的最低代数次数零化子有

$$g_1(x) = 0 \,\|\, f_{(n-1)2}(x') \,, \ g_2(x) = f_{(n-1)1}(x') \,\|\, 0 \,, \ g_3(x) = f(x), \ g_4(x) = 1 + f(x).$$

且有

$$\deg(g_1(x)) = \deg(g_2(x)) = \deg(g_3(x)) = \deg(g_4(x)) = 2.$$

所以有

$$AI(f(x)) = 2.$$

由于满足条件的函数, 只有变元数 $n \geqslant 4$ 时, 才能取到 2 次函数. 所以, 或者 n 元 2 次函数 $f(x)$ 由 2^{n-4} 个完全相等的 4 元 2 次函数 $f_4^2(x^*)$ 级联构成:

$$f(x) = f_4^2(x^*) \,\|\, f_4^2(x^*) \,\|\, \cdots \,\|\, f_4^2(x^*) \,.$$

所以有

$$\deg(f(x)) = \deg(f_4^2(x^*)) = 2.$$

且 $f(x)$ 和 $1 + f(x)$ 的最低代数次数零化子就是 $f(x)$, $1 + f(x)$ 和 $f_4^2(x)$, 所以

$$AI(f(x)) = 2.$$

由于需要 2 个以上的 4 元 2 次函数级联, 级联后运算结果仍是 2 次函数. 所以, 对 $f_4^2(x^*)$, 可规定取为

$$f_4^2(x^*) = x_n + x_{n-2} + x_{n-3} + x_{n-3}x_{n-2}.$$

这并不损害一般性.

(c) 对 $\deg(f(x)) = 3$ 的情形.

要满足条件

$$\frac{ef(x)}{ex_n} \equiv 0, \quad w_t(f(x)) = 2^{n-1},$$

则 $f(x)$ 的元数 $n \geqslant 5$ 时, 才有 $\deg(f(x)) = 3$ 的函数. 当 $n > 5$ 时, $f(x)$ 或者要由 1 个 $n-1$ 元 2 次函数和 1 个 $n-1$ 元 1 次函数级联构成, 这 2 个 $n-1$ 元函数是非常容易构成的. 不妨设为 $f_{(n-1)1}(x')$ 和 $f_{(n-1)2}(x')$, 并有

$$\deg(f_{(n-1)1}(x')) = 2, \quad \deg(f_{(n-1)2}(x')) = 1,$$

且

$$f(x) = f_{(n-1)1}(x') \,\|\, f_{(n-1)2}(x') \ (x = x_1 x_2 \cdots x_n, x' = x_2 x_3 \cdots x_n).$$

于是, $f(x)$ 和 $1 + f(x)$ 有最低代数次数零化子:

$$g_1(x) = 0 \,\|\, f_{(n-1)2}(x') = x_1 f_{(n-1)2}(x'),$$

$$g_2(x) = 0 \,\|\, (1 + f_{(n-1)2}(x')) = x_1 + x_1 f_{(n-1)2}(x'),$$

且有

$$\deg(g_1(x)) = \deg(g_2(x)) = 2.$$

所以有

$$AI(f(x)) = 2.$$

或者 $f(x)$ 要由 2^{n-5} 个 5 元 3 次函数做 $n - 5$ 次级联构成. 而要保证 2 次以上的级联的计算结果仍为 3 次函数, 2^{n-5} 个 5 元 3 次函数必须是同 1 个 5 元 3 次函数. 不失一般性, 不妨取 5 元 3 次函数为

$$f_5^3(x^*) = x_n + x_{n-2} + x_{n-3}x_{n-2} + x_{n-4}x_{n-2} + x_{n-4}x_{n-3}x_{n-2}.$$

这时,

$$f(x) = f_5^3(x^*) \,\|\, f_5^3(x^*) \,\|\, \cdots \,\|\, f_5^3(x^*),$$

$f(x)$ 有最低代数次数子函数 $g(x)$ 为

$$g(x) = \underbrace{(0 \,\|\, x_n) \,\|\, (0 \,\|\, x_n) \,\|\, \cdots \,\|\, (0 \,\|\, x_n)}_{2^{n-5} \text{个} (0 \,\|\, x_n) \text{级联}} = x_{n-4}x_n.$$

而 $g(x)$ 也是 $f(x)$ 和 $1 + f(x)$ 的 1 个最低代数次数零化子. 所以有

$$AI(f(x)) = 2.$$

(d) 对 $\deg(f(x)) > 3$ 的 $f(x)$, 用归纳法证明.

以 x^* 表示 7 元变量, $x^* = x_{n-6}x_{n-5}x_{n-4}x_{n-3}x_{n-2}x_{n-1}x_n$, 可求得 7 元 5 次函数 $f_7^5(x^*)$ 有最低代数次数子函数:

$$g_{71}(x^*) = 0 \,\|\, [(0 \,\|\, x_n) \,\|\, (0 \,\|\, x_n)] = x_{n-6}x_{n-4}x_n.$$

求得 $f_7^4(x^*)$ 有最低代数次数子函数:

$$g_{72}(x^*) = [(0 \,\|\, x_n) \,\|\, (0 \,\|\, x_n)] \,\|\, 0 = x_{n-4}x_n + x_{n-6}x_{n-4}x_n.$$

对 $f_8^6(x^*)$, 有

$$f_8^6(x^*) = f_7^5(x^*) \big\| f_7^4(x^*),$$

其中 $f_8^6(x^*)$ 的 x^* 表示 8 元变量, 而 $f_7^5(x^*)$ 和 $f_7^4(x^*)$ 中的 x^* 表示 7 元变量.

于是, 可求得 $f_8^6(x^*)$ 的最低代数次数子函数为

$$g_{81}(x^*) = g_{71}(x^*) \big\| g_{72}(x^*) = x_{n-6}x_{n-4}x_n + x_{n-7}x_{n-4}x_n.$$

又可求得 $f_8^5(x^*)$ 的最低代数次数子函数为

$$g_{82}(x^*) = x_{n-4}x_n + x_{n-6}x_{n-4}x_n + x_{n-7}x_{n-4}x_n.$$

假设有 $f_{n-1}^{n-3}(x') = f_{n-2}^{n-4}(x'') \big\| f_{n-2}^{n-5}(x'')$ (其中 $x' = x_2x_3\cdots x_n$, $x'' = x_3x_4 \cdots x_n$), 且 $f_{n-2}^{n-4}(x'')$ 有最低代数次数子函数:

$$g_{(n-2)1}(x'') = \sum_{i=3}^{n-6} x_i x_{n-4} x_n;$$

而 $f_{n-2}^{n-5}(x'')$ 有最低代数次数子函数:

$$g_{(n-2)2}(x'') = x_{n-4}x_n + \sum_{i=3}^{n-6} x_i x_{n-4} x_n.$$

于是, $f_{n-1}^{n-3}(x')$ 有最低代数次数子函数:

$$g_{(n-1)1}(x') = g_{(n-2)1}(x'') \big\| g_{(n-2)2}(x'')$$
$$= \sum_{i=3}^{n-6} x_i x_{n-4} x_n \bigg\| \left(x_{n-4}x_n + \sum_{i=3}^{n-6} x_i x_{n-4} x_n \right)$$
$$= \sum_{i=2}^{n-6} x_i x_{n-4} x_n.$$

而 $f_{n-1}^{n-4}(x')$ 有最低代数次数子函数:

$$g_{(n-1)2}(x') = x_{n-4}x_n + \sum_{i=2}^{n-6} x_i x_{n-4} x_n.$$

于是, 对

$$f_n^{n-2}(x) = f_{n-1}^{n-3}(x') \big\| f_{n-1}^{n-4}(x') \quad (x = x_1x_2\cdots x_n),$$

有

$$g_{n1}(x) = g_{(n-1)1}(x') \, \big\| \, g_{(n-1)2}(x')$$
$$= \left(\sum_{i=2}^{n-6} x_i x_{n-4} x_n \right) \Big\| \left(x_{n-4} x_n + \sum_{i=2}^{n-6} x_i x_{n-4} x_n \right)$$
$$= \sum_{i=1}^{n-6} x_i x_{n-4} x_n,$$

于是可知, 对任意满足条件的 n 元布尔函数 $f(x)$, 有最低代数次数子函数 $g(x)$ 为

$$g(x) = \sum_{i=1}^{n-6} x_i x_{n-4} x_n.$$

而对于元数大于 5 时, 将上面证明中完全相等的 3 次函数级联构成 3 次函数的运算, 改为直接由 2 次函数和 1 次函数级联, 构成 3 次函数的运算的一般情形, 同样用归纳法可得到, 任意满足条件的 n 元 $n-2$ 次布尔函数 $f(x)$ 有最低代数次数子函数:

$$g(x) = \sum_{i=1}^{n-6} x_i x_{n-5} x_n.$$

由已知条件

$$\frac{ef(x)}{ex_n} \equiv 0, \quad \frac{df(x)}{dx_{n-1}} \equiv 0, \quad w_t(f(x)) = 2^{n-1}$$

可知, $1 + f(x)$ 的最低代数次数子函数一定是 $f(x)$ 的最低代数次数子函数 $g(x)$ 的余函数 $1 + g(x)$, 所以也有 $\deg(1 + g(x)) = 3$. 所以, 由最低代数次数零化子与最低代数次数子函数的概念可知

$$AI(f(x)) = 3.$$

② 对 $w_t(f(x)) = 2^{n-2}$ 的情形, 有

$$w_t(1 + f(x)) = 2^{n-1} + 2^{n-2}.$$

又由已知条件可得

$$w_t \left(\frac{e(1 + f(x))}{ex_{n-1}} \right) = 2^{n-1}, \quad w_t \left(\frac{d(1 + f(x))}{dx_{n-1}} \right) = 2^{n-2},$$
$$(1 + f(x)) \frac{d(1 + f(x))}{dx_{n-1}} = \frac{d(1 + f(x))}{dx_{n-1}},$$

且 $\dfrac{e(1+f(x))}{ex_{n-1}}$ 是满足

$$\dfrac{e\left(\dfrac{e(1+f(x))}{ex_{n-1}}\right)}{ex_n} \equiv 0, \quad \dfrac{d\left(\dfrac{e(1+f(x))}{ex_{n-1}}\right)}{dx_{n-1}} \equiv 0, \quad w_t\left(\dfrac{e(1+f(x))}{ex_{n-1}}\right) = 2^{n-1}$$

的函数. 所以由题设条件可知, $\dfrac{e(1+f(x))}{ex_{n-1}}$ 一定有最低代数次数子函数 $g(x)$, 有

$$\deg(g(x)) = 3.$$

又由于

$$1 + f(x) = \dfrac{e(1+f(x))}{ex_{n-1}} + (1+f(x))\dfrac{d(1+f(x))}{dx_{n-1}}$$

$$= \dfrac{e(1+f(x))}{ex_{n-1}} + \dfrac{d(1+f(x))}{dx_{n-1}},$$

所以, $g(x)$ 也是 $1 + f(x)$ 的子函数.

如果 $\dfrac{d(1+f(x))}{dx_{n-1}}$ 的最低代数次数子函数 $g_1(x)$ 有 $\deg(g_1(x)) < 3$, 由于也有 $g_1(x) \in 1+f(x)$, 所以取 $g_1(x)$ 为 $1+f(x)$ 的最低代数次数子函数, 若 $\deg(g_1(x)) \geqslant 3$, 则就取 $g(x)$ 为 $1+f(x)$ 的最低代数次数子函数. 于是, $1+f(x)$ 和 $f(x)$ 一定有最低代数次数零化子 $g''(x)$, 有 $\deg(g''(x)) \leqslant 3$. 所以有

$$AI(f(x)) \leqslant 3.$$

当 $f(x)$ 的代数次数小于 $n-2$ 时, 对 $w_t(f(x))$ 取其他值的 $f(x)$, 也能用和定理 7.2.4 的问题 (2) 的相同证明方法证得 $AI(f(x)) \leqslant 3$. 这里不再赘述.

在定理 7.2.4 的 (2) 中, 当 $w_t(f(x)) = 2^{n-2}$ 时, 仍有 $AI(f(x)) \leqslant 3$. 那是因为 $1+f(x)$ 中有最低代数次数子函数 $g(x)$, 有 $\deg(g(x)) \leqslant 3$. 于是, 再毋需去检查 $f(x)$ 的最低代数次数子函数及其代数次数, 即可得出结果. 而定理 7.2.4 (2) 中的 $w_t(f(x)) = 2^{n-2}$ 时的 $f(x)$ 的最低代数次数子函数, 和定理 7.2.4 (1) 中的 $w_t(f_1(x)) = 2^{n-1}$ 时的 $f_1(x)$ 的最低代数次数子函数是有关联的, $f(x)$ 的最低代数次数子函数的代数次数一定比 $f_1(x)$ 的最低代数次数子函数的代数次数大 1 次. 于是可以得到下面的推论.

推论　设有 $f(x), h(x) \in GF(2)^{GF(2)^n}$, $w_t(f(x)) = 2^{n-1}$, $\deg(f(x)) = n-2$, $f(x)\dfrac{df(x)}{dx_n} \equiv 0$, $\dfrac{ef(x)}{ex_{n-1}} \equiv 0$, $w_t(h(x)) = 2^{n-2}$, $h(x)f(x) = h(x)$, $\dfrac{eh(x)}{ex_n} = 0$. 设 $g(x)$ 是 $h(x)$ 的最低代数次数子函数, 则 $\deg(g(x)) = 4$.

证明 设 $g_f(x)$ 是 $f(x)$ 的最低代数次数子函数. 由于 $w_t(f(x)) = 2^{n-1}$, $\deg(g(x)) = n - 2$, $f(x)\dfrac{df(x)}{dx_n} \equiv 0$, $\dfrac{ef(x)}{ex_{n-1}} \equiv 0$, 所以由定理 7.2.4 (1) 知, 必有 $\deg(g_f(x)) = 3$, 且

$$g_f(x) = \sum_{i=1}^{n-6} x_i x_{n-4} x_{n-1}, \quad \text{或者} \quad g_f(x) = \sum_{i=1}^{n-6} x_i x_{n-5} x_{n-1},$$

且

$$g_f(x) = \frac{eg_f(x)}{ex_n}, \quad g_f(x)\frac{dg_f(x)}{dx_n} \equiv 0.$$

又由于 $w_t(h(x)) = 2^{n-2}$, $h(x)f(x) = h(x)$, $\dfrac{eh(x)}{ex_n} = 0$, 所以有

$$\frac{dh(x)}{dx_n} = f(x), \quad h(x) = h(x)\frac{dh(x)}{dx_n}, \quad \frac{eh(x)}{ex_n} \equiv 0.$$

于是又有

$$g_f(x) = \left(h(x)\frac{dh(x)}{dx_n}g_f(x)\right) + \left(h(x)\frac{dh(x)}{dx_n} + \frac{dh(x)}{dx_n}\right)g_f(x),$$

且

$$\frac{d\left(h(x)\dfrac{dh(x)}{dx_n}g_f(x)\right)}{dx_n} = g_f(x),$$

$$\frac{d\left(\left(h(x)\dfrac{dh(x)}{dx_n} + \dfrac{dh(x)}{dx_n}\right)g_f(x)\right)}{dx_n} = g_f(x).$$

记

$$g_1(x) = h(x)\frac{dh(x)}{dx_n}g_f(x),$$

$$g_2(x) = \left(h(x)\frac{dh(x)}{dx_n} + \frac{dh(x)}{dx_n}\right)g_f(x),$$

于是可得

$$g_1(x) = \left(\sum_{i=1}^{n-6} x_i x_{n-4} x_{n-1}\right)x_n, \quad \text{或者} \quad g_1(x) = \left(\sum_{i=1}^{n-6} x_i x_{n-5} x_{n-1}\right)x_n.$$

所以必有

$$\deg(g_1(x)) = 4,$$

且 $g_1(x) \in h(x)$, 即 $g_1(x)$ 是 $h(x)$ 的子函数.

现在要证 $g_1(x)$ 还是 $h(x)$ 的最低代数次数子函数. 用反证法. 假设 $g_1(x)$ 不是 $h(x)$ 的最低代数次数子函数,$h(x)$ 另有最低代数次数子函数为 $g'(x)$, 有 $\deg(g'(x)) < \deg(g_1(x)) = 4$, 且 $g'(x) \in h(x)$, 所以有

$$\max \deg(g'(x)) = 3.$$

于是有

$$\deg\left(\frac{dg'(x)}{dx_n}\right) \leqslant 2.$$

但 $\dfrac{dg'(x)}{dx_n} \in f(x)$, 即 $\dfrac{dg'(x)}{dx_n}$ 是 $f(x)$ 的子函数, 从而 $\max AI(f(x)) = 2$. 这与 $\deg(g_f(x)) = 3$, 且 $g_f(x)$ 是 $f(x)$ 的最低代数次数子函数, 从而 $AI(f(x)) = 3$ 的已知结果矛盾. 所以 $g_1(x)$ 一定是 $h(x)$ 的最低代数次数子函数, 且有 $\deg(g_1(x)) = 4$. (同样, 也能证明 $\deg(g_2(x)) = 4$, 不过 $g_2(x) \notin h(x)$, 而且可利用 $g_1(x) + g_2(x) = g_f(x)$ 来证明, 这里不必赘述.)

这一推论说明, $h(x)$ 和 $f(x)$ 的最低代数次数子函数之间及其代数次数之间的关系. 这一关系在寻找最低代数次数子函数时是常要用到的.

定理 7.2.4 说明, 寻找高阶代数免疫函数、最优代数免疫函数时, 可以排除定理 7.2.4 中所列的两类函数, 而从导数部分和 e-导数部分都不恒为零的这种一般性的函数中去寻找.

例 7.2.4　设 $x = (x_1 x_2 x_3 x_4 x_5 x_6)$, $x' = (x_2 x_3 x_4 x_5 x_6)$,

$$f_5^3(x') = x_5 + x_4 + x_3 x_4 + x_2 x_4 + x_2 x_3 x_4, \quad f_5^2(x') = 1 + x_5 + x_4 + x_3 x_4,$$

则

$$f_{61}^4(x) = f_5^3(x') \,\|\, f_5^2(x')$$

$$= x_5 + x_4 + x_1 + x_3 x_4 + x_2 x_4 + x_2 x_3 x_4 + x_1 x_2 x_4 + x_1 x_2 x_3 x_4.$$

$f_{61}^4(x)$ 与 $1 + f_{61}^4(x)$ 的 1 个最低代数次数零化子 $g(x)$ 为

$$g(x) = x_2 x_5 + x_1 x_2 x_5.$$

所以

$$AI(f_{61}^4(x)) = 3.$$

若取

$$f_5^1(x') = 1 + x_5,$$

求得

$$f_{62}^4(x) = f_5^3(x') \,\|\, f_5^1(x')$$

$$= x_5 + x_4 + x_1 + x_3x_4 + x_2x_4 + x_2x_3x_4 + x_1x_4 + x_1x_3x_4 + x_1x_2x_4 + x_1x_2x_3x_4.$$

$f_{62}^4(x)$ 与 $1 + f_{62}^4(x)$ 的 1 个最低代数次数零化子 $g(x)$ 为

$$g(x) = x_1 + x_1x_5.$$

所以

$$AI(f_{62}^4(x)) = 2.$$

例 7.2.5 设 $x = (x_1\ x_2\ x_3\ x_4\ x_5\ x_6)$, $x' = (x_2\ x_3\ x_4\ x_5\ x_6)$,

$$f_5^3(x') = x_6 + x_4 + x_3x_4 + x_2x_4 + x_2x_3x_4,$$
$$f_5^2(x') = x_6 + x_4 + x_3x_4,$$

则

$$\begin{aligned} f_6^4(x) &= f_5^3(x') \,\|\, f_5^2(x') \\ &= x_6 + x_4 + x_3x_4 + x_2x_4 + x_2x_3x_4 + x_1x_3 + x_1x_2x_4 + x_1x_2x_3x_4, \end{aligned}$$

求得 $f_6^4(x)$ 和 $1 + f_6^4(x)$ 的 1 个最低代数次数零化子 $g(x)$ 为

$$g(x) = x_2x_6 + x_1x_2x_6.$$

所以

$$AI(f_6^4(x)) = 3.$$

例 7.2.6 设 $x = (x_1\ x_2\ x_3\ x_4\ x_5x_6)$, $x' = (x_2\ x_3\ x_4\ x_5\ x_6)$,

$$\begin{aligned} f_5^4(x') =\ &x_4 + x_2x_4 + x_3x_4 + x_4x_5 + x_4x_6 + x_5x_6 + x_2x_3x_4 + x_2x_4x_5 + x_2x_4x_6 \\ &+ x_3x_4x_5 + x_3x_4x_6 + x_2x_3x_4x_5 + x_2x_3x_4x_6, \end{aligned}$$
$$f_5^3(x') =\ x_3 + x_4 + x_3x_4 + x_3x_5 + x_3x_6 + x_4x_5 + x_4x_6 + x_5x_6 + x_3x_4x_5 + x_3x_4x_6,$$

则

$$\begin{aligned} f_6^5(x) &= f_5^4(x') \,\|\, f_5^3(x') \\ &= x_4 + x_1x_3 + x_2x_4 + x_3x_4 + x_4x_5 + x_4x_6 + x_5x_6 + x_1x_3x_5 + x_1x_3x_6 \end{aligned}$$

$$+ x_1x_2x_4 + x_2x_4x_5 + x_2x_4x_6 + x_2x_3x_4 + x_3x_4x_5 + x_3x_4x_6 + x_1x_2x_3x_4$$

$$+ x_1x_2x_4x_5 + x_1x_2x_4x_6 + x_2x_3x_4x_5 + x_2x_3x_4x_6 + x_1x_2x_3x_4x_5 + x_1x_2x_3x_4x_6.$$

$f_6^5(x)$ 和 $1 + f_6^5(x)$ 的 1 个最低代数次数零化子 $g(x)$ 为

$$g(x) = x_2 + x_1x_2 + x_2x_5 + x_1x_2x_5$$

($g(x)$是$1+f_6^5(x)$的1个最低代数次数子函数, 是$f_6^5(x)$的最低代数次数零化子) 所以仍是

$$AI(f_6^5(x)) = 3.$$

定理 7.2.4 说明, 如果要寻找高阶代数免疫函数和最优代数免疫函数, 需要到导数部分和 e-导数部分都不恒为零的布尔函数中去寻找. 换句话说, 这个条件可以作为必要条件的一个推论.

推论　若 $f(x)$ 是最优代数免疫函数, 则必有 $f(x)\dfrac{df(x)}{dx_n} \not\equiv 0$ 且 $\dfrac{ef(x)}{ex_n} \not\equiv 0$.

7.3　导数、e-导数与最优代数免疫函数

虽然布尔函数的高代数免疫阶仅仅是抵抗代数攻击的必要条件, 但代数免疫阶越高, 抵抗代数攻击的能力越强, 这对提高密码系统的安全性是很有意义的. 因此, 寻找或构造最优代数免疫函数是很重要的. 而利用布尔函数的导数和 e-导数, 可以帮助我们较为容易地找到或构造出最优代数免疫函数.

定义 7.3.1　若 $f(x) \in GF(2)^{GF(2)^n}$, $h(x') \in GF(2)^{GF(2)^m} (m < n)$, 且 $h(x')f(x) = h(x')$, $w_t(h(x')) = r \neq 0$, 称 $h(x')$ 是 $f(x)$ 的 m 元子函数, 也可简称为子函数, 且说 $f(x)$ 含子函数 $h(x')$.

定理 7.3.1　若 n 为偶数, 布尔函数 $h(x^*) \in GF(2)^{GF(2)^{\frac{n}{2}+1}}$, 且 $\dfrac{eh(x^*)}{ex_n} \equiv 0$,

$$h(x^*) = h(x^*)\frac{dh(x^*)}{dx_n} = x_{\frac{n}{2}}x_n.$$

如果有 $f(x) \in GF(2)^{GF(2)^n}$, $f(x)$ 由 $h(x^*)$ 与不含 $h(x^*)$ 函数的布尔函数级联组成, 且 $w_t\left(\dfrac{ef(x)}{ex_n}\right) > 2^{n-3}$, 则 $f(x)$ 必为最优代数免疫函数, 即

$$AI(f(x)) = \frac{n}{2}.$$

证明 由定理条件可知, $\frac{n}{2}-1$ 个函数 $f_1, f_2, f_3, \cdots, f_{\frac{n}{2}-1}$, 且函数的自变量变元数由 $\frac{n}{2}+1$ 起, 随函数的角标 $1, 2, \cdots, \frac{n}{2}-1$ 从 1 起逐步增加 1 元. 如 f_1 的变元数是 $\frac{n}{2}+1$, f_2 的变元数是 $\frac{n}{2}+2, \cdots, f_{\frac{n}{2}-1}$ 的变元数是 $n-1$. 为方便起见, 这些不同变元数的变元均以 x^* 表示. 于是, 这 $\frac{n}{2}-1$ 个含不同变元数变元的函数, 便记为 $f_1(x^*), f_2(x^*), f_3(x^*), \cdots, f_{\frac{n}{2}-1}(x^*)$. 只是要注意, 不要混淆各函数 x^* 的不同. 于是有

$$f(x) = x_{\frac{n}{2}} x_n \| f_1(x^*) \| f_2(x^*) \| \cdots \| f_{\frac{n}{2}-1}(x^*)$$
$$= x_{\frac{n}{2}} x_n + x_{\frac{n}{2}-1}(x_{\frac{n}{2}} x_n + f_1(x^*))$$
$$+ x_{\frac{n}{2}-2}(x_{\frac{n}{2}} x_n + x_{\frac{n}{2}-1}(x_{\frac{n}{2}} x_n + f_1(x^*)) + f_2(x^*)) + \cdots$$
$$+ x_1(x_{\frac{n}{2}} x_n + x_{\frac{n}{2}-1}(x_{\frac{n}{2}} x_n + f_1(x^*))$$
$$+ x_{\frac{n}{2}-2}(x_{\frac{n}{2}} x_n + x_{\frac{n}{2}-1}(x_{\frac{n}{2}} x_n + f_1(x^*)) + f_2(x^*))$$
$$+ \cdots + x_2(x_{\frac{n}{2}} x_n + x_{\frac{n}{2}-1}(x_{\frac{n}{2}} x_n + f_1(x^*)) + x_{\frac{n}{2}-2}(x_{\frac{n}{2}} x_n$$
$$+ x_{\frac{n}{2}-1}(x_{\frac{n}{2}} x_n + f_1(x^*)) + f_2(x^*)) + \cdots + f_{\frac{n}{2}-1}(x^*)).$$

由于 $f_i(x^*) \left(i = 1, 2, \cdots, \frac{n}{2}-1\right)$ 均不含 $h(x^*) \in GF(2)^{GF(2)^{\frac{n}{2}+1}}$ 子函数, 且 $2^{n-3} < w_t\left(\frac{ef(x)}{ex_n}\right) < 2^{n-2}$, 所以 $1 + f(x)$ 有最低代数次数子函数为

$$g(x) = 1 + x_n + \left(x_{\frac{n}{2}-1} + x_{\frac{n}{2}-1} x_n\right) + \left(x_{\frac{n}{2}-2} + x_{\frac{n}{2}-2} x_n + x_{\frac{n}{2}-2} x_{\frac{n}{2}-1} + x_{\frac{n}{2}-2} x_{\frac{n}{2}-1} x_n\right) + \cdots$$
$$+ (x_1 + x_1 x_n + x_1 x_2 + x_1 x_2 x_3 + \cdots + x_1 x_2 \cdots x_{\frac{n}{2}-1} x_n).$$

由于 $\deg(f(x)) = \deg(1 + f(x)) \geqslant \left(\frac{n}{2}-1\right) \deg\left(f_{\frac{n}{2}-1}(x^*)\right)$, 且 $\deg(f_{\frac{n}{2}-1}(x^*)) > 1$, 所以 $g(x)$ 也是 $f(x), 1 + f(x)$ 的最低代数次数零化子. 又因 $\deg(g(x)) = \frac{n}{2}$, 所以 $f(x)$ 是最优代数免疫函数, 即有

$$AI(g(x)) = \frac{n}{2}.$$

推论 若 n 为偶数, 布尔函数 $h(x^*) \in GF(2)^{GF(2)^{\frac{n}{2}+1}}$, 且 $h(x^*)\frac{dh(x^*)}{dx_n} \equiv 0$, $h(x^*) = \frac{eh(x^*)}{ex_n} = x_{\frac{n}{2}} x_{n-1}$. 如果有 $f(x) \in GF(2)^{GF(2)^n}$, $f(x)$ 由 $h(x^*)$ 与不含

$h(x^*)$ 子函数的布尔函数级联组成, 且 $2^{n-3} < w_t\left(f(x)\dfrac{df(x)}{dx_n}\right) < 2^{n-2}$, 则 $f(x)$ 是最优代数免疫函数, 即 $AI(f(x)) = \dfrac{n}{2}$.

证明　由定理条件知, $\dfrac{n}{2} - 1$ 个函数 $f_1, f_2, f_3, \cdots, f_{\frac{n}{2}-1}$, 函数的自变量变元数由 $\dfrac{n}{2} + 1$ 元起, 随函数角标 $1, 2, \cdots, \dfrac{n}{2} - 1$ 从 1 起逐步增加 1 元, 如 f_1 的自变量 $\dfrac{n}{2} + 1$ 元, f_2 的自变量 $\dfrac{n}{2} + 2$ 元 $\cdots$. 为方便起见, 这些不同变元数的变元均以 x^* 表示. 于是这 $\dfrac{n}{2} - 1$ 个含不同变元数变元的函数便记为 $f_1(x^*), f_2(x^*), f_3(x^*), \cdots, f_{\frac{n}{2}-1}(x^*)$. 只是要注意, 不要混淆各函数 x^* 的不同. 于是有

$$
\begin{aligned}
f(x) &= x_{\frac{n}{2}}x_{n-1}\,\|f_1(x^*)\,\|f_2(x^*)\,\|\cdots\,\Big\|f_{\frac{n}{2}-1}(x^*)\\
&= x_{\frac{n}{2}}x_{n-1} + x_{\frac{n}{2}-1}(x_{\frac{n}{2}}x_{n-1} + f_1(x^*))\\
&\quad + x_{\frac{n}{2}-2}(x_{\frac{n}{2}}x_{n-1} + x_{\frac{n}{2}-1}(x_{\frac{n}{2}}x_{n-1} + f_1(x^*)) + f_2(x^*)) + \cdots\\
&\quad + x_1(x_{\frac{n}{2}}x_{n-1} + x_{\frac{n}{2}-1}(x_{\frac{n}{2}}x_{n-1} + f_1(x^*))\\
&\quad + x_{\frac{n}{2}-2}(x_{\frac{n}{2}}x_{n-1} + x_{\frac{n}{2}-1}(x_{\frac{n}{2}}x_{n-1} + f_1(x^*)) + f_2(x^*)) + \cdots\\
&\quad + x_2(x_{\frac{n}{2}}x_{n-1} + x_{\frac{n}{2}-1}(x_{\frac{n}{2}}x_{n-1} + f_1(x^*))\\
&\quad + x_{\frac{n}{2}-2}(x_{\frac{n}{2}}x_{n-1} + x_{\frac{n}{2}-1}(x_{\frac{n}{2}}x_{n-1} + f_1(x^*)) + f_2(x^*))\\
&\quad + \cdots + f_{\frac{n}{2}-1}(x^*)).
\end{aligned}
$$

由于 $f_i(x^*)\left(i=1, 2, \cdots, \dfrac{n}{2} - 1\right)$ 均不含 $h(x^*)$ 子函数, 且 $2^{n-3} < w_t\left(f(x)\dfrac{df(x)}{dx_n}\right) \leqslant 2^{n-2}$, $2^{n-3} < w_t\left(\dfrac{ef(x)}{ex_n}\right) < 2^{n-2}$, 所以 $1 + f(x)$ 有最低代数次数子函数为

$$
\begin{aligned}
g(x) &= 1 + x_{n-1} + (x_{\frac{n}{2}-1} + x_{\frac{n}{2}-1}x_{n-1})\\
&\quad + (x_{\frac{n}{2}-2} + x_{\frac{n}{2}-2}x_{n-1} + x_{\frac{n}{2}-2}x_{\frac{n}{2}-1} + x_{\frac{n}{2}-2}x_{\frac{n}{2}-1}x_{n-1}) + \cdots\\
&\quad + (x_1 + x_1x_{n-1} + x_1x_2 + x_1x_2x_3 + \cdots + x_1x_2\cdots x_{\frac{n}{2}-1}x_{n-1}).
\end{aligned}
$$

由于 $\deg(f(x)) = \deg(1+f(x)) \geqslant \left(\dfrac{n}{2}-1\right)\deg(f_{\frac{n}{2}-1}(x^*))$, 且 $\deg(f_{\frac{n}{2}-1}(x^*)) > 1$, 所以, $g(x)$ 也是 $f(x)$ 和 $1 + f(x)$ 的最低代数次数零化子. 又因 $\deg(g(x)) = \dfrac{n}{2}$, 所以 $f(x)$ 是最优代数免疫函数. 即有

$$
AI(f(x)) = \frac{n}{2}.
$$

例 7.3.1 设有 $f(x) \in GF(2)^{GF(2)^6}$, $n = 6$ 为偶数. 又有

$$f(x) = x_3x_6 + x_2x_5 + x_2x_3 + x_2x_3x_4 + x_1x_4 + x_1x_4x_6$$
$$+ x_1x_3x_6 + x_1x_3x_5 + x_1x_2x_3 + x_1x_2x_4x_6 + x_1x_2x_3x_5$$
$$+ x_1x_2x_3x_4x_5 + x_1x_2x_3x_4x_6,$$

$f(x)$ 和 $1 + f(x)$ 有最低代数次数零化子为

$$g(x) = 1 + x_6 + x_2 + x_2x_6 + x_1 + x_1x_6 + x_1x_2 + x_1x_2x_6.$$

所以有

$$AI(f(x)) = 3, \quad \frac{n}{2} = 3.$$

即 $f(x)$ 是最优代数免疫函数, 且有

$$2^{n-3} < 14 = 2^{n-3} + 2^{n-4} + 2^{n-5} = w_t\left(f(x)\frac{df(x)}{dx_n}\right) < 2^{n-2},$$

$$2^{n-3} < 12 = 2^{n-3} + 2^{n-4} = w_t\left(\frac{ef(x)}{ex_n}\right) < 2^{n-2}.$$

例 7.3.2 设 $f(x) \in GF(2)^{GF(2)^6}$, $n = 6$ 为偶数. 又有

$$f(x) = x_3x_5 + x_2x_6 + x_2x_3 + x_1x_4 + x_2x_3x_4 + x_1x_4x_6$$
$$+ x_1x_2x_6 + x_1x_2x_5 + x_1x_2x_3 + x_1x_2x_4x_6$$
$$+ x_1x_2x_3x_5 + x_1x_2x_3x_4x_5 + x_1x_2x_3x_4x_6.$$

$f(x)$ 和 $1 + f(x)$ 有最低代数次数零化子为

$$g(x) = 1 + x_5 + x_2 + x_2x_5 + x_1 + x_1x_5 + x_1x_2 + x_1x_2x_5.$$

所以有

$$AI(f(x)) = 3, \quad \frac{n}{2} = 3.$$

即 $f(x)$ 是最优代数免疫函数, 且

$$w_t\left(f(x)\frac{df(x)}{dx_n}\right) = 2^{n-2} = 16, \quad w_t\left(\frac{ef(x)}{ex_n}\right) = 2^{n-3} + 2^{n-5} = 10.$$

例 7.3.1 中的函数 $f(x)$ 是按定理 7.3.1 给出的布尔函数, 而例 7.3.2 中的函数 $f(x)$ 是按定理 7.3.1 的推论给出的布尔函数. 这 2 个函数的代数次数很高, 为 $n - 1$ 次, 所以也有高线性复杂度.

定理 7.3.1 及其推论是对于变元数 n 为偶数时的定理. 对于变元数 n 为奇数时, 也有相类似的定理, 这有下面的定理及其推论.

定理 7.3.2   若 n 为奇数. 布尔函数 $h(x^*) \in GF(2)^{GF(2)^{\left\lceil \frac{n}{2} \right\rceil}}$, 且 $\dfrac{eh(x^*)}{ex_n} \equiv 0$,

$$h(x^*) = h(x^*)\frac{dh(x^*)}{dx_n} = x_{\left\lceil \frac{n}{2} \right\rceil} x_n.$$

如果有 $f(x) \in GF(2)^{GF(2)^n}$, $f(x)$ 由 $h(x^*)$ 与不含 $h(x^*)$ 函数的布尔函数级联组成, 且 $2^{n-3} < w_t\left(\dfrac{ef(x)}{ex_n}\right) < 2^{n-2}$, 则 $f(x)$ 是最优代数免疫函数, 即 $AI(f(x)) = \left\lceil \dfrac{n}{2} \right\rceil$.

证明   由定理条件知, $\left\lceil \dfrac{n}{2} \right\rceil - 1$ 个函数 $f_1, f_2, f_3, \cdots, f_{\left\lceil \frac{n}{2} \right\rceil - 1}$, 且函数的自变量变元数由 $\left\lceil \dfrac{n}{2} \right\rceil$ 元起, 随函数角标 $1, 2, \cdots, \left\lceil \dfrac{n}{2} \right\rceil - 1$ 从 1 起逐步增加 1 元, 如 f_1 的自变量 $\left\lceil \dfrac{n}{2} \right\rceil$ 元, f_2 的自变量 $\left\lceil \dfrac{n}{2} \right\rceil + 1$ 元 $\cdots$. 为方便起见, 这些不同变元数的变元均以 x^* 表示. 于是这 $\left\lceil \dfrac{n}{2} \right\rceil - 1$ 个含不同变元数变元的函数便记为 $f_1(x^*), f_2(x^*), f_3(x^*), \cdots, f_{\left\lceil \frac{n}{2} \right\rceil - 1}(x^*)$. 于是有

$$
\begin{aligned}
f(x) &= x_{\left\lceil \frac{n}{2} \right\rceil} x_n \| f_1(x^*) \| f_2(x^*) \| \cdots \left\| f_{\left\lceil \frac{n}{2} \right\rceil - 1}(x^*) \right. \\
&= x_{\left\lceil \frac{n}{2} \right\rceil} x_n + x_{\left\lceil \frac{n}{2} \right\rceil - 1}(x_{\left\lceil \frac{n}{2} \right\rceil} x_n + f_1(x^*)) \\
&\quad + x_{\left\lceil \frac{n}{2} \right\rceil - 2}(x_{\left\lceil \frac{n}{2} \right\rceil} x_n + x_{\left\lceil \frac{n}{2} \right\rceil - 1}(x_{\left\lceil \frac{n}{2} \right\rceil} x_n + f_1(x^*)) + f_2(x^*)) \\
&\quad + \cdots + x_1(x_{\left\lceil \frac{n}{2} \right\rceil} x_n + x_{\left\lceil \frac{n}{2} \right\rceil - 1}(x_{\left\lceil \frac{n}{2} \right\rceil} x_n + f_1(x^*)) \\
&\quad + x_{\left\lceil \frac{n}{2} \right\rceil - 2}(x_{\left\lceil \frac{n}{2} \right\rceil} x_n + x_{\left\lceil \frac{n}{2} \right\rceil - 1}(x_{\left\lceil \frac{n}{2} \right\rceil} x_n + f_1(x^*)) \\
&\quad + f_2(x^*)) + \cdots + x_2(x_{\left\lceil \frac{n}{2} \right\rceil} x_n + x_{\left\lceil \frac{n}{2} \right\rceil - 1}(x_{\left\lceil \frac{n}{2} \right\rceil} x_n + f_1(x^*)) \\
&\quad + x_{\left\lceil \frac{n}{2} \right\rceil - 2}(x_{\left\lceil \frac{n}{2} \right\rceil} x_n + x_{\left\lceil \frac{n}{2} \right\rceil - 1}(x_{\left\lceil \frac{n}{2} \right\rceil} x_n \\
&\quad + f_1(x^*)) + f_2(x^*)) + \cdots + f_{\left\lceil \frac{n}{2} \right\rceil - 1}(x^*)).
\end{aligned}
$$

由于 $f_i(x^*)\left(i = 1, 2, \cdots, \left\lceil \dfrac{n}{2} \right\rceil - 1\right)$ 均不含 $h(x^*)$ 子函数, 且 $2^{n-3} < w_t\left(\dfrac{ef(x)}{ex_n}\right) < 2^{n-2}$, 所以可得 $1 + f(x)$ 有最低代数次数子函数为

$$
\begin{aligned}
g(x) &= 1 + x_n + (x_{\left\lceil \frac{n}{2} \right\rceil - 1} + x_{\left\lceil \frac{n}{2} \right\rceil - 1} x_n) \\
&\quad + (x_{\left\lceil \frac{n}{2} \right\rceil - 2} + x_{\left\lceil \frac{n}{2} \right\rceil - 2} x_n + x_{\left\lceil \frac{n}{2} \right\rceil - 2} x_{\left\lceil \frac{n}{2} \right\rceil - 1} + x_{\left\lceil \frac{n}{2} \right\rceil - 2} x_{\left\lceil \frac{n}{2} \right\rceil - 1} x_n) + \cdots \\
&\quad + (x_1 + x_1 x_n + x_1 x_2 + x_1 x_2 x_3 + \cdots + x_1 x_2 \cdots x_{\left\lceil \frac{n}{2} \right\rceil - 1} x_n).
\end{aligned}
$$

由于 $\deg(f(x))=\deg(1+f(x)) \geqslant (\lceil \frac{n}{2} \rceil -1)\deg(f_{\lceil \frac{n}{2}\rceil -1}(x^*))$, 且 $\deg(f_{\lceil \frac{n}{2}\rceil -1}(x^*)) > 1$, 所以 $g(x)$ 也是 $f(x)$ 和 $1+f(x)$ 的最低代数次数零化子. 又因 $\deg(g(x)) = \lceil \frac{n}{2} \rceil$, 所以 $f(x)$ 是最优代数免疫函数, 即有

$$AI(f(x)) = \left\lceil \frac{n}{2} \right\rceil.$$

同样, 定理 7.3.2 也有相似的推论.

推论 若 n 为奇数, 布尔函数 $h(x^*) \in GF(2)^{GF(2)^{\lceil \frac{n}{2} \rceil}}$, 且 $h(x^*)\dfrac{dh(x^*)}{dx_n} \equiv 0$,

$$h(x^*) = \frac{eh(x^*)}{ex_n} = x_{\lceil \frac{n}{2}\rceil}x_{n-1}.$$

如果有 $f(x) \in GF(2)^{GF(2)^n}$, $f(x)$ 由 $h(x^*)$ 与不含 $h(x^*)$ 函数的布尔函数级联组成, 且 $2^{n-3} < w_t\left(f(x)\dfrac{df(x)}{dx_n}\right) < 2^{n-2}$, 则 $f(x)$ 是最优代数免疫函数, 即 $AI(f(x)) = \left\lceil \frac{n}{2} \right\rceil$.

证明 由定理条件知, $\lceil \frac{n}{2} \rceil -1$ 个函数 $f_1, f_2, f_3, \cdots, f_{\lceil \frac{n}{2}\rceil -1}$, 且函数的自变量变元数由 $\lceil \frac{n}{2} \rceil$ 元起, 随函数角标 $1, 2, \cdots, \lceil \frac{n}{2} \rceil -1$ 从 1 起逐步增加 1 元, 如 f_1 的自变量 $\lceil \frac{n}{2} \rceil$ 元, f_2 的自变量 $\lceil \frac{n}{2} \rceil +1$ 元 $\cdots$. 为方便起见, 这些不同变元数的变元均以 x^* 表示. 于是这 $\lceil \frac{n}{2} \rceil -1$ 个含不同变元数变元的函数便记为 $f_1(x^*), f_2(x^*), f_3(x^*), \cdots, f_{\lceil \frac{n}{2}\rceil -1}(x^*)$. 于是有

$$\begin{aligned} f(x) &= x_{\lceil \frac{n}{2}\rceil}x_{n-1}\|f_1(x^*)\|f_2(x^*)\|\cdots\left\|f_{\lceil \frac{n}{2}\rceil -1}(x^*)\right. \\ &= x_{\lceil \frac{n}{2}\rceil}x_{n-1} + x_{\lceil \frac{n}{2}\rceil -1}(x_{\lceil \frac{n}{2}\rceil}x_{n-1} + f_1(x^*)) \\ &\quad + x_{\lceil \frac{n}{2}\rceil -2}(x_{\lceil \frac{n}{2}\rceil}x_{n-1} + x_{\lceil \frac{n}{2}\rceil -1}(x_{\lceil \frac{n}{2}\rceil}x_{n-1} + f_1(x^*)) \\ &\quad + f_2(x^*)) + \cdots + x_1(x_{\lceil \frac{n}{2}\rceil}x_{n-1} + x_{\lceil \frac{n}{2}\rceil -1}(x_{\lceil \frac{n}{2}\rceil}x_{n-1} + f_1(x^*)) \\ &\quad + x_{\lceil \frac{n}{2}\rceil -2}(x_{\lceil \frac{n}{2}\rceil}x_{n-1} + x_{\lceil \frac{n}{2}\rceil -1}(x_{\lceil \frac{n}{2}\rceil}x_{n-1} + f_1(x^*)) + f_2(x^*)) + \cdots \\ &\quad + x_2(x_{\lceil \frac{n}{2}\rceil}x_{n-1} + x_{\lceil \frac{n}{2}\rceil -1}(x_{\lceil \frac{n}{2}\rceil}x_{n-1} + f_1(x^*)) \\ &\quad + x_{\lceil \frac{n}{2}\rceil -2}(x_{\lceil \frac{n}{2}\rceil}x_{n-1} + x_{\lceil \frac{n}{2}\rceil -1}(x_{\lceil \frac{n}{2}\rceil}x_{n-1} + f_1(x^*)) + f_2(x^*)) \\ &\quad + \cdots + f_{\lceil \frac{n}{2}\rceil -1}(x^*)). \end{aligned}$$

由于 $f_i(x^*)$ $\left(i=1, 2, \cdots, \lceil \frac{n}{2} \rceil -1\right)$ 均不含 $h(x^*)$ 子函数, $2^{n-3} <$

$w_t\left(f(x)\dfrac{df(x)}{dx_n}\right) < 2^{n-2}$, 所以可得 $1 + f(x)$ 的最低代数次数子函数为

$$g(x) = 1 + x_{n-1} + (x_{\lceil\frac{n}{2}\rceil-1} + x_{\lceil\frac{n}{2}\rceil-1}x_{n-1}) + (x_{\lceil\frac{n}{2}\rceil-2} + x_{\lceil\frac{n}{2}\rceil-2}x_{n-1}$$
$$+ x_{\lceil\frac{n}{2}\rceil-2}x_{\lceil\frac{n}{2}\rceil-1} + x_{\lceil\frac{n}{2}\rceil-2}x_{\lceil\frac{n}{2}\rceil-1}x_{n-1}) + \cdots$$
$$+ (x_1 + x_1x_{n-1} + x_1x_2 + x_1x_2x_3 + \cdots + x_1x_2\cdots x_{\lceil\frac{n}{2}\rceil-1}x_{n-1}).$$

由于 $\deg(f(x)) = \deg(1+f(x)) \geqslant \left(\left\lceil\dfrac{n}{2}\right\rceil - 1\right)\deg(f_{\lceil\frac{n}{2}\rceil-1}(x^*))$, 且 $\deg(f_{\lceil\frac{n}{2}\rceil-1}(x^*)) > 1$, 所以 $g(x)$ 也是 $f(x)$ 和 $1+f(x)$ 的最低代数次数零化子. 又因 $\deg(g(x)) = \left\lceil\dfrac{n}{2}\right\rceil$, 所以 $f(x)$ 是最优代数免疫函数, 即有

$$AI(f(x)) = \left\lceil\frac{n}{2}\right\rceil.$$

例 7.3.3　设有 $f(x) \in GF(2)^{GF(2)^5}$, $n = 5$ 为奇数, 又有

$$f(x) = x_3x_5 + x_2x_4 + x_2x_3 + x_1x_4 + x_1x_3 + x_1x_2 + x_2x_3x_4 + x_1x_3x_5$$
$$+ x_1x_2x_5 + x_1x_2x_3 + x_1x_2x_3x_4,$$

$f(x)$ 和 $1 + f(x)$ 有最低代数次数零化子为

$$g(x) = 1 + x_5 + x_2 + x_1 + x_2x_5 + x_1x_5 + x_1x_2 + x_1x_2x_5.$$

所以有

$$AI(f(x)) = 3, \quad \left\lceil\frac{n}{2}\right\rceil = 3.$$

即 $f(x)$ 是最优代数免疫函数.

例 7.3.4　设有 $f(x) \in GF(2)^{GF(2)^5}$, $n = 5$ 为奇数, 又有

$$f(x) = x_3x_4 + x_2x_5 + x_2x_3 + x_1x_5 + x_1x_3 + x_1x_2 + x_2x_3x_5 + x_1x_3x_4 + x_1x_2x_3$$
$$+ x_1x_2x_4 + x_1x_2x_3x_5,$$

$f(x)$ 和 $1 + f(x)$ 有最低代数次数零化子为

$$g(x) = 1 + x_4 + x_2 + x_1 + x_2x_4 + x_1x_4 + x_1x_2 + x_1x_2x_4.$$

所以有

$$AI(f(x)) = 3, \quad \left\lceil\frac{n}{2}\right\rceil = 3.$$

即 $f(x)$ 是最优代数免疫函数.

定理 7.3.1 和定理 7.3.2 及其推论, 给出了借助导数或 e-导数和级联运算来构造最优代数免疫函数的方法. 下面再给出一种直接利用导数和 e-导数来构造最优代数免疫函数的方法.

定理 7.3.3 设 $f(x) \in GF(2)^{GF(2)^n}$, n 为偶数, 有 $\deg\left(f(x)\dfrac{df(x)}{dx_n}\right) = \dfrac{n}{2}$, $\deg(f(x)) > \dfrac{n}{2}$, 又有 $w_t\left(f(x)\dfrac{df(x)}{dx_n}\right) = 2^{n-2}$, $2^{n-3} \leqslant w_t\left(\dfrac{ef(x)}{ex_n}\right) < 2^{n-2}$, $\dfrac{e\left(\dfrac{ef(x)}{ex_n}\right)}{ex_{n-1}} = 0$, $\dfrac{df(x)}{dx_n} = x_{\frac{n}{2}}$, 则 $f(x)$ 是最优代数函数免疫函数, 即有 $AI(f(x)) = \dfrac{n}{2}$.

证明 因为

$$w_t\left(f(x)\frac{df(x)}{dx_n}\right) = 2^{n-2},$$

所以有

$$w_t\left(\frac{df(x)}{dx_n}\right) = 2^{n-1}.$$

又因为 $\dfrac{df(x)}{dx_n} = x_{\frac{n}{2}}$, 故 $\deg\left(\dfrac{df(x)}{dx_n}\right) = 1$. 故又有

$$\frac{e\left(\dfrac{ef(x)}{ex_n}\right)}{ex_{n-1}} = \frac{df(x)}{dx_n}.$$

又由于

$$\frac{e\left(\dfrac{ef(x)}{ex_n}\right)}{ex_{n-1}} = 0, \quad 2^{n-3} \leqslant w_t\left(\frac{ef(x)}{ex_n}\right) < 2^{n-2},$$

$$\deg\left(f(x)\frac{df(x)}{dx_n}\right) = \frac{n}{2}, \quad \deg(f(x)) > \frac{n}{2},$$

所以, $f(x)\dfrac{df(x)}{dx_n}$ 是 $f(x)$ 的 1 个最低代数次数子函数, 也是 $f(x)$ 和 $1 + f(x)$ 的 1 个最低代数次数零化子. 所以有

$$AI(f(x)) = \frac{n}{2}.$$

即 $f(x)$ 是最优代数免疫函数.

同样, 定理 7.3.3 也有 $f(x)$ 的 e-导数是 $f(x)$ 的最低代数次数零化子的推论.

推论　设 $f(x) \in GF(2)^{GF(2)^n}$, n 为偶数, 有 $\deg\left(\dfrac{ef(x)}{ex_n}\right) = \dfrac{n}{2}$, $\deg(f(x)) >$ $\dfrac{n}{2}$. 又有 $w_t\left(\dfrac{ef(x)}{ex_n}\right) = 2^{n-2}$, $\dfrac{e\left(\dfrac{ef(x)}{ex_n}\right)}{ex_{n-1}} = 0$, $2^{n-3} \leqslant w_t\left(f(x)\dfrac{df(x)}{dx_n}\right) < 2^{n-2}$, $\dfrac{df(x)}{dx_{n-1}} = x_{\frac{n}{2}}$, 则 $f(x)$ 是最优代数免疫函数, 即有 $AI(f(x)) = \dfrac{n}{2}$.

证明　因 $\dfrac{df(x)}{dx_{n-1}} = x_{\frac{n}{2}}$ (n 为偶数), $w_t\left(\dfrac{ef(x)}{ex_n}\right) = 2^{n-2}$, $\dfrac{e\left(\dfrac{ef(x)}{ex_n}\right)}{ex_{n-1}} = 0$, 所以有

$$\frac{d\left(\dfrac{ef(x)}{ex_n}\right)}{dx_{n-1}} = x_{\frac{n}{2}}.$$

又因 $\deg\left(\dfrac{ef(x)}{ex_n}\right) = \dfrac{n}{2}$, 所以

$$\frac{ef(x)}{ex_n} = x_{\frac{n}{2}}x_{n-1} + f_1(x), \quad \text{且} \quad \deg(f_1(x)) = \frac{n}{2}.$$

又因 $\deg(f(x)) > \dfrac{n}{2}$, 所以 $\deg\left(f(x)\dfrac{df(x)}{dx_n}\right) > \dfrac{n}{2}$.

又因 $2^{n-3} \leqslant w_t\left(f(x)\dfrac{df(x)}{dx_n}\right) < 2^{n-2}$, $w_t\left(\dfrac{ef(x)}{ex_n}\right) = 2^{n-2}$, $\dfrac{e\left(\dfrac{ef(x)}{ex_n}\right)}{ex_{n-1}} = 0$, 所以 $\dfrac{ef(x)}{ex_n}$ 是 $f(x)$ 的 1 个最低代数次数子函数. 又因 $2^{n-1} < w_t(1+f(x)) \leqslant$ $2^{n-1} + 2^{n-3}$, $w_t\left((1+f(x))\dfrac{d(1+f(x))}{dx_n}\right) = w_t\left(f(x)\dfrac{df(x)}{dx_n}\right)$, 所以 $\dfrac{ef(x)}{ex_n}$ 是 $f(x)$ 和 $1 + f(x)$ 的最低代数次数零化子. 所以 $f(x)$ 是最优代数免疫函数, 即有 $AI(f(x)) = \dfrac{n}{2}$.

例 7.3.5　设有 $f(x) \in GF(2)^{GF(2)^n}$, $n = 6$ 为偶数. 又有

$$f(x)\frac{df(x)}{dx_n} = x_3x_6 + x_2x_3x_5 + x_1x_3x_4 + x_1x_2x_3,$$

$$\frac{ef(x)}{ex_n} = x_2x_5 + x_2x_3x_5 + x_1x_2x_4 + x_1x_2x_3x_4.$$

有 $\deg\left(f(x)\dfrac{df(x)}{dx_n}\right) = \dfrac{n}{2} = 3$, $\deg(f(x)) = 4 > \dfrac{n}{2}$, $w_t\left(f(x)\dfrac{df(x)}{dx_n}\right) = 2^{n-2} =$ 16, $w_t\left(\dfrac{ef(x)}{ex_n}\right) = 2^{n-3} = 8$, $f(x)\dfrac{df(x)}{dx_n}$ 是 $f(x)$ 和 $1 + f(x)$ 的 1 个最低代数次

数零化子, 即 $f(x)$ 是最优代数免疫函数, 有

$$AI(f(x)) = \frac{n}{2} = 3.$$

例 7.3.6 设有 $f(x) \in GF(2)^{GF(2)^n}$, $n = 6$ 为偶数. 又有

$$\frac{ef(x)}{ex_n} = x_3x_5 + x_2x_3 + x_1x_2x_3 + x_1x_2x_4,$$

$$f(x)\frac{df(x)}{dx_n} = x_2x_6 + x_2x_3x_6 + x_1x_2x_4 + x_1x_2x_3x_4.$$

有 $\deg\left(\frac{ef(x)}{ex_n}\right) = \frac{n}{2} = 3$, $\deg(f(x)) = 4 > \frac{n}{2}$, $w_t\left(\frac{ef(x)}{ex_n}\right) = 2^{n-2} = 16$,
$w_t\left(f(x)\frac{df(x)}{dx_n}\right) = 2^{n-3} = 8$, $\frac{ef(x)}{ex_n}$ 是 $f(x)$ 和 $1 + f(x)$ 的 1 个最低代数次数零
化子, 即 $f(x)$ 是 1 个最优代数免疫函数, 有

$$AI(f(x)) = \frac{n}{2} = 3.$$

同样, 对于 n 为奇数, 即奇数元布尔函数 $f(x)$, 也有类似的定理 7.3.4 和推论.

定理 7.3.4 设 $f(x) \in GF(2)^{GF(2)^n}$, n 为奇数, 有 $\deg\left(f(x)\frac{df(x)}{dx_n}\right) = \left\lceil\frac{n}{2}\right\rceil$, $\deg(f(x)) > \left\lceil\frac{n}{2}\right\rceil$. 又有 $w_t\left(f(x)\frac{df(x)}{dx_n}\right) = 2^{n-2}$, $2^{n-3} \leqslant w_t\left(\frac{ef(x)}{ex_n}\right) < 2^{n-2}$, $\frac{e\left(\frac{ef(x)}{ex_n}\right)}{ex_{n-1}} = 0$, $\frac{df(x)}{dx_n} = x_{\lceil\frac{n}{2}\rceil}$, 则 $f(x)$ 是最优代数免疫函数, 即 $AI(f(x)) = \left\lceil\frac{n}{2}\right\rceil$.

定理 7.3.4 的证明与定理 7.3.3 相同, 只是定理 7.3.4 中的 n 是奇数, $\frac{n}{2}$ 需改
为 $\left\lceil\frac{n}{2}\right\rceil$. 不再赘述.

推论 设 $f(x) \in GF(2)^{GF(2)^n}$, n 为奇数, 有 $\deg\left(\frac{ef(x)}{ex_n}\right) = \left\lceil\frac{n}{2}\right\rceil$, $\deg(f(x))$
$> \left\lceil\frac{n}{2}\right\rceil$. 又有 $w_t\left(\frac{ef(x)}{ex_n}\right) = 2^{n-2}$, $\frac{e\left(\frac{ef(x)}{ex_n}\right)}{ex_{n-1}} = 0$, $2^{n-3} \leqslant w_t\left(f(x)\frac{df(x)}{dx_n}\right) <$
2^{n-2}, $\frac{df(x)}{dx_{n-1}} = x_{\lceil\frac{n}{2}\rceil}$, 则 $f(x)$ 是最优代数免疫函数, 即有 $AI(f(x)) = \left\lceil\frac{n}{2}\right\rceil$.

定理 7.3.4 的推论的证明, 也和定理 7.3.3 的推论的证明类似, 这里不再赘述.

例 7.3.7 设有 $f(x) \in GF(2)^{GF(2)^n}$, $n = 5$ 为奇数. 又有

$$f(x)\frac{df(x)}{dx_n} = x_3x_5 + x_2x_3 + x_1x_2 + x_1x_3x_5 + x_1x_2x_5,$$

$$\frac{ef(x)}{ex_n} = x_2x_4 + x_1x_4 + x_1x_3 + x_2x_3x_4 + x_1x_2x_3 + x_1x_2x_3x_4.$$

有 $\deg\left(f(x)\dfrac{df(x)}{dx_n}\right) = \left\lceil\dfrac{n}{2}\right\rceil = 3$, $\deg(f(x)) = 4 > \left\lceil\dfrac{n}{2}\right\rceil$, $w_t\left(f(x)\dfrac{df(x)}{dx_n}\right) = 2^{n-2} = 8$, $w_t\left(\dfrac{ef(x)}{ex_n}\right) = 2^{n-3} + 2^{n-4} = 6$, $f(x)\dfrac{df(x)}{dx_n}$ 是 $f(x)$ 和 $1 + f(x)$ 的 1 个最低代数次数零化子, 即 $f(x)$ 是最优代数免疫函数, 有

$$AI(f(x)) = \left\lceil\frac{n}{2}\right\rceil = 3.$$

第 8 章　几种密码学性质的相关联性与导数、e-导数

布尔函数的密码学性质从根本上看是由布尔函数的结构所确定的, 有什么样的结构, 就有什么样的性质. 而布尔函数的结构, 要由布尔函数的导数、e-导数的结构来确定. 所以, 布尔函数的导数、e-导数才是对布尔函数密码学性质有根本性影响的因素. 不同密码学性质之间可能有相互制约性, 一种密码学性质指标的升高, 可能会造成另外某种密码学性质指标的降低, 这就会削弱逻辑函数对某种密码攻击的抵抗能力. 这种不同密码学性质之间的相互关联性是布尔函数密码学性质研究中很重视的问题. 而这种不同密码学性质之间的相互关联性, 自然也和布尔函数的导数、e-导数的结构有关. 本章就来讨论利用布尔函数的导数、e-导数分析布尔函数的代数免疫性和其他一些密码学性质之间的相互关联性问题.

8.1　最低代数次数零化子的微分方程解

在第 7 章中, 求布尔函数的最低代数次数子函数或零化子时, 是通过对布尔函数的导数、e-导数的讨论直接得出的. 对这些利用导数、e-导数求最低代数次数子函数或零化子的方法进行总结, 可以得出能统一描述的最低代数次数零化子的微分方程求解方法, 并得出更完整的结果. 有下面的定理.

定理 8.1.1　设布尔函数 $f(x) \in GF(2)^{GF(2)^n}$, 且

$$f(x) = f(x)\frac{df(x)}{dx_n} + \frac{ef(x)}{ex_n},$$

设 $g(x)$ 是 $f(x)$ 的最低代数次数子函数, 即 $g(x)$ 是 $1 + f(x)$ 的最低代数次数零化子. 又设微分方程

$$g(x) + g(x)f(x)\frac{df(x)}{dx_n} + g(x)\frac{ef(x)}{ex_n} = 0 \tag{8.1.1}$$

的解集为 $\{G\}$. 则

$$g(x) \in \{G\},$$

且 $g(x)$ 必为如下 4 种解中的某种解:

(1) $g(x) = g(x)\dfrac{dg(x)}{dx_n}$, $g(x) \in f(x)\dfrac{df(x)}{dx_n}$, $g(x)\dfrac{ef(x)}{ex_n} = 0$(也包括 $g(x) = f(x)\dfrac{df(x)}{dx_n}$ 的情形).

(2) $g(x) = \dfrac{eg(x)}{ex_n}$, $g(x) \in \dfrac{ef(x)}{ex_n}$, $g(x)f(x)\dfrac{df(x)}{dx_n} = 0$ $\left(\text{也包括}g(x) = \dfrac{ef(x)}{ex_n}\text{的情形}\right)$.

(3) $g(x) = f(x) = f(x)\dfrac{df(x)}{dx_n} + \dfrac{ef(x)}{ex_n}$, 且 $\deg(g(x)) < \deg\left(f(x)\dfrac{df(x)}{dx_n}\right) = \deg\left(\dfrac{ef(x)}{ex_n}\right)$.

(4) $g(x) = g(x)\dfrac{dg(x)}{dx_n}$, 且 $g(x) = g(x)f(x)\dfrac{df(x)}{dx_n} + g(x)\dfrac{ef(x)}{ex_n}$, $w_t\left(g(x)f(x)\dfrac{df(x)}{dx_n}\right) \geqslant w_t\left(g(x)\dfrac{ef(x)}{ex_n}\right)$.

证明　不失一般性, 可设 $w_t\left(f(x)\dfrac{df(x)}{dx_n}\right)=i_1$, $w_t\left(\dfrac{ef(x)}{ex_n}\right)=i_2$, i_1, i_2 为 2 的指数幂. 微分方程 (8.1.1) 是未知元为 $g(x)$ 的方程, 有

$$S=\left(\binom{i_1}{1}+\binom{i_1}{2}+\cdots+\binom{i_1}{i_1}\right)\left(\binom{i_2}{1}+\binom{i_2}{2}+\cdots+\binom{i_2}{i_2}\right)$$

个方程. 所以 $|\{G\}|=S=\left(\sum\limits_{i=1}^{i_1}\binom{i_1}{i}\right)\left(\sum\limits_{i=1}^{i_2}\binom{i_2}{i}\right)$. 而 $g(x) \in \{G\}$, 且 $g(x)$ 是 $\{G\}$ 中代数次数最低的解中的 1 个解. 对 $g(x)$, 只需要通过对 $f(x)\dfrac{df(x)}{dx_n}$ 和 $\dfrac{ef(x)}{ex_n}$ 的考察, 并确定 $g(x)$ 属于定理 8.1.1 所给的 4 种类型中的某种类型, 从而得出 $g(x)$.

对 (1) $\sim$ (3) 这三种类型, 定理 7.2.3 已给出了证明, 这里只是将其归入方程解中, 不再证明. 这里只证 (4) 的类型.

当 $w_t\left(f(x)\dfrac{df(x)}{dx_n}\right) \geqslant w_t\left(\dfrac{ef(x)}{ex_n}\right) = 2^{n-2}$, $\dfrac{e\left(\dfrac{ef(x)}{ex_n}\right)}{ex_{n-1}} = 0$, $w_t\left(\dfrac{ef(x)}{ex_{n-1}}\cdot\dfrac{ef(x)}{ex_n}\right)=2^{-1}w_t\left(\dfrac{ef(x)}{ex_n}\right)$, 这时就有 $g(x)=g(x)\dfrac{dg(x)}{dx_n}$, 且 $g(x)=g(x)f(x)\dfrac{df(x)}{dx_n}+g(x)\dfrac{ef(x)}{ex_n}$, 且或者 $w_t\left(g(x)f(x)\dfrac{df(x)}{dx_n}\right) > w_t\left(g(x)\dfrac{ef(x)}{ex_n}\right)$, 或者 $w_t\left(g(x)f(x)\cdot\dfrac{df(x)}{dx_n}\right) = w_t\left(g(x)\dfrac{ef(x)}{ex_n}\right)$. 所以 (4) 的类型存在.

推论 设布尔函数 $f(x) \in GF(2)^{GF(2)^n}$, 且

$$f(x) = f(x)\frac{df(x)}{dx_n} + \frac{ef(x)}{ex_n},$$

设 $g(x)$ 是 $f(x)$ 的最低代数次数零化子, 即 $g(x)$ 是 $1 + f(x)$ 的最低代数次数子函数. 又设微分方程

$$g(x)f(x)\frac{df(x)}{dx_n} + g(x)\frac{ef(x)}{ex_n} = 0 \tag{8.1.2}$$

的解集为 $\{G\}$, 则

$$g(x) \in \{G\},$$

且 $g(x)$ 必为如下 4 种解中的某种解.

(1) $g(x) = g(x)\frac{dg(x)}{dx_n}$, $g(x) \in (1 + f(x))\frac{df(x)}{dx_n}$, $g(x)\frac{e(1 + f(x))}{ex_n} = 0$ $\left(\text{也包括}g(x) = (1 + f(x))\frac{df(x)}{dx_n}\text{的情形}\right)$.

(2) $g(x) = \frac{eg(x)}{ex_n}$, $g(x) \in \frac{e(1 + f(x))}{ex_n}$, $g(x)(1 + f(x))\frac{df(x)}{dx_n} = 0$ $\Big(\text{也包括}$ $g(x) = \frac{e(1 + f(x))}{ex_n}\text{的情形}\Big)$.

(3) $g(x) = 1 + f(x) = (1 + f(x))\frac{df(x)}{dx_n} + g(x)\frac{e(1 + f(x))}{ex_n}$, 且 $\deg(g(x)) <$ $\deg\left((1 + f(x))\frac{df(x)}{dx_n}\right) = \deg\left(\frac{ef(x)}{ex_n}\right)$.

(4) $g(x) = g(x)\frac{dg(x)}{dx_n}$, 且 $g(x) = g(x)(1 + f(x))\frac{df(x)}{dx_n} + g(x)\frac{e(1 + f(x))}{ex_n}$, $w_t\left(g(x)(1 + f(x))\frac{df(x)}{dx_n}\right) \geqslant w_t\left(g(x)\frac{ef(x)}{ex_n}\right)$.

由定理 8.1.1 和推论, 即可求得 $f(x)$ 和 $1 + f(x)$ 的最低代数次数零化子, 从而求得 $AI(f(x))$.

例 8.1.1 有 5 元函数 $f(x)$,

$$f(x) = 1 + x_5 + x_4x_5 + x_3x_5 + x_3x_4 + x_2x_3 + x_1x_3 + x_2x_4x_5 + x_2x_3x_5$$
$$+ x_2x_3x_4 + x_1x_4x_5 + x_1x_3x_5 + x_1x_3x_4,$$

$$f(x)\frac{df(x)}{dx_n} = 1 + x_5 + x_4 + x_3 + x_4x_5 + x_3x_5 + x_3x_4 + x_2x_4 + x_1x_4 + x_2x_4x_5$$
$$+ x_2x_3x_5 + x_2x_3x_4 + x_1x_4x_5 + x_1x_3x_5 + x_1x_3x_4,$$

$$\frac{ef(x)}{ex_n} = x_4 + x_3 + x_2x_4 + x_2x_3 + x_1x_4 + x_1x_3,$$

$$w_t\left(f(x)\frac{df(x)}{dx_n}\right) = 12 = 2^{n-2} + 2^{n-3} \quad (n=5),$$

$$w_t\left(\frac{ef(x)}{ex_n}\right) = 8 = 2^{n-2} \quad (n=5),$$

$$g(x) = 1 + x_5 + x_3, \quad w_t(g(x)) = 2^{n-1} = 16,$$

$$g(x)f(x)\frac{df(x)}{dx_n} = f(x)\frac{df(x)}{dx_n},$$

$$g(x)\frac{ef(x)}{ex_n} = x_4 + x_4x_5 + x_3x_5 + x_3x_4 + x_2x_4 + x_1x_4 + x_2x_4x_5 + x_2x_3x_5$$

$$+ x_2x_3x_4 + x_1x_4x_5 + x_1x_3x_5 + x_1x_3x_4,$$

$$w_t\left(g(x)\frac{ef(x)}{ex_n}\right) = 4 = 2^{n-3},$$

$$w_t(g(x)) = w_t\left(g(x)f(x)\frac{df(x)}{dx_n}\right) + w_t\left(g(x)\frac{ef(x)}{ex_n}\right),$$

$$g(x) = g(x)f(x)\frac{df(x)}{dx_n} + g(x)\frac{ef(x)}{ex_n},$$

$$g(x)f(x)\frac{df(x)}{dx_n} = f(x)\frac{df(x)}{dx_n},$$

$$w_t\left(g(x)\frac{ef(x)}{ex_n}\right) = 2^{-1}w_t\left(\frac{ef(x)}{ex_n}\right),$$

$$w_t\left(g(x)f(x)\frac{df(x)}{dx_n}\right) > w_t\left(g(x)\frac{ef(x)}{ex_n}\right).$$

在定理 7.2.3 的例后, 曾推测布尔函数的代数免疫阶与布尔函数的代数次数应该是没有相互影响的关系的. 现在, 有了定理 8.1.1 后, 便可对这一问题给予明确的描述和证明. 对此, 给出下面的定理.

定理 8.1.2　设 $f_1(x), f_2(x), f_3(x) \in GF(2)^{GF(2)^{n-1}}$, $x = (x_2\,x_3\,\cdots\,x_n)$. 有

$$\deg\left(f_i(x)\frac{df_i(x)}{dx_n}\right) > \deg\left(\frac{ef_i(x)}{ex_n}\right) \quad (i=1,2,3),$$

$$\deg\left(\frac{ef_i(x)}{ex_n}\right) \geqslant 2 \quad (i=1,2),$$

$$\deg\left(\frac{ef_3(x)}{ex_n}\right) = 1,$$

$$\deg\left(f_1(x)\frac{df_1(x)}{dx_n}\right) > \deg\left(f_2(x)\frac{df_2(x)}{dx_n}\right) > \deg\left(f_3(x)\frac{df_3(x)}{dx_n}\right).$$

又

$$h_1(x') = (1 + x_1)f_1(x) + x_1 f_3(x)(x' = (x_1 x_2 \cdots x_n)),$$

$$h_2(x') = (1 + x_1)f_2(x) + x_1 f_3(x)(x' = (x_1 x_2 \cdots x_n)).$$

则

$$\deg(h_1(x')) > \deg(h_2(x')).$$

但

$$AI(h_1(x')) = AI(h_2(x')).$$

证明 由

$$h_1(x') = (1 + x_1)f_1(x) + x_1 f_3(x)(x' = (x_1 x_2 \cdots x_n)),$$

$$h_2(x') = (1 + x_1)f_2(x) + x_1 f_3(x)(x' = (x_1 x_2 \cdots x_n))$$

和 $f(x) = f(x)\dfrac{df(x)}{dx_n} + \dfrac{ef(x)}{ex_n}$ 有

$$h_i(x')\frac{dh_i(x')}{dx_n} = (1 + x_1)f_i(x)\frac{df_i(x)}{dx_n} + x_1 f_3(x)\frac{df_3(x)}{dx_n} \quad (i = 1, 2),$$

$$\frac{eh_i(x')}{ex_n} = (1 + x_1)\frac{ef_i(x)}{ex_n} + x_1\frac{ef_3(x)}{ex_n} \quad (i = 1, 2).$$

又由于

$$\deg\left(f_i(x)\frac{df_i(x)}{dx_n}\right) > \deg\left(\frac{ef_i(x)}{ex_n}\right) \quad (i = 1, 2, 3),$$

$$\deg\left(f_1(x)\frac{df_1(x)}{dx_n}\right) > \deg\left(f_2(x)\frac{df_2(x)}{dx_n}\right) > \deg\left(f_3(x)\frac{df_3(x)}{dx_n}\right),$$

所以

$$\deg\left(h_1(x')\frac{dh_1(x')}{dx_n}\right) > \deg\left(h_2(x')\frac{dh_2(x')}{dx_n}\right),$$

$$\deg\left(h_i(x')\frac{dh_i(x')}{dx_n}\right) > \deg\left(\frac{eh_1(x')}{ex_n}\right) \quad (i = 1, 2).$$

从而

$$\deg(h_1(x')) > \deg(h_2(x')).$$

又由已知条件, 有

$$\deg\left(f_i(x)\frac{df_i(x)}{dx_n}\right) > \deg\left(\frac{ef_i(x)}{ex_n}\right) \quad (i = 1, 2, 3).$$

由定理 8.1.1 知, $h_i(x)$ 的最低代数次数子函数要在 $\dfrac{eh_i(x')}{ex_n}$ 处求得. 又由已知条件

$$\deg\left(\frac{ef_i(x)}{ex_n}\right) \geqslant 2 \quad (i = 1, 2),$$

$$\deg\left(\frac{ef_3(x)}{ex_n}\right) = 1,$$

便知, $h_1(x')$ 和 $h_2(x')$ 都有最低代数次数子函数, 为

$$g_i(x') = 0 \left\|\frac{ef_3(x)}{ex_n} = x_1 \frac{ef_i(x)}{ex_n} \quad (i = 1, 2).\right.$$

又因 $\deg\left(\dfrac{ef_3(x)}{ex_n}\right) = 1$, 故 $g_i(x')$ 也是 $h_i(x)$ 和 $1 + h_i(x)$ 的最低代数次数化零子, 且有

$$\deg(g_i(x)) = 2 \quad (i = 1, 2).$$

所以

$$AI(h_1(x')) = AI(h_2(x')).$$

定理 8.1.2 证明了两个代数次数不相等的函数, 却有相等的代数免疫阶. 更进一步, 还可以得到如下推论.

推论　设有 $f_1(x), f_2(x) \in GF(2)^{GF(2)^n}$, 且

$$\deg\left(f_1(x)\frac{df_1(x)}{dx_n}\right) > \deg\left(f_2(x)\frac{df_2(x)}{dx_n}\right) > \deg\left(\frac{ef_2(x)}{ex_n}\right) > \deg\left(\frac{ef_1(x)}{ex_n}\right) = 1,$$

则

$$\deg(f_1(x)) > \deg(f_2(x)),$$

$$AI(f_1(x)) > AI(f_2(x)).$$

定理 8.1.2 和推论说明, 布尔函数的导数和 e-导数是决定布尔函数代数免疫阶的关键因素. 但并不能由此得出结论说, 只需要构造只有导数部分不恒为零, 或者只有 e-导数部分不恒为零的布尔函数就可以了. 这是因为导数部分和 e-导数部分还互相影响. 而正是这种导数部分和 e-部分内在的相互影响, 才使得高阶代数免疫和最优代数免疫函数的存在和构造成为可能. 这在 7.2 节、7.3 节中已经看到了. 而结合定理 8.1.2 和推论, 以及第 7 章的内容, 说明抓住导数、e-导数这个关键因素, 将使得求布尔函数最低代数次数零化子及代数免疫阶、寻找并构造最优代数免疫函数和高阶代数免疫函数、研究代数免疫性与其他密码学性质的关系等问题, 变得更为简单, 更容易处理.

例 8.1.2 有 $f_1(x), f_2(x), f_3(x) \in GF(2)^{GF(2)^5}$, $x = (x_2\, x_3\, x_4\, x_5\, x_6)$,

$f_1(x) = x_5 + x_4 + x_3x_4 + x_2x_4 + x_3x_6 + x_2x_6 + x_2x_3x_4 + x_4x_5x_6 + x_3x_5x_6$
$\qquad + x_3x_4x_6 + x_2x_5x_6 + x_2x_4x_6 + x_2x_3x_4x_5x_6,$

$f_1(x)\dfrac{df_1(x)}{dx_6} = x_3x_6 + x_2x_6 + x_4x_5x_6 + x_3x_5x_6 + x_3x_4x_6 + x_2x_5x_6 + x_2x_4x_6$
$\qquad + x_2x_3x_4x_5x_6,$

$\dfrac{ef_1(x)}{ex_6} = x_5 + x_4 + x_3x_4 + x_2x_4 + x_2x_3x_4.$

$f_2(x) = x_6 + x_5 + x_4 + x_2 + x_5x_6 + x_4x_6 + x_4x_5 + x_3x_4 + x_2x_6 + x_2x_5 + x_2x_4$
$\qquad + x_2x_3 + x_3x_4x_6 + x_3x_4x_5 + x_2x_4x_6 + x_2x_4x_5 + x_2x_3x_6 + x_2x_3x_5,$

$f_2(x)\dfrac{df_2(x)}{dx_6} = x_6 + x_5x_6 + x_4x_6 + x_4x_5 + x_2x_6 + x_2x_5 + x_3x_4x_6 + x_3x_4x_5$
$\qquad + x_2x_4x_6 + x_2x_4x_5 + x_2x_3x_6 + x_2x_3x_5,$

$\dfrac{ef_2(x)}{ex_6} = x_5 + x_4 + x_2 + x_3x_4 + x_2x_4 + x_2x_3.$

$f_3(x) = x_6 + x_5 + x_4 + x_5x_6 + x_4x_6 + x_4x_5,$

$f_3(x)\dfrac{df_3(x)}{dx_6} = x_6 + x_5x_6 + x_4x_6 + x_4x_5,$

$\dfrac{ef_3(x)}{ex_6} = x_5 + x_4.$

$h_1(x') = (1 + x_1)f_1(x) + x_1f_3(x),$

$h_1(x')\dfrac{dh_1(x')}{dx_6} = (1 + x_1)f_1(x)\dfrac{df_1(x)}{dx_6} + x_1f_3(x)\dfrac{df_3(x)}{dx_6},$

$\dfrac{eh_1(x')}{ex_6} = (1 + x_1)\dfrac{ef_1(x)}{ex_6} + x_1\dfrac{ef_3(x)}{ex_6}.$

所以
$$g_{h_1}(x') = 0\|f_3(x) \quad \text{且} \ \deg(g_{h_1}(x')) = 2.$$

又有
$$h_2(x') = (1 + x_1)f_2(x) + x_1f_3(x),$$
$$h_2(x')\dfrac{dh_2(x')}{dx_6} = (1 + x_1)f_2(x)\dfrac{df_2(x)}{dx_6} + x_1f_3(x)\dfrac{df_3(x)}{dx_6},$$
$$\dfrac{eh_2(x')}{ex_6} = (1 + x_1)\dfrac{ef_2(x)}{ex_6} + x_1\dfrac{ef_3(x)}{ex_6},$$

所以
$$g_{h_2}(x') = 0\,\|f_3(x)\,, \text{且}\, \deg(g_{h_2}(x')) = 2.$$

所以, 虽然有

$$\deg(h_1(x')) = 6, \deg(h_2(x')) = 4,$$
$$\deg(h_1(x')) > \deg(h_2(x')),$$

但是却有

$$AI(h_1(x')) = AI(h_2(x')) = 2.$$

例 8.1.3 若

$$f_1(x) = x_3 + x_4 + x_2x_5 + x_1x_5 + x_3x_4x_5 + x_2x_4x_5 + x_2x_3x_5 + x_1x_4x_5$$
$$+ x_1x_3x_5 + x_1x_2x_3x_4x_5,$$

$$\frac{ef_1(x)}{ex_5} = x_3 + x_4;$$

$$f_2(x) = x_5 + x_4 + x_3 + x_1 + x_4x_5 + x_3x_5 + x_3x_4 + x_2x_3 + x_1x_5 + x_1x_4 + x_1x_3$$
$$+ x_1x_2 + x_2x_3x_5 + x_2x_3x_4 + x_1x_3x_5 + x_1x_3x_4 + x_1x_2x_5 + x_1x_2x_4,$$

$$\frac{ef_2(x)}{ex_5} = x_4 + x_3 + x_1 + x_2x_3 + x_1x_3 + x_1x_2;$$

$$g_{f_1}(x) = x_3 + x_4, g_{f_2}(x) = x_4 + x_3 + x_1 + x_2x_3 + x_1x_3 + x_1^*x_2.$$

虽然有

$$\deg(f_1(x)) = 5, \quad \deg(f_2(x)) = 3,$$
$$\deg(f_1(x)) > \deg(f_2(x)),$$

但却有

$$AI(f_1(x)) = 1, \quad AI(f_2(x)) = 2,$$
$$AI(f_1(x)) < AI(f_2(x)).$$

定理 8.1.2 和推论说明, 布尔函数的代数次数由函数的导数和 e-导数中代数次数高的一方的代数次数所决定, 而函数的最低代数次数零化子 (或子函数), 可以由代数次数较低的导数或 e-导数决定. 由此可知, 可以构造出代数次数很高的高阶代数免疫或最优代数免疫函数. 如在 7.3 节中, 定理 7.3.1 及推论的例 7.3.1、例 7.3.2 所构造的函数, 就是 $n-1$ 次的、$\frac{n}{2}$ 阶的代数免疫函数, 即高代数次数的最优代数免疫函数. 由于构造出高代数次数的最优代数免疫函数对密码安全是很有意义的, 所以在这里要不加证明地总结成定理 8.1.3.

定理 8.1.3 对 n 元布尔函数

$$f(x) = f(x)\frac{df(x)}{dx_n} + \frac{ef(x)}{ex_n},$$

设 $g(x)$ 为 $f(x)$ 和 $1 + f(x)$ 的最低代数次数零化子.

(1) 若 n 为偶数, 且

$$\deg\left(f(x)\frac{df(x)}{dx_n}\right) = \frac{n}{2}, \quad \deg\left(\frac{ef(x)}{ex_n}\right) = \frac{n}{2},$$

$$2^{n-2} > w_t\left(\frac{ef(x)}{ex_n}\right) > 2^{n-3};$$

或者

$$\deg\left(f(x)\frac{df(x)}{dx_n}\right) > \frac{n}{2}, \quad \deg\left(\frac{ef(x)}{ex_n}\right) = \frac{n}{2},$$

$$2^{n-2} > w_t\left(f(x)\frac{df(x)}{dx_n}\right) > 2^{n-3},$$

则

$$g(x) = f(x)\frac{df(x)}{dx_n}, \quad AI(f(x)) = \frac{n}{2}, \quad \deg(f(x)) > \frac{n}{2};$$

或者

$$g(x) = \frac{ef(x)}{ex_n}, \quad AI(f(x)) = \frac{n}{2}, \quad \deg(f(x)) > \frac{n}{2}.$$

(2) 若 n 为奇数, 且

$$\deg\left(f(x)\frac{df(x)}{dx_n}\right) = \left\lceil\frac{n}{2}\right\rceil, \quad \deg\left(\frac{ef(x)}{ex_n}\right) > \left\lceil\frac{n}{2}\right\rceil,$$

$$2^{n-2} > w_t\left(\frac{ef(x)}{ex_n}\right) > 2^{n-3};$$

或者

$$\deg\left(f(x)\frac{df(x)}{dx_n}\right) > \left\lceil\frac{n}{2}\right\rceil, \quad \deg\left(\frac{ef(x)}{ex_n}\right) = \left\lceil\frac{n}{2}\right\rceil,$$

$$2^{n-2} > w_t\left(f(x)\frac{df(x)}{dx_n}\right) > 2^{n-3},$$

则

$$g(x) = f(x)\frac{df(x)}{dx_n}, \quad AI(f(x)) = \left\lceil\frac{n}{2}\right\rceil, \quad \deg(f(x)) > \left\lceil\frac{n}{2}\right\rceil;$$

或者

$$g(x) = \frac{ef(x)}{ex_n}, \quad AI(f(x)) = \left\lceil\frac{n}{2}\right\rceil, \quad \deg(f(x)) > \left\lceil\frac{n}{2}\right\rceil.$$

8.2 布尔函数的代数免疫性与非线性度

在 8.1 节中可以看到, 由导数和 e-导数分别确定布尔函数的代数免疫阶和函数的代数次数, 便可得到最优代数免疫的高线性复杂度的函数. 这一节将讨论代数免疫性与非线性度之间通过导数和 e-导数能建立什么样的关系.

定理 8.2.1　对布尔函数 $f(x) \in GF(2)^{GF(2)^n}$.

(1) 设 $g_i(x)(i = 1, 2, \cdots, r)$ 是 $1 + f(x)$ 的最低代数次数子函数. 若

$$N_{1+f(x)} = \min_{l(x) \in L_n[x]} w_t(1 + f(x) + l(x)) = w_t(1 + f(x) + l_1(x)),$$

则必定有满足上式的 $l_1(x)(l_1(x) \in Ln[x])$, 有

$$\frac{el_1(x)}{ex_n} \neq 0, \quad \frac{dl_1(x)}{dx_n} \equiv 0.$$

如果 $g_{i_0}(x) \in \{g_i(x)\}$, 有

$$g_{i_0}(x)\, l_1(x)(1 + f(x)) = g_{i_0}(x).$$

则当

$$l_1(x)(1 + f(x)) = l_1(x)\frac{e(1 + f(x))}{ex_n}$$

时, 必有

$$g_{i_0}(x) = \frac{eg_{i_0}(x)}{ex_n}.$$

(2) 设 $g_i(x)(i = 1, 2, \cdots, r)$ 是 $f(x)$ 的最低代数次数子函数. 若

$$N_f = \min_{l(x) \in L_n[x]} w_t(f(x) + l(x)) = w_t(f(x) + l_2(x)),$$

则必定有满足上式的 $l_2(x)(l_2(x) \in L_n[x])$, 有

$$\frac{el_2(x)}{ex_n} \neq 0, \quad \frac{dl_2(x)}{dx_n} \equiv 0.$$

如果 $g_{i_0}(x) \in \{g_i(x)\}$, 有

$$g_{i_0}(x)l_2(x)f(x) = g_{i_0}(x),$$

则当

$$l_2(x)f(x) = l_2(x)\frac{ef(x)}{ex_n}$$

时, 必有

$$g_{i_0}(x) = \frac{eg_{i_0}(x)}{ex_n}.$$

证明 (1) 设 $l_1(x) \in Ln[x]$, 有

$$
\begin{aligned}
N_{1+f(x)} &= \min_{l(x)\in L_n[x]} w_t(1+f(x)+l(x)) \\
&= w_t(1+f(x)) + w_t(l(x)) - 2\max_{l(x)\in L_n[x]} w_t(l(x)(1+f(x))) \\
&= w_t(1+f(x)) + w_t(l_1(x)) - 2w_t(l_1(x)(1+f(x))),
\end{aligned} \tag{8.2.1}
$$

由于 $1 + f(x)$ 任意, 所以可能有

$$
\frac{e(l_1(x)(1+f(x)))}{ex_n} \equiv 0, \quad 或 \quad \frac{e(l_1(x)(1+f(x)))}{ex_n} \neq 0.
$$

如果

$$
\frac{e(l_1(x)(1+f(x)))}{ex_n} \neq 0,
$$

有

$$
\frac{e(l_1(x)(1+f(x)))}{ex_n} = \frac{el_1(x)}{ex_n} \frac{e((1+f(x)))}{ex_n} \neq 0.
$$

所以

$$
\frac{el_1(x)}{ex_n} \neq 0.
$$

所以 $l_1(x)$ 一定不含 x_n 项. 又 $\deg(l_1(x)) = 1$, 故必有

$$
\frac{dl_1(x)}{dx_n} \equiv 0.
$$

定理第一个结论成立.

如果

$$
\frac{e(l_1(x)(1+f(x)))}{ex_n} \equiv 0,
$$

于是必有

$$
l_1(x)(1+f(x)) \frac{d(l_1(x)(1+f(x)))}{dx_n} \neq 0.
$$

否则 $l_1(x)(1+f(x)) \equiv 0$. 又 $\deg(l_1(x)) = 1$, 则

$$
AI(f(x)) = 1.
$$

这与 $f(x)$ 为任意布尔函数矛盾. 所以必有

$$
l_1(x)(1+f(x)) \frac{d(l_1(x)(1+f(x)))}{dx_n} \neq 0.
$$

所以

$$l_1(x)(1+f(x))\left[\frac{dl_1(x)}{dx_n}+\frac{d(1+f(x))}{dx_n}+\frac{dl_1(x)}{dx_n}\frac{d(1+f(x))}{dx_n}\right]\equiv 0, \qquad (8.2.2)$$

如果

$$\frac{dl_1(x)}{dx_n}\equiv 0,$$

则因 $\deg(l_1(x))=1, l_1(x)$ 中不含 x_n 项, 所以有

$$\frac{el_1(x)}{ex_n}=l_1(x)\neq 0.$$

定理第一个结论成立.

如果

$$\frac{dl_1(x)}{dx_n}\neq 0,$$

$l_1(x)$ 必含 x_n 项, 所以 $\dfrac{el_1(x)}{ex_n}\equiv 0$. 但这时由式 (8.2.2), 有

$$l_1(x)(1+f(x))\left[1+\frac{d(1+f(x))}{dx_n}+1\cdot\frac{d(1+f(x))}{dx_n}\right]\equiv 0.$$

所以

$$l_1(x)(1+f(x))\equiv 0.$$

于是 $AI(f(x))=1$. 这与 $f(x)$ 是任意布尔函数矛盾. 所以必有

$$\frac{dl_1(x)}{dx_n}\equiv 0.$$

即 $l_1(x)$ 不含 x_n 项. 所以

$$\frac{el_1(x)}{ex_n}\neq 0.$$

所以, 对任意布尔函数 $f(x)$, 满足 (8.2.1) 式的 $l_1(x)$ 都有

$$\frac{el_1(x)}{ex_n}\neq 0, \qquad \frac{dl_1(x)}{dx_n}\equiv 0.$$

设 $g_i(x)$ 是 $1+f(x)$ 的子函数, 即有

$$g_i(x)(1+f(x))=g_i(x).$$

所以

$$g_i(x)+g_i(x)(1+f(x))\frac{df(x)}{dx_n}+g_i(x)\frac{e(1+f(x))}{ex_n}=0.$$

于是

$$w_t(l_1(x)g_i(x)(1+f(x)))$$
$$= w_t\left(l_1(x)g_i(x)\left(1+(1+f(x))\frac{df(x)}{dx_n}+\frac{e(1+f(x))}{ex_n}\right)\right)$$
$$= \max_{l(x)\in L_n[x]} w_t\left(l(x)g_i(x)\left(1+(1+f(x))\frac{df(x)}{dx_n}+\frac{e(1+f(x))}{ex_n}\right)\right)$$
$$= \max_{l(x)\in L_n[x]} w_t(l(x)g_i(x)(1+f(x))).$$

. $l_1(x)$ 使 $1+f(x)$ 与一次函数 $l(x)$ 的距离最近. 所以, $g_i(x)l_1(x)(1+f(x))$ 和 $g_r(x)l(x)(1+f(x))$ 相比, 也有 $\deg(g_i(x)) \leqslant \deg(g_r(x))$. 又由定理 8.1.1 知 $g_i(x)$ 的结构, 比如为 $g_i(x) = \dfrac{eg_i(x)}{ex_n}$, 而 $\dfrac{dg_i(x)}{dx_n} \equiv 0$. 所以, 对 $g_i(x)l_1(x)(1+f(x))$ 和 $g_r(x)l(x)(1+f(x))$ 相比, 也有 $\deg(g_i(x)) \leqslant \deg(g_r(x))$. 对 $g_i(x) = g_i(x)\dfrac{dg_i(x)}{dx_n}, \dfrac{eg_i(x)}{ex_n} \equiv 0$ 的结构, 也有相同的结果. 所以, 必有 $g_{i_0}(x)(g_{i_0}(x) \in \{g_i(x)\})$ 使

$$g_{i_0}(x)\,l_1(x)(1+f(x)) = g_{i_0}(x), \quad \text{且} \quad \deg(g_{i_0}(x)) = \min_i \deg(g_i(x)).$$

且当

$$l_1(x)(1+f(x)) = l_1(x)\frac{e(1+f(x))}{ex_n}$$

时, 有 $g_{i_0}(x) \in l_1(x)\dfrac{e(1+f(x))}{ex_n}$. 所以

$$g_{i_0}(x) = \frac{eg_{i_0}(x)}{ex_n}.$$

(2) 的证明与 (1) 的证明相同, 不再赘述.

定理 8.2.1 说明, 布尔函数的最低代数次数子函数 (相应的最低代数次数零化子) 可以借助求非线性度求得. 但定理 8.2.1 只是充分性定理, 没有必要性. 因此, 利用定理 8.2.1 求得的布尔函数的最低代数次数零化子不是唯一的最低代数次数零化子. 定理 8.2.1 的好处在于它使得求最低代数次数零化子的工作变得有章可循, 变得也较为容易了, 也指出了布尔函数最低代数次数零化子和非线性度之间的一定联系.

例 8.2.1 6 元布尔函数 $f(x)$,

$$f(x) = x_1x_2 + x_1x_4 + x_2x_6 + x_3x_5 + x_4x_5 + x_1x_2x_3 + x_2x_4x_5,$$
$$\frac{e(1+f(x))}{ex_n} = 1 + x_2 + x_4x_5 + x_3x_5 + x_1x_4 + x_2x_4x_5 + x_2x_3x_5 + x_1x_2x_4,$$
$$N_{1+f} = w_t((1+f(x))+l_1(x)) = 2^{n-1} - 2^{\frac{n}{2}-1} = 28,$$

$$l_1(x) = 1 + x_2,$$

$$l_1(x)(1 + f(x)) = \frac{e(1 + f(x))}{ex_n},$$

$$g_{i_0}(x) = \frac{e(1 + f(x))}{ex_n},$$

且有

$$AI(f(x)) = 3.$$

例 8.2.2　有 5 元布尔函数 $f(x)$,

$$f(x) = x_5 + x_2 + x_1 + x_3x_5 + x_3x_4 + x_2x_4 + x_1x_4 + x_2x_3x_4$$
$$+ x_1x_4x_5 + x_1x_2x_3x_5 + x_1x_2x_3x_4,$$

$$\frac{ef(x)}{ex_5} = x_3x_4 + x_2x_3 + x_1x_3,$$

$$f(x)\frac{df(x)}{dx_5} = x_5 + x_2 + x_1 + x_3x_5 + x_2x_4 + x_2x_3 + x_1x_4 + x_1x_3$$
$$+ x_2x_3x_4 + x_1x_4x_5 + x_1x_2x_3x_5 + x_1x_2x_3x_4,$$

$$l_1(x) = x_4 + x_2 + x_1,$$

$$N_f = w_t(f(x) + l_1(x)) = 2^{n-2} + 2^{n-4} = 10,$$

有

$$g_{i_0}(x) = x_3x_4 + x_2x_3 + x_1x_3,$$

$$g_{i_0}(x)l_1(x)f(x) = g_{i_0}(x),$$

$$g_{i_0}(x) = \frac{ef(x)}{ex_5},$$

且

$$AI(f(x)) = 2.$$

对例 8.2.2, 尚可求得

$$l_2(x) = x_5 + x_2 + x_1,$$

有

$$N_f = w_t(f(x) + l_2(x)) = 2^{n-2} + 2^{n-4} = 10.$$

但没有某最低代数次数子函数 $g_i(x)$ 使

$$g_i(x)\, l_2(x) f(x) = g_i(x).$$

可知, 根据定理 8.2.1 来求最低代数次数零化子 (或相应的子函数) 时, 要通过多个可能的 $l_i(x)$ 来寻找.

从定理 8.2.1 可看到, 通过求非线性度得到的 1 次函数与布尔函数本身的关系, 可以较方便地求最低代数次数化零子, 但这一点并不意味着代数免疫阶与非线性度之间有相互影响的关系. 下面的定理 8.2.2 将证明, 有相同代数免疫阶的函数可能有不同的非线性度.

定理 8.2.2 存在有代数免疫阶相等, 但有不相等非线性度的布尔函数.

证明 设布尔函数 $f_1(x), f_2(x) \in GF(2)^{GF(2)^n}$, 有

$$f_i(x) = f_i(x)\frac{df_i(x)}{dx_n} + \frac{ef_i(x)}{ex_n} \quad (i=1,2).$$

由定理 7.3.3、定理 7.3.4 知, 可选取

$$f_1(x)\frac{df_1(x)}{dx_n} = f_2(x)\frac{df_2(x)}{dx_n},$$

且由定理 7.3.1 ~ 定理 7.3.4 知, 可取

$$\deg\left(f_i(x)\frac{df_i(x)}{dx_n}\right) = \left\lceil\frac{n}{2}\right\rceil \quad (i=1,2),$$

$$w_t\left(f_i(x)\frac{df_i(x)}{dx_n}\right) = 2^{n-2} \quad (i=1,2),$$

$$\frac{df_i(x)}{dx_n} = x_{\lceil\frac{n}{2}\rceil} \quad (i=1,2).$$

可知 $f_i(x)\dfrac{df_i(x)}{dx_n}$ 没有代数次数不大于 $\left\lceil\dfrac{n}{2}\right\rceil$ 的子函数. 由于当 $w_t\left(\dfrac{ef_i(x)}{ex_n}\right) = 2^{n-2} - 2^{\lceil\frac{n}{2}\rceil-1}$ 时, 可以使 $\deg\left(\dfrac{ef_i(x)}{ex_n}\right) = \left\lceil\dfrac{n}{2}\right\rceil$, 且 $\dfrac{ef_i(x)}{ex_n}$ 无次数小于 $\left\lceil\dfrac{n}{2}\right\rceil$ 的子函数, 所以, 可选取 $\dfrac{ef_1(x)}{ex_n}$ 和 $\dfrac{ef_2(x)}{ex_n}$ 使

$$2^{n-2} - 2^{\lceil\frac{n}{2}\rceil-1} > w_t\left(\frac{ef_1(x)}{ex_n}\right) > w_t\left(\frac{ef_2(x)}{ex_n}\right) \geqslant 2^{n-3},$$

且

$$\deg\left(\frac{ef_1(x)}{ex_n}\right) > \deg\left(\frac{ef_2(x)}{ex_n}\right) > \left\lceil\frac{n}{2}\right\rceil.$$

同样, $\dfrac{ef_1(x)}{ex_n}$ 和 $\dfrac{ef_2(x)}{ex_n}$ 都没有代数次数不大于 $\left\lceil\dfrac{n}{2}\right\rceil$ 的子函数, 而且由 $f_i(x)\dfrac{df_i(x)}{dx_n}$ 的构成知, $f(x)$ 和 $1+f(x)$ 也没有代数次数小于 $\left\lceil\dfrac{n}{2}\right\rceil$ 的子函数. 所以有

$$AI(f_1(x)) = AI(f_2(x)) = \left\lceil\frac{n}{2}\right\rceil.$$

又由 $f_i(x)$ 的构成知

$$2^{n-1} - 2^{\lceil \frac{n}{2} \rceil - 1} > N_{f_1} > N_{f_2}.$$

即 $f_1(x)$ 和 $f_2(x)$ 是 2 个非线性度不相等的最优代数免疫函数.

从定理 8.2.2 的证明中可以看到, 证明中的 $f_1(x)$ 和 $f_2(x)$ 是因 e-导数重量的不同而致定理 8.2.2 结果成立. 而如果让 $f_1(x)$ 和 $f_2(x)$ 的 e-导数的重量不变, 只让 $f_1(x)$ 的 e-导数的某相邻 2 个值移动一下位置, 变为 $f_2(x)$ 的 e-导数值, 那么 $f_1(x)$ 和 $f_2(x)$ 就会成为两个非线性度相等的最优代数免疫函数. 这可以作为定理 8.2.2 的推论.

推论　存在非线性度相等、代数免疫阶最优的布尔函数.

例 8.2.3　有 6 元布尔函数 $f_1(x)$ 和 $f_2(x)$, 使得

$$f_1(x) = x_3x_6 + x_2x_5 + x_1x_4x_5 + x_1x_3x_4 + x_1x_2x_4 + x_1x_2x_3 + x_1x_3x_4x_5$$
$$+ x_1x_2x_4x_5 + x_1x_2x_3x_4 + x_1x_2x_3x_4x_5,$$

$$f_1(x)\frac{df_1(x)}{dx_6} = x_3x_6 + x_2x_3x_5 + x_1x_3x_4 + x_1x_2x_3,$$

$$\frac{ef_1(x)}{ex_6} = x_2x_5 + x_2x_3x_5 + x_1x_4x_5 + x_1x_2x_4 + x_1x_3x_4x_5 + x_1x_2x_4x_5$$
$$+ x_1x_2x_3x_4 + x_1x_2x_3x_4x_5,$$

有

$$w_t(f_1(x)) = 2^{n-2} + 2^{n-3} + 2^{\frac{n}{2}-2},$$

$$w_t\left(f_1(x)\frac{df_1(x)}{dx_6}\right) = 2^{n-2},$$

$$w_t\left(\frac{ef_1(x)}{ex_6}\right) = 2^{n-3} + 2^{\frac{n}{2}-2},$$

$$\deg(f_1(x)) = \deg\left(\frac{ef_1(x)}{ex_6}\right) = n - 1 = 5,$$

$$\deg\left(f_1(x)\frac{df_1(x)}{dx_6}\right) = \frac{n}{2} = 3,$$

$$AI(f_1(x)) = \frac{n}{2} = 3,$$

$$N_{f_1} = w_t(f_1(x) + x_2) = 2^{n-1} - 2^{\frac{n}{2}} + 2^{\frac{n}{2}-2} = 26,$$

于是

$$f_2(x) = x_3x_6 + x_2x_5 + x_1x_3x_4 + x_1x_2x_4 + x_1x_2x_3 + x_1x_2x_3x_4,$$

$$f_2(x)\frac{df_2(x)}{dx_6} = f_1(x)\frac{df_1(x)}{dx_6} = x_3x_6 + x_2x_3x_5 + x_1x_3x_4 + x_1x_2x_3,$$

$$\frac{ef_2(x)}{ex_6} = x_2x_5 + x_2x_3x_5 + x_1x_2x_4 + x_1x_2x_3x_4.$$

有

$$w_t(f_2(x)) = 2^{n-2} + 2^{n-3},$$

$$w_t\left(\frac{ef_2(x)}{ex_6}\right) = 2^{n-3},$$

$$\deg(f_2(x)) = \deg\left(\frac{ef_2(x)}{ex_n}\right) = n - 2 = 4,$$

$$\deg\left(f_2(x)\frac{df_2(x)}{dx_6}\right) = \frac{n}{2} = 3,$$

$$AI(f_2(x)) = \frac{n}{2} = 3,$$

$$N_{f_2} = w_t(f_2(x) + x_2) = 2^{n-1} - 2^{\frac{n}{2}} = 24.$$

所以

$$w_t(f_1(x)) > w_t(f_2(x)), \quad \deg(f_1(x)) > \deg(f_2(x)),$$

$$AI(f_1(x)) = AI(f_2(x)) = \frac{n}{2} = 3, \quad 2^{n-1} - 2^{\frac{n}{2}-1} > N_{f_1} > N_{f_2} > 2^{n-2}.$$

例 8.2.3 中的 $f_1(x)$ 和 $f_2(x)$ 是 2 个非线性度不相等的最优代数免疫函数, 而且 $f_1(x)$ 和 $f_2(x)$ 的非线性度都很高, 并且 $f_1(x)$ 和 $f_2(x)$ 的代数次数也很高.

从定理 8.2.2 及例 8.2.3 中可以看到, 利用导数和 e-导数, 可以得到非线性度不同但非线性度都很高, 代数次数不同但代数次数都很高, 同为最优代数免疫的不同的布尔函数. 同样的道理, 如果不改变导数部分, 只对 e-导数部分适当增加重量, 可以得到最优代数免疫的平衡布尔函数.

在定义 7.2.1 中, 定义了布尔函数 $f(x)$ 的子函数的概念. n 元布尔函数 $f(x)$ 的子函数仍是 n 元函数, 这并不是将布尔函数的某一小段构成的元数少于 n 的函数的称呼, 而这一小段往往是构成布尔函数子函数的关键. 如在定理 7.3.1、定理 7.3.2 处, 已碰到过这样的情形. 下面给出最优代数免疫的平衡布尔函数的定理 8.2.3, 该定理的证明也要碰到上述情形. 现在给出存在最优代数免疫平衡布尔函数的定理 8.2.3.

定理 8.2.3 设有布尔函数 $f(x) \in GF(2)^{GF(2)^n}$, 且

$$w_t\left(f(x)\frac{df(x)}{dx_n}\right) = 2^{n-2},$$

$$w_t\left(f(x)\frac{\partial\left(f(x)\frac{df(x)}{dx_n}\right)}{\partial(x_1x_2\cdots x_n)}\right)=2^{n-1},$$

$$w_t\left(\frac{ef(x)}{ex_n}\right)=2^{n-2},$$

$$w_t\left(\frac{\partial\left(\frac{ef(x)}{ex_n}\right)}{\partial(x_1x_2\cdots x_n)}\right)=2^{n-1},$$

则 $f(x)$ 是最优代数免疫平衡布尔函数, 且有

$$\deg(f(x))=\frac{n}{2}+1,$$

$$N_f=w_t(f(x)+l_0(x))=2^{n-1}-2^{\lceil\frac{n}{2}\rceil}\quad(\text{其中 } l_0(x)=x_{n-1}+x_{n-2}).$$

证明　由于

$$w_t\left(f(x)\frac{df(x)}{dx_n}\right)=2^{n-2},\quad w_t\left(f(x)\frac{\partial\left(f(x)\frac{df(x)}{dx_n}\right)}{\partial(x_1x_2\cdots x_n)}\right)=2^{n-1},$$

所以由定理 7.3.1 和定理 7.3.2 可知, 存在以 $\left\lceil\frac{n}{2}\right\rceil$ 元函数

$$h(x^*)=h(x^*)\frac{dh(x^*)}{dx_n}=x_{\lceil\frac{n}{2}\rceil}x_n$$

为 $\left\lceil\frac{n}{2}\right\rceil$ 元子函数, 且 $\deg\left(f(x)\frac{df(x)}{dx_n}\right)=\left\lceil\frac{n}{2}\right\rceil$ 的导数部分函数为 $f(x)\frac{df(x)}{dx_n}$. 这个 $f(x)\frac{df(x)}{dx_n}$ 即取为 $f(x)$ 的导数部分函数.
　　由于取

$$w_t\left(\frac{ef(x)}{ex_n}\right)=2^{n-2},$$

$$w_t\left(\frac{\partial\left(\frac{ef(x)}{ex_n}\right)}{\partial(x_1x_2\cdots x_n)}\right)=2^{n-1},$$

于是, 取 $\left\lceil\frac{n}{2}\right\rceil$ 元函数

$$h'(x^*)=\frac{eh'(x^*)}{ex_n}=x_{n-1}+x_{n-2}+x_{\lceil\frac{n}{2}\rceil}x_{n-1}+x_{\lceil\frac{n}{2}\rceil}x_{n-2}$$

为 $\left\lceil\dfrac{n}{2}\right\rceil$ 元子函数. 在无 $f(x)\dfrac{df(x)}{dx_n}$ 且属 $\dfrac{ef(x)}{ex_n}$ 的各段构造 1 次子函数, 可得 $\dfrac{ef(x)}{ex_n}$ 有

$$w_t\left(\frac{ef(x)}{ex_n}\right) = 2^{n-2}, \quad \deg\left(\frac{ef(x)}{ex_n}\right) = \frac{n}{2}+1,$$

且

$$N_{\frac{ef}{ex_n}} = \min_{l(x)\in L_n[x]} w_t\left(\frac{ef(x)}{ex_n}+l(x)\right).$$
$$= w_t\left(\frac{ef(x)}{ex_n}+x_{n-1}+x_{n-2}\right)$$
$$= 2^{n-1} - 2^{\left\lceil\frac{n}{2}\right\rceil}.$$

由于

$$w_t\left(f(x)\frac{df(x)}{dx_n}\right) = 2^{n-2}, \quad w_t\left(\frac{\partial\left(\frac{ef(x)}{ex_n}\right)}{\partial(x_1 x_2 \cdots x_n)}\right) = 2^{n-1},$$

所以

$$N_{f\frac{df}{dx_n}} = w_t\left(f(x)\frac{df(x)}{dx_n}+x_{n-1}+x_{n-2}\right) = 2^{n-1}.$$

因此

$$N_f = \min_{l(x)\in L_n[x]} w_t(f(x)+l(x))$$
$$= w_t(f(x)+x_{n-1}+x_{n-2})$$
$$= w_t\left(f(x)\frac{df(x)}{dx_n}+x_{n-1}+x_{n-2}\right)+w_t\left(\frac{ef(x)}{ex_n}+x_{n-1}+x_{n-2}\right)-w_t(x_{n-1}+x_{n-2})$$
$$= 2^{n-1} - 2^{\left\lceil\frac{n}{2}\right\rceil}.$$

又由于 $\dfrac{ef(x)}{ex_n}$ 以 $h'(x^*)$ 为 $\left\lceil\dfrac{n}{2}\right\rceil$ 元子函数, 且 $\deg\left(\dfrac{ef(x)}{ex_n}\right) = \dfrac{n}{2}+1$, 所以, $f(x)\dfrac{df(x)}{dx_n}$ 是 $1+f(x)$ 的最低代数次数零化子.

由 $f(x)\dfrac{df(x)}{dx_n}$ 和 $\dfrac{ef(x)}{ex_n}$ 的结构可知, $(1+f(x))\dfrac{df(x)}{dx_n}$ 必为 $f(x)$ 的最低代数次数零化子, 且 $\deg\left((1+f(x))\dfrac{df(x)}{dx_n}\right) = \left\lceil\dfrac{n}{2}\right\rceil$. 所以

$$AI(f(x)) = \left\lceil\frac{n}{2}\right\rceil.$$

所以, $f(x)$ 是代数次数为 $\dfrac{n}{2}+1$ 次、非线性度为 $2^{n-1}-2^{\lceil\frac{n}{2}\rceil}$ 的、最优代数免疫的平衡布尔函数.

从定理 8.2.3 可以看到, 利用导数和 e-导数, 可以得到代数次数高 $\left(\dfrac{n}{2}+1\text{次}\right)$、非线性度很高 $(2^{n-1}-2^{\lceil\frac{n}{2}\rceil}$. 若 n 为偶数, 则 $2^{n-1}-2^{\frac{n}{2}}$ 已很接近布尔函数的最高非线性度 $2^{n-1}-2^{\frac{n}{2}-1}$ 了)、代数免疫阶最高 $\left(\left\lceil\dfrac{n}{2}\right\rceil\right)$ 的、平衡的、具有多个良好密码学性质的布尔函数. 显示出了利用导数和 e-导数来研究布尔函数密码学性质的优点.

例 8.2.4　有 8 元布尔函数 $f_1(x)$ 和 $f_2(x)$.

$$
\begin{aligned}
f_1(x) = {} & x_7 + x_6 + x_4x_8 + x_4x_7 + x_4x_6 + x_3x_6 + x_2x_7 \\
& + x_1x_7 + x_1x_6 + x_1x_5 + x_3x_4x_7 + x_3x_4x_6 \\
& + x_2x_4x_7 + x_2x_4x_6 + x_2x_3x_7 + x_2x_3x_6 + x_1x_4x_7 + x_1x_4x_6 \\
& + x_1x_3x_7 + x_1x_3x_6 + x_1x_2x_7 + x_1x_2x_6 + x_2x_3x_4x_7 \\
& + x_2x_3x_4x_6 + x_1x_3x_4x_7 + x_1x_3x_4x_6 + x_1x_2x_4x_7 \\
& + x_1x_2x_4x_6 + x_1x_2x_3x_7 + x_1x_2x_3x_6 + x_1x_2x_3x_4 \\
& + x_1x_2x_3x_4x_7 + x_1x_2x_3x_4x_6,
\end{aligned}
$$

$$
f_1(x)\frac{df_1(x)}{dx_n} = x_4x_8 + x_3x_4x_7 + x_2x_4x_6 + x_1x_4x_5 + x_1x_2x_3x_4,
$$

$$
\begin{aligned}
\frac{ef_1(x)}{ex_n} = {} & x_7 + x_6 + x_4x_7 + x_4x_6 + x_3x_6 + x_2x_7 + x_1x_7 \\
& + x_1x_6 + x_1x_5 + x_3x_4x_6 + x_2x_4x_7 + x_2x_3x_7 \\
& + x_2x_3x_6 + x_1x_4x_7 + x_1x_4x_6 + x_1x_4x_5 \\
& + x_1x_3x_7 + x_1x_3x_6 + x_1x_2x_7 + x_1x_2x_6 \\
& + x_2x_3x_4x_7 + x_2x_3x_4x_6 + x_1x_3x_4x_7 \\
& + x_1x_3x_4x_6 + x_1x_2x_4x_7 + x_1x_2x_4x_6 \\
& + x_1x_2x_3x_7 + x_1x_2x_3x_6 + x_1x_2x_3x_4x_7 \\
& + x_1x_2x_3x_4x_6,
\end{aligned}
$$

有

$$
\deg(f_1(x)) = \deg\left(\frac{ef_1(x)}{ex_n}\right) = 5.
$$

$f_1(x)$ 的最低代数次数子函数也是 $1+f_1(x)$ 的最低代数次数零化子, 也是 $1+f_1(x)$ 和 $f_1(x)$ 的 1 个最低代数次数零化子, 为

$$
g_1(x) = f_1(x)\frac{df_1(x)}{dx_n},
$$

$$g_2(x) = x_7 + x_6 + x_4x_7 + x_4x_6 + x_3x_7 + x_3x_6 + x_2x_7$$
$$+ x_2x_6 + x_1x_7 + x_1x_6 + x_3x_4x_7 + x_3x_4x_6$$
$$+ x_2x_4x_7 + x_2x_4x_6 + x_1x_4x_7 + x_1x_4x_6$$
$$+ x_1x_3x_7 + x_1x_3x_6 + x_1x_2x_7 + x_1x_2x_6$$
$$+ x_1x_3x_4x_7 + x_1x_3x_4x_6 + x_1x_2x_4x_7$$
$$+ x_1x_2x_4x_6,$$
$$\deg(g_1(x)) = \deg(g_2(x)) = 4 = \frac{n}{2},$$
$$AI(f_1(x)) = \frac{n}{2} = 4.$$

又有

$$w_t(f_1(x)) = w_t\left(f_1(x)\frac{df_1(x)}{dx_n}\right) + w_t\left(\frac{ef_1(x)}{ex_n}\right)$$
$$= 2^{n-2} + 2^{n-2}$$
$$= 2^{n-1},$$

所以 $f_1(x)$ 是最优代数免疫的平衡布尔函数.

又有

$$N_{f_1}(x) = \min_{l(x)\in L_n[x]} w_t(f_1(x) + l(x))$$
$$= w_t(f_1(x) + l_0(x))$$
$$= 2^{n-1} - 2^{\frac{n}{2}}$$
$$= 112 \quad (其中 l_0(x) = x_7 + x_6),$$

$f_1(x)$ 的非线性度也是高的.

所以 $f_1(x)$ 是一个高代数次数、高非线性度的、最优代数免疫的、平衡的布尔函数. 这也说明, 布尔函数的非线性度、代数次数对布尔函数的代数免疫阶没有实质性的影响.

对 $f_2(x)$, 有

$$f_2(x) = x_7 + x_6 + x_4x_8 + x_4x_7 + x_4x_6 + x_3x_6 + x_1x_7$$
$$+ x_1x_6 + x_1x_5 + x_3x_4x_6 + x_2x_4x_6 + x_2x_3x_6$$
$$+ x_1x_4x_7 + x_1x_4x_6 + x_1x_3x_7 + x_1x_3x_6 + x_1x_2x_6$$
$$+ x_1x_3x_4x_6 + x_1x_2x_4x_7 + x_1x_2x_4x_6 + x_1x_2x_4x_5$$
$$+ x_1x_2x_3x_6 + x_1x_2x_3x_4 + x_1x_2x_3x_4x_7 + x_1x_2x_3x_4x_5,$$
$$f_2(x)\frac{df_2(x)}{dx_n} = x_4x_8 + x_2x_4x_6 + x_1x_4x_5 + x_2x_3x_4x_6 + x_1x_3x_4x_7$$

$$+ x_1x_2x_4x_7 + x_1x_2x_4x_5 + x_1x_2x_3x_4$$

$$+ x_1x_2x_3x_4x_7 + x_1x_2x_3x_4x_6 + x_1x_2x_3x_4x_5,$$

$$\frac{ef_2(x)}{ex_n} = x_7 + x_6 + x_4x_7 + x_4x_6 + x_3x_6 + x_1x_7 + x_1x_6 + x_1x_5$$

$$+ x_3x_4x_6 + x_2x_3x_6 + x_1x_4x_7 + x_1x_4x_6 + x_1x_4x_5$$

$$+ x_1x_3x_7 + x_1x_3x_6 + x_1x_2x_6 + x_2x_3x_4x_6 + x_1x_3x_4x_7$$

$$+ x_1x_3x_4x_6 + x_1x_2x_4x_6 + x_1x_2x_3x_6 + x_1x_2x_3x_4x_6,$$

故

$$\deg(f_2(x)) = \deg\left(f_2(x)\frac{df_2(x)}{dx_n} \right) = \deg\left(\frac{ef_2(x)}{ex_n} \right) = 5.$$

$f_2(x)$ 的最低代数次数子函数也是 $1 + f_2(x)$ 的最低代数次数零化子, 也是 $1 + f_2(x)$ 和 $f_2(x)$ 的 1 个最低代数次数零化子, 为

$$g(x) = 0 \,\|\,(x_7 + x_6 + x_4x_7 + x_4x_6)\,\|\,0$$

$$= x_1x_2x_7 + x_1x_2x_6 + x_1x_2x_4x_7 + x_1x_2x_4x_6,$$

$$\deg(g(x)) = 4 = \frac{n}{2},$$

$$AI(f_2(x)) = \frac{n}{2} = 4.$$

又有

$$w_t(f_2(x)) = w_t\left(f_2(x)\frac{df_2(x)}{dx_n} \right) + w_t\left(\frac{ef_2(x)}{ex_n} \right)$$

$$= 2^{n-2} + 2^{n-2}$$

$$= 2^{n-1},$$

所以, $f_2(x)$ 是最优代数免疫的平衡布尔函数.

又有

$$N_{f_2(x)} = \min_{l(x)\in L_n[x]} w_t(f_2(x) + l(x))$$

$$= w_t(f_2(x) + l_{0i}(x))(i = 1, 2)$$

$$= 104,$$

其中 $l_{01}(x) = x_8$, $l_{02}(x) = x_7 + x_6$. $f_2(x)$ 的非线性度比较低了.

和 $f_1(x)$ 相比, $f_2(x)$ 和 $f_1(x)$ 有着相同的较高代数次数, 均为 $\frac{n}{2}+1 = 5$ 次函数, 都是平衡布尔函数, 都是最优代数免疫函数, 都有最高代数免疫阶 $\frac{n}{2} = 4$ 阶,

但 $f_2(x)$ 的非线性度为 $2^{n-1} - 2^{\frac{n}{2}} - 2^{\frac{n}{2}-1} = 104$, 远小于 $f_1(x)$ 的非线性度. 这说明布尔函数非线性度的高低对布尔函数代数免疫阶的高低没有实质性的影响. 这里所说没有实质性的影响的原因, 是因为布尔函数 $f(x)$ 的非线性度与代数免疫性还是有 Lobanov 界的关系, 只是关系不是很紧密 $\left(f(x) 为 n 元函数, AI(f(x)) = d, \right.$
则 $\left. N_f \geqslant 2^{n-1} - \sum_{i=d-1}^{n-d} C_{n-1}^i \right)$.

如果直接给出 n 元布尔函数 $f(x)$ 的导数部分 $f(x)\dfrac{df(x)}{dx_n}$, 且能构造出 $f(x)$ 是最优代数免疫、较高代数次数、高非线性度的平衡函数, 那么这种函数既有意义, 又很清楚. 这就更能体现导数和 e-导数在研究函数代数免疫性时所能发挥的无法替代的作用.

定理 8.2.4 设 n 为偶数, 则存在 n 元布尔函数 $f(x) \in GF(2)^{GF(2)^n}$,

$$f(x) = f(x)\frac{df(x)}{dx_n} + \frac{ef(x)}{ex_n},$$

$f(x)$ 为 $w_t\left(f(x)\dfrac{df(x)}{dx_n}\right) = 2^{n-2}$ 的、高代数次数的、高非线性度的、平衡的最优代数免疫函数.

证明 取

$$f(x)\frac{df(x)}{dx_n} = x_{\frac{n}{2}}x_n + x_{\frac{n}{2}-1}x_{\frac{n}{2}}x_{n-1} + x_{\frac{n}{2}-2}x_{\frac{n}{2}}x_{n-2} + \cdots + x_2 x_{\frac{n}{2}}x_{\frac{n}{2}+2}$$

$$+ x_1 x_{\frac{n}{2}}x_{\frac{n}{2}+1} + x_1 x_2 \cdots x_{\frac{n}{2}-2}x_{\frac{n}{2}-1}x_{\frac{n}{2}},$$

则有

$$\deg\left(f(x)\frac{df(x)}{dx_n}\right) = \frac{n}{2}, \quad w_t\left(f(x)\frac{df(x)}{dx_n}\right) = 2^{n-2}.$$

取 $l_0(x) = x_{\frac{n}{2}} + x_{\frac{n}{2}-1}$, 有

$$N_{f\frac{df}{dx_n}} = \min_{l(x) \in Ln[x]} w_t\left(f(x)\frac{df(x)}{dx_n} + l(x)\right)$$

$$= w_t\left(f(x)\frac{df(x)}{dx_n} + l_0(x)\right) = 2^{n-1}.$$

由于要满足 $w_t(f(x)) = 2^{n-1}$ 及为高代数次数 $f(x)$ 的要求, 故可取

$$\frac{ef(x)}{ex_n} = x_{\frac{n}{2}-1} + x_{\frac{n}{2}-1}x_{\frac{n}{2}} + x_{\frac{n}{2}-2}(x_{\frac{n}{2}-1} + x_{\frac{n}{2}-1}x_{\frac{n}{2}} + x_{n-2} + x_{\frac{n}{2}}x_{n-2} + x_{\frac{n}{2}-1}x_{n-1}$$

$$+ x_{\frac{n}{2}-1}x_{\frac{n}{2}}x_{n-1}) + x_{\frac{n}{2}-3}(x_{\frac{n}{2}-1} + x_{\frac{n}{2}-1}x_{\frac{n}{2}} + x_{\frac{n}{2}-2}(x_{\frac{n}{2}-1} + x_{\frac{n}{2}-1}x_{\frac{n}{2}}$$

$$+ x_{\frac{n}{2}-1}x_{n-1} + x_{\frac{n}{2}-1}x_{\frac{n}{2}}x_{n-1}) + x_{n-3} + x_{\frac{n}{2}}x_{n-3} + x_{\frac{n}{2}-1}x_{n-1}$$

$$+ x_{\frac{n}{2}-1} x_{\frac{n}{2}} x_{n-1}) + \cdots + x_1 (x_{\frac{n}{2}-1} + x_{\frac{n}{2}-1} x_{\frac{n}{2}} + x_{\frac{n}{2}-2} (x_{\frac{n}{2}-1} + x_{\frac{n}{2}-1} x_{\frac{n}{2}}$$

$$+ x_{\frac{n}{2}-1} x_{n-1} + x_{\frac{n}{2}-1} x_{\frac{n}{2}} x_{n-1}) + x_{\frac{n}{2}-3} (x_{\frac{n}{2}-1} + x_{\frac{n}{2}-1} x_{\frac{n}{2}} + x_{\frac{n}{2}-2} (x_{\frac{n}{2}-1}$$

$$+ x_{\frac{n}{2}-1} x_{\frac{n}{2}} + x_{\frac{n}{2}-1} x_{n-1} + x_{\frac{n}{2}-1} x_{\frac{n}{2}} x_{n-1}) + x_{\frac{n}{2}-1} x_{n-1} + x_{\frac{n}{2}-1} x_{\frac{n}{2}} x_{n-1})$$

$$+ \cdots + x_2 (x_{\frac{n}{2}-1} + x_{\frac{n}{2}-1} x_{\frac{n}{2}} + x_{\frac{n}{2}-2} (x_{\frac{n}{2}-1} + x_{\frac{n}{2}-1} x_{\frac{n}{2}} + x_{\frac{n}{2}-1} x_{n-1}$$

$$+ x_{\frac{n}{2}-1} x_{\frac{n}{2}} x_{n-1}) + \cdots + x_{\frac{n}{2}+1} + x_{\frac{n}{2}} x_{\frac{n}{2}+1} + x_{\frac{n}{2}-1} x_{n-1} + x_{\frac{n}{2}-1} x_{\frac{n}{2}} x_{n-1}),$$

于是

$$w_t \left(\frac{ef(x)}{ex_n} \right) = 2^{n-2},$$

$$\deg \left(\frac{ef(x)}{ex_n} \right) = \deg(x_1 x_2 \cdots x_{\frac{n}{2}-1} x_{\frac{n}{2}} x_{n-1}) = \frac{n}{2} + 1.$$

所以

$$w_t(f(x))$$
$$= w_t \left(f(x) \frac{df(x)}{dx_n} \right) + w_t \left(\frac{ef(x)}{ex_n} \right) - 2 w_t \left(f(x) \frac{df(x)}{dx_n} \frac{ef(x)}{ex_n} \right)$$
$$= 2^{n-1},$$

$$\deg(f(x)) = \deg \left(\frac{ef(x)}{ex_n} \right) = \frac{n}{2} + 1,$$

即 $f(x)$ 是 $\frac{n}{2} + 1$ 次的平衡布尔函数.

$1 + x_n$ 是 $1 + f(x) \dfrac{df(x)}{dx_n}$ 的, 也是 $1 + f(x)$ 的 $\frac{n}{2} + 1$ 元子函数, 也是 $1 + f(x) \dfrac{df(x)}{dx_n}$ 和 $1 + f(x)$ 的 $\frac{n}{2} + 1$ 元最低代数次数子函数, 且最低代数次数为 1 次. 所以, $1 + x_n$ 与 0 作 $\frac{n}{2} - 1$ 次级联的级联函数 $(1 + x_n) \| 0 \| 0 \| 0 \| \cdots \| 0 \| 0$ 是 $1 + f(x) \dfrac{df(x)}{dx_n}$ 的, 也是 $1 + f(x)$ 的 n 元最低代数次数子函数, 即最低代数次数子函数为

$$g_1(x) = 1 + x_n + x_{\frac{n}{2}-1}(1 + x_n) + x_{\frac{n}{2}-2}(1 + x_n + x_{\frac{n}{2}-1}(1 + x_n))$$
$$+ x_{\frac{n}{2}-3}(1 + x_n + x_{\frac{n}{2}-1}(1 + x_n) + x_{\frac{n}{2}-2}(1 + x_n + x_{\frac{n}{2}-1}(1 + x_n)))$$
$$+ \cdots + x_1(1 + x_n + x_{\frac{n}{2}-1}(1 + x_n) + x_{\frac{n}{2}-2}(1 + x_n + x_{\frac{n}{2}-1}(1 + x_n))$$
$$+ \cdots + x_{\frac{n}{2}-1}(1 + x_n) \underbrace{) \cdots)}_{\frac{n}{2}-3 \text{个})} + x_{\frac{n}{2}-2}(1 + x_n + x_{\frac{n}{2}-1}(1 + x_n) \underbrace{) \cdots)}_{\frac{n}{2}-2 \text{个})}$$

$$\left(\frac{n}{2} - i \geqslant 1, \ i = 1, 2, \cdots, \frac{n}{2} - 1 \right).$$

$g_1(x)$ 有

$$\deg(g_1(x)) = \deg(x_1 x_2 \cdots x_{\frac{n}{2}-1} x_n) = \frac{n}{2},$$

而

$$g_2(x) = f(x)\frac{df(x)}{dx_n},$$

$g_2(x)$ 是 $f(x)$ 的最低代数次数子函数.

又 $1 + x_{\frac{n}{2}}$ 是 $1 + f(x)$ 的, 也是 $\dfrac{e(1+f(x))}{ex_n}$ 的 $\dfrac{n}{2}+1$ 元子函数, 又是 $1 + f(x)$ 的 $\dfrac{n}{2}+1$ 元最低代数次数的, 且为 1 次的子函数. 所以 $1 + x_{\frac{n}{2}}$ 与 0 作 $\dfrac{n}{2}-1$ 次级联的级联函数 $(1 + x_{\frac{n}{2}}) \| 0 \| 0 \| 0 \| \cdots \| 0 \| 0$ 是 $1 + f(x)$ 的 n 元最低代数次数子函数, 即最低代数次数子函数为

$$\begin{aligned}
g_3(x) &= 1 + x_{\frac{n}{2}} + x_{\frac{n}{2}-1}(1 + x_{\frac{n}{2}}) + x_{\frac{n}{2}-2}(1 + x_{\frac{n}{2}} + x_{\frac{n}{2}-1}(1 + x_{\frac{n}{2}})) \\
&\quad + x_{\frac{n}{2}-3}(1 + x_{\frac{n}{2}} + x_{\frac{n}{2}-1}(1 + x_{\frac{n}{2}}) + x_{\frac{n}{2}-2}(1 + x_{\frac{n}{2}} + x_{\frac{n}{2}-1}(1 + x_{\frac{n}{2}}))) \\
&\quad + \cdots + x_1(1 + x_{\frac{n}{2}} + x_{\frac{n}{2}-1}(1 + x_{\frac{n}{2}}) + x_{\frac{n}{2}-2}(1 + x_{\frac{n}{2}} + x_{\frac{n}{2}-1}(1 + x_{\frac{n}{2}})) \\
&\quad + \cdots + \underbrace{x_{\frac{n}{2}-1}(1 + x_{\frac{n}{2}}))\cdots)}_{\frac{n}{2}-3\text{个 (右括号)}} + \underbrace{x_{\frac{n}{2}-2}(1 + x_{\frac{n}{2}} + x_{\frac{n}{2}-1}(1 + x_{\frac{n}{2}}))\cdots)}_{\frac{n}{2}-2\text{个 (右括号)}}
\end{aligned}$$

$$\left(\frac{n}{2} - i \geqslant 1, \ i = 1, 2, \cdots, \frac{n}{2}-1\right).$$

$g_3(x)$ 也有

$$\deg(g_3(x)) = \deg(x_1 x_2 \cdots x_{\frac{n}{2}-2} x_{\frac{n}{2}-1} x_{\frac{n}{2}}) = \frac{n}{2}.$$

所以, $g_1(x)$ 和 $g_3(x)$ 是 $f(x)$ 的最低代数次数零化子, $g_2(x)$ 是 $1 + f(x)$ 的最低代数次数零化子. 由于 $\deg(g_1(x)) = \deg(g_2(x)) = \deg(g_3(x)) = \dfrac{n}{2}$, 所以, $f(x)$ 是最优代数免疫函数, 即有

$$AI(f(x)) = \frac{n}{2}.$$

对 $n = 8$ 的 $f(x)$, 取 $l_0(x) = x_{\frac{n}{2}-2} + x_{\frac{n}{2}-1} = x_2 + x_3$, 有

$$N_{\frac{ef}{ex_n}} = \min_{l(x) \in L_n[x]} w_t\left(\frac{ef(x)}{ex_n} + l(x)\right) = w_t\left(\frac{ef(x)}{ex_n} + l_0(x)\right) = 112 = 2^{n-1} - 2^{\frac{n}{2}},$$

$$N_{f\frac{df}{dx_n}} = \min_{l(x) \in L_n[x]} w_t\left(f(x)\frac{df(x)}{dx_n} + l(x)\right) = w_t\left(f(x)\frac{df(x)}{dx_n} + l_0(x)\right) = 128 = 2^{n-1}.$$

对 $n=10$ 的 $f(x)$, 同样取 $l_0(x) = x_{\frac{n}{2}-2} + x_{\frac{n}{2}-1} = x_3 + x_4$, 也有

$$N_{\frac{ef}{ex_n}} = \min_{l(x) \in L_n[x]} w_t\left(\frac{ef(x)}{ex_n} + l(x)\right) = w_t\left(\frac{ef(x)}{ex_n} + l_0(x)\right) = 480 = 2^{n-1} - 2^{\frac{n}{2}},$$

$$N_{f\frac{df}{dx_n}} = \min_{l(x) \in L_n[x]} w_t\left(f(x)\frac{df(x)}{dx_n} + l(x)\right) = w_t\left(f(x)\frac{df(x)}{dx_n} + l_0(x)\right) = 512 = 2^{n-1}.$$

对 $n=6$, 取 $l_0(x) = x_{\frac{n}{2}-2} + x_{\frac{n}{2}-1} = x_1 + x_2$, 也有

$$N_{\frac{ef}{ex_n}} = 24 = 2^{n-1} - 2^{\frac{n}{2}}, \quad N_{f\frac{df}{dx_n}} = 2^{n-1}.$$

记当 $n=6$ 时 $f(x)$ 的 e-导数部分为 $\left(\frac{ef(x)}{ex_n}\right)_6$, 当 $n=8$ 时 $f(x)$ 的 e-导数部分为 $\left(\frac{ef(x)}{ex_n}\right)_8$, 有 $\left(\frac{ef}{ex_n}\right)_8 = \left(\frac{ef(x)}{ex_n}\right)_{81} \left\|\left(\frac{ef(x)}{ex_n}\right)_{82}\right.$, 即 $\left(\frac{ef}{ex_n}\right)_8$ 可分为 2 个 7 元 e-导数的级联函数. 经计算可知, 若将 $\left(\frac{ef(x)}{ex_n}\right)_6$ 的角标 i 作变换 $T: i \to i+2$ 后, 将变换角标后的 e-导数记为 $\left(\frac{ef(x)}{ex_n}\right)_6'$, 则有

$$\left(\frac{ef(x)}{ex_n}\right)_{81} = \left(\frac{ef(x)}{ex_n}\right)_6',$$

即

$$
\begin{aligned}
\left(\frac{ef(x)}{ex_n}\right)_6 &= \left(\frac{ef(x)}{ex_n}\right)_{61} \left\|\left(\frac{ef(x)}{ex_n}\right)_{62}\right. \\
&= x_{\frac{n}{2}-1}(1+x_{\frac{n}{2}}) \left\|(x_{n-2} + x_{\frac{n}{2}}x_{n-2} + x_{\frac{n}{2}-1}x_{n-1} + x_{\frac{n}{2}-1}x_{\frac{n}{2}}x_{n-1})\right. \\
&= x_{\frac{n}{2}-1}(1+x_{\frac{n}{2}}) + x_{\frac{n}{2}-2}(x_{\frac{n}{2}-1}(1+x_{\frac{n}{2}}) + x_{n-2} \\
&\quad + x_{\frac{n}{2}}x_{n-2} + x_{\frac{n}{2}-1}x_{n-1} + x_{\frac{n}{2}-1}x_{\frac{n}{2}}x_{n-1}), \\
\left(\frac{ef(x)}{ex_n}\right)_8 &= \left(\frac{ef(x)}{ex_n}\right)_{81} \left\|\left(\frac{ef(x)}{ex_n}\right)_{82}\right. \\
&= (x_{\frac{n}{2}-1}(1+x_{\frac{n}{2}}) + x_{\frac{n}{2}-2}(x_{\frac{n}{2}-1}(1+x_{\frac{n}{2}}) + x_{n-2} + x_{\frac{n}{2}}x_{n-2} \\
&\quad + x_{\frac{n}{2}-1}x_{n-1} + x_{\frac{n}{2}-1}x_{\frac{n}{2}}x_{n-1}))\|(x_{n-3} + x_{\frac{n}{2}}x_{n-3} \\
&\quad + x_{\frac{n}{2}-1}x_{n-1} + x_{\frac{n}{2}-1}x_{\frac{n}{2}}x_{n-1} + x_{\frac{n}{2}-2}x_{n-2} + x_{\frac{n}{2}-2}x_{\frac{n}{2}}x_{n-2}) \\
&= x_{\frac{n}{2}-1}(1+x_{\frac{n}{2}}) + x_{\frac{n}{2}-2}(x_{\frac{n}{2}-1}(1+x_{\frac{n}{2}}) + x_{n-2} + x_{\frac{n}{2}}x_{n-2} \\
&\quad + x_{\frac{n}{2}-1}x_{n-1} + x_{\frac{n}{2}-1}x_{\frac{n}{2}}x_{n-1}) + x_{\frac{n}{2}-3}(x_{\frac{n}{2}-1}(1+x_{\frac{n}{2}})
\end{aligned}
$$

$$+ x_{\frac{n}{2}-2}\big(x_{\frac{n}{2}-1}(1+x_{\frac{n}{2}}) + x_{\frac{n}{2}-1}x_{n-1} + x_{\frac{n}{2}-1}x_{\frac{n}{2}}x_{n-1}\big)$$
$$+ x_{n-3} + x_{\frac{n}{2}}x_{n-3} + x_{\frac{n}{2}-1}x_{n-1} + x_{\frac{n}{2}-1}x_{\frac{n}{2}}x_{n-1}\big).$$

同样, 对 $n = 10$, 也有

$$\left(\frac{ef(x)}{ex_n}\right)_{10} = \left(\frac{ef(x)}{ex_n}\right)_{101} \left\| \left(\frac{ef(x)}{ex_n}\right)_{102} \right.$$
$$= \big(x_{\frac{n}{2}-1}(1+x_{\frac{n}{2}}) + x_{\frac{n}{2}-2}\big(x_{\frac{n}{2}-1}(1+x_{\frac{n}{2}}) + x_{n-2} + x_{\frac{n}{2}}x_{n-2}$$
$$+ x_{\frac{n}{2}-1}x_{n-1} + x_{\frac{n}{2}-1}x_{\frac{n}{2}}x_{n-1}\big) + x_{\frac{n}{2}-3}\big(x_{\frac{n}{2}-1}(1+x_{\frac{n}{2}})$$
$$+ x_{\frac{n}{2}-2}\big(x_{\frac{n}{2}-1}(1+x_{\frac{n}{2}}) + x_{\frac{n}{2}-1}x_{n-1} + x_{\frac{n}{2}-1}x_{\frac{n}{2}}x_{n-1}\big)$$
$$+ x_{n-3} + x_{\frac{n}{2}}x_{n-3} + x_{\frac{n}{2}-1}x_{n-1} + x_{\frac{n}{2}-1}x_{\frac{n}{2}}x_{n-1}\big)\big)$$
$$\left\| \big(x_{n-4} + x_{\frac{n}{2}}x_{n-4} + x_{\frac{n}{2}-1}x_{n-1} + x_{\frac{n}{2}-1}x_{\frac{n}{2}}x_{n-1} \right.$$
$$+ x_{\frac{n}{2}-2}x_{n-2} + x_{\frac{n}{2}-2}x_{\frac{n}{2}}x_{n-2} + x_{\frac{n}{2}-3}x_{n-3} + x_{\frac{n}{2}-3}x_{\frac{n}{2}}x_{n-3}\big)$$
$$= x_{\frac{n}{2}-1}(1+x_{\frac{n}{2}}) + x_{\frac{n}{2}-2}\big(x_{\frac{n}{2}-1}(1+x_{\frac{n}{2}}) + x_{n-2} + x_{\frac{n}{2}}x_{n-2}$$
$$+ x_{\frac{n}{2}-1}x_{n-1} + x_{\frac{n}{2}-1}x_{\frac{n}{2}}x_{n-1}\big) + x_{\frac{n}{2}-3}\big(x_{\frac{n}{2}-1}(1+x_{\frac{n}{2}})$$
$$+ x_{\frac{n}{2}-2}\big(x_{\frac{n}{2}-1}(1+x_{\frac{n}{2}}) + x_{\frac{n}{2}-1}x_{n-1} + x_{\frac{n}{2}-1}x_{\frac{n}{2}}x_{n-1}\big)$$
$$+ x_{n-3} + x_{\frac{n}{2}}x_{n-3} + x_{\frac{n}{2}-1}x_{n-1} + x_{\frac{n}{2}-1}x_{\frac{n}{2}}x_{n-1}\big)$$
$$+ x_{\frac{n}{2}-4}\big(x_{\frac{n}{2}-1}(1+x_{\frac{n}{2}}) + x_{\frac{n}{2}-2}\big(x_{\frac{n}{2}-1}(1+x_{\frac{n}{2}}) + x_{\frac{n}{2}-1}x_{n-1}$$
$$+ x_{\frac{n}{2}-1}x_{\frac{n}{2}}x_{n-1}\big) + x_{\frac{n}{2}-3}\big(x_{\frac{n}{2}-1}(1+x_{\frac{n}{2}})$$
$$+ x_{\frac{n}{2}-2}\big(x_{\frac{n}{2}-1}(1+x_{\frac{n}{2}}) + x_{\frac{n}{2}-1}x_{n-1} + x_{\frac{n}{2}-1}x_{\frac{n}{2}}x_{n-1}\big)$$
$$+ x_{\frac{n}{2}-1}x_{n-1} + x_{\frac{n}{2}-1}x_{\frac{n}{2}}x_{n-1}\big) + x_{n-4} + x_{\frac{n}{2}}x_{n-4} + x_{\frac{n}{2}-1}x_{n-1}$$
$$+ x_{\frac{n}{2}-1}x_{\frac{n}{2}}x_{n-1}\big),$$

即对 $n = 8$ 的 $\left(\frac{ef(x)}{ex_n}\right)_8$ 的角标 i 作变换 $T : i \to i+2$, 变为 $\left(\frac{ef(x)}{ex_n}\right)_8'$ 后, 也有 $\left(\frac{ef(x)}{ex_n}\right)_{101} = \left(\frac{ef(x)}{ex_n}\right)_8'$.

对 $n = 6$, $l_0(x) = x_{\frac{n}{2}-2} + x_{\frac{n}{2}-1} = x_1 + x_2$, 有

$$N_{\frac{ef}{ex_n}} = w_t\left(\left(\frac{ef(x)}{ex_n}\right)_6 + l_0(x)\right)$$
$$= w_t\left(\left(\frac{ef(x)}{ex_n}\right)_{61} \left\| \left(\frac{ef(x)}{ex_n}\right)_{62} + l_0(x)\right)\right.$$

$$= 8 + 16$$

$$= (2^{n-2} - 2^{\frac{n}{2}}) + (2^{n-1} - 2^{n-2})$$

$$= 2^{n-1} - 2^{\frac{n}{2}}$$

$$= 24.$$

对 $n = 8$, $l_0(x) = x_{\frac{n}{2}-2} + x_{\frac{n}{2}-1} = x_2 + x_3$, 有

$$N_{\frac{ef}{ex_n}} = w_t \left(\left(\frac{ef(x)}{ex_n} \right)_8 + l_0(x) \right)$$

$$= w_t \left(\left(\frac{ef(x)}{ex_n} \right)_{81} \middle\| \left(\frac{ef(x)}{ex_n} \right)_{82} + l_0(x) \right)$$

$$= 48 + 64$$

$$= (2^{n-2} - 2^{\frac{n}{2}}) + (2^{n-1} - 2^{n-2})$$

$$= 2^{n-1} - 2^{\frac{n}{2}}$$

$$= 112,$$

对 $n = 10$, $l_0(x) = x_{\frac{n}{2}-2} + x_{\frac{n}{2}-1} = x_3 + x_4$, 也由

$$N_{\frac{ef}{ex_n}} = w_t \left(\left(\frac{ef(x)}{ex_n} \right)_{10} + l_0(x) \right)$$

$$= w_t \left(\left(\frac{ef(x)}{ex_n} \right)_{101} \middle\| \left(\frac{ef(x)}{ex_n} \right)_{102} + l_0(x) \right)$$

$$= 224 + 256$$

$$= (2^{n-2} - 2^{\frac{n}{2}}) + (2^{n-1} - 2^{n-2})$$

$$= 2^{n-1} - 2^{\frac{n}{2}}$$

$$= 480$$

可知, 对任意 n 元的 $f(x)$, 可以用归纳法得到: 对 $l_0(x) = x_{\frac{n}{2}-2} + x_{\frac{n}{2}-1}$, 有

$$N_{f\frac{df}{dx_n}} = \min_{l(x) \in L_n[x]} w_t \left(f(x) \frac{df(x)}{dx_n} + l(x) \right)$$

$$= w_t \left(f(x) \frac{df(x)}{dx_n} + l_0(x) \right)$$

$$= 2^{n-1},$$

$$N_{\frac{ef}{ex_n}} = \min_{l(x)\in L_n[x]} w_t\left(\frac{ef(x)}{ex_n} + l(x)\right)$$

$$= w_t\left(\frac{ef(x)}{ex_n} + l_0(x)\right) = 2^{n-1} - 2^{\frac{n}{2}}.$$

于是, 对任意 n 元 $f(x)$, 取 $l_0(x) = x_{\frac{n}{2}-2} + x_{\frac{n}{2}-1}$, 有

$$N_{f(x)} = \min_{l(x)\in L_n[x]} w_t(f(x) + l(x)) = w_t(f(x) + l_0(x))$$

$$= w_t\left(f(x)\frac{df(x)}{dx_n} + l_0(x)\right) + w_t\left(\frac{ef(x)}{ex_n} + l_0(x)\right) - w_t(l_0(x))$$

$$= 2^{n-1} + 2^{n-1} - 2^{\frac{n}{2}} - 2^{n-1}$$

$$= 2^{n-1} - 2^{\frac{n}{2}},$$

所以 $f(x)$ 是高代数次数的 $\left(\frac{n}{2}+1次\right)$、高非线性度的 $(N_{f(x)} = 2^{n-1} - 2^{\frac{n}{2}})$、平衡的最优代数免疫函数.

从定理 8.2.4 中可看到, 当 n 为偶数时, 只要对布尔函数 $f(x)$ 的导数 $f(x)\frac{df(x)}{dx_n}$ 和 e-导数 $\frac{ef(x)}{ex_n}$ 处理好, 就可得到最优代数免疫函数. 同样, 对 n 为单数时, 也可以得到最优代数免疫函数. 下面仅给出一个 9 元布尔函数的例子, 对任意单数 n 的一般情况, 不再赘述.

例 8.2.5 有 9 元布尔函数 $f(x)$ 的导数部分和 e-导数部分如下:

$$f(x)\frac{df(x)}{dx_n} = x_5x_9 + x_4x_5x_9 + x_3x_5x_9 + x_3x_4x_9 + x_2x_5x_9 + x_2x_4x_9 + x_2x_4x_6$$

$$+ x_2x_4x_5x_9 + x_2x_3x_5x_9 + x_2x_3x_4x_9 + x_2x_3x_4x_8 + x_1(x_5x_9$$

$$+ x_4x_5x_9x_3x_5x_9 + x_3x_4x_9 + x_2x_5x_9 + x_2x_4x_9 + x_2x_4x_5x_9 + x_2x_3x_5x_9$$

$$+ x_2x_3x_4x_9 + x_2x_3x_4x_8 + x_4x_9 + x_4x_5 + x_3x_4x_8 + x_2x_3x_4),$$

$$\frac{ef(x)}{ex_n} = x_4x_8 + x_3x_5 + x_3x_4x_8 + x_3x_4x_5 + x_3x_4x_5x_8 + x_2x_4x_8 + x_2x_3x_5$$

$$+ x_2x_3x_4x_5 + x_2x_3x_4x_5x_8 + x_2x_6 + x_2x_4x_6 + x_2x_3x_8$$

$$+ x_1(x_4x_8 + x_3x_5 + x_3x_4x_5 + x_3x_4x_5x_8 + x_2x_4x_8 + x_2x_3x_5$$

$$+ x_2x_3x_4x_5 + x_2x_3x_4x_5x_8 + x_2x_3x_8 + x_5 + x_4x_5 + x_3x_8).$$

则有

$$w_t\left(f(x)\frac{df(x)}{dx_n}\right) = 112 = 2^{n-2} - 2^{\lceil\frac{n}{2}\rceil-1},$$

$$w_t\left(\frac{ef(x)}{ex_n}\right) = 136 = 2^{n-2} + 2^{\lceil\frac{n}{2}\rceil-2},$$

$$w_t(f(x)) = w_t\left(f(x)\frac{df(x)}{dx_n}\right) + w_t\left(\frac{ef(x)}{ex_n}\right) = 248 = 2^{n-1} - 2^{\lceil\frac{n}{2}\rceil-2},$$

$$\deg\left(f(x)\frac{df(x)}{dx_n}\right) = 5 = \left\lceil\frac{n}{2}\right\rceil,$$

$$\deg\left(\frac{ef(x)}{ex_n}\right) = \deg(x_1 x_2\ x_3\ x_4\ x_5\ x_8) = \left\lceil\frac{n}{2}\right\rceil + 1,$$

$$\deg(f(x)) = \left\lceil\frac{n}{2}\right\rceil + 1.$$

又 $1 + f(x)$ 有最低代数次数子函数为

$$g_1(x) = 1 + x_9 + x_4(1 + x_9) + x_3(1 + x_9 + x_4(1 + x_9)) + x_2(1 + x_9 + x_4(1 + x_9)$$
$$+ x_3(1 + x_9 + x_4(1 + x_9))) + x_1(1 + x_9 + x_4(1 + x_9)$$
$$+ x_3(1 + x_9 + x_4(1 + x_9))$$
$$+ x_2(1 + x_9 + x_4(1 + x_9)$$
$$+ x_3(1 + x_9 + x_4(1 + x_9)))).$$

$f(x)$ 有最低代数次数子函数为

$$g_2(x) = x_4 x_8 + x_3 x_4 x_8 + x_2(x_4 x_8 + x_3 x_4 x_8) + x_1(x_4 x_8 + x_3 x_4 x_8$$
$$+ x_2(x_4 x_8 + x_3 x_4 x_8)),$$

$$g_3(x) = f(x)\frac{df(x)}{dx_n}.$$

$g_1(x)$ 是 $f(x)$ 的最低代数次数零化子, $g_2(x)$, $g_3(x)$ 是 $1 + f(x)$ 的最低代数次数零化子, $g_1(x)$, $g_2(x)$, $g_3(x)$ 是 $f(x)$ 和 $1 + f(x)$ 的最低代数次数零化子, 且有

$$\deg(g_1(x)) = \deg(x_1\ x_2\ x_3\ x_4\ x_9) = 5 = \left\lceil\frac{9}{2}\right\rceil,$$

$$\deg(g_2(x)) = \deg(x_1\ x_2\ x_3\ x_4\ x_8) = 5 = \left\lceil\frac{9}{2}\right\rceil,$$

$$\deg(g_3(x)) = \deg(x_1\ x_2\ x_3\ x_5\ x_9) = 5 = \left\lceil\frac{9}{2}\right\rceil.$$

所以, $f(x)$ 是奇数元 9 元的最优代数免疫函数.

可以取 $l_0(x) = x_{\lceil \frac{n}{2} \rceil} = x_5$, 有

$$
\begin{aligned}
N_{f\frac{df}{dx_n}} &= \min_{l(x) \in L_n[x]} w_t\left(f(x)\frac{df(x)}{dx_n} + l(x) \right) \\
&= w_t\left(f(x)\frac{df(x)}{dx_n} + l_0(x) \right) \\
&= 256 = 2^{n-1}, \\
N_{\frac{ef}{ex_n}} &= \min_{l(x) \in L_n[x]} w_t\left(\frac{ef(x)}{ex_n} + l(x) \right) \\
&= w_t\left(\frac{ef(x)}{ex_n} + l_0(x) \right) \\
&= 216 = 2^{n-1} - 2^{\lceil \frac{n}{2} \rceil} - 2^{\lceil \frac{n}{2} \rceil - 2},
\end{aligned}
$$

所以

$$
\begin{aligned}
N_{f(x)} &= w_t(f(x) + l_0(x)) \\
&= w_t\left(f(x)\frac{df(x)}{dx_n} + l_0(x) \right) + w_t\left(\frac{ef(x)}{ex_n} + l_0(x) \right) - w_t(l_0(x)) \\
&= 2^{n-1} + 2^{n-1} - 2^{\lceil \frac{n}{2} \rceil} - 2^{\lceil \frac{n}{2} \rceil - 2} - 2^{n-1} \\
&= 2^{n-1} - 2^{\lceil \frac{n}{2} \rceil} - 2^{\lceil \frac{n}{2} \rceil - 2},
\end{aligned}
$$

即 $f(x)$ 是奇数元 9 元的、高代数次数 $\left(\lceil \frac{n}{2} \rceil + 1 \right)$ 次的、高非线性度 ($N_f = 2^{n-1} - 2^{\lceil \frac{n}{2} \rceil} - 2^{\lceil \frac{n}{2} \rceil - 2}$) 的最优代数免疫函数.

而进一步, 按定理 8.2.4, 还可以得到高代数次数、高非线性度的、平衡的最优代数免疫函数, 如例 8.2.6.

例 8.2.6 $f(x)$ 为 6 元布尔函数, 且有

$$
f(x)\frac{df(x)}{dx_n} = x_3x_6 + x_2x_3x_5 + x_1x_3x_4 + x_1x_2x_3,
$$
$$
\frac{ef(x)}{ex_n} = x_2 + x_2x_3 + x_1x_2 + x_1x_2x_3 + x_1x_4 + x_1x_3x_4 + x_1x_2x_5 + x_1x_2x_3x_5,
$$

有

$$
\begin{aligned}
w_t\left(f(x)\frac{df(x)}{dx_n} \right) &= 16 = 2^{n-2}, \\
w_t\left(\frac{ef(x)}{ex_n} \right) &= 16 = 2^{n-2},
\end{aligned}
$$

$$w_t(f(x)) = w_t\left(f(x)\frac{df(x)}{dx_n}\right) + w_t\left(\frac{ef(x)}{ex_n}\right) = 2^{n-1},$$

$$\deg(f(x)) = \deg\left(\frac{ef(x)}{ex_n}\right) = \frac{n}{2} + 1 = 4,$$

即 $f(x)$ 是高代数次数的平衡布尔函数.

$$g(x) = 1 + x_n + x_{\frac{n}{2}-1}(1 + x_n) + x_{\frac{n}{2}-2}(1 + x_n + x_{\frac{n}{2}-1}(1 + x_n)$$
$$= 1 + x_6 + x_2 + x_2x_6 + x_1 + x_1x_6 + x_1x_2 + x_1x_2x_6,$$

$g(x)$ 是 $1 + f(x)$ 的最低代数次数子函数, 也是 $f(x)$ 的最低代数次数零化子, 也是 $f(x)$ 和 $1 + f(x)$ 的最低代数次数零化子, 有 $\deg(g(x)) = 3 = \frac{n}{2}$. 所以

$$AI(f(x)) = \frac{n}{2} = 3,$$

即 $f(x)$ 是最优代数免疫函数.

取 $l_0(x) = x_{\frac{n}{2}} + x_{\frac{n}{2}-1} = x_3 + x_2$, 有

$$\begin{aligned}N_{f\frac{df}{dx_n}} &= \min_{l(x)\in L_n[x]} w_t\left(f(x)\frac{df(x)}{dx_n} + l(x)\right)\\ &= w_t\left(f(x)\frac{df(x)}{dx_n} + l_0(x)\right)\\ &= 32 = 2^{n-1},\\ N_{\frac{ef}{ex_n}} &= \min_{l(x)\in L_n[x]} w_t\left(\frac{ef(x)}{ex_n} + l(x)\right)\\ &= w_t\left(\frac{ef(x)}{ex_n} + l_0(x)\right)\\ &= 24 = 2^{n-1} - 2^{\frac{n}{2}},\end{aligned}$$

所以

$$N_f = N_{f\frac{df}{dx_n}} + N_{\frac{ef}{ex_n}} - w_t(l_0(x)) = 2^{n-1} - 2^{\frac{n}{2}}.$$

故 $f(x)$ 是高代数次数的、高非线性度的、平衡的最优代数免疫函数.

第 9 章 Bent 函数与导数、e-导数

Bent 函数是一类重要的函数.Bent 函数有很多良好的性质, 在许多领域都有重要的应用. 对 Bent 函数的研究一直都受到普遍的重视而很活跃, 也一直有着很多不断深入的新结果. 本章将对 Bent 函数的导数、e-导数及 Bent 函数的导数、e-导数与 Bent 函数密码学性质之间的关系进行讨论.

9.1 Bent 函数的导数、e-导数

在前面讨论函数的非线性度 N_f 时, 已经用有最大非线性度 $N_f = 2^{n-1} - 2^{\frac{n}{2}-1}$ 的函数来定义 Bent 函数. 自然, 反过来若函数 $f(x)$ 是 Bent 函数, 则 $f(x)$ 的非线性度一定是最大非线性度, 即 $N_f = 2^{n-1} - 2^{\frac{n}{2}-1}$.

在给出 Bent 函数 $f(x)$ 的非线性度的同时, 还给出 $f(x)$ 是 Bent 函数, 当且仅当

$$S_{(f)}(\omega) = \pm 2^{-n},$$
$$P(f(x) = \omega x) = 2^{-1}(1 + S_{(f)}(\omega)) = 2^{-1}(1 \pm 2^{-\frac{n}{2}}).$$

对于平衡布尔函数 $f(x)$, 有

$$P(f(x) = 1) = P(f(x) = 0) = 2^{-1}.$$

而对 Bent 函数 $f(x)$, 有

$$P(f(x) = 0) = P(f(x) = 0x) = 2^{-1}(1 \pm 2^{-\frac{n}{2}}) \neq 2^{-1}.$$

所以, Bent 函数一定不是平衡布尔函数.

同样, 可以求得 Bent 函数 $f(x)$ 的重量 $w_t(f(x))$. 有

$$2^{-n} w_t(f(x)) = P(f(x) = 1) = 2^{-1}(1 \pm 2^{-\frac{n}{2}}),$$

即

$$w_t(f(x)) = 2^{n-1} \pm 2^{\frac{n}{2}-1}.$$

将上述结果整理得到:

(1) $f(x) \in GF(2)^{GF(2)^n}$, $f(x)$ 是 Bent 函数的充分必要条件是: 对任一 $\omega \in GF(2)^n$, 有 $\left|S_{(f)}(\omega)\right| = 2^{-\frac{n}{2}}$.

(2) $f(x) \in GF(2)^{GF(2)^n}$, 若 $f(x)$ 是 Bent 函数, 则必有

$$w_t(f(x)) = 2^{n-1} \pm 2^{\frac{n}{2}-1}.$$

后面要利用 Bent 函数的导数、e-导数来说明, 上面的函数的重量条件是 Bent 函数的必要条件而不是充分条件.

这一必要条件也说明, Bent 函数不是平衡布尔函数.

由 Bent 函数的重量, 又可以得出下面的结果.

(3) n 元 Bent 函数的个数为 $2\begin{pmatrix} 2^n \\ 2^{n-1} - 2^{\frac{n}{2}-1} \end{pmatrix}$.

另外, 还不加证明地给出结果 4 和结果 5.

(4) $f(x) \in GF(2)^{GF(2)^n}$, $f(x)$ 是 Bent 函数的充分必要条件是: $f(x)$ 满足 n 次扩散准则, 即对任意 $\alpha \in GF(2)^n$, $1 \leqslant w_t(\alpha) \leqslant n$, 都有

$$w_t(f(x+\alpha) + f(x)) = 2^{n-1}.$$

(5) $f(x) \in GF(2)^{GF(2)^n}$, $f(x)$ 是 Bent 函数, 当 $n \geqslant 4$ 时, 则必有

$$\deg(f(x)) \leqslant \frac{n}{2},$$

即这时 Bent 函数 $f(x)$ 的代数次数最高不超过 $\frac{n}{2}$. 当 $n = 2$ 时, 有 $\deg(f(x)) = 2$.

对 Bent 函数的导数、e-导数, 有下面的定理.

定理 9.1.1　$f(x) \in GF(2)^{GF(2)^n}$, $f(x)$ 是 Bent 函数. 对

$$f(x) = f(x)\frac{df(x)}{dx_n} + \frac{ef(x)}{ex_n},$$

有

$$w_t\left(f(x)\frac{df(x)}{dx_n}\right) = 2^{n-2}, \quad w_t\left(\frac{ef(x)}{ex_n}\right) = 2^{n-2} \pm 2^{\frac{n}{2}-1}.$$

证明　对 $f(x)$ 的导数、e-导数表示式的两端, 对变量 x_n 求导数, 有

$$\frac{df(x)}{dx_n} = \frac{d\left(f(x)\frac{df(x)}{dx_n}\right)}{dx_n} + \frac{d\left(\frac{ef(x)}{ex_n}\right)}{dx_n} = \frac{df(x)}{dx_n} + 0.$$

由于 Bent 函数 $f(x)$ 是 n 次扩散函数, 所以

$$w_t\left(\frac{df(x)}{dx_n}\right) = 2^{n-1},$$

即

$$w_t\left(\frac{d\left(f(x)\dfrac{df(x)}{dx_n}\right)}{dx_n}\right) = 2^{n-1}.$$

所以

$$w_t\left(f(x)\frac{df(x)}{dx_n}\right) = 2^{-1}w_t\left(\frac{df(x)}{dx_n}\right) = 2^{n-2}.$$

由于

$$w_t(f(x)) = 2^{n-1} \pm 2^{\frac{n}{2}-1},$$

所以必有

$$w_t\left(\frac{ef(x)}{ex_n}\right) = 2^{n-2} \pm 2^{\frac{n}{2}-1}.$$

对定理 9.1.1, 有一个重要推论.

推论 $f(x) \in GF(2)^{GF(2)^n}$, 若 $f(x)$ 是 Bent 函数, 则 n 必为偶数.

这是由于 $w_t\left(\dfrac{ef(x)}{ex_n}\right) = 2^{n-2} \pm 2^{\frac{n}{2}-1}$ 必为偶数, 所以 n 必为偶数.

有了 Bent 函数 $f(x)$ 的导数、e-导数的重量和 $f(x)$ 的扩散性, 便可以说明, 结果 (2) 是必要条件而不是充分必要条件.

由于对任意布尔函数 $f(x) \in GF(2)^{GF(2)^n}$, 都有

$$f(x) = f(x)\frac{df(x)}{dx_n} + \frac{ef(x)}{ex_n},$$
$$w_t(f(x)) = w_t\left(f(x)\frac{df(x)}{dx_n}\right) + w_t\left(\frac{ef(x)}{ex_n}\right).$$

当 $f(x)$ 是 Bent 函数, 有

$$w_t\left(f(x)\frac{df(x)}{dx_n}\right) = 2^{n-2},$$
$$w_t\left(\frac{ef(x)}{ex_n}\right) = 2^{n-2} \pm 2^{\frac{n}{2}-1}.$$

由

$$w_t\left(\frac{d\left(f(x)\dfrac{df(x)}{dx_n}\right)}{dx_n}\right) = w_t\left(\frac{df(x)}{dx_n}\right) = 2^{n-1}$$

可知, 可将 Bent 函数 $f(x)$ 的导数部分 $f(x)\dfrac{df(x)}{dx_n}$ 中的任意一个 1 值移动若干位, 使移动的 1 值与其某个 1 值相邻接, 并成为 $\dfrac{ef(x)}{ex_n}$ 的一个新值, 这时构成一个新函数 $f_1(x) \in GF(2)^{GF(2)^n}$, 有

$$
w_t(f_1(x)) = w_t\left(f_1(x)\frac{df_1(x)}{dx_n}\right) + w_t\left(\frac{ef_1(x)}{ex_n}\right)
$$
$$
= (2^{n-2} - 2) + (2^{n-2} \pm 2^{\frac{n}{2}} + 2)
$$
$$
= 2^{n-1} \pm 2^{\frac{n}{2}-1},
$$
$$
w_t(f_1(x)) = w_t(f(x)).
$$

但这时

$$
w_t\left(\frac{df_1(x)}{dx_n}\right) = w_t\left(\frac{d\left(f_1(x)\dfrac{df_1(x)}{dx_n}\right)}{dx_n}\right) = 2^{n-1} - 2^2,
$$

即 $f_1(x)$ 不是扩散函数. 自然, $f_1(x)$ 也不是 Bent 函数. 但 $f_1(x)$ 和 Bent 函数 $f(x)$ 的重量相等, 都是 $2^{n-1} \pm 2^{\frac{n}{2}-1}$. 可知重量 $2^{n-1} \pm 2^{\frac{n}{2}-1}$ 是 Bent 函数的必要条件而不是充分条件.

定理 9.1.2　$f(x) \in GF(2)^{GF(2)^n}$, 若 $f(x)$ 是 Bent 函数, 则 $f(x)+\omega x$, $f(x)+\omega x + 1$ 也都是 Bent 函数.

证明　由于对 $k = 1, 2, \cdots, n$, 有

$$
\frac{\partial(\omega x)}{\partial(x_1, x_2, \cdots, x_k)} = \begin{cases} 0, & \omega x \text{ 中有偶数个变元 } \in \{x_1, x_2, \cdots, x_k\}, \\ 1, & \omega x \text{ 中有奇数个变元 } \in \{x_1, x_2, \cdots, x_k\}, \end{cases}
$$
$$
w_t\left(\frac{\partial(f(x)+\omega x)}{\partial(x_1, x_2, \cdots, x_k)}\right) = w_t\left(\frac{\partial f(x)}{\partial(x_1, x_2, \cdots, x_k)}\right) + w_t\left(\frac{\partial(\omega x)}{\partial(x_1, x_2, \cdots, x_k)}\right)
$$
$$
- 2w_t\left(\frac{\partial(\omega x)}{\partial(x_1, x_2, \cdots, x_k)}\frac{\partial f(x)}{\partial(x_1, x_2, \cdots, x_k)}\right).
$$

又由于 $f(x)$ 是 Bent 函数, 有

$$
w_t\left(\frac{\partial f(x)}{\partial(x_1, x_2, \cdots, x_k)}\right) = 2^{n-1} \quad (k = 1, 2, \cdots, n),
$$

又

$$
w_t\left(\frac{\partial(\omega x)}{\partial(x_1, x_2, \cdots, x_k)}\right) = \begin{cases} 0, & \omega x \text{ 中有偶数个变元 } \in \{x_1, x_2, \cdots, x_k\}, \\ 2^n, & \omega x \text{ 中有奇数个变元 } \in \{x_1, x_2, \cdots, x_k\}, \end{cases}
$$

所以, 对一切 $k = 1, 2, \cdots, n$, 有

$$w_t \left(\frac{\partial(f(x) + \omega x)}{\partial(x_1, x_2, \cdots, x_k)} \right) = 2^{n-1} \quad (k = 1, 2, \cdots, n).$$

所以, $f(x) + \omega x$ 是 Bent 函数.

由于常数的导数等于 0, 所以, 用和上面同样的证明, 可确知 $f(x) + \omega x + 1$ 也是 Bent 函数.

推论 1　$f(x) \in GF(2)^{GF(2)^n}$, 若 $f(x)$ 是 Bent 函数, 则 $f(x)$ 是 0 阶相关免疫函数, 即 $f(x)$ 不是相关免疫函数.

这是显然的. 因 $f(x)$ 是 Bent 函数, 所以, 对任意 $\omega \in GF(2)^n$, $f(x) + \omega x$ 也是 Bent 函数. 所以

$$w_t(f(x) + \omega x) = 2^{n-1} \pm 2^{\frac{n}{2}-1} \neq 2^{n-1}.$$

$\omega \in GF(2)^n$, 任意 ω 有 $1 \leqslant w_t(\omega) \leqslant n$. 所以, Bent 函数 $f(x)$ 不是相关免疫函数. 或称 Bent 函数 $f(x)$ 是 0 阶相关免疫函数.

推论 2　$f(x) \in GF(2)^{GF(2)^n}$, 若 $f(x)$ 是 Bent 函数, 则对 $1 \leqslant i_1 \leqslant i_2 \leqslant \cdots \leqslant i_r \leqslant n$, i_r, $r \in [1, 2, \cdots, n]$, 有

$$w_t \left(\frac{e(f(x) + \omega x)}{e(x_{i1}, x_{i2}, \cdots, x_{ir})} \right) = 2^{n-2} \pm 2^{\frac{n}{2}-1}.$$

对比定理 9.1.2 和 Bent 函数的非线性度, 可以看出, 使 Bent 函数达到其非线性度的线性函数 $l_0(x)$, 也包含在定理 9.1.2 的线性函数中.

定理 9.1.3　若 $f(x) \in GF(2)^{GF(2)^n}$ 是 Bent 函数, 有

$$f(x) = x_s + f_r(x'),$$

$f_r(x)$ 为 $f(x)$ 的所有 2 次及 2 次以上次数的项构成的函数. $\{x_i | x_i \in f(x)\}$ 表示 $f(x)$ 所含所有变元构成的变元集合 $\{x\} = \{x_1, x_2, \cdots, x_n\}$. 则

$$\{x_r | x_r \in f_r(x')\} \bigcap \{x\} = \{x\} \quad (\text{即} \{x_r | x_r \in f_r(x')\} = \{x\}),$$

即 $f_r(x')$ 必含所有 $x_1, x_2, \cdots, x_n$ 等 n 个变元.

证明　首先证明 $\{x_i | x_i \in f(x)\} \bigcap \{x\} = \{x\}$. 用反证法. 假设

$$\{x_i | x_i \in f(x)\} \bigcap \{x\} = \{x\} - \{x_k\},$$

即 $f(x)$ 本身不含变量 x_k. 则

$$w_t\left(\frac{df(x)}{dx_k}\right) = 0.$$

又 x_k 为任意变量, 这与 $f(x)$ 是 Bent 函数、与具有 n 次扩散性相矛盾. 所以必有

$$\{x_i \,|\, x_i \in f(x)\} \bigcap \{x\} = \{x\}.$$

在已有 $\{x_i \,|\, x_i \in f(x)\} \bigcap \{x\} = \{x\}$ 这一结果的情况下, 假设

$$\{x_r \,|\, x_r \in f_r(x)\} \bigcap \{x\} \neq \{x\},$$

不妨设

$$\{x_r \,|\, x_r \in f_r(x)\} \bigcap \{x\} = \{x\} - \{x_i\}.$$

于是

$$x_s = x_i.$$

所以

$$\frac{df_r(x)}{dx_i} = 0,$$

$$w_t\left(\frac{df(x)}{dx_i}\right) = w_t\left(\frac{dx_s}{dx_i} + \frac{df_r(x)}{dx_i}\right) = w_t\left(\frac{dx_s}{dx_i} + 0\right) = w_t(1) = 2^n.$$

这与 $f(x)$ 是 Bent 函数从而具有 n 次扩散性相矛盾.

又 x_k 为任意变量, 所以必有

$$\{x_r \,|\, x_r \in f_r(x)\} \bigcap \{x\} = \{x\} \quad (\text{即 } \{x_r \,|\, x_r \in f_r(x)\} = \{x\}),$$

即 $f_r(x')$ 必含所有 $x_1, x_2, \cdots, x_n$ 等 n 个变元.

定理 9.1.4　$f(x) \in GF(2)^{GF(2)^n}$, 且 $f(x) = f_1(x) + f_2(x)$, $f_1(x)$ 为线性函数. 则 $f(x)$ 是 Bent 函数的充分必要条件是: $f_2(x)$ 是 Bent 函数.

这是因为 $f_1(x)$ 是线性函数, 有

$$w_t\left(\frac{\partial f_1(x)}{\partial(x_{i1}, x_{i2}, \cdots, x_{ir})}\right) = \begin{cases} w_t(0) = 0, \\ w_t(1) = 2^n, \end{cases}$$

所以

$$w_t\left(\frac{\partial f(x)}{\partial(x_{i1}, x_{i2}, \cdots, x_{ir})}\right) = \left\{ \begin{array}{l} w_t\left(\dfrac{\partial f_2(x)}{\partial(x_{i1}, x_{i2}, \cdots, x_{ir})}\right) \\ 2^n - w_t\left(\dfrac{\partial f_2(x)}{\partial(x_{i1}, x_{i2}, \cdots, x_{ir})}\right) \end{array} \right\} = 2^{n-1}$$

(其中 $r = 1, 2, \cdots, n$, $\quad 1 \leqslant i_1 \leqslant i_2 \leqslant \cdots \leqslant i_r \leqslant n$),

即 $f(x)$ 是 Bent 函数的充分必要条件是 $f_2(x)$ 是 Bent 函数.

有时候, 仅利用布尔函数的导数而不必使用 e-导数, 就能证明布尔函数的某一性质. 但布尔函数的导数要靠构成布尔函数的导数部分和 e-导数部分的共同支撑, 才能得出所需要的结果. 从这一点来说, 仍需一起使用导数和 e-导数来证明问题. 这从导数是某自变量处的函数值与这些自变量的补变量处的函数值的和, 且这个和有可能为 1, 也有可能为 0 这点来看就清楚了. 所以, 用布尔函数的导数来证明问题时, 也反映了布尔函数的内部结构与布尔函数性质的关系.

下面要用导数对 Bent 函数中已有的定理, 列为定理 9.1.5 ~ 定理 9.1.7 并对其进行证明, 使我们能了解 Bent 函数内部结构的特点. 同时, 还要根据利用导数进行的证明所揭示的 Bent 函数内部结构特性, 给出一些有用的推论. 根据这些推论, 就可能对 Bent 函数内部结构与导数、e-导数的关系有更深刻的了解.

定理 9.1.5 设布尔函数 $f_1(x)$, $f_2(y) \in GF(2)^{GF(2)^n}$, $f(x,y) = f(x_1x_2\cdots x_n y_1y_2\cdots y_n) \in GF(2)^{GF(2)^{2n}}$, $(x) = (x_1x_2\cdots x_n) \in GF(2)^n$, $(y) = (y_1y_2\cdots y_n) \in GF(2)^n$, 且

$$f(x,y) = f_1(x_1x_2\cdots x_n) + f_2(y_1y_2\cdots y_n) = f_1(x) + f_2(y),$$

则 $2n$ 元函数 $f(x,y)$ 是 Bent 函数的充分必要条件是: $f_1(x)$, $f_2(y)$ 是 n 元 Bent 函数.

证明 由于

$$f_1(x) = f_1(x_1x_2\cdots x_n) \in GF(2)^{GF(2)^n},$$
$$f_2(y) = f_2(y_1y_2\cdots y_n) \in GF(2)^{GF(2)^n},$$
$$(x_1x_2\cdots x_n, y_1y_2\cdots y_n) \in GF(2)^{2n},$$
$$f(x,y) = f(x_1x_2\cdots x_n y_1y_2\cdots y_n) = f_1(x) + f_2(y) \in GF(2)^{GF(2)^{2n}},$$

所以, 对 $1 \leqslant j_1 \leqslant j_2 \leqslant \cdots \leqslant j_s \leqslant n$, j_s, $s \in \{1,2,\cdots,n\}$, 有

$$w_t\left(\frac{\partial f(x,y)}{\partial(y_{j1}y_{j2}\cdots y_{js})}\right)$$
$$= w_t(f(x_1x_2\cdots x_n y_1y_2\cdots y_{j1-1}y_{j1}y_{j2}\cdots y_{js}y_{js+1}\cdots y_n)$$
$$+ f(x_1x_2\cdots x_n y_1y_2\cdots y_{j1-1}\overline{y_{j1}y_{j2}}\cdots\overline{y_{js}}y_{js+1}\cdots y_n))$$
$$= w_t(f_1(x_1x_2\cdots x_n00\cdots0) + f_2(y_1y_2\cdots y_{j1-1}y_{j1}y_{j2}\cdots y_{js}y_{js+1}\cdots y_n)$$
$$+ f_1(x_1x_2\cdots x_n00\cdots0) + f_2(y_1y_2\cdots y_{j1-1}\overline{y_{j1}y_{j2}}\cdots\overline{y_{js}}y_{js+1}\cdots y_n))$$
$$= 2^n w_t\left(\frac{\partial f_2(f_2(y_1y_2\cdots y_n))}{\partial(y_{j1}y_{j2}\cdots y_{js})}\right)$$

$$= 2^n \cdot 2^{n-1}$$
$$= 2^{2n-1}.$$

上式成立的充分必要条件是: $f_2(y)$ 是 n 元 Bent 函数.

对 $1 \leqslant i_1 \leqslant i_2 \leqslant \cdots \leqslant i_r \leqslant n, i_r, r \in \{1, 2, \cdots, n\}$, 有

$$w_t\left(\frac{\partial f(x_1 x_2 \cdots x_n \, y_1 y_2 \cdots y_n)}{\partial(x_{i1} x_{i2} \cdots x_{ir})}\right)$$
$$= w_t(f_1(x_1 x_2 \cdots x_{i1-1} x_{i1} x_{i2} \cdots x_{ir} x_{ir+1} \cdots x_n 00 \cdots 0) + f_2(00 \cdots 0 y_1 y_2 \cdots y_n)$$
$$+ f_1(x_1 x_2 \cdots x_{i1-1} \overline{x_{i1} x_{i2}} \cdots \overline{x_{ir}} x_{ir+1} \cdots x_n 00 \cdots 0) + f_2(00 \cdots 0 y_1 y_2 \cdots y_n))$$
$$= w_t(f_1(x_1 x_2 \cdots x_{i1-1} x_{i1} x_{i2} \cdots x_{ir} x_{ir+1} \cdots x_n 00 \cdots 0)$$
$$+ f_1(x_1 x_2 \cdots x_{i1-1} \overline{x_{i1} x_{i2}} \cdots \overline{x_{ir}} x_{ir+1} \cdots x_n 00 \cdots 0))$$
$$= 2^{2n-1},$$

上式成立的充分必要条件是: $f_1(x) \in GF(2)^{GF(2)^n}$ 是 n 元 Bent 函数.

对 $1 \leqslant i_1 \leqslant i_2 \leqslant \cdots \leqslant i_r \leqslant n,\ 1 \leqslant j_1 \leqslant j_2 \leqslant \cdots \leqslant j_s \leqslant n,\ i_r, j_s, r, s \in \{1, 2, \cdots, n\}$, 有

$$w_t\left(\frac{\partial f(x_1 x_2 \cdots x_n \, y_1 y_2 \cdots y_n)}{\partial(x_{i1} x_{i2} \cdots x_{ir} y_{j1} y_{j2} \cdots y_{js})}\right)$$
$$= w_t\left(\frac{\partial f_1(x_1 x_2 \cdots x_n 00 \cdots 0)}{\partial(x_{i1} x_{i2} \cdots x_{ir})} + \frac{\partial f_2(00 \cdots 0 y_1 y_2 \cdots y_n)}{\partial(y_{j1} y_{j2} \cdots y_{js})}\right)$$
$$= 2^n w_t\left(\frac{\partial f_2(y_1 y_2 \cdots y_n)}{\partial(y_{j1} y_{j2} \cdots y_{js})}\right)$$
$$= 2^n \cdot 2^{n-1}$$
$$= 2^{2n-1},$$

上式成立的充分必要条件是: $f(x_1 x_2 \cdots x_n y_1 y_2 \cdots y_n) \in GF(2)^{GF(2)^n}$ 且 $f_2(y)$ 是 n 元 Bent 函数.

所以可知, $f(x, y) = f_1(x) + f_2(y)$ 是 $2n$ 元 Bent 函数的充分必要条件是: $f_1(x) \in GF(2)^{GF(2)^n}$ 和 $f_2(y) \in GF(2)^{GF(2)^n}$ 都是 n 元 Bent 函数.

对定理 9.1.5 用导数来证明的方法, 能使人深入看到 $2n$ 元函数 $f(x, y)$ 的内部结构和函数性质的内在的实质性关系, 从而使人能很快想到, 将定理 9.1.5 稍作改动, 改为 $f_1(x_1 x_2 \cdots x_m) \in GF(2)^{GF(2)^m}$, $f_2(y_1 y_2 \cdots y_n) \in GF(2)^{GF(2)^n}$, $f(x_1 x_2 \cdots x_m \, y_1 y_2 \cdots y_n) = f_1(x) + f_2(y)$, 则 $f(x_1 x_2 \cdots x_m \, y_1 y_2 \cdots y_n) = f(x, y) \in GF(2)^{GF(2)^{m+n}}$ 为 $m + n$ 元 Bent 函数的充分必要条件是, $f_1(x)$ 和 $f_2(y)$ 分别是

m 元 Bent 函数和 n 元 Bent 函数. 结果仍成立. 这一结论可以作为一个推论, 但这里不再多叙. 我们要关注的是, 从定理 9.1.5 的导数证明中已能推导出另外 3 个刻画 $f(x,y)$ 内部结构特殊性的推论 4—推论 6.

由定理 9.1.5 中对 $w_t\left(\dfrac{\partial f(x,y)}{\partial(y_{j1}y_{j2}\cdots y_{js})}\right)=2^{2n-1}$ 的证明过程, 显然可得推论 4.

推论 1 设 $f_1(x),f_2(y)\in GF(2)^{GF(2)^n}$,

$$f(x,y)=f(x_1x_2\cdots x_n\,y_1y_2\cdots y_n)=f_1(x)+f_2(y)\in GF(2)^{GF(2)^{2n}},$$

则对 $1\leqslant j_1\leqslant j_2\leqslant\cdots\leqslant j_s\leqslant n,\ j_s,s\in\{1,2,\cdots,n\}$,

$$w_t\left(\frac{\partial f(x_1x_2\cdots x_n\,y_1y_2\cdots y_n)}{\partial(y_{j1}y_{j2}\cdots y_{js})}\right)=2^{2n-1}$$

成立的充分必要条件是: $f_2(y)=f_2(y_1y_2\cdots y_n)$ 是 Bent 函数.

推论 4 的意义在于指明了 $f(x,y)$ 只对变量 $(y_1y_2\cdots y_n)$ 的导数的重量只和 n 元函数 $f_2(y)$ 的性质有关, 而和 $f_1(x)$ 是一个什么样性质的函数无关, 即这时 $f_1(x)$ 可以是任意函数. 而这一 $f(x,y)$ 的内部结构特性, 在不使用导数方法来证明定理 9.1.5 时, 是得不出也看不出的. 从而说明, 导数证明方法能显示出其优越性.

同样, 还有推论 2.

推论 2 设 $f_1(x),f_2(y)\in GF(2)^{GF(2)^n}$,

$$f(x,y)=f(x_1x_2\cdots x_n\,y_1y_2\cdots y_n)=f_1(x)+f_2(y)\in GF(2)^{GF(2)^{2n}},$$

则对 $1\leqslant i_1\leqslant i_2\leqslant\cdots\leqslant i_r\leqslant n,\ i_r,\ r\in\{1,2,\cdots,n\}$,

$$w_t\left(\frac{\partial f(x_1x_2\cdots x_n\,y_1y_2\cdots y_n)}{\partial(x_{i1}x_{i2}\cdots x_{ir})}\right)=2^{2n-1}$$

成立的充分必要条件是: $f_1(y)=f_1(x_1x_2\cdots x_n)$ 是 Bent 函数.

推论 2 的意义与推论 4 的意义是相似的.

推论 3 设 $f_1(x),f_2(y)\in GF(2)^{GF(2)^n}$,

$$f(x,y)=f(x_1x_2\cdots x_n\,y_1y_2\cdots y_n)=f_1(x)+f_2(y)\in GF(2)^{GF(2)^{2n}},$$

则对 $1\leqslant i_1\leqslant i_2\leqslant\cdots\leqslant i_r\leqslant n,\ 1\leqslant j_1\leqslant j_2\leqslant\cdots\leqslant j_s\leqslant n$,

$$w_t\left(\frac{\partial f(x_1x_2\cdots x_n\,y_1y_2\cdots y_n)}{\partial(x_{i1}x_{i2}\cdots x_{ir}y_{j1}y_{j2}\cdots y_{js})}\right)=2^{2n-1}$$

成立的充分必要条件是: $f(x_1x_2\cdots x_n\, y_1y_2\cdots y_n) \in GF(2)^{GF(2)^{2n}}$ 且 $f_2(y)$ 是 n 元 Bent 函数.

推论 1 的结果与推论 4 的结果是相似的, 但推论 6 的结果更深入一层, 把函数性质与 $f_1(x)$ 的导数也联系起来了.

例 9.1.1　$f_1(x) = x_1x_2 + x_3x_4 \in GF(2)^{GF(2)^4}, f_2(y) = y_1y_3 + y_2y_4 \in GF(2)^{GF(2)^4}$,

$$f(x,y) = f(x_1x_2x_3x_4\, y_1y_2y_3y_4) = x_1x_2 + x_3x_4 + y_1y_3 + y_2y_4 \in GF(2)^{GF(2)^8}.$$

求 $w_t\left(\dfrac{\partial f(x,y)}{\partial(y_1y_2)}\right)$.

解　$w_t\left(\dfrac{\partial f(x,y)}{\partial(y_1y_2)}\right) = 2^4 w_t(y_3 + y_4) = 2^4 \cdot 2^{4-1} = 2^7$.

定理 9.1.6　设有 $f_1(x,y) = \sum\limits_{i=1}^{n} x_iy_i \in GF(2)^{GF(2)^{2n}}$ 是一个 $2n$ 元函数, $f_2(y) = f_2(y_1y_2\cdots y_n) \in GF(2)^{GF(2)^n}$ 是任意一个 n 元函数, 则 $2n$ 元函数

$$f(x,y) = f_1(x,y) + f_2(y) = \sum\limits_{i=1}^{n} x_iy_i + f_2(y_1y_2\cdots y_n)$$

必为 $2n$ 元 Bent 函数.

证明　对 $1 \leqslant i_1 \leqslant i_2 \leqslant \cdots \leqslant i_r \leqslant n,\, i_r, r \in \{1,2,\cdots,n\}$, 有

$$w_t\left(\frac{\partial f(x,y)}{\partial(x_{i1}x_{i2}\cdots x_{ir})}\right) = w_t\left(\frac{\partial f_1(x,y)}{\partial(x_{i1}x_{i2}\cdots x_{ir})} + \frac{\partial f_2(y)}{\partial(x_{i1}x_{i2}\cdots x_{ir})}\right)$$

$$= w_t\left(\frac{\partial f_1(x,y)}{\partial(x_{i1}x_{i2}\cdots x_{ir})}\right) = w_t\left(\sum\limits_{t=1}^{r} y_{it}\right)$$

$$= 2^{2n-1}.$$

对任意 $i \in \{1,2,\cdots,n\}$, 有

$$w_t\left(\frac{df(x,y)}{dy_i}\right) = w_t\left(\frac{df_1(x,y)}{dy_i} + \frac{df_2(y)}{dy_i}\right)$$

$$= w_t\left(x_i + \frac{df_2(y)}{dy_i}\right) = w_t(x_i) + w_t\left(\frac{df_2(y)}{dy_i}\right) - 2w_t\left(x_i\frac{df_2(y)}{dy_i}\right).$$

由于 $w_t(x_i) = 2^{2n-1}$, 所以当 $x_i = 0$, 有 $w_t\left(x_i\dfrac{df_2(y)}{dy_i}\right) = 0$;

当 $x_i = 1$, 即 $(x,y) = (x_1x_2\cdots 1\cdots x_n\, y_1y_2\cdots y_i\cdots y_n)$, 有 $w_t\left(x_i\dfrac{df_2(y)}{dy_i}\right) = w_t\left(\dfrac{df_2(y)}{dy_i}\right)$.

所以, 对一切 x_i, 有

$$w_t\left(\frac{df_2(y)}{dy_i}\right) - 2w_t\left(x_i\frac{df_2(y)}{dy_i}\right) = 0.$$

所以

$$w_t\left(\frac{df(x,y)}{dy_i}\right) = w_t(x_i) = 2^{2n-1}.$$

同样, 对一切 $1 \leqslant i_1 \leqslant i_2 \leqslant \cdots \leqslant i_r \leqslant n,\ 1 \leqslant j_1 \leqslant j_2 \leqslant \cdots \leqslant j_s \leqslant n,\ i_r,\ j_s,\ r,\ s \in \{1, 2, \cdots, n\}$, 有

$$
\begin{aligned}
& w_t\left(\frac{\partial f(x,y)}{\partial(x_{i1}x_{i2}\cdots x_{ir}\, y_{j1}y_{j2}\cdots y_{js})}\right) \\
=\ & w_t\left(\frac{\partial f_1(x,y)}{\partial(x_{i1}x_{i2}\cdots x_{ir}\, y_{j1}y_{j2}\cdots y_{js})} + \frac{\partial f_2(y)}{\partial(x_{i1}x_{i2}\cdots x_{ir}\, y_{j1}y_{j2}\cdots y_{js})}\right) \\
=\ & w_t\left(a_1 + \sum_{k=i1}^{ir} x_k + a_2 + \sum_{t=j1}^{js} y_t\right) + w_t\left(\frac{\partial f_2(y)}{\partial(x_{i1}x_{i2}\cdots x_{ir}\, y_{j1}y_{j2}\cdots y_{js})}\right) \\
& - 2w_t\left(\left(a_1 + \sum_{k-i1}^{ir} x_k + a_2 + \sum_{t=j1}^{js} y_t\right)\frac{\partial f_2(y)}{\partial(x_{i1}x_{i2}\cdots x_{ir}\, y_{j1}y_{j2}\cdots y_{js})}\right) \\
=\ & w_t\left(a + \sum_{k=i1}^{ir} x_k + \sum_{t=j1}^{js} y_t\right) \\
=\ & 2^{2n-1}(a = a_1 + a_2 \in GF(2),\quad a_1, a_2 \in GF(2)).
\end{aligned}
$$

所以

$$f(x,y) = f_1(x,y) + f_2(y) = \sum_{i=1}^{n} x_i y_i + f_2(y_1 y_2 \cdots y_n)$$

必为 $2n$ 元 Bent 函数.

定理 9.1.6 中, $f_1(x,y) = \sum_{i=1}^{n} x_i y_i$ 必定是 Bent 函数, 这是明显的. 因为

$$w_t\left(\frac{\partial f_1(x,y)}{\partial(x_{i1}x_{i2}\cdots x_{ir}\, y_{j1}y_{j2}\cdots y_{js})}\right) = w_t\left(a + \sum_{k=i1}^{ir} y_k + \sum_{t=j1}^{js} x_t\right) = 2^{2n-1}.$$

定理 9.1.6 正是由于 $f_1(x,y) = \sum_{i=1}^{n} x_i y_i$ 是一个特殊的 $2n$ 元 Bent 函数, 且 $f(x,y) = f_1(x,y) + f_2(y) = f_1(x,y) + f_2(y_1 y_2 \cdots y_n)$, 而 $f_2(y_1 y_2 \cdots y_n)$ 中只含有低位的变元 y_i, 是 n 元函数, 就能得到 $f(x,y)$ 也是 $2n$ 元 Bent 函数. 同样的道理, 也应有如下的定理.

定理 9.1.7 设 $f_1(x,y) = \sum_{i=1}^{n} x_i y_i \in GF(2)^{GF(2)^{2n}}$ 是一个 $2n$ 元布尔函数, $f_2(x,0) = f_2(x_1 x_2 \cdots x_n 0 0 \cdots 0) \in GF(2)^{GF(2)^{2n}}$ 是变元取高位值的任意一个 $2n$ 元布尔函数 (其变元低位值为 0), 则 $2n$ 元布尔函数

$$f(x,y) = f_1(x,y) + f_2(x,0) = \sum_{i=1}^{n} x_i y_i + f_2(x_1 x_2 \cdots x_n 0 0 \cdots 0)$$

一定是一个 $2n$ 元 Bent 函数.

证明 对 $1 \leqslant j_1 \leqslant j_2 \leqslant \cdots \leqslant j_s \leqslant n,\ j_t,\ s \in \{1,2,\cdots,n\}$, 有

$$w_t\left(\frac{\partial f(x,y)}{\partial(y_{j1}y_{j2}\cdots y_{js})}\right) = w_t\left(\frac{\partial f_1(x,y)}{\partial(y_{j1}y_{j2}\cdots y_{js})}\right) = w_t\left(\sum_{k=j1}^{js} x_t\right) = 2^{2n-1}.$$

对 $1 \leqslant i_1 \leqslant i_2 \leqslant \cdots \leqslant i_r \leqslant n,\ i_k,\ r \in \{1,2,\cdots,n\}$, 则

$$w_t\left(\frac{\partial f(x,y)}{\partial(x_{i1}x_{i2}\cdots x_{ir})}\right) = w_t\left(\frac{\partial f_1(x,y)}{\partial(x_{i1}x_{i2}\cdots x_{ir})} + \frac{\partial f_2(x,0)}{\partial(x_{i1}x_{i2}\cdots x_{ir})}\right)$$

$$= w_t\left(\sum_{j=i1}^{ir} y_j + \frac{\partial f_2(x,0)}{\partial(x_{i1}x_{i2}\cdots x_{ir})}\right).$$

由于 $\dfrac{\partial f_2(x,0)}{\partial(x_{i1}x_{i2}\cdots x_{ir})}$ 只在高位取值 1 或 0, 而 $\sum\limits_{j=i1}^{ir} y_j$ 只在低位取值 1 或 0, 且 $\sum\limits_{j=i1}^{ir} y_j$ 为线性函数, 有

$$w_t\left(\sum_{j=i1}^{ir} y_j\right) = 2^{2n-1},$$

所以

$$w_t\left(\frac{\partial f(x,y)}{\partial(x_{i1}x_{i2}\cdots x_{ir})}\right) = 2^{2n-1}.$$

对一切 $1 \leqslant i_1 \leqslant i_2 \leqslant \cdots \leqslant i_r \leqslant n,\ 1 \leqslant j_1 \leqslant j_2 \leqslant \cdots \leqslant j_s \leqslant n,\ i_k, j_t, r, s \in \{1,2,\cdots,n\}$, 同样也有

$$w_t\left(\frac{\partial f(x,y)}{\partial(x_{i1}x_{i2}\cdots x_{ir}y_{j1}y_{j2}\cdots y_{js})}\right)$$

$$= w_t\left(\frac{\partial f_1(x,y)}{\partial(x_{i1}x_{i2}\cdots x_{ir}y_{j1}y_{j2}\cdots y_{js})} + \frac{\partial f_2(x,0)}{\partial(x_{i1}x_{i2}\cdots x_{ir}y_{j1}y_{j2}\cdots y_{js})}\right) \ (a \in GF(2))$$

$$= w_t\left((a + \sum_{j=1}^{s} y_j + \sum_{k=1}^{r} x_k) + \frac{\partial f_2(x,0)}{\partial(x_{i1}x_{i2}\cdots x_{ir})}\right)$$

$$= 2^{2n-1},$$

所以, $f(x,y) = f_1(x,y) + f_2(x,0)$ 是 $2n$ 元 Bent 函数.

推论 设 $f_1(x,y) = \sum\limits_{i=1}^{n} x_i y_i \in GF(2)^{GF(2)^{2n}}$,

$$f_2(x,0) = f_2(x_1 x_2 \cdots x_n 00 \cdots 0) = x_1 x_2 \cdots x_r \in GF(2)^{GF(2)^{2n}} \qquad (1 \leqslant r \leqslant n),$$

则 $f_1(x,y)$ 和 $f(x,y) = f_1(x,y) + f_2(x,0)$ 是 $2n$ 元 Bent 函数. 当 $r = n$ 时, $f(x,y)$ 是 n 次 $2n$ 元 Bent 函数.

例 9.1.2 已知 $f_1(x,y) = \sum\limits_{i=1}^{4} x_i y_i \in GF(2)^{GF(2)^{2n}}$, $f_2(y) = f_2(y_1 y_2 y_3 y_4) = y_1 y_2 + y_1 y_2 y_3 y_4$, 8 元 4 次布尔函数

$$f(x,y) = f_1(x,y) + f_2(y) = \sum_{i=1}^{4} x_i y_i + y_1 y_2 + y_1 y_2 y_3 y_4.$$

(1) 对 $t \in \{1,2,3,4\}$, 求 $w_t\left(\dfrac{df(x,y)}{dx_t}\right)$.

(2) 对 $1 \leqslant i_1 \leqslant i_2 \leqslant \cdots \leqslant i_r \leqslant 4$, 求 $w_t\left(\dfrac{\partial f(x,y)}{\partial(x_{i1}x_{i2}\cdots x_{ir})}\right)$.

(3) 求 $w_t\left(\dfrac{\partial f(x,y)}{\partial(x_1 y_2)}\right)$, $w_t\left(\dfrac{\partial f(x,y)}{\partial(x_3 y_3)}\right)$.

解 (1) 对 $t \in \{1,2,3,4\}$, 有

$$w_t\left(\frac{df(x,y)}{dx_t}\right) = w_t\left(\frac{d\sum\limits_{i=1}^{4} x_i y_i}{dx_t} + \frac{df_2(y_1 y_2 y_3 y_4)}{dx_t}\right) = w_t(y_t + 0) = 2^{2n-1} = 2^7.$$

(2) 对 $1 \leqslant i_1 \leqslant i_2 \leqslant \cdots \leqslant i_r \leqslant 4$, 有

$$w_t\left(\frac{\partial f(x,y)}{\partial(x_{i1}x_{i2}\cdots x_{ir})}\right) = w_t\left(\frac{\partial\left(\sum\limits_{i=1}^{4} x_i y_i\right)}{\partial(x_{i1}x_{i2}\cdots x_{ir})} + \frac{\partial f_2(y_1 y_2 y_3 y_4)}{\partial(x_{i1}x_{i2}\cdots x_{ir})}\right)$$

$$= w_t\left(\sum_{i=i1}^{ir} y_i + 0\right) = 2^{2n-1} = 2^7,$$

对 $1 \leqslant j_1 \leqslant j_2 \leqslant \cdots \leqslant j_s \leqslant 4$, 有

$$w_t\left(\frac{\partial f(x,y)}{\partial(y_{i1}y_{i2}\cdots y_{is})}\right) = 2^{2n-1} = 2^7$$

也是明显的.

(3) $w_t\left(\dfrac{\partial f(x,y)}{\partial(x_1y_2)}\right) = w_t(x_2)+w_t(y_1y_3y_4)-2w_t(x_2(y_1y_3y_4)) = 2^7+2^4-2\cdot2^3 = 2^7 = 2^{2n-1}$,

$$w_t\left(\frac{\partial f(x,y)}{\partial(x_3y_3)}\right) = w_t(1+x_3+y_3+y_1y_2y_4)$$
$$=w_t(1+x_3) + w_t(y_3+y_1y_2y_4) - 2w_t((1+x_3)(y_3+y_1y_2y_4))$$
$$=2^7 + 2^7 - 2\cdot2^6 = 2^7 = 2^{2n-1}.$$

例 9.1.3　已知 $f_1(x,y) = \sum\limits_{i=1}^{4} x_iy_i, f_2(y) = y_2+y_1+y_2y_3+y_2y_4+y_1y_3+y_1y_4 \in GF(2)^{GF(2)^4}$. 验证 $f(x,y) = f_1(x,y) + f_2(y)$ 是 8 元 Bent 函数.

根据定理 9.1.6 的证明, 例 9.1.3 的验证是容易的, 这里不再进行详细的验证. 给出例 9.1.3 的原因在于让人看到, 虽然给出的 $f_2(y)$ 是一个满足严格雪崩准则的相关免疫的 4 元函数, 但由 $f_1(x,y)$ 和 $f_2(y)$ 构成的 8 元 Bent 函数 $f(x,y)(f(x,y) = f_1(x,y) + f_2(y))$ 却是一个 8 次 $(2n = 8)$ 扩散的、没有相关免疫性的 Bent 函数. 说明原有函数经过变换成新函数后, 原有的性质可能会丢失, 同时也会产生新的性质.

定理 9.1.7 的推论, 给出了一大类 $2n$ 元 Bent 函数. 其中 $2n$ 元 n 次 Bent 函数

$$f(x,y) = \sum_{i=1}^{n} x_iy_i + x_1x_2\cdots x_n$$

是一个 $2n$ 元函数与一个 n 次单项式函数之和. 这个 $2n$ 元 n 次 Bent 函数不能分解成如定理 9.1.5 中那样的两个函数之和. 在 5.6 节中, 将这样的分解称为 2-分解, 并且介绍了这个 "2-分解" 的概念是从 B_2 布尔代数中引入推广到 $GF(2)$ 中来的. 其实, 在 $GF(2)$ 中, 也有更为直接和直观的关于 2-分解的定义, 见定义 9.1.1.

定义 9.1.1　设有 n 元布尔函数 $f(x) = f(x_1x_2\cdots x_n) \in GF(2)^{GF(2)^n}$, 若存在 $0-1$ 矩阵 A, 使得

$$f(xA) = f_1(x_1x_2\cdots x_k) + f_2(x_{k+1}x_{k+2}\cdots x_n),$$

则称 $f(x)$ 是可分解的, 否则称 $f(x)$ 是不可分解的.

显然, 这种函数分解是 5.6 节中所说的函数的 2-分解中的得到两个函数和的一种 2-分解.

在定理 9.1.5 中, 利用 2 个 n 元 Bent 函数之和, 构造了 1 个 $2n$ 元 Bent 函数, 自然这个 $2n$ 元 Bent 函数是可分解的. 当 1 个 n 元 Bent 函数是次数达到 Bent 函数的最高代数次数 $\dfrac{n}{2}$ 次的函数时, 这个 n 元 Bent 函数一定是不可分解的. 这是显然的结论. 由定理 9.1.5 便可知道有这一结果.

从前面的定理中可以看到, Bent 函数经过外部的一些特别变换后, 仍然变化为一个新的 Bent 函数. 下面将看到 Bent 函数经内部的一些特别的变换后, 也仍将是一个新的 Bent 函数.

定理 9.1.8 设 $P = (00\cdots0) \in GF(2)^n$. 则 $f(x^P) \in GF(2)^{GF(2)^n}$ 是 Bent 函数的充分必要条件是: $f(x)$ 是 Bent 函数.

证明 对 $1 \leqslant i_1 \leqslant i_2 \leqslant \cdots \leqslant i_r \leqslant n$, $i_r, r \in \{1, 2, \cdots, n\}$, $P = (00\cdots0) \in GF(2)^n$, n 元向量 x 经 P 变换后, 有

$$(x_1 x_2 \cdots x_{i1-1} x_{i1} x_{i2} \cdots x_{ir} x_{ir+1} \cdots x_n) \xleftrightarrow{P} (\overline{x_1 x_2} \cdots \overline{x_{i1-1} x_{i1} x_{i2}} \cdots \overline{x_{ir} x_{ir+1}} \cdots \overline{x_n}),$$

$$(x_1 x_2 \cdots x_{i1-1} \overline{x_{i1} x_{i2}} \cdots \overline{x_{ir}} x_{ir+1} \cdots x_n) \xleftrightarrow{P} (\overline{x_1 x_2} \cdots \overline{x_{i1-1}} x_{i1} x_{i2} \cdots x_{ir} \overline{x_{ir+1}} \cdots \overline{x_n}),$$

$$f(x_1 x_2 \cdots x_{i1-1} x_{i1} x_{i2} \cdots x_{ir} x_{ir+1} \cdots x_n) \xleftrightarrow{P} f(\overline{x_1 x_2} \cdots \overline{x_{i1-1} x_{i1} x_{i2}} \cdots \overline{x_{ir} x_{ir+1}} \cdots \overline{x_n}),$$

$$f(x_1 x_2 \cdots x_{i1-1} \overline{x_{i1} x_{i2}} \cdots \overline{x_{ir}} x_{ir+1} \cdots x_n) \xleftrightarrow{P} f(\overline{x_1 x_2} \cdots \overline{x_{i1-1}} x_{i1} x_{i2} \cdots x_{ir} \overline{x_{ir+1}} \cdots \overline{x_n}).$$

所以, 对任意 $1 \leqslant i_1 \leqslant i_2 \leqslant \cdots \leqslant i_r \leqslant n$, $i_r, r \in \{1, 2, \cdots, n\}$, 有

$$w_t\left(\frac{\partial f(x^P)}{\partial(\overline{x_{i1} x_{i2} \cdots x_{ir}})}\right) = w_t\left(\frac{\partial f(x)}{\partial(x_{i1} x_{i2} \cdots x_{ir})}\right).$$

又 $f(x)$ 是 Bent 函数的充分必要条件是, 对任意 $1 \leqslant i_1 \leqslant i_2 \leqslant \cdots \leqslant i_r \leqslant n$, $i_r, r \in \{1, 2, \cdots, n\}$, 有

$$w_t\left(\frac{\partial f(x)}{\partial(x_{i1} x_{i2} \cdots x_{ir})}\right) = 2^{n-1}.$$

所以, $f(x^P)$ 对任意 $1 \leqslant i_1 \leqslant i_2 \leqslant \cdots \leqslant i_r \leqslant n$, $i_r, r \in \{1, 2, \cdots, n\}$, 有

$$w_t\left(\frac{\partial f(x^P)}{\partial(\overline{x_{i1} x_{i2} \cdots x_{ir}})}\right) = 2^{n-1}.$$

因此 $f(x^P)$ 是 Bent 函数的充分必要条件是: $f(x)$ 是 Bent 函数.

定理 9.1.8 说明, Bent 函数经过函数的自变向量的广义补运算变换, 使函数值经内部的相对应的变换后, Bent 函数的扩散性、非线性度、最高代数次数等性

质都不会改变. 这一 Bent 函数在特殊变换下性质不变性的特性是重要的, 这也是 Bent 函数的又一个优点. 对 Bent 函数这种自变向量进行变换, 而函数值也随之进行相对应的变换, 构成新 Bent 函数的工作, 还可以做得更多一点, 这有下面的定理.

定理 9.1.9　设 $P' = (00\cdots0) \in GF(2)^{n-1}$, $x' = (x_2x_3\cdots x_n) \in GF(2)^{n-1}$, 则 $f(x_1(x')^{P'})$ 是 Bent 函数的充分必要条件是: $f(x)$ 是 Bent 函数.

证明　对 $2 \leqslant j_1 \leqslant j_2 \leqslant \cdots \leqslant j_s \leqslant n, j_s, s \in \{2, 3, \cdots, n\}$, $P' = (00\cdots0) \in GF(2)^{n-1}$, $x' = (x_2x_3\cdots x_n) \in GF(2)^{n-1}$, $n-1$ 元向量 x' 经 P 变换, 且 n 元向量随之变换后, 有

$$(x_1x') = (x_1x_2\cdots x_{j1-1}x_{j1}x_{j2}\cdots x_{js}x_{js+1}\cdots x_n) \overset{P'}{\longleftrightarrow}$$
$$(x_1\overline{x_2}\cdots\overline{x_{j1-1}}x_{j1}x_{j2}\cdots\overline{x_{js}x_{js+1}}\cdots\overline{x_n}),$$
$$(x_1x_2\cdots x_{j1-1}\overline{x_{j1}x_{j2}}\cdots\overline{x_{js}}x_{js+1}\cdots x_n) \overset{P'}{\longleftrightarrow} (x_1\overline{x_2}\cdots\overline{x_{j1-1}}x_{j1}x_{j2}\cdots x_{js}\overline{x_{js+1}}\cdots\overline{x_n}),$$
$$f(x_1x_2\cdots x_{j1-1}x_{j1}x_{j2}\cdots x_{js}x_{js+1}\cdots x_n)^{P'}\overset{}{\longleftrightarrow}f(x_1\overline{x_2}\cdots\overline{x_{j1-1}x_{j1}x_{j2}}\cdots\overline{x_{js}x_{js+1}}\cdots\overline{x_n}),$$
$$f(x_1x_2\cdots x_{j1-1}\overline{x_jx_{j2}}\cdot\overline{x_{js}}x_{js+1}\cdots x_n)^{P'}\overset{}{\longleftrightarrow}f(x_1\overline{x_2}\cdots\overline{x_{j1-1}}x_{j1}x_{j2}\cdots x_{js}\overline{x_{js+1}}\cdots\overline{x_n}).$$

所以, 对任意 $2 \leqslant j_1 \leqslant j_2 \leqslant \cdots \leqslant j_s \leqslant n$, $j_s, s \in \{2, 3, \cdots, n\}$, 有

$$w_t\left(\frac{\partial f(x_1(x')^{P'})}{\partial(\overline{x_{j1}x_{j2}}\cdots\overline{x_{js}})}\right) = w_t\left(\frac{\partial f(x)}{\partial(x_{j1}x_{j2}\cdots x_{js})}\right).$$

又

$$(\overline{x_1}x_2\cdots x_{j1-1}\overline{x_{j1}x_{j2}}\cdots\overline{x_{js}}x_{js+1}\cdots x_n) \overset{P'}{\longleftrightarrow} (\overline{x_1x_2}\cdots\overline{x_{j1-1}}x_{j1}x_{j2}\cdots x_{js}\overline{x_{js+1}}\cdots x_n),$$
$$f(\overline{x_1}x_2\cdots x_{j1-1}\overline{x_{j1}x_{j2}}\cdots\overline{x_{js}}x_{js+1}\cdots x_n)^{P'}\overset{}{\longleftrightarrow}f(\overline{x_1x_2}\cdots\overline{x_{j1-1}}x_{j1}x_{j2}\cdots x_{js}\overline{x_{js+1}}\cdots x_n).$$

所以也有

$$w_t\left(\frac{\partial f(x_1(x')^{P'})}{\partial(x_1\overline{x_{j1}x_{j2}}\cdots\overline{x_{js}})}\right) = w_t\left(\frac{\partial f(x)}{\partial(x_1x_{j1}x_{j2}\cdots x_{js})}\right).$$

由导数的定义可知, 对任意 $1 \leqslant j_1 \leqslant j_2 \leqslant \cdots \leqslant j_s \leqslant n, j_s, s \in \{1, 2, \cdots, n\}$, 有

$$\frac{\partial f(x_1(x')^{P'})}{\partial(\overline{x_{j1}x_{j2}}\cdots\overline{x_{js}})} = \frac{\partial f(x_1(x')^{P'})}{\partial(x_{j1}x_{j2}\cdots x_{js})},$$

且 $f(x_1(x')^{P'})$ 是 Bent 函数的充分必要条件是

$$w_t\left(\frac{\partial f(x_1(x')^{P'})}{\partial(x_{j1}x_{j2}\cdots x_{js})}\right) = 2^{n-1}.$$

$f(x)$ 是 Bent 函数的充分必要条件是

$$w_t\left(\frac{\partial f(x)}{\partial(x_{j1}x_{j2}\cdots x_{js})}\right)=2^{n-1}.$$

所以根据前述的推导便知, $f(x_1(x')^{P'})$ 是 Bent 函数的充分必要条件是: $f(x)$ 是 Bent 函数.

例 9.1.4 已知 $f(x)\in GF(2)^{GF(2)^6}$ 为 Bent 函数, 有

$$f(x)=x_4x_6+x_4x_5+x_3x_6+x_3x_5+x_3x_4+x_2x_6+x_1x_4+x_3x_4x_6+x_2x_4x_5+x_1x_2x_3,$$

则

$$f(x)\frac{df(x)}{dx_6}=x_4x_6+x_4x_5+x_3x_6+x_3x_5+x_3x_4+x_2x_6$$
$$+x_1x_4+x_3x_4x_6+x_2x_4x_5+x_2x_3x_5+x_2x_3x_4+x_1x_2x_4,$$
$$\frac{ef(x)}{ex_6}=x_2x_3x_5+x_2x_3x_4+x_1x_2x_4+x_1x_2x_3$$

对 $P=(000000)\in GF(2)^6$, 有

$$f(x^P)=1+x_5+x_2+x_3x_5+x_3x_4+x_2x_6+x_2x_5+x_2x_3+x_1x_4$$
$$+x_1x_3+x_1x_2+x_3x_4x_6+x_2x_4x_5+x_1x_2x_3,$$
$$f(x^P)\frac{df(x^P)}{dx_6}=x_2x_6+x_2x_3+x_1x_2+x_3x_4x_6+x_2x_4x_5+x_2x_3x_5$$
$$+x_2x_3x_4+x_1x_2x_4,$$
$$\frac{ef(x^P)}{ex_6}=1+x_5+x_2+x_3x_5+x_3x_4+x_2x_5+x_1x_4+x_1x_3$$
$$+x_2x_3x_5+x_2x_3x_4+x_1x_2x_4+x_1x_2x_3,$$

$f(x^P)$ 是 Bent 函数.

例 9.1.5 对例 9.1.4 中的 Bent 函数 $f(x)$ 及 $P'=(00000)\in GF(2)^5$, 可求得

$$f(x_1(x')^{P'})=1+x_5+x_4+x_3+x_3x_5+x_3x_4+x_2x_6+x_2x_5$$
$$+x_1x_4+x_1x_3+x_1x_2+x_3x_4x_6+x_2x_4x_5+x_1x_2x_3,$$
$$f(x_1(x')^{P'})\frac{df(x_1(x')^{P'})}{dx_6}=x_2+x_2x_6+x_2x_4+x_2x_3+x_1x_2+x_3x_4x_6$$
$$+x_2x_4x_5+x_2x_3x_5+x_2x_3x_4+x_1x_2x_4,$$
$$\frac{ef(x_1(x')^{P'})}{ex_6}=1+x_5+x_4+x_3+x_2+x_3x_5+x_3x_4+x_2x_5+x_2x_4$$
$$+x_2x_3+x_2x_3x_5+x_2x_3x_4+x_1x_2x_4+x_1x_2x_3,$$

$f(x_1(x')^{P'})$ 是 Bent 函数.

求例 9.1.4 的 $f(x^P)$ 对 x_3x_5 的导数, 有

$$\frac{\partial f(x^P)}{\partial(x_3x_5)} = x_5 + x_4 + x_3 + x_1 + x_4x_6 + x_2x_4 + x_1x_2.$$

求 $f(x_1(x')^{P'})$ 对 x_3x_5 的导数, 有

$$\frac{\partial f(x_1(x')^{P'})}{\partial(x_3x_5)} = 1 + \sum_{i=1}^{5} x_i + x_4x_6 + x_2x_4 + x_1x_2.$$

可求 $f(x_1(x')^{P'})$ 对 x_1x_5 的导数, 有

$$\frac{\partial f(x_1(x')^{P'})}{\partial(x_1x_5)} = 1 + x_4 + x_2x_4 + x_2x_3.$$

以上这些导数的重量都是 2^{n-1}, 即这些导数都是平衡的. 而这些经变换得到的函数的导数, 既有对不包含变量 x_1 的多个变量的导数, 也有对包含变量 x_1 的多个变量的导数, 说明无论是否让变量 x_1 参与变换, 所得的变量函数都仍是 Bent 函数. 但是, 只是如同定理 9.1.8 和定理 9.1.9 那样有限的、特殊的变换, 才会使变换后得到的函数仍是 Bent 函数, 并非任意变换都可得到 Bent 函数. 例如, 对例 9.1.4 中的 Bent 函数 $f(x)$ 作变换函数, 取 $P'' = (100\cdots0) \in GF(2)^n$, 于是, 若

$$f(x) = \overline{x_1}f_1(x') + x_1f_2(x'),$$

则

$$f((x_1(x')^{P'})^{P''}) = \overline{x_1}f_2((x')^{P'}) + x_1f_1((x')^{P'})$$

$$= 1 + x_5 + x_2 + x_3x_5 + x_3x_4 + x_2x_6 + x_2x_5 + x_2x_3 + x_1x_4 + x_1x_3 + x_1x_2$$

$$+ x_4x_5x_6 + x_2x_4x_5 + x_1x_2x_4 + x_1x_2x_3,$$

$$f((x_1(x')^{P'})^{P''})\frac{df((x_1(x')^{P'})^{P''})}{dx_n}$$

$$= x_2x_6 + x_2x_3 + x_1x_2 + x_4x_5x_6 + x_2x_4x_5 + x_2x_3x_5 + x_2x_3x_4,$$

$$\frac{ef((x_1(x')^{P'})^{P''})}{ex_n}$$

$$= 1 + x_5 + x_2 + x_3x_5 + x_3x_4 + x_2x_5 + x_1x_4 + x_1x_3 + x_2x_3x_5$$

$$+ x_2x_3x_4 + x_1x_2x_4 + x_1x_2x_3,$$

$$w_t\left(\frac{\partial f((x_1(x')^{P'})^{P''})}{\partial(x_1x_5)}\right)$$

$$= w_t(1 + x_4 + x_4x_6 + x_2x_3) = 2^{n-1} + 2^{\frac{n}{2}} = 40,$$

即 $f((x_1(x')^{P'})^{P''})$ 不是 Bent 函数.

9.2　Bent 函数的代数免疫性和最优代数免疫 Bent 函数

Bent 函数有很多很好的密码学性质, 如有最高非线性度, 扩散性已达到 n 次. Bent 函数也有不足之处, 如次数最高只有 $\frac{n}{2}$ 次, 因此线性复杂度不够高; Bent 函数是 0 相关免疫的函数, 不具有相关免疫性, 不能抵御相关攻击. 但是, Bent 函数的代数免疫性有独特的优点, 表现在如果利用导数和 e-导数来分析 Bent 函数的代数免疫性, 容易得到最优代数免疫 Bent 函数. 本节讨论 Bent 函数的代数免疫性.

若 $f(x) \in GF(2)^{GF(2)^n}$ 是 Bent 函数, 则一定有 $l_0(x)(l_0(x) \in L_n[x])$, 使

$$N_f = \min_{l(x)\in L_n[x]} w_t(f(x) + l(x))$$
$$= w_t(f(x) + l_0(x))$$
$$= 2^{n-1} - 2^{\frac{n}{2}-1} \gg 0,$$

又对任意 $1 \leqslant i_1 \leqslant i_2 \leqslant \cdots \leqslant i_r \leqslant n$, $i_r, r \in \{1, 2, \cdots, n\}$, 有

$$w_t\left(\frac{\partial(1 + f(x))}{\partial(x_{i1}x_{i2}\cdots x_{ir})}\right) = w_t\left(\frac{\partial f(x)}{\partial(x_{i1}x_{i2}\cdots x_{ir})}\right) = 2^{n-1},$$

即 $1 + f(x)$ 也是 Bent 函数, 且又有

$$N_{1+f} = \min_{l(x)\in L_n[x]} w_t((1 + f(x)) + l(x))$$
$$= w_t((1 + f(x)) + (1 + l_0(x)))$$
$$= w_t(f(x) + l_0(x))$$
$$= N_f,$$

所以, $f(x)$ 和 $1 + f(x)$ 的最低代数次数零化子 $g(x)$ 必有 $\deg(g(x)) > 1$. 又因 $\min\deg(f(x)) = 2$, 所以必有 $AI(f(x)) \geqslant 2$. 于是, 可以有下面的定理.

定理 9.2.1　若 $f(x) \in GF(2)^{GF(2)^n}$ 是 Bent 函数, 则 $AI(f(x)) \geqslant 2$, 且若 $\deg(f(x)) = 2$, 则 $AI(f(x)) = 2$.

从 Bent 函数 $f(x)$ 的导数和 e-导数的性质来看, 定理 9.2.1 显然成立. 因为有

$$w_t\left(f(x)\frac{df(x)}{dx_n}\right) = 2^{n-2},$$

$$w_t\left(\frac{ef(x)}{ex_n}\right) = 2^{n-2} \pm 2^{\frac{n}{2}-1},$$

所以, 对任意 $l(x)(l(x) \in L_n[x])$, 都有

$$w_t\left(l(x)f(x)\frac{df(x)}{dx_n}\right) > 0,$$

$$w_t\left(l(x)\frac{ef(x)}{ex_n}\right) > 0.$$

当 $w_t(f(x)) = 2^{n-1} - 2^{\frac{n}{2}-1}$ 时, 有

$$w_t\left(f(x)\frac{df(x)}{dx_n}\right) + 2^{-1}w_t\left(\frac{ef(x)}{ex_n}\right) < 2^{n-1}.$$

$$w_t\left(l(x)(f(x) + f(x)\frac{df(x)}{dx_n})\right) > 0,$$

$$w_t\left(l(x)\frac{e(1+f(x))}{ex_n}\right) > 0.$$

所以 $\deg(g(x)) > 1$. 又 $\min\deg(f(x)) \geqslant 2$, 所以 $AI(f(x)) \geqslant 2$.

定理 9.2.1 的函数, 只是一个特殊的例子, 并不具有普遍的意义.

显然, 有了导数、e-导数, 定理 9.2.1 不仅很容易证明, 而且很清楚.

前面讲布尔函数的代数免疫性时曾介绍过, 布尔函数 $f(x)$ 的导数部分或 e-导数部分都有可能是布尔函数的最低代数次数零化子; 布尔函数的真子函数或布尔函数的导数部分的真子函数或布尔函数的 e-导数部分的真子函数, 也有可能是布尔函数的最低代数次数零化子. 但是对 2 次 Bent 函数, 它的导数部分、e-导数部分, 或导数部分的子函数、e-导数部分的子函数, 都一定不是函数的最低代数次数零化子. 因为有下面的定理.

定理 9.2.2　设 $f(x) \in GF(2)^{GF(2)^n}$, 有 $\deg(f(x)) = 2$, 且 $f(x)$ 是 Bent 函数, 则必有

$$\deg\left(f(x)\frac{df(x)}{dx_n}\right) = \deg\left(\frac{ef(x)}{ex_n}\right) = 3.$$

证明 若 $f(x) \in GF(2)^{GF(2)^n}$, 有 $\deg(f(x)) = 2$ 且 $f(x)$ 是 Bent 函数, 则 $f(x)$ 的所有 2 次项中, 一定包含所有变元 $x_1 x_2 \cdots x_n$. 因为若 $f(x)$ 的 2 次项中不含某变元 x_i, 则必有

$$\frac{df(x_1 x_2 \cdots x_n)}{dx_i} = \begin{cases} 1, & f(x) \text{ 中含 1 次项 } x_i, \\ 0, & f(x) \text{ 中不含 1 次项 } x_i, \end{cases}$$

所以有

$$w_t \left(\frac{df(x_1 x_2 \cdots x_n)}{dx_i} \right) = \begin{cases} 2^n, & f(x) \text{ 中含 1 次项 } x_i, \\ 0, & f(x) \text{中不含 1 次项} x_i. \end{cases}$$

上式结果与 $f(x)$ 是 Bent 函数矛盾.

所以, $f(x)$ 的 2 次项中必有至少 1 项含 x_n 的 2 次项. 不妨设 $f(x)$ 中含变量 x_n 的 2 次项为

$$x_{r1} x_n + x_{r2} x_n + \cdots + x_{ri} x_n \quad (r_i, i \in \{1, 2, \cdots, n-1\}).$$

于是, 又设 $f_1(x') \in GF(2)^{GF(2)^n}$, $x' \in GF(2)^n$, 且 $x_n \overline{\in} x'$, 即 $f_1(x') = f_1(x_1 x_2 \cdots x_{n-1} 0)$. 所以

$$f(x) = f_1(x') + a x_n + x_{r1} x_n + x_{r2} x_n + \cdots + x_{ri} x_n \quad (a \in GF(2)).$$

故

$$\frac{ef(x)}{ex_n} = (f_1(x') + a + x_{r1} + x_{r2} + \cdots + x_{ri}) f_1(x')$$

$$= (1+a) f_1(x') + (x_{r1} + x_{r2} + \cdots + x_{ri}) f_1(x') \quad (a \in GF(2)).$$

由于 $\deg(f_1(x')) = 2$, 所以

$$\deg \left(\frac{ef(x)}{ex_n} \right) = 3.$$

又因为 $\deg(f(x)) = 2$, 所以必有

$$\deg \left(f(x) \frac{df(x)}{dx_n} \right) = 3.$$

由定理 9.2.2, 可得到推论 1 和推论 2.

推论 1 设 $f(x) \in GF(2)^{GF(2)^n}$, $\deg(f(x)) = 2$, $f(x)$ 是 Bent 函数, $w_t(f(x)) = 2^{n-1} - 2^{\frac{n}{2}-1}$. 又设 $g_1(x) \in \frac{ef(x)}{ex_n}$, 且 $w_t(g_1(x)) < w_t \left(\frac{ef(x)}{ex_n} \right)$; $g_2(x) \in f(x) \frac{df(x)}{dx_n}$, 且 $w_t(g_2(x)) < w_t \left(f(x) \frac{df(x)}{dx_n} \right)$, 即 $g_1(x)$ 和 $g_2(x)$ 分别是 $\frac{ef(x)}{ex_n}$

和 $f(x)\dfrac{df(x)}{dx_n}$ 的真子函数. 设 $g(x)$ 是 $f(x)$(和 $1+f(x)$) 的最低代数次数零化子.
则

(1) 必有

$$\deg(g(x)) < \deg\left(\frac{ef(x)}{ex_n}\right) \leqslant \deg(g_1(x)),$$

$$\deg(g(x)) < \deg\left(f(x)\frac{df(x)}{dx_n}\right) \leqslant \deg(g_2(x)).$$

(2) $\deg(g(x)) > 1$.

证明　(1) 由于 $w_t\left(\dfrac{ef(x)}{ex_n}\right) = 2^{n-2} - 2^{\frac{n}{2}-1} < 2^{n-2}$, $w_t\left(f(x)\dfrac{df(x)}{dx_n}\right) = 2^{n-2}$, 所以

$$\deg(g_1(x)) \geqslant \deg\left(\frac{ef(x)}{ex_n}\right) = 3,$$

$$\deg(g_2(x)) \geqslant \deg\left(f(x)\frac{df(x)}{dx_n}\right) = 3.$$

又因 $\deg(f(x)) = 2$, 所以

$$\deg(g(x)) < \deg\left(\frac{ef(x)}{ex_n}\right) \leqslant \deg(g_1(x)),$$

$$\deg(g(x)) < \deg\left(f(x)\frac{df(x)}{dx_n}\right) \leqslant \deg(g_2(x)).$$

(2) 由于

$$2^{n-2} - 2^{n-3} < w_t\left(\frac{ef(x)}{ex_n}\right) < 2^{n-2} \quad (当 \ n > 4 \ 时, 2^{\frac{n}{2}-1} < 2^{n-3}),$$

$$w_t\left(f(x)\frac{df(x)}{dx_n}\right) = 2^{n-2},$$

故

$$\deg(g(x)) > 1.$$

推论 2　设 $f(x) = x_1x_2 + x_3x_4 + \cdots + x_{n-1}x_n \in GF(2)^{GF(2)^n}$, 则

$$\deg\left(f(x)\frac{df(x)}{dx_n}\right) = \deg\left(\frac{ef(x)}{ex_n}\right) = 3, \quad 且 \quad AI(f(x)) = 2.$$

这是因 $f(x)$ 是 2 次 Bent 函数.

定理 9.2.3　设 Bent 函数 $f(x,y) = \sum\limits_{i=1}^{n} x_iy_i + x_1x_2\cdots x_n \in GF(2)^{GF(2)^{2n}}$，则

$$\deg\left(f(x,y)\frac{df(x,y)}{dy_n}\right) = n,$$

$$\deg\left(\frac{ef(x,y)}{ey_n}\right) = 3, \quad AI(f(x,y)) = 3.$$

证明　求 $f(x,y)$ 对 y_n 的 e-导数, 有

$$\frac{ef(x,y)}{ey_n} = \left(\sum_{i=1}^{n-1} x_iy_i + x_1x_2\cdots x_n + x_n\right)\left(\sum_{i=1}^{n-1} x_iy_i + x_1x_2\cdots x_n\right)$$

$$= \sum_{i=1}^{n-1} x_iy_i + x_1x_2\cdots x_n + x_n\sum_{i=1}^{n-1} x_iy_i + x_1x_2\cdots x_n$$

$$= \sum_{i=1}^{n-1} x_iy_i + x_n\sum_{i=1}^{n-1} x_iy_i,$$

即

$$\deg\left(\frac{ef(x,y)}{ey_n}\right) = 3.$$

而因 $\deg(f(x,y)) = n$, 所以

$$\deg\left(f(x,y)\frac{df(x,y)}{dy_n}\right) = n.$$

由定理 8.2.1, 有 $l_0(x) = x_{n-1} + x_n$ 使

$$N_{f(x,y)} = w_t(f(x,y) + l_0(x)) = 2^{2n-1} - 2^{n-1}.$$

利用 $l_0(x) = x_{n-1} + x_n$, 便可得 $1 + f(x,y)$ 和 $f(x,y)$ 有最低代数次数零化子为

$$g_{i0} = \frac{ef(x,y)}{ey_n},$$

所以有 $AI(f(x,y)) = 3$.

定理 9.2.4　设 n 次 $2n$ 元 Bent 函数 $f(x,y) = \sum\limits_{i=1}^{n} x_iy_i + y_1y_2\cdots y_n \in$ $GF(2)^{GF(2)^{2n}}$, 则

$$\deg\left(\frac{ef(x,y)}{ey_n}\right) = n,$$

$$\deg\left(f(x,y)\frac{df(x,y)}{dy_n}\right) = n,$$

$$AI(f(x,y)) = n,$$

即 $f(x,y)$ 是 $2n$ 元最优代数免疫 Bent 函数, $f(x,y)$ 的导数、e-导数即为 $1+f(x,y)$ 和 $f(x,y)$ 的 2 个最低代数次数零化子.

证明　由定理 9.1.6 即知 $f(x,y)$ 是 Bent 函数.

求 $f(x,y)$ 对 y_n 的 e-导数, 有

$$
\begin{aligned}
\frac{ef(x,y)}{ey_n} &= \left(\sum_{i=1}^{n-1} x_i y_i + x_n + \prod_{i=1}^{n-1} y_i\right) \sum_{i=1}^{n-1} x_i y_i \\
&= \sum_{i=1}^{n-1} x_i y_i + x_n \sum_{i=1}^{n-1} x_i y_i + \left(\prod_{i=1}^{n-1} y_i\right) \sum_{i=1}^{n-1} x_i y_i \\
&= \sum_{i=1}^{n-1} x_i y_i + x_n \sum_{i=1}^{n-1} x_i y_i + \left(\prod_{i=1}^{n-1} y_i\right) \sum_{i=1}^{n-1} x_i,
\end{aligned}
$$

所以

$$
\deg\left(\frac{ef(x,y)}{ey_n}\right) = n.
$$

又

$$
\begin{aligned}
& f(x,y)\frac{df(x,y)}{dy_n} \\
&= f(x,y) + \frac{ef(x,y)}{ey_n} \\
&= \sum_{i=1}^{n} x_i y_i + \prod_{i=1}^{n} y_i + \sum_{i=1}^{n-1} x_i y_i + x_n \sum_{i=1}^{n-1} x_i y_i + \left(\prod_{i=1}^{n-1} y_i\right) \sum_{i=1}^{n-1} x_i \\
&= x_n\left(y_n + \sum_{i=1}^{n-1} x_i y_i\right) + \left(\prod_{i=1}^{n-1} y_i\right)\left(y_n + \sum_{i=1}^{n-1} x_i\right),
\end{aligned}
$$

所以

$$
\deg\left(f(x,y)\frac{df(x,y)}{dy_n}\right) = n.
$$

设 $h(x,y) = 1 + f(x,y)$, 有

$$
\begin{aligned}
h(x,y)\frac{dh(x,y)}{dy_n} &= (1 + f(x,y))\frac{df(x,y)}{dy_n}, \\
\frac{eh(x,y)}{ey_n} &= 1 + \frac{df(x,y)}{dy_n} + \frac{ef(x,y)}{ey_n}.
\end{aligned}
$$

所以可求得 $1 + f(x,y)$ 的最低代数次数零化子函数 $g(x,y)$ 为

$$
g(x,y) = (1 + y_{n-1})(1 + x_n)(1 + x_{n-2})(1 + x_{n-3})\cdots(1 + x_2)(1 + x_1),
$$

$g(x, y)$ 是 $f(x, y)$ 的 1 个最低代数次数零化子.

又由于

$$\deg(g(x, y)) = n, \quad \deg(f(x, y)) = n, \quad \deg(1 + f(x, y)) = n,$$

所以 $f(x, y), f(x, y)\dfrac{df(x, y)}{dy_n}, \dfrac{ef(x, y)}{ey_n}$ 都是 $1 + f(x, y)$ 的最低代数次数零化子; $g(x, y), (1 + f(x, y))\dfrac{df(x, y)}{dy_n}, 1 + \dfrac{df(x, y)}{dy_n} + \dfrac{ef(x, y)}{ey_n}$ 都是 $f(x, y)$ 的最低代数次数零化子. 所以

$$AI(f(x, y)) = n.$$

定理 9.2.3 和定理 9.2.4 都是将 Bent 函数 $\sum\limits_{i=1}^{n} x_i y_i$ 加入不同的 $\dfrac{2n}{2} = n$ 次的 1 项, 而得到的 n 次 Bent 函数. 但定理 9.2.3 中的 Bent 函数 $f(x, y) = \sum\limits_{i=1}^{n} x_i y_i + \prod\limits_{i=1}^{n} x_i$ 不是最优代数免疫 Bent 函数. 这是因为对 $\sum\limits_{i=1}^{n} x_i y_i$ 加入的 n 次项 $\prod\limits_{i=1}^{n} x_i$, 对 $f(x, y) = \sum\limits_{i=1}^{n} x_i y_i$ 只造成了对其 $f(x, y)\dfrac{df(x, y)}{dy_n}$ 的值的微小影响, 对 $\dfrac{ef(x, y)}{ey_n}$ 没有造成影响, 所以 $\sum\limits_{i=1}^{n} x_i y_i + \prod\limits_{i=1}^{n} x_i$ 的 e-导数仍与 $\sum\limits_{i=1}^{n} x_i y_i$ 的 e-导数相等而次数不变, 均为 3 次函数. 而定理 9.2.4 的 $\sum\limits_{i=1}^{n} x_i y_i + \prod\limits_{i=1}^{n} y_i$ 就不一样了, $\prod\limits_{i=1}^{n} y_i$ 只在自变量低位取值, 所以对 $\sum\limits_{i=1}^{n} x_i y_i$ 的导数部分和 e-导数部分的所有的值都造成了影响, 使得 $f(x, y) = \sum\limits_{i=1}^{n} x_i y_i + \prod\limits_{i=1}^{n} y_i$ 的导数部分函数和 e-导数部分函数都变为 n 次, 且使 $f(x, y) = \sum\limits_{i=1}^{n} x_i y_i + \prod\limits_{i=1}^{n} y_i$ 和 $1 + f(x, y) = 1 + \sum\limits_{i=1}^{n} x_i y_i + \prod\limits_{i=1}^{n} y_i$ 再无代数次数比 n 次更低的子函数或零化子, 从而使 $AI(f(x, y)) = n$, 使 $f(x, y) = \sum\limits_{i=1}^{n} x_i y_i + \prod\limits_{i=1}^{n} y_i$ 成最优代数次数子函数. 而这一点是由于所加的单项式 $\prod\limits_{i=1}^{n} y_i$ 能同时对 Bent 函数 $\sum\limits_{i=1}^{n} x_i y_i$ 的导数部分和 e-导数部分都作出改变而实现的. 因此利用导数和 e-导数来求最优代数免疫函数, 会给我们带来方便.

由定理 9.2.3 和定理 9.2.4, 还可推知有如下的定理.

定理 9.2.5 n 次 $2n$ 元函数

$$f(x, y) = \sum_{i=1}^{n} x_i y_i + \prod_{i=1}^{n} x_i + \prod_{i=1}^{n} y_i \in GF(2)^{GF(2)^{2n}}$$

是 Bent 函数, 有

$$\deg\left(\frac{ef(x,y)}{ey_n}\right)=2n-1, \quad \deg\left(f(x,y)\frac{df(x,y)}{dy_n}\right)=2n-1,$$

且

$$AI(f(x,y))=n,$$

即 $f(x,y)$ 是最优代数免疫 Bent 函数.

证明　由定理 9.1.6、定理 9.1.7 及其证明便知, $f(x,y)$ 是 Bent 函数, 有

$$\frac{ef(x,y)}{ey_n}$$

$$=\left(\sum_{i=1}^{n-1}x_iy_i+x_n+\prod_{i=1}^{n}x_i+\prod_{i=1}^{n-1}y_i\right)\left(\sum_{i=1}^{n-1}x_iy_i+\prod_{i=1}^{n}x_i\right)$$

$$=\sum_{i=1}^{n-1}x_iy_i+\prod_{i=1}^{n}x_i+x_n\sum_{i=1}^{n-1}x_iy_i+\prod_{i=1}^{n}x_i+\prod_{i=1}^{n-1}y_i\sum_{i=1}^{n-1}x_iy_i+\prod_{i=1}^{n-1}y_i\prod_{i=1}^{n}x_i$$

$$=\sum_{i=1}^{n-1}x_iy_i+x_n\sum_{i=1}^{n-1}x_iy_i+\prod_{i=1}^{n-1}y_i\sum_{i=1}^{n-1}x_i+\prod_{i=1}^{n-1}y_i\prod_{i=1}^{n}x_i.$$

又

$$\frac{df(x,y)}{dy_n}=x_n+\prod_{i=1}^{n-1}y_i,$$

所以

$$f(x,y)\frac{df(x,y)}{dy_n}$$

$$=x_n\sum_{i=1}^{n}x_iy_i+\prod_{i=1}^{n}x_i+x_n\prod_{i=1}^{n}y_i+\prod_{i=1}^{n-1}y_i\sum_{i=1}^{n}x_iy_i+\prod_{i=1}^{n-1}y_i\prod_{i=1}^{n}x_i+\prod_{i=1}^{n-1}y_i\prod_{i=1}^{n}y_i$$

$$=x_n\sum_{i=1}^{n-1}x_iy_i+x_ny_n+\prod_{i=1}^{n}x_i+x_n\prod_{i=1}^{n}y_i+\prod_{i=1}^{n-1}y_i\sum_{i=1}^{n-1}x_i+x_n\prod_{i=1}^{n}y_i+\prod_{i=1}^{n-1}y_i+\prod_{i=1}^{n-1}y_i\prod_{i=1}^{n}x_i$$

$$=x_ny_n+x_n\sum_{i=1}^{n-1}x_iy_i+\prod_{i=1}^{n}x_i+\prod_{i=1}^{n}y_i+\prod_{i=1}^{n-1}y_i\sum_{i=1}^{n-1}x_i+\prod_{i=1}^{n-1}y_i\prod_{i=1}^{n}x_i,$$

故

$$\deg\left(\frac{ef(x,y)}{ey_n}\right)=2n-1,$$

$$\deg\left(f(x,y)\frac{df(x,y)}{dy_n}\right)=2n-1.$$

同定理 9.2.4 中的零化子相同, $f(x,y)$ 有最低代数次数零化子, 为

$$g(x,y) = (1+y_{n-1})(1+x_n)(1+x_{n-2})(1+x_{n-3})\cdots(1+x_2)(1+x_1),$$

$g(x,y)$ 也是 $1+f(x,y)$ 的 1 个最低代数次数子函数, 也是 $f(x,y)$ 和 $1+f(x,y)$ 的最低代数次数零化子中的 1 个最低代数次数子函数. 又有

$$\deg(g(x,y)) = n = \frac{2n}{2},$$

所以

$$AI(f(x,y)) = n,$$

即 $f(x,y)$ 是最优代数免疫的 Bent 函数.

定理 9.2.6 $2n$ 元函数

$$f(x,y) = \sum_{i=1}^{n} x_i y_i + f_1(y) \in GF(2)^{GF(2)^{2n}} \quad ((x),(y) \in GF(2)^n),$$

有 $\deg(f_1(y)) = n$ 且 $f_1(y)$ 的最低次项的代数次数大于 $\left\lceil \dfrac{n}{2} \right\rceil$. 则 $f(x,y)$ 是 $2n$ 元最优代数免疫 Bent 函数, 且有

$$\deg\left(\frac{ef(x,y)}{ey_n}\right) = n, \quad \deg\left(f(x,y)\frac{df(x,y)}{dy_n}\right) = n, \quad AI(f(x,y)) = n.$$

证明 求 $f(x,y)$ 对 y_n 的 e-导数, 有

$$\frac{ef(x,y)}{ey_n} = \left(\sum_{i=1}^{n-1} x_i y_i + x_n + f_1(y_1 y_2 \cdots y_{n-1} 1)\right)\left(\sum_{i=1}^{n-1} x_i y_i + f_1(y_1 y_2 \cdots y_{n-1} 0)\right)$$

$$= \sum_{i=1}^{n-1} x_i y_i + x_n \sum_{i=1}^{n-1} x_i y_i$$

$$+ f_1(y_1 y_2 \cdots y_{n-1} 1)\sum_{i=1}^{n-1} x_i y_i + f_1(y_1 y_2 \cdots y_{n-1} 0)\sum_{i=1}^{n-1} x_i y_i$$

$$+ x_n f_1(y_1 y_2 \cdots y_{n-1} 0) + f_1(y_1 y_2 \cdots y_{n-1} 1)f_1(y_1 y_2 \cdots y_{n-1} 0).$$

由于 $\deg(f_1(y)) = n$, 所以

$$\deg\left(\frac{ef(x,y)}{ey_n}\right) = \deg\left(f_1(y_1 y_2 \cdots y_{n-1} 1)\sum_{i=1}^{n-1} x_i y_i\right) = n.$$

因为

$$\deg\left(f(x,y)\frac{df(x,y)}{dy_n}\right) = \deg\left(f(x,y) + \frac{ef(x,y)}{ey_n}\right),$$

且

$$\deg(f(x,y)) = \deg(f_1(y)) = \deg(y_1 y_2 \cdots y_n) = n,$$

所以

$$\deg\left(f(x,y)\frac{df(x,y)}{dy_n}\right) = n.$$

对 $1 \leqslant y_{j1} \leqslant y_{j2} \leqslant \cdots \leqslant y_{js} \leqslant n, j_s, s \in \{1,2,\cdots,n\}$，有

$$w_t\left(\frac{\partial f(x,y)}{\partial(y_{j1} y_{j2} \cdots y_{js})}\right)$$

$$= w_t\left(\frac{\partial(\sum\limits_{i=1}^{n} x_i y_i)}{\partial(y_{j1} y_{j2} \cdots y_{js})} + \frac{\partial f_1(y)}{\partial(y_{j1} y_{j2} \cdots y_{js})}\right)$$

$$= w_t\left(\sum\limits_{i=j1}^{js} x_i + \frac{\partial f_1(y)}{\partial(y_{j1} y_{j2} \cdots y_{js})}\right)$$

$$= w_t\left(\sum\limits_{i=j1}^{js} x_i\right) + w_t\left(\frac{\partial f_1(y)}{\partial(y_{j1} y_{j2} \cdots y_{js})}\right) - 2w_t\left(\sum\limits_{i=j1}^{js} x_i \cdot \frac{\partial f_1(y)}{\partial(y_{j1} y_{j2} \cdots y_{js})}\right).$$

由于 $1 \leqslant y_{j1} \leqslant y_{j2} \leqslant \cdots \leqslant y_{js} \leqslant n$，即 $\sum\limits_{i=j1}^{js} x_i$ 的变量只在小于等于 n 的高位取值，即 1 次函数 $\sum\limits_{i=j1}^{js} x_i$ 只在自变量 (x,y) 的高位取值，而 $f_1(y)$ 只在自变量的低位取值，所以

$$w_t\left(\sum\limits_{i=j1}^{js} x_i\right) = 2^{2n-1},$$

且

$$w_t\left(\sum\limits_{i=j1}^{js} x_i \cdot \frac{\partial f_1(y)}{\partial(y_{j1} y_{j2} \cdots y_{js})}\right) = 2^{-1} w_t\left(\frac{\partial f_1(y)}{\partial(y_{j1} y_{j2} \cdots y_{js})}\right).$$

所以由上面的导数重量的式子, 必有

$$w_t\left(\frac{\partial f(x,y)}{\partial(y_{j1} y_{j2} \cdots y_{js})}\right) = w_t\left(\sum\limits_{i=j1}^{js} x_i\right) = 2^{2n-1}.$$

对 $1 \leqslant i_1 \leqslant i_2 \leqslant \cdots \leqslant i_r \leqslant n, i_r, r \in \{1, 2, \cdots, n\}$, 有

$$w_t \left(\frac{\partial f(x, y)}{\partial (x_{i1} x_{i2} \cdots x_{ir})} \right) = w_t \left(\frac{\partial \left(\sum\limits_{i=1}^{n} x_i y_i \right)}{\partial (x_{i1} x_{i2} \cdots x_{ir})} + \frac{\partial f_1(y)}{\partial (x_{i1} x_{i2} \cdots x_{ir})} \right)$$

$$= w_t \left(\frac{\partial \left(\sum\limits_{i=1}^{n} x_i y_i \right)}{\partial (x_{i1} x_{i2} \cdots x_{ir})} \right) = w_t \left(\sum\limits_{j=i1}^{jr} x_j \right) = 2^{2n-1},$$

对 $1 \leqslant i_1 \leqslant i_2 \leqslant \cdots \leqslant i_r \leqslant n, 1 \leqslant y_{j1} \leqslant y_{j2} \leqslant \cdots \leqslant y_{js} \leqslant n, i_r, j_s, r, s \in \{1, 2, \cdots, n\}$, 有

$$w_t \left(\frac{\partial f(x, y)}{\partial (x_{i1} x_{i2} \cdots x_{ir} y_{j1} y_{j2} \cdots y_{js})} \right)$$

$$= w_t \left(\frac{\partial \left(\sum\limits_{i=1}^{n} x_i y_i \right)}{\partial (x_{i1} x_{i2} \cdots x_{ir} y_{j1} y_{j2} \cdots y_{js})} + \frac{\partial f_1(y)}{\partial (x_{i1} x_{i2} \cdots x_{ir} y_{j1} y_{j2} \cdots y_{js})} \right)$$

$$= w_t \left(\sum\limits_{u=j1}^{js} x_u + \sum\limits_{v=i1}^{ir} y_v + \frac{\partial f_1(y)}{\partial (y_{j1} y_{j2} \cdots y_{js})} \right)$$

$$= w_t \left(\sum\limits_{u=j1}^{js} x_u \right) + w_t \left(\sum\limits_{v=i1}^{ir} y_v + \frac{\partial f_1(y)}{\partial (y_{j1} y_{j2} \cdots y_{js})} \right)$$

$$- 2 w_t \left(\sum\limits_{u=j1}^{js} x_u \left(\sum\limits_{v=i1}^{ir} y_v + \frac{\partial f_1(y)}{\partial (y_{j1} y_{j2} \cdots y_{js})} \right) \right)$$

$$= w_t \left(\sum\limits_{u=j1}^{js} x_u \right) = 2^{2n-1},$$

所以, $f(x, y)$ 是 $2n$ 元 n 次 Bent 函数.

设 $1 + f(x)$ 的最低代数次数子函数、$f(x)$ 的最低代数次数零化子为 $g(x)$, 由定理 8.1.1, 解微分方程

$$g(x, y) f(x, y) \frac{d f(x, y)}{d y_n} + g(x, y) \frac{e f(x, y)}{e y_n} = 0,$$

解得

$$g(x) = (1 + y_{n-1})(1 + x_n)(1 + x_{n-2})(1 + x_{n-3}) \cdots (1 + x_2)(1 + x_1).$$

有

$$\deg(g(x)) = n.$$

同时也知 $\dfrac{ef(x,y)}{ey_n}$ 和 $f(x,y)\dfrac{df(x,y)}{dy_n}$ 是 $f(x,y)$ 的最低代数次数子函数, 是 $1 + f(x,y)$ 的最低代数次数零化子. 所以有

$$AI(f(x,y)) = n,$$

即 $f(x,y)$ 是 $2n$ 元最优代数免疫 Bent 函数.

和定理 9.1.6 相比, 定理 9.2.6 的 $f_1(y)$ 有更多的条件, 特别是 $\deg(f_1(y)) = n$, 这保证了 $\deg\left(\dfrac{ef(x,y)}{ey_n}\right) = n$, 从而也保证了 $f(x,y)$ 的最优代数免疫性.

定理 9.2.5 给出的函数 $f(x,y) = \sum\limits_{i=1}^{n} x_i y_i + \prod\limits_{i=1}^{n} x_i + \prod\limits_{i=1}^{n} y_i$ 是 $2n$ 元最优代数免疫 Bent 函数. 在 $\deg(f_1(y)) = n$ 的情况下, 定理 9.2.6 给出的函数 $f(x,y) = \sum\limits_{i=1}^{n} x_i y_i + f_1(y)$ 是 $2n$ 元最优代数免疫 Bent 函数. 但是, 即使 $\deg(f_1(y)) = n$, 另一个新的函数 $f(x,y) = \sum\limits_{i=1}^{n} x_i y_i + \prod\limits_{i=1}^{n} x_i + f_1(y)$ 也不一定是最优代数免疫函数, 甚至不一定是 Bent 函数.

下面给出有关前述一些定理和这里所叙述问题的实例.

例 9.2.1　对布尔函数 $f(x,y) = \sum\limits_{i=1}^{4} x_i y_i + y_1 y_2 + y_1 y_2 y_3 y_4 \in GF(2)^{GF(2)^8}$, 求:

(1) $\dfrac{ef(x,y)}{ey_4}$, 　$f(x,y)\dfrac{df(x,y)}{dy_4}$;

(2) $w_t\left(\dfrac{ef(x,y)}{ey_4}\right)$, 　$w_t\left(f(x,y)\dfrac{df(x,y)}{dy_4}\right)$;

(3) $\deg\left(\dfrac{ef(x,y)}{ey_4}\right)$, 　$\deg\left(f(x,y)\dfrac{df(x,y)}{dy_4}\right)$;

(4) $w_t\left(\dfrac{\partial f(x,y)}{\partial(y_2 y_3)}\right)$, 　$w_t\left(\dfrac{\partial f(x,y)}{\partial(x_2 x_4)}\right)$, 　$w_t\left(\dfrac{\partial f(x,y)}{\partial(x_4 y_4)}\right)$;

(5) $f(x,y)$ 和 $1 + f(x,y)$ 的最低代数次数零化子, $AI(f(x,y))$.

解　(1)

$$\begin{aligned}
\frac{ef(x,y)}{ey_4} &= \left(\sum_{i=1}^{3} x_i y_i + x_4 + y_1 y_2 + y_1 y_2 y_3\right)\left(\sum_{i=1}^{3} x_i y_i + y_1 y_2\right) \\
&= (1 + x_4)\left(\sum_{i=1}^{3} x_i y_i + y_1 y_2\right) + \left(1 + \sum_{i=1}^{3} x_i y_i\right) y_1 y_2 y_3, \\
f(x,y)\frac{df(x,y)}{dy_4} &= f(x,y) + \frac{ef(x,y)}{ey_4}
\end{aligned}$$

$$= x_4\left(y_4 + y_1y_2 + \sum_{i=1}^{3} x_iy_i\right) + y_1y_2y_3\left(1 + y_4 + \sum_{i=1}^{3} x_i\right),$$

(2) $w_t\left(\dfrac{ef(x,y)}{ey_4}\right) = 56 = 2^{8-2} - 2^{\frac{8}{2}-1}$, $\quad w_t\left(f(x,y)\dfrac{df(x,y)}{dy_4}\right) = 64 = 2^{8-2}$;

(3) $\deg\left(\dfrac{ef(x,y)}{ey_4}\right) = 4$, $\quad \deg\left(f(x,y)\dfrac{df(x,y)}{dy_4}\right) = 4$;

(4)

$$w_t\left(\frac{\partial f(x,y)}{\partial(y_2y_3)}\right) = w_t(x_2 + x_3 + y_1 + y_1y_4 + y_1y_2y_4 + y_1y_3y_4)$$

$$= w_t(x_2 + x_3) + w_t(y_1(1 + y_4(1 + y_2 + y_3)))$$

$$\quad - 2w_t((x_2 + x_3)(y_1 + (1 + y_4(1 + y_2 + y_3))))$$

$$= 2^{8-1} + (2^{8-2} + 2^{8-3}) - 2(2^{8-3} + 2^{8-4})$$

$$= 2^{8-1} = 128,$$

$$w_t\left(\frac{\partial f(x,y)}{\partial(x_2x_4)}\right) = w_t(y_2 + y_4) = 2^4(2^{4-1}) = 2^{8-1} = 128,$$

$$w_t\left(\frac{\partial f(x,y)}{\partial(x_4y_4)}\right) = w_t(1 + x_1) + w_t(y_4 + y_1y_2y_3)$$

$$\quad - 2w_t((1 + x_4)(y_4 + y_1y_2y_3))$$

$$= 2^{8-1} + 2^4(2^4 - 1) - 2(2^2(2^4 - 1))$$

$$= 2^{8-1} = 128;$$

(5) $f(x,y)$ 和 $1 + f(x)$ 的最低代数次数零化子有

$$g(x,y) = (1 + y_3)(1 + y_2)(1 + x_4)(1 + x_1),$$

且 $g(x,y)$ 是 $f(x,y)$ 的最低代数次数零化子, 是 $1 + f(x,y)$ 的最低代数次数子函数.

对 $\dfrac{ef(x,y)}{ey_4}, f(x,y)\dfrac{df(x,y)}{dy_4}, f(x,y)$ 和 $1 + f(x,y)$, 有

$$\deg(g(x,y)) = \deg\left(\frac{ef(x,y)}{ey_4}\right) = \deg\left(f(x,y)\frac{df(x,y)}{dy_4}\right) = 4$$

所以有 $AI(f(x,y)) = 4$.

继续求 $f(x,y)$ 的所有导数的重量值, 可求得均为 $128 = 2^{2n-1}$, 即 $f(x,y)$ 是 Bent 函数. 所以 $f(x,y)$ 是最优代数免疫 Bent 函数.

例 9.2.2　对布尔函数 $f(x,y) = \sum\limits_{i=1}^{4} x_i y_i + \prod\limits_{i=1}^{4} x_i + y_1 y_2 + \prod\limits_{i=1}^{4} y_i \in GF(2)^{GF(2)^{2n}}$
$(n=4)$, 求：

(1) $\dfrac{ef(x,y)}{ey_4}$,　$f(x,y)\dfrac{df(x,y)}{dy_4}$;

(2) $w_t\left(\dfrac{ef(x,y)}{ey_4}\right)$,　$w_t\left(f(x,y)\dfrac{df(x,y)}{dy_4}\right)$;

(3) $\deg\left(\dfrac{ef(x,y)}{ey_4}\right)$,　$\deg\left(f(x,y)\dfrac{df(x,y)}{dy_4}\right)$;

(4) $w_t\left(\dfrac{\partial f(x,y)}{\partial(x_3 x_4 y_1 y_2 y_3 y_4)}\right)$;

(5) $f(x,y)$ 和 $1+f(x,y)$ 的最低代数次数零化子, $AI(f(x,y))$.

解　(1)

$$\frac{ef(x,y)}{ey_4}$$

$$= \left(\sum_{i=1}^{3} x_i y_i + x_4 + \prod_{i=1}^{4} x_i + y_1 y_2 + \prod_{i=1}^{3} y_i\right)\left(\sum_{i=1}^{3} x_i y_i + \prod_{i=1}^{3} x_i + y_1 y_2\right)$$

$$= \sum_{i=1}^{3} x_i y_i + (1+x_4) y_1 y_2 + \left(x_4 + \prod_{i=1}^{3} y_i\right)\sum_{i=1}^{3} x_i y_i + \prod_{i=1}^{3} y_i + \prod_{i=1}^{3} y_i \prod_{i=1}^{4} x_i,$$

$$f(x,y)\frac{df(x,y)}{dy_4}$$

$$= f(x,y) + \frac{ef(x,y)}{ey_4}$$

$$= x_4 y_4 + x_4 y_1 y_2 + \left(x_4 + \prod_{i=1}^{3} y_i\right)\sum_{i=1}^{3} x_i y_i + \prod_{i=1}^{3} y_i + \prod_{i=1}^{3} y_i \prod_{i=1}^{4} x_i + \prod_{i=1}^{4} x_i + \prod_{i=1}^{4} y_i;$$

(2) $w_t\left(\dfrac{ef(x,y)}{ey_4}\right) = 58 > 56 = 2^{8-2} - 2^{\frac{8}{2}-1}$,

$\quad w_t\left(f(x,y)\dfrac{df(x,y)}{dy_4}\right) = 64 = 2^{8-2}$;

(3) $\deg\left(\dfrac{ef(x,y)}{ey_4}\right) = 2n - 1 = 7$,　$\deg\left(f(x,y)\dfrac{df(x,y)}{dy_4}\right) = 2n - 1 = 7$;

(4) $w_t\left(\dfrac{\partial f(x,y)}{\partial(x_3 x_4 y_1 y_2 y_3 y_4)}\right) = 136 > 2^{2n-1} = 128$,

由此可知 $f(x,y)$ 不是 Bent 函数;

(5) $f(x,y)$ 和 $1+f(x)$ 的最低代数次数零化子有

$$g(x,y) = (1+y_3)(1+y_2)(1+x_4)(1+x_1),$$

且 $g(x,y)$ 是 $f(x,y)$ 的最低代数次数零化子, 是 $1+f(x,y)$ 的最低代数次数子函数. 所以

$$AI(f(x,y)) = 4,$$

即 $f(x,y)$ 是最优代数免疫函数.

例 9.2.3 对布尔函数 $f(x,y) = \sum_{i=1}^{4} x_i y_i + \prod_{i=1}^{4} x_i + \prod_{i=1}^{4} y_i \in GF(2)^{GF(2)^{2n}}$ ($n = 4$), 求:

(1) $\dfrac{ef(x,y)}{ey_4}, f(x,y)\dfrac{df(x,y)}{dy_4}$;

(2) $w_t\left(\dfrac{ef(x,y)}{ey_4}\right)$, $w_t\left(f(x,y)\dfrac{df(x,y)}{dy_4}\right)$;

(3) $\deg\left(\dfrac{ef(x,y)}{ey_4}\right)$, $\deg\left(f(x,y)\dfrac{df(x,y)}{dy_4}\right)$;

(4) $w_t\left(\dfrac{\partial f(x,y)}{\partial(x_3 x_4 y_1 y_2 y_3 y_4)}\right)$;

(5) $f(x,y)$ 和 $1+f(x,y)$ 的最低代数次数零化子, $AI(f(x,y))$.

解 (1)

$$\frac{ef(x,y)}{ey_4} = \left(\sum_{i=1}^{3} x_i y_i + x_4 + \prod_{i=1}^{4} x_i + \prod_{i=1}^{3} y_i\right)\left(\sum_{i=1}^{3} x_i y_i + \prod_{i=1}^{4} x_i\right)$$

$$= (1+x_4)\sum_{i=1}^{3} x_i y_i + \prod_{i=1}^{3} y_i \sum_{i=1}^{3} x_i y_i + \prod_{i=1}^{4} x_i \prod_{i=1}^{3} y_i,$$

$$f(x,y)\frac{df(x,y)}{dy_4} = f(x,y) + \frac{ef(x,y)}{ey_4}$$

$$= x_4 y_4 + x_4 \sum_{i=1}^{3} x_i y_i + \prod_{i=1}^{4} x_i + \prod_{i=1}^{4} y_i$$

$$+ \prod_{i=1}^{3} y_i \sum_{i=1}^{3} x_i y_i + \prod_{i=1}^{3} y_i \prod_{i=1}^{4} x_i;$$

(2) $w_t\left(\dfrac{ef(x,y)}{ey_4}\right) = 56 = 2^{8-2} - 2^{\frac{8}{2}-1}$,

$$w_t\left(f(x,y)\frac{df(x,y)}{dy_4}\right) = 64 = 2^{8-2};$$

(3) $\deg\left(\dfrac{ef(x,y)}{ey_4}\right) = 2n - 1 = 7$,

$$\deg\left(f(x,y)\frac{df(x,y)}{dy_4}\right) = 2n - 1 = 7;$$

(4) $w_t\left(\dfrac{\partial f(x,y)}{\partial(x_3x_4y_1y_2y_3y_4)}\right) = 128 = 2^{2n-1}$;

(5) $f(x,y)$ 和 $1 + f(x)$ 的最低代数次数零化子为

$$g(x,y) = (1+y_3)(1+y_1)(1+x_4)(1+x_2),$$

且 $g(x,y)$ 是 $f(x,y)$ 的最低代数次数零化子, 是 $1 + f(x,y)$ 的最低代数次数子函数. 又 $\deg(g(x,y)) = 4$, 所以

$$AI(f(x,y)) = 4.$$

如果对 $f(x,y)$ 的所有导数的重量进行计算, 可得出所有导数的重量均为 $128 = 2^{2n-1}(n = 4)$. 这里省略这些计算. 所以可知, $f(x,y)$ 是 Bent 函数, 且为最优代数免疫 Bent 函数.

从例 9.2.1 和例 9.2.2 可看到, 例 9.2.1 中的 $2n$ 元函数是最优代数免疫 Bent 函数, 例 9.2.2 中的函数虽然也是最优代数免疫函数, 但不是 Bent 函数. 例 9.2.2 较之例 9.2.1, 仅相差 1 个只含高位变元的 n 次项. 对照例 9.2.3 和例 9.2.2, 虽然例 9.2.3 与例 9.2.2 的 n 次项中, 都有同样的 1 个只含高变元的 n 次项, 但只含低位变元的 n 次函数不同, 例 9.2.3 中只含低位变元的 n 次函数只是 1 个 n 次单项式函数, 结果例 9.2.3 中的函数 $f(x,y)$ 不仅是 Bent 函数, 而且是最优代数免疫 Bent 函数. 由例 9.2.1~ 例 9.2.3 可以看出最优代数免疫 Bent 函数条件的必要性特点和重要性, 些微的变化都会造成结果的丢失. 而上述所言的最优代数免疫 Bent 函数的特性, 也可看出需要利用导数和 e-导数才能得出.

从定理 9.2.6 的证明可以看出, 定理 9.2.6 中的条件 "$\deg(f_1(y)) = n$ 且 $f_1(y)$ 的最低次项的次数大于 $\left\lceil\dfrac{n}{2}\right\rceil$", 是为求 $g(x,y) = (1+y_{n-1})(1+x_n)(1+x_{n-2})(1+x_{n-3})\cdots(1+x_2)(1+x_1)$ 而设. 如果将条件放宽, 改为只是 "$\deg(f_1(y)) = n$", 则这时最低代数次数零化子可能没有 $g(x,y)$, 而只有 $\dfrac{ef(x,y)}{ey_n}$ 和 $f(x,y)\dfrac{df(x,y)}{dy_n}$ 了. 而 $f(x,y)$ 仍是 "$2n$ 元最优代数免疫 Bent 函数". 由此可知, 可以不做证明地给出下面的定理.

定理 9.2.7 设函数

$$f_1(x,y) = \sum_{i=1}^{n} x_iy_i + f_1(y) \in GF(2)^{GF(2)^{2n}},$$

$$(x,y) = (x_1x_2\cdots x_ny_1y_2\cdots y_n) \in GF(2)^{2n},$$

且 $\deg(f_1(y)) < n$, 则

(1) $f_1(x,y)$ 或为 2 阶代数免疫 Bent 函数 (当 $\deg(f_1(y)) = 1$ 时), 或为 $\deg(f_1(y))$ 阶代数免疫 Bent 函数 (当 $n > \deg(f_1(y)) > 2$ 时).

(2) $f(x,y) = f_1(x,y) + \prod\limits_{i=1}^{n} y_i$ 是最优代数免疫 Bent 函数.

如果再继续深入一步, 还可以得到关于 $h(x,y)$ 的更为一般化的定理 9.2.8.

定理 9.2.8 设函数

$$f(x,y) = h(x,y) + \prod_{i=n+1}^{2n} y_i \in GF(2)^{GF(2)^{2n}},$$

$$(x,y) = (x_1 x_2 \cdots x_n y_{n+1} y_{n+2} \cdots y_{2n}) \in GF(2)^{2n},$$

$$h(x,y) = \sum_{\substack{i \in \{1,2,\cdots,n\} \\ j \in \{n+1,n+2,\cdots,2n\}}} x_i y_j$$

$$(|i \cap \{1,2,\cdots,n\}| = 1, \left|j \bigcap \{n+1,n+2,\cdots,2n\}\right| = 1).$$

$\sum\limits_{\substack{i \in \{1,2,\cdots,n\} \\ j \in \{n+1,n+2,\cdots,2n\}}} x_i y_j$ 中的 i, 表示 i 取遍 $\{1,2,\cdots,n\}$ 中每一个元素且不重复,

$\sum\limits_{\substack{i \in \{1,2,\cdots,n\} \\ j \in \{n+1,n+2,\cdots,2n\}}} x_i y_j$ 中的 j, 表示 j 取遍 $\{n+1,n+2,\cdots,2n\}$ 中每一个元素且不

重复. 则 $f(x,y)$ 必为 $2n$ 元最优代数免疫函数, 且 $\dfrac{ef(x,y)}{ey_{2n}}$, $f(x,y)\dfrac{df(x,y)}{dy_{2n}}$ 都是 $1 + f(x,y)$ 的最低代数次数零化子.

要证 $f(x,y) = h(x,y) + \prod\limits_{i=n+1}^{2n} y_i$ 是 $2n$ 元 Bent 函数, 就要先证 $h(x,y)$ 是 $2n$ 元 Bent 函数, 否则结果不成立. 这一必要性结果在这里先作为引理 1 给出.

引理 1 设 $f(x,y) = h(x,y) + s(y) \in GF(2)^{GF(2)^{2n}}$,

$$s(y) = \prod_{i=n+1}^{2n} y_i \in GF(2)^{GF(2)^{2n}},$$

$$(x,y) = (x_1 x_2 \cdots x_n y_{n+1} y_{n+2} \cdots y_{2n}) \in GF(2)^{2n}.$$

若 $f(x,y)$ 是 $2n$ 元 Bent 函数, 则 $h(x,y)$ 必为 $2n$ 元 Bent 函数.

证明 由已知条件知, $f(x,y)$ 是 $2n$ 元 Bent 函数, 所以 $f(x,y)$ 必含有 $(x_1 x_2 \cdots x_n y_{n+1} y_{n+2} \cdots y_{2n})$ 中的每 1 个变元. 否则, 假如 $f(x,y)$ 中至少不含某个变元 x_i, 则 $\dfrac{df(x,y)}{dx_i} = 0$, 这与 $f(x,y)$ 是 Bent 函数矛盾. 所以, $h(x,y)$ 中必含有 $(x_1 x_2 \cdots x_n)$ 中的每 1 个变元. 另外, $h(x,y)$ 中也必含有 $(y_{n+1} y_{n+2} \cdots y_{2n})$ 中的

每 1 个变元. 否则, 假设 $h(x,y)$ 中至少不含某个变元 y_j, 则同样有

$$w_t\left(\frac{df(x,y)}{dy_j}\right)$$

$$= w_t\left(\frac{dh(x,y)}{dy_j}+\frac{ds(y)}{dy_j}\right) = w_t\left(0+\frac{ds(y)}{dy_j}\right) = w_t\left(\prod_{\substack{i=n+1\\i\neq j,\,j\in\{n+1,n+2,\cdots,2n\}}}^{2n} y_i\right)$$

$$= 2^{\frac{n}{2}+1} \neq 2^{2n-1},$$

这与 $f(x,y)$ 是 $2n$ 元 Bent 函数矛盾. 可知,$h(x,y)$ 也必含有 $(x_1x_2\cdots x_ny_{n+1}y_{n+2}\cdots y_{2n})$ 中的每一个变元.

现在来证 $h(x,y)$ 必为 $2n$ 元 Bent 函数. 假设 $h(x,y)$ 不是 Bent 函数, 则必有 $h(x,y)$ 对某些变元的导数的重量不等于 2^{2n-1}.

设对 $1\leqslant i_1\leqslant i_2\leqslant\cdots\leqslant i_r\leqslant n$, $i_r,r\in\{1,2,\cdots,n\}$, 有

$$w_t\left(\frac{\partial h(x,y)}{\partial(x_{i1}x_{i2}\cdots x_{ir})}\right)\neq 2^{2n-1},$$

则

$$w_t\left(\frac{\partial f(x,y)}{\partial(x_{i1}x_{i2}\cdots x_{ir})}\right) = w_t\left(\frac{\partial h(x,y)}{\partial(x_{i1}x_{i2}\cdots x_{ir})}+\frac{\partial s(y)}{\partial(x_{i1}x_{i2}\cdots x_{ir})}\right)$$

$$= w_t\left(\frac{\partial h(x,y)}{\partial(x_{i1}x_{i2}\cdots x_{ir})}+0\right)$$

$$= w_t\left(\frac{\partial h(x,y)}{\partial(x_{i1}x_{i2}\cdots x_{ir})}\right)$$

$$\neq 2^{2n-1},$$

这与 $f(x,y)$ 是 $2n$ 元 Bent 函数矛盾.

又设若对 $n+1\leqslant j_1\leqslant j_2\leqslant\cdots\leqslant j_s\leqslant 2n$, $s\in\{1,2,\cdots,n\}$, $j_s\in\{n+1,n+2,\cdots,2n\}$, 有

$$w_t\left(\frac{\partial h(x,y)}{\partial(y_{j1}y_{j2}\cdots y_{js})}\right)\neq 2^{2n-1},$$

则

$$w_t\left(\frac{\partial f(x,y)}{\partial(y_{j1}y_{j2}\cdots y_{js})}\right) = w_t\left(\frac{\partial h(x,y)}{\partial(y_{j1}y_{j2}\cdots y_{js})}+\frac{\partial s(y)}{\partial(y_{j1}y_{j2}\cdots y_{js})}\right)$$

$$= w_t\left(\frac{\partial h(x,y)}{\partial(y_{j1}y_{j2}\cdots y_{js})}\right)+w_t\left(\frac{\partial s(y)}{\partial(y_{j1}y_{j2}\cdots y_{js})}\right)$$

$$-2w_t\left(\frac{\partial s(y)}{\partial(y_{j1}y_{j2}\cdots y_{js})}\frac{\partial h(x,y)}{\partial(y_{j1}y_{j2}\cdots y_{js})}\right)$$

$$= w_t\left(\frac{\partial h(x,y)}{\partial(y_{j1}y_{j2}\cdots y_{js})}\right)$$

$$\neq 2^{2n-1},$$

这与 $f(x,y)$ 是 $2n$ 元 Bent 函数矛盾.

同样, 设若对 $1 \leqslant i_1 \leqslant i_2 \leqslant \cdots \leqslant i_r \leqslant n, n+1 \leqslant j_1 \leqslant j_2 \leqslant \cdots \leqslant j_s \leqslant 2n, i_r, r, s \in \{1, 2, \cdots, n\}, j_s \in \{n+1, n+2, \cdots, 2n\}$, 有

$$w_t\left(\frac{\partial h(x,y)}{\partial(x_{i1}x_{i2}\cdots x_{ir}y_{j1}y_{j2}\cdots y_{js})}\right) \neq 2^{2n-1},$$

则

$$w_t\left(\frac{\partial f(x,y)}{\partial(x_{i1}x_{i2}\cdots x_{ir}y_{j1}y_{j2}\cdots y_{js})}\right)$$

$$= w_t\left(\frac{\partial h(x,y)}{\partial(x_{i1}x_{i2}\cdots x_{ir}y_{j1}y_{j2}\cdots y_{js})} + \frac{\partial s(y)}{\partial(x_{i1}x_{i2}\cdots x_{ir}y_{j1}y_{j2}\cdots y_{js})}\right)$$

$$= w_t\left(\frac{\partial h(x,y)}{\partial(x_{i1}x_{i2}\cdots x_{ir}y_{j1}y_{j2}\cdots y_{js})}\right) + w_t\left(\frac{\partial s(y)}{\partial(y_{j1}y_{j2}\cdots y_{js})}\right)$$

$$2w_t\left(\frac{\partial s(y)}{\partial(y_{j1}y_{j2}\cdots y_{js})}\frac{\partial h(x,y)}{\partial(x_{i1}x_{i2}\cdots x_{ir}y_{j1}y_{j2}\cdots y_{js})}\right)$$

$$= w_t\left(\frac{\partial h(x,y)}{\partial(x_{i1}x_{i2}\cdots x_{ir}y_{j1}y_{j2}\cdots y_{js})}\right)$$

$$\neq 2^{2n-1},$$

这与 $f(x,y)$ 是 $2n$ 元 Bent 函数矛盾. 所以, $h(x,y)$ 也必为 $2n$ 元 Bent 函数.

有了引理 1 后, 便可以对定理 9.2.8 进行证明.

证明 定理 9.2.8 由引理 1 知, 首先要证明 $h(x,y) = \sum\limits_{\substack{i\in\{1,2,\cdots,n\}\\j\in\{n+1,n+2,\cdots,2n\}}} x_iy_j$ 是 $2n$ 元 Bent 函数.

对任意 $1 \leqslant i_1 \leqslant i_2 \leqslant \cdots \leqslant i_r \leqslant n, i_r, r \in \{1, 2, \cdots, n\}$, 有

$$w_t\left(\frac{\partial h(x,y)}{\partial(x_{i1}x_{i2}\cdots x_{ir})}\right) = w_t\left(\sum_{j\in\{i1,i2,\cdots,ir\}} y_j\right) = 2^{2n-1},$$

对任意 $n+1 \leqslant j_1 \leqslant j_2 \leqslant \cdots \leqslant j_s \leqslant 2n, s \in \{1, 2, \cdots, n\}, j_s \in \{n+1, n+2, \cdots, 2n\}$, 有

$$w_t\left(\frac{\partial h(x,y)}{\partial(y_{j1}y_{j2}\cdots y_{js})}\right) = w_t\left(\sum_{i\in\{j1,j2,\cdots,js\}} x_i\right) = 2^{2n-1}.$$

对任意 $1 \leqslant i_1 \leqslant i_2 \leqslant \cdots \leqslant i_r \leqslant n$, $n+1 \leqslant j_1 \leqslant j_2 \leqslant \cdots \leqslant j_s \leqslant 2n$, $i_r, r, s \in \{1, 2, \cdots, n\}$, $j_s \in \{n+1, n+2, \cdots, 2n\}$, 有

$$w_t \left(\frac{\partial h(x,y)}{\partial(x_{i1} x_{i2} \cdots x_{ir} y_{j1} y_{j2} \cdots y_{js})} \right) = w_t \left(a + \sum (x_i + y_j) \right) = 2^{2n-1},$$

其中 $\sum (x_i + y_j)$ 表示不超过 n 个的 1 次 x_i 和不超过 n 个的 1 次 y_j 的和构成的 1 次多项式函数.

所以可知, $h(x,y) = \sum\limits_{\substack{i \in \{1,2,\cdots,n\} \\ j \in \{n+1,n+2,\cdots,2n\}}} x_i y_j$ 是 $2n$ 元 Bent 函数.

于是, 对任意 $1 \leqslant i_1 \leqslant i_2 \leqslant \cdots \leqslant i_r \leqslant n$, $i_r, r \in \{1,2,\cdots,n\}$, 并记 $s(y) = \prod\limits_{i=n+1}^{2n} y_i$, 有

$$w_t \left(\frac{\partial f(x,y)}{\partial(x_{i1} x_{i2} \cdots x_{ir})} \right)$$

$$= w_t \left(\frac{\partial h(x,y)}{\partial(x_{i1} x_{i2} \cdots x_{ir})} + \frac{\partial(\prod\limits_{i=n+1}^{2n} y_i)}{\partial(x_{i1} x_{i2} \cdots x_{ir})} \right) = w_t \left(\frac{\partial h(x,y)}{\partial(x_{i1} x_{i2} \cdots x_{ir})} \right)$$

$$= 2^{2n-1},$$

对任意 $n+1 \leqslant j_1 \leqslant j_2 \leqslant \cdots \leqslant j_s \leqslant 2n$, $s \in \{1,2,\cdots,n\}$, $j_s \in \{n+1, n+2, \cdots, 2n\}$, 有

$$w_t \left(\frac{\partial f(x,y)}{\partial(y_{j1} y_{j2} \cdots y_{js})} \right)$$

$$= w_t \left(\frac{\partial h(x,y)}{\partial(y_{j1} y_{j2} \cdots y_{js})} + \frac{\partial \left(\prod\limits_{i=n+1}^{2n} y_i \right)}{\partial(y_{j1} y_{j2} \cdots y_{js})} \right)$$

$$= w_t \left(\frac{\partial h(x,y)}{\partial(y_{j1} y_{j2} \cdots y_{js})} \right) + w_t \left(\frac{\partial \left(\prod\limits_{i=n+1}^{2n} y_i \right)}{\partial(y_{j1} y_{j2} \cdots y_{js})} \right)$$

$$- 2 w_t \left(\frac{\partial \left(\prod\limits_{i=n+1}^{2n} y_i \right)}{\partial(y_{j1} y_{j2} \cdots y_{js})} \frac{\partial h(x,y)}{\partial(y_{j1} y_{j2} \cdots y_{js})} \right)$$

$$= w_t \left(\frac{\partial h(x,y)}{\partial (y_{j1}y_{j2}\cdots y_{js})} \right)$$

$$= w_t \left(\sum_{i \in \{j1,j2,\cdots,js\}} x_i \right)$$

$$= 2^{2n-1},$$

对任意 $1 \leqslant i_1 \leqslant i_2 \leqslant \cdots \leqslant i_r \leqslant n$, $n+1 \leqslant j_1 \leqslant j_2 \leqslant \cdots \leqslant j_s \leqslant 2n$, i_r, r, $s \in \{1,2,\cdots,n\}$, $j_s \in \{n+1,n+2,\cdots,2n\}$, 有

$$w_t \left(\frac{\partial f(x,y)}{\partial (x_{i1}x_{i2}\cdots x_{ir}y_{j1}y_{j2}\cdots y_{js})} \right)$$

$$= w_t \left(\frac{\partial h(x,y)}{\partial (x_{i1}x_{i2}\cdots x_{ir}y_{j1}y_{j2}\cdots y_{js})} + \frac{\partial \left(\prod\limits_{i=n+1}^{2n} y_i \right)}{\partial (x_{i1}x_{i2}\cdots x_{ir}y_{j1}y_{j2}\cdots y_{js})} \right)$$

$$= w_t \left(\frac{\partial h(x,y)}{\partial (x_{i1}x_{i2}\cdots x_{ir}y_{j1}y_{j2}\cdots y_{js})} + \frac{\partial \left(\prod\limits_{i=n+1}^{2n} y_i \right)}{\partial (y_{j1}y_{j2}\cdots y_{js})} \right)$$

$$= w_t \left(\frac{\partial h(x,y)}{\partial (x_{i1}x_{i2}\cdots x_{ir}y_{j1}y_{j2}\cdots y_{js})} \right) + w_t \left(\frac{\partial \left(\prod\limits_{i=n+1}^{2n} y_i \right)}{\partial (y_{j1}y_{j2}\cdots y_{js})} \right)$$

$$- 2w_t \left(\frac{\partial \left(\prod\limits_{i=n+1}^{2n} y_i \right)}{\partial (y_{j1}y_{j2}\cdots y_{js})} \frac{\partial h(x,y)}{\partial (x_{i1}x_{i2}\cdots x_{ir}y_{j1}y_{j2}\cdots y_{js})} \right)$$

$$= w_t \left(\frac{\partial h(x,y)}{\partial (x_{i1}x_{i2}\cdots x_{ir}y_{j1}y_{j2}\cdots y_{js})} \right)$$

$$= 2^{2n-1}.$$

所以, $f(x,y)$ 是 $2n$ 元 Bent 函数.

由于 $h(x,y)$ 是 Bent 函数, 有

$$w_t \left(\frac{eh(x,y)}{ey_{2n}} \right) = 2^{2n-2} - 2^{n-1}, \quad w_t \left(h(x,y) \frac{dh(x,y)}{dy_{2n}} \right) = 2^{2n-2}.$$

又设 $h(x,y)$ 含 y_{2n} 的 2 次项为 $x_r y_{2n}$, 有

$$\frac{dh(x,y)}{dy_{2n}} = x_r, \quad w_t\left(\frac{dh(x,y)}{dy_{2n}}\right) = w_t(x_r) = 2^{2n-1}.$$

所以

$$\deg\left(h(x,y)\frac{dh(x,y)}{dy_{2n}}\right) = \deg\left(x_r \sum_{\substack{i\in\{1,2,\cdots,n\}\\ j\in\{n+1,n+2,\cdots,2n\}}} x_i y_j\right) = 3,$$

$$\deg\left(\frac{eh(x,y)}{ey_{2n}}\right) = \deg\left(h(x,y) + h(x,y)\frac{dh(x,y)}{dy_{2n}}\right) = 3.$$

所以, $h(x,y)\dfrac{dh(x,y)}{dy_{2n}}$ 中无次数小于 3 次的子函数, $\dfrac{eh(x,y)}{ey_{2n}}$ 中无次数小于 3 次的子函数.

　　同样, $1+h(x,y)$ 也有

$$w_t\left((1+h(x,y))\frac{dh(x,y)}{dy_{2n}}\right) = 2^{2n-2},$$

$$\deg\left((1+h(x,y))\frac{dh(x,y)}{dy_{2n}}\right) = 3,$$

$$w_t\left(\frac{e(1+h(x,y))}{ey_{2n}}\right) = w_t\left((1+h(x,y)) + (1+h(x,y))\frac{dh(x,y)}{dy_{2n}}\right) = 2^{2n-2} \mp 2^{n-1},$$

$$\deg\left(\frac{e(1+h(x,y))}{ey_{2n}}\right) = \deg\left((1+h(x,y)) + (1+h(x,y))\frac{dh(x,y)}{dy_{2n}}\right) = 3.$$

故 $(1+h(x,y))\dfrac{dh(x,y)}{dy_{2n}}$ 和 $\dfrac{e(1+h(x,y))}{ey_{2n}}$ 均无次数小于 3 次的子函数. 所以 $h(x,y)$ 和 $1+h(x,y)$ 也无 1 次零化子, $h(x,y)$ 只是 2 阶代数免疫函数. 又

$$f(x,y)\frac{df(x,y)}{dy_{2n}}$$

$$= f(x,y)\left(x_r + \prod_{i=n+1}^{2n-1} y_i\right)$$

$$= x_r h(x,y) + x_r \prod_{i=n+1}^{2n} y_i + \prod_{i=n+1}^{2n-1} y_i h(x,y) + \prod_{i=n+1}^{2n} y_i$$

$$= x_r h(x,y) + \prod_{i=n+1}^{2n-1} y_i \sum_{\substack{i=1\\ i\neq r}}^{n} x_i + \prod_{i=n+1}^{2n} y_i,$$

$$\frac{ef(x,y)}{ey_{2n}} = f(x,y)\left(1 + \frac{df(x,y)}{dy_{2n}}\right)$$

$$= \sum_{\substack{i\in\{1,2,\cdots,n\}\\ j\in\{n+1,n+2,\cdots,2n\}}} x_iy_j + x_r \sum_{\substack{i\in\{1,2,\cdots,n\}\\ j\in\{n+1,n+2,\cdots,2n\}}} x_iy_j + \prod_{i=n+1}^{2n-1} y_i \sum_{\substack{i=1\\ i\neq r}}^{n} x_i,$$

所以

$$\deg(f(x,y)) = \deg(1 + f(x,y))$$

$$= \deg\left(f(x,y)\frac{df(x,y)}{dy_{2n}}\right) = \deg\left(\frac{ef(x,y)}{ey_{2n}}\right)$$

$$= \deg\left((1+f(x,y))\frac{df(x,y)}{dy_{2n}}\right) = \deg\left(\frac{e(1+f(x,y))}{ey_{2n}}\right)$$

$$= n.$$

由于 $(x,y)=(x_1x_2\cdots x_ny_{n+1}y_{n+2}\cdots y_{2n})$ 中的 x_i 为 n 位高位值, y_j 为 n 位低位值, 所以, 由 $h(x,y),f(x,y)$ 的函数结构知, 还可能有的 $f(x,y)$ 的最低代数次数零化子, 要根据 $h(x,y)$ 的具体结构而有以下不同的函数.

(1) 若 $h(x,y)$ 有 x_ny_{2n} 项, 则 $f(x,y)$ 有最低代数次数零化子为

$$g_1(x,y) = (1+x_1)(1+x_2)\cdots(1+x_{n-1})(1+y_{2n}).$$

(2) 若 $h(x,y)$ 有 x_ny_{2n-1} 项, 则 $f(x,y)$ 有最低代数次数零化子为

$$g_2(x,y) = (1+x_1)(1+x_2)\cdots(1+x_{n-1})(1+y_{2n-1}).$$

(3) 若 $h(x,y)$ 有 x_ny_{2n-2} 项和 $x_{n-1}y_{2n}$ 项, 则 $f(x,y)$ 有最低代数次数零化子为

$$g_3(x,y) = (1+x_1)(1+x_2)\cdots(1+x_{n-2})(1+x_n)(1+y_{2n}).$$

(4) 若 $h(x,y)$ 有 x_ny_{2n-2} 项和 $x_{n-1}y_{2n-1}$ 项, 则 $f(x,y)$ 有最低代数次数零化子为

$$g_4(x,y) = (1+x_1)(1+x_2)\cdots(1+x_{n-2})(1+x_n)(1+y_{2n-1}).$$

这些 $f(x,y)$ 的最低代数次数零化子也是 $h(x,y)$ 的零化子, 但不是 $h(x,y)$ 的最低代数次数零化子.

更一般来看, $f(x,y)$ 的最低代数次数零化子, 除了受 $h(x,y)$ 的结构影响, 还受到函数 $s(y)$ 的影响. 于是, 对含 x_ny_i 项和 $x_{n-1}y_{i-1}$ 项 $(i\in\{n+1,n+2,\cdots,2n-2\})$ 的 $f(x,y)$, 有最低代数次数零化子为

$$g_i(x,y) = (1+y_i)(1+x_{n-1})\cdots(1+x_2)(1+x_1).$$

所以, 对任意的有定理 9.2.8 条件的 $h(x,y)$ 和 $s(y)$ 构成的 $f(x,y)$ 和 $1+f(x,y)$, 有最低代数次数零化子 $1+f(x,y), (1+f(x,y))\dfrac{df(x,y)}{dy_{2n}}, \dfrac{e(1+f(x,y))}{ey_{2n}},$ $f(x,y), f(x,y)\dfrac{df(x,y)}{dy_{2n}}, \dfrac{ef(x,y)}{ey_{2n}}.$ 而由于 $h(x,y)$ 结构的不同, $f(x,y)$ 还可能有最低代数次数零化子 $g_1(x,y), g_2(x,y), g_3(x,y), g_4(x,y), g_i(x,y)$. 所以有

$$AI(f(x,y)) = \frac{2n}{2} = n,$$

即 $f(x,y)$ 是 $2n$ 元最优代数免疫 Bent 函数.

定理 9.2.8 中的 $h(x,y)$ 与定理 9.2.2 定理 9.2.7 中的 $h(x,y) = \sum\limits_{i=1}^{n} x_i y_i$ 相比, 是一个更具一般性的 2 次 Bent 函数, 但是它也具有特殊性. 因为并非所有的 2 次 Bent 函数与函数 $s(y) = \prod\limits_{i=n+1}^{2n} y_i$ 的和, 都能构成最优代数免疫 Bent 函数.

例 9.2.4　布尔函数

$$f(x,y) = h(x,y) + s(y) = \sum_{i=1}^{n} x_i y_{n-i+1} + \prod_{i=1}^{n} y_i \quad (n=4)$$

是 8 元 Bent 函数. 求：

(1) $w_t\left(\dfrac{\partial f(x,y)}{\partial(x_1 x_3)}\right), w_t\left(\dfrac{\partial f(x,y)}{\partial(y_1 y_3)}\right), w_t\left(\dfrac{\partial f(x,y)}{\partial(x_3 y_3)}\right);$

(2) $\dfrac{eh(x,y)}{ey_4}, h(x,y)\dfrac{dh(x,y)}{dy_4};$

(3) $\dfrac{ef(x,y)}{ey_4}, f(x,y)\dfrac{df(x,y)}{dy_4};$

(4) $\deg\left(\dfrac{eh(x,y)}{ey_4}\right), \deg\left(h(x,y)\dfrac{dh(x,y)}{dy_4}\right), \deg\left(\dfrac{ef(x,y)}{ey_4}\right),$ $\deg\left(f(x,y)\dfrac{df(x,y)}{dy_4}\right);$

(5) $w_t(h(x,y)), w_t(f(x,y));$

(6) $f(x,y)$ 的最低代数次数零化子, $AI(f(x,y))$.

解　(1)

$$w_t\left(\frac{\partial f(x,y)}{\partial(x_1 x_3)}\right) = w_t(y_4 + y_2) = 128 = 2^{8-1},$$

$$w_t\left(\frac{\partial f(x,y)}{\partial(y_1 y_3)}\right) = w_t(x_2 + x_4 + y_2 y_4 + y_1 y_2 y_4 + y_2 y_3 y_4)$$

$$= w_t(x_2 + x_4) + w_t(y_2 y_4 + y_1 y_2 y_4 + y_2 y_3 y_4)$$

$$- 2w_t((x_2 + x_4)(y_2 y_4 + y_1 y_2 y_4 + y_2 y_3 y_4))$$

$$= 128 + 32 - 2 \cdot 16$$

$$= 128 = 2^{8-1},$$

$$w_t\left(\frac{\partial f(x,y)}{\partial(x_3 y_3)}\right) = w_t(x_2 + y_2 + y_1 y_2 y_4)$$

$$= w_t(x_2) + w_t(y_2 + y_1 y_2 y_4) - 2w_t(x_2(y_2 + y_1 y_2 y_4))$$

$$= 128 + 96 - 2 \cdot 48$$

$$= 128 = 2^{8-1};$$

(2) $\dfrac{eh(x,y)}{ey_4} = x_2 y_3 + x_3 y_2 + x_4 y_1 + x_1 x_2 y_3 + x_1 x_3 y_2 + x_1 x_4 y_1,$

$$h(x,y)\frac{dh(x,y)}{dy_4} = x_1 y_4 + x_1 x_2 y_3 + x_1 x_3 y_2 + x_1 x_4 y_1;$$

(3)

$$\frac{ef(x,y)}{ey_4} = x_2 y_3 + x_3 y_2 + x_4 y_1 + x_1 x_2 y_3 + x_1 x_3 y_2 + x_1 x_4 y_1$$

$$+ x_2 y_1 y_2 y_3 + x_3 y_1 y_2 y_3 + x_4 y_1 y_2 y_3,$$

$$f(x,y)\frac{df(x,y)}{dy_4} = x_1 y_4 + x_1 x_2 y_3 + x_1 x_3 y_2 + x_1 x_4 y_1 + x_2 y_1 y_2 y_3$$

$$+ x_3 y_1 y_2 y_3 + x_4 y_1 y_2 y_3 + y_1 y_2 y_3 y_4;$$

(4) $\deg\left(\dfrac{eh(x,y)}{ey_4}\right) = \deg\left(h(x,y)\dfrac{dh(x,y)}{dy_4}\right) = 3,$

$$\deg\left(\frac{ef(x,y)}{ey_4}\right) = \deg\left(f(x,y)\frac{df(x,y)}{dy_4}\right) = \deg(f(x,y)) = \deg(1 + f(x,y)) = 4;$$

(5) $w_t(h(x,y)) = 120 = 2^{2n-1} - 2^{n-1}$ $(n=4)$,

$$w_t(f(x,y)) = 120 = 2^{2n-1} - 2^{n-1} \quad (n=4);$$

(6) $f(x,y)$ 有最低代数次数零化子可以通过解微分方程

$$g(x,y) + g(x,y)f(x,y)\frac{df(x,y)}{dy_n} + g(x,y)\frac{ef(x,y)}{ey_n} = 0,$$

并可以利用直线 $l_0(x,y) = y_1$ 求非线性度

$$N_{f(x,y)} = w_t(f(x,y) + l_0(x,y)) = 2^{2n-1} - 2^{n-1},$$

求得为

$$g(x,y) = (1+x_1)(1+x_2)(1+x_3)(1+y_1).$$

又由 $\deg(g(x,y)) = 4$ 可知, $f(x,y)$ 和 $1+f(x,y)$ 有 $\dfrac{2n}{2} = 4$ 次非零最低代数次数零化子为

$$\frac{ef(x,y)}{ey_n}, \quad f(x,y)\frac{df(x,y)}{dy_n}, \quad \frac{e(1+f(x,y))}{ey_n},$$

$$(1+f(x,y))\frac{df(x,y)}{dy_n}, \quad f(x,y), \quad 1+f(x,y), \quad g(x,y).$$

所以, $AI(f(x,y)) = 4$, 即 $f(x,y)$ 是 $8(2n = 8)$ 元最优代数免疫 Bent 函数.

定理 9.2.8 中的 $2n$ 元 2 次 Bent 函数 $h(x,y) = \sum\limits_{\substack{i\in\{1,2,\cdots,n\} \\ j\in\{n+1,n+2,\cdots,2n\}}} x_iy_i$ 和前面

定理中的 $2n$ 元 2 次 Bent 函数 $h(x,y) = \sum\limits_{i=1}^{n} x_iy_i$ 相比较, 要更为一般化, 它只要求每一个 2 次项均为 x_iy_j 的形式, 并未要求 x_i 变量和 y_j 变量一定要有 x_iy_i 的次序约束. 但是, 对于更为一般化的 2 次 Bent 函数, 即 2 次函数项可以更为任意的 Bent 函数 $h(x,y)$, 加 $\dfrac{2n}{2}$ 次单项式 $\prod\limits_{i=n+1}^{2n} y_i$ 后, 构成的新函数可能已不是 Bent 函数, 只仍可能是最优代数免疫函数. 下面给出定理 9.2.9.

定理 9.2.9　设函数

$$h(x,y) = x_1x_2 + x_3x_4 + \cdots + x_{n-1}x_n + y_1y_2 + y_3y_4 + \cdots + y_{n-1}y_n$$

$$= \sum_{k=1}^{\frac{n}{2}} x_{2k-1}x_{2k} + \sum_{k=1}^{\frac{n}{2}} y_{2k-1}y_{2k} \in GF(2)^{GF(2)^{2n}},$$

n 为偶数, $(x,y) = (x_1x_2\cdots x_ny_1y_2\cdots y_n) \in GF(2)^{2n}$,

$$f(x,y) = h(x,y) + \prod_{i=1}^{n} y_i \in GF(2)^{GF(2)^{2n}},$$

则 $h(x,y)$ 是 $2n$ 元 Bent 函数, $f(x,y)$ 是 $2n$ 元最优代数免疫函数.

证明　对任意 $1 \leqslant i_1 \leqslant i_2 \leqslant \cdots \leqslant i_r \leqslant n$, $i_r, r \in \{1,2,\cdots,n\}$, 且 n 为偶数, 有

$$w_t\left(\frac{\partial h(x,y)}{\partial(x_{i1}x_{i2}\cdots x_{ir})}\right)$$

$$= w_t\left(\frac{\partial(x_1x_2 + x_3x_4 + \cdots + x_{n-1}x_n)}{\partial(x_{i1}x_{i2}\cdots x_{ir})} + \frac{\partial(y_1y_2 + y_3y_4 + \cdots + y_{n-1}y_n)}{\partial(x_{i1}x_{i2}\cdots x_{ir})}\right)$$

$$= w_t\left(\frac{\partial(x_1x_2 + x_3x_4 + \cdots + x_{n-1}x_n)}{\partial(x_{i1}x_{i2}\cdots x_{ir})}\right)$$

$$= w_t \left(a + \sum x_i \right)$$
$$= 2^{2n-1},$$

其中, $a \in GF(2)$, x_i 表示这样的 1 次单项式: 在 $x_{it}x_{it+1}(x_{it}$ 为单数$)$ 中, 若 $i_t \in \{i_1, i_2, \cdots, i_r\}$, 但 $i_t + 1 \bar{\in} \{i_1, i_2, \cdots, i_r\}$, 则 $\sum x_i$ 中含有 1 次项 x_{it+1}; 若 $x_{it}x_{it+1}$ 中, $i_t, i_{it+1} \in \{i_1, i_2, \cdots, i_r\}$, 则 $x_{it}x_{it+1}$ 对 x_{it} 和 x_{it+1} 的导数为 $1 + x_{it} + x_{it+1}, 1$ 是 a 作为若干个 1 相加的和式中的一项, $\sum x_i$ 中含有 1 次项 x_{it} 和 x_{it+1}.

对任意 $1 \leqslant j_1 \leqslant j_2 \leqslant \cdots \leqslant j_s \leqslant n, s, j_s \in \{1, 2, \cdots, n\}$, 有

$$w_t \left(\frac{\partial h(x, y)}{\partial (y_{j1} y_{j2} \cdots y_{js})} \right)$$
$$= w_t \left(\frac{\partial (x_1 x_2 + x_3 x_4 + \cdots + x_{n-1} x_n y_1 y_2 + y_3 y_4 + \cdots + y_{n-1} y_n)}{\partial (y_{j1} y_{j2} \cdots y_{js})} \right)$$
$$= w_t \left(\frac{\partial (x_1 x_2 + x_3 x_4 + \cdots + x_{n-1} x_n)}{\partial (y_{j1} y_{j2} \cdots y_{js})} + \frac{\partial (y_1 y_2 + y_3 y_4 + \cdots + y_{n-1} y_n)}{\partial (y_{j1} y_{j2} \cdots y_{js})} \right)$$
$$= w_t \left(\frac{\partial (y_1 y_2 + y_3 y_4 + \cdots + y_{n-1} y_n)}{\partial (y_{j1} y_{j2} \cdots y_{js})} \right)$$
$$= w_t \left(a + \sum y_i \right)$$
$$= 2^n \cdot 2^{n-1}$$
$$= 2^{2n-1},$$

其中, $a + \sum y_i$ 与前述 $a + \sum x_i$ 的意义相同.

对任意 $1 \leqslant i_1 \leqslant i_2 \leqslant \cdots \leqslant i_r \leqslant n$, $1 \leqslant j_1 \leqslant j_2 \leqslant \cdots \leqslant j_s \leqslant n$, $i_r, j_s, r, s \in \{1, 2, \cdots, n\}$, 有

$$w_t \left(\frac{\partial h(x, y)}{\partial (x_{i1} x_{i2} \cdots x_{ir} y_{j1} y_{j2} \cdots y_{js})} \right)$$
$$= w_t \left(\frac{\partial (x_1 x_2 + x_3 x_4 + \cdots + x_{n-1} x_n y_1 y_2 + y_3 y_4 + \cdots + y_{n-1} y_n)}{\partial (x_{i1} x_{i2} \cdots x_{ir} y_{j1} y_{j2} \cdots y_{js})} \right)$$
$$= w_t \left(\frac{\partial (x_1 x_2 + x_3 x_4 + \cdots + x_{n-1} x_n)}{\partial (x_{i1} x_{i2} \cdots x_{ir} y_{j1} y_{j2} \cdots y_{js})} + \frac{\partial (y_1 y_2 + y_3 y_4 + \cdots + y_{n-1} y_n)}{\partial (x_{i1} x_{i2} \cdots x_{ir} y_{j1} y_{j2} \cdots y_{js})} \right)$$
$$= w_t \left(a + \sum x_i + \sum y_j \right)$$
$$= 2^{2n-1},$$

所以可知, $h(x, y) = x_1 x_2 + x_3 x_4 + \cdots + x_{n-1} x_n + y_1 y_2 + y_3 y_4 + \cdots + y_{n-1} y_n$ 是 $2n$ 元 (n 为偶数)Bent 函数.

对 $f(x,y) = h(x,y) + \prod_{i=1}^{n} y_i$, 利用 $l_0(x,y) = 1 + y_{n-2}$ 可求得非线性度

$$N_{1+f(x,y)} = w_t(1 + f(x,y) + l_0(x,y)) = 2^{2n-1} - 2^{n-1}.$$

利用 $l_0(x,y) = 1 + y_{n-2}$ 解微分方程

$$g(x,y) + g(x,y)f(x,y)\frac{df(x,y)}{dy_n} + g(x,y)\frac{ef(x,y)}{ey_n} = 0,$$

由于可求得

$$f(x,y)\frac{df(x,y)}{dy_n} = (x_1x_2 + x_3x_4 + \cdots + x_{n-1}x_n)\left(y_{n-1} + \prod_{i=1}^{n-1} y_i\right)$$

$$+ (y_1y_2 + y_3y_4 + \cdots + y_{n-3}y_{n-2})y_{n-1} + y_{n-1}y_n + \prod_{i=1}^{n} y_i,$$

$$\frac{ef(x,y)}{ey_n} = (x_1x_2 + x_3x_4 + \cdots + x_{n-1}x_n)\left(1 + y_{n-1} + \prod_{i=1}^{n-1} y_i\right)$$

$$+ (y_1y_2 + y_3y_4 + \cdots + y_{n-3}y_{n-2})(1 + y_{n-1}) + \prod_{i=1}^{n} y_i$$

所以解微分方程求得 $f(x,y)$ 和 $1 + f(x,y)$ 的最低代数次数零化子函数 $g(x,y)$ 为

$$g(x,y) = \left(\prod_{k=1}^{\frac{n}{2}} (1 + y_{n-(2k-1)})\right)\left(\prod_{k=1}^{\frac{n}{2}} (1 + x_{n-(2k-2)})\right).$$

由于 $\deg(g(x,y)) = \frac{n}{2} + \frac{n}{2} = n = \frac{2n}{2}$, 所以 $AI(f(x,y)) = n = \frac{2n}{2}$, 且 $f(x,y)$ 是最优代数免疫函数.

定理 9.2.9 有推论 3.

推论 3　对定理 9.2.9 中的函数 $f(x,y)$, 有

$$\deg\left(f(x,y)\frac{df(x,y)}{dy_n}\right) = \deg\left(\frac{ef(x,y)}{ey_n}\right) = n + 1,$$

$$w_t\left(f(x,y)\frac{df(x,y)}{dy_n}\right) = 2^{2n-2} - 2^{n-1},$$

$$w_t\left(\frac{ef(x,y)}{ey_n}\right) = 2^{2n-2} + 2^{n-1},$$

$$w_t(f(x,y)) = 2^{2n-1}.$$

由推论 3 可知, 虽然 $h(x,y)$ 是 2 次 $2n$ 元 Bent 函数, 但 $f(x,y)$ 已不是 $2n$ 元 Bent 函数了, 并且 $w_t(f(x,y)), w_t\left(f(x,y)\dfrac{df(x,y)}{dy_n}\right)$ 已不满足 $2n$ 元 Bent 函数的必要条件. 不过, $f(x,y)$ 仍是 $2n$ 元最优代数免疫函数.

例 9.2.5 设函数 $h(x,y) = x_1x_2 + x_3x_4 + y_1y_2 + y_3y_4 \in GF(2)^{GF(2)^8}$, $f(x,y) = h(x,y) + \prod\limits_{i=1}^{4} y_i \in GF(2)^{GF(2)^8}$. 不用定理 9.2.9 直接求:

(1) $w_t\left(\dfrac{\partial h(x,y)}{\partial(x_1x_3)}\right)$, $w_t\left(\dfrac{\partial h(x,y)}{\partial(y_1y_3)}\right)$, $w_t\left(\dfrac{\partial h(x,y)}{\partial(x_3y_3)}\right)$;

(2) $w_t\left(\dfrac{\partial f(x,y)}{\partial(x_1x_3)}\right)$, $w_t\left(\dfrac{\partial f(x,y)}{\partial(y_1y_3)}\right)$, $w_t\left(\dfrac{\partial f(x,y)}{\partial(x_3y_3)}\right)$;

(3) $\deg\left(\dfrac{eh(x,y)}{ey_4}\right)$, $\deg\left(h(x,y)\dfrac{dh(x,y)}{dy_4}\right)$, $\deg\left(\dfrac{ef(x,y)}{ey_4}\right)$, $\deg\left(f(x,y)\dfrac{df(x,y)}{dy_4}\right)$;

(4) $w_t(h(x,y))$, $w_t(f(x,y))$, $w_t\left(f(x,y)\dfrac{df(x,y)}{dy_4}\right)$, $w_t\left(\dfrac{ef(x,y)}{ey_4}\right)$;

(5) 求 $f(x,y)$ 的最低代数次数零化子和 $AI(f(x,y))$.

解 (1)

$$w_t\left(\frac{\partial h(x,y)}{\partial(x_1x_3)}\right) = w_t(x_2 + x_4) = 128 = 2^{2n-1},$$

$$w_t\left(\frac{\partial h(x,y)}{\partial(y_1y_3)}\right) = w_t(y_2 + y_4) = 2^4 \cdot 2^{4-1} = 128 = 2^{2n-1},$$

$$w_t\left(\frac{\partial h(x,y)}{\partial(x_3y_3)}\right) = w_t(x_4 + y_4)$$
$$= w_t(x_4) + w_t(y_4) - 2w_t(x_4y_4)$$
$$= 2^{2\cdot4-1} + 2^4 \cdot 2^{4-1} - 2(2^{-1} \cdot 2^4 \cdot 2^{4-1})$$
$$= 128 = 2^{2n-1};$$

(2) $w_t\left(\dfrac{\partial f(x,y)}{\partial(x_1x_3)}\right) = w_t(x_2 + x_4) = 128 = 2^{2n-1},$

$$w_t\left(\frac{\partial f(x,y)}{\partial(y_1y_3)}\right) = w_t(y_2 + y_4 + y_2y_4 + y_1y_2y_4 + y_2y_3y_4)$$
$$= w_t(y_2 + y_4) + w_t(y_2y_4 + y_1y_2y_4 + y_2y_3y_4)$$
$$\quad - 2w_t((y_2 + y_4)(y_2y_4 + y_1y_2y_4 + y_2y_3y_4))$$
$$= 2^4(2^{4-1} + 2^{4-3})$$

$$= 2^{2\cdot4-1} + 2^{2\cdot4-3}$$
$$= 160 = 2^{2n-1} + 2^{2n-3},$$
$$w_t\left(\frac{\partial f(x,y)}{\partial(x_3y_3)}\right) = w_t(x_4 + y_4 + y_1y_2y_4)$$
$$= w_t(x_4) + w_t(y_4 + y_1y_2y_4) - 2w_t(x_4(y_4 + y_1y_2y_4))$$
$$= 2^{2\cdot4-1} + 2^4(2^{4-1} - 2^{\frac{4}{2}-1}) - 2(2^{-1}(2^4(2^{4-1} - 2^{\frac{4}{2}-1})))$$
$$= 2^{2\cdot4-1} = 128 = 2^{2n-1};$$

(3) 由于

$$\frac{eh(x,y)}{ey_4} = x_1x_2 + x_3x_4 + y_1y_2 + x_1x_2y_3 + x_3x_4y_3 + y_1y_2y_3,$$
$$h(x,y)\frac{dh(x,y)}{dy_4} = y_3y_4 + x_1x_2y_3 + x_3x_4y_3 + y_1y_2y_3,$$
$$f(x,y)\frac{df(x,y)}{dy_4} = x_1x_2x_3 + x_3x_4 + x_3y_1y_2 + x_3y_3y_4$$
$$\qquad + x_3y_1y_2y_3y_4 + x_1x_2y_1y_2y_3 + x_3x_4y_1y_2y_3 + y_1y_2y_3,$$
$$\frac{ef(x,y)}{ey_4} = x_1x_2 + y_1y_2 + y_3y_4 + y_1y_2y_3y_4 + x_1x_2x_3 + x_3y_1y_2 + x_3y_3y_4$$
$$\qquad + x_3y_1y_2y_3y_4 + x_1x_2y_1y_2y_3 + x_3x_4y_1y_2y_3 + y_1y_2y_3,$$

所以

$$\deg\left(\frac{eh(x,y)}{ey_4}\right) = \deg\left(h(x,y)\frac{dh(x,y)}{dy_4}\right) = 3,$$
$$\deg\left(\frac{ef(x,y)}{ey_4}\right) = \deg\left(f(x,y)\frac{df(x,y)}{dy_4}\right) = 5;$$

(4)

$$w_t(h(x,y)) = 120 = 2^{8-1} - 2^{\frac{8}{2}-1},$$
$$w_t(f(x,y)) = 128 = 2^{8-1},$$
$$w_t\left(f(x,y)\frac{df(x,y)}{dy_4}\right) = w_t\left(h(x,y)\frac{dh(x,y)}{dy_4} + h(x,y)\frac{d\prod_{i=1}^4 y_i}{dy_4}\right)$$
$$= w_t\left(h(x,y)\frac{dh(x,y)}{dy_4}\right) + w_t(h(x,y)y_1y_2y_3)$$
$$- 2w_t\left(h(x,y)\frac{dh(x,y)}{dy_4}y_1y_2y_3\right)$$

$$= w_t\left(h(x,y)\frac{dh(x,y)}{dy_4}\right) - w_t(h(x,y)y_1y_2y_3)$$

$$= 64 - 16$$

$$= 2^{2n-2} - 2^n$$

$$= 48,$$

$$w_t\left(\frac{ef(x,y)}{ey_4}\right) = w_t(f(x,y)) - w_t\left(f(x,y)\frac{df(x,y)}{dy_4}\right)$$

$$= 128 - 48 = 2^{2n-2} + 2^n$$

$$= 80;$$

(5) 由于对

$$N_{1+f(x,y)} = \min_{l(x,y)\in L_n[x,y]} w_t(f(x,y) + l(x,y)),$$

可得 $l_0(x,y) = 1 + y_{n-2}, l_0(x,y) = 1 + y_2$, 并有

$$N_{1+f(x,y)} = w_t(f(x,y) + l_0(x,y)) = 116 = 2^{2n-1} - 2^{\frac{2n}{2}-1} - 2^{\frac{2n}{2}-2}.$$

利用 $l_0(x,y) = 1 + y_{n-2}$, $l_0(x,y) = 1 + y_2$ 解函数微分方程

$$g(x,y) + g(x,y)f(x,y)\frac{df(x,y)}{dy_4} + g(x,y)\frac{ef(x,y)}{ey_4} = 0$$

(其中 $g(x,y)$ 是待求的未知函数, 也是待求的 $f(x,y)$ 的最低代数次数零化子), 可求得 $1 + f(x,y)$ 的最低代数次数子函数, 即 $f(x,y)$ 的最低代数次数零化子为

$$g(x,y) = (1 + y_3)(1 + y_1)(1 + x_4)(1 + x_2).$$

又 $\deg(g(x,y)) = 4 = \frac{2n}{2}$, 所以

$$AI(f(x,y)) = 4 = \frac{2n}{2}.$$

即 $f(x,y)$ 还是 $2n$ 元最优代数免疫函数.

从定理 9.2.9 可知, 例 9.2.5 中的 $h(x,y)$ 是 $2n$ 元 Bent 函数. 从例 9.2.5 中又可看到, 函数 $f(x,y)$ 对变量 y_1y_3 的导数的重量、函数 $f(x,y)$ 的重量、$f(x,y)$ 的导数部分 $f(x)\frac{df(x)}{dy_4}$ 的重量、$f(x,y)$ 的 e-导数部分 $\frac{ef(x)}{ey_4}$ 的重量, 均不满足 $2n$ 元 Bent 函数相对应重量的必要条件, 所以, 函数 $f(x,y)$ 已不是 Bent 函数.

利用 $2n$ 元最优代数免疫 Bent 函数和 $2n$ 元 Bent 函数, 还可以构造 $2n$ 元最优代数免疫函数. 而将 $2n$ 元最优代数免疫 Bent 函数的 $2n$ 元变量作广义补 P 变换, 可以得到新的 $2n$ 元最优代数免疫 Bent 函数. 下面给出定理 9.2.10 和定理 9.2.11.

定理 9.2.10　设 $h_1(x,y) = \sum\limits_{i=1}^{n} x_i y_i \in GF(2)^{GF(2)^{2n}}$, $(x,y) = (x_1 x_2 \cdots x_n y_1 y_2 \cdots y_n) \in GF(2)^{2n}$ (n 为偶数),

$$h_2(x,y) = x_1 x_2 + x_3 x_4 + \cdots + x_{n-1} x_n + y_1 y_2 + y_3 y_4 + \cdots + y_{n-1} y_n$$

$$= \sum_{k=1}^{\frac{n}{2}} x_{2k-1} x_{2k} + \sum_{k=1}^{\frac{n}{2}} y_{2k-1} y_{2k} \in GF(2)^{GF(2)^{2n}},$$

$$f_1(x,y) = h_1(x,y) + \prod_{i=1}^{n} y_i \in GF(2)^{GF(2)^{2n}},$$

$$f(x,y) = f_1(x,y) + h_2(x,y) \in GF(2)^{GF(2)^{2n}},$$

则 $f(x,y)$ 是 $2n$ 元最优代数免疫函数.

证明　已有 $\deg(f(x,y)) = \dfrac{2n}{2} = n$. 由于

$$\frac{df(x,y)}{dy_n} = x_n + y_{n-1} + \prod_{i=1}^{n-1} y_i,$$

所以

$$f(x,y)\frac{df(x,y)}{dy_n}$$

$$= x_n \sum_{i=1}^{n} x_i y_i + x_n \left(\sum_{k=1}^{\frac{n}{2}} x_{2k-1} x_{2k} + \sum_{k=1}^{\frac{n}{2}} y_{2k-1} y_{2k} \right)$$

$$+ x_n \prod_{i=1}^{n} y_i + y_{n-1} \sum_{i=1}^{n} x_i y_i + y_{n-1} \left(\sum_{k=1}^{\frac{n}{2}} x_{2k-1} x_{2k} + \sum_{k=1}^{\frac{n}{2}} y_{2k-1} y_{2k} \right)$$

$$+ \prod_{i=1}^{n-1} y_i \sum_{i=1}^{n} x_i y_i + \prod_{i=1}^{n-1} y_i \left(\sum_{k=1}^{\frac{n}{2}} x_{2k-1} x_{2k} + \sum_{k=1}^{\frac{n}{2}} y_{2k-1} y_{2k} \right)$$

$$= x_n \sum_{i=1}^{n-1} x_i y_i + x_n y_n + x_n \left(\sum_{k=1}^{\frac{n}{2}} x_{2k-1} x_{2k} + \sum_{k=1}^{\frac{n}{2}} y_{2k-1} y_{2k} \right) + y_{n-1} \sum_{i=1}^{n} x_i y_i$$

$$+ y_{n-1} \left(\sum_{k=1}^{\frac{n}{2}} x_{2k-1} x_{2k} + \sum_{k=1}^{\frac{n}{2}} y_{2k-1} y_{2k} \right)$$

$$+ \prod_{i=1}^{n-1} y_i \sum_{i=1}^{n-1} x_i y_i + \prod_{i=1}^{n-1} y_i \left(\sum_{k=1}^{\frac{n}{2}} x_{2k-1} x_{2k} + \sum_{k=1}^{\frac{n}{2}} y_{2k-1} y_{2k} \right)$$

$$= (x_n + y_{n-1}) \sum_{i=1}^{n} x_i y_i + \left(x_n + y_{n-1} + \prod_{i=1}^{n-1} y_i \right) \left(\sum_{k=1}^{\frac{n}{2}} x_{2k-1} x_{2k} + \sum_{k=1}^{\frac{n}{2}} y_{2k-1} y_{2k} \right)$$

$$+ \prod_{i=1}^{n-1} y_i \sum_{i=1}^{n-1} x_i.$$

于是

$$\frac{ef(x,y)}{ey_n} = \sum_{i=1}^{n} x_i y_i + \prod_{i=1}^{n} y_i + \left(\sum_{k=1}^{\frac{n}{2}} x_{2k-1} x_{2k} + \sum_{k=1}^{\frac{n}{2}} y_{2k-1} y_{2k} \right)$$

$$\mid f(x,y) \frac{df(x,y)}{dy_n}$$

$$= (1 + x_n + y_{n-1}) \sum_{i=1}^{n} x_i y_i$$

$$+ \left(1 + x_n + y_{n-1} + \prod_{i=1}^{n-1} y_i \right)$$

$$\cdot \left(\sum_{k=1}^{\frac{n}{2}} x_{2k-1} x_{2k} + \sum_{k=1}^{\frac{n}{2}} y_{2k-1} y_{2k} \right) + \prod_{i=1}^{n-1} y_i + \sum_{i=1}^{n-1} x_i,$$

所以

$$\deg \left(f(x,y) \frac{df(x,y)}{dy_n} \right) = \deg \left(\frac{ef(x,y)}{ey_n} \right) = n + 1.$$

又有

$$w_t \left(f(x,y) \frac{df(x,y)}{dy_n} \right) = 2^{\frac{2n}{2} - 2},$$

$$w_t \left(\frac{ef(x,y)}{ey_n} \right) = 2^{\frac{2n}{2} - 2} - 2^{\frac{2n}{2}} - 2^{\frac{2n}{2} - 3},$$

$$w_t(f(x,y)) = w_t(1 + f(x,y)) = \frac{2n}{2} = n.$$

解以 $f(x,y)$ 的最低代数次数零化子 $(1+f(x,y)$ 的最低代数次数子函数)$g(x,y)$ 为未知变元函数的微分方程

$$g(x,y)+g(x,y)f(x,y)\frac{df(x,y)}{dy_n}+g(x,y)\frac{ef(x,y)}{ey_n}=0,$$

可得

$$g(x,y)=(1+y_n)(1+y_{n-2})\cdots(1+y_2)(1+x_{n-1})(1+x_{n-3})\cdots(1+x_1),$$

且 $\deg(g(x,y))=\frac{2n}{2}=n$.

所以, $f(x,y),1+f(x,y)$ 有最低代数次数零化子 $g(x,y),f(x,y),1+f(x,y)$. 所以, $f(x,y)$ 是最优代数免疫函数, 有

$$AI(f(x,y))=\frac{2n}{2}=n.$$

又有 $f(x,y)$ 不是 Bent 函数.

定理 9.2.11　设 n 为偶数,$P=(0,0,\cdots,0)\in GF(2)^n,f(x)\in GF(2)^{GF(2)^n}$, $x=(x_1x_2\cdots x_n)\in GF(2)^n$. 若 $f(x)$ 是最优代数免疫 Bent 函数, 且 $g(x)$ 是 $f(x)$ 的最低代数次数零化子, 则 $f(x^P)\in GF(2)^{GF(2)^n}$ 也是最优代数免疫 Bent 函数, 且 $g(x^P)$ 是 $f(x^P)$ 的最低代数次数零化子.

证明　从定理 9.1.8 知, $f(x)$ 与 $f(x^P)$ 同为 Bent 函数或否, 这里只需要证 $g(x^P)$ 是 $f(x^P)$ 的最低代数次数零化子.

由于

$$g(x)f(x)=0,$$

所以

$$g(x^P)f(x^P)=0,$$

即 $g(x^P)$ 是 $f(x^P)$ 的零化子. 假设 $f(x^P)$ 还有代数次数更低的零化子 $g'(x^P)$, 有

$$g'(x^P)f(x^P)=0,$$

且

$$\deg(g'(x^P))<\deg(g(x^P)).$$

则因

$$g'((x^P)^P)f((x^P)^P)=0,$$

即

$$g'(x)f(x)=0.$$

而 P 变换并不改变函数的代数次数, 则

$$\deg(g'(x)) = \deg(g'(x^P)) < \deg(g(x^P)) = \deg(g(x)).$$

这与 $g(x)$ 是 $f(x)$ 的最低代数次数零化子矛盾. 所以, $g(x^P)$ 一定是 $f(x^P)$ 的最低代数次数零化子, 即 $f(x^P)$ 是最优代数免疫函数, 有

$$AI(f(x^P)) = \frac{2n}{2} = n.$$

例 9.2.6　函数 $f(x,y) = \sum\limits_{i=1}^{4} x_i y_i + x_1 x_2 + x_3 x_4 + y_1 y_2 + y_3 y_4 + y_1 y_2 y_3 y_4$ 是最优代数免疫 Bent 函数, $f(x)$ 的最低代数次数零化子为

$$g(x,y) = (1 + y_4)(1 + y_2)(1 + x_3)(1 + x_1),$$

所以对 $P = (00000000) \in GF(2)^{2n} (n = 4)$, 有

$$f((x,y)^P) = \sum_{i=1}^{4} \overline{x_i y_i} + \overline{x_1 x_2} + \overline{x_3 x_4} + \overline{y_1 y_2} + \overline{y_3 y_4} + \prod_{i=1}^{4} \overline{y_i},$$

$$g((x,y)^P) = y_4 y_2 x_3 x_1,$$

且

$$g((x,y)^P) f((x,y)^P) = 0,$$

$$\deg(g((x,y)^P)) = \frac{2n}{2} = n.$$

所以

$$AI(f((x,y)^P)) = AI(f(x,y)) = \frac{2n}{2} = n,$$

即和 $f(x,y)$ 一样, $f((x,y)^P)$ 也是最优代数免疫 Bent 函数.

利用两个最低代数次数零化子完全不同的最优代数免疫 Bent 函数作级联, 也能得到最优代数免疫函数, 这有定理 9.2.12.

定理 9.2.12　设 $(x,y) = (x_1 x_2 \cdots x_n y_1 y_2 \cdots y_n) \in GF(2)^{2n}$, n 为偶数,

$$h_1(x,y) = \sum_{i=1}^{n} x_i y_i \in GF(2)^{GF(2)^{2n}},$$

$$h_2(x,y) = \sum_{k=1}^{\frac{n}{2}} x_{2k-1} x_{2k} + \sum_{k=1}^{\frac{n}{2}} y_{2k-1} y_{2k} \in GF(2)^{GF(2)^{2n}},$$

$$f_1(x,y) = h_1(x,y) + \prod_{i=1}^{n} y_i \in GF(2)^{GF(2)^{2n}},$$

$$f_2(x,y) = h_2(x,y) + \prod_{i=1}^{n} y_i \in GF(2)^{GF(2)^{2n}},$$

$$f(x_0xy) = (1+x_0)f_1(x,y) + x_0 f_2(x,y) \in GF(2)^{GF(2)^{2n-1}} \quad ((x_0xy) \in GF(2)^{2n+1}),$$

则 $f(x_0xy)$ 是 $2n+1$ 元最优代数免疫函数.

证明 由定理 9.2.4 知, $f_1(x,y)$ 是 $2n$ 元最优代数免疫 Bent 函数, 且有

$$\frac{ef_1(x,y)}{ey_n} = \sum_{i=1}^{n-1} x_iy_i + x_n \sum_{i=1}^{n-1} x_iy_i + \left(\prod_{i=1}^{n-1} y_i\right)\sum_{i=1}^{n-1} x_i,$$

$$f_1(x,y)\frac{df_1(x,y)}{dy_n} = x_n\left(y_n + \sum_{i=1}^{n-1} x_iy_i\right) + \left(\prod_{i=1}^{n-1} y_i\right)\left(y_n + \sum_{i=1}^{n-1} x_i\right),$$

$$\deg\left(f_1(x,y)\frac{df_1(x,y)}{dy_n}\right) = \deg\left(\frac{ef_1(x,y)}{ey_n}\right) = \frac{2n}{2} = n.$$

$f_1(x,y)$ 还有最低代数次数零化子

$$g_1(x,y) = (1+y_{n-1})(1+x_n)\prod_{i=1}^{n-2}(1+x_i),$$

$$\deg(g_1(x,y)) = \frac{2n}{2} = n.$$

由定理 9.2.9 知, $f_2(x,y)$ 是 $2n$ 元最优代数免疫 Bent 函数, 且有

$$f_2(x,y)\frac{df_2(x,y)}{dy_n}$$

$$= \left(\sum_{k=1}^{\frac{n}{2}} x_{2k-1}x_{2k}\right)\left(y_{n-1} + \prod_{i=1}^{n-1} y_i\right) + \left(\sum_{k=1}^{\frac{n}{2}-1} y_{2k-1}y_{2k}\right)y_{n-1}$$

$$+ y_{n-1}y_n + \prod_{i=1}^{n} y_i,$$

$$\frac{ef_2(x,y)}{ey_n} = \left(\sum_{k=1}^{\frac{n}{2}} x_{2k-1}x_{2k}\right)\left(1 + y_{n-1} + \prod_{i=1}^{n-1} y_i\right)$$

$$+ \left(\sum_{k=1}^{\frac{n}{2}-1} y_{2k-1}y_{2k}\right)(1+y_{n-1}) + \prod_{i=1}^{n-1} y_i$$

$$\deg\left(f_2(x,y)\frac{df_2(x,y)}{dy_n}\right) = \deg\left(\frac{ef_2(x,y)}{ey_n}\right) = \frac{2n}{2} + 1 = n+1,$$

且 $f_2(x,y)$ 有最低代数次数零化子为

$$g_2(x,y) = \left(\prod_{k=1}^{\frac{n}{2}} (1+y_{n-(2k-1)}) \right) \left(\prod_{k=1}^{\frac{n}{2}} (1+x_{n-(2k-2)}) \right),$$

$$\deg(g_2(x,y)) = \frac{2n}{2} = n.$$

由于

$$f(x_0 xy) = f(x_0 xy)\frac{df(x_0 xy)}{dy_n} + \frac{ef(x_0 xy)}{ey_n}$$

$$= (1+x_0)\left(f_1(x,y)\frac{df_1(x,y)}{dy_n} + \frac{ef_1(x,y)}{ey_n} \right)$$

$$+ x_0\left(f_2(x,y)\frac{df_2(x,y)}{dy_n} + \frac{ef_2(x,y)}{ey_n} \right)$$

$$= \left((1+x_0)f_1(x,y)\frac{df_1(x,y)}{dy_n} + x_0 f_2(x,y)\frac{df_2(x,y)}{dy_n} \right)$$

$$+ \left((1+x_0)\frac{ef_1(x,y)}{ey_n} + x_0\frac{ef_2(x,y)}{ey_n} \right),$$

所以

$$\deg\left(f(x_0 xy)\frac{df(x_0 xy)}{dy_n} \right)$$

$$= \deg\left((1+x_0)f_1(x,y)\frac{df_1(x,y)}{dy_n} + x_0 f_2(x,y)\frac{df_2(x,y)}{dy_n} \right)$$

$$= n+2 > \left\lceil \frac{2n+1}{2} \right\rceil,$$

$$\deg\left(\frac{ef(x_0 xy)}{ey_n} \right)$$

$$= \deg\left((1+x_0)\frac{ef_1(x,y)}{ey_n} + x_0\frac{ef_2(x,y)}{ey_n} \right)$$

$$= n+2 > \left\lceil \frac{2n+1}{2} \right\rceil.$$

又 $g_1(x,y) \neq g_2(x,y)$, 所以 $f(x_0 xy)$ 有最低代数次数零化子为

$$g'(x_0 xy) = (1+x_0)g_1(x,y) + x_0 g_2(x,y)$$

和

$$g''(x_0 xy) = g_1(x,y) + x_0 g_1(x,y),$$

$$g'''(x_0 xy) = x_0 g_2(x,y).$$

由于

$$\deg(g'(x_0xy)) = \deg(g''(x_0xy)) = \deg(g'''(x_0xy)) = n+1 = \left\lceil \frac{2n+1}{2} \right\rceil,$$

所以, $f(x_0xy)$ 是 $2n+1$ 元最优代数免疫函数.

第 10 章　H 布尔函数与其导数、e-导数

H 布尔函数是一类在编码理论、密码理论中都有重要应用价值的函数类. 由于密码系统抵抗各种攻击的综合能力的要求, 要求设计的布尔函数要兼具扩散性、相关免疫性、代数免疫性等密码学性质. 直接讨论 H 布尔函数的相关免疫性要比单纯地、孤立地讨论布尔函数的相关免疫性更有意义, 能更直接地对扩散性、相关免疫性等直接进行综合性研究. H 布尔函数也为各种密码学性质的综合研究提供了一个有重要密码学价值的研究工具.

10.1　H 布尔函数与导数、e-导数

H 布尔函数有 Hadamard 矩阵的定义、概率的定义、重量与扩散性的定义等多种不同方法的定义. H 布尔函数是杨义先教授在研究 Hadamard 矩阵时提出的概念并对其进行过研究. H 布尔函数的 Hadamard 矩阵定义, 是最基本的定义. 但本章要讨论的是导数、e-导数在 H 布尔函数中的应用, 讨论导数、e-导数与 H 布尔函数的关系, 并利用导数、e-导数来研究 H 布尔函数更多的性质, 所以给出 H 布尔函数的重量与扩散性的定义.

定义 10.1.1　设 $f(x) = f(x_1, x_2, \cdots, x_n) \in GF(2)^{GF(2)^n}$, 对任意 $\varepsilon_i = (0, 0, \cdots, 0, 1, 0, \cdots, 0) \in GF(2)^n (1 \leqslant i \leqslant n)$, 都满足

$$w_t(f(x + \varepsilon_i) + f(x)) = 2^{n-1},$$

ε_i 表示的是 n 维布尔向量空间的一组基向量, 第 i 个分量为 1, 其余分量为 0, 则称 $f(x)$ 为 H 布尔函数.

于是, 根据布尔函数导数的定义, 可直接得出定理 10.1.1.

定理 10.1.1　布尔函数 $f(x) = f(x_1, x_2, \cdots, x_n) \in GF(2)^{GF(2)^n}$ 是 H 布尔函数的充分必要条件是, 对任意 $i \in \{1, 2, \cdots, n\}$, 有

$$w_t\left(\frac{df(x)}{dx_i}\right) = 2^{n-1} \quad (1 \leqslant i \leqslant n),$$

即 H 布尔函数 $f(x)$ 对任意 1 个变元的导函数都是平衡的.

从 H 布尔函数和扩散性、严格雪崩准则、Bent 函数的定义或等价的定义可知, H 布尔函数就是满足 1 次扩散准则、满足严格雪崩准则的布尔函数. 由所有

Bent 函数为元素的 Bent 函数集合, 是由所有 H 布尔函数为元素的 H 布尔函数
集合的子集, 或称 Bent 函数类是 H 布尔函数类的子类. 由此可知, 对 Bent 函数
和 H 布尔函数需各自进行研究.

由于任意布尔函数 $f(x)$ 都有

$$f(x) = f(x)\frac{df(x)}{dx_n} + \frac{ef(x)}{ex_n}$$

的关系, 再由定理 10.1.1 便可知, 应有如下的定理.

定理 10.1.2　如果布尔函数 $f(x) = f(x_1, x_2, \cdots, x_n) \in GF(2)^{GF(2)^n}$ 是 H
布尔函数, 则必有

$$w_t\left(f(x)\frac{df(x)}{dx_n}\right) = 2^{n-2}.$$

这个 H 布尔函数的必要条件对构造 H 布尔函数是很有用的. 要构造 H 布尔
函数, 首先必须让函数满足这一条件. 这是非常易于识别的.

推论 1　如果布尔函数 $f(x) = f(x_1, x_2, \cdots, x_n) \in GF(2)^{GF(2)^n}$ 是 H 布尔
函数, 则必有

$$w_t\left(\frac{d\left(f(x)\frac{df(x)}{dx_n}\right)}{dx_n}\right) = 2^{n-1}.$$

对一切 $i = 1, 2, \cdots, n$, 有

$$w_t\left(\frac{d\left(f(x)\frac{df(x)}{dx_n}\right)}{dx_i}\right) \leqslant 2^{n-1} \quad (1 \leqslant i \leqslant n).$$

推论 2　如果布尔函数 $f(x) = f(x_1, x_2, \cdots, x_n) \in GF(2)^{GF(2)^n}$ 是重量等于
2^{n-2} 的 H 布尔函数, 则

$$f(x) = f(x)\frac{df(x)}{dx_n}.$$

推论 3　如果布尔函数 $f(x) = f(x_1, x_2, \cdots, x_n) \in GF(2)^{GF(2)^n}$ 是 H 布尔
函数, 则 $w_t(f(x))$ 必为偶数.

证明　由于 $w_t(f(x)) = w_t\left(f(x)\frac{df(x)}{dx_n}\right) + w_t\left(\frac{ef(x)}{ex_n}\right)$, 且 $w_t\left(\frac{ef(x)}{ex_n}\right)$ 必
为偶数.

而当 $f(x)$ 为 H 布尔函数, 则由定理 10.1.2 知

$$w_t\left(f(x)\frac{df(x)}{dx_n}\right) = 2^{n-2}$$

为偶数. 所以 $w_t(f(x))$ 必为偶数.

定理 10.1.3　如果布尔函数 $f(x) = f(x_1, x_2, \cdots, x_n) \in GF(2)^{GF(2)^n}$ 是 H 布尔函数, 则 $f(x)$ 一定含有 n 个变元 $x_1, x_2, \cdots, x_n$ 中的所有变元.

证明　用反证法. 假设 $f(x)$ 不含 n 个变元 $x_1, x_2, \cdots, x_n$ 中的某个变元 x_i, 则

$$f(x) = f(x_1, x_2, \cdots, x_{i-1}, 1, x_{i+1}, x_{i+2}, \cdots, x_n)$$
$$= f(x_1, x_2, \cdots, x_{i-1}, 0, x_{i+1}, x_{i+2}, \cdots, x_n),$$

所以

$$w_t\left(\frac{df(x)}{dx_i}\right) = w_t(f(x_1, x_2, \cdots, x_{i-1}, 1, x_{i+1}, x_{i+2}, \cdots, x_n)$$
$$+ f(x_1, x_2, \cdots, x_{i-1}, 0, x_{i+1}, x_{i+2}, \cdots, x_n))$$
$$= 0.$$

这与定理 10.1.1 中 H 布尔函数的充分必要条件矛盾. 所以定理 10.1.3 成立.

定理 10.1.4　如果布尔函数 $f(x) = f(x_1, x_2, \cdots, x_n) \in GF(2)^{GF(2)^n}$ 是含 n 个变元 $x_1, x_2, \cdots, x_n$ 中的所有变元的 2 次齐次函数, 则 $f(x)$ 必是 H 布尔函数.

证明　由于 $f(x)$ 是含 n 个变元 $x_1, x_2, \cdots, x_n$ 中所有变元的 2 次齐次函数, 所以, 不失一般性, 可假设 $f(x)$ 中含任一变元 x_j 的 2 次齐次项, 有

$$x_{i1}x_j + x_{i2}x_j + \cdots + x_{ir}x_j.$$

而 $f(x)$ 中其余不含 $x_{i1}x_j + x_{i2}x_j + \cdots + x_{ir}x_j$ 的 2 次齐次项的和构成的函数为 $f_1(x')$, 则

$$f(x) = f_1(x') + x_{i1}x_j + x_{i2}x_j + \cdots + x_{ir}x_j.$$

所以

$$w_t\left(\frac{df(x)}{dx_j}\right) = w_t\left(\sum_{k=1}^{r} x_{ik}\right) = 2^{n-1}.$$

又 x_j 任意, 所以必有

$$w_t\left(\frac{df(x)}{dx_i}\right) = 2^{n-1} \ (i = 1, 2, \cdots, n).$$

由定理 10.1.1 知, $f(x)$ 是 H 布尔函数.

定理 10.1.4 中的 H 布尔函数, 指的是 2 次齐次式, 如果仅仅是 2 次函数, 就不一定是 H 布尔函数了. 因为若 2 次项中不含某个变元 x_j, x_j 只是 1 次项, 则 $w_t\left(\dfrac{df(x)}{dx_j}\right) = 2^n \neq 2^{n-1}$.

为下面定理证明的需要, 这里先给出一个 n 元函数 $f(x)$ 的子函数的初步概念.

定义 10.1.2　设 $h(x), f(x) \in GF(2)^{GF(2)^n}$, 如果 $h(x)f(x) = h(x)$, 则称 $h(x)$ 是 $f(x)$ 的子函数.

可得出下面关于子函数的引理 1 和引理 2.

引理 1　设 $h_1(x), h_2(x) \in GF(2)^{GF(2)^n}$, 如果 $w_t(h_1(x)) = 1$, $w_t(h_2(x)) = 2, w_t\left(\dfrac{eh_2(x)}{e(x_{n-1}x_n)}\right) = 2$ 且 $\dfrac{eh_2(x)}{ex_{n-1}} = 0$ $\left(\text{或 } w_t\left(\dfrac{eh_2(x)}{ex_{n-1}}\right) = 2 \text{ 且 } \dfrac{eh_2(x)}{e(x_{n-1}x_n)} = 0\right)$, 则必有 $\deg(h_1(x)) = n, \deg(h_2(x)) = n-1$.

引理 2　设 $f(x) \in GF(2)^{GF(2)^n}$, 则 $\deg(f(x)) = n$ 的充分必要条件是函数 $f(x)$ 有且仅有奇数个重量为 1 的子函数.

在引理 1 中, 明确要求 $h_1(x)$ 和 $h_2(x)$ 除了满足重量不同的条件外, 还需要满足其他不同的导数、e-导数条件, 这就使得必有 $h_1(x) \cdot h_2(x) = 0$, 即 $h_1(x)$ 一定不是 $h_2(x)$ 的子函数. 而在引理 2 中, 并没有明确要求 $f(x)$ 的这些重量为 1 的子函数一定不是 $h_2(x)$ 的子函数, 这是因为 $w_t(h_2(x)) = 2$, 重量为偶数, 偶数个子函数并不影响引理 2 的成立.

由引理 2 还可以得到下面的推论.

推论　设 $f(x) \in GF(2)^{GF(2)^n}$, 如果 $f(x)$ 共有

$$C_n^0 + C_n^1 + C_n^2 + \cdots + C_n^{n-1}$$

项, 且 $\deg(f(x)) = n-1$, 则 $f(x)$ 是相关免疫函数.

引理 1、引理 2 及其推论都是易于证明的, 不再证明.

定理 10.1.5　如果布尔函数 $f(x) = f(x_1, x_2, \cdots, x_n) \in GF(2)^{GF(2)^n}$ 是 H 布尔函数, 则 $\deg(f(x)) < n$.

证明　用反证法来证明.

假设 H 布尔函数 $f(x)$ 的代数次数为 $\deg(f(x)) = n$. 于是可设 $f(x) = g(x) + x_1 x_2 \cdots x_{n-1} x_n$, 且 $\deg(g(x)) < n$.

由于

$$\frac{ef(x)}{ex_n} = \frac{eg(x)}{ex_n} + x_1 x_2 \cdots x_{n-1} g(x_1 x_2 \cdots x_{n-1} 0),$$

如果

$$g(x_1 x_2 \cdots x_{n-1} 0) = 1,$$

则 $f(x)$ 和 $g(x)$ 必含有 $x_1 x_2 \cdots x_{n-1}$ 这一项, 而这与 $f(x)$ 含有最高次项 $x_1 x_2 \cdots x_{n-1} x_n$ 矛盾. 所以必有

$$x_1 x_2 \cdots x_{n-1} g(x) = 0, \quad x_1 x_2 \cdots x_{n-1} g(x_1 x_2 \cdots x_{n-1} 0) = 0.$$

故

$$\frac{ef(x)}{ex_n} = \frac{eg(x)}{ex_n}.$$

由于

$$\frac{df(x)}{dx_n} = \frac{dg(x)}{dx_n} + x_1 x_2 \cdots x_{n-1},$$

所以

$$
\begin{aligned}
f(x)\frac{df(x)}{dx_n} &= \left(\frac{dg(x)}{dx_n} + x_1 x_2 \cdots x_{n-1} \right) (g(x) + x_1 x_2 \cdots x_{n-1} x_n) \\
&= g(x)\frac{dg(x)}{dx_n} + x_1 x_2 \cdots x_{n-1} g(x) + x_1 x_2 \cdots x_{n-1} x_n \frac{dg(x)}{dx_n} \\
&\quad + x_1 x_2 \cdots x_{n-1} x_n \\
&= g(x)\frac{dg(x)}{dx_n} + 0 + 0 + x_1 x_2 \cdots x_{n-1} x_n \\
&= g(x)\frac{dg(x)}{dx_n} + x_1 x_2 \cdots x_{n-1} x_n.
\end{aligned}
$$

必有

$$\deg\left(f(x)\frac{df(x)}{dx_n} \right) > \deg\left(\frac{ef(x)}{ex_n} \right),$$
$$\deg(f(x)) = \deg\left(f(x)\frac{df(x)}{dx_n} \right) = n.$$

所以, $f(x)\dfrac{df(x)}{dx_n}$ 是由奇数 (设为 $2k-1(k < 2^{n-3} + 2^{-1})$) 个重量为 1 的子函数 $h_1(x)$ 和 $2^{n-2} - (2k-1)$ 个重量为 2 的子函数 $h_2(x)$ 构成的, 所以 $w_t\left(f(x)\dfrac{df(x)}{dx_n} \right)$ 必为奇数.

由于 $f(x)$ 是 H 布尔函数, 有

$$w_t\left(\frac{d\left(f(x)\dfrac{df(x)}{dx_n}\right)}{dx_n}\right) = w_t\left(\frac{df(x)}{dx_n}\right) = 2^{n-1},$$

$$w_t\left(\frac{e\left(f(x)\dfrac{df(x)}{dx_n}\right)}{ex_n}\right) = 0,$$

所以

$$w_t\left(f(x)\frac{df(x)}{dx_n}\right) = 2^{n-2}.$$

又由于

$$w_t\left(f(x)\frac{df(x)}{dx_n}\right)$$
$$= w_t\left(g(x)\frac{dg(x)}{dx_n}\right) + w_t(x_1x_2\cdots x_{n-1}x_n) - 2w_t\left(x_1x_2\cdots x_{n-1}x_ng(x)\frac{dg(x)}{dx_n}\right)$$
$$= w_t\left(g(x)\frac{dg(x)}{dx_n}\right) + w_t(x_1x_2\cdots x_{n-1}x_n)$$
$$= w_t\left(g(x)\frac{dg(x)}{dx_n}\right) + 1,$$

所以

$$w_t\left(g(x)\frac{dg(x)}{dx_n}\right) = 2^{n-2} - 1.$$

可知 $g(x)\dfrac{dg(x)}{dx_n}$ 必由奇数个子函数 $h_1(x)$ 而其余为 $h_2(x)$ 的子函数所构成, 由引理 2 可知, 必有

$$\deg\left(g(x)\frac{dg(x)}{dx_n}\right) = n,$$

即 $g(x)\dfrac{dg(x)}{dx_n}$ 含有最高 n 次的项 $x_1x_2\cdots x_{n-1}x_n$. 这与

$$f(x)\frac{df(x)}{dx_n} = g(x)\frac{dg(x)}{dx_n} + x_1x_2\cdots x_{n-1}x_n$$

矛盾. 所以, H 布尔函数 $f(x)$ 必有

$$\deg(f(x)) < n.$$

从定理 10.1.5 的证明可知, 由于将 $f(x)\dfrac{df(x)}{dx_n}$ 从 $f(x)$ 中分出来而不与 $\dfrac{ef(x)}{ex_n}$
合到一起来进行证明, 使得证明过程变得简单明了. 这说明有些情况下使用导数和
e-导数有特别的好处.

定理 10.1.5 实际上给出了 H 布尔函数的代数次数的范围在 2 次 (包括 2 次)
以上、n 次以下.

下面讨论 H 布尔函数的重量范围.

记 $f_a(x) = \displaystyle\sum_{i=1}^{n-1} x_i$, 又记以所有 H 布尔函数为元素的 H 布尔函数集合为
$[f_H(x)]$. 将布尔函数 $f(x)$ 含变元 x_i 记为 $x_i \in f(x)$, 把 $f(x)$ 不含变元 x_i 记
为 $x_i\overline{\in} f(x)$.

定理 10.1.6　设布尔函数 $f(x) = f(x_1, x_2, \cdots, x_n) \in GF(2)^{GF(2)^n}$. 如果
$f(x) \in [f_H(x)]$ 且 $f(x)$ 任意, 则必有

$$2^{n-2} \leqslant w_t(f(x)) \leqslant 2^{n-1} + 2^{n-2}.$$

证明　先要证明: 若 n 元布尔函数 $f(x) = f(x_1, x_2, \cdots, x_n) \in GF(2)^{GF(2)^n}$
是 H 布尔函数, 则对一切 $i = 1, 2, \cdots, n$, 必有 $x_i \in f(x)$.

假设某个变量 $x_i(i \in \{1, 2, \cdots, n\})$, 有 $x_i\overline{\in} f(x)$, 则必有

$$\frac{df(x)}{dx_i} = 0.$$

这与 $f(x)$ 是 H 布尔函数, 应有 $w_t\left(\dfrac{df(x)}{dx_i}\right) = 2^{n-1}$(定理 10.1.1) 矛盾. 所以, 对
一切 $i = 1, 2, \cdots, n$, 必有 $x_i \in f(x)$.

记集合关系

$$\{y_1, y_2, \cdots, y_{m+n}\} = \{x_{i1}, x_{i2}, \cdots, x_{im}\} \bigcup \{x_{j1}, x_{j2}, \cdots, x_{jn}\}.$$

现在要证明: 设布尔函数 $f(y) = f(y_1, y_2, \cdots, y_{m+n}) \in GF(2)^{GF(2)^{m+n}}$,
$f_1(x') = f_1(x_{i1}, x_{i2}, \cdots, x_{im}) \in GF(2)^{GF(2)^m}$, $f_2(x'') = f_2(x_{j1}, x_{j2}, \cdots, x_{jn}) \in$
$GF(2)^{GF(2)^n}$, 且

$$f_1(x') = \sum_{r=1}^{m} x_{ir}, \quad f_2(x'') = \sum_{s=1}^{n} x_{js},$$

$$f(y) = \left(\sum_{r=1}^{m} x_{ir}\right)\left(\sum_{s=1}^{n} x_{js}\right) = f_1(x')f_2(x''),$$

则 $f(y)$ 是 $m + n$ 元 H 布尔函数.

可设 $y_i \in f_1(x') = \sum\limits_{r=1}^{m} x_{ir}, y_j \in f_2(x'') = \sum\limits_{s=1}^{n} x_{js}$. 对任意 $i \in \{i_1, i_2, \cdots, i_m\}$, 有

$$w_t\left(\frac{df(y)}{dy_i}\right) = w_t\left(\frac{df_1(x')}{dx_{ir}} f_2(x'')\right) = w_t(f_2(x'')) = 2^m 2^{n-1}$$
$$= 2^{m+n-1} \quad (r \in \{1, 2, \cdots, m\}).$$

对任意 $j \in \{j_1, j_2, \cdots, j_n\}$, 有

$$w_t\left(\frac{df(y)}{dy_j}\right) = w_t\left(f_1(x') \frac{df_2(x'')}{dx_{js}}\right) = w_t(f_1(x')) = 2^n 2^{m-1}$$
$$= 2^{m+n-1} \quad (s \in \{1, 2, \cdots, n\}),$$

即对一切 $i = 1, 2, \cdots, m + n$, 有

$$w_t\left(\frac{df(y)}{dy_i}\right) = 2^{m+n-1}.$$

所以, $m + n$ 元函数 $f(y)$ 是 H 布尔函数.

进一步可知, n 元布尔函数

$$g(x) = (1 + f_a(x))(1 + x_{n-1} + x_n)$$

是 H 布尔函数. 这是因为对一切 $i = 1, 2, \cdots, n$, 当 $i = n$ 时, 有

$$w_t\left(\frac{dg(x)}{dx_n}\right) = w_t(1 + f_a(x)) = 2^{n-1};$$

当 $i = n - 1$ 时, 有

$$w_t\left(\frac{dg(x)}{dx_{n-1}}\right) = w_t\left(1 + x_n + \sum_{i=1}^{n-2} x_i\right) = 2^{n-1};$$

当 $i \neq n - 1$, $i \neq n$ 时, 有

$$w_t\left(\frac{dg(x)}{dx_i}\right) = w_t(1 + x_{n-1} + x_n) = 2^{n-1}.$$

现在来证明: 设布尔函数 $f_1(x) = f_1(x_1, x_2, \cdots, x_n) \in GF(2)^{GF(2)^n}$, $f_2(x) = f_2(x_1, x_2, \cdots, x_n) \in GF(2)^{GF(2)^n}$, 又 $f_1(x)$ 与 $f_2(x)$ 均为线性函数, $f_1(x) \neq f_2(x)$. 则 $g(x) = f_1(x)f_2(x)$ 是 H 布尔函数, 且

$$w_t(g(x)) = w_t(f_1(x)f_2(x)) = 2^{n-2},$$
$$\frac{eg(x)}{ex_n} = 0,$$
$$g(x) = f_1(x)f_2(x)\frac{d(f_1(x)f_2(x))}{dx_n}.$$

由前面的结果可知, $g(x) = f_1(x)f_2(x)$ 是 H 布尔函数.

由已知条件 $f_1(x) \neq f_2(x)$, 且 $f_1(x)$ 与 $f_2(x)$ 均为线性函数, 所以, $f_1(x) + f_2(x)$ 也仍是线性函数, 且有

$$w_t(f_1(x)) = w_t(f_2(x)) = w_t(f_1(x) + f_2(x)) = 2^{n-1}.$$

所以

$$w_t(g(x)) = w_t(f_1(x)f_2(x))$$
$$= 2^{-1}(w_t(f_1(x)) + w_t(f_2(x)) - w_t(f_1(x) + f_2(x)))$$
$$= 2^{-1}(2^{n-1} + 2^{n-1} - 2^{n-1})$$
$$= 2^{n-2},$$

又因 $g(x)$ 是 H 布尔函数, 所以必有

$$\frac{eg(x)}{ex_n} = \frac{e(f_1(x)f_2(x))}{ex_n} = 0,$$
$$g(x) = f_1(x)f_2(x)\frac{d(f_1(x)f_2(x))}{dx_n}.$$

现在来证明: 若函数 $f_1(x) = f_1(x_1, x_2, \cdots, x_n) \in GF(2)^{GF(2)^n}$ 是 H 布尔函数, $f_2(x) = f_2(x_1, x_2, \cdots, x_n) \in GF(2)^{GF(2)^n}$ 是线性函数, 则 $f'(x) = f_1(x) + f_2(x)$ 是 H 布尔函数.

由于 $f_1(x)$ 是 H 布尔函数, 所以对一切 $i = 1, 2, \cdots, n$, 都有 $x_i \in f_1(x)$. 于是, 若 $x_i \in f_2(x)$, 则

$$w_t\left(\frac{df'(x)}{dx_i}\right) = w_t\left(\frac{df_1(x)}{dx_i} + \frac{df_2(x)}{dx_i}\right)$$
$$= w_t\left(\frac{df_1(x)}{dx_i} + 1\right) = 2^n - w_t\left(\frac{df_1(x)}{dx_i}\right)$$
$$= 2^{n-1}.$$

若 $x_i \overline{\in} f_2(x)$, 则

$$w_t\left(\frac{df'(x)}{dx_i}\right) = w_t\left(\frac{df_1(x)}{dx_i} + 0\right) = w_t\left(\frac{df_1(x)}{dx_i}\right) = 2^{n-1}.$$

所以, $f'(x) = f_1(x) + f_2(x)$ 是 H 布尔函数.

于是布尔函数

$$f(x) = g(x) + f_a(x) = (1 + f_a(x))(1 + x_{n-1} + x_n) + f_a(x)$$

是 H 布尔函数.

可求得

$$\frac{df(x)}{dx_n} = \frac{dg(x)}{dx_n} + \frac{df_a(x)}{dx_n} = \frac{dg(x)}{dx_n} = (1 + f_a(x))(1 + x_{n-1}),$$

$$f(x)\frac{df(x)}{dx_n} = g(x)(1 + f_a(x))(1 + x_{n-1}) + f_a(x)(1 + f_a(x))(1 + x_{n-1})$$

$$= (1 + f_a(x))(1 + x_{n-1} + x_n + x_{n-1}x_n).$$

所以

$$\frac{ef(x)}{ex_n} = f(x) + f(x)\frac{df(x)}{dx_n} = (1 + f_a(x))x_{n-1}x_n + f_a(x) = f_a(x).$$

故

$$w_t\left(f(x)\frac{df(x)}{dx_n}\right) = 2^{n-2},$$

$$w_t\left(\frac{ef(x)}{ex_n}\right) = 2^{n-1}.$$

即有

$$w_t(f(x)) = w_t\left(f(x)\frac{df(x)}{dx_n}\right) + w_t\left(\frac{ef(x)}{ex_n}\right) = 2^{n-1} + 2^{n-2}.$$

又因 H 布尔函数 $f(x)$ 必有

$$w_t\left(f(x)\frac{df(x)}{dx_n}\right) = 2^{n-2},$$

又 $w_t(1) = 2^n$, 所以, 如果 1 个布尔函数 $g(x)$ 有 $w_t(g(x)) > 2^{n-1} + 2^{n-2}$, 则 $g(x)$ 一定有

$$w_t\left(g(x)\frac{dg(x)}{dx_n}\right) < 2^{n-2},$$

$g(x)$ 一定不是 H 布尔函数.

所以, 存在有 H 布尔函数 $f(x)$, 满足

$$w_t(f(x)) = \max_{f(x) \in [f_H(x)]} w_t(f(x)) = 2^{n-1} + 2^{n-2}.$$

又若 $f(x) \in [f_H(x)]$, 则必有

$$w_t(f(x)) \geqslant 2^{n-2}.$$

所以, 对所有 $f(x) \in [f_H(x)]$, 必有

$$2^{n-2} \leqslant w_t(f(x)) \leqslant 2^{n-1} + 2^{n-2}.$$

定理 10.1.6 的证明中, 多次应用导数和 e-导数来证明一些具有普遍性的结果. 下面将这些结果作为定理 10.1.6 的推论 1 ∼ 推论 3 给出.

推论 1 设布尔函数 $f(y) = f(y_1, y_2, \cdots, y_{m+n}) \in GF(2)^{GF(2)^{m+n}}$, $f_1(x') = f(x_{i1}, x_{i2}, \cdots, x_{im}) \in GF(2)^{GF(2)^m}$, $f_2(x'') = f(x_{j1}, x_{j2}, \cdots, x_{jn}) \in GF(2)^{GF(2)^n}$, 且

$$f_1(x') = \sum_{r=1}^m x_{ir}, \quad f_2(x'') = \sum_{s=1}^n x_{js},$$
$$f(y) = f_1(x')f_2(x'') = \left(\sum_{r=1}^m x_{ir}\right)\left(\sum_{s=1}^n x_{js}\right),$$

则 $f(y)$ 是 $m+n$ 元 H 布尔函数.

推论 2 设布尔函数 $f_1(x) = f_1(x_1, x_2, \cdots, x_n) \in GF(2)^{GF(2)^n}$, $f_2(x) = f_2(x_1, x_2, \cdots, x_n) \in GF(2)^{GF(2)^n}$, 又 $f_1(x)$ 与 $f_2(x)$ 均为线性函数, 且 $f_1(x) \neq f_2(x)$, 则 $f(x) = f_1(x)f_2(x) \in GF(2)^{GF(2)^n}$ 是 H 布尔函数, 且

$$w_t(f(x)) = w_t(f_1(x)f_2(x)) = 2^{n-2},$$
$$\frac{ef(x)}{ex_n} = 0,$$
$$f(x) = f_1(x)f_2(x)\frac{d(f_1(x)f_2(x))}{dx_n}.$$

推论 3 若函数 $f_1(x) = f_1(x_1, x_2, \cdots, x_n) \in GF(2)^{GF(2)^n}$ 是 H 布尔函数, $f_2(x) = f_2(x_1, x_2, \cdots, x_n) \in GF(2)^{GF(2)^n}$ 是线性函数, 则 $f(x) = f_1(x) + f_2(x)$ 是 H 布尔函数.

定理 10.1.6 的推论 1 ~ 推论 3, 实际也都可以作为独立的定理. 之所以把它们放在定理 10.1.6 中并进行证明, 是要说明, 定理 10.1.6 要以这些推论为基础才能得到证明. 定理 10.1.6 的证明很有意义, 因为有了导数和 e-导数, 我们才可以把定理 10.1.6 用理论推理方法证明出来, 将定理 10.1.6 的结果理论化了. 否则, 就只能用构造性的方法来给出结果. 构造性的证明方法虽然在数学证明中常用, 但能用理论推理的方法要更好一点、更深入一点.

另外, 由定理 10.1.6 还可得出 1 个属于数论内容的推论 4.

推论 4 若 $n \in \{2, 3, \cdots\}$, 则 $2^{n-2} \geqslant 2^{\lceil \frac{n}{2} \rceil - 1}$.

定理 10.1.7 设布尔函数 $f(x) = f(x_1, x_2, \cdots, x_n) \in GF(2)^{GF(2)^n}$. 如果 $g(x) = f_a(x)f(x)$ 是 H 布尔函数, 则 $w_t(g(x)) = 2^{n-2}$, 且 $f(x)$ 也是 H 布尔函数, 有 $w_t(f(x)) \geqslant 2^{n-2}$.

证明 因 $g(x)$ 是 H 布尔函数, 所以对一切 $i = 1, 2, \cdots, n$, 有

$$w_t\left(\frac{dg(x)}{dx_i}\right) = w_t\left(\frac{d(f_a(x)f(x))}{dx_i}\right) = 2^{n-1} \quad (i = 1, 2, \cdots, n).$$

所以, 对 x_n, 有

$$w_t\left(\frac{d(f_a(x)f(x))}{dx_n}\right) = w_t\left(f_a(x)\frac{df(x)}{dx_n}\right) = 2^{n-1}.$$

但 $w_t(f_a(x)) = 2^{n-1}$, 且 $w_t\left(\dfrac{df_a(x)}{dx_n}\right) = 0$, 所以

$$w_t\left(f(x)\frac{df(x)}{dx_n}\right) = 2^{n-2},$$
$$w_t\left(\frac{df(x)}{dx_n}\right) = 2^{n-1}.$$

所以

$$w_t(f_a(x)f(x)) = 2^{n-2}.$$

且对一切 $i = 1, 2, \cdots, n$, 也必有

$$w_t\left(\frac{df(x)}{dx_i}\right) = 2^{n-1},$$

即 $f(x)$ 也必是 H 布尔函数, 且也有

$$w_t(f(x)) \geqslant 2^{n-2}.$$

推论 5　对函数 $f(x) = f(x_1, x_2, \cdots, x_n) \in GF(2)^{GF(2)^n}$, 若 $f_a(x)f(x)$ 是 H 布尔函数, 则对一切 $i = 1, 2, \cdots, n$, 有

$$f_a(x)f(x)\frac{df_a(x)f(x)}{dx_i} = f_a(x)f(x),$$
$$\frac{ef_a(x)f(x)}{ex_i} = 0.$$

证明　对一切 $i = 1, 2, \cdots, n-1$, 有

$$\frac{df_a(x)}{dx_i} = 1.$$

所以

$$\frac{df_a(x)f(x)}{dx_i} = f(x)\frac{df_a(x)}{dx_i} + f_a(x)\frac{df(x)}{dx_i} + \frac{df_a(x)}{dx_i}\frac{df(x)}{dx_i}$$
$$= f(x) + (1 + f_a(x))\frac{df(x)}{dx_i},$$

故

$$f_a(x)f(x)\frac{df_a(x)f(x)}{dx_i} = f_a(x)f(x).$$

所以也有

$$\frac{ef_a(x)f(x)}{ex_i} = 0.$$

对 $i = n$, 有

$$\frac{df_a(x)f(x)}{dx_n} = f_a(x)\frac{df(x)}{dx_n}.$$

又因

$$w_t\left(\frac{df(x)}{dx_n}\right) = 2^{n-1},$$

所以

$$f_a(x)\frac{df(x)}{dx_n} = f_a(x).$$

故

$$f_a(x)f(x)\frac{df_a(x)f(x)}{dx_n} = f_a(x)f(x).$$

有

$$\frac{ef_a(x)f(x)}{ex_n} = 0.$$

定理 10.1.8   设函数 $f(x) = f(x_1, x_2, \cdots, x_n) \in GF(2)^{GF(2)^n}$. 如果

$$w_t(f(x)) = w_t(f_a(x)f(x)) = 2^{n-2},$$

则 $f(x)$ 和 $f_a(x)f(x)$ 都是 H 布尔函数的充分必要条件是

$$\frac{e(f_a(x)f(x))}{ex_n} = 0.$$

证明   充分性. 若已知 $\dfrac{e(f_a(x)f(x))}{ex_n} = 0$, 又因 $w_t(f(x)) = w_t(f_a(x)f(x)) = 2^{n-2}$, 故必有

$$\frac{ef(x)}{ex_n} = 0,$$

$$w_t\left(\frac{df(x)}{dx_n}\right) = w_t\left(\frac{d(f_a(x)f(x))}{dx_n}\right) = 2^{n-1}.$$

由于对一切 $i = 1, 2, \cdots, n-1$, 有

$$w_t\left(\frac{df_a(x)}{dx_i}\right) = 2^n.$$

所以, 对一切 $i = 1, 2, \cdots, n-1$, 便有

$$w_t\left(\frac{d(f_a(x)f(x))}{dx_i}\right) = 2^{-1}w_t\left(\frac{df_a(x)}{dx_i}\right) = 2^{n-1}.$$

故 $w_t\left(\dfrac{df(x)}{dx_i}\right) = 2^{n-1}$ $(i = 1, 2, \cdots, n-1)$. 所以, $f(x)$ 和 $f_a(x)f(x)$ 均为 H 布尔函数.

必要性. 若 $w_t(f(x)) = w_t(f_a(x)f(x)) = 2^{n-2}$, 且 $f(x)$ 和 $f_a(x)f(x)$ 均为 H 布尔函数, 所以必有

$$\frac{e(f_a(x)f(x))}{ex_n} = 0,$$
$$\frac{ef(x)}{ex_n} = 0.$$

定理 10.1.9 设函数 $f(x) = f(x_1, x_2, \cdots, x_n) \in GF(2)^{GF(2)^n}$, 且 $w_t(f(x)) = 2^{n-1}, w_t\left(\dfrac{df(x)}{dx_n}\right) = 2^n$, 则 $f_a(x)f(x)$ 和 $(1 + f_a(x))f(x)$ 都是 H 布尔函数.

证明 由于 $w_t(f(x)) = 2^{n-1}, w_t\left(\dfrac{df(x)}{dx_n}\right) = 2^n, \dfrac{ef(x)}{ex_n} = 0$, 所以

$$w_t(f_a(x)f(x)) = 2^{n-2},$$
$$w_t((1 + f_a(x))f(x)) = 2^{n-2},$$

且

$$\frac{e(f_a(x)f(x))}{ex_n} = \frac{e((1 + f_a(x))f(x))}{ex_n} = 0.$$

由于对一切 $i = 1, 2, \cdots, n-1$, 有

$$\frac{df_a(x)}{dx_i} = \frac{d(1 + f_a(x))}{dx_i} = 1,$$

所以, 对一切 $i = 1, 2, \cdots, n-1$, 便有

$$w_t\left(\frac{d(f_a(x)f(x))}{dx_i}\right) = w_t\left(\frac{d((1 + f_a(x))f(x))}{dx_i}\right) = 2^{n-1}.$$

所以, $f_a(x)f(x)$ 和 $(1 + f_a(x))f(x)$ 都是 H 布尔函数.

推论 6 对定理 10.1.9 中的 n 元布尔函数 $f(x)$, 有 $\deg(f(x)) \geqslant 1$.

推论 7 布尔函数 $g_1(x) = x_n f_a(x) \in GF(2)^{GF(2)^n}$, $g_2(x) = (1 + x_n)f_a(x) \in GF(2)^{GF(2)^n}$, $g_3(x) = x_n(1 + f_a(x)) \in GF(2)^{GF(2)^n}$, $g_4(x) = (1 + x_n)(1 + f_a(x)) \in GF(2)^{GF(2)^n}$, $g_1(x), g_2(x), g_3(x), g_4(x)$ 都是 H 布尔函数.

推论 7 给出了定理 10.1.9 中属于 $f(x)$ 的一些含 x_n 的 1 次函数, 这样的 1 次函数还能给出很多. 这也说明定理 10.1.9 中的 $f(x)$, 不论是 1 次, 还是如推论 6 指出的更多更高次的函数, 都一定含有变量 x_n. 道理很简单, 这里不再赘述.

推论 8 设布尔函数 $f(x) = f(x_1, x_2, \cdots, x_n) \in GF(2)^{GF(2)^n}$，有 $w_t(f(x)) = 2^{n-1} + 2^{n-2}$. 若 $f_a(x)f(x) = x_n f_a(x)$，则 $g(x) = f_a(x)f(x)$ 与 $f(x)$ 都是 H 布尔函数.

证明 因为对一切 $i = 1, 2, \cdots, n$，都有

$$w_t\left(\frac{d(f_a(x)f(x))}{dx_i}\right) = 2^{n-1}.$$

而由于

$$w_t(f(x)) = w_t(f_a(x)f(x)) + w_t((1 + f_a(x))f(x))$$
$$= w_t(x_n f(x)) + w_t((1 + f_a(x))f(x)),$$

所以

$$f(x) = g(x) + 1 + f_a(x).$$

所以，对一切 $i = 1, 2, \cdots, n$，有

$$w_t\left(\frac{df(x)}{dx_i}\right) = 2^{n-1}.$$

定理 10.1.10 设函数 $f(x) = f(x_1, x_2, \cdots, x_n) \in GF(2)^{GF(2)^n}$，有 $f(x) \in [f_H(x)]$，则

$$2^{n-2} \leqslant N_{f(x)} \leqslant 2^{n-1} - 2^{\frac{n}{2}-1}.$$

从定理 10.1.9 的推论 11 可以看到，由 $f_a(x)$，取 $w_t(f_a(x)f(x)) = w_t\left(f_a(x)\right.$

$\left. f(x)\dfrac{d(f_a(x)f(x))}{dx_n}\right) = 2^{n-2}$，并取 $1 + f_a(x)$，可得到 H 布尔函数. 同样，定理

10.1.10 的证明中，也可以利用含 x_{n-1} 但不含 x_n 的线性函数，来寻找满足 $N_f = 2^{n-2}$ 的 H 布尔函数.

证明 取线性函数 (仿射函数)

$$l_1(x) = 1 + x_{n-1} + x_{n-2} + \sum_{i=1}^{n-4} x_i,$$

则存在 $f(x)$，有

$$w_t\left(f(x)\frac{df(x)}{dx_n}\right) = 2^{n-2},$$

$$w_t\left(l_1(x)f(x)\frac{df(x)}{dx_n}\right) = 2^{n-2},$$

$$w_t\left(f(x)\frac{df(x)}{dx_n}+l_1(x)\right)=2^{n-2}.$$

所以

$$w_t\left(l_1(x)\frac{ef(x)}{ex_n}\right)=0.$$

由上面的结果可知, 相应于 $l_1(x)$, 有线性函数

$$l_2(x)=x_{n-1}+x_{n-3}$$

使得 $f(x)\dfrac{df(x)}{dx_n}$ 和 $\dfrac{ef(x)}{ex_n}$ 有

$$w_t\left(f(x)\frac{df(x)}{dx_n}+l_2(x)\right)=2^{n-1},$$

$$w_t\left(l_2(x)f(x)\frac{df(x)}{dx_n}\right)=2^{n-3},$$

$$w_t\left(l_2(x)\frac{ef(x)}{ex_n}\right)=2^{n-2},$$

$$w_t\left(\frac{ef(x)}{ex_n}+l_2(x)\right)=2^{n-2}.$$

所以

$$\begin{aligned}
&w_t(f(x)+l_2(x))\\
=&w_t\left(f(x)\frac{df(x)}{dx_n}+l_2(x)\right)+w_t\left(\frac{ef(x)}{ex_n}+l_2(x)\right)-w_t(l_2(x))\\
=&2^{n-2},\\
&w_t\left(f(x)\frac{df(x)}{dx_n}\right)=w_t\left(\frac{ef(x)}{ex_n}\right)=2^{n-2}.
\end{aligned}$$

而且, 取 $l_2(x)=l_0(x)$, 即有

$$N_{f(x)}=\min_{l(x)\in L(x)}w_t(f(x)+l(x))=w_t(f(x)+l_0(x))=2^{n-2}.$$

并且

$$w_t\left(f(x)\frac{df(x)}{dx_n}\right)=w_t\left(\frac{ef(x)}{ex_n}\right)=2^{n-2}.$$

又对一切 $i=1,2,\cdots,n-4,n-2,n-1$, 有

$$w_t\left(\frac{d(l_1(x))}{dx_i}\right)=2^{n-1}.$$

而对 $i = n-3, n-1$, 有

$$w_t \left(\frac{d(l_2(x))}{dx_i} \right) = 2^{n-1}.$$

故对一切 $i = 1, 2, \cdots, n-2, n-1$, 有

$$w_t \left(\frac{df(x)}{dx_i} \right) = 2^{n-1}.$$

而对 $i = n$, 由于 $w_t \left(f(x) \frac{df(x)}{dx_n} \right) = 2^{n-2}$, 所以

$$w_t \left(\frac{df(x)}{dx_n} \right)$$

$$= w_t \left(\frac{d \left(f(x) \frac{df(x)}{dx_n} \right)}{dx_n} + \frac{d \left(\frac{ef(x)}{ex_n} \right)}{dx_n} \right)$$

$$= w_t \left(\frac{d \left(f(x) \frac{df(x)}{dx_n} \right)}{dx_n} \right)$$

$$= 2^{n-1},$$

所以, $f(x)$ 是 H 布尔函数.

对 $f(x)$ 的 $\frac{ef(x)}{ex_n}$ 值稍作减小, 同时 $f(x) \frac{df(x)}{dx_n}$ 值的位置稍作变动, 可得到 H 布尔函数 $f_1(x)$, 且有 $w_t \left(\frac{ef_1(x)}{ex_n} \right) = 2^{n-2} - 2^{n-4} < w_t \left(\frac{ef(x)}{ex_n} \right)$, 所以

$$N_{f_1(x)} = w_t(f_1(x) + l_0(x)) = 2^{n-2} + 2^{n-4} > 2^{n-2}.$$

由定理 10.1.6 知, $\min\limits_{f(x) \in [f_H(x)]} w_t(f(x)) = w_t \left(f(x) \frac{df(x)}{dx_n} \right) = 2^{n-2}$. 而由定理 10.1.8 给出的 H 布尔函数 $f_2(x) = f_a(x) f_2(x)$, 便有

$$w_t(f_2(x)) = w_t \left(f_2(x) \frac{df_2(x)}{dx_n} \right) = 2^{n-2}.$$

所以

$$N_{f_2(x)} = w_t(f_2(x) + f_a(x)) = 2^{n-2},$$

且

$$N_{f_2(x)} = \min_{f(x) \in [f_H(x)]} N_{f(x)}.$$

又因 Bent 函数是具有 n 次扩散性的特殊的 H 布尔函数, 所以对一切 H 布尔函数 $f(x) \in [f_H(x)]$, 有

$$2^{n-2} \leqslant N_{f(x)} \leqslant 2^{n-1} - 2^{\frac{n}{2}-1}.$$

例 10.1.1　设 $f(x) \in GF(2)^{GF(2)^7}$, 且

$$\begin{aligned}
f(x) = {} &1 + x_7 + x_6 x_7 + x_5(1 + x_7 + x_6) + x_4(x_5 + x_6) \\
&+ x_3(1 + x_7 + x_6 + x_4) + (x_2 + x_1)(1 + x_7 + x_5 + x_4 + x_3),
\end{aligned}$$

$$f(x)\frac{df(x)}{dx_7} = (1 + x_7)(1 + x_6 + x_5 + x_3) + (x_2 + x_1)(1 + x_7 + x_6 + x_5 + x_3),$$

对 $i = 1, 2, 3, 4, 5, 6, 7$, 都有

$$w_t\left(\frac{df(x)}{dx_i}\right) = 2^{7-1} = 64.$$

即 $f(x)$ 是 H 布尔函数.

又有

$$w_t\left(f(x)\frac{df(x)}{dx_i}\right) = 2^{7-2} = 32.$$

对 $i = 1, 2, 3, 5, 6, 7$, 有

$$w_t\left(\frac{d\left(f(x)\frac{df(x)}{dx_7}\right)}{dx_i}\right) = 2^{7-1} = 64.$$

但

$$w_t\left(\frac{d\left(f(x)\frac{df(x)}{dx_7}\right)}{dx_4}\right) = 0.$$

即 $f(x)\dfrac{df(x)}{dx_7}$ 不是 H 布尔函数.

取 $l_0(x) = x_4 + x_6$, 有

$$N_{f(x)} = \min_{l(x) \in L_n[x]} w_t(f(x) + l(x)) = w_t(f(x) + l_0(x)) = 2^{7-2} = 32.$$

又有 $f_1(x) \in GF(2)^{GF(2)^7}$,

$$f_1(x) = 1 + \sum_{i=1}^{7} x_i + (x_6 + x_5)(x_7 + x_4) + x_3 x_7 + (x_2 + x_1)\sum_{i=5}^{7} x_i$$

$$+ x_3(x_2 + x_1)(1 + x_6 + x_4 + x_5 x_6) + x_5 x_6 \sum_{i=1}^{3} x_i,$$

$$f_1(x)\frac{df_1(x)}{dx_7} = 1 + \sum_{i=1}^{7} x_i + (x_6 + x_5)(x_7$$

$$+ x_4(1 + x_2 + x_1)) + (x_2 + x_1)\sum_{i=3}^{7} x_i$$

$$+ x_3 x_4(1 + x_6 + x_5)(1 + x_2 + x_1),$$

$$w_t(f_1(x)) = 2^{n-1} - 2^{n-4} = 56.$$

$$w_t\left(f_1(x)\frac{df_1(x)}{dx_i}\right) = 2^{n-2} = 32.$$

对 $i = 1,2,3,4,5,6,7$, 有

$$w_t\left(\frac{df_1(x)}{dx_i}\right) = 2^{n-1} = 64,$$

即 $f_1(x)$ 也是 H 布尔函数.

对 $i = 1,2,3,5,6,7$, 也有

$$w_t\left(\frac{d\left(f_1(x)\frac{df_1(x)}{dx_7}\right)}{dx_i}\right) = 2^{n-1} = 64.$$

但对 $i = 4$, 有

$$w_t\left(\frac{d\left(f_1(x)\frac{df_1(x)}{dx_7}\right)}{dx_4}\right) = 2^{n-3} < 2^{n-1}.$$

所以, 导数部分函数 $f_1(x)\frac{df_1(x)}{dx_7}$ 不是 H 布尔函数.

同样, 取 $l_0(x) = x_4 + x_6$, 有

$$N_{f_1(x)} = \min_{l(x)\in L_n[x]} w_t(f_1(x) + l(x))$$

$$= w_t(f_1(x) + l_0(x))$$

$$= 2^{n-2} + 2^{n-4} = 40 > 2^{n-2}.$$

从例 10.1.1 可以看到, H 布尔函数有 $N_f = 2^{n-2}$ 的, 也有 $N_f > 2^{n-2}$ 的. 自然, 如果再把 Bent 函数的非线性度也一并加入, 则 N_f 就应为

$$2^{n-2} \leqslant N_f \leqslant 2^{n-1} - 2^{\frac{n}{2}-1}.$$

10.2　平衡 H 布尔函数与导数、e-导数

平衡性是密码学中函数的 1 个重要性质. H 布尔函数中存在平衡 H 布尔函数, 使用导数和 e-导数能对平衡 H 布尔函数的特征给出根本性的刻画. 本节就要用导数和 e-导数对平衡 H 布尔函数进行讨论.

定理 10.2.1　布尔函数 $f(x) = f(x_1, x_2, \cdots, x_n) \in GF(2)^{GF(2)^n}$ 是平衡 H 布尔函数的充分必要条件是: 对一切 $i = 1, 2, \cdots, n$, 都有

$$w_t\left(\frac{df(x)}{dx_i}\right) = 2^{n-1}, \quad w_t\left(\frac{ef(x)}{ex_i}\right) = 2^{n-2}.$$

证明　因为 $f(x)$ 是 H 布尔函数的充分必要条件是: 对一切 $i = 1, 2, \cdots, n$, 都有

$$w_t\left(\frac{df(x)}{dx_i}\right) = 2^{n-1},$$

又对一切 $i = 1, 2, \cdots, n$, 有

$$w_t(f(x)) = w_t\left(f(x)\frac{df(x)}{dx_i}\right) + w_t\left(\frac{ef(x)}{ex_i}\right),$$

且

$$w_t\left(f(x)\frac{df(x)}{dx_i}\right) = 2^{-1}w_t\left(\frac{df(x)}{dx_i}\right).$$

所以在 $w_t\left(\frac{df(x)}{dx_i}\right) = 2^{n-1}$ 的条件下, $w_t(f(x)) = 2^{n-1}$ 的充分必要条件是: 对一切 $i = 1, 2, \cdots, n$, 都有

$$w_t\left(f(x)\frac{df(x)}{dx_i}\right) = 2^{n-2}, \quad w_t\left(\frac{ef(x)}{ex_i}\right) = 2^{n-2}.$$

所以定理 10.2.1 成立.

定理 10.2.2　若布尔函数 $f(x) = f(x_1, x_2, \cdots, x_n) \in GF(2)^{GF(2)^n}$ 是平衡布尔函数, 且有

$$f_a(x)f(x) = x_n f_a(x), \ w_t\left(\frac{e((1+f_a(x))f(x))}{ex_n}\right) = 2^{n-2}, \ \frac{d((1+f_a(x))f(x))}{dx_n} = 0,$$

则布尔函数 $f(x)$ 是平衡 H 布尔函数.

证明 因为 $f_a(x)f(x) = x_n f_a(x)$, 所以对一切 $i = 1, 2, \cdots, n$, 有

$$w_t\left(\frac{d(f_a(x)f(x))}{dx_i}\right) = w_t\left(\frac{d(x_n f_a(x))}{dx_i}\right) = 2^{n-1},$$

$$\frac{e(f_a(x)f(x))}{ex_i} = \frac{e(x_n f_a(x))}{ex_i} = 0.$$

所以

$$\frac{ef(x)}{ex_n} = (f_a(x)f(x_1 x_2 \cdots x_{n-1}1) + (1 + f_a(x))f(x_1 x_2 \cdots x_{n-1}1)) \cdot$$

$$(f_a(x)f(x_1 x_2 \cdots x_{n-1}0) + (1 + f_a(x))f(x_1 x_2 \cdots x_{n-1}0))$$

$$= \frac{e(f_a(x)f(x))}{ex_n} + \frac{e((1+f_a(x))f(x))}{ex_n}$$

$$= \frac{e((1+f_a(x))f(x))}{ex_n}.$$

由已知, 有

$$w_t\left(\frac{e((1+f_a(x))f(x))}{ex_n}\right) = 2^{n-2},$$

所以

$$w_t\left(\frac{ef(x)}{ex_n}\right) = 2^{n-2}.$$

又由已知, 有

$$\frac{d((1+f_a(x))f(x))}{dx_n} = 0,$$

所以

$$\frac{df(x)}{dx_n} = \frac{d(f_a(x)f(x))}{dx_n} + \frac{d((1+f_a(x))f(x))}{dx_n}$$

$$= \frac{d(f_a(x)f(x))}{dx_n}$$

$$= f_a(x).$$

因此

$$w_t\left(\frac{df(x)}{dx_n}\right) = 2^{n-1},$$

且

$$f(x)\frac{df(x)}{dx_n}$$

$$= (f_a(x)f(x) + (1 + f_a(x))f(x))\left(\frac{d(f_a(x)f(x))}{dx_n} + \frac{d((1 + f_a(x))f(x))}{dx_n}\right)$$

$$= (f_a(x)f(x) + (1 + f_a(x))f(x))\frac{d(f_a(x)f(x))}{dx_n}$$

$$= f_a(x)f(x)\frac{d(f_a(x)f(x))}{dx_n} + (1 + f_a(x))f(x)\frac{d(f_a(x)f(x))}{dx_n}$$

$$= f_a(x)f(x)\frac{d(f_a(x)f(x))}{dx_n}$$

$$= x_n f_a(x).$$

所以

$$\frac{ef(x)}{ex_n} = \frac{e((1 + f_a(x))f(x))}{ex_n} = (1 + f_a(x))f(x).$$

故对一切 $i = 1, 2, \cdots, n - 1$, 有

$$\frac{df(x)}{dx_i} = \frac{d(x_n f_a(x))}{dx_i} + \frac{d((1 + f_a(x))f(x))}{dx_i}$$

$$= x_n + \frac{d((1 + f_a(x))f(x))}{dx_i}$$

$$= x_n + 1,$$

$$w_t\left(\frac{df(x)}{dx_i}\right) = 2^{n-1}.$$

所以, $f(x)$ 是 H 布尔函数.

又因

$$w_t\left(f(x)\frac{df(x)}{dx_n}\right) = w_t(x_n f_a(x))$$

$$= 2^{-1}(w_t(x_n) + w_t(f_a(x)) - w_t(x_n + f_a(x)))$$

$$= 2^{n-2}.$$

所以

$$w_t(f(x)) = w_t\left(f(x)\frac{df(x)}{dx_n}\right) + w_t\left(\frac{ef(x)}{ex_n}\right) = 2^{n-1}.$$

所以, $f(x)$ 是平衡 H 布尔函数.

推论　设布尔函数 $f(x) = f(x_1, x_2, \cdots, x_n) \in GF(2)^{GF(2)^n}$, 有 $w_t(f(x)) = 2^{n-1}$. 如果

$$w_t(f_a(x)f(x)) = 2^{n-2}, \quad \frac{e(f_a(x)f(x))}{ex_n} = 0, \quad w_t\left(\frac{df(x)}{dx_n}\right) = 2^{n-1},$$

则 $f(x)$ 是平衡 H 布尔函数.

证明 由已知 $w_t(f(x)) = 2^{n-1}$, 有

$$w_t(f(x)) = w_t(f_a(x)f(x)) + w_t((1 + f_a(x))f(x)) = 2^{n-1}.$$

由于 $w_t(f_a(x)f(x)) = 2^{n-2}$, 所以 $w_t(1 + f_a(x)) = 2^{n-2}$.

又由于 $\dfrac{e(f_a(x)f(x))}{ex_n} = 0$, $w_t\left(\dfrac{df(x)}{dx_n}\right) = 2^{n-1}$, 所以必有

$$f(x)\frac{df(x)}{dx_n} = f_a(x)f(x)\frac{d(f_a(x)f(x))}{dx_n},$$
$$\frac{ef(x)}{ex_n} = \frac{e((1 + f_a(x))f(x))}{ex_n} = (1 + f_a(x))f(x).$$

于是

$$w_t\left(\frac{d\left(f(x)\dfrac{df(x)}{dx_n}\right)}{dx_n}\right) = w_t\left(\frac{d\left(f_a(x)f(x)\dfrac{d(f_a(x))f(x)}{dx_n}\right)}{dx_n}\right) = w_t\left(\frac{df(x)}{dx_n}\right) = 2^{n-1}.$$

又由于对一切 $i = 1, 2, \cdots, n-1$, 有

$$w_t\left(\frac{df_a(x)}{dx_i}\right) = 2^n, \quad w_t\left(\frac{d(1 + f_a(x))}{dx_i}\right) = 2^n.$$

所以, 对一切 $i = 1, 2, \cdots, n$, 便有

$$w_t\left(\frac{d(f_a(x))f(x))}{dx_i}\right) = 2^{n-1},$$

也有

$$w_t\left(\frac{df(x)}{dx_i}\right) = 2^{n-1}.$$

所以, $f(x)$ 是平衡 H 布尔函数.

和 10.1 节中 H 布尔函数 $f(x)$ 的非线性度范围一定是 $2^{n-2} \leqslant N_f \leqslant 2^{n-1} - 2^{\frac{n}{2}-1}$ 的结论一样, 平衡 H 布尔函数 $f(x)$ 的非线性度范围一定是 $2^{n-2} \leqslant N_f < 2^{n-1} - 2^{\frac{n}{2}-1}$. 这一结论可由下面的定理给出.

在给出定理 10.2.3 之前, 首先进行说明: 由于 $f(x)$ 是平衡 H 布尔函数, 所以必有 $\deg\left(\dfrac{ef(x)}{ex_n}\right) \geqslant 2$. 在定理 10.2.3 中, 是将 $\deg\left(\dfrac{ef(x)}{ex_n}\right) = 2$ 作为条件给出的. 这里事先说明.

定理 10.2.3 设布尔函数 $f(x) = f(x_1, x_2, \cdots, x_n) \in GF(2)^{GF(2)^n}$ 是平衡 H 布尔函数.

(1) 如果平衡 H 布尔函数 $f(x)$ 有

$$\deg(f(x)) = \deg\left(f(x)\frac{df(x)}{dx_n}\right) = \deg\left(\frac{ef(x)}{ex_n}\right) = 2,$$

则 $f(x)$ 的非线性度为

$$N_{f(x)} = 2^{n-2}.$$

(2) 如果平衡 H 布尔函数 $f(x)$ 有

$$\deg(f(x)) > 2,$$
$$\deg\left(f(x)\frac{df(x)}{dx_n}\right) = \deg\left(\frac{ef(x)}{ex_n}\right) > \deg(f(x)),$$

则 $f(x)$ 的非线性度有

$$2^{n-2} < N_{f(x)} < 2^{n-1} - 2^{\frac{n}{2}-1}.$$

证明 (1) 因已知条件 $\deg\left(f(x)\dfrac{df(x)}{dx_n}\right) = 2$, 及函数 $f(x)\dfrac{df(x)}{dx_n}$ 必有 2 次以上的项含变量 x_n, $f(x)$ 是平衡 H 布尔函数, 有 $w_t\left(f(x)\dfrac{df(x)}{dx_n}\right) = 2^{n-2}$, 所以

$$\deg\left(\frac{d\left(f(x)\dfrac{df(x)}{dx_n}\right)}{dx_n}\right) = \deg\left(\frac{df(x)}{dx_n}\right) = 1,$$

$$\deg\left(1 + \frac{df(x)}{dx_n}\right) = 1.$$

又已知 $\deg\left(\dfrac{ef(x)}{ex_n}\right) = 2$, 且因

$$\frac{ef(x)}{ex_n}\left(1 + \frac{df(x)}{dx_n}\right) = \frac{ef(x)}{ex_n},$$

所以

$$\deg\left(1 + \frac{df(x)}{dx_n} + \frac{ef(x)}{ex_n}\right) = 2.$$

又因 $f(x)$ 是平衡 H 布尔函数, 必有

$$w_t\left(f(x)\frac{df(x)}{dx_n}\right) = w_t\left(\frac{ef(x)}{ex_n}\right) = 2^{n-2}.$$

所以可取 $l_0(x) = 1 + \dfrac{df(x)}{dx_n}$, 有

$$w_t\left(\frac{ef(x)}{ex_n} + l_0(x)\right) = 2^{n-2},$$

$$w_t\left(f(x)\frac{df(x)}{dx_n} + l_0(x)\right) = 2^{n-2}.$$

所以

$$N_{f(x)} = \min_{l(x) \in L_n[x]} w_t(f(x) + l(x)) = w_t(f(x) + l_0(x)) = 2^{n-2}.$$

(2) 已知有 $\deg(f(x)) > 2$, 且

$$\deg\left(f(x)\frac{df(x)}{dx_n}\right) = \deg\left(\frac{ef(x)}{ex_n}\right) > \deg(f(x)),$$

又

$$w_t\left(\frac{ef(x)}{ex_n}\right) = w_t\left(f(x)\frac{df(x)}{dx_n}\right) = 2^{n-2},$$

所以, $\dfrac{ef(x)}{ex_n}$ 必为函数 $g(x)$ 的子函数 ($g(x)$ 的某 1 个重量为 2^{n-1}、不含变量 x_n 且含变量 x_{n-1} 的子函数), 且有

$$\deg\left(\frac{ef(x)}{ex_n}\right) > \deg(f(x)) > 2.$$

所以, 如果 $l_0(x) \in L_n[x]$, 使 $w_t(f(x) + l_0(x)) = N_{f(x)}$, 则

$$l_0(x) + g(x) \neq 0, \quad \text{且} \quad l_0(x) + f(x)\frac{df(x)}{dx_n} \neq 0.$$

所以

$$w_t\left(l_0(x) + \frac{ef(x)}{ex_n}\right) > 2^{n-2}, \quad w_t\left(l_0(x) + f(x)\frac{df(x)}{dx_n}\right) > 2^{n-2}.$$

所以 $w_t(l_0(x) + f(x)) > 2^{n-2}$, 即

$$N_{f(x)} = \min_{l(x) \in L_n[x]} w_t(f(x) + l(x)) = w_t(f(x) + l_0(x)) > 2^{n-2}.$$

又由于 $f(x)$ 是平衡 H 布尔函数, 不是 Bent 函数, 所以

$$2^{n-2} < N_{f(x)} < 2^{n-1} - 2^{\frac{n}{2}-1}.$$

例 10.2.1　布尔函数 $f_1(x) = f_1(x_1, x_2, \cdots, x_n) \in GF(2)^{GF(2)^8}$ 为

$$f_1(x) = 1 + x_8 + x_7 x_8 + x_6 + x_6 x_8 + x_5 + x_5 x_6 + x_5 x_7 + x_4 + x_4 x_8 + x_4 x_7$$
$$+ x_3(1 + x_8 + x_6 + x_4 + x_4 x_5) + x_2(1 + x_8 + x_6 + x_4 + x_4 x_5)$$
$$+ x_1(1 + x_8 + x_6 + x_4 + x_4 x_5),$$

且

$$\frac{e f_1(x)}{e x_8} = x_7 + x_6 x_7 + x_4 x_7 + x_4 x_5 + x_4 x_5 x_7 + x_4 x_5 x_6$$
$$+ x_3(x_7 + x_5 + x_5 x_7 + x_5 x_6 + x_4 x_5 x_7 + x_4 x_5 x_6)$$
$$+ x_2(x_7 + x_5 + x_5 x_7 + x_5 x_6 + x_4 x_5 x_7 + x_4 x_5 x_6)$$
$$+ x_1(x_7 + x_5 + x_5 x_7 + x_5 x_6 + x_4 x_5 x_7 + x_4 x_5 x_6),$$

$$f_1(x)\frac{d f_1(x)}{d x_8} = 1 + x_8 + x_7 + x_7 x_8 + x_6 + x_6 x_8 + x_5 + x_5 x_7 + x_5 x_6 + x_4 + x_4 x_8$$
$$+ x_4 x_5 + x_4 x_5 x_7 + x_4 x_5 x_6$$
$$+ x_3(1 + x_8 + x_7 + x_6 + x_5 + x_4 + x_5 x_7 + x_5 x_6 + x_4 x_5 + x_4 x_5 x_7$$
$$+ x_4 x_5 x_6) + x_2(1 + x_8 + x_7 + x_6 + x_5 + x_4 + x_5 x_7 + x_5 x_6 + x_4 x_5$$
$$+ x_4 x_5 x_7 + x_4 x_5 x_6) + x_1(1 + x_8 + x_7 + x_6 + x_5 + x_4 + x_5 x_7$$
$$+ x_5 x_6 + x_4 x_5 + x_4 x_5 x_7 + x_4 x_5 x_6).$$

对函数 $f_1(x)$, 有

$$w_t\left(\frac{d f_1(x)}{d x_i}\right) = 2^{n-1} \ (i = 1, 2, 3, 4, 5, 6, 7, 8),$$
$$w_t\left(f_1(x)\frac{d f_1(x)}{d x_8}\right) = w_t\left(\frac{e f_1(x)}{e x_8}\right) = 2^{8-2} = 64,$$

即 $f_1(x)$ 是平衡 H 布尔函数.

又有

$$\deg\left(f_1(x)\frac{d f_1(x)}{d x_8}\right) = \deg\left(\frac{e f_1(x)}{e x_8}\right) = 4, \quad \deg(f_1(x)) = 3.$$

取 $l_0(x) = x_7 + x_5$, 有

$$w_t\left(l_0(x) + \frac{e f_1(x)}{e x_n}\right) = 80 = 2^{8-2} + 2^{8-4} > 2^{8-2},$$
$$w_t\left(l_0(x) + f_1(x)\frac{d f_1(x)}{d x_n}\right) = 80 = 2^{8-2} + 2^{8-4} > 2^{8-2},$$
$$w_t(l_0(x) + f_1(x)) = 80 = 2^{8-2} + 2^{8-4} > 2^{8-2},$$
$$N_{f_1(x)} = w_t(l_0(x) + f_1(x)) = 80 = 2^{8-2} + 2^{8-4} > 2^{8-2}.$$

从定理 10.2.3 中可看到, 平衡 H 布尔函数的非线性度与函数的代数次数有关, 代数次数大于 2, 非线性度也大于 2^{n-2}. 但是, 不能进一步引深而得出代数次数的高低与非线性度的大小成正比关系的结果. 这是因为, 代数次数和非线性度要同时受 e-导数 $\dfrac{ef(x)}{ex_n}$ 和导数部分 $f(x)\dfrac{df(x)}{dx_n}$ 的影响, 当 2 个函数 $f_1(x)$ 和 $f_2(x)$ 的代数次数 $\deg f_1(x)$ 和 $\deg f_2(x)$ 都大于 2, 对这 2 个代数次数进行比较时, 函数的代数次数可以是因 2 个函数的导数部分的代数次数不同而有差异, 而 2 个函数的 e-导数部分的代数次数却无太大变化, 致函数的代数次数并未改变, 所以非线性度也变化不大, 甚或使非线性度反而变小. 这种较复杂的变化与代数次数固定为 2, 从而非线性度也取到相应的固定值 2^{n-2} 相比较是不同的. 从例 10.2.2 就可以看到布尔函数的这一特点.

例 10.2.2 布尔函数 $f_2(x) = f_2(x_1, x_2, \cdots, x_n) \in GF(2)^{GF(2)^8}$ 为

$$
\begin{aligned}
f_2(x) = {} & 1 + x_8 + x_7x_8 + x_6 + x_6x_8 + x_6x_7 + x_5x_8 + x_5x_6x_8 + x_5x_6x_7 + x_4 \\
& + x_4x_8 + x_4x_6x_7 + x_4x_5 + x_4x_5x_8 + x_4x_5x_6 + x_4x_5x_7 + x_4x_5x_6x_8 \\
& + x_4x_5x_6x_7 + x_3 + x_3x_8 + x_3x_6 + x_3x_5 + x_3x_5x_8 \\
& + x_3x_5x_6 + x_3x_5x_7 + x_3x_5x_6x_8 + x_3x_5x_6x_7 + x_3x_4 + x_3x_4x_7 \\
& + x_3x_4x_5x_6 + x_3x_4x_5x_7 + x_3x_4x_5x_6x_8 \\
& + x_3x_4x_5x_6x_7 + x_2(1 + x_8 + x_6 + x_5 + x_5x_8 + x_5x_6 + x_5x_7 + x_5x_6x_8 \\
& + x_5x_6x_7 + x_4 + x_4x_7 + x_4x_5x_6 + x_4x_5x_7 \\
& + x_4x_5x_6x_8 + x_4x_5x_6x_7) + x_1(1 + x_8 + x_6 + x_5 + x_4 \\
& + x_5x_8 + x_5x_7 + x_5x_6 \\
& + x_4x_7 + x_5x_6x_8 + x_5x_6x_7 + x_4x_5x_7 + x_4x_5x_6 + x_4x_5x_6x_8 + x_4x_5x_6x_7),
\end{aligned}
$$

又有

$$
\begin{aligned}
\frac{ef_2(x)}{ex_8} = {} & x_7 + x_6x_7 + x_5 + x_5x_7 + x_4x_7 + x_4x_5x_7 + x_3x_7 + x_3x_5x_7 \\
& + x_3x_4x_5 + x_3x_4x_5x_7 + x_2x_7 + x_2x_5x_7 + x_2x_4x_5 \\
& + x_2x_4x_5x_7 + x_1x_7 + x_1x_5x_7 + x_1x_4x_5 + x_1x_4x_5x_7,
\end{aligned}
$$

$$
\begin{aligned}
f_2(x)\frac{df_2(x)}{dx_8} = {} & 1 + \sum_{i=1}^{8} x_i + x_7x_8 + x_6x_8 + x_5x_8 + x_5x_6 + x_4x_8 + x_4x_7 \\
& + x_4x_5 + x_3\sum_{i=4}^{8} x_i + x_2\sum_{i=4}^{8} x_i + x_1\sum_{i=4}^{8} x_i
\end{aligned}
$$

$$+ x_5x_6x_8 + x_5x_6x_7 + x_4x_5x_8 + x_4x_5x_6 + x_4x_6x_7 + x_3x_5x_8$$

$$+ x_3x_5x_6 + x_3x_4x_7 + x_3x_4x_5 + x_2x_5x_8$$

$$+ x_2x_5x_6 + x_2x_4x_7 + x_2x_4x_5 + x_1x_5x_8 + x_1x_5x_6 + x_1x_4x_7$$

$$+ x_1x_4x_5 + x_4x_5x_6x_8 + x_4x_5x_6x_7$$

$$+ x_3x_5x_6x_8 + x_3x_5x_6x_7 + x_3x_4x_5x_8 + x_3x_4x_5x_6 + x_3x_4x_5x_7$$

$$+ x_2x_5x_6x_8 + x_2x_5x_6x_7 + x_2x_4x_5x_8$$

$$+ x_2x_4x_5x_6 + x_2x_4x_5x_7 + x_1x_5x_6x_8 + x_1x_5x_6x_7 + x_1x_4x_5x_8$$

$$+ x_1x_4x_5x_6 + x_1x_4x_5x_7$$

$$+ x_3x_4x_5x_6x_8 + x_3x_4x_5x_6x_7 + x_2x_4x_5x_6x_8 + x_2x_4x_5x_6x_7$$

$$+ x_1x_4x_5x_6x_8 + x_1x_4x_5x_6x_7.$$

对布尔函数 $f_2(x)$, 有

$$w_t(f_2(x)) = 128 = 2^{8-1},$$
$$w_t\left(f_2(x)\frac{df_2(x)}{dx_8}\right) = w_t\left(\frac{ef_2(x)}{ex_8}\right) = 2^{8-2} = 64.$$

所以, $f_2(x)$ 是平衡布尔函数.

对 $i = 1,2,3,4,5,6,7,8$, 有

$$w_t\left(\frac{df(x)}{dx_i}\right) = 128 = 2^{8-1},$$

即 $f_2(x)$ 是 H 布尔函数. 所以, $f_2(x)$ 是平衡 H 布尔函数.

又有

$$\deg\left(f_2(x)\frac{df_2(x)}{dx_8}\right) = 5,\quad \deg\left(\frac{ef_2(x)}{ex_8}\right) = 4,\quad \deg(f_2(x)) = 5.$$

取 $l_0(x) = x_5 + x_7$, 有

$$w_t\left(l_0(x) + \frac{ef_2(x)}{ex_n}\right) = 64 = 2^{8-2},$$
$$w_t\left(l_0(x) + f_2(x)\frac{df_2(x)}{dx_n}\right) = 136 = 2^{8-1} + 2^{8-5},$$
$$w_t(l_0(x) + f_2(x)) = 72 = 2^{8-2} + 2^{8-5},$$

且

$$N_{f_2(x)} = \min_{l(x)\in L_n[x]} w_t(f_2(x) + l(x))$$
$$= w_t(f_2(x) + l_0(x)) = 72 = 2^{8-2} + 2^{8-5}.$$

将例 10.2.2 中的平衡 H 布尔函数 $f_2(x)$ 的代数次数、非线性度, 与例 10.2.1 中的平衡 H 布尔函数 $f_1(x)$ 的代数次数、非线性度进行对比, 有

$$\deg(f_1(x)) = 3 < \deg(f_2(x)) = 5,$$

$$\deg\left(\frac{ef_1(x)}{ex_8}\right) = \deg\left(\frac{ef_2(x)}{ex_8}\right) = 4,$$

$$\deg\left(f_1(x)\frac{df_1(x)}{dx_8}\right) = 4 < \deg\left(f_2(x)\frac{df_2(x)}{dx_8}\right) = 5,$$

$$N_{f_1(x)} = 2^{n-2} + 2^{n-4}, \quad N_{f_2(x)} = 2^{n-2} + 2^{n-5}, \quad N_{f_1(x)} > N_{f_2(x)}.$$

可以看到, 代数次数高的函数 $f_2(x)$ 的非线性度反而小. 从两个函数的各项值的比较结果也可以看到, 出现这一结果的原因在于例 10.2.2 中的函数 $f_2(x)$ 的导数部分的变化造成对 $N_{f_2(x)}$ 的影响很大.

10.3 H 布尔函数的相关免疫性

H 布尔函数有着按重量度量的存在范围: $2^{n-2} \leqslant w_t(f(x)) \leqslant 2^{n-1} + 2^{n-2}$. Bent 函数也是在这一范围内、重量为 $w_t(f(x)) = 2^{n-1} \pm 2^{\frac{n}{2}-1}$ 的一种 H 布尔函数. Bent 函数是 0 阶相关免疫函数, 即 Bent 函数不是相关免疫函数. 其他 H 布尔函数的相关免疫性又是如何呢? 利用导数、e-导数来讨论 H 布尔函数的相关免疫性, 不仅可得到一些反映 H 布尔函数特性的结果, 这些结果可反映函数的相关免疫性与扩散性的相斥性, 而且还给出了一些利用导数、e-导数求相关免疫阶的方法.

定理 10.3.1 若布尔函数 $f(x) = f(x_1, x_2, \cdots, x_n) \in GF(2)^{GF(2)^n}$, 有

$$\frac{\partial f(x)}{\partial(x_1 x_2 \cdots x_n)} = 0,$$

则布尔函数 $f(x)$ 必为 1 阶相关免疫函数.

证明 若布尔函数 $f(x)$ 满足定理条件, 则必有

$$w_t(f(x)\,|x_i = 0) = w_t(f(x)\,|x_i = 1) = 2^{-1}w_t(f(x)).$$

所以, $f(x)$ 是 1 阶相关免疫函数.

定理 10.3.1 是 1 个充分条件的定理, 不是必要条件. 例如, 6 元布尔函数

$$f(x) = x_6 + x_4 x_6 + x_4 x_5 + x_3 x_6 + x_3 x_5 + x_2 + x_2 x_6 + x_2 x_5 + x_1$$
$$+ x_1 x_6 + x_1 x_5,$$

$$w_t(f(x)\,|x_i = 0) = w_t(f(x)\,|x_i = 1) = 2^{-1}w_t(f(x)) = 2^{6-2} = 16,$$

即布尔函数 $f(x)$ 是 1 阶相关免疫函数. 但

$$\frac{\partial f(x)}{\partial(x_1 x_2 \cdots x_6)} = 1 \neq 0,$$

$$w_t\left(\frac{\partial f(x)}{\partial(x_1 x_2 \cdots x_6)}\right) = 2^6 \neq 0.$$

又若取 $f_1(x) = x_5 + x_3 x_5 + x_3 x_4 + x_2 x_5 + x_2 x_4 + x_1 + x_1 x_5 + x_1 x_4$, 也有 $w_t(f(x)\,|x_i = 0) = w_t(f(x)\,|x_i = 1) = 2^{-1} w_t(f(x)) = 2^{5-2} = 8$. 又有

$$\frac{\partial f(x)}{\partial(x_1 x_2 \cdots x_5)} = x_5 + x_4,$$

$$w_t\left(\frac{\partial f(x)}{\partial(x_1 x_2 \cdots x_5)}\right) = 2^{5-1} = 16 \neq 0.$$

定理 10.3.2　布尔函数 $f_1(x), f_2(x) \in GF(2)^{GF(2)^n}$, 有

$$w_t(f_1(x)) = w_t(f_2(x)),$$

且

$$\frac{\partial f_1(x)}{\partial(x_1 x_2 \cdots x_n)} = 0, \quad \frac{\partial f_2(x)}{\partial(x_1 x_2 \cdots x_n)} = 0, \tag{10.3.1}$$

则由 $f_1(x)$ 和 $f_2(x)$ 级联得到的 $n+1$ 元函数

$$f(x') = (1 + x_0)f_1(x) + x_0 f_2(x) \quad (\text{其中 } (x') = (x_0 x_1 x_2 \cdots x_n) \in GF(2)^{n+1}) \tag{10.3.2}$$

是 1 阶相关免疫函数.

证明　由式 (10.3.1) 及定理 10.3.2 的条件知, $f_1(x)$ 和 $f_2(x)$ 都是 n 元 1 阶相关免疫函数, 所以对一切 $i = 1, 2, \cdots, n$, 有

$$w_t(f_1(x)\,|x_i = 0) = w_t(f_1(x)\,|x_i = 1) = 2^{-1} w_t(f_1(x)),$$

$$w_t(f_2(x)\,|x_i = 0) = w_t(f_2(x)\,|x_i = 1) = 2^{-1} w_t(f_2(x)).$$

所以

$$w_t(f(x')\,|x_i = a_i)$$
$$= w_t(f_1(x)\,|x_i = a_i) + w_t(f_2(x)\,|x_i = a_i) \quad (a_i \in GF(2))$$
$$= 2^{-1} w_t(f_1(x)) + 2^{-1} w_t(f_2(x))$$
$$= 2^{-1} w_t(f(x')).$$

又由于 $w_t(f_1(x)) = w_t(f_2(x))$, 所以, 由式 (10.3.2) 有

$$w_t(f(x')\,|x_0 = 0) = w_t(f_1(x)) = 2^{-1}w_t(f(x')),$$
$$w_t(f(x')\,|x_0 = 1) = w_t(f_2(x)) = 2^{-1}w_t(f(x')).$$

所以, 对一切 $i = 0, 1, 2, \cdots, n$, 有

$$w_t(f(x')\,|x_i = 0) = w_t(f(x')\,|x_i = 1) = 2^{-1}w_t(f(x')),$$

所有 $f(x')$ 是 1 阶相关免疫函数.

推论 对 $2^{n-2} \leqslant w_t(f(x)) \leqslant 2^{n-1} + 2^{n-2}$ 的 H 布尔函数 $f(x)$, 只要有关系 $w_t\left(\dfrac{e\left(\dfrac{ef(x)}{ex_n}\right)}{ex_{n-1}}\right) = 2w_t\left(\dfrac{ef(x)}{ex_n}\right)$ 的函数 $f(x)$, 都存在 1 阶相关免疫函数.

现在来讨论 $w_t(f(x)) = 2^{n-1} + 2^{n-2}$ 的 H 布尔函数的相关免疫性. 这一类 H 布尔函数存在 $m(m \geqslant 1)$ 阶相关免疫函数. 为证明这一结论, 需作较为冗长的证明, 为方便阅读, 下面将分成几个定理来证明.

定理 10.3.3 在 $w_t(f(x)) = 2^{n-1} + 2^{n-2}$ 的 H 布尔函数中, 存在 2 阶相关免疫的 H 布尔函数.

证明 虽然由定理 10.3.1 和定理 10.3.2 便知, 在 $w_t(f(x)) = 2^{n-1} + 2^{n-2}$ 的 H 布尔函数中, 一定存在 1 阶相关免疫函数, 但为了后续对 2 阶相关免疫的证明能更便于阅看, 这里还是要对 1 阶相关免疫作出证明.

设 $f(x)$ 是 $w_t(f(x)) = 2^{n-1} + 2^{n-2}$ 的 H 布尔函数. 对任意 $i = 1, 2, \cdots, n$, 取 $k \neq i$ 且 $k = 1, 2, \cdots, n$, 有

$$w_t\left(\frac{d(f(x)+x_i)}{dx_k}\right) = w_t\left(\frac{df(x)}{dx_k}\right) = 2^{n-1}, \tag{10.3.3}$$
$$w_t\left(\frac{e(f(x)+x_i)}{ex_k}\right) = w_t(x_i) + w_t\left(\frac{ef(x)}{ex_k}\right) - w_t\left(x_i\frac{df(x)}{dx_k}\right) - 2w_t\left(x_i\frac{ef(x)}{ex_k}\right),$$

所以, $f(x)$ 一阶相关免疫, 当且仅当

$$w_t\left(x_i\frac{df(x)}{dx_k}\right) + 2w_t\left(x_i\frac{ef(x)}{ex_k}\right) = 2^{-1}w_t\left(\frac{df(x)}{dx_k}\right) + w_t\left(\frac{ef(x)}{ex_k}\right). \tag{10.3.4}$$

又 $f(x)$ 是 H 布尔函数, 所以, $f(x)$ 有 $w_t(f(x)) = 2^{n-1} + 2^{n-2}$, 当且仅当

$$w_t\left(\frac{df(x)}{dx_k} + \frac{ef(x)}{ex_k}\right) = w_t\left(\frac{df(x)}{dx_k}\right) + w_t\left(\frac{ef(x)}{ex_k}\right) = 2^n \quad (i, k = 1, 2, \cdots, n).$$

所以必有

$$w_t\left(x_i\left(\frac{df(x)}{dx_k}+\frac{ef(x)}{ex_k}\right)\right)=2^{-1}w_t\left(\frac{df(x)}{dx_k}+\frac{ef(x)}{ex_k}\right)\ (i,k=1,2,\cdots,n,k\neq i),$$

即

$$w_t\left(x_i\frac{df(x)}{dx_k}\right)+w_t\left(x_i\frac{ef(x)}{ex_k}\right)=2^{-1}w_t\left(\frac{df(x)}{dx_k}\right)+2^{-1}w_t\left(\frac{ef(x)}{ex_k}\right)$$

$$(i,\ k=1,2,\cdots,n,\ \ k\neq i).\qquad(10.3.5)$$

将 (10.3.4) 式和 (10.3.5) 式作联立方程组解之, 则对一切 $i,k=1,2,\cdots,n,$ $k\neq i,$ 有解

$$\begin{cases}w_t\left(x_i\dfrac{ef(x)}{ex_k}\right)=2^{-1}w_t\left(\dfrac{ef(x)}{ex_k}\right),\\[3mm]w_t\left(x_i\dfrac{df(x)}{dx_k}\right)=2^{-1}w_t\left(\dfrac{df(x)}{dx_k}\right).\end{cases}\qquad(10.3.6)$$

于是可知, $f(x)$ 一阶相关免疫, 当且仅当 (10.3.6) 式成立.

取 $f_1(x')=x_{n-1}+x_n+x_{n-1}x_n$, $f_2(x')=1+x_{n-1}+x_{n-1}x_n$, $f_3(x')=1+x_{n-1}x_n$, $f_4(x')=1+x_n+x_{n-1}x_n$, 则由这 4 个 2 元布尔函数可构造 4 元 H 布尔函数, 且使其 1 阶相关免疫 (满足式 (10.3.6)、式 (10.3.4) 即可). 再将 1 阶相关免疫的这些 4 元 H 布尔函数逐次级联, 可级联得到 n 元 H 布尔函数, 且使其满足式 (10.3.6)、式 (10.3.4). 所以, 1 阶相关免疫的 H 布尔函数是存在的.

现在取 $w_t(f(x))=2^{n-1}+2^{n-2}$ 且 1 阶相关免疫的 H 布尔函数 $f(x)$, 并对 $f(x)$ 进行 2 阶相关免疫性讨论. 同样, 经推导有

$$w_t\left(\frac{d(f(x)+x_i+x_j)}{dx_k}\right)$$

$$=w_t\left(\frac{df(x)}{dx_k}\right)\ (i,j,k=1,2,\cdots,n,i\neq j\neq k),\qquad(10.3.7)$$

$$w_t\left(\frac{e(f(x)+x_i+x_j)}{ex_k}\right)$$

$$=w_t(x_i+x_j)+w_t\left(\frac{ef(x)}{ex_k}\right)-w_t\left(x_i\frac{df(x)}{dx_k}\right),$$

$$-2w_t\left(x_i\frac{ef(x)}{ex_k}\right)-w_t\left(x_j\frac{df(x)}{dx_k}\right)-2w_t\left(x_j\frac{ef(x)}{ex_k}\right)$$

$$+2w_t\left(x_ix_j\frac{df(x)}{dx_k}\right)+4w_t\left(x_ix_j\frac{ef(x)}{ex_k}\right)\ (i,j,k=1,2,\cdots,n,i\neq j\neq k).$$

$$(10.3.8)$$

由 (10.3.4) 式、(10.3.5) 式、(10.3.7) 式、(10.3.8) 式可知, $f(x)2$ 阶相关免疫, 当且仅当

$$w_t\left(x_ix_j\frac{df(x)}{dx_k}\right)+2w_t\left(x_ix_j\frac{ef(x)}{ex_k}\right)=2^{-2}w_t\left(\frac{df(x)}{dx_k}\right)+2^{-1}w_t\left(\frac{ef(x)}{ex_k}\right)$$
$$(i,j,k=1,2,\cdots,n,\ i\neq j\neq k).\qquad(10.3.9)$$

又由于 $w_t\left(\dfrac{df(x)}{dx_k}\right)+w_t\left(\dfrac{ef(x)}{ex_k}\right)=2^n$, $w_t(x_ix_j)=2^{n-2}$ $(i,j,k=1,2,\cdots,n,i\neq j\neq k)$, 所以

$$w_t\left(x_ix_j\frac{df(x)}{dx_k}\right)+w_t\left(x_ix_j\frac{ef(x)}{ex_k}\right)=2^{-2}w_t\left(\frac{df(x)}{dx_k}\right)+2^{-2}w_t\left(\frac{ef(x)}{ex_k}\right)$$
$$(i,j,k=1,2,\cdots,n,\ i\neq j\neq k).\qquad(10.3.10)$$

于是, 求解式 (10.3.9) 和式 (10.3.10) 组成的联立方程组, 则对一切 $i,j,k=1,2,\cdots,n,i\neq j\neq k$, 有解

$$\begin{cases}w_t\left(x_ix_j\dfrac{ef(x)}{ex_k}\right)=2^{-2}w_t\left(\dfrac{ef(x)}{ex_k}\right),\\[3mm]w_t\left(x_ix_j\dfrac{df(x)}{dx_k}\right)=2^{-2}w_t\left(\dfrac{df(x)}{dx_k}\right).\end{cases}\qquad(10.3.11)$$

所以 $f(x)2$ 阶相关免疫, 当且仅当 (10.3.6) 式、(10.3.11) 式均成立.

现在需要依赖上面的结果来构造 2 阶相关免疫 H 布尔函数.

利用前面构造 1 阶相关免疫 H 布尔函数时得出的 $f_1(x')$, $f_2(x')$, $f_3(x')$, $f_4(x')$ 和 2 阶相关免疫的 (10.3.9) 式, (10.3.11) 式, 便能轻易构出 $w_t(f(x))=2^{n-1}+2^{n-2}$ 的 2 阶相关免疫 H 布尔函数.

若设 $f_{i1}(x)$ 和 $f_{i2}(x)$ 均为 $m(m\geqslant 1)$ 阶相关免疫 n 元 H 布尔函数, 且 $w_t(f_{i1}(x)+f_{i2}(x))=2^{n-1}$, 则 $f_{i1}(x)$ 和 $f_{i2}(x)$ 的级联函数

$$f(x)=(1+x_0)f_{i1}(x)+x_0f_{i2}(x)$$

仍是 $m(m\geqslant 1)$ 阶相关免疫 $n+1$ 元 H 布尔函数. 这是因为对 $\omega x(1\leqslant w_t(\omega)\leqslant m)$, 经推导有

$$w_t(f(x)+\omega x)=w_t((1+x_0)f_{i1}(x)+\omega x)+w_t(x_0f_{i2}(x)+\omega x)-w_t(\omega x).$$

所以, $f(x)$ 为 $m(m\geqslant 1)$ 阶相关免疫 $n+1$ 元布尔函数.

又有

$$w_t\left(\frac{df(x)}{dx_k}\right) = w_t\left(\frac{df_{i1}(x)}{dx_k}\right) + w_t\left(\frac{df_{i2}(x)}{dx_k}\right) = 2^n \quad (k = 1, 2, \cdots, n),$$

$$w_t\left(\frac{df(x)}{dx_0}\right) = 2w_t(f_{i1}(x) + f_{i2}(x)) = 2^n,$$

即 $f(x)$ 是 $n+1$ 元 H 布尔函数.

于是, 由 $f_1(x')$, $f_2(x')$, $f_3(x')$, $f_4(x')$, 根据 (10.3.11) 式要求, 作

$$\begin{aligned}
f_t(x'') &= (1 + x_{n-4})((1 + x_{n-3})((1 + x_{n-2})f_1(x') + x_{n-2}f_2(x')) \\
&\quad + x_{n-3}((1 + x_{n-2})f_3(x') + x_{n-2}f_4(x'))) \\
&\quad + x_{n-4}((1 + x_{n-3})((1 + x_{n-2})f_4(x') + x_{n-2}f_3(x')) \\
&\quad + x_{n-3}((1 + x_{n-2})f_2(x') + x_{n-2}f_1(x'))), \\
f_r(x'') &= (1 + x_{n-4})((1 + x_{n-3})((1 + x_{n-2})f_3(x') + x_{n-2}f_4(x')) \\
&\quad + x_{n-3}((1 + x_{n-2})f_1(x') + x_{n-2}f_2(x'))) \\
&\quad + x_{n-4}((1 + x_{n-3})((1 + x_{n-2})f_2(x') + x_{n-2}f_1(x')) \\
&\quad + x_{n-3}((1 + x_{n-2})f_4(x') + x_{n-2}f_3(x'))).
\end{aligned}$$

再将 $f_t(x'')$ 和 $f_r(x'')$ 按次序: $f_t(x'')$, $f_r(x'')$, $f_r(x'')$, $f_t(x'')$, $f_r(x'')$, $f_t(x'')$, $f_t(x'')$, $f_r(x''), \cdots$ 两两逐步级联, 便可得满足 (10.3.11) 式的 n 元 2 阶相关免疫的、$w_t(f(x)) = 2^{n-1} + 2^{n-2}$ 的 H 布尔函数. 所以, 定理 10.3.3 成立.

从定理 10.3.3 中 (10.3.6) 式和 (10.3.11) 式的推导可以看出, $w_t(f(x)) = 2^{n-1} + 2^{n-2}$ 的 H 布尔函数的 3 阶相关免疫的充分必要条件, 除了也要满足 (10.3.6) 式、(10.3.11) 式外, 还有

$$\begin{cases}
w_t\left(x_i x_j x_k \dfrac{ef(x)}{ex_r}\right) = 2^{-3}w_t\left(\dfrac{ef(x)}{ex_r}\right), \\
w_t\left(x_i x_j x_k \dfrac{df(x)}{dx_r}\right) = 2^{-3}w_t\left(\dfrac{df(x)}{dx_r}\right),
\end{cases} \quad (i, j, k, r = 1, 2, \cdots, n, i \neq j \neq k \neq r).$$

如果用归纳法来证明, 显然易于推出 $w_t(f(x)) = 2^{n-1} + 2^{n-2}$ 的 H 布尔函数 $f(x)$ 任意 $m(m \geqslant 1)$ 阶相关免疫的充分必要条件, 这与 (10.3.6) 式、(10.3.11) 式的推导过程完全类似. 也可以直接证明. 不再详证.

定理 10.3.4　设 H 布尔函数 $f(x) = f(x_1, x_2, \cdots, x_n) \in GF(2)^{GF(2)^n}$, 有 $w_t(f(x)) = 2^{n-1} + 2^{n-2}$, 则 $f(x)$ 是 $m(m \geqslant 1)$ 阶相关免疫函数的充分必要条件

是: 对一切 $s_1 \neq s_2 \neq \cdots \neq s_m \neq k, s_1, s_2, \cdots, s_m, k = 1, 2, \cdots, n, m \geqslant 1$, 有

$$\begin{cases} w_t \left(x_{s1} x_{s2} \cdots x_{sm} \dfrac{df(x)}{dx_k} \right) = 2^{-m} w_t \left(\dfrac{df(x)}{dx_k} \right), \\ w_t \left(x_{s1} x_{s2} \cdots x_{sm} \dfrac{ef(x)}{ex_k} \right) = 2^{-m} w_t \left(\dfrac{ef(x)}{ex_k} \right). \end{cases} \quad (10.3.12)$$

证明 从定理 10.3.3 的推导便可知, $f(x)$ 为 $m(m \geqslant 1)$ 阶相关免疫函数的充分必要条件是

$$w_t \left(x_{s1} x_{s2} \cdots x_{sm} \frac{df(x)}{dx_k} \right) + 2 w_t \left(x_{s1} x_{s2} \cdots x_{sm} \frac{ef(x)}{ex_k} \right)$$

$$= 2^{-m} w_t \left(\frac{df(x)}{dx_k} \right) + 2^{-m+1} w_t \left(\frac{ef(x)}{ex_k} \right) \quad (10.3.13)$$

$$(s_1 \neq s_2 \neq \cdots \neq s_m \neq k, s_1, s_2, \cdots, s_m, k = 1, 2, \cdots, n, m \geqslant 1).$$

又由于 $w_t(f(x)) = 2^{n-1} + 2^{n-2}$, $f(x)$ 是 H 布尔函数, 所以

$$w_t \left(\frac{df(x)}{dx_k} + \frac{ef(x)}{ex_k} \right) = w_t \left(\frac{df(x)}{dx_k} \right) + w_t \left(\frac{ef(x)}{ex_k} \right) = 2^n \quad (k = 1, 2, \cdots, n).$$

由于 $w_t(x_{s1} x_{s2} \cdots x_{sm}) = 2^{n-m} (1 \leqslant s_i \leqslant n, \ s_i \neq s_j, \ i, j = 1, 2, \cdots, m)$, 所以

$$w_t \left(x_{s1} x_{s2} \cdots x_{sm} \frac{df(x)}{dx_k} \right) + w_t \left(x_{s1} x_{s2} \cdots x_{sm} \frac{ef(x)}{ex_k} \right)$$

$$= 2^{-m} w_t \left(\frac{df(x)}{dx_k} \right) + 2^{-m} w_t \left(\frac{ef(x)}{ex_k} \right)$$

$$(s_1, s_2, \cdots, s_m, k = 1, 2, \cdots, n, s_1 \neq s_2 \neq \cdots \neq s_m \neq k, m \geqslant 1). \quad (10.3.14)$$

将 (10.3.13) 式和 (10.3.14) 式两式联立解方程组, 便得到唯一解 (10.3.12) 式. 所以, $f(x)$ 为 $m(m \geqslant 1)$ 阶相关免疫函数的充分必要条件是 (10.3.12) 式成立.

由于 (10.3.12) 式是 (10.3.13) 式和 (10.3.14) 式两式联立方程组的唯一解, 可知, 只要 (10.3.12) 式中有 1 式成立, 则由 (10.3.13) 式和 (10.3.14) 式知, 另 1 式必成立. 于是, 可得定理 10.3.4 的推论如下.

推论 若 $f(x)$ 是 $w_t(f(x)) = 2^{n-1} + 2^{n-2}$ 的 H 布尔函数, 则 $f(x)$ 为 $m(m \geqslant 1)$ 阶相关免疫函数的充分必要条件是 (10.3.12) 式的第 2 式 (或第 1 式) 成立, 即有

$$w_t \left(x_{s1} x_{s2} \cdots x_{sm} \frac{ef(x)}{ex_k} \right) = 2^{-m} w_t \left(\frac{ef(x)}{ex_k} \right)$$

$$(s_1, s_2, \cdots, s_m, k = 1, 2, \cdots, n, s_1 \neq s_2 \neq \cdots \neq s_m \neq k, m \geqslant 1).$$

定理 10.3.4 和推论 2 给出了判断 $w_t(f(x)) = 2^{n-1} + 2^{n-2}$ 的 H 布尔函数 $f(x)$ 是否为 $m(m \geqslant 1)$ 阶相关免疫函数的充分必要条件. 但也只是判断条件, 并没有给出 $m(m \geqslant 1)$ 阶相关免疫函数存在的结果. 而利用定理 10.3.4 的推论 2, 却能判断和给出 H 布尔函数 $f(x)$ 为 m 阶相关免疫函数的简便方法. 这种简便方法由定理 10.3.7 和定理 10.3.8 表述. 而在给出定理 10.3.7 和定理 10.3.8 之前, 先给出关于 n 阶相关免疫和 $n-1$ 阶相关免疫的两个定理 (定理 10.3.5 和定理 10.3.6).

定理 10.3.5　布尔函数 $f(x) \in GF(2)^{GF(2)^n}$ 是 n 阶相关免疫函数的充分必要条件是: 对任意 $i \in \{1, 2, \cdots, n\}$, 有

$$w_t\left(\frac{df(x)}{dx_i}\right) \equiv 0, \quad \frac{ef(x)}{ex_i} \equiv f(x) \quad (i = 1, 2, \cdots, n).$$

定理 10.3.6　布尔函数 $f(x) \in GF(2)^{GF(2)^n}, f(x) \not\equiv a(a \in GF(2))$, 则 $f(x)$ 是 $n-1$ 阶相关免疫函数的充分必要条件是: 对任意 $i(i \in \{1, 2, \cdots, n\})$, 有

$$w_t\left(\frac{df(x)}{dx_i}\right) = 2^n, \quad w_t\left(\frac{ef(x)}{ex_i}\right) \equiv 0 \quad (i = 1, 2, \cdots, n).$$

定理 10.3.7　布尔函数 $f(x) \in GF(2)^{GF(2)^n}$, 有

$$w_t\left(\frac{df(x)}{dx_n}\right) = 0, \quad w_t\left(\frac{ef(x)}{ex_n}\right) = 2^{n-1},$$

则 $f(x)$ 是 $n-2$ 阶相关免疫函数的充分必要条件是, 对一切 $i = 1, 2, \cdots, n-1$, 有

$$w_t\left(\frac{df(x)}{dx_i}\right) = 2^n, \quad w_t\left(\frac{ef(x)}{ex_i}\right) = 0 \quad (i = 1, 2, \cdots, n-1).$$

定理 10.3.5 ～ 定理 10.3.7 的证明很简单, 这里不再证明.

定理 10.3.8　在 $f(x) \in GF(2)^{GF(2)^n}, w_t(f(x)) = 2^{n-1} + 2^{n-2}$ 的 H 布尔函数中, 存在任意 $m(1 \leqslant m \leqslant n-2)$ 阶相关免疫 H 布尔函数.

证明　由定理 10.3.3 可知, $w_t(f(x)) = 2^{n-1} + 2^{n-2}$ 的 H 布尔函数, 可由 4 个 2 元布尔函数 $f_1(x') = x_{n-1} + x_n + x_{n-1}x_n$, $f_2(x') = 1 + x_{n-1} + x_{n-1}x_n$, $f_3(x') = 1 + x_{n-1}x_n$, $f_4(x') = 1 + x_n + x_{n-1}x_n$ 级联构成. 取这 4 个 2 元布尔函数级联构成的 n 元布尔函数为 $f(x)(f(x) \in GF(2)^{GF(2)^n})$, 且构造 $f(x)$ 时要根据定理 10.3.7, 保证 $f(x)$ 的 e-导数部分函数 $\dfrac{ef(x)}{ex_n}$ 满足定理 10.3.7 的 $m = n-2$ 阶相关免疫, 即有

$$\frac{ef(x)}{ex_n} = \sum_{i=1}^{n-1} x_i, \quad \text{或} \quad \frac{ef(x)}{ex_n} = 1 + \sum_{i=1}^{n-1} x_i.$$

为证明方便, 且不失一般性, 就设 $\dfrac{ef(x)}{ex_n} = \sum\limits_{i=1}^{n-1} x_i$.

于是, 对 $s_1, s_2, \cdots, s_{n-2} \in \{1, 2, \cdots, n\}$ 且 $s_1 \neq s_2 \neq \cdots \neq s_{n-2}$, 有

$$w_t\left(x_{s_1} x_{s_2} \cdots x_{s_{n-2}} \frac{ef(x)}{ex_n}\right) = 2^{-(n-2)} w_t\left(\frac{ef(x)}{ex_n}\right) = 2^{-n+2} \cdot 2^{n-1} = 2,$$

且对 $s_1, s_2, \cdots, s_m \in \{1, 2, \cdots, n\}, 1 \leqslant m \leqslant n-2$, 也有

$$w_t\left(x_{s_1} x_{s_2} \cdots x_{s_m} \frac{ef(x)}{ex_n}\right) = 2^{-m} w_t\left(\frac{ef(x)}{ex_n}\right).$$

所以, 由定理 10.3.4 的推论 2 知, $f(x)$ 必为 $n-2$ 阶相关免疫函数.

现在要证所构造的 $f(x)$ 是 H 布尔函数.

由于 $w_t(f(x)) = 2^{n-1} + 2^{n-2}, w_t\left(\dfrac{ef(x)}{ex_n}\right) = 2^{n-1}$, 所以

$$\frac{df(x)}{dx_n} = 1 + \frac{ef(x)}{ex_n} = 1 + \sum_{i=1}^{n-1} x_i,$$

即有

$$\frac{df(x)}{dx_n} = \frac{d\left(f(x)\dfrac{df(x)}{dx_n}\right)}{dx_n} + \frac{d\left(\dfrac{ef(x)}{ex_n}\right)}{dx_n} = \frac{d\left(f(x)\dfrac{df(x)}{dx_n}\right)}{dx_n} + 0 = \frac{df(x)}{dx_n},$$

$$w_t\left(\frac{df(x)}{dx_n}\right) = 2^{n-1}.$$

所以, 对一切 $i = 1, 2, \cdots, n-1$, 有

$$\frac{d\left(f(x)\dfrac{df(x)}{dx_n}\right)}{dx_i} \neq 0,$$

且有

$$w_t\left(\frac{df(x)}{dx_i}\right) = w_t\left(\frac{d\left(f(x)\dfrac{df(x)}{dx_n}\right)}{dx_i} + \frac{d\left(\dfrac{ef(x)}{ex_n}\right)}{dx_i}\right)$$

$$= w_t\left(\frac{d\left(f(x)\dfrac{df(x)}{dx_n}\right)}{dx_i} + 1\right)$$

$$= 2^n - w_t\left(\frac{d\left(f(x)\dfrac{df(x)}{dx_n}\right)}{dx_i}\right)$$

$$= 2^n - 2^{n-1} = 2^{n-1}.$$

所以, 所构造的 $n-2$ 阶相关免疫布尔函数 $f(x)$ 是 H 布尔函数.

所以 $w_t(f(x)) = 2^{n-1} + 2^{n-2}$ 的 H 布尔函数中, 存在任意 $m(1 \leqslant m \leqslant n-2)$ 阶相关免疫 H 布尔函数.

由定理 10.3.4 的推论和定理 10.3.8, 便易于得出如下的推论.

推论　在 $f(x) \in GF(2)^{GF(2)^n}$, 且 $w_t(f(x)) = 2^{n-1} + 2^{n-2}$, $w_t\left(\dfrac{e\left(\dfrac{ef(x)}{ex_n}\right)}{ex_{n-1}}\right) =$ $w_t\left(\dfrac{ef(x)}{ex_n}\right) = 2^{n-1}$ 的 H 布尔函数中, 存在最高相关免疫阶是 $n-3$ 阶的 H 布尔函数.

定理 10.3.9　在 $f(x) \in GF(2)^{GF(2)^n}$, $w_t(f(x)) = 2^{n-2}$ 的 H 布尔函数中, 存在任意 $m(1 \leqslant m \leqslant n-2)$ 阶相关免疫函数.

证明　由定理 10.3.8 知, 可取到 $g(x)$, $g(x)$ 为 $w_t(g(x)) = 2^{n-1} + 2^{n-2}$ 的 $m(1 \leqslant m \leqslant n-2)$ 阶相关免疫 H 布尔函数. 则对任意 $\omega x(1 \leqslant w_t(\omega) \leqslant m, 1 \leqslant m \leqslant n-2)$, 有

$$w_t(g(x) + \omega x) = 2^{n-1}.$$

取 $f(x) = 1 + g(x)$, 有

$$w_t(f(x)) = w_t(1 + g(x)) = 2^n - w_t(g(x)) = 2^{n-2},$$

且对任意 $\omega x(1 \leqslant w_t(\omega) \leqslant m, 1 \leqslant m \leqslant n-2)$, 有

$$\begin{aligned} w_t(f(x) + \omega x) &= w_t(1 + g(x) + \omega x) \\ &= 2^n - w_t(g(x) + \omega x) \\ &= 2^{n-1}. \end{aligned}$$

所以, $f(x)$ 是 $w_t(f(x)) = 2^{n-2}$ 的 m 阶相关免疫函数.

又对一切 $i = 1, 2, \cdots, n$, 有

$$w_t\left(\frac{dg(x)}{dx_i}\right) = 2^{n-1}.$$

所以

$$w_t\left(\frac{df(x)}{dx_i}\right) = w_t\left(\frac{d(1+g(x))}{dx_i}\right) = w_t\left(\frac{dg(x)}{dx_i}\right) = 2^{n-1} \ (i=1,2,\cdots,n),$$

即 $f(x)$ 是 H 布尔函数.

所以, $f(x)$ 是 $w_t(f(x)) = 2^{n-2}$ 的 $m(1 \leqslant m \leqslant n-2)$ 阶相关免疫 H 布尔函数. 定理得证.

定理 10.3.10 若 $f(x) \in GF(2)^{GF(2)^n}$ 是 $w_t(f(x)) = 2^{n-1} + 2^{n-2}$ 的 H 布尔函数, 且有

$$0 < w_t\left(\frac{e\left(\dfrac{ef(x)}{ex_n}\right)}{ex_{n-1}}\right) < w_t\left(\frac{ef(x)}{ex_n}\right),$$

则 $f(x)$ 是 0 阶相关免疫函数 (即 $f(x)$ 不是相关免疫函数).

证明 由定理条件知, 必有

$$w_t\left(\frac{ef(x)}{ex_n}\right) - 2^{n-1}.$$

又知有条件

$$0 < w_t\left(\frac{e\left(\dfrac{ef(x)}{ex_n}\right)}{ex_{n-1}}\right) < w_t\left(\frac{ef(x)}{ex_n}\right),$$

所以必有 $\deg\left(\dfrac{ef(x)}{ex_n}\right) > 1$. 所以, 对 x_n, 必有

$$w_t\left(x_n \frac{ef(x)}{ex_n}\right) > 2^{n-2}.$$

所以, 由定理 10.3.4 的推论 1 知, $f(x)$ 是 0 阶相关免疫函数 (即 $f(x)$ 不是相关免疫函数).

讨论过 $w_t(f(x)) = 2^{n-1} + 2^{n-2}$ 和 $w_t(f(x)) = 2^{n-2}$ 这两类 H 布尔函数的相关免疫性后, 下面就应该讨论 $2^{n-2} < w_t(f(x)) < 2^{n-1} + 2^{n-2}$ 的 H 布尔函数的相关免疫性了. 而由定理 10.3.8 的推论 1 和定理 10.3.10 可知, 对 $2^{n-2} < w_t(f(x)) < 2^{n-1} + 2^{n-2}$ 的 H 布尔函数的相关免疫性, 只需要讨论 H 布尔函数

$f(x)$ 的 e-导数部分 $\dfrac{ef(x)}{ex_n}$ 有特性

$$w_t\left(\frac{e\left(\dfrac{ef(x)}{ex_n}\right)}{ex_{n-1}}\right)=0$$

的这一种类的 H 布尔函数的相关免疫性即可.

定理 10.3.11　设布尔函数 $f(x)\in GF(2)^{GF(2)^n}$, 有

$$0<w_t(f(x))=w_t\left(\frac{ef(x)}{ex_n}\right)<2^{n-1},\quad w_t\left(\frac{ef(x)}{ex_{n-1}}\right)=0,$$

即

$$\frac{df(x)}{dx_n}=0,\quad f(x)=\frac{ef(x)}{ex_n},\quad \text{且}\quad 0<w_t(f(x))<2^{n-1},$$

则 $f(x)$ 最高只能是 1 阶相关免疫函数.

证明　若布尔函数 $f(x)$ 有

$$\frac{\partial f(x)}{\partial(x_1x_2\cdots x_n)}=0,$$

则 $f(x)$ 必为 1 阶相关免疫函数. 而满足定理 10.3.11 的条件, 且满足 $\dfrac{\partial f(x)}{\partial(x_1x_2\cdots x_n)}$ $=0$ 这一条件的布尔函数 $f(x)$ 是存在的. 但由于

$$f(x)=\frac{ef(x)}{ex_n},\quad 0<w_t(f(x))=w_t\left(\frac{ef(x)}{ex_n}\right)<2^{n-1},$$

所以

$$\deg(f(x))=\deg\left(\frac{ef(x)}{ex_n}\right)>1.$$

由于

$$w_t\left(\frac{ef(x)}{ex_{n-1}}\right)=0,$$

又 $f(x)$ 1 阶相关免疫, 有

$$w_t(f(x)+x_{n-1})=w_t\left(\frac{ef(x)}{ex_n}+x_{n-1}\right)=2^{n-1},$$

$$w_t(f(x)+x_{n-2})=w_t\left(\frac{ef(x)}{ex_n}+x_{n-2}\right)=2^{n-1},$$

$$w_t(f(x)+x_{n-3})=w_t\left(\frac{ef(x)}{ex_n}+x_{n-3}\right)=2^{n-1}.$$

又

$$w_t(x_{n-2} + x_{n-1}) = w_t(x_{n-3} + x_{n-1}) = 2^{n-1},$$

所以必有

$$w_t(f(x) + x_{n-2} + x_{n-1}) = w_t\left(\frac{ef(x)}{ex_n} + x_{n-2} + x_{n-1}\right) < 2^{n-1},$$

且

$$w_t(f(x) + x_{n-3} + x_{n-1}) = w_t\left(\frac{ef(x)}{ex_n} + x_{n-3} + x_{n-1}\right) > 2^{n-1};$$

或者为

$$w_t(f(x) + x_{n-2} + x_{n-1}) = w_t\left(\frac{ef(x)}{ex_n} + x_{n-2} + x_{n-1}\right) > 2^{n-1},$$

且

$$w_t(f(x) + x_{n-3} + x_{n-1}) = w_t\left(\frac{ef(x)}{ex_n} + x_{n-3} + x_{n-1}\right) < 2^{n-1},$$

即 $f(x)$ 一定不是 2 阶相关免疫函数.

由定理 10.3.4 可知, 易于推得下面的定理.

定理 10.3.12 设 $f(x) \in GF(2)^{GF(2)^n}$ 是 H 布尔函数, 则 $f(x)$ 是 2 阶相关免疫函数的充分必要条件是

$$f_{10}(x) = f(x)\frac{df(x)}{dx_n}, \quad f_{20}(x) = \frac{ef(x)}{ex_n}$$

都是 2 阶相关免疫函数.

证明 对一切 $i = 1, 2, \cdots, n$, 有

$$w_t(f(x) + x_i) = w_t\left(f(x)\frac{df(x)}{dx_i} + x_i\right) + w_t\left(\frac{ef(x)}{ex_i} + x_i\right) - w_t(x_i).$$

于是, 当 $f(x)\dfrac{df(x)}{dx_n}$ 和 $\dfrac{ef(x)}{ex_n}$ 都是 1 阶相关免疫函数, 即

$$w_t\left(f(x)\frac{df(x)}{dx_n} + x_i\right) = 2^{n-1}, \quad w_t\left(\frac{ef(x)}{ex_n} + x_i\right) = 2^{n-1}$$

时, 又 $w_t(x_i) = 2^{n-1}$, 则必有

$$w_t(f(x) + x_i) = 2^{n-1},$$

即 $f(x)$ 也是 1 阶相关免疫函数.

反之, 若 $f(x)$ 是 1 阶相关免疫函数, 即 $w_t(f(x) + x_i) = 2^{n-1}$ 时, 有

$$w_t\left(f(x)\frac{df(x)}{dx_n} + x_i\right) + w_t\left(\frac{ef(x)}{ex_n} + x_i\right) = 2^{n-1} + 2^{n-1} = 2^n.$$

又由定理 10.3.4, 有

$$w_t\left(f(x)\frac{df(x)}{dx_n} + x_i\right) = w_t\left(f(x)\frac{df(x)}{dx_n}\right) + w_t(x_i) - 2w_t\left(x_if(x)\frac{df(x)}{dx_n}\right)$$

$$= w_t(x_i) = 2^{n-1},$$

$$w_t\left(\frac{ef(x)}{ex_n} + x_i\right) = w_t\left(\frac{ef(x)}{ex_n}\right) + w_t(x_i) - 2w_t\left(x_i\frac{ef(x)}{ex_n}\right)$$

$$= w_t(x_i) = 2^{n-1},$$

即 $f(x)\dfrac{df(x)}{dx_n}$ 和 $\dfrac{ef(x)}{ex_n}$ 都是 1 阶相关免疫函数.

对一切 $i, j = 1, 2, \cdots, n, i \neq j$, 当 $f(x)\dfrac{df(x)}{dx_n}$ 和 $\dfrac{ef(x)}{ex_n}$ 均 2 阶相关免疫, 有

$$w_t\left(f(x)\frac{df(x)}{dx_n} + x_i + x_j\right) = 2^{n-1},$$

$$w_t\left(\frac{ef(x)}{ex_n} + x_i + x_j\right) = 2^{n-1},$$

则

$$w_t(f(x) + x_i + x_j)$$

$$= w_t\left(f(x)\frac{df(x)}{dx_n} + x_i + x_j\right) + w_t\left(\frac{ef(x)}{ex_n} + x_i + x_j\right) - w_t(x_i + x_j)$$

$$= 2^{n-1} + 2^{n-1} - 2^{n-1} = 2^{n-1},$$

即 $f(x)$ 也 2 阶相关免疫. 充分性成立.

反之, 若 $f(x)$ 2 阶相关免疫, 即 1 阶相关免疫的 $f(x)$ 有 $w_t(f(x) + x_i + x_j) = 2^{n-1}$, 则由定理 10.3.4 知

$$w_t\left(x_if(x)\frac{df(x)}{dx_n}\right) = w_t\left(x_jf(x)\frac{df(x)}{dx_n}\right) = 2^{-1}w_t\left(f(x)\frac{df(x)}{dx_n}\right),$$

$$w_t\left(x_i\frac{ef(x)}{ex_n}\right) = w_t\left(x_j\frac{ef(x)}{ex_n}\right) = 2^{-1}w_t\left(\frac{ef(x)}{ex_n}\right),$$

$$w_t\left(x_ix_jf(x)\frac{df(x)}{dx_n}\right) = 2^{-2}w_t\left(f(x)\frac{df(x)}{dx_n}\right),$$

$$w_t\left(x_ix_j\frac{ef(x)}{ex_n}\right) = 2^{-2}w_t\left(\frac{ef(x)}{ex_n}\right).$$

所以

$$
w_t\left((x_i+x_j)f(x)\frac{df(x)}{dx_n}\right)
$$
$$
= w_t\left(x_i f(x)\frac{df(x)}{dx_n}\right) + w_t\left(x_j f(x)\frac{df(x)}{dx_n}\right) - 2w_t\left(x_i x_j f(x)\frac{df(x)}{dx_n}\right)
$$
$$
= 2^{-1}w_t\left(f(x)\frac{df(x)}{dx_n}\right) + 2^{-1}w_t\left(f(x)\frac{df(x)}{dx_n}\right) - 2\cdot 2^{-2}w_t\left(f(x)\frac{df(x)}{dx_n}\right)
$$
$$
= 2^{-1}w_t\left(f(x)\frac{df(x)}{dx_n}\right)
$$

和

$$
w_t\left((x_i+x_j)\frac{ef(x)}{ex_n}\right)
$$
$$
= w_t\left(x_i\frac{ef(x)}{ex_n}\right) + w_t\left(x_j\frac{ef(x)}{ex_n}\right) - 2w_t\left(x_i x_j\frac{ef(x)}{ex_n}\right)
$$
$$
= 2^{-1}w_t\left(\frac{ef(x)}{ex_n}\right) + 2^{-1}w_t\left(\frac{ef(x)}{ex_n}\right) - 2\cdot 2^{-2}w_t\left(\frac{ef(x)}{ex_n}\right)
$$
$$
= 2^{-1}w_t\left(\frac{ef(x)}{ex_n}\right).
$$

所以

$$
w_t\left(f(x)\frac{df(x)}{dx_n}+x_i+x_j\right)
$$
$$
= w_t\left(f(x)\frac{df(x)}{dx_n}\right) + w_t(x_i+x_j) - 2w_t\left((x_i+x_j)f(x)\frac{df(x)}{dx_n}\right)
$$
$$
= w_t(x_i+x_j) = 2^{n-1}
$$

和

$$
w_t\left(\frac{ef(x)}{ex_n}+x_i+x_j\right)
$$
$$
= w_t\left(\frac{ef(x)}{ex_n}\right) + w_t(x_i+x_j) - 2w_t\left((x_i+x_j)\frac{ef(x)}{ex_n}\right)
$$
$$
= w_t(x_i+x_j) = 2^{n-1},
$$

即 $f(x)\dfrac{df(x)}{dx_n}$ 和 $\dfrac{ef(x)}{ex_n}$ 都是 2 阶相关免疫函数. 必要性成立.

由定理 10.3.4 的推论、定理 10.3.11 和定理 10.3.12, 可直接得到下面的结果. 由于这个结果很重要, 可作为定理明确给出, 于是有定理 10.3.13.

定理 10.3.13　在 $f(x) \in GF(2)^{GF(2)^n}$ 且 $2^{n-2} < w_t(f(x)) < 2^{n-1} + 2^{n-2}$ 的 H 布尔函数中, 不存在 2 阶及高于 2 阶的相关免疫 H 布尔函数.

Bent 函数 $f(x)$ 自然也是 H 布尔函数, 也满足 $2^{n-2} < w_t(f(x)) = 2^{n-1} \pm 2^{\frac{n}{2}-1} < 2^{n-1} + 2^{n-2}$, 而 Bent 函数 $f(x)$ 甚至不是 1 阶相关免疫函数.

平衡 H 布尔函数自然也包含在定理 10.3.13 的 H 布尔函数中, 即平衡 H 布尔函数一定不是 2 阶相关免疫函数. 自然, 平衡 H 布尔函数也不可能是 3 阶及 3 阶以上阶数的相关免疫函数. 要注意的是: 可能有平衡 H 布尔函数 $f(x)$, 对 $w_t(\omega) = 3$ 的 ωx, 甚或 $w_t(\omega)$ 更大的 ωx, 都满足 $w_t(f(x) + \omega x) = 2^{n-1}$, 不能因此认为这个平衡 H 布尔函数 $f(x)$ 就可以是 3 阶甚至更高阶的相关免疫函数. 因为由定理 10.3.13, 就可以得出肯定的结论: 对 $w_t(\omega) = 2$ 的至少某一个 ωx, 必有 $w_t(f(x) + \omega x) \neq 2^{n-1}$. 例如, 平衡 H 布尔函数 $f(x)$,

$$f(x) = 1 + x_5 + x_6 + x_3x_4 + x_3x_5 + x_4x_6 + x_5x_6 + x_2x_3 + x_2x_6 + x_1x_3 + x_1x_6$$

是 1 阶相关免疫函数, 且对 $w_t(\omega) = 3$ 和 $w_t(\omega) = 4$ 的所有 ωx, 都有 $w_t(f(x) + \omega x) = 2^{n-1}$(或 $w_t(\omega x f(x)) = 2^{n-2}$). 又虽有 $w_t(f(x) + x_3 + x_6) = 2^{n-1}$, 但对 $x_4 + x_6$ 和 $x_5 + x_6$, 有 $w_t(f(x) + x_i + x_6) > 2^{n-1}(i = 4, 5)$. 故知 $f(x)$ 不是 2 阶相关免疫函数.

由于平衡 H 布尔函数是一类重要的布尔函数, 况且本书后面还要对提高平衡 H 布尔函数的相关度 (从而提高抵抗相关攻击的能力) 进行讨论, 而平衡 H 布尔函数不具有 2 阶及 2 阶以上相关免疫性, 是使我们对其进行相关度讨论的一个必要原因. 但平衡 H 布尔函数是否具有 2 阶及 2 阶以上相关免疫性, 是一个一直未能深入研究且尚无结果的问题. 所以, 下面要给出一个 "平衡 H 布尔函数不是 2 阶相关免疫函数"(自然也就不是 2 阶以上相关免疫函数) 的确定无疑的肯定结论, 即作为一个定理 (定理 10.3.18) 给出. 为了使定理 10.3.18 的证明更透彻、更容易明白, 下面要给出两种不同方法的证明: 一种是较为浅显, 但却较烦琐复杂的解线性方程组的证明; 另一种是较为深刻、较为直接地利用导数、e-导数的证明. 对比两种证明方法, 将使人看到导数、e-导数在分析、解决实际问题中有着不可或缺的特别的优势.

下面先给出一些关于平衡 H 布尔函数 1 阶相关免疫的定理及知识, 因为其中一些定理及知识在后续证明平衡 H 布尔函数不存在 2 阶相关免疫函数的定理 10.3.18 时的第一种证明方法中要用到.

定理 10.3.14　设 $f(x)$ 是平衡布尔函数.

(1) $f(x) \in GF(2)^{GF(2)^n}$, $f(x)$ 是 1 阶相关免疫函数的充分必要条件是

$$w_t(x_i f(x)) = 2^{n-2} \ (i = 1, 2, \cdots, n), \quad \text{或} \ w_t((1 + x_i)f(x)) = 2^{n-2} \ (i = 1, 2, \cdots, n).$$

(2) 若 $f(x) \in GF(2)^{GF(2)^3}$, $w_t\left(\dfrac{df(x)}{dx_i}\right) = w_t(f(x))(i = 1, 2, 3)$, 则对 $i \in \{1, 2, 3\}$, 必至少对某一个 i 必有

$$w_t(f(x)\,|\,x_i = 0) \neq w_t(f(x)\,|\,x_i = 1),$$

即 3 元平衡 H 布尔函数一定不是相关免疫函数.

证明 (1) 因有

$$w_t(f(x) + x_i) = w_t(f(x)) + w_t(x_i) - 2w_t(x_i f(x)),$$

$$w_t(f(x) + (1 + x_i)) = w_t(f(x)) + w_t(1 + x_i) - 2w_t((1 + x_i)f(x)),$$

可知结论成立.

(2) 因 $f(x) \in GF(2)^{GF(2)^3}$, $w_t\left(\dfrac{df(x)}{dx_i}\right) = w_t(f(x)) = 2^{3-1}$ $(i = 1, 2, 3)$, 则必有

$$w_t\left(\left.\frac{ef(x)}{ex_n}\right|_{x_i = a_i}\right) = 1 \ (a_i \in GF(2)).$$

又因

$$w_t\left(\frac{df(x)}{dx_i}\right) = 4 \quad (i \in \{1, 2, 3\}),$$

所以, 必至少有一个 $i(i \in \{1, 2, 3\})$ 有

$$w_t(f(x)\,|\,x_i = 0) \neq w_t(f(x)\,|\,x_i = 1),$$

即不存在相关免疫的平衡 H 布尔函数.

定理 10.3.15 设 $f(x) \in GF(2)^{GF(2)^n}$, $w_t(f(x)) = 2^{n-1}$, $w_t\left(\dfrac{df(x)}{dx_i}\right) = 2^{n-1}$ $(i = 1, 2, \cdots, n)$, 则 $f(x)$ 是 1 阶相关免疫函数的充分必要条件是

$$w_t\left(\left.f(x)\frac{df(x)}{dx_n}\right|\,x_i = a_i\right) = w_t\left(\left.\frac{ef(x)}{ex_n}\right|\,x_i = a_i\right)$$

$$= 2^{n-3} \quad (a_i \in GF(2), i = 1, 2, \cdots, n).$$

证明 由于 $w_t\left(\dfrac{df(x)}{dx_i}\right) = w_t(f(x)) = 2^{n-1}$ $(i = 1, 2, \cdots, n)$, 且由于 $\dfrac{ef(x)}{ex_n}$ 的结构特点, 即 $\dfrac{d\left(\dfrac{ef(x)}{ex_n}\right)}{dx_n} = 0$, $\dfrac{e\left(\dfrac{ef(x)}{ex_n}\right)}{ex_n} = \dfrac{ef(x)}{ex_n}$, 所以, 显然

$$w_t\left(\left.\frac{ef(x)}{ex_n}\right|\,x_i = a_i\right) = 2^{n-3} \ (a_i \in GF(2))$$

与

$$w_t(f(x)\,|\,x_i = a_i)$$
$$= w_t\left(f(x)\frac{df(x)}{dx_n}\bigg|\,x_i = a_i\right) + w_t\left(\frac{ef(x)}{ex_n}\bigg|\,x_i = a_i\right)\ (a_i \in GF(2), i = 1, 2, \cdots, n)$$
$$= 2^{-1}w_t(f(x)),$$

两式是等价的, 所以定理 10.3.15 成立.

为了后面定理 10.3.18 证明的需要, 先对一些符号及其意义做如下设定:

设 $f_p(x')$ 和 $f_q(x')((x') = (x_2x_3\cdots x_n))$ 是 2 个 $n-1$ 元布尔函数,$f_{p_1}(x'')$, $f_{p_2}(x'')$, $f_{q_1}(x'')$, $f_{q_2}(x'')((x'') = (x_3x_4\cdots x_n))$ 是 4 个 $n-2$ 元布尔函数, 且有 n 元函数 $f(x)$, 有

$$f(x) = (1+x_1)f_p(x') + x_1f_q(x'),$$
$$f_p(x') = (1+x_2)f_{p_1}(x'') + x_2f_{p_2}(x''),$$
$$f_q(x') = (1+x_2)f_{q_1}(x'') + x_2f_{q_2}(x'').$$

对函数 $f_{p_1}(x'')$, $f_{p_2}(x'')$, $f_{q_1}(x'')$, $f_{q_2}(x'')$, 又有 8 个 $n-3$ 元布尔函数 $f_{p_{11}}(x''')$, $f_{p_{12}}(x''')$,$f_{p_{21}}(x''')$, $f_{p_{22}}(x''')$, $f_{q_{11}}(x''')$, $f_{q_{12}}(x''')$, $f_{q_{21}}(x''')$, $f_{q_{22}}(x''')((x''') = (x_4x_5\cdots x_n))$, 有

$$f_{p_1}(x'') = (1+x_3)f_{p_{11}}(x''') + x_3f_{p_{12}}(x'''),$$
$$f_{p_2}(x'') = (1+x_3)f_{p_{21}}(x''') + x_3f_{p_{22}}(x'''),$$
$$f_{q_1}(x'') = (1+x_3)f_{q_{11}}(x''') + x_3f_{q_{12}}(x'''),$$
$$f_{q_2}(x'') = (1+x_3)f_{q_{21}}(x''') + x_3f_{q_{22}}(x''').$$

并依次设计有更少元数的函数.

根据上面的设计, 可以先得出关于平衡 H 布尔函数 1 阶相关免疫的定理 10.3.16 和定理 10.3.17.

定理 10.3.16　设 $f(x) \in GF(2)^{GF(2)^n}$, 有

$$f(x) = (1+x_1)f_p(x') + x_1f_q(x')\ ((x') = (x_2x_3\cdots x_n) \in GF(2)^{n-1}),$$

则 (1) 若 $f(x)$ 是 1 阶相关免疫的平衡 H 布尔函数, $f_p(x')$ 是 $n-1$ 元 1 阶相关免疫 H 布尔函数, 则 $f_p(x')$ 和 $f_q(x')$ 均为 $n-1$ 元平衡布尔函数; $f_q(x')$ 还是 1 阶相关免疫的 H 布尔函数, 且有

$$w_t(f_p(x')f_q(x'))_n = 2^{n-2}$$

(其中,$w_t(f_p(x')f_q(x'))_n$ 表示 $f_p(x')$ 和 $f_q(x')$ 这 2 个 $n-1$ 元函数乘积的 $n-1$ 元时的重量扩展为在 n 元条件下的重量, 即 $2w_t(f_p(x')f_q(x'))_{n-1}$).

(2) 若 $f_p(x')$ 和 $f_q(x')$ 均为 $n-1$ 元 1 阶相关免疫平衡 H 布尔函数, 且有

$$w_t(f_p(x')f_q(x'))_n = 2^{n-2},$$

则 $f(x)$ 必为 1 阶相关免疫平衡 H 布尔函数.

证明 (1) 因 $f(x) \in GF(2)^{GF(2)^n}$ 是 1 阶相关免疫平衡 H 布尔函数, 所以

$$w_t(x_1 f(x))_n = 2^{n-2}, \quad w_t((1+x_1)f(x))_n = 2^{n-2}.$$

又

$$f(x) = (1+x_1)f_p(x') + x_1 f_q(x'),$$

所以

$$w_t(f_q(x'))_{n-1} = w_t(x_1 f(x))_n = 2^{n-2},$$
$$w_t(f_p(x'))_{n-1} = w_t((1+x_1)f(x))_n = 2^{n-2}.$$

所以, $f_p(x')$ 和 $f_q(x')$ 均为 $n-1$ 元平衡布尔函数.

由于

$$w_t\left(\frac{df(x)}{dx_1}\right) = w_t\left(\frac{d((1+x_1)f_p(x') + x_1 f_q(x'))}{dx_1}\right)$$
$$= w_t(f_p(x'))_n + w_t(f_q(x'))_n - 2w_t(f_p(x')f_q(x'))_n$$
$$= 2^{n-1},$$
$$w_t\left(\frac{df(x)}{dx_i}\right)$$
$$= w_t\left((1+x_1)\frac{df_p(x')}{dx_i}\right)_{n-1} + w_t\left(x_1\frac{df_q(x')}{dx_i}\right)_{n-1} \quad (i=2,3,\cdots,n)$$
$$= 2^{n-1}.$$

又由条件知, $f_p(x')$ 是 $n-1$ 元 H 布尔函数, 有

$$w_t\left(\frac{df_p(x')}{dx_i}\right)_{n-1} = 2^{n-2} \quad (i=2,3,\cdots,n).$$

所以

$$w_t\left(\frac{df_q(x')}{dx_i}\right)_{n-1} = 2^{n-2} \quad (i=2,3,\cdots,n),$$

即 $f_q(x')$ 是 $n-1$ 元 H 布尔函数.

由于 $f(x)$ 和 $f_p(x')$ 分别是 n 元、$n-1$ 元相关免疫函数, 有

$$w_t(f(x)|\, x_i = 1) = w_t(f(x)|\, x_i = 0) = 2^{-1}w_t(f(x)) = 2^{n-2}\quad(i = 1, 2, \cdots, n)$$

和

$$\begin{aligned}
w_t(f_p(x')|\, x_j = 1) &= w_t(f_p(x')|\, x_j = 0)\\
&= 2^{-1}w_t(f_p(x')) = 2^{n-3}\quad(j = 2, 3, \cdots, n),
\end{aligned}$$

又因

$$\begin{aligned}
&w_t(f(x)|\, x_i{}' = a_i)\\
&= w_t(f_p(x')|\, x_i{}' = a_i) + w_t(f_q(x')|\, x_i{}' = a_i)\\
&= 2^{n-2}(a_i \in GF(2), i = 2, 3, \cdots, n),\\
&w_t(f_p(x')|\, x_i{}' = a_i) = 2^{-1}w_t(f_p(x')) = 2^{n-3}\quad(a_i \in GF(2), i = 2, 3, \cdots, n),
\end{aligned}$$

所以

$$w_t(f_q(x')|\, x_i{}' = a_i) = 2^{-1}w_t(f_q(x')) = 2^{n-3}\quad(a_i \in GF(2), i = 2, 3, \cdots, n).$$

所以, $f_q(x')$ 是 1 阶相关免疫函数.

所以, $f_q(x')$ 是 $n-1$ 元平衡 H 布尔函数, $f_p(x')$ 也是 $n-1$ 元平衡 H 布尔函数.

又由前面已证的式子

$$w_t(f_p(x'))_n + w_t(f_q(x'))_n - 2w_t(f_p(x')f_q(x'))_n = 2^{n-1},$$

知

$$w_t(f_p(x')f_q(x'))_n = 2^{n-2}.$$

(2) 由于 $f(x) = (1 + x_1)f_p(x') + x_1 f_q(x')$, 所以由条件知

$$w_t(f(x)) = w_t(f_p(x'))_{n-1} + w_t(f_q(x'))_{n-1} = 2^{n-1},$$

即 $f(x)$ 是平衡布尔函数.

又由问题 (1) 证明中的式子及本问题的条件知, $f(x)$ 是 1 阶相关免疫函数.

定理 10.3.17　设 $(x) = (x_1x_2\cdots x_n) \in GF(2)^n$, $(x') = (x_2x_3\cdots x_n) \in GF(2)^{n-1}$, $f(x)$ 是平衡 H 布尔函数, 有

$$f(x) = (1 + x_1)f_p(x') + x_1 f_q(x').$$

如果

(1) $f_p(x')$(或 $f_q(x')$) 是 $n-1$ 元平衡 H 布尔函数, $f_p(x')$ 和 $f_q(x')$ 满足

$$w_t(f_p(x')f_q(x')) = 2^{n-2};$$

(2) 对 $x_i(i=2,3,\cdots,n)$, 有

$$w_t\left(x_i\frac{df_p(x')}{dx_r}\right)_{n-1} = w_t\left(x_i\frac{df_q(x')}{dx_r}\right)_{n-1} = 2^{n-3} \ (r \neq i),$$

$$w_t\left(x_i\frac{ef_p(x')}{ex_r}\right)_{n-1} = w_t\left(x_i\frac{ef_q(x')}{ex_r}\right)_{n-1} = 2^{n-4} \ (r \neq i).$$

则平衡 H 布尔函数 $f(x)$ 是 1 阶相关免疫函数.

证明 由定理 3.10.16 的证明及本定理 3.10.17 中的条件 (1) 知, $f_q(x')$ 是 $n-1$ 元平衡 H 布尔函数. 由于

$$w_t(x_1f(x)) = w_t(x_1f_q(x')) = 2^{n-2},$$

所以, 当 $r \neq 1, r \neq i$ 时, 有

$$\begin{aligned}
&w_t(x_if(x))\\
&= 2^{-1}w_t\left(x_i\left((1+x_1)\frac{df_p(x')}{dx_r} + x_1\frac{df_q(x')}{dx_r}\right)\right)\\
&\quad + w_t\left(x_i\left((1+x_1)\frac{ef_p(x')}{ex_r} + x_1\frac{ef_q(x')}{ex_r}\right)\right)\\
&= 2^{-1}w_t\left(x_i\frac{df_p(x')}{dx_r}\right)_{n-1} + w_t\left(x_i\frac{ef_p(x')}{ex_r}\right)_{n-1}\\
&\quad + 2^{-1}w_t\left(x_i\frac{df_q(x')}{dx_r}\right)_{n-1} + w_t\left(x_i\frac{ef_q(x')}{ex_r}\right)_{n-1}\\
&= 2^{n-2},
\end{aligned}$$

可知, 对一切 $i=1,2,\cdots,n$, 均有

$$w_t(x_if(x)) = 2^{n-2}.$$

所以, 平衡 H 布尔函数 $f(x)$ 是 1 阶相关免疫函数.

现在来讨论平衡 H 布尔函数不是 2 阶相关免疫函数这一重要的定理 10.3.18. 定理 10.3.18 中, 先给出一种直观的解线性方程组的证明 1.

定理 10.3.18 不存在 2 阶相关免疫的平衡 H 布尔函数.

证明 1   由于存在 1 阶相关免疫的 H 布尔函数, 所以只需要讨论对 1 阶相关免疫平衡 H 布尔函数的 2 阶相关免疫问题.

设 $f(x) \in GF(2)^{GF(2)^n}$ 是 1 阶相关免疫平衡 H 布尔函数, 且有

$$f(x) = (1 + x_1)f_p(x') + x_1 f_q(x'),$$

$$f_p(x') = (1 + x_2)f_{p_1}(x'') + x_2 f_{p_2}(x''), \ f_q(x') = (1 + x_2)f_{q_1}(x'') + x_2 f_{q_2}(x''),$$

$$f_{p_1}(x'') = (1 + x_3)f_{p_{11}}(x''') + x_3 f_{p_{12}}(x''),$$

$$f_{p_2}(x'') = (1 + x_3)f_{p_{21}}(x''') + x_3 f_{p_{22}}(x'''),$$

$$f_{q_1}(x'') = (1 + x_3)f_{q_{11}}(x''') + x_3 f_{q_{12}}(x'''),$$

$$f_{q_2}(x'') = (1 + x_3)f_{q_{21}}(x''') + x_3 f_{q_{22}}(x'''),$$

其中,$(x) = (x_1 x_2 \cdots x_n) \in GF(2)^n$, $(x') = (x_2 x_3 \cdots x_n) \in GF(2)^{n-1}$, $(x'') = (x_3 x_4 \cdots x_n) \in GF(2)^{n-2}$, $(x''') = (x_4 x_5 \cdots x_n) \in GF(2)^{n-3}$.

由于 $f(x)$ 是 1 阶相关免疫的平衡 H 布尔函数, 所以由定理 10.3.14 知

$$w_t(x_i f(x)) = 2^{n-2} \quad (i = 1, 2, \cdots, n),$$

$$w_t((1 + x_i)f(x)) = 2^{n-2} \quad (i = 1, 2, \cdots, n).$$

由 $w_t(x_1 f(x)) = 2^{n-2}$ 有

$$w_t(f_{p_{11}}(x'''))_{n-3} + w_t(f_{p_{12}}(x'''))_{n-3} + w_t(f_{p_{21}}(x'''))_{n-3} + w_t(f_{p_{22}}(x'''))_{n-3}$$

$$= w_t(f_{q_{11}}(x'''))_{n-3} + w_t(f_{q_{12}}(x'''))_{n-3} + w_t(f_{q_{21}}(x'''))_{n-3} + w_t(f_{q_{22}}(x'''))_{n-3}$$

$$= 2^{n-2}, \tag{10.3.15}$$

由 $w_t(x_2 f(x)) = 2^{n-2}$ 有

$$w_t(f_{p_{11}}(x'''))_{n-3} + w_t(f_{p_{12}}(x'''))_{n-3} + w_t(f_{q_{11}}(x'''))_{n-3} + w_t(f_{q_{12}}(x'''))_{n-3}$$

$$= w_t(f_{p_{21}}(x'''))_{n-3} + w_t(f_{p_{22}}(x'''))_{n-3} + w_t(f_{q_{21}}(x'''))_{n-3} + w_t(f_{q_{22}}(x'''))_{n-3}$$

$$= 2^{n-2}. \tag{10.3.16}$$

现在要假设 $f(x)$ 是 2 阶相关免疫函数, 用反证法来证明定理.

于是, 由 $w_t((x_1 + x_2)f(x)) = 2^{n-2}$(由 $w_t(f(x) + \omega x) = w_t(f(x)) + w_t(\omega x) - 2w_t(\omega x f(x)) = 2^{n-1}(w_t(\omega) > 0$, $w_t(f(x)) = 2^{n-1}$, $w_t(\omega x) = 2^{n-1})$ 即可得到) 有

$$w_t(f_{p_{11}}(x'''))_{n-3} + w_t(f_{p_{12}}(x'''))_{n-3} + w_t(f_{q_{21}}(x'''))_{n-3} + w_t(f_{q_{22}}(x'''))_{n-3}$$

$$= w_t(f_{p_{21}}(x'''))_{n-3} + w_t(f_{p_{22}}(x'''))_{n-3} + w_t(f_{q_{11}}(x'''))_{n-3} + w_t(f_{q_{12}}(x'''))_{n-3}$$

$$= 2^{n-2}. \tag{10.3.17}$$

由 (10.3.15) 式和 (10.3.16) 式二式, 便可得

$$\begin{cases} w_t(f_{p_{21}}(x'''))_{n-3} + w_t(f_{p_{22}}(x'''))_{n-3} = w_t(f_{q_{11}}(x'''))_{n-3} + w_t(f_{q_{12}}(x'''))_{n-3}, \\ w_t(f_{p_{11}}(x'''))_{n-3} + w_t(f_{p_{12}}(x'''))_{n-3} = w_t(f_{q_{21}}(x'''))_{n-3} + w_t(f_{q_{22}}(x'''))_{n-3}, \end{cases} \text{(a1)}$$

由 (10.3.15) 式和 (10.3.17) 式二式, 便可得

$$\begin{cases} w_t(f_{p_{11}}(x'''))_{n-3} + w_t(f_{p_{12}}(x'''))_{n-3} = w_t(f_{q_{11}}(x'''))_{n-3} + w_t(f_{q_{12}}(x'''))_{n-3}, \\ w_t(f_{p_{21}}(x'''))_{n-3} + w_t(f_{p_{22}}(x'''))_{n-3} = w_t(f_{q_{21}}(x'''))_{n-3} + w_t(f_{q_{22}}(x'''))_{n-3}, \end{cases} \text{(a2)}$$

由 (10.3.16) 式和 (10.3.17) 式二式, 便可得

$$\begin{cases} w_t(f_{p_{11}}(x'''))_{n-3} + w_t(f_{p_{12}}(x'''))_{n-3} = w_t(f_{p_{21}}(x'''))_{n-3} + w_t(f_{p_{22}}(x'''))_{n-3}, \\ w_t(f_{q_{11}}(x'''))_{n-3} + w_t(f_{q_{12}}(x'''))_{n-3} = w_t(f_{q_{21}}(x'''))_{n-3} + w_t(f_{q_{22}}(x'''))_{n-3}. \end{cases} \text{(a3)}$$

将 (a1) 式、(a2) 式、(a3) 式中的二式联立解之, 便知 (a1) 式、(a2) 式、(a3) 式中的这 6 个等式中的任一端与其他等式的任一端都彼此相等, 且均等于 2^{n-3}. 于是可得出结论: 由于 $f(x)$ 是 1 阶相关免疫函数, 则由 x_1 在 $x_1 f(x)$ 时分成的两部分 $f_p(x')$ 和 $f_q(x')$ 的重量相等且均等于 2^{n-2}. 又由于 $f(x)$ 还是 2 阶相关免疫函数, 则进一步由 x_2 在 $x_2 f(x)$ 时分成的各部分 $f_{p_1}(x'')$, $f_{p_2}(x'')$, $f_{q_1}(x'')$, $f_{q_2}(x'')$ 的重量相等且均等于 2^{n-3}.

又由 $w_t(x_3 f(x)) = 2^{n-2}$, 便有

$$w_t(f_{p_{11}}(x'''))_{n-3} + w_t(f_{p_{21}}(x'''))_{n-3} + w_t(f_{q_{11}}(x'''))_{n-3} + w_t(f_{q_{21}}(x'''))_{n-3}$$
$$= w_t(f_{p_{12}}(x'''))_{n-3} + w_t(f_{p_{22}}(x'''))_{n-3} + w_t(f_{q_{12}}(x'''))_{n-3} + w_t(f_{q_{22}}(x'''))_{n-3}$$
$$= 2^{n-2}, \tag{10.3.18}$$

由 $w_t((x_1 + x_3) f(x)) = 2^{n-2}$, 便有

$$w_t(f_{p_{12}}(x'''))_{n-3} + w_t(f_{p_{22}}(x'''))_{n-3} + w_t(f_{q_{11}}(x'''))_{n-3} + w_t(f_{q_{21}}(x'''))_{n-3}$$
$$= w_t(f_{p_{11}}(x'''))_{n-3} + w_t(f_{p_{21}}(x'''))_{n-3} + w_t(f_{q_{12}}(x'''))_{n-3} + w_t(f_{q_{22}}(x'''))_{n-3}$$
$$= 2^{n-2}, \tag{10.3.19}$$

由 $w_t((x_2 + x_3) f(x)) = 2^{n-2}$, 便有

$$w_t(f_{p_{12}}(x'''))_{n-3} + w_t(f_{p_{21}}(x'''))_{n-3} + w_t(f_{q_{11}}(x'''))_{n-3} + w_t(f_{q_{21}}(x'''))_{n-3}$$
$$= w_t(f_{p_{11}}(x'''))_{n-3} + w_t(f_{p_{22}}(x'''))_{n-3} + w_t(f_{q_{12}}(x'''))_{n-3} + w_t(f_{q_{22}}(x'''))_{n-3}$$
$$= 2^{n-3}, \tag{10.3.20}$$

由 (10.3.18) 式和 (10.3.19) 式二式, 便有

$$
\begin{cases}
w_t(f_{q_{11}}(x'''))_{n-3} + w_t(f_{q_{21}}(x'''))_{n-3} = w_t(f_{q_{12}}(x'''))_{n-3} + w_t(f_{q_{22}}(x'''))_{n-3}, \\
w_t(f_{p_{11}}(x'''))_{n-3} + w_t(f_{p_{21}}(x'''))_{n-3} = w_t(f_{p_{12}}(x'''))_{n-3} + w_t(f_{p_{22}}(x'''))_{n-3},
\end{cases} \tag{b1}
$$

由 (10.3.18) 式和 (10.3.20) 式二式, 便有

$$
\begin{cases}
w_t(f_{p_{11}}(x'''))_{n-3} + w_t(f_{q_{11}}(x'''))_{n-3} = w_t(f_{p_{12}}(x'''))_{n-3} + w_t(f_{q_{12}}(x'''))_{n-3}, \\
w_t(f_{p_{21}}(x'''))_{n-3} + w_t(f_{q_{21}}(x'''))_{n-3} = w_t(f_{p_{22}}(x'''))_{n-3} + w_t(f_{q_{22}}(x'''))_{n-3},
\end{cases} \tag{b2}
$$

由 (10.3.15) 式和 (10.3.18) 式二式, 便有

$$
\begin{cases}
w_t(f_{p_{11}}(x'''))_{n-3} + w_t(f_{p_{21}}(x'''))_{n-3} = w_t(f_{q_{12}}(x'''))_{n-3} + w_t(f_{q_{22}}(x'''))_{n-3}, \\
w_t(f_{p_{12}}(x'''))_{n-3} + w_t(f_{p_{22}}(x'''))_{n-3} = w_t(f_{q_{11}}(x'''))_{n-3} + w_t(f_{q_{21}}(x'''))_{n-3},
\end{cases} \tag{b3}
$$

由 (10.3.16) 式和 (10.3.18) 式二式, 便有

$$
\begin{cases}
w_t(f_{p_{12}}(x'''))_{n-3} + w_t(f_{q_{12}}(x'''))_{n-3} = w_t(f_{p_{21}}(x'''))_{n-3} + w_t(f_{q_{21}}(x'''))_{n-3}, \\
w_t(f_{p_{11}}(x'''))_{n-3} + w_t(f_{q_{11}}(x'''))_{n-3} = w_t(f_{p_{22}}(x'''))_{n-3} + w_t(f_{q_{22}}(x'''))_{n-3}.
\end{cases} \tag{b4}
$$

于是, 由 (b1), (b3) 式联立, (a3), (b1) 式联立, (a2), (b2) 式联立, 并经由 (a2) 式, (b4) 式及 (b2) 式的关系, 便可解得

$$
w_t(f_{p_{11}}(x'''))_{n-3} = w_t(f_{p_{22}}(x'''))_{n-3} = w_t(f_{q_{12}}(x'''))_{n-3} = w_t(f_{q_{21}}(x'''))_{n-3},
$$

$$
w_t(f_{p_{12}}(x'''))_{n-3} = w_t(f_{p_{21}}(x'''))_{n-3} = w_t(f_{q_{11}}(x'''))_{n-3} = w_t(f_{q_{22}}(x'''))_{n-3}.
$$

于是可知, 由 $x_{n-3}f(x)$ 所划分得到的 2^{n-3} 个 3 元小块中的每一个小块都是一个线性函数, 或为 $x_{n-2} + x_{n-1} + x_n$, 或为 $1 + x_{n-2} + x_{n-1} + x_n$. 这两个只相差 1 个常数 1 的 2^{n-3} 个线性函数级联, 构成的 n 元函数 $f(x)$ 必为线性函数, 这与 $f(x)$ 是 n 元 H 布尔函数矛盾. 所以, 平衡 H 布尔函数一定不是 2 阶相关免疫函数.

下面给出使用导数、e-导数来证明定理 10.3.18 的证明 2.

证明 2　设 $f(x) \in GF(2)^{GF(2)^n}$ 是 1 阶相关免疫平衡 H 布尔函数. 于是, 对任意 $x_i \in \{x_1, x_2, \cdots, x_n\}$, 必有

$$
w_t\left(\frac{df(x)}{dx_i}\right) = 2^{n-1}, \quad w_t\left(\frac{ef(x)}{ex_i}\right) = 2^{n-2}, \quad w_t(f(x)) = 2^{n-1},
$$

也有

$$
w_t(x_i f(x)) = 2^{-1}(w_t(f(x)) + w_t(x_i) - 2^{n-1}) = 2^{n-2},
$$

$$
w_t(f(x) + x_i) = 2^{-1} w_t\left(\frac{d(f(x) + x_i)}{dx_i}\right) + w_t\left(\frac{e(f(x) + x_i)}{ex_i}\right) = 2^{n-1}.
$$

所以

$$w_t\left(\frac{d(f(x)+x_i)}{dx_i}\right) = w_t\left(\frac{df(x)}{dx_i}+1\right) = 2^n - w_t\left(\frac{df(x)}{dx_i}\right) = 2^n - 2^{n-1} = 2^{n-1}.$$

又

$$w_t\left(\frac{e(f(x)+x_i)}{ex_i}\right)$$
$$= w_t((f(x_1,x_2,\cdots,x_{i-1},1,x_{i+1},\cdots,x_n)+1)$$
$$\cdot (f(x_1,x_2,\cdots,x_{i-1},0,x_{i+1},\cdots,x_n)+0))$$
$$= w_t(f(x_1,x_2,\cdots,x_{i-1},0,x_{i+1},\cdots,x_n)) - w_t\left(\frac{ef(x)}{ex_i}\right)$$
$$= w_t(f(x_1,x_2,\cdots,x_{i-1},0,x_{i+1},\cdots,x_n)) - 2^{n-2} = 2^{n-2},$$

所以

$$w_t(f(x_1,x_2,\cdots,x_{i-1},0,x_{i+1},\cdots,x_n)) = 2^{n-1}.$$

对任意 $x_i, x_j \in \{x_1,x_2,\cdots,x_n\}$ 且 $i \neq j$，有

$$w_t\left(\frac{d(f(x)+x_i+x_j)}{dx_i}\right) = w_t\left(1+\frac{df(x)}{dx_i}\right) = 2^n - w_t\left(\frac{df(x)}{dx_i}\right) = 2^{n-1},$$

$$w_t\left(\frac{e(f(x)+x_i+x_j)}{ex_i}\right)$$
$$= w_t((f(x_1,x_2,\cdots,x_{i-1},1,x_{i+1},\cdots,x_n)+1+x_j$$
$$\cdot (f(x_1,x_2,\cdots,x_{i-1},0,x_{i+1},\cdots,x_n)+x_j))$$
$$= w_t\left(\frac{ef(x)}{ex_i}+f(x_1,x_2,\cdots,x_{i-1},0,x_{i+1},\cdots,x_n)+x_i\frac{df(x)}{dx_i}\right)$$
$$= w_t\Big(f(x_1,x_2,\cdots,x_{i-1},0,x_{i+1},\cdots,x_n)$$
$$\cdot (1+f(x_1,x_2,\cdots,x_{i-1},1,x_{i+1},\cdots,x_n))+x_j\frac{df(x)}{dx_i}\Big)$$
$$= w_t\left(f(x_1,x_2,\cdots,x_{i-1},0,x_{i+1},\cdots,x_n)+x_j\frac{df(x)}{dx_i}\right)$$
$$= w_t(f(x_1,x_2,\cdots,x_{i-1},0,x_{i+1},\cdots,x_n)) + w_t\left(x_j\frac{df(x)}{dx_i}\right)$$
$$+ 2w_t\left(x_j\frac{ef(x)}{ex_i}\right) - 2w_t(x_jf(x_1,x_2,\cdots,x_{i-1},0,x_{i+1},\cdots,x_n)).$$

由于已证 $w_t(f(x_1, x_2, \cdots, x_{i-1}, 0, x_{i+1}, \cdots, x_n)) = 2^{n-1}$, 且

$$w_t(f(x_1, x_2, \cdots, x_{i-1}, 0, x_{i+1}, \cdots, x_n) + f(x_1, x_2, \cdots, x_{i-1}, 1, x_{i+1}, \cdots, x_n)) = 2^{n-1},$$

所以

$$w_t(f(x_1, x_2, \cdots, x_{i-1}, 1, x_{i+1}, \cdots, x_n)) = 2^{n-1}.$$

又由于 $w_t(x_j f(x)) = 2^{n-2}$, $w_t(f(x)) = 2^{n-1}$, 故有

$$\max_{j \in \{1, 2, \cdots, n\}} w_t(x_j f(x_1, x_2, \cdots, x_{i-1}, 0, x_{i+1}, \cdots, x_n)) = 2^{n-2},$$

即有

$$0 < w_t(x_j f(x_1, x_2, \cdots, x_{i-1}, 0, x_{i+1}, \cdots, x_n)) \leqslant 2^{n-2}.$$

又由于

$$w_t\left(x_j \frac{df(x)}{dx_i}\right) + w_t\left(x_j \frac{ef(x)}{ex_i}\right) \begin{cases} = w_t\left(x_j f(x) \dfrac{df(x)}{dx_i}\right) + w_t\left(x_j \dfrac{ef(x)}{ex_i}\right) = w_t(x_j f(x)), \\ \neq w_t\left(x_j f(x) \dfrac{df(x)}{dx_i}\right) + w_t\left(x_j \dfrac{ef(x)}{ex_i}\right) = w_t(x_j f(x)), \end{cases}$$

且至少有一个 $x_i + x_j$ 使该式中不等式成立.

将上述结果代入上面 $w_t\left(\dfrac{e(f(x) + x_i + x_j)}{ex_i}\right)$ 的展开式中, 便知

$$w_t\left(\frac{e(f(x) + x_i + x_j)}{ex_i}\right) \begin{cases} = 2^{n-2}, \\ \neq 2^{n-2}, \end{cases}$$

且至少有一个 $x_i + x_j$ 使该式不等式成立.

所以

$$w_t(f(x) + x_i + x_j) = 2^{-1} w_t\left(\frac{d(f(x) + x_i + x_j)}{dx_i}\right)$$
$$+ w_t\left(\frac{e(f(x) + x_i + x_j)}{ex_i}\right) \begin{cases} = 2^{n-1}, \\ \neq 2^{n-1}, \end{cases}$$

其中, 至少有一个 $x_i + x_j$ 使该不等式成立.

所以, 平衡 H 布尔函数不是 2 阶相关免疫函数.

推论　具有扩散性的平衡布尔函数的最高相关免疫阶为 1 阶.

例 10.3.1 平衡 H 布尔函数

$$f(x) = (1 + x_1)f_1(x) + x_1 f_2(x)$$

$$= (1 + x_1)(x_2 + x_6 + x_2 x_5 + x_2 x_6 + x_3 x_5 + x_3 x_6 + x_4 x_5 + x_4 x_6)$$

$$+ x_1(1 + x_2 + x_3 + x_4 + x_2 x_3 + x_2 x_4 + x_2 x_6 + x_3 x_5 + x_4 x_5 + x_5 x_6)$$

$$= 1 + x_1 + x_2 + x_6 + x_1 x_2 + x_1 x_3 + x_1 x_4 + x_2 x_5 + x_2 x_6 + x_3 x_5 + x_3 x_6$$

$$+ x_4 x_5 + x_4 x_6 + x_1 x_2 x_3 + x_1 x_2 x_4 + x_1 x_2 x_6 + x_1 x_3 x_5 + x_1 x_4 x_5 + x_1 x_5 x_6,$$

有

$$w_t(f(x) + x_6) = w_t(f(x) + x_5) = w_t(f(x) + x_4) = w_t(f(x) + x_3)$$

$$= w_t(f(x) + x_2) = w_t(f(x) + x_1) = 32 = 2^{n-1} \quad (n = 6),$$

即 $f(x)$ 是 1 阶相关免疫函数.

对任意 $i, j \in \{1, 2, 3, 4, 5, 6\}$ 且 $i \neq j$, 有

$$w_t\left(\frac{d(f(x) + x_i + x_j)}{dx_i}\right) = w_t\left(1 + \frac{df(x)}{dx_i}\right) = 2^n - 2^{n-1} = 2^{n-1}.$$

对 $x_5 + x_6$, 有

$$w_t\left(\frac{e(f(x) + x_5 + x_6)}{ex_5}\right) = 24 = 2^{n-2} + 2^{n-3} > 2^{n-2}.$$

又对 $x_2 + x_6$, 有

$$w_t\left(\frac{e(f(x) + x_2 + x_6)}{ex_2}\right) = 8 = 2^{n-3} < 2^{n-2},$$

即

$$w_t(f(x) + x_5 + x_6) = 2^{n-1} + 2^{n-3} > 2^{n-1},$$

$$w_t(f(x) + x_2 + x_6) = 2^{n-2} + 2^{n-3} = 2^{n-1} - 2^{n-3} < 2^{n-1}.$$

所以, 平衡 H 布尔函数 $f(x)$ 不是 2 阶相关免疫函数.

对级联构成 $f(x)$ 的 5 元函数 $f_1(x)$, $f_2(x)$ 也分别给予检验.

$$f_1(x) = x_1 + x_5 + x_1 x_4 + x_1 x_5 + x_2 x_4 + x_2 x_5 + x_3 x_4 + x_3 x_5,$$

$$f_2(x) = 1 + x_2 + x_3 + x_5 + x_1 x_2 + x_1 x_3 + x_1 x_4 + x_2 x_5 + x_3 x_5 + x_4 x_5.$$

对 $f_1(x)$, 有

$$w_t\left(\frac{d(f_1(x) + x_1 + x_5)}{dx_1}\right) = 16 = 2^{n-1},$$

$$w_t\left(\frac{e(f_1(x) + x_1 + x_5)}{ex_1}\right) = 0,$$

$$w_t(f_1(x) + x_1 + x_5) = 8 = 2^{n-2}$$

(这里是以 $f_1(x)$ 和 $f_2(x)$ 为 5 元函数来处理, 所以 $n = 5$. 而 $f(x)$ 是按 6 元函数来处理, 所以 $f(x)$ 处是 $n = 6$).

又有

$$w_t\left(\frac{d(f_1(x) + x_4 + x_5)}{dx_4}\right) = 16 = 2^{n-1},$$

$$w_t\left(\frac{e(f_1(x) + x_4 + x_5)}{ex_4}\right) = 8 = 2^{n-2}, \qquad w_t(f_1(x) + x_4 + x_5) = 16 = 2^{n-1}.$$

由于 $w_t(f_1(x) + x_1 + x_5) = 2^{n-2}$, 故 $f_1(x)$ 不是 2 阶相关免疫函数.

对 $f_2(x)$, 有

$$w_t\left(\frac{d(f_2(x) + x_4 + x_5)}{dx_4}\right) = 16 = 2^{n-1},$$

$$w_t\left(\frac{e(f_2(x) + x_4 + x_5)}{ex_4}\right) = 16 = 2^{n-1} > 2^{n-2},$$

$$w_t(f_2(x) + x_4 + x_5) = 2^{n-1} + 2^{n-2} > 2^{n-1}.$$

又

$$w_t\left(\frac{d(f_2(x) + x_1 + x_5)}{dx_1}\right) = 16 = 2^{n-1},$$

$$w_t\left(\frac{e(f_2(x) + x_1 + x_5)}{ex_1}\right) = 8 = 2^{n-2},$$

$$w_t(f_2(x) + x_1 + x_5) = 16 = 2^{n-1}.$$

对 $f_2(x)$, 虽有 $w_t(f_2(x) + x_1 + x_5) = 2^{n-1}$, 但由于 $w_t(f_2(x) + x_4 + x_5) = 2^{n-1} + 2^{n-2} > 2^{n-1}$, 所以, $f_2(x)$ 也不是 2 阶相关免疫函数.

平衡布尔函数中自然有高阶相关免疫函数, 如含 n 个变元的 n 元线性函数是 $n-1$ 阶相关免疫函数, 但 1 次扩散性的平衡布尔函数的相关免疫阶最高也只能是 1 阶了.

定理 10.3.19　设 $f(x) \in GF(2)^{GF(2)^n}$, 且 $w_t(f(x)) = 2^{n-1} + 2^{n-2}$, $f(x)$ 是 H 布尔函数. 又设 $g(x)f(x) = g(x)$, $h(x)f(x) = h(x)$, 即 $g(x)$ 和 $h(x)$ 是 $f(x)$ 的 2 个子函数, 且有 $g(x) + h(x) = f(x)$. 若 $\deg(g(x)) = 1$, 即 $g(x)$ 是线性函数, 则

(1) 对一切 $i = 1, 2, \cdots, n$, 有

$$w_t\left(\frac{dh(x)}{dx_i}\right) = 2^{n-1}.$$

(2) 线性子函数 $g(x)$ 有 $\dfrac{dg(x)}{dx_n} = 0$ $\left(\dfrac{eg(x)}{ex_n} = g(x)\right)$ 的充分必要条件是

$$g(x) = \frac{ef(x)}{ex_n}.$$

又当线性子函数 $g(x)$ 满足条件 $\dfrac{dg(x)}{dx_n} = 0$ 时, 必有

$$h(x) = f(x)\frac{df(x)}{dx_n}.$$

而若线性子函数 $g(x)$ 有

$$\frac{dg(x)}{dx_n} = 1 \left(\frac{eg(x)}{ex_n} = 0\right)$$

时, 则子函数 $h(x)$ 为

$$h(x) = (1 + g(x))\frac{ef(x)}{ex_n}.$$

(3) $f(x)$ 的代数次数为 $\deg(f(x)) = 2$.

(4) 若 $f(x)$ 相关免疫, 则 $1 \leqslant CI(f(x)) \leqslant n - 2$ ($CI(f(x))$ 即 $f(x)$ 的相关免疫阶).

证明　(1) 由于已知 $g(x)$ 为线性函数, 所以对一切 $i = 1, 2, \cdots, n$, 有

$$\frac{dg(x)}{dx_i} = \begin{cases} 1 & (g(x) \text{ 中含有项 } x_i), \\ 0 & (g(x) \text{ 中不含项 } x_i), \end{cases}$$

由已知 $f(x)$ 是 H 布尔函数, 所以, 对一切 $i = 1, 2, \cdots, n$, 有

$$w_t\left(\frac{df(x)}{dx_i}\right) = 2^{n-1}.$$

加之又有 $g(x) + h(x) = f(x)$, 所以, 对一切 $i = 1, 2, \cdots, n$, 有

$$w_t\left(\frac{df(x)}{dx_i}\right) = w_t\left(\frac{dg(x)}{dx_i}\right) + w_t\left(\frac{dh(x)}{dx_i}\right) - 2w_t\left(\frac{dg(x)}{dx_i}\frac{dh(x)}{dx_i}\right) = 2^{n-1}.$$

所以, 对一切 $i = 1, 2, \cdots, n$, 有

$$w_t\left(\frac{dh(x)}{dx_i}\right) = 2^{n-1}.$$

(2) 若 $g(x) = \dfrac{ef(x)}{ex_n}$, 由于 $\dfrac{dg(x)}{dx_n} = \dfrac{d\left(\dfrac{ef(x)}{ex_n}\right)}{dx_n} = 0$, $\dfrac{eg(x)}{ex_n} = \dfrac{e\left(\dfrac{ef(x)}{ex_n}\right)}{ex_n} = \dfrac{ef(x)}{ex_n}$, 所以 $g(x)$ 中不含项 x_n.

而当 $g(x)$ 中不含项 x_n, 即 $\dfrac{dg(x)}{dx_n} = 0$, 且 $g(x) = \dfrac{ef(x)}{ex_n}$ 时, 由于 $f(x) = g(x) + h(x)$, 所以有

$$f(x) = f(x)\frac{df(x)}{dx_n} + \frac{ef(x)}{ex_n} = f(x)\frac{df(x)}{dx_n} + g(x) = h(x) + g(x).$$

所以有

$$h(x) = f(x)\frac{df(x)}{dx_n}.$$

反之, 若 $g(x)$ 中不含项 x_n, 则由于

$$f(x) = f(x)\frac{df(x)}{dx_n} + \frac{ef(x)}{ex_n} = h(x) + g(x),$$

所以

$$g(x) = \frac{ef(x)}{ex_n}.$$

而当 $g(x)$ 中含有项 x_n 时, 由于已知 $g(x)$ 是线性函数, 则必有 $\deg(g(x)) = 1$ 且 $w_t(g(x)) = 2^{n-1}$. 所以, 也有 $w_t(h(x)) = 2^{n-2}$. 由于这时必有 $\dfrac{dg(x)}{dx_n} = 1$, 所以

$$w_t\left(\frac{dh(x)}{dx_n}\right) = 2^{n-1}.$$

有

$$f(x)\frac{dh(x)}{dx_n} = g(x)\frac{dh(x)}{dx_n} + h(x)\frac{dh(x)}{dx_n} = \frac{dh(x)}{dx_n} = \frac{ef(x)}{ex_n},$$

且

$$w_t\left(\frac{ef(x)}{ex_n}\right) = 2^{n-1},$$

$$f(x)\frac{df(x)}{dx_n} + g(x)\frac{dh(x)}{dx_n} = g(x).$$

又由于已知 $g(x)$ 是线性函数, 所以, 由上面所证的结果知, 无论 $g(x)$ 中是否含有项 x_n, 都有 $\dfrac{ef(x)}{ex_n} = \dfrac{dh(x)}{dx_n}$ 也是线性函数, 且有

$$h(x) = (1 + g(x))\frac{dh(x)}{dx_n} = (1 + g(x))\frac{ef(x)}{ex_n}.$$

(3) 由 (2) 所证可知, $\dfrac{ef(x)}{ex_n}$ 是线性函数, 有 $\deg\left(\dfrac{ef(x)}{ex_n}\right) = 1$. 又 $w_t(f(x)) = 2^{n-1} + 2^{n-2}$, 所以 $\deg\left(\dfrac{df(x)}{dx_n}\right) = \deg\left(1 + \dfrac{ef(x)}{ex_n}\right) = 1$, 且对一切 $i = 1, 2, \cdots, n-1$, 有

$$\frac{d\left(\dfrac{ef(x)}{ex_n}\right)}{dx_i} = \begin{cases} 1, & \dfrac{ef(x)}{ex_n} \text{ 中含 } x_i \text{ 项}, \\ 0, & \dfrac{ef(x)}{ex_n} \text{ 中不含 } x_i \text{ 项}. \end{cases}$$

所以, 对一切 $i = 1, 2, \cdots, n-1$, 有

$$w_t\left(\frac{df(x)}{dx_i}\right) = w_t\left(\frac{d\left(f(x)\dfrac{df(x)}{dx_n} + \dfrac{ef(x)}{ex_n}\right)}{dx_i}\right)$$

$$= w_t\left(\frac{d\left(f(x)\dfrac{df(x)}{dx_n}\right)}{dx_i} + \frac{d\left(\dfrac{ef(x)}{ex_n}\right)}{dx_i}\right)$$

$$= \begin{cases} 2^n - w_t\left(\dfrac{d\left(f(x)\dfrac{df(x)}{dx_n}\right)}{dx_i}\right), \\ w_t\left(\dfrac{d\left(f(x)\dfrac{df(x)}{dx_n}\right)}{dx_i}\right). \end{cases}$$

由于 $w_t(f(x)) = 2^{n-1} + 2^{n-2}$, $w_t\left(\dfrac{ef(x)}{ex_n}\right) = 2^{n-1}$, $w_t\left(f(x)\dfrac{df(x)}{dx_n}\right) = 2^{n-2}$, 且 $f(x)$ 是 H 布尔函数, 所以, 对一切 $i = 1, 2, \cdots, n-1$, 有

$$w_t\left(\frac{d\left(f(x)\dfrac{df(x)}{dx_n}\right)}{dx_i}\right) = 2^{n-1}.$$

对一切 $i = 1, 2, \cdots, n-1$, 有

$$w_t\left(\frac{df(x)}{dx_i}\right) = 2^{n-1}.$$

所以对一切 $i = 1, 2, \cdots, n$, 有

$$w_t\left(\frac{df(x)}{dx_i}\right) = 2^{n-1}.$$

所以, 对一切 $i = 1, 2, \cdots, n$,

$$w_t\left(\frac{ef(x)}{ex_i}\right) = 2^{n-1}, \quad w_t\left(f(x)\frac{df(x)}{dx_i}\right) = 2^{n-2}.$$

所以, 对一切 $i = 1, 2, \cdots, n$, 有

$$\deg\left(\frac{df(x)}{dx_i}\right) = \deg\left(\frac{ef(x)}{ex_i}\right) = 1, \quad \deg\left(f(x)\frac{df(x)}{dx_i}\right) = 2.$$

所以, $\deg(f(x)) = 2$.

(4) 由于 $w_t(f(x)) = 2^{n-1} + 2^{n-2}$, $f(x)$ 是 H 布尔函数, $w_t\left(f(x)\frac{df(x)}{dx_n}\right) = 2^{n-2}$, $w_t\left(\frac{ef(x)}{ex_n}\right) = 2^{n-1}$, $\deg\left(\frac{ef(x)}{ex_n}\right) = 1$, 所以

$$\max\left|\frac{ef(x)}{ex_n}\right| = n-2.$$

又已知 $f(x)$ 相关免疫, 即 $\frac{ef(x)}{ex_n} \neq x_{n-1}$, 所以, 对 $f(x)$ 必有

$$\left|\frac{ef(x)}{ex_n}\right| \geqslant 2.$$

所以

$$1 \leqslant CI(f(x)) \leqslant n-2.$$

10.4　平衡 H 布尔函数的 m 阶相关度 ε_m

广义相关免疫性和相关度都是布尔函数密码性质研究中的重要概念. 本节将仅给出概念后, 即利用导数、e-导数来讨论平衡 H 布尔函数的最大相关度 $\varepsilon_{\max}$、1 阶相关免疫平衡 H 布尔函数的 2 阶以上阶的最小相关度、构造最大相关度 $\varepsilon_{f\max}$ 小于任意平衡 H 布尔函数的最大相关度 $\varepsilon_{\max}$ 的平衡 H 布尔函数的算法等问题.

定义 10.4.1 设 $f(x) \in GF(2)^{GF(2)^n}$, 称 $f(x)$ 为 m 阶 ε 相关免疫的充分必要条件是: 对任意 $x_{i1}, x_{i2}, \cdots, x_{im}$ 和 $a_1, a_2, \cdots, a_m(a_i \in GF(2))$, 有不等式

$$|P(f(x_1, x_2, \cdots, x_n) = 1) - P(x_1, x_2, \cdots, x_n)|$$
$$= |(x_{i1} = a_1, x_{i2} = a_2, \cdots, x_{im} = a_m)| \leqslant \varepsilon$$

成立.

定义 10.4.2 设 $f(x) \in GF(2)^{GF(2)^n}$, $\omega x = \sum\limits_{i=1}^{n} \omega_i x_i$. 如果对任意满足 $1 \leqslant w_t(\omega) \leqslant m$ 的 ω, 都有

$$2^{-n} \left| w_t(f(x) + \omega x) - 2^{n-1} \right| < \varepsilon,$$

则称布尔函数 $f(x)$ 是 m 阶 ε 相关免疫的. 将满足上式的最小的 ε 称为 $f(x)$ 的 m 阶相关度, 记为 ε_m. 显然, ε 是非零正数.

由定义 10.4.2 可知, 必有 $\varepsilon_1 \leqslant \varepsilon_2 \leqslant \cdots \leqslant \varepsilon_{n-1} \leqslant \varepsilon_n$.

布尔函数的相关免疫性, 是使密钥流生成器有抵抗相关攻击的能力而应具备的性质. 布尔函数的相关免疫阶数越高, 系统抵抗相关攻击的能力越强. 但相关免疫阶越高, 则布尔函数的线性复杂度越低. 所以, 为保证布尔函数的良好的非线性性, 就需要降低对布尔函数相关免疫阶的要求, 而布尔函数的广义相关免疫性和相关度就是为适应布尔函数非线性性与相关免疫阶矛盾的需要而提出的一种解决方法.

H 布尔函数是一类重要的函数, 它具有扩散性. H 布尔函数的相关免疫性却较差, 除重量为 $2^{n-1}+2^{n-2}$ 和 2^{n-2} 的这二种离平衡性最远的 H 布尔函数中有任意 $m(m < n-2)$ 阶相关免疫的 H 布尔函数外, 其他重量在 2^{n-2} 和 $2^{n-1}+2^{n-2}$ 之间的 H 布尔函数, 包括平衡 H 布尔函数在内的绝大多数 H 布尔函数的最高相关免疫阶只有 1 阶. 所以, 用广义相关免疫性和相关度来度量 H 布尔函数, 特别是平衡 H 布尔函数的相关免疫能力, 就是非常需要的. 下面就来讨论 H 布尔函数和平衡 H 布尔函数的广义相关免疫性及相关度问题.

因存在 1 阶相关免疫平衡 H 布尔函数但不存在 2 阶相关免疫平衡 H 布尔函数, 所以, 对 1 阶相关免疫平衡 H 布尔函数也需要讨论它的相关度. 不过, 自然是讨论 1 阶相关免疫平衡 H 布尔函数的 $m(m > 2)$ 阶相关度的问题.

为方便书写和叙述, 以 $[f(x)]_H$ 表示由所有 H 布尔函数为元素的集合, 以 $[f(x)]'_H$ 表示由所有平衡 H 布尔函数为元素的集合. 显然有 $[f(x)]'_H \subset [f(x)]_H$.

定理 10.4.1 平衡 H 布尔函数任意 m 阶最大相关度 $\varepsilon_{\max}$ 必为 2^{-2}.

因为若 $f(x) \in [f(x)]'_H$, 则对任意 $\omega x(0 < w_t(\omega) \leqslant n)$, 且 $\omega x = \sum\limits_{i=1}^{n} a_i x_i (a_i \in GF(2))$, 必有 $f(x) + \omega x \in [f(x)]_H$. 所以, $2^{n-2} \leqslant w_t(f(x) + \omega x) \leqslant 2^{n-1} + 2^{n-2}$. 由相关度的定义可知, $\varepsilon_{\max} = 2^{-2}$.

定理 10.4.2　若 $f(x) \in GF(2)^{GF(2)^n}$, 且 $f(x)$ 是任意相关免疫平衡 H 布尔函数, 则

(1) $f(x)$ 的 2 阶以上任意阶相关度为 $\varepsilon_{\max} = 2^{-2}$;

(2) 也有 $f(x)$, 它的 2 阶以上任意阶相关度为 $\varepsilon = 2^{-3}$, 且 $\varepsilon = 2^{-3}$ 是这种 $f(x)$ 的最小相关度.

证明　(1) 由已知 $f(x) \in [f(x)]'_H$, 所以, 必然可求 $f(x)$ 的 2 阶以上任意阶相关度. 又由定理 10.4.1 知, 必有 $\varepsilon_{\max} = 2^{-2}$.

(2) 对任意 $\omega x = \sum\limits_{i=1}^{n} \omega_i x_i$, $\omega_i \in GF(2)$, $0 < w_t(\omega) \leqslant n$, 有

$$w_t(f(x) + \omega x) = w_t(f(x)) + w_t(\omega x) - 2w_t(\omega x f(x)),$$

$$w_t(f(x) + \omega x) = w_t\left(f(x)\frac{df(x)}{dx_n} + \omega x\right) + w_t\left(\frac{ef(x)}{ex_n} + \omega x\right) - w_t(\omega x), \quad (10.4.1)$$

由于 $f(x) \in [f(x)]'_H$, 所以

$$w_t\left(f(x)\frac{df(x)}{dx_n}\right) = 2^{n-2}, \quad w_t\left(\frac{ef(x)}{ex_n}\right) = 2^{n-2}, \quad (10.4.2)$$

又有

$$w_t\left(\frac{d\left(\frac{ef(x)}{ex_n}\right)}{dx_n}\right) = 0 \quad (10.4.3)$$

又由于 $f(x)$ 是 1 阶相关免疫函数, 所以, 对 $i = 1, 2, \cdots, n$, 由

$$w_t(f(x)|x_i = 0) = w_t(f(x)|x_i = 1) = 2^{-1}w_t(f(x)) = 2^{n-2} \quad (10.4.4)$$

可知, 将集合 $\left\{\underbrace{00\cdots00}_{n个}, \underbrace{00\cdots01}_{n个}, \cdots, \underbrace{11\cdots11}_{n个}\right\}$ 依照次序以 2^4 个元素为一组作划分, 得到 2^{n-4} 个划分块, 于是相应于每一划分块得 $f(x)$ 的 2^{n-4} 个划分块子函数, 则每一划分块子函数必为 4 元平衡 H 布尔函数. 又由于 $f(x)$ 1 阶相关免疫, 必有

$$w_t\left(x_{n-1}\frac{ef(x)}{ex_n}\right) = 2^{n-3}.$$

所以, 对任意 ωx, 也必有

$$w_t\left(\omega x \frac{ef(x)}{ex_n}\right) = 2^{n-3},$$

从而

$$w_t\left(\frac{ef(x)}{ex_n} + \omega x\right) = w_t\left(\frac{ef(x)}{ex_n}\right) + w_t(\omega x) - 2w_t\left(\omega x \frac{ef(x)}{ex_n}\right) = 2^{n-1}.$$

所以

$$w_t(f(x) + \omega x) = w_t\left(f(x)\frac{df(x)}{dx_n} + \omega x\right).$$

由于也必有 $f(x) + \omega x \in [f(x)]_H$, 所以 $2^{n-2} \leqslant w_t(f(x) + \omega x) \leqslant 2^{n-1} + 2^{n-2}$, 故

$$\min w_t\left(f(x)\frac{df(x)}{dx_n} + \omega x\right) = 2^{n-1} + 2^{n-3}.$$

否则, 假设有某 $\omega' x$, 使

$$\min w_t\left(f(x)\frac{df(x)}{dx_n} + \omega' x\right) < 2^{n-1} + 2^{n-3}, \tag{10.4.5}$$

则 $\omega' x f(x)\dfrac{df(x)}{dx_n}$ 在 $f(x)$ 的 2^{n-4} 个 4 元子划分块函数的每 2 个, 可按顺序级联为 5 元函数, 从 5 元函数中取到 1 个值, 从而或是

$$w_t\left(\left.f(x)\frac{df(x)}{dx_n}\right|x_i = 0\right) > w_t\left(\left.f(x)\frac{df(x)}{dx_n}\right|x_i = 1\right),$$

或是

$$w_t\left(\left.f(x)\frac{df(x)}{dx_n}\right|x_i = 0\right) < w_t\left(\left.f(x)\frac{df(x)}{dx_n}\right|x_i = 1\right),$$

这与 $f(x)$1 阶相关免疫矛盾. 所以, (10.4.5) 式必成立. 所以

$$\min w_t(f(x) + \omega x) = 2^{n-1} + 2^{n-3},$$

故

$$\varepsilon_{f\min} = 2^{-3}.$$

所以, 必有相关度为 $\varepsilon_{\max} = 2^{-2}$ 的 1 阶相关免疫的平衡 H 布尔函数, 也存在相关度为 1 阶相关免疫平衡 H 布尔函数 $f(x)$, 其最小相关度 $\varepsilon_{\min} = 2^{-3}$.

例 10.4.1 布尔函数

$$f(x) = 1 + x_5 + x_6 x_7 + x_5 x_6 + \sum_{i=1}^{7} x_i(1 + x_6 + x_5(1 + x_6 + x_7)),$$

有 $\varepsilon_{f(x)} = 2^{-3}$.

定理 10.4.3   设 $f_1(x) \in GF(2)^{GF(2)^n}$, $f_2(x) \in GF(2)^{GF(2)^n}$, $f_1(x)$, $f_2(x) \in [f(x)]_H$, 即 $f_1(x)$ 和 $f_2(x)$ 均为平衡 H 布尔函数, 有

$$\frac{\partial f_1(x)}{\partial(x_{n-3}x_{n-2}x_{n-1}x_n)} = \frac{\partial f_2(x)}{\partial(x_{n-1}x_{n-2}x_{n-3}x_n)} = 0, \tag{10.4.6}$$

$$w_t\left(\frac{\partial f_1(x)}{\partial(x_{n-4}x_{n-3}x_{n-2}x_{n-1}x_n)}\right) = w_t\left(\frac{\partial f_2(x)}{\partial(x_{n-4}x_{n-3}x_{n-2}x_{n-1}x_n)}\right) = 2^{n-1}, \tag{10.4.7}$$

$$w_t\left(\frac{\partial f_1(x)}{\partial(x_{n-1}x_n)}\right) = 2^{n-1} + 2^{n-2}, \tag{10.4.8}$$

$$w_t\left(\frac{\partial f_2(x)}{\partial(x_{n-1}x_n)}\right) = 2^{n-1}, \tag{10.4.9}$$

又有 $n+1$ 元函数 $f(x') \in GF(2)^{GF(2)^{n+1}}$ $(x' = (x_0x_1x_2\cdots x_n))$ 为

$$f(x') = (1 + x_0)f_1(x) + x_0f_2(x), \tag{10.4.10}$$

则

(1) $f_1(x)$ 和 $f_2(x)$ 都是 1 阶相关免疫函数;

(2) $f_1(x)$ 的 2 阶相关度为 $\varepsilon_1 = 2^{-3}$, $f_2(x)$ 的 2 阶相关度为 $\varepsilon_2 = 2^{-2}$, 即 $f_1(x)$ 的 2 阶相关度是 1 阶相关免疫平衡 H 布尔函数的最小相关度 $\varepsilon_1 = \varepsilon_{\min} = 2^{-3}$, $f_2(x)$ 的 2 阶相关度是 1 阶相关免疫平衡 H 布尔函数的最大相关度 $\varepsilon_2 = \varepsilon_{\max} = 2^{-2}$;

(3) $f(x)$ 是 1 阶相关免疫平衡 H 布尔函数, $f(x')$ 的 2 阶相关度是 $\varepsilon = 2^{-3} + 2^{-4}$, 即 $f(x')$ 的 2 阶相关度 ε 小于 1 阶相关免疫平衡 H 布尔函数的最大相关度 $\varepsilon_{\max} = 2^{-2}$, 而大于 1 阶相关免疫平衡 H 布尔函数的最小相关度 $\varepsilon_{\min} = 2^{-3}$, 即 $\varepsilon_{\min} < \varepsilon < \varepsilon_{\max}$.

证明   (1) (a) 先对 $f_1(x)$ 进行证明.

由于 $f_1(x)$ 是平衡 H 布尔函数, 必有

$$w_t\left(f_1(x)\frac{df_1(x)}{dx_n}\right) = 2^{n-2}, \quad w_t\left(\frac{ef_1(x)}{ex_n}\right) = 2^{n-2},$$

$$w_t\left(\frac{df_1(x)}{dx_n}\right) = w_t\left(\frac{df_1(x)}{dx_{n-1}}\right) = w_t\left(\frac{df_1(x)}{dx_{n-2}}\right) = 2^{n-1}.$$

所以, 将集合 $\left\{\underbrace{00\cdots00}_{n\text{个}}, \underbrace{00\cdots01}_{n\text{个}}, \cdots, \underbrace{11\cdots11}_{n\text{个}}\right\}$ 依照次序每 2^4 个元素为一组作划分, 得 2^{n-4} 个划分块, 相应每一划分块得 $f(x)$ 的 1 个 4 元子函数, 这每一个子

函数都必为 4 元平衡 H 布尔函数. 所以, 对 $i = 1, 2, \cdots, n-4$, 有

$$w_t(f_1(x)\,|\,x_i = 0) = w_t(f_1(x)\,|\,x_i = 1) = 2^{-1}w_t(f_1(x)) = 2^{n-2}.$$

由于有 (10.4.6) 式, 所以对 $i = n-3, n-2, n-1, n$, 也必有

$$w_t(f_1(x)\,|\,x_i = 0) = w_t(f_1(x)\,|\,x_i = 1) = 2^{-1}w_t(f_1(x)) = 2^{n-2}.$$

所以, 对一切 $i = 1, 2, \cdots, n$, 都有

$$w_t(f_1(x)\,|\,x_i = 0) = w_t(f_1(x)\,|\,x_i = 1) = 2^{-1}w_t(f_1(x)) = 2^{n-2},$$

所以, $f_1(x)$ 是 1 阶相关免疫函数, 从而 $f_1(x)$ 是 1 阶相关免疫平衡 H 布尔函数.

(b) 由于 $f_2(x)$ 同样是平衡 H 布尔函数, 同样有 (10.4.6) 式成立, 所以, 同样的道理, $f_2(x)$ 也是 1 阶相关免疫平衡 H 布尔函数.

(2) (a) 先对 $f_1(x)$ 进行证明.

由于 $f_1(x)$ 是平衡 H 布尔函数, 且函数 $\dfrac{ef_1(x)}{ex_n}$ 有

$$\frac{d\left(\dfrac{ef_1(x)}{ex_n}\right)}{dx_n} = 0,$$

所以

$$w_t\left(\frac{ef_1(x)}{ex_n}\,\bigg|\,x_n = 0\right) = w_t\left(\frac{ef_1(x)}{ex_n}\,\bigg|\,x_n = 1\right) = 2^{-1}w_t\left(\frac{ef_1(x)}{ex_n}\right) = 2^{n-3},$$

从而

$$w_t\left(x_n\frac{ef_1(x)}{ex_n}\right) = 2^{n-3}.$$

由于 $f_1(x)$ 又是 1 阶相关免疫的平衡 H 布尔函数, 对 $i = 1, 2, \cdots, n$, 有

$$w_t(f_1(x)\,|\,x_i = 0) = w_t(f_1(x)\,|\,x_i = 1) = 2^{-1}w_t(f_1(x)) = 2^{n-2},$$

所以也必有

$$w_t\left(\frac{ef_1(x)}{ex_n}\,\bigg|\,x_{n-1} = 0\right) = w_t\left(\frac{ef_1(x)}{ex_n}\,\bigg|\,x_{n-1} = 1\right) = 2^{-1}w_t\left(\frac{ef_1(x)}{ex_n}\right) = 2^{n-3}.$$

又由 (10.4.6) 式, (10.4.7) 式 (或 $f_1(x)$ 是 H 布尔函数), 便知, $f_1(x)$ 必有

$$w_t\left(\frac{df_1(x)}{dx_{n-4}}\right) = 2^{n-1}.$$

由于 $f_1(x)$ 的 2^{n-4} 个子函数中的每一个 4 元子函数都是 1 阶相关免疫平衡 H 布尔函数, 所以, 对 $i = 1, 2, \cdots, n$, 均有

$$w_t\left(x_i\frac{ef_1(x)}{ex_n}\right) = 2^{n-3}.$$

从而由对 $i = 1, 2, \cdots, n$ 有

$$w_t(f_1(x) + x_i) = w_t\left(f_1(x)\frac{df_1(x)}{dx_n} + x_i\right) + w_t\left(\frac{ef_1(x)}{ex_n} + x_i\right) - w_t(x_i) = 2^{n-1}$$

知, 对 $i = 1, 2, \cdots, n$, 也有

$$w_t\left(x_if_1(x)\frac{df_1(x)}{dx_n}\right) = 2^{n-3}.$$

又由于 $f_1(x)$ 有 (10.4.8) 式, 可知必有

$$w_t\left((x_{n-3} + x_n)f_1(x)\frac{df_1(x)}{dx_n}\right) = 2^{n-4}, \quad w_t\left((x_{n-3} + x_n)\frac{ef_1(x)}{ex_n}\right) = 2^{n-3}.$$

所以

$$w_t(f_1(x) + x_{n-3} + x_n)$$
$$= w_t\left(f_1(x)\frac{df_1(x)}{dx_n} + x_{n-3} + x_n\right) + w_t\left(\frac{ef_1(x)}{ex_n} + x_{n-3} + x_n\right) - w_t(x_{n-3} + x_n)$$
$$= 2^{n-1} + 2^{n-3},$$

所以

$$2^{-n}\left|w_t(f_1(x) + x_{n-3} + x_n) - 2^{n-1}\right| = 2^{-3}.$$

所以, 由相关度的定义和定理 10.4.2 知, $f_1(x)$ 的 2 阶及 2 阶以上相关度为 1 阶相关免疫平衡 H 布尔函数的最小相关度 $\varepsilon_1 = \varepsilon_{\min} = 2^{-3}$.

(b) 现在对平衡 H 布尔函数 $f_2(x)$ 进行证明.

由于 $f_2(x)$ 也满足 (10.4.6) 式, 所以由 $f_1(x)$ 同样的证明便可知, $f_2(x)$ 也是 1 阶相关免疫平衡 H 布尔函数.

于是, 对一切 $i = 1, 2, \cdots, n$, 有

$$w_t(x_if_2(x)) = w_t\left(x_if_2(x)\frac{df_2(x)}{dx_n}\right) + w_t\left(x_i\frac{ef_2(x)}{ex_n}\right) = 2^{n-2}.$$

由于 $f_2(x)$ 满足 (10.4.6) 式和 (10.4.7) 式, 所以可知, $f_2(x)$ 必有

$$w_t\left(\frac{df_2(x)}{dx_n}\right) = 2^{n-1}.$$

加之 $f_2(x)$ 又满足 (10.4.9) 式, 便知, $f_2(x)$ 的从 $00\cdots00000\sim00\cdots01111$ 和从 $00\cdots010000\sim00\cdots011111$ 的 2 个 4 元子函数, 是 4 元 1 阶相关免疫平衡 H 布尔函数, 从而 2^{n-4} 个从 $x_i\cdots x_j0000\sim x_i\cdots x_j1111(x_i,x_j\in GF(2))$ 的每 1 个 4 元子函数, 都是 1 阶相关免疫平衡 H 布尔函数. 所以, 由

$$w_t(f_2(x)+x_i)=w_t\left(f_2(x)\frac{df_2(x)}{dx_n}+x_i\right)+w_t\left(\frac{ef_2(x)}{ex_n}+x_i\right)-w_t(x_i)=2^{n-1}$$

知, 对 $i=1,2,\cdots,n$, 也有

$$w_t\left(x_i\frac{ef_2(x)}{ex_n}\right)=2^{n-3},\quad w_t\left(f_2(x)\frac{df_2(x)}{dx_n}\right)=2^{n-3}.$$

又由于 $f_2(x)$ 有 (10.4.9) 式, 可知必有

$$w_t\left((x_{n-3}+x_n)f_2(x)\frac{df_2(x)}{dx_n}\right)=2^{n-2},\quad w_t\left((x_{n-3}+x_n)\frac{ef_2(x)}{ex_n}\right)=2^{n-3}.$$

所以

$$\begin{aligned}&w_t(f_2(x)+x_{n-3}+x_n)\\&=w_t\left(f_2(x)\frac{df_2(x)}{dx_n}+x_{n-3}+x_n\right)+w_t\left(\frac{ef_2(x)}{ex_n}+x_{n-3}+x_n\right)-w_t(x_{n-3}+x_n)\\&=2^{n-2},\end{aligned}$$

又有

$$w_t\left((x_{n-3}+x_{n-1})f_2(x)\frac{df_2(x)}{dx_n}\right)=2^{n-3},\quad w_t\left((x_{n-3}+x_{n-1})\frac{ef_2(x)}{ex_n}\right)=2^{n-2}.$$

所以

$$\begin{aligned}&w_t(f_2(x)+x_{n-3}+x_{n-1})\\&=w_t\left(f_2(x)\frac{df_2(x)}{dx_n}+x_{n-3}+x_{n-1}\right)+w_t\left(\frac{ef_2(x)}{ex_n}+x_{n-3}+x_{n-1}\right)\\&\quad-w_t(x_{n-3}+x_{n-1})\\&=2^{n-2},\end{aligned}$$

但对其他 $x_i+x_j(i\neq n-3,j\neq n,n-1)$, 都有

$$w_t(f_2(x)+x_i+x_j)=2^{n-1}.$$

所以

$$2^{-n}\left|w_t(f_2(x)+x_{n-3}+x_n)-2^{n-1}\right|=2^{-n}\left|w_t(f_2(x)+x_{n-3}+x_{n-1})-2^{n-1}\right|=2^{-2}.$$

所以, 由相关度的定义和定理 10.4.2 知, $f_2(x)$ 的 2 阶及 2 阶以上相关度为 1 阶相关免疫平衡 H 布尔函数的最大相关度 $\varepsilon_2 = \varepsilon_{\max} = 2^{-2}$.

(3) 现在对 $f(x')$ 的相关度进行证明.

由于 $f(x')$ 由 (10.4.10) 式给出, 并且前面已证明 $f_1(x)$ 和 $f_2(x)$ 都是 n 元 1 阶相关免疫平衡 H 布尔函数, 所以可知, $f(x')$ 必是 $n+1$ 元 1 阶相关免疫平衡 H 布尔函数.

由于 $f_1(x)$ 和 $f_2(x)$ 都是 H 布尔函数, 对一切 $i = 1, 2, \cdots, n$, 有

$$w_t\left(\frac{df_1(x)}{dx_i}\right) = 2^{n-1}, \quad w_t\left(\frac{df_2(x)}{dx_i}\right) = 2^{n-1}.$$

所以, 对一切 $i = 1, 2, \cdots, n$, 有

$$w_t\left(\frac{df(x')}{dx_i}\right) = w_t\left((1+x_0)\frac{df_1(x)}{dx_i}\right) + w_t\left(x_0\frac{df_2(x)}{dx_i}\right) = 2^{n-1} + 2^{n-1} = 2^n.$$

对 x_0, 有

$$w_t\left(\frac{df(x')}{dx_0}\right) = w_t(f_2(x) + f_1(x)).$$

所以, 由 (10.4.6) 式 $\sim$ (10.4.9) 式可知

$$w_t\left(\frac{df(x')}{dx_0}\right) = w_t(f_1(x) + f_2(x)) = 2 \cdot 2^{n-1} = 2^n.$$

所以, $f(x')$ 是 $n+1$ 元 H 布尔函数, 从而 $f(x')$ 也是 1 阶相关免疫平衡 H 布尔函数.

于是, $f(x')$ 的 2 阶相关度必为

$$
\begin{aligned}
\varepsilon &= 2^{-(n+1)}\left|w_t(f(x') + x_{n-3} + x_n) - 2^{(n+1)-1}\right| \\
&= 2^{-(n+1)}\left|w_t((1+x_0)f_1(x) + x_0f_2(x) + x_{n-3} + x_n) - 2^{(n+1)-1}\right| \\
&= 2^{-(n+1)}\left|2^{n-2} + 2^{n-3} + 2^{n-2} - 2^{-(n+1)-1}\right| \\
&= 2^{-(n+1)}\left|-2^{n-3} - 2^{n-2}\right| \\
&= 2^{-4} + 2^{-3}.
\end{aligned}
$$

对于 $n+1$ 元的 1 阶相关免疫平衡 H 布尔函数, 2 阶相关度仍然有

$$\varepsilon_{\min} = 2^{-3}, \quad \varepsilon_{\max} = 2^{-2},$$

所以, $f(x')$ 的 2 阶相关度有

$$\varepsilon_{\min} < \varepsilon < \varepsilon_{\max}.$$

定理 10.4.4 设布尔函数 $f_1(x)$, $f_2(x) \in GF(2)^{GF(2)^n}$, 且 $f_1(x)$, $f_2(x) \in [f(x)]'_H$.

(1) 已知平衡 H 布尔函数 $f_1(x)$ 有

$$w_t \left(\frac{d \left(f_1(x) \dfrac{df_1(x)}{dx_n} \right)}{dx_{n-1}} \right) = 2^{n-2}, \tag{10.4.11}$$

$$w_t \left((1 + x_{n-2}) \frac{ef_1(x)}{e(x_{n-1}x_n)} \right) = w_t \left(\frac{ef_1(x)}{e(x_{n-1}x_n)} \right) = 2^{n-3}, \tag{10.4.12}$$

$$w_t \left(x_{n-3} \frac{ef_1(x)}{e(x_{n-1}x_n)} \right) = 0, \tag{10.4.13}$$

$$w_t \left(\frac{ef_1(x)}{ex_n} \bigg| x_{n-1} = 0 \right) = w_t \left(\frac{ef_1(x)}{ex_n} \bigg| x_{n-1} = 1 \right) = 2^{n-3}, \tag{10.4.14}$$

则必有平衡 H 布尔函数 $f_1(x)$ 的相关度 ε_1 为

$$\varepsilon_1 = 2^{-4}.$$

(2) 已知平衡 H 布尔函数 $f_2(x)$ 有

$$w_t \left(\frac{d \left(f_2(x) \dfrac{df_2(x)}{dx_n} \right)}{dx_{n-1}} \right) = 0, \tag{10.4.15}$$

$$w_t \left(x_{n-1} \frac{ef_2(x)}{ex_n} \right) = 0, \tag{10.4.16}$$

则必有平衡 H 布尔函数 $f_2(x)$ 的相关度 ε_2 为

$$\varepsilon_2 = 2^{-2},$$

且有

$$w_t \left(f_2(x) \frac{df_2(x)}{dx_n} + x_n \right) = 2^{n-1}, \quad w_t \left(\frac{ef_2(x)}{ex_n} + x_n \right) = 2^{n-1}.$$

(3) 设 $x' = (x_0 x_1 x_2 \cdots x_n) \in GF(2)^{n+1}$, 则布尔函数

$$f(x') = (1 + x_0) f_1(x) + x_0 f_2(x)$$

是平衡 H 布尔函数, 且 $f(x')$ 的相关度 ε 必小于 $n+1$ 元平衡 H 布尔函数的最大相关度 $\varepsilon_{\max} = 2^{-2}$, 且

$$\varepsilon = 2^{-5}, \quad \varepsilon < \varepsilon_{\max} = 2^{-2}.$$

证明　(1) 由于 $f_1(x)$ 是平衡 H 布尔函数, 所以

$$w_t\left(f_1(x)\frac{df_1(x)}{dx_n}\right) = 2^{n-2}, \quad w_t\left(\frac{ef_1(x)}{ex_n}\right) = 2^{n-2}.$$

又已知有 (10.4.11) 式, 所以

$$w_t\left(\frac{e\left(f_1(x)\dfrac{df_1(x)}{dx_n}\right)}{ex_{n-1}}\right) = w_t\left(f_1(x)\frac{df_1(x)}{dx_n}\right) - 2^{-1}w_t\left(\frac{d\left(f_1(x)\dfrac{df_1(x)}{dx_n}\right)}{dx_{n-1}}\right) = 2^{n-3}.$$

所以, 由

$$w_t\left(f_1(x)\frac{df_1(x)}{dx_n}\right) = 2^{n-2}, \quad w_t\left(\frac{d\left(f_1(x)\dfrac{df_1(x)}{dx_n}\right)}{dx_{n-1}}\right) = 2^{n-2},$$

$$w_t\left(\frac{e\left(f_1(x)\dfrac{df_1(x)}{dx_n}\right)}{ex_{n-1}}\right) = 2^{n-3}$$

便可知, 必有

$$w_t\left(x_n\frac{e\left(f_1(x)\dfrac{df_1(x)}{dx_n}\right)}{ex_{n-1}}\right) = 2^{n-3}, \quad \text{或者} \quad w_t\left(x_n\frac{e\left(f_1(x)\dfrac{df_1(x)}{dx_n}\right)}{ex_{n-1}}\right) = 0.$$

选取满足 $w_t\left(x_n\dfrac{e\left(f_1(x)\dfrac{df_1(x)}{dx_n}\right)}{ex_{n-1}}\right) = 2^{n-3}$ 的这一种平衡 H 布尔函数.

由于已知有 (10.4.12) 式, 又已知 $f_1(x)$ 是平衡 H 布尔函数, 有 $w_t(f_1(x)) = 2^{n-1}$, 所以

$$w_t\left(\frac{\partial f_1(x)}{\partial(x_{n-1}x_n)}\right) = 2^{n-1}.$$

又已知有 (10.4.13) 式, 所以

$$w_t\left(x_{n-3}\frac{\partial f_1(x)}{\partial(x_{n-1}x_n)}\right) = 2^{n-1}.$$

所以必有

$$w_t\left(f_1(x)\frac{df_1(x)}{dx_n} + x_n\right) = 2^{n-2} + 2^{n-3} + 2^{n-4}, \quad w_t\left(\frac{ef_1(x)}{ex_n} + x_n\right) = 2^{n-1}.$$

所以

$$w_t(f_1(x) + x_n) = w_t\left(f_1(x)\frac{df_1(x)}{dx_n} + x_n\right) + w_t\left(\frac{ef_1(x)}{ex_n} + x_n\right) - w_t(x_n)$$

$$= 2^{n-2} + 2^{n-3} + 2^{n-4}.$$

加之又已知有 (10.4.14) 式, 所以

$$w_t\left(f_1(x)\frac{df_1(x)}{dx_n} + x_{n-1}\right) = 2^{n-1}, \quad w_t\left(\frac{ef_1(x)}{ex_n} + x_{n-1}\right) = 2^{n-1}.$$

所以

$$w_t(f_1(x) + x_{n-1}) = 2^{n-1}.$$

由于有 (10.4.12) 式、(10.4.13) 式和 $w_t\left(\dfrac{\partial f_1(x)}{\partial(x_{n-1}x_n)}\right) = 2^{n-1}, w_t\bigg(x_{n-3}$

$\dfrac{\partial f_1(x)}{\partial(x_{n-1}x_n)}\bigg) = 2^{n-1}$, 便知

$$w_t\left(f_1(x)\frac{df_1(x)}{dx_n} + x_{n-2}\right) = 2^{n-1}, \quad w_t\left(\frac{ef_1(x)}{ex_n} + x_{n-2}\right) = 2^{n-2} + 2^{n-3},$$

所以 $w_t(f_1(x) + x_{n-2}) = 2^{n-2} + 2^{n-3}$.

同样, 对一切 $k = 1, 2, \cdots, n-1, n$, 都有

$$w_t\left(f_1(x) + \sum_{i=1}^{k} x_i\right) \geqslant w_t(f_1(x) + x_n) = 2^{n-2} + 2^{n-3} + 2^{n-4}.$$

所以, $f_1(x)$ 的相关度为

$$\varepsilon_1 = 2^{-n}\left|2^{n-2} + 2^{n-3} + 2^{n-4} - 2^{n-1}\right| = 2^{-4}.$$

(2) 由于 $f_2(x)$ 是平衡 H 布尔函数, 所以有

$$w_t\left(f_2(x)\frac{df_2(x)}{dx_n}\right) = 2^{n-2}, \quad w_t\left(\frac{ef_2(x)}{ex_n}\right) = 2^{n-2}, \quad w_t(f_2(x)) = 2^{n-1}.$$

又由于有已知条件 (10.4.15) 式

$$w_t\left(\frac{d(f_2(x)\frac{df_2(x)}{dx_n})}{dx_{n-1}}\right) = 0,$$

所以

$$w_t\left(\frac{e\left(f_2(x)\dfrac{df_2(x)}{dx_n}\right)}{ex_{n-1}}\right)=2^{n-1}.$$

又有

$$w_t\left(x_n\frac{e\left(f_2(x)\dfrac{df_2(x)}{dx_n}\right)}{ex_{n-1}}\right)=2^{n-3},$$

或者

$$w_t\left(x_n\frac{e\left(f_2(x)\dfrac{df_2(x)}{dx_n}\right)}{ex_{n-1}}\right)=2^{n-2},$$

或者

$$w_t\left(x_n\frac{e\left(f_2(x)\dfrac{df_2(x)}{dx_n}\right)}{ex_{n-1}}\right)=0.$$

可以选取满足 $w_t\left(x_n\dfrac{e\left(f_2(x)\dfrac{df_2(x)}{dx_n}\right)}{ex_{n-1}}\right)=2^{n-1}$ 的这一种平衡 H 布尔函数.

所以

$$w_t\left(\frac{\partial f_2(x)}{\partial(x_{n-1}x_n)}\right)=2^n,\quad w_t\left(\frac{\partial f_2(x)}{\partial(x_{n-2}x_{n-1}x_n)}\right)=2^{n-1},$$
$$w_t\left(\frac{\partial f_2(x)}{\partial(x_{n-3}x_{n-2}x_{n-1}x_n)}\right)=2^{n-1},$$

且又有 $w_t\left(\dfrac{df_2(x)}{dx_{n-1}}\right)=2^{n-1}$, 所以

$$w_t\left(f_2(x)\frac{df_2(x)}{dx_n}+x_{n-1}\right)=2^{n-1},\quad w_t\left(\frac{ef_2(x)}{ex_n}+x_{n-1}\right)=2^{n-1}+2^{n-2},$$
$$w_t\left(f_2(x)\frac{df_2(x)}{dx_n}+x_n\right)=2^{n-1},\quad w_t\left(\frac{ef_2(x)}{ex_n}+x_n\right)=2^{n-1},$$
$$w_t\left(f_2(x)\frac{df_2(x)}{dx_n}+x_i\right)=2^{n-1},\quad w_t\left(\frac{ef_2(x)}{ex_n}+x_i\right)=2^{n-1}\ (i=1,2,\cdots,n-2).$$

对一切 $\omega x(1 < w_t(\omega) \leqslant n)$, 有

$$w_t\left(f_2(x)\frac{df_2(x)}{dx_n} + \omega x\right) = 2^{n-1}, \quad w_t\left(\frac{ef_2(x)}{ex_n} + \omega x\right) = 2^{n-1}.$$

所以, 平衡 H 布尔函数 $f_2(x)$ 的相关度为

$$\varepsilon_2 = 2^{-n}\left|2^{n-1} + 2^{n-2} - 2^{n-1}\right| = 2^{-2},$$

即 $f_2(x)$ 的相关度为平衡 H 布尔函数的最大相关度, $\varepsilon = \varepsilon_{\max} = 2^{-2}$, 且有

$$w_t\left(f_2(x)\frac{df_2(x)}{dx_n} + x_n\right) = 2^{n-1}, \quad w_t\left(\frac{ef_2(x)}{ex_n} + x_n\right) = 2^{n-1}.$$

(3) 由于 $f_1(x)$ 和 $f_2(x)$ 都是平衡布尔函数, 有

$$w_t(f_1(x)) = w_t(f_2(x)) = 2^{n-1}.$$

由于 $f(x') = (1 + x_0)f_1(x) + x_0 f_2(x)$, 所以有

$$w_t(f(x')) = w_t(f_1(x)) + w_t(f_2(x)) = 2^n,$$

即 $f(x')$ 是 $n+1$ 元平衡函数.

由于 $f_1(x)$ 和 $f_2(x)$ 都是 H 布尔函数, 对一切 $i = 1, 2, \cdots, n$, 有

$$w_t\left(\frac{df_1(x)}{dx_i}\right) = w_t\left(\frac{df_2(x)}{dx_i}\right) = 2^{n-1}.$$

所以, $n+1$ 元函数 $f(x')$ 对一切 $x_i(i = 1, 2, \cdots, n)$ 的导数有

$$w_t\left(\frac{df(x')}{dx_n}\right) = w_t\left((1 + x_0)\frac{df_1(x)}{dx_i}\right) + w_t\left(x_0\frac{df_2(x)}{dx_i}\right) = 2^n.$$

由于 $f_1(x)$ 有

$$w_t\left(f_1(x)\frac{df_1(x)}{dx_n} + x_{n-1}\right) = 2^{n-1}, \quad w_t\left(\frac{ef_1(x)}{ex_n} + x_{n-1}\right) = 2^{n-1},$$

$$w_t\left(f_1(x)\frac{df_1(x)}{dx_n} + x_{n-2}\right) = 2^{n-1}, \quad w_t\left(\frac{ef_1(x)}{ex_n} + x_{n-2}\right) = 2^{n-2} + 2^{n-3},$$

即 $f_1(x)$ 还有

$$w_t\left((1 + x_{n-2})\frac{ef_1(x)}{e(x_{n-1}x_n)}\right) = 2^{n-4}, \quad w_t\left(x_{n-2}\frac{ef_1(x)}{e(x_{n-1}x_n)}\right) = 2^{n-4}.$$

而 $f_2(x)$ 有

$$w_t\left(x_n\frac{e\left(f_2(x)\dfrac{df_2(x)}{dx_n}\right)}{ex_{n-1}}\right)=2^{n-2},\quad w_t\left(\frac{\partial f_2(x)}{\partial(x_{n-1}x_n)}\right)=2^n,$$

$$w_t\left(\frac{\partial f_2(x)}{\partial(x_{n-2}x_{n-1}x_n)}\right)=2^{n-1},\quad w_t\left(\frac{\partial f_2(x)}{\partial(x_{n-3}x_{n-2}x_{n-1}x_n)}\right)=2^{n-1},$$

所以, $f(x')$ 对 x_0 的导数有

$$w_t\left(\frac{df(x')}{dx_0}\right)=2w_t(f_1(x)+f_2(x))=2\cdot 2^{n-1}=2^n.$$

所以, $n+1$ 元函数 $f(x')$ 对一切 $x_i(i=0,1,2,\cdots,n)$ 的导数的重量都等于 2^n, 即 $f(x')$ 是 $n+1$ 元 H 布尔函数. 所以,$f(x')$ 是 $n+1$ 元平衡 H 布尔函数.

由于 1 和 2 中的关于 $f_1(x)$ 和 $f_2(x)$ 的相关度的结果, 所以 $n+1$ 元平衡 H 布尔函数 $f(x')$ 的相关度必为

$$\varepsilon=2^{-(n+1)}\left|2^{n-2}+2^{n-3}+2^{n-4}+2^{n-1}-2^n\right|=2^{-5},$$

$$\varepsilon<\varepsilon_{\max}=2^{-2}.$$

综合定理 10.4.3 和定理 10.4.4 的证明可以看出, 即使 $f(x')$ 不再是平衡 H 布尔函数, 也必有 $f(x')$ 的相关度的如下推论.

推论　若 $f_1(x),f_2(x)\in GF(2)^{GF(2)^n}$,$f_1(x),f_2(x)\in[f(x)]'_H$,

$$f(x')=(1+x_0)f_1(x)+x_0f_2(x)\ (x'=(x_0x_1x_2\cdots x_n)\in GF(2)^{n+1}),$$

$f_1(x)$ 的相关度 ε_1, $f_2(x)$ 的相关度 $\varepsilon_2=\varepsilon_{\max}=2^{-2}$, 且 $\varepsilon_1<\varepsilon_2$, $f(x')$ 的相关度 ε, 则必有

$$\varepsilon<\varepsilon_2=\varepsilon_{\max}=2^{-2}.$$

例 10.4.2　布尔函数 $f_1(x),f_2(x)\in GF(2)^{GF(2)^7}$, $x=(x_2x_3x_4x_5x_6x_7)\in GF(2)^7$,

$$f_1(x)=1+\sum_{i=2}^{5}x_i+x_8\sum_{i=2}^{7}x_i+x_7\sum_{i=2}^{4}x_i+x_6x_7+x_5\sum_{i=2}^{4}x_i+x_5x_6$$

$$+x_5x_6\sum_{i=2}^{4}x_i+x_5x_7x_8+x_5x_6x_7\sum_{i=2}^{4}x_i,$$

$$f_2(x)=x_8+\sum_{i=2}^{6}x_i+\sum_{i=2}^{4}x_i\sum_{j=5}^{8}x_j+(x_5+x_6)(x_7+x_8).$$

对 $x' = (x_1 x_2 x_3 x_4 x_5 x_6 x_7 x_8) \in GF(2)^8$, 有 $f(x') \in GF(2)^{GF(2)^{GF(2)^8}}$, $f(x')$ 为

$$f(x') = (1 + x_1) f_1(x) + x_1 f_2(x).$$

则

(1) $f_1(x)$, $f_2(x)$ 是 7 元平衡 H 布尔函数, $f(x')$ 是 8 元平衡 H 布尔函数;

(2) 求 $f_1(x)$, $f_2(x)$ 和 $f(x')$ 的相关度.

解 (1) 计算 $w_t(f_1(x)) = w_t(f_2(x)) = 2^{7-1} = 64$, 所以, $f_1(x)$ 和 $f_2(x)$ 均为 7 元平衡布尔函数. 而 $w_t(f(x')) = w_t((1 + x_0) f_1(x)) + w_t(x_0 f_2(x)) = 2^n = 128$, 所以, 8 元函数 $f(x')$ 也是平衡布尔函数.

对 $i = 2, 3, 4, 5, 6, 7, 8$, 计算 $w_t\left(\dfrac{df_1(x)}{dx_i}\right) = w_t\left(\dfrac{df_2(x)}{dx_i}\right) = 2^{n-1}$, 即可知, $f_1(x)$ 和 $f_2(x)$ 都是 H 布尔函数. 如

$$w_t\left(\frac{df_2(x)}{dx_8}\right) = w_t\left(1 + \sum_{i=2}^{6} x_i\right) = 2^{7-1} = 64.$$

对 $i = 2, 3, 4, 5, 6, 7, 8$, 有

$$w_t\left(\frac{df(x')}{dx_i}\right) = w_t\left((1 + x_0)\frac{df_1(x)}{dx_i}\right) + w_t\left(x_0 \frac{df_2(x)}{dx_i}\right) = 2^7 = 128,$$

$$w_t\left(\frac{df(x')}{dx_1}\right) = 2w_t(f_1(x) + f_2(x))$$

$$= 2w_t\Bigg(1 + x_8 + x_6 + x_7 x_8 + x_5 x_7 + x_5 x_6$$

$$+ (x_6 + x_5 x_6 + x_6 x_7 + x_5 x_6 x_7)\sum_{i=1}^{4} x_i + x_5 x_7 x_8\Bigg)$$

$$= 2 \cdot 2^{7-1} = 2^7 = 128,$$

所以, $f(x')$ 是 8 元平衡 H 布尔函数.

(2) 求 $f_1(x)$ 和 $f_2(x)$ 的相关度, 需要求 $w_t(f_i(x) + \omega x)(i = 1, 2)$. 但直接求 $w_t(f_i(x) + \omega x)$ 较为麻烦. 还是如定理 10.4.4 的证明那样, 先求 $w_t\left(f_i(x)\dfrac{df_i(x)}{dx_n} + \omega x\right)$ 和 $w_t\left(\dfrac{ef_i(x)}{ex_n} + \omega x\right)(i = 1, 2)$ 要较为方便.

(a) 先求 $f_1(x)$ 的相关度. 有

$$f_1(x)\frac{df_1(x)}{dx_8} = x_6 + x_7 + x_8 \sum_{i=2}^{7} x_i + x_6 \sum_{i=2}^{5} x_i + x_5 x_6 x_7 \sum_{i=2}^{4} x_i + x_5 x_7 x_8,$$

$$\frac{ef_1(x)}{ex_8} = 1 + \sum_{i=2}^{7} x_i + x_6 \left(x_7 + \sum_{i=2}^{4} x_i \right) + x_5 \left(x_7 + \sum_{i=2}^{4} x_i \right) + x_5 x_7 \sum_{i=2}^{4} x_i.$$

可求得

$$w_t \left(f_1(x) \frac{df_1(x)}{dx_8} + x_8 \right) = 56, \quad w_t \left(\frac{ef_1(x)}{ex_8} + x_8 \right) = 64.$$

对 $i = 7, 6, 5, 4, 3, 2$ 均可求得

$$w_t \left(f_1(x) \frac{df_1(x)}{dx_8} + x_i \right) = 64, \quad w_t \left(\frac{ef_1(x)}{ex_8} + x_i \right) = 64.$$

又由于必有 $\varepsilon_1 = \varepsilon_{11} \leqslant \varepsilon_{12} \leqslant \cdots \leqslant \varepsilon_{17}$, 所以

$$\varepsilon_1 = 2^{-7} |56 - 64| = 2^{-4} = \frac{1}{16}.$$

(b) 求 $f_2(x)$ 的相关度. 有

$$f_2(x) \frac{df_2(x)}{dx_8} = x_8 \left(1 + \sum_{i=2}^{6} x_i \right) + (x_5 + x_6) \sum_{i=2}^{4} x_i,$$

$$\frac{ef_2(x)}{ex_8} = \sum_{i=2}^{6} x_i + x_7 \sum_{i=2}^{6} x_i.$$

可求得

$$w_t \left(f_2(x) \frac{df_2(x)}{dx_8} + x_8 \right) = 64, \quad w_t \left(\frac{ef_2(x)}{ex_8} + x_8 \right) = 64,$$

$$w_t \left(f_2(x) \frac{df_2(x)}{dx_8} + x_7 \right) = 64, \quad w_t \left(\frac{ef_2(x)}{ex_8} + x_7 \right) = 96.$$

对其余 $i = 2, 3, 4, 5, 6$ 都有

$$w_t \left(f_2(x) \frac{df_2(x)}{dx_8} + x_i \right) = 64, \quad w_t \left(\frac{ef_2(x)}{ex_8} + x_i \right) = 64.$$

又由于 $\varepsilon_2 = \varepsilon_{21} \leqslant \varepsilon_{22} \leqslant \cdots \leqslant \varepsilon_{27}$, 所以

$$\varepsilon_2 = 2^{-7} |96 - 64| = 2^{-2} = \frac{1}{4}.$$

(c) $f(x')$ 的相关度为

$$\varepsilon = 2^{-8} |56 + 64 - 128| = 2^{-5} = \frac{1}{32}.$$

10.5 H 布尔函数的代数免疫性

对 H 布尔函数代数免疫性的讨论, 仍然要利用布尔函数的导数和 e-导数, 这会为 H 布尔函数代数免疫性的研究打开一个有利的视角, 为代数免疫性的研究提供有力的帮助. 对 H 布尔函数代数免疫性的讨论, 往往要和其他密码安全性质结合起来进行, 这样既方便讨论, 又能看到代数免疫性和一些其他密码安全性质的相容性关系.

为方便叙述, 这里先给出一个记号: 将 n 元函数 $f(x)$ 所含变量 x_i 的个数记为 $|f(x)|$. 如 n 元函数 $f(x) = x_1 + x_2 + x_3$, 则 $|f(x)| = 3$.

定理 10.5.1 设 $f(x) \in GF(2)^{GF(2)^n}$, 且 $f(x)$ 是 $w_t(f(x)) = 2^{n-1} + 2^{n-2}$ 的 H 布尔函数. 如果 $\deg\left(\dfrac{ef(x)}{ex_n}\right) = 1$, 且 $\left|\dfrac{ef(x)}{ex_n}\right| > 1$, 则 $f(x)$ 是相关免疫函数, 且 $AI(f(x)) = 1$.

证明 对 $i = 1, 2, \cdots, n$, 有

$$w_t(f(x) + x_i) = w_t\left(f(x)\frac{df(x)}{dx_n} + x_i\right) + w_t\left(\frac{ef(x)}{ex_n} + x_i\right) - w_t(x_i). \quad (10.5.1)$$

由于已知 $\deg\left(\dfrac{ef(x)}{ex_n}\right) = 1$, 且 $\left|\dfrac{ef(x)}{ex_n}\right| > 1$, 所以, 对 $i = 1, 2, \cdots, n$, 有

$$w_t\left(\frac{ef(x)}{ex_n} + x_i\right) = 2^{n-1},$$

所以, $f(x)$ 的 e-导数函数 $\dfrac{ef(x)}{ex_n}$ 是相关免疫函数.

又由于 $f(x)$ 有 $w_t(f(x)) = 2^{n-1} + 2^{n-2}$ 且 $f(x)$ 为 H 布尔函数, 所以必有 $w_t\left(\dfrac{ef(x)}{ex_n}\right) = 2^{n-1}$. 所以, 对 $i = 1, 2, \cdots, n$, 有

$$w_t\left(x_i\frac{ef(x)}{ex_n}\right) = 2^{-1}\left(w_t\left(\frac{ef(x)}{ex_n}\right) + w_t(x_i) - 2^{n-1}\right) = 2^{n-2},$$

$$w_t\left(x_i\frac{ef(x)}{ex_n}\right) = 2^{-1}w_t\left(\frac{ef(x)}{ex_n}\right).$$

由定理 10.3.3、定理 10.3.4 知, 对 $i = 1, 2, \cdots, n$, 也必有

$$w_t\left(x_i f(x)\frac{df(x)}{dx_n}\right) = 2^{-1}w_t\left(f(x)\frac{df(x)}{dx_n}\right) = 2^{n-3}.$$

所以, 对 $i = 1, 2, \cdots, n$, 有

$$w_t\left(f(x)\frac{df(x)}{dx_n} + x_i\right) = w_t\left(f(x)\frac{df(x)}{dx_n}\right) + w_t(x_i) - 2w_t\left(x_i f(x)\frac{df(x)}{dx_n}\right) = 2^{n-1}.$$

所以, $f(x)$ 的导数部分函数 $f(x)\dfrac{df(x)}{dx_n}$ 也是相关免疫函数.

由 (10.5.1) 式知, 对 $i = 1, 2, \cdots, n$, 有

$$w_t(f(x) + x_i) = 2^{n-1},$$

即 $f(x)$ 是相关免疫函数.

由于 $\deg\left(\dfrac{ef(x)}{ex_n}\right) = 1$, 且 $\dfrac{ef(x)}{ex_n}(1 + f(x)) = 0$, 所以, $\dfrac{ef(x)}{ex_n}$ 是 $f(x)$ 和 $1 + f(x)$ 的 1 个最低代数次数零化子. 所以, $AI(f(x)) = 1$.

定理 10.5.1 要注意的是: 反过来, 若已知 $f(x)$ 是相关免疫函数, 但并不能由此断言必有 $\deg\left(\dfrac{ef(x)}{ex_n}\right) = 1$, 也不能由 $\deg\left(\dfrac{ef(x)}{ex_n}\right) > 1$ 断言有 $AI(f(x)) = 1$. 即定理 10.5.1 是一个充分性定理, 但没有必要性, 必要性是不能证明的. 也可以举一个反例来说明没有必要性, 这里不再赘言.

推论 设 $f(x) \in GF(2)^{GF(2)^n}$, 且 $f(x)$ 是 $w_t(f(x)) = 2^{n-2}$ 的 H 布尔函数. 如果 $\deg\left(\dfrac{e(1 + f(x))}{ex_n}\right) = 1$, 且 $\left|\dfrac{e(1 + f(x))}{ex_n}\right| > 1$, 则 $f(x)$ 是相关免疫函数, 且 $AI(f(x)) = 1$.

由 $1+f(x)$ 是 $w_t(1+f(x)) = 2^{n-1}+2^{n-2}$ 的 H 布尔函数, $w_t(1+f(x)+x_i) = 2^n - w_t(f(x)+x_i) = 2^{n-1}$, 即 $w_t(f(x)+x_i) = 2^{n-1}$, 再由定理 10.5.1 即得证, 不再详述.

$w_t(f(x)) = 2^{n-1} + 2^{n-2}$ 的 H 布尔函数, 由于重量很大, 又有 $w_t\left(\dfrac{ef(x)}{ex_n}\right) = 2^{n-1}$, 与 $w_t(\omega x) = 2^{n-1}$ 重量相等, 所以它的代数免疫阶、非线性度都难达到较高. 但在研究布尔函数密码安全性质时, 仍需要用到这种 H 布尔函数, 比如, 它的相关免疫阶可以达到最高 $n-2$ 阶, 可以用来证明 H 布尔函数的最高相关免疫阶. 另外, 在研究布尔函数的其他一些密码安全性质时, 有时也要借助于它.

下面, 再给出一个结构较复杂, 有 $w_t\left(\dfrac{e\left(\dfrac{ef(x)}{ex_n}\right)}{ex_{n-1}}\right) = 2^{n-4}$ 的 $w_t(f(x)) = 2^{n-1} + 2^{n-2}$ 的 H 布尔函数的代数免疫性的定理 10.5.2.

定理 10.5.2 设 $f(x) \in GF(2)^{GF(2)^n}$, 且 $f(x)$ 是 $w_t(f(x)) = 2^{n-1} + 2^{n-2}$ 的 H 布尔函数. 已知又有

(1) $w_t\left(x_{n-2}\dfrac{ef(x)}{ex_n}\right) = 2^{n-2} + 2^{n-5}$;

$$(2)\ w_t\left(\frac{\partial\left(f(x)\frac{df(x)}{dx_n}\right)}{\partial(x_{n-2}x_{n-1}x_n)}\right)=2^{n-2}+2^{n-4};$$

$$(3)\ w_t\left(\frac{\partial\left(\frac{ef(x)}{ex_n}\right)}{\partial(x_{n-2}x_{n-1}x_n)}\right)=2^{n-1}+2^{n-3},$$

则 $f(x)$ 是 2 阶代数免疫 H 布尔函数, $AI(f(x))=2$.

证明 因 $f(x)$ 是 $w_t(f(x))=2^{n-1}+2^{n-2}$ 的 H 布尔函数, 有

$$w_t\left(f(x)\frac{df(x)}{dx_n}\right)=2^{n-2},\quad w_t\left(\frac{ef(x)}{ex_n}\right)=2^{n-1}.$$

又已知有条件 (1) 和条件 (2), 所以必有

$$w_t\left(x_{n-2}f(x)\frac{df(x)}{dx_n}\right)=2^{n-4}+2^{n-5}+2^{n-6}\quad 和\quad xw_t\left(\frac{e\left(\frac{ef(x)}{ex_n}\right)}{e(x_{n-1}x_n)}\right)=2^{n-4}.$$

所以

$$w_t\left(x_{n-2}\frac{e\left(\frac{ef(x)}{ex_n}\right)}{ex_{n-1}}\right)=2^{n-4},$$

$$w_t\left((1+x_{n-2})f(x)\frac{df(x)}{dx_n}\right)=2^{n-3}+2^{n-6},$$

$$w_t\left((1+x_{n-2})\frac{ef(x)}{ex_n}\right)=2^{n-3}+2^{n-4}+2^{n-5}.$$

已知有条件 (3), 所以

$$w_t\left(x_{n-1}\frac{ef(x)}{ex_n}\right)=2^{n-2}+2^{n-3}.$$

又必有

$$w_t\left((1+x_{n-1})\frac{ef(x)}{ex_n}\right)=2^{n-3}.$$

又已知还有条件 (2), 所以

$$w_t\left(x_{n-1}f(x)\frac{df(x)}{dx_n}\right)=2^{n-4},和$$

$$w_t\left((1+x_{n-1})f(x)\frac{df(x)}{dx_n}\right)=2^{n-3}+2^{n-4}.$$

又因为 $w_t(1 + f(x)) = 2^{n-2}$, 且对 $i = 1, 2, \cdots, n$, 有 $w_t\left(\dfrac{d(1 + f(x))}{dx_i}\right) = 2^{n-1}$, 所以 $1 + f(x)$ 是重量为 2^{n-2} 的 H 布尔函数, $1 + f(x)$ 的最低代数次数零化子是 $f(x)$ 的最低代数次数子函数. 所以, 求解方程

$$g(x) + g(x)f(x)\frac{df(x)}{dx_n} + g(x)\frac{ef(x)}{ex_n} = 0,$$

解得

$$g(x) = (x_n + x_{n-2})\sum_{i=1}^{n-3} x_i,$$

$g(x)$ 是 $1 + f(x)$ 和 $f(x)$ 的 1 个最低代数次数零化子, 且 $\deg(g(x)) = 2$. 所以, $f(x)$ 是 2 阶代数免疫 H 布尔函数, 有 $AI(f(x)) = 2$.

定理 10.5.2 给出的这种 H 布尔函数虽然结构复杂, 但它只有 $AI(f(x)) = 2$. 从定理 10.5.2 证明中的 $w_t\left(x_{n-1}\dfrac{ef(x)}{ex_n}\right) = 2^{n-2} + 2^{n-3}$, $w_t\left(x_{n-1}f(x)\dfrac{df(x)}{dx_n}\right) = 2^{n-4}$, 还可推出 $w_t(f(x) + x_{n-1}) = 2^{n-2} + 2^{n-3}$, 所以, $f(x)$ 不是相关免疫函数. 还可推出 $N_f = w_t(f(x) + x_{n-1}) = 2^{n-2} + 2^{n-3}$, 即 $f(x)$ 的非线性度也较低. 可知, 虽然 $f(x)$ 结构复杂, 但密码安全性质却较差. 在本书第 9 章中, 曾给出最优代数免疫平衡 H 布尔函数, 所以, 要寻找代数免疫阶较高的 H 布尔函数, 还是要到平衡 H 布尔函数中去寻找. 这里不再赘述.

10.6　2-分解 H 布尔函数的代数免疫性

本节只讨论 2-分解为 $f(x) = R(y)S(z)$(或 $f(x) = R(y) + S(z)$) 这两种 2-分解 H 布尔函数. 但本节除讨论 2-分解 H 布尔函数的代数免疫性外, 对 2-分解 H 布尔函数的相关免疫性、非线性度也做一定的讨论.

下面对 $f(x) = R(y)S(z)$ 这种 2-分解 H 布尔函数进行讨论. $f(x) = R(y) + S(z)$ 这种 2-分解 H 布尔函数, 也可参照进行.

定理 10.6.1　设 $f(x) \in GF(2)^{GF(2)^n}$, 且 $f(x)$ 能 2-分解为两个函数的乘积, 即

$$f(x) = R(y)S(z)\ (\{y\}\textstyle\bigcup\{z\} = \{x_1, x_2, \cdots, x_n\}, \{y\}\textstyle\bigcap\{z\} = \varnothing),$$

则 $f(x)$ 是 H 布尔函数的充分必要条件是: $\deg(R(y)) = \deg(S(z)) = 1$.

证明　(1) 充分性.

设 $f(x) = R(y)S(z)\ (\{y\}\bigcup\{z\} = \{x_1, x_2, \cdots, x_n\}, \{y\}\bigcap\{z\} = \varnothing)$, 且有 $\deg(R(y)) = \deg(S(z)) = 1$.

因有 $\deg(R(y)) = \deg(S(z)) = 1$, 所以有 $w_t(R(y)) = w_t(S(z)) = 2^{n-1}$. 所以, 对任意 $y_i \in \{y\} \subset \{x_1, x_2, \cdots, x_n\}$, 有

$$w_t\left(\frac{df(x)}{dy_i}\right) = w_t\left(\frac{dR(y)}{dy_i}S(z)\right) = w_t(S(z)) = 2^{n-1}.$$

对任意 $z_i \in \{z\} \subset \{x_1, x_2, \cdots, x_n\}$, 有

$$w_t\left(\frac{df(x)}{dz_i}\right) = w_t\left(R(y)\frac{dS(z)}{dz_i}\right) = w_t(R(y)) = 2^{n-1}.$$

所以, 对所有 $i = 1, 2, \cdots, n$, 有

$$w_t\left(\frac{df(x)}{dx_i}\right) = 2^{n-1}.$$

可知, $f(x)$ 是 H 布尔函数.

(2) 必要性.

已知 $f(x) = R(y)S(z)$ 是 H 布尔函数, 要证必有 $\deg(R(y)) = \deg(S(z)) = 1$. 用反证法证明.

(a) 先假设 $\deg(R(y)) = 1$, 而 $\deg(S(z)) > 1$. 所以有

$$w_t(R(y)) = 2^{n-1}, \quad \text{且} \quad \frac{dR(y)}{dy_i} = 1 \quad (y_i \in \{y\}).$$

由于 $f(x)$ 是 H 布尔函数, 所以有

$$w_t\left(\frac{df(x)}{dy_i}\right) = w_t\left(\frac{dR(y)}{dy_i}S(z)\right) = w_t(S(z)) = 2^{n-1}(y_i \in \{y\})$$

及

$$w_t\left(\frac{df(x)}{dz_i}\right) = w_t\left(R(y)\frac{dS(z)}{dz_i}\right) = 2^{n-1} \quad (z_i \in \{z\}).$$

但因 $w_t(R(y)) = 2^{n-1}$, 如果 $\frac{dS(z)}{dz_i} \neq 1(z_i \in \{z\})$, 则必有

$$R(y)\frac{dS(z)}{dz_i} = R(y) \quad (z_i \in \{z\}).$$

但这与 $\{y\} \bigcup \{z\} = \{x_1, x_2, \cdots, x_n\}$, $\{y\} \bigcap \{z\} = \varnothing$, 且 $y_i \in \{y\}$, $z_i \in \{z\}$ 矛盾. 由于 $z_i \in \{z\}$ 且 z_i 任意, 可知必有 $\frac{dS(z)}{dz_i} = 1$, 这又与 $\deg(S(z)) > 1$ 矛盾, 又 $S(z) \neq 0$, 所以必有 $\deg(S(z)) = 1$.

(b) 假设 $\deg(R(y)) > 1$, 而 $\deg(S(z)) > 1$.

因 $f(x)$ 是 H 布尔函数, 所以有

$$w_t\left(\frac{df(x)}{dz_i}\right) = w_t\left(R(y)\frac{dS(z)}{dz_i}\right) = 2^{n-1} \quad (z_i \in \{z\}), \tag{10.6.1}$$

$$w_t\left(\frac{df(x)}{dy_i}\right) = w_t\left(S(z)\frac{dR(y)}{dy_i}\right) = 2^{n-1} \quad (y_i \in \{y\}), \tag{10.6.2}$$

又因 $\deg(R(y)) > 1$, 所以, 由 (10.6.1) 式和 (10.6.2) 式知, 必有

$$w_t(R(y)) \geqslant 2^{n-1}, \quad w_t\left(\frac{dS(z)}{dz_i}\right) \geqslant 2^{n-1},$$

$$w_t(S(z)) \geqslant 2^{n-1}, \quad w_t\left(\frac{dR(y)}{dy_i}\right) \geqslant 2^{n-1} \quad (y_i \in \{y\}, z_i \in \{z\}).$$

记 $R(y)\frac{dS(z)}{dz_i} = R_1(y)$, 所以, $R(y) = R_1(y) + R_2(y)$, 且有

$$w_t(R_1(y)) = 2^{n-1}, \quad R_1(y)R_2(y) = 0 \tag{10.6.3}$$

和

$$\frac{dS(z)}{dz_i} = R_1(y) + S_1(z) \ (z_i \in \{z\}), \quad R_1(y)S_1(z) = 0, \tag{10.6.4}$$

所以

$$R(y)\frac{dS(z)}{dz_i} = R_1(y)\frac{dS(z)}{dz_i} + R_2(y)\frac{dS(z)}{dz_i} = R_1(y) \quad (z_i \in \{z\}), \tag{10.6.5}$$

所以, $R_2(y)\frac{dS(z)}{dz_i} = 0 (z_i \in \{z\})$. 由导数的定义给出的计算知

$$S(z) = R_1(y).$$

但由于 $\{y\}\bigcup\{z\} = \{x_1, x_2, \cdots, x_n\}, \{y\}\bigcap\{z\} = \varnothing$, 知 $S(z) = R(y)$ 是不可能的, 即 $S(z) = R_1(y)$ 与 2-分解自变量集的定义矛盾. 所以, $\deg(R(y)) > 1$ 与 $\{y\} \cup \{z\} = \{x_1, x_2, \cdots, x_n\}$ 且 $\{y\}\bigcap\{z\} = \varnothing$ 矛盾. 所以必有 $\deg(R(y)) = 1$.

同样的证明, 也可得出 $\deg(S(z)) = 1$.

可 2-分解为 2 个 1 次函数乘积形式 $(f(x) = R(y)S(z))$ 的 H 布尔函数 $f(x)$ 的相关免疫阶却可以达到较高的 $\left[\frac{n}{2}\right] - 1$ 阶. 下面的定理就来讨论 $f(x) = R(y)S(z)$ 的相关免疫阶问题.

为方便讨论, 先给出一个记号: 将能 2-分解为两个 1 次函数乘积的所有 n 元 H 布尔函数 $f(x) = R(y)S(z)$ 为元素构成的集合记为 $F[x, y]$.

定理 10.6.2　设 $f(x) \in GF(2)^{GF(2)^n}$, 且 $f(x) \in F[y, z]$, 则有

$$\max_{f(x) \in F[x,y]} CI(f(x)) = \left[\frac{n}{2}\right] - 1.$$

证明 由定理 10.6.1 知, 对 $f(x) \in F[y,z]$, 有 $\deg(R(y)) = \deg(S(z)) = 1$. 所以, 对任意 $\omega x \in GF(2)^{GF(2)^n} (1 \leqslant w_t(\omega) \leqslant n)$, 且 $\omega x \neq R(y)$, $\omega x \neq S(z)$, 必有

$$w_t(f(x)) = w_t(R(y)S(z)) = 2^{n-2}, \quad w_t(\omega x R(y)S(z)) = 2^{n-3}.$$

又对任意 $\omega x \in GF(2)^{GF(2)^n} (1 \leqslant w_t(\omega) \leqslant n)$, 有

$$w_t(f(x) + \omega x) = w_t(R(y)S(z)) + w_t(\omega x) - 2w_t(\omega x R(y)S(z)), \tag{10.6.6}$$

所以, 当 $\omega x = R(y)$ 或 $\omega x = S(z)$ 时, 有

$$w_t(f(x) + \omega x) = w_t(\omega x) - w_t(R(y)S(z)) = 2^{n-2},$$

即 $f(x)$ 一定不是 $w_t(\omega)$ 阶相关免疫函数, 即不是 $\min(|\{y\}|, |\{z\}|)$ 阶相关免疫函数.

当 $w_t(\omega) \leqslant \min(|\{y\}|, |\{z\}|) - 1$ 时, 有

$$w_t(f(x) + \omega x) = 2^{n-2} + 2^{n-1} - 2 \cdot 2^{n-3} = 2^{n-1}.$$

所以, $f(x)$ 为 $\min(|\{y\}|, |\{z\}|) - 1$ 阶相关免疫函数.

由于集合 $\{y\}$ 和 $\{z\}$ 含的变量元素数 $|\{y\}|$ 和 $|\{z\}|$ 的最大最小解为

$$\max \min(|\{y\}|, |\{z\}|) = \left\lceil \frac{n}{2} \right\rceil,$$

所以

$$\max_{f(x) \in F[x,y]} CI(f(x)) = \left\lceil \frac{n}{2} \right\rceil - 1,$$

即 $F[y,z]$ 中的可 2-分解为 2 个 1 次函数乘积的 H 布尔函数中, 存在有最大相关免疫阶为 $\left\lceil \frac{n}{2} \right\rceil - 1$ 阶的 H 布尔函数.

显然, 由定理 10.6.2 的证明中的关系式 (10.6.6), 可知有推论 1 和推论 2.

推论 1 对 $f(x) \in GF(2)^{GF(2)^n}$, 且 $f(x) = R(y)S(z) \in F[y,z]$, 当 $\omega x \neq R(y)$, $\omega x \neq S(z)$ 且 $\omega x \neq R(y) + S(z)$ 时, 有

$$w_t(f(x) + \omega x) = 2^{n-1}.$$

推论 2 对 $f(x) \in GF(2)^{GF(2)^n}$, 且 $f(x) = R(y)S(z) \in F[y,z]$, 若 $R(y) = x_i$ 或 $S(z) = x_j$, 则 $f(x)$ 不是相关免疫函数.

虽然可 2-分解为两个 1 次函数乘积的 H 布尔函数 $f(x) = R(y)S(z)$ 的最高相关免疫阶可达到 $\left\lceil \frac{n}{2} \right\rceil - 1$ 阶, 但这类 H 布尔函数的代数免疫阶却不高, 只有 1 阶. 这有定理 10.6.3.

定理 10.6.3　有 2-分解 H 布尔函数 $f(x) = R(y) S(z) \in F[y,z]$, $f(x) \in GF(2)^{GF(2)^n} (\{y\} \bigcup \{z\} = \{x_1, x_2, \cdots, x_n\}, \{y\} \bigcap \{z\} = \varnothing)$, 则 $1 + R(y)$ 和 $1 + S(z)$ 是 $f(x)$ 的 2 个最低代数次数零化子, 且 $AI(f(x)) = 1$.

定理 10.6.3 是很明显的. 因为 $(1 + R(y))f(x) = 0, (1 + S(z))f(x) = 0$, 且 $\deg(1 + R(y)) = \deg(1 + S(z)) = 1$, 所以, $1 + R(y)$ 和 $1 + S(z)$ 是 2-分解 H 布尔函数 $f(x) = R(y) S(z)$ 的 2 个最低代数次数零化子, 所以, $AI(f(x)) = 1$.

从定理 10.6.2 对 2-分解 H 布尔函数 $f(x) = R(y) S(z)$ 的相关免疫性及其推论的讨论中可以看到, 对 $\omega x = R(y) + S(z)$, 有 $w_t(f(x) + \omega x) = 2^{n-1} + 2^{n-2}$; 对 $\omega x = R(y)$ 和 $\omega x = S(z)$, 有 $w_t(f(x) + \omega x) = 2^{n-2}$; 对任意 $\omega x \neq R(y)$ 且 $\omega x \neq S(z)$ 且 $\omega x \neq R(y) + S(z)$ 的 $\omega x (\omega x \in L_n[x])$, 都有 $w_t(f(x) + \omega x) = 2^{n-1}$. 所以可知, 只要选取 $l_0(x) = R(y)$ 或 $l_0(x) = S(z)$, 就有

$$\min_{l(x) \in L_n[x]} w_t(f(x) + l(x)) = w_t(f(x) + l_0(x)) = 2^{n-2}.$$

所以有下面的定理.

定理 10.6.4　对 2-分解 H 布尔函数 $f(x) = R(y) S(z) \in F[x,y], f(x) \in GF(2)^{GF(2)^n} (\{y\} \bigcup \{z\} = \{x_1, x_2, \cdots, x_n\} \{y\} \bigcap \{z\} = \varnothing)$, 有

$$N_f = \min_{l(x) \in L_n[x]} w_t(f(x) + l(x)) = w_t(f(x) + l_{0i}(x)) = 2^{n-2} \quad (i = 1, 2),$$

且 $l_{01}(x) = R(y), l_{02}(x) = S(z)$.

从定理 10.6.2 ～ 定理 10.6.4 可以看到, $f(x) = R(y) S(z) \in F[x,y]$ 这种类型的 2-分解 H 布尔函数只是由不同变量的线性函数生成的, 因而 $f(x)$ 的非线性度只由生成它的线性函数 $R(y)$ 和 $S(z)$ 确定, 且非线性度不高; $f(x)$ 的最低代数次数零化子也由 $R(y)$ 和 $S(z)$ 确定, 代数免疫阶只有 1 阶; 只有相关免疫阶比较高, 可以达到 $\left\lceil \dfrac{n}{2} \right\rceil - 1$ 阶. 但是, 利用 $f(x) = R(y) S(z)$ 却可以构造得到非线性度较高的 H 布尔函数, 这有下面的定理.

定理 10.6.5　对 2-分解 H 布尔函数

$$f_i(x) = R(y) S(z) = \sum_{r=1}^{n-i} x_r \sum_{k=n}^{n-i+1} x_k \quad (i = 2, 3, \cdots, n-2),$$

取

$$f_1(x) = (x_n + x_{n-3}) + (x_n + x_{n-1}) \sum_{k=n-2}^{n-i+1} x_k + \sum_{k=n-2}^{n-i+1} x_k \sum_{j=1}^{n-i} x_j + f_i(x)$$
$$(i = 2, 3, \cdots, n-2),$$

则

(1) $f_1(x)$ 是 1 阶相关免疫平衡 H 布尔函数;

(2) 有 $l_{01}(x) = x_n + x_{n-3}$, $l_{02}(x) = x_{n-1} + x_{n-3}$, 且有

$$N_{f_1} = \min_{l(x) \in L_n[x]} w_t(f_1(x) + l(x)) = w_t(f_1(x) + l_{01}(x)) = w_t(f_1(x) + l_{02}(x)) = 2^{n-3}.$$

(3) 令 $N = n + 1$, 则级联函数

$$f(x) = (1 + x_0)f_1(x) + x_0 f_i(x)$$

是 N 维相关免疫的、2 阶代数免疫的 H 布尔函数.

当 $l_{01}(x) \neq S(z)$ 且 $l_{01}(x) \neq R(y)$ 及 $l_{02}(x) \neq S(z)$ 且 $l_{02}(x) \neq R(y)$ 时, 对 $l'_{01}(x) = x_{n-3} + x_n \in L_{n+1}[x]$, $l'_{02}(x) = x_{n-3} + x_{n-1} \in L_{n+1}[x]$, 有

$$N_f = \min_{l(x) \in L_{n+1}[x]} w_t(f(x) + l(x)) = w_t(f(x) + l'_{0i}(x)) = 2^{N-2} + 2^{N-3} \quad (i = 1, 2).$$

证明   (1) 由于 $\deg f_1(x) = 2$ 且 $f_1(x)$ 的 2 次项中含有 $x_1, x_2, \cdots, x_n$ 中所有元, 所以, 对一切 $i = 1, 2, \cdots, n$, 有

$$\deg\left(\frac{df_1(x)}{dx_i}\right) = 1.$$

所以, 对一切 $i = 1, 2, \cdots, n$, 有

$$w_t\left(\frac{df_1(x)}{dx_i}\right) = 2^{n-1},$$

所以, $f_1(x)$ 是 H 布尔函数.

求 $f_1(x)$ 对 x_n 的 e-导数的重量, 有

$$w_t\left(\frac{ef_1(x)}{ex_n}\right) = w_t\left((x_{n-3} + x_{n-1})\left(\sum_{k=n-2}^{n-i+1} x_k + \sum_{k=1}^{n-i} x_k\right)\right) = 2^{n-2}.$$

所以

$$w_t(f_1(x)) = 2^{-1}w_t\left(\frac{df_1(x)}{dx_n}\right) + w_t\left(\frac{ef_1(x)}{ex_n}\right) = 2^{n-1}.$$

所以, H 布尔函数 $f_1(x)$ 是平衡 H 布尔函数.

对一切 $i = 1, 2, \cdots, n$, 有

$$w_t\left(\frac{d(f_1(x) + x_i)}{dx_i}\right) = 2^n - w_t\left(\frac{df_1(x)}{dx_i}\right) = 2^{n-1}.$$

又

$$w_t\left(\frac{e(f_1(x)+x_n)}{ex_n}\right) = w_t\left(x_{n-3}+x_{n-3}\sum_{k=1}^{n-2}x_k\right) = 2^{n-2},$$

$$w_t\left(\frac{e(f_1(x)+x_{n-1})}{ex_{n-1}}\right) = w_t\left(x_{n-3}\sum_{k=1}^{n-2}x_k\right) = 2^{n-2},$$

$$w_t\left(\frac{e(f_1(x)+x_{n-3})}{ex_{n-3}}\right) = 2^{n-2}$$

和

$$w_t\left(\frac{e(f_1(x)+x_i)}{ex_i}\right)$$

$$= w_t((x_n+x_{n-1})(x_n+x_{n-3}+x_1+x_3+\cdots$$

$$+ x_{i-1}+x_{i+1}+\cdots+x_{n-2}))\quad (i=n-2,n-4,\cdots,1)$$

$$= 2^{n-2}.$$

所以, 对一切 $i=1,2,\cdots,n$, 有

$$w_t(f_1(x)+x_i) = 2^{-1}w_t\left(\frac{d(f_1(x)+x_i)}{dx_i}\right) + w_t\left(\frac{e(f_1(x)+x_i)}{ex_i}\right) = 2^{n-1}.$$

所以 $f_1(x)$ 是相关免疫函数.

所以, $f_1(x)$ 是 1 阶相关免疫平衡 H 布尔函数.

(2) 直接计算即可得

$$w_t(f_1(x)+l_{01}(x)) = w_t(f_1(x)+l_{02}(x)) = 2^{n-2}.$$

又由 10.1 节的定理可知, 若 $f(x)$ 是 H 布尔函数, 则必有 $2^{n-2} \leqslant N_f \leqslant 2^{n-1} - 2^{\frac{n}{2}-1}$, 所以

$$N_{f_1} = 2^{n-2}.$$

(3) 由定理 10.6.2 的证明及 $f_i(x)$ 的定义可知, $f_i(x)$ 至少是 1 阶相关免疫函数. 又由本定理 (1) 的证明可知, $f_1(x)$ 也是 1 阶相关免疫函数.

所以, 对一切 $r=1,2,\cdots,n$, 有

$$w_t(f(x)+x_r)$$

$$= w_t((1+x_0)(f_1(x)+x_r)) + w_t(x_0(f_i(x)+x_r)) - w_t(x_r)$$

$$= 2[2^{n-1}+2^{n-1}-2^{n-1}] = 2^{N-1},$$

所以, $f(x)$ 是相关免疫函数.

由于

$$w_t\left(\frac{d(f_1(x)+f_i(x))}{dx_n}\right) = w_t\left(1+\sum_{k=n-2}^{n-i+1} x_k\right) = 2^{n-1},$$

$$w_t\left(\frac{e(f_1(x)+f_i(x))}{ex_n}\right)$$

$$= w_t\left(\left(1+x_{n-3}+\sum_{k=n-2}^{n-i+1} x_k + x_{n-1}\sum_{k=n-2}^{n-i+1} x_k + \sum_{k=n-2}^{n-i+1} x_k \sum_{j=1}^{n-i} x_j\right)\right.$$

$$\left.\left(x_{n-3}+x_{n-1}\sum_{k=n-2}^{n-i+1} x_k + \sum_{k=n-2}^{n-i+1} x_k \sum_{j=1}^{n-i} x_j\right)\right)$$

$$= w_t\left(\left(x_{n-3}+x_{n-1}+\sum_{j=1}^{n-i} x_j\right)\sum_{k=n-2}^{n-i+1} x_k\right) = 2^{n-2},$$

所以有

$$w_t(f_1(x)+f_i(x)) = 2^{-1}w_t\left(\frac{d(f_1(x)+f_i(x))}{dx_n}\right) + w_t\left(\frac{e(f_1(x)+f_i(x))}{ex_n}\right) = 2^{n-1}.$$

取 $N = n+1$. 由于 $f_1(x)$ 和 $f_i(x)$ 都是 n 元 H 布尔函数, 所以, 对一切 $r = 1, 2, \cdots, n$, 有

$$w_t\left(\frac{f(x)}{dx_r}\right) = w_t\left((1+x_0)\frac{f_1(x)}{dx_r}\right) + w_t\left(x_0\frac{f_i(x)}{dx_r}\right) = 2^n = 2^{N-1}.$$

又由于 $w_t(f_1(x)+f_i(x)) = 2^{n-1}$, 所以有

$$w_t\left(\frac{df(x)}{dx_0}\right) = 2w_t(f_1(x)+f_i(x)) = 2^n = 2^{N-1}.$$

所以, $f(x)$ 是 H 布尔函数.

现在要来证明这样一个命题: 由于 $f_1(x)$ 是平衡 H 布尔函数, 所以 $f_1(x)$ 的代数免疫阶必不小于 2, 即必有 $AI(f_1(x)) \geqslant 2$, 也即 $f_1(x)$ 和 $1+f_1(x)$ 的最低代数次数零化子 $g(x)$ 有 $\deg(g(x)) \geqslant 2$.

用反证法来证明.

假设平衡 H 布尔函数 $f_1(x)$ 和 $1+f_1(x)$ 的最低代数次数零化子 $g(x)$ 是 1 次函数, 即 $\deg(g(x)) = 1$. 不失一般性, 不妨设 $g(x)$ 是 $f_1(x)$ 的子函数, 即 $g(x)f_1(x) = g(x)$. 由于 $g(x)$ 是线性函数, 有 $w_t(g(x)) = 2^{n-1}$. 但 $f_1(x)$ 是平衡 H 布尔函数, 也有 $w_t(f_1(x)) = 2^{n-1}$, 所以必有 $g(x)f_1(x) = g(x) = f_1(x)$. 但 $f_1(x)$ 是平衡 H 布尔函数, 不可能是线性函数, 所以必有 $\deg(f_1(x)) \geqslant 2$, 这与 $g(x) = f_1(x)$ 矛盾. 所以, 平衡 H 布尔函数 $f_1(x)$ 的代数免疫阶必不小于 2, 即有 $AI(f_1(x)) \geqslant 2$. 可知, $f_1(x)$ 只能有 2 次以上的零化子.

又 $f_i(x)$ 有 1 次零化子 $1 + S(z)$ 和 $1 + R(y)$, 所以, $f(x)$ 有 2 次最低代数次数零化子 $(1 + x_0) \cdot 0 + x_0(1 + S(z))$ 和 $(1 + x_0) \cdot 0 + x_0(1 + R(y))$, 所以有 $AI(f(x)) = 2$, 即 $f(x)$ 是 2 阶代数免疫函数.

由前面已证的本定理的 2 可知: 对 $f_1(x)$, 有 $l_{01}(x) = x_n + x_{n-3}$ 和 $l_{02}(x) = x_{n-1} + x_{n-3}$, 使

$$w_t(f_1(x) + l_{0i}(x)) = \min_{l(x) \in L_n[x]} w_t(f_1(x) + l(x)) = N_{f_1} \quad (i = 1, 2).$$

而对 $f_i(x) = R(y) S(z)$, 由 $R(y)$, $S(z)$ 和 $l_{01}(x)$, $l_{02}(x)$ 的结构可知, $l_{01}(x) \neq S(z)$, $l_{01}(x) \neq R(y)$, $l_{02}(x) \neq S(z)$, $l_{02}(x) \neq R(y)$. 为方便计算且不失一般性, 可假设 $S(z)$ 中含 x_{n-3}, 记 $S(z) = S_1(z) + x_{n-3}$. 于是有

$$w_t\left(\frac{d(R(y)S(z) + l_{0r}(x))}{dx_{n-3}}\right) = w_t(R(y) + x_k) = 2^{n-1}$$

$$(k = n \text{ 或 } k = n-1, r = 1, 2),$$

$$w_t\left(\frac{e(R(y)S(z) + l_{0r}(x))}{ex_{n-3}}\right) = w_t(R(y)(S_1(z) + x_k)) = 2^{n-2}$$

$$(k = n \text{ 或 } k = n-1, r = 1, 2).$$

所以

$$w_t(f_i(x) + l_{0r}(x)) = 2^{n-1} \quad (r = 1, 2).$$

同样, 可计算出

$$w_t(f_1(x) + R(y)) = w_t(f_1(x) + S(z)) = 2^{n-1}.$$

记 $l'_{01}(x') = x_n + x_{n-3}$, $l'_{02}(x') = x_{n-1} + x_{n-3}$ ($x' = (x_0 x_1 x_2 \cdots x_n)$) 为 $n+1$ 维函数. 则有

$$\begin{aligned}
N_f &= \min_{l(x) \in L_n[x]} w_t(f(x') + l(x)) \\
&= w_t(f(x') + l_{0r}(x')) \\
&= w_t(f(x') + (1 + x_0) \cdot 0 + x_0 R(y)) \quad (N = n + 1) \\
&= w_t(f(x') + (1 + x_0) \cdot 0 + x_0 S(z)) \\
&= 2^{N-2} + 2^{N-3}.
\end{aligned}$$

定理 10.6.5 利用 2-分解 H 布尔函数得到一种相关免疫的、2 阶代数免疫的、非线性度大于 2^{N-2} 的 H 布尔函数.

第 11 章　　旋转对称布尔函数与其导数、e-导数

旋转对称布尔函数是密码学中的一类重要函数 (通常人们将其简称为 RSBF 函数 (rotation symmetric boolean functions)). 旋转对称布尔函数最初由 Pieprzyk 和 Qu 在研究 Hash 算法的快速实现时提出. 这类布尔函数在输入变量旋转变化时, 其函数值保持不变. 这种旋转对称不变性可以提高计算函数值的效率. 因而, 旋转对称布尔函数被用于很多密码算法的设计, 如一些摘要算法 MD4、MD5、HAVAL 等. 所以, 旋转对称布尔函数一经提出就受到密码研究者的重视, 并给予了较多的研究.

不同类型的旋转对称布尔函数有很多不完全一致的性质. 有一类旋转对称布尔函数还能分解成 Bent 函数和 H 布尔函数的和, 而且在扩散性上与 Bent 函数有相近的性质. 所以, 本章将对旋转对称布尔函数按不同的类型分开来进行讨论, 并且只讨论几种主要类型的旋转对称布尔函数.

11.1　基本概念和基本定理

先给出旋转对称布尔函数的定义 11.1.1.

定义 11.1.1　设 n, k 均为正整数, $x = (x_1, x_2, \cdots, x_n) \in GF(2)^n$, $0 \leqslant k \leqslant n-1$, 有 $|c_n| = n$ 的 n 阶循环群

$$c_n = \left\{ \rho_n^k \, | \, 0 \leqslant k \leqslant n-1 \right\} = \left\{ \rho_n^0 = e, \rho_n^1, \rho_n^2, \cdots, \rho_n^{n-1} \right\},$$

定义 $\rho_n^k(x) = (\rho_n^k(x_1), \rho_n^k(x_2), \cdots, \rho_n^k(x_n))$, 且 $\rho_n^k(x_i) = x_{(i+k) \bmod n}$. 并规定当 $i+k = n$ 时, $x_{n \bmod n} = x_n$(即 $n \bmod n = n$, 这与 mod 运算原定义不同, 原因在于: mod 运算规定 $n \bmod n = 0$, 是因这里的变量 x_i 的下角标 i 没有 0 角标, 其角标是从 1 算起, 故要错开一位定义).

如果对任意 $f(x) \in GF(2)^{GF(2)^n}(x = (x_1, x_2, \cdots, x_n) \in GF(2)^n)$, 都有 $f(\rho_n^k(x)) = f(x)$, 则称 n 元布尔函数 $f(x)$ 是 n 元旋转对称布尔函数.

在对旋转对称布尔函数的研究中, 经常会遇到旋转对称的 H 布尔函数, 所以, 对旋转对称 H 布尔函数给出如下定义.

定义 11.1.2　若布尔函数 $f(x) \in GF(2)^{GF(2)^n}$ 是旋转对称布尔函数, 且对一切 $i = 1, 2, \cdots, n$, 有

$$w_t\left(\frac{df(x)}{dx_i}\right) = 2^{n-1},$$

则称布尔函数 $f(x)$ 是旋转对称 H 布尔函数.

　　H 布尔函数还有其他等价的定义. 自然, 这些定义对旋转对称 H 布尔函数也适用. 但通常判断函数是否为 H 布尔函数, 使用最方便的算法是导数重量算法. 这里对旋转对称 H 布尔函数给出导数重量算法的一个结果.

　　结果　设 $m+1$ 个 n 元布尔函数 $f(x),\ f_1(x),\ f_2(x),\cdots,f_m(x)\in GF(2)^{GF(2)^n}$ 有和的关系

$$f(x) = \sum_{i=1}^{m} f_i(x).$$

如果这 m 个函数 $f_1(x),\ f_2(x),\cdots,f_m(x)$ 中, 有一个且只有一个 n 元函数 $f_i(x)$ 不是旋转对称布尔函数, 则和函数 $f(x)$ 一定不是旋转对称布尔函数.

　　这一判断结果由旋转对称布尔函数的定义 11.1.1 就可得出, 不再赘述. 但反过来, 如果已知和函数 $f(x)$ 是旋转对称布尔函数, 则对 m 个函数 $f_1(x),\ f_2(x),\cdots,$ $f_m(x)$, 只能做出其中不能只有唯一一个函数不是旋转对称布尔函数的结论. 因为二个非旋转对称的布尔函数的和, 有可能变成一个旋转对称布尔函数.

　　由上述结果可知, 可以有下面的定理.

　　定理 11.1.1　设函数 $f(x)\in GF(2)^{GF(2)^n}$ 是旋转对称布尔函数, 且 $f(x)$ 是 m 个齐次布尔函数 $f_1(x),\ f_2(x),\cdots,f_m(x)$ 的和, 即每一 $f_i(x)$ 的各项次数均相等, 但 $\deg(f_i(x))\ne\deg(f_j(x))(i\ne j)$, 有

$$f(x) = f_1(x) + f_2(x) + \cdots + f_m(x),$$

则上式中的任一 $f_i(x)(i=1,2,\cdots,m)$ 都是齐次旋转对称布尔函数.

　　这是因为：由旋转对称布尔函数的定义 11.1.1 可知, 若 $f_i(x)$ 是 r 次齐次函数, $f_j(x)$ 是 s 次齐次函数 $(r\ne s)$, 若 $f_i(x)$ 不是旋转对称的函数, 则无论加入多少 s 次的项也不能改变 $f_i(x)$ 的非旋转对称性; 但若 $f_i(x)$ 是 r 次齐次旋转对称的函数, 而 $f_j(x)$ 是 s 次齐次非旋转对称函数, 则 $f_i(x)+f_j(x)$ 不满足旋转对称的定义. 所以, 定理 11.1.1 由归纳法即可证得是成立的. 由于证明很简单, 故这里不再详证.

　　从定理 11.1.1 可知, 可以将一般的旋转对称布尔函数分解为不同次数的齐次旋转对称布尔函数, 再对这些齐次旋转对称布尔函数的密码学性质分别进行研究. 而通过下面的进一步一些讨论, 将会看到, 作这种拆分的研究还是必要的, 具有必要性.

定义 11.1.3 设有 n 元布尔函数 $f(x) \in GF(2)^{GF(2)^n}$, 且设 $f(x)$ 是一个 n 次旋转对称布尔函数. 如果对 $f(x)$ 加 1 个任意 i 次 $(i = 1, 2, \cdots, n-1)$ 单项式的变换, 则 $f(x)$ 就必变换成一个非旋转对称的 n 次布尔函数, 则原 n 次旋转对称布尔函数 $f(x)$ 就称为 n 次完全旋转对称布尔函数.

由定义 11.1.1, 可得如下定义.

定义 11.1.4 设布尔函数 $f(x) \in GF(2)^{GF(2)^n}$. 如果 $f(x)$ 是所有 i 次不同单项式的和, 则称 n 元布尔函数 $f(x)$ 为 i 次齐次完全旋转对称布尔函数, 并将 $f(x)$ 记为 $f_n^i(x)$, 或简记为 $f^i(x)$.

定理 11.1.2 设有 n 元布尔函数 $f(x) \in GF(2)^{GF(2)^n}$, 则 $f(x)$ 是完全旋转对称布尔函数的充分必要条件是: $f(x)$ 有 $2^n - 1$ 项不同的项.

证明 由定义 11.1.4 知, 由所有 i 次不同单项式的和构成的函数, 必为旋转对称布尔函数, 且若定义 $C_0^0 = 1$ 时, 旋转对称布尔函数必含有 $C_{n-1}^{i-1} + C_{n-2}^{i-1} + C_{n-3}^{i-1} + \cdots + C_i^{i-1} + C_{i-1}^{i-1}$ 项的 i 次不同单项式项. 所以, 由组合公式、二项式定理、有限数列定理及定义 11.1.1 和定义 11.1.3, 便可知, 若 $f(x)$ 含不同的, 且次数不同的项数为

$$[1,1,1,\cdots,1,1] \begin{bmatrix} C_{n-1}^1 & C_{n-2}^1 & \cdots & C_3^1 & C_2^1 & C_1^1 \\ C_{n-1}^2 & C_{n-2}^2 & \cdots & C_3^2 & C_2^2 & 0 \\ C_{n-1}^3 & C_{n-2}^3 & \cdots & C_3^3 & 0 & 0 \\ \vdots & \vdots & & \vdots & \vdots & \vdots \\ C_{n-1}^{n-2} & C_{n-2}^{n-2} & \cdots & 0 & 0 & 0 \\ C_{n-1}^{n-1} & 0 & \cdots & 0 & 0 & 0 \end{bmatrix} \begin{bmatrix} 1 \\ 1 \\ 1 \\ \vdots \\ 1 \\ 1 \end{bmatrix} + n = 2^n - 1, \qquad (11.1.1)$$

则 $f(x)$ 必为旋转对称布尔函数, 且为完全旋转对称布尔函数.

反之, 若 $f(x)$ 含 $2^n - 1$ 个不同次数的项, 则由 1 次齐次完全旋转对称布尔函数共有 n 项 1 次项, 又由定义 11.1.4 知, 2 次齐次完全旋转对称布尔函数含 $C_{n-1}^1 + C_{n-2}^1 + \cdots + C_2^1 + C_1^1$ 项, 3 次齐次完全旋转对称布尔函数含 $C_{n-1}^2 + C_{n-2}^2 + \cdots + C_3^2 + C_2^2$ 项 $\cdots\cdots n-1$ 次齐次完全旋转对称布尔函数含 $C_{n-1}^{n-2} + C_{n-2}^{n-2}$ 项, n 次齐次完全旋转对称布尔函数含 C_{n-1}^{n-1} 项. 所以, $f(x)$ 必为所有 i 次 $(i = 1, 2, \cdots, n)$ 齐次完全旋转对称布尔函数的和, 即 $f(x)$ 必为完全旋转对称布尔函数.

推论 n 元布尔函数 $f(x) \in GF(2)^{GF(2)^n}$ 是 i 次 $(i = 1, 2, \cdots, n)$ 齐次完全旋转对称布尔函数的充分必要条件是: $f(x)$ 是

$$C_{n-1}^{i-1} + C_{n-2}^{i-1} + C_{n-3}^{i-1} + \cdots + C_i^{i-1} + C_{i-1}^{i-1}$$

项 (其中 $C_0^0 = 1$) i 次不同单项式的和.

由定理 11.1.2 可知, 可以将完全旋转对称布尔函数分为不同的齐次完全旋转对称布尔函数来讨论, 从而可简化对完全旋转对称布尔函数问题的讨论.

定理 11.1.3　设布尔函数 $f(x) \in GF(2)^{GF(2)^n}$ 是 2 次齐次完全旋转对称布尔函数, 则有

$$w_t\left(f(x)\frac{df(x)}{dx_n}\right) = 2^{n-2},$$

而 $w_t\left(\dfrac{ef(x)}{ex_n}\right)$ 与 n 的值有关, 但 $w_t\left(\dfrac{ef(x)}{ex_n}\right)$ 不能以某一公式确定.

证明　由于 $f(x)$ 是 2 次齐次完全旋转对称布尔函数, 所以必有

$$w_t\left(\frac{df(x)}{dx_n}\right) = w_t\left(\sum_{i=1}^{n-1} x_i\right) = 2^{n-1},$$

所以必有

$$w_t\left(f(x)\frac{df(x)}{dx_n}\right) = 2^{n-2}.$$

而对于 $w_t\left(\dfrac{ef(x)}{ex_n}\right)$:

当 $n = 7$ 时, $w_t\left(\dfrac{ef(x)}{ex_n}\right) = 2^{n-2}$;

当 $n = 8$ 时, $w_t\left(\dfrac{ef(x)}{ex_n}\right) = 2^{n-2} - 2^{\frac{n}{2}-1}$.

所以, $w_t\left(\dfrac{ef(x)}{ex_n}\right)$ 与 n 的值有关而不能以某一公式确定.

定理 11.1.4　设布尔函数 $f_n^i(x),\ f_n^j(x) \in GF(2)^{GF(2)^n}$, $f_n^i(x),\ f_n^j(x)$ 分别为 i 次齐次和 j 次齐次完全旋转对称布尔函数:

(1) 若 $i \neq j$, 则 $f(x) = f_n^i(x) + f_n^j(x)$ 是非齐次完全旋转对称布尔函数;

(2) 若 $i = j$, 则 $f(x) = f_n^i(x) + f_n^j(x) \equiv 0$.

证明　(1) 当 $i \neq j$ 时, 由于 $f_n^i(x)$ 中所有的项均为 i 次, $f_n^j(x)$ 中所有的项均为 j 次, 所以, $f_n^i(x) + f_n^j(x)$ 中没有任何两项可相消. $f_n^i(x)$ 和 $f_n^j(x)$ 都是齐次完全旋转对称布尔函数, 对任意 $0 \leqslant k \leqslant n-1$, 有 $f_n^i(\rho_n^k(x)) = f_n^i(x)$, $f_n^j(\rho_n^k(x)) = f_n^j(x)$. 所以, 对任意 $0 \leqslant k \leqslant n-1$, 也必有

$$f(\rho_n^k(x)) = f_n^i(\rho_n^k(x)) + f_n^j(\rho_n^k(x)) = f_n^i(x) + f_n^j(x) = f(x).$$

则 $f(x) = f_n^i(x) + f_n^j(x)$ 是非齐次完全旋转对称布尔函数.

(2) 当 $i = j$ 时, 则

$$f(x) = f_n^i(x) + f_n^j(x) = f_n^i(x) + f_n^i(x) \equiv 0.$$

所以, $f(x)$ 是常数 0.

推论 设布尔函数 $f(x), f_n^1(x), f_n^2(x), \cdots, f_n^{i-1}(x), f_n^i(x) \in GF(2)^{GF(2)^n} (1 \leqslant i \leqslant n)$, 且

$$f(x) = f_n^1(x) + f_n^2(x) + \cdots + f_n^{i-1}(x) + f_n^i(x),$$

$f_n^r(x)(r = 1, 2, \cdots, i)$ 是 r 次齐次完全旋转对称布尔函数, 则 $f(x)$ 是完全旋转对称布尔函数.

定理 11.1.5 设布尔函数 $f(x) \in GF(2)^{GF(2)^n}$, $f(x)$ 为

$$f(x) = \sum_{i=1}^{n} x_i x_{i+i_1} x_{i+i_2} \cdots x_{i+i_r} \quad (1 \leqslant i_r \leqslant n),$$

则当 $f(x)$ 不为常数 0 时, $f(x)$ 是一个 $i_r + 1$ $(1 \leqslant i_r \leqslant n)$ 次齐次旋转对称布尔函数.

证明 由 $f(x)$ 的定义 $\left(f(x) = \sum\limits_{i=1}^{n} x_i x_{i+i_1} x_{i+i_2} \cdots x_{i+i_r} \right)$ 知, 对任意 $1 \leqslant i \leqslant n, 1 \leqslant r \leqslant n$, 有

$$x_{(i+r) \bmod n} x_{(i+i_1) \bmod n} x_{(i+r+i_2) \bmod n} \cdots x_{(i+r+i_r) \bmod n} \in f(x).$$

所以, 对任意 $0 \leqslant k \leqslant n - 1$, 有

$$x_{(i+k) \bmod n} x_{(i+i_1+k) \bmod n} x_{(i+i_2+k) \bmod n} \cdots x_{(i+i_r+k) \bmod n}$$
$$= x_{(i+k) \bmod n} x_{(i+k+i_1) \bmod n} x_{(i+k+i_2) \bmod n} \cdots x_{(i+k+i_r) \bmod n}$$
$$\in f(x).$$

对任意 $0 \leqslant k \leqslant n - 1$, 有

$$f(\rho_n^k(x)) = \sum_{i=1}^{n} x_{i+k} x_{i+i_1+k} x_{i+i_2+k} \cdots x_{i+i_r+k}$$
$$= \sum_{i=1}^{n} x_{(i+k) \bmod n} x_{(i+k+i_1) \bmod n} x_{(i+k+i_2) \bmod n} \cdots x_{(i+k+i_r) \bmod n}$$
$$= \sum_{i=1}^{n} x_i x_{i+i_1} x_{i+i_2} \cdots x_{i+i_r}$$
$$= f(x),$$

故当 $f(x)$ 不恒为常数 0 时, $f(x)$ 是旋转对称布尔函数.

这里要注意的是, 虽然比如旋转对称布尔函数 $f(x) = \sum\limits_{i=1}^{n} x_i x_{i+k}$ 是从 2 次齐次完全旋转对称布尔函数 $f'(x)$ 中取出一些项的和构成的函数, 但 $f(x) = \sum\limits_{i=1}^{n} x_i x_{i+k}$ 并不就是 2 次齐次完全旋转对称布尔函数 $f'(x)$ 的子函数. 如 $f(x) = \sum\limits_{i=1}^{5} x_i x_{i+3}$, 有 $f(11111) = 1$, 但 $f'(11111) = 0$, 即知 $f(x) = \sum\limits_{i=1}^{5} x_i x_{i+3}$ 并不是 $f'(x)$ 的子函数.

定理 11.1.6　设布尔函数 $f_n(x) \in GF(2)^{GF(2)^n}$, $f_{(n-1),1}(x')$, $f_{(n-1),2}(x')$ 有 $x' = (x_2 x_3 \cdots x_n) \in GF(2)^{n-1}$, 且 $f_n(x)$ 是 n 元完全旋转对称布尔函数, 有

$$f_n(x) = (1 + x_1)f_{(n-1)1}(x') + x_1 f_{(n-1)2}(x'),$$

则 $f_{(n-1)1}(x')$ 是 $n-1$ 元完全旋转对称布尔函数.

证明　对任意 $r \in \{1, 2, 3, \cdots, n\}$, 设 $f_n^r(x)$ 是构成 $f_n(x)$ 的 1 个 r 次齐次完全旋转对称布尔函数, 则有

$$f_n^r(x) = (1 + x_1)f_{(n-1)1}^r(x') + x_1 f_{(n-1)2}^r(x') \quad (x' = (x_2 x_3 \cdots x_n)).$$

由定义 11.1.4 知, $f_n^r(x)$ 是所有 r 次单项式的和, 即 $f_n^r(x)$ 有 C_n^r 个 r 次项. 所以, $f_{(n-1)1}^r(x')$ 是由 $x' = (x_2 x_3 \cdots x_n)$ 的 $n-1$ 个变元构成的 C_{n-1}^r 个项的和组成的函数. 所以, $f_{(n-1)1}^r(x')$ 是 $n-1$ 元的 r 次齐次完全旋转对称布尔函数.

所以, 对 $f_n(x)$, 有

$$f_n(x) = f_n^1(x) + f_n^2(x) + \cdots + f_n^r(x) + \cdots + f_n^n(x),$$

即 $f_n(x)$ 是由所有 n 元 r 次 $(r = 1, 2, \cdots, n)$ 齐次完全旋转对称布尔函数的和组成的函数. 所以, 也必有

$$f_{(n-1)1}(x') = f_{(n-1)1}^1(x') + f_{(n-1)1}^2(x') + \cdots + f_{(n-1)1}^r(x') + \cdots + f_{(n-1)1}^n(x'),$$

且有

$$f_{(n-1)1}^r(\rho_n^k(x')) = f_{(n-1)1}^r(x'),$$

从而

$$f_{(n-1)1}(\rho_n^k(x')) = f_{(n-1)1}(x'),$$

其中, $0 \leqslant k \leqslant n-1$ 且 k 任意, 即 $f_{(n-1)1}(x')$ 是 $n-1$ 元完全旋转对称布尔函数.

推论　如果 $f_n^r(x)$ 是 n 元 r 次 $(1 \leqslant r \leqslant n)$ 齐次完全旋转对称布尔函数, 且有

$$f_n^r(x) = (1 + x_1)f_{(n-1)1}^r(x') + x_1 f_{(n-1)2}^r(x'),$$

则 $f_{(n-1)1}^r(x')$ 是 $n-1$ 元 r 次 $(1 \leqslant r \leqslant n)$ 齐次完全旋转对称布尔函数.

定理 11.1.6 的推论是很重要的, 因为后面要专门对 2 次齐次完全旋转对称布尔函数进行讨论, 在讨论中随时都会用到这一推论.

11.2　2 次齐次完全旋转对称布尔函数的矩阵表示和相关免疫性

2 次齐次完全旋转对称布尔函数是齐次旋转对称布尔函数中最重要的一种齐次旋转对称布尔函数, 它有很多很有用的性质.

在线性代数中, 实数域上的二次齐式 (或称二次型) 可用对称矩阵来表示. 同样, 有限域上布尔函数中的 2 次齐次完全旋转对称布尔函数也可以用一个上三角矩阵来表示. 后面还将看到, 2 次齐次旋转对称布尔函数也可以用一个较稀疏的上三角矩阵来表示. 现在我们给出 2 次齐次完全旋转对称布尔函数的上三角矩阵表示.

定理 11.2.1　设有布尔函数 $f(x) \in GF(2)^{GF(2)^n}$, 奇异上三角矩阵

$$A = \begin{bmatrix} 0 & 1 & 1 & 1 & \cdots & 1 & 1 \\ 0 & 0 & 1 & 1 & \cdots & 1 & 1 \\ 0 & 0 & 0 & 1 & \cdots & 1 & 1 \\ \vdots & \vdots & \vdots & \vdots & & \vdots & \vdots \\ 0 & 0 & 0 & 0 & \cdots & 0 & 1 \\ 0 & 0 & 0 & 0 & \cdots & 0 & 0 \end{bmatrix}, \quad X = \begin{bmatrix} x_1 \\ x_2 \\ x_3 \\ \vdots \\ x_{n-1} \\ x_n \end{bmatrix},$$

且有

$$f(x) = X^{\mathrm{T}} A X,$$

则布尔函数 $f(x)$ 是 2 次齐次完全旋转对称布尔函数.

以后, 将把矩阵 A 称为 2 次齐次完全旋转对称布尔函数 $f(x)$ 的矩阵.

推论　设布尔函数 $f(x) \in GF(2)^{GF(2)^n}$, A 为定理 11.2.1 中的奇异上三角矩阵, 则 $f(x) = X^{\mathrm{T}} A^{\mathrm{T}} X$ 是 2 次齐次完全旋转对称布尔函数, 且有

$$X^{\mathrm{T}} A^{\mathrm{T}} X = X^{\mathrm{T}} A X.$$

推论中虽然有 $X^{\mathrm{T}} A^{\mathrm{T}} X = X^{\mathrm{T}} A X$, 但 $A^{\mathrm{T}} \neq A$.

从线性代数中对称矩阵与二次齐式的非平方二次项的系数取值的关系来看, 这一推论是很明显的, 只需直接计算即可得证, 很简单, 故不再证明.

定理 11.2.2　设有布尔函数 $f(x) \in GF(2)^{GF(2)^n}$ 和单位矩阵

$$I = \begin{bmatrix} 1 & 0 & 0 & \cdots & 0 & 0 \\ 0 & 1 & 0 & \cdots & 0 & 0 \\ 0 & 0 & 1 & \cdots & 0 & 0 \\ \vdots & \vdots & \vdots & & \vdots & \vdots \\ 0 & 0 & 0 & \cdots & 0 & 0 \\ 0 & 0 & 0 & \cdots & 0 & 1 \end{bmatrix},$$

且有

$$f(x) = X^{\mathrm{T}} I X,$$

则布尔函数 $f(x)$ 是 1 次齐次完全旋转对称布尔函数.

定理 11.2.3　设有布尔函数 $f(x) \in GF(2)^{GF(2)^n}$, 可逆矩阵

$$B = \begin{bmatrix} 1 & 1 & 1 & 1 & \cdots & 1 & 1 \\ 0 & 1 & 1 & 1 & \cdots & 1 & 1 \\ 0 & 0 & 1 & 1 & \cdots & 1 & 1 \\ 0 & 0 & 0 & 1 & \cdots & 1 & 1 \\ \vdots & \vdots & \vdots & \vdots & & \vdots & \vdots \\ 0 & 0 & 0 & 0 & \cdots & 1 & 1 \\ 0 & 0 & 0 & 0 & \cdots & 0 & 1 \end{bmatrix},$$

且有

$$f(x) = X^{\mathrm{T}} B X,$$

则布尔函数 $f(x)$ 是非齐次 2 次完全旋转对称布尔函数.

定理 12.1.1 ~ 定理 12.2.3 由定义 11.1.5 即可明显证出, 不再证明.

定理 11.2.4   设有 $GF(2)$ 上的 n 阶 (n 为偶数) 方阵 A_1, A_2 和 $n \times 1$(n 为偶数) 长方阵 X, A_1, A_2 为分别由 $\dfrac{n}{2}$ 阶矩阵分块构成的方块矩阵. A_1, A_2 和 X 如下:

$$A_1 = \begin{bmatrix} M_1 & N_1 \\ R_1 & S_1 \end{bmatrix}, \quad A_2 = \begin{bmatrix} M_2 & N_2 \\ R_2 & S_2 \end{bmatrix}, \quad X = \begin{bmatrix} x_1 \\ x_2 \\ \vdots \\ x_n \end{bmatrix},$$

其中, $x_i \in GF(2)$, M_1, R_1, S_1, R_2 均为 $\dfrac{n}{2}$ 阶 0 方阵, N_1 是 $\dfrac{n}{2}$ 阶单位矩阵, 即 $GF(2)$ 上的可逆 (非奇异) 对角阵, N_2 是 $\dfrac{n}{2}$ 阶主对角线元素均为 0、而其余元素均为 1 的对称矩阵, M_2 和 S_2 均为 $\dfrac{n}{2}$ 阶主对角线元素及主对角线左下角元素均为 0, 而主对角线右上角元素均为 1 的上三角矩阵.

有 n 元 (n 为偶数) 布尔函数 $f(x)$, $f_1(x)$, $f_2(x) \in GF(2)^{GF(2)^n}$, $f(x) = f_1(x) + f_2(x)$, 且 $f_1(x) = X^{\mathrm{T}} A_1 X$, $f_2(x) = X^{\mathrm{T}} A_2 X$, 则

(1) $f_1(x)$ 是 n 元 Bent 函数, $f_2(x)$ 和 $f(x)$ 均为 n 元 H 布尔函数;

(2) $f_2(x)$ 是相关免疫 H 布尔函数.

证明   (1) 由本定理条件给定的 $f(x)$, $f_1(x)$ 和 $f_2(x)$ 的表达式可知, 对一切 $i = 1, 2, \cdots, n$, 有

$$w_t\left(\frac{df(x)}{dx_i}\right) = w_t\left(\frac{df_2(x)}{dx_i}\right) = 2^{n-1}, \quad w_t\left(\frac{df_1(x)}{dx_i}\right) = 2^{n-1}.$$

对一切 $i, j = 1, 2, \cdots, n$ 且 $i < j$, 有

$$w_t\left(\frac{\partial f_1(x)}{\partial(x_i x_j)}\right) = 2^{n-1}.$$

对一切 $i, j, r = 1, 2, \cdots, n$ 且 $i < j < r, r \leqslant n$, 都有

$$w_t\left(\frac{\partial f_1(x)}{\partial(x_i x_j \cdots x_r)}\right) = 2^{n-1},$$

$$w_t\left(\frac{\partial f_1(x)}{\partial(x_1 x_2 \cdots x_n)}\right) = 2^{n-1}.$$

所以, $f_2(x)$, $f(x)$ 均为 n 元 H 布尔函数, $f_1(x)$ 是 n 元 Bent 函数.

(2) 由于 n 为偶数, 所以, $f(x)$ 含每一个任意 $x_i(i \in \{1, 2, \cdots, n\})$ 的项共有奇数个项, 而 $f_1(x)$ 含这个 x_i 的项有且仅有 1 个项; $f_2(x)$ 含每一个任意 $x_i(i \in$

$\{1, 2, \cdots, n\}$) 的项共有偶数个项, 所以必有

$$w_t\left(\frac{\partial f_2(x)}{\partial(x_1 x_2 \cdots x_n)}\right) = 0.$$

所以, $f_2(x)$ 是相关免疫函数, 且是相关免疫的 H 布尔函数.

定理 11.2.5　设有布尔函数 $f(x) \in GF(2)^{GF(2)^n}$, 且 n 为奇数, 有上三角矩阵及 $n \times 1$ 矩阵

$$A = \begin{bmatrix} 0 & 1 & 1 & 1 & \cdots & 1 & 1 \\ 0 & 0 & 1 & 1 & \cdots & 1 & 1 \\ 0 & 0 & 0 & 1 & \cdots & 1 & 1 \\ \vdots & \vdots & \vdots & \vdots & & \vdots & \vdots \\ 0 & 0 & 0 & 0 & \cdots & 0 & 1 \\ 0 & 0 & 0 & 0 & \cdots & 0 & 0 \end{bmatrix}, \quad X = \begin{bmatrix} x_1 \\ x_2 \\ x_3 \\ \vdots \\ x_{n-1} \\ x_n \end{bmatrix},$$

且 $f(x) = X^{\mathrm{T}} A X$. 则当 $\dfrac{n-1}{2}$ 是偶数时, $f(x)$ 是相关免疫 2 次齐次完全旋转对称布尔函数.

证明　由于对任意 $i, j \in \{1, 2, \cdots, n\}$ 且 $i < j$, 有 $x_i x_j$ 共 $n-1$ 项, $n-1$ 为偶数, 所以, 当 $\dfrac{n-1}{2} = $ 奇数时, 有

$$w_t\left(\frac{\partial f(x)}{\partial(x_1 x_2 \cdots x_n)}\right) = \underbrace{1 + 1 + \cdots + 1}_{\frac{n(n-1)}{2}\text{个}1} = 1.$$

这时, $f(x)$ 不是相关免疫函数.

当 $\dfrac{n-1}{2} = $ 偶数时, 有 $\dfrac{n(n-1)}{2} = $ 偶数. 这时, 必有

$$w_t\left(\frac{\partial f(x)}{\partial(x_1 x_2 \cdots x_n)}\right) = \underbrace{1 + 1 + \cdots + 1}_{\frac{n(n-1)}{2}\text{个}1} = 0.$$

所以, 当 $\dfrac{n-1}{2}$ 是偶数时, $f(x)$ 是相关免疫函数.

下面讨论 2 次齐次完全旋转对称布尔函数的 Walsh 谱, 可得到定理 11.2.6~ 定理 11.2.9.

定理 11.2.6　设函数 $f(x) \in GF(2)^{GF(2)^n}$, $f(x)$ 是 2 次齐次完全旋转对称

布尔函数. 矩阵 A 和列向量 X 为

$$A = \begin{bmatrix} 0 & 1 & 1 & 1 & \cdots & 1 & 1 \\ 0 & 0 & 1 & 1 & \cdots & 1 & 1 \\ 0 & 0 & 0 & 1 & \cdots & 1 & 1 \\ \vdots & \vdots & \vdots & \vdots & & \vdots & \vdots \\ 0 & 0 & 0 & 0 & \cdots & 0 & 1 \\ 0 & 0 & 0 & 0 & \cdots & 0 & 0 \end{bmatrix}, \quad X = \begin{bmatrix} x_1 \\ x_2 \\ x_3 \\ \vdots \\ x_{n-1} \\ x_n \end{bmatrix},$$

矩阵 A 是 $f(x)$ 的矩阵, 即 $f(x) = X^{\mathrm{T}} A X$. 则对 $w_t(\omega) < n - 1$ 或 $w_t(\omega) = n$ 的任意 ω $(\omega \in GF(2)^n)$, 必有

$$S_{\left(\frac{dX^{\mathrm{T}}AX}{dx_i}\right)}(\omega) = 0 \quad (i = 1, 2, \cdots, n).$$

只要注意到 $\dfrac{dX^{\mathrm{T}}AX}{dx_i} = x_i + \sum\limits_{k=1}^{n} x_k$ $(i \in \{1, 2, \cdots, n\})$, 且

$$S_{\left(\frac{dX^{\mathrm{T}}AX}{dx_i}\right)}(\omega) = 2^{-n} \sum_{x=0}^{2^n-1} (-1)^{\frac{dX^{\mathrm{T}}AX}{dx_i} + \omega x},$$

即知定理 11.2.6 成立. 不再详证.

定理 11.2.7   设有函数 $f_c(x) \in GF(2)^{GF(2)^n}$ 且 n 为偶数. 有矩阵 A_c 和列向量 X 为

$$A_c = \begin{bmatrix} M_c & N_c \\ R_c & S_c \end{bmatrix}, \quad X = \begin{bmatrix} x_1 \\ x_2 \\ \vdots \\ x_n \end{bmatrix}.$$

其中, M_c, N_c, R_c, S_c 均为 $\dfrac{n}{2}$ 阶方阵, 且

$$M_c = \begin{bmatrix} 0 & 1 & 1 & \cdots & 1 & 1 \\ 0 & 0 & 1 & \cdots & 1 & 1 \\ \vdots & \vdots & \vdots & & \vdots & \vdots \\ 0 & 0 & 0 & \cdots & 0 & 1 \\ 0 & 0 & 0 & \cdots & 0 & 0 \end{bmatrix}, \quad S_c = M_c, \quad N_c = \begin{bmatrix} 0 & 1 & 1 & \cdots & 1 & 1 \\ 1 & 0 & 1 & \cdots & 1 & 1 \\ \vdots & \vdots & \vdots & & \vdots & \vdots \\ 1 & 1 & 1 & \cdots & 0 & 1 \\ 1 & 1 & 1 & \cdots & 1 & 0 \end{bmatrix},$$

R_c 为 $\dfrac{n}{2}$ 阶 0 方阵, A_c 是 $f_c(x)$ 的矩阵, 即

$$f_c(x) = X^{\mathrm{T}} A_c X,$$

则对任意 $w_t(\omega) = 1$ 的 $\omega(\omega \in GF(2)^n)$, 必有

$$S_{(X^{\mathrm{T}}A_cX)}(\omega) = 0.$$

从用矩阵表示的上述定理中可以看到, 用矩阵来表示 2 次齐次完全旋转对称布尔函数及其 Bent 函数, 以及 Bent 函数关于 2 次齐次完全旋转对称布尔函数的余函数, 是很有用的. 因为这能使人轻易地看清和识别出这些函数. 而一般的表达式表示方法, 不仅式子冗长, 而且从表达式的表示中, 很难轻易就看到函数的特点, 从而轻易地识别和区分出相应的函数.

定理 11.2.8　设有布尔函数 $f(x) \in GF(2)^{GF(2)^n}$, 且 n 为奇数, $\dfrac{n-1}{2}$ 为偶数. 有上三角方阵及 $n \times 1$ 矩阵

$$A = \begin{bmatrix} 0 & 1 & 1 & 1 & \cdots & 1 & 1 \\ 0 & 0 & 1 & 1 & \cdots & 1 & 1 \\ 0 & 0 & 0 & 1 & \cdots & 1 & 1 \\ \vdots & \vdots & \vdots & \vdots & & \vdots & \vdots \\ 0 & 0 & 0 & 0 & \cdots & 0 & 1 \\ 0 & 0 & 0 & 0 & \cdots & 0 & 0 \end{bmatrix}, \quad X = \begin{bmatrix} x_1 \\ x_2 \\ x_3 \\ \vdots \\ x_{n-1} \\ x_n \end{bmatrix},$$

且 $f(x) = X^{\mathrm{T}}AX$. 则对任意 $w_t(\omega) = 1$ 的 $\omega(\omega \in GF(2)^n)$, 必有

$$S_{(X^{\mathrm{T}}AX)}(\omega) = 0.$$

从定理 11.2.5、定理 11.2.6 即可看出, 定理 11.2.7 和定理 11.2.8 是成立的. 不再证明.

定理 11.2.9　设函数 $f(x) \in GF(2)^{GF(2)^n}$, 则 $f(x)$ 是 2 次完全旋转对称布尔函数的充分必要条件是: 对任意 $0 \leqslant w_t(\omega) \leqslant n-2$ 的 ω 及任意 $i(i \in \{1, 2, \cdots, n\})$, 都有

$$S_{\left(\frac{df(x)}{dx_i}\right)}(\omega) = 0.$$

显然, 只要 $\deg\left(\dfrac{df(x)}{dx_i}\right) = 1$, 即可满足条件. 所以定理 11.2.9 成立.

从上述一些定理中可以看到, 2 次齐次完全旋转对称布尔函数在一些变元数 n 下, 是一个 Bent 函数和一个相关免疫 2 次齐次 H 布尔函数之和, 即 2 次齐次完全旋转对称布尔函数中包含有相关免疫 H 布尔函数. 而且还可看到, 这个相关免疫 H 布尔函数的构成很有规律性, 也可以轻易地用矩阵表示出来. 进一步, 我们还可以从 2 次齐次完全旋转对称布尔函数中找出它所包含的最高 $n-2$ 阶相关免疫 H 布尔函数. 同样, 这样的 $n-2$ 阶相关免疫 H 布尔函数的组成也很有规律性, 也可以用矩阵轻易地表示出来. 这有下面的定理.

定理 11.2.10　设布尔函数 $f(x) \in GF(2)^{GF(2)^n}$, 有

$$f(x) = [x_1 x_2 x_3 x_4 \cdots x_{n-1} x_n] \begin{bmatrix} 0 & 1 & 1 & 1 & \cdots & 1 & 1 \\ 0 & 0 & 1 & 1 & \cdots & 1 & 1 \\ 0 & 0 & 0 & 1 & \cdots & 1 & 1 \\ \vdots & \vdots & \vdots & \vdots & & \vdots & \vdots \\ 0 & 0 & 0 & 0 & \cdots & 0 & 1 \\ 0 & 0 & 0 & 0 & \cdots & 0 & 0 \end{bmatrix} \begin{bmatrix} x_1 \\ x_2 \\ x_3 \\ \vdots \\ x_{n-1} \\ x_n \end{bmatrix} = X^{\mathrm{T}} A X.$$

$f(x)$ 拆分为

$$f(x) = 1 + X^{\mathrm{T}} \begin{bmatrix} 0&1&1&1&\cdots&1&1&0&1&0&0&0 \\ 0&0&1&1&\cdots&1&1&0&1&0&0&0 \\ 0&0&0&1&\cdots&1&1&0&1&0&0&0 \\ 0&0&0&0&\cdots&1&1&0&1&0&0&0 \\ \vdots&\vdots&\vdots&\vdots&&\vdots&\vdots&\vdots&\vdots&\vdots&\vdots&\vdots \\ 0&0&0&0&\cdots&1&1&0&1&0&0&0 \\ 0&0&0&0&\cdots&1&1&0&1&0&0&0 \\ 0&0&0&0&\cdots&0&0&0&0&1&1&0 \\ 0&0&0&0&\cdots&0&0&0&0&0&0&0 \\ 0&0&0&0&\cdots&0&0&0&0&0&1&0 \\ 0&0&0&0&\cdots&0&0&0&0&0&0&0 \\ 0&0&0&0&\cdots&0&0&0&0&0&0&0 \end{bmatrix} X + X^{\mathrm{T}} \begin{bmatrix} 0&0&\cdots&0&0&1&0&1&1&1 \\ 0&0&\cdots&0&0&1&0&1&1&1 \\ 0&0&\cdots&0&0&1&0&1&1&1 \\ 0&0&\cdots&0&0&1&0&1&1&1 \\ \vdots&\vdots&&\vdots&\vdots&\vdots&\vdots&\vdots&\vdots&\vdots \\ 0&0&\cdots&0&0&1&0&1&1&1 \\ 0&0&\cdots&0&0&1&0&1&1&1 \\ 0&0&\cdots&0&0&1&0&0&1 \\ 0&0&\cdots&0&0&0&0&1&1&1 \\ 0&0&\cdots&0&0&0&0&0&0&1 \\ 0&0&\cdots&0&0&0&0&0&0&1 \\ 0&0&\cdots&0&0&0&0&0&0&1 \end{bmatrix} X$$

$$= 1 + X^{\mathrm{T}} A_1 X + X^{\mathrm{T}} A_2 X$$

$$= f_1(x) + f_2(x)$$

$$(f_1(x) = X^{\mathrm{T}} A_1 X, \quad f_2(x) = 1 + X^{\mathrm{T}} A_2 X),$$

则 $f_2(x)$ 是 $n-2$ 阶相关免疫 H 布尔函数.

证明　由于 $f_2(x) = 1 + X^{\mathrm{T}} A_2 X$ 包含有关于任一个变量 $x_i (i \in \{1, 2, \cdots, n\})$ 的 2 次项, 若为 $x_i x_j (i \neq j)$, 则这样的项仅有 1 项. 所以, 对一切 $i = 1, 2, \cdots, n$, 在只对一个变量 x_i 求导数时, 必有

$$\deg \left(\frac{df_2(x)}{dx_i} \right) = 1, \quad w_t \left(\frac{df_2(x)}{dx_i} \right) = 2^{n-1} \quad (i = 1, 2, \cdots, n).$$

所以 $f_2(x)$, 从而 $1 + f_2(x)$ 都是 H 布尔函数.

可直接根据 $f_2(x)$ 的 e-导数 $\dfrac{ef_2(x)}{ex_n}$ 和导数部分来证明 $f_2(x)$ 的相关免疫性.

由于要证明 $f_2(x)$ 是 $n-2$ 阶相关免疫函数, 所以先求 $f_2(x)$ 的 e-导数, 求得

$$
\frac{ef_2(x)}{ex_n} = X^{\mathrm{T}}
\begin{bmatrix}
1000\cdots0000000 \\
0100\cdots0000000 \\
0010\cdots0000000 \\
0001\cdots0000000 \\
\vdots\vdots\vdots\vdots\quad\vdots\vdots\vdots\vdots\vdots\vdots\vdots \\
0000\cdots1000000 \\
0000\cdots0100000 \\
0000\cdots0010000 \\
0000\cdots0001000 \\
0000\cdots0000100 \\
0000\cdots0000010 \\
0000\cdots0000000
\end{bmatrix}
X.
$$

这时, 由 $f_2(x)$ 和 $\dfrac{ef_2(x)}{ex_n}$ 相比较, 便可轻易地求出 $f_2(x)\dfrac{df_2(x)}{dx_n}$ 为

$$
f_2(x)\frac{df_2(x)}{dx_n} = 1 + X^{\mathrm{T}}
\begin{bmatrix}
1000\cdots0010111 \\
0100\cdots0010111 \\
0010\cdots0010111 \\
0001\cdots0010111 \\
\vdots\vdots\vdots\vdots\quad\vdots\vdots\vdots\vdots\vdots\vdots\vdots \\
0000\cdots1010111 \\
0000\cdots0110111 \\
0000\cdots0011001 \\
0000\cdots0001111 \\
0000\cdots0000101 \\
0000\cdots0000011 \\
0000\cdots0000001
\end{bmatrix}
X,
$$

可看出, $\dfrac{ef_2(x)}{ex_n}$ 是一个由 $n-1$ 个变量 $x_1, x_2, \cdots, x_{n-1}$ 构成的 1 次函数.

又由于可求得

$$
w_t\left(f_2(x)\frac{df_2(x)}{dx_n}\right) = 2^{n-2}, \quad w_t\left(\frac{ef_2(x)}{ex_n}\right) = 2^{n-1},
$$

又有

$$
w_t\left(f_2(x)\frac{df_2(x)}{dx_n} + x_{n-1} + x_n\right) = 2^{n-1}, \quad w_t\left(\frac{ef_2(x)}{ex_n} + x_{n-1} + x_n\right) = 2^{n-1},
$$

所以, 对一切 $1 \leqslant w_t(\omega) \leqslant n-2$ 的 ωx, 有

$$w_t\left(\frac{ef_2(x)}{ex_n} + \omega x\right) = 2^{n-1}, \quad w_t\left(f_2(x)\frac{df_2(x)}{dx_n} + \omega x\right) = 2^{n-1}.$$

对一切 $1 \leqslant w_t(\omega) \leqslant n-2$ 的 ωx, 都有

$$\begin{aligned}
&w_t(f_2(x) + \omega x) \\
&= w_t\left(f_2(x)\frac{df_2(x)}{dx_n} + \omega x\right) + w_t\left(\frac{ef_2(x)}{ex_n} + \omega x\right) - w_t(\omega x) \\
&= 2^{n-1} + 2^{n-1} - 2^{n-1} \\
&= 2^{n-1}.
\end{aligned}$$

所以, $f_2(x)$ 是 $n-2$ 阶相关免疫函数. 可知, $f_2(x)$ 是 $n-2$ 阶相关免疫 H 布尔函数.

例 11.2.1 有 8 元函数 $f(x)$ 为

$$f(x) = [x_1 x_2 x_3 x_4 x_5 x_6 x_7 x_8] \begin{bmatrix} 0 & 1 & 1 & 1 & \cdots & 1 & 1 \\ 0 & 0 & 1 & 1 & \cdots & 1 & 1 \\ 0 & 0 & 0 & 1 & \cdots & 1 & 1 \\ 0 & 0 & 0 & 0 & \cdots & 1 & 1 \\ \vdots & \vdots & \vdots & \vdots & & \vdots & \vdots \\ 0 & 0 & 0 & 0 & \cdots & 0 & 1 \\ 0 & 0 & 0 & 0 & \cdots & 0 & 0 \end{bmatrix} \begin{bmatrix} x_1 \\ x_2 \\ x_3 \\ x_4 \\ \vdots \\ x_{n-1} \\ x_n \end{bmatrix} = X^{\mathrm{T}} A X.$$

将 $f(x)$ 拆分为

$$f(x) = 1 + X^{\mathrm{T}} \begin{bmatrix} 0&1&1&0&1&0&0&0 \\ 0&0&1&0&1&0&0&0 \\ 0&0&0&0&1&0&0&0 \\ 0&0&0&0&0&1&1&0 \\ 0&0&0&0&0&0&0&0 \\ 0&0&0&0&0&0&1&0 \\ 0&0&0&0&0&0&0&0 \\ 0&0&0&0&0&0&0&0 \end{bmatrix} X + X^{\mathrm{T}} \begin{bmatrix} 0&0&0&1&0&1&1&1 \\ 0&0&0&1&0&1&1&1 \\ 0&0&0&1&0&1&1&1 \\ 0&0&0&0&1&0&0&1 \\ 0&0&0&0&0&1&1&1 \\ 0&0&0&0&0&0&0&1 \\ 0&0&0&0&0&0&0&1 \\ 0&0&0&0&0&0&0&1 \end{bmatrix} X$$

$$= 1 + X^{\mathrm{T}} A_1 X + X^{\mathrm{T}} A_2 X$$

$$= f_1(x) + f_2(x) \quad (f_1(x) = X^{\mathrm{T}} A_1 X, \ f_2(x) = 1 + X^{\mathrm{T}} A_2 X).$$

要证明 $1 + f_2(x)$ 是 $n - 2 = 8 - 2 = 6$ 阶相关免疫 H 布尔函数.

证明   (a) 先来证明 $f_2(x)$ 是 $n-2=6$ 阶相关免疫 H 布尔函数.

由 $f_2(x)$ 和 $f_2(x)$ 的矩阵 A_2, 可求得 $f_2(x)$ 的导数部分的矩阵 $\left[f_2(x)\dfrac{df_2(x)}{dx_8}\right]$

为

$$\left[f_2(x)\frac{df_2(x)}{dx_8}\right] = \begin{bmatrix} 1&0&0&1&0&1&1&1 \\ 0&1&0&1&0&1&1&1 \\ 0&0&1&1&0&1&1&1 \\ 0&0&0&1&1&1&1&1 \\ 0&0&0&0&0&1&0&1 \\ 0&0&0&0&0&0&1&1 \\ 0&0&0&0&0&0&0&1 \end{bmatrix};$$

而 $f_2(x)$ 的 e-导数部分的矩阵 $\left[\dfrac{ef_2(x)}{ex_8}\right]$ 为

$$\left[\frac{ef_2(x)}{ex_8}\right] = \begin{bmatrix} 1&0&0&0&0&0&0&0 \\ 0&1&0&0&0&0&0&0 \\ 0&0&1&0&0&0&0&0 \\ 0&0&0&1&0&0&0&0 \\ 0&0&0&0&1&0&0&0 \\ 0&0&0&0&0&1&0&0 \\ 0&0&0&0&0&0&1&0 \\ 0&0&0&0&0&0&0&0 \end{bmatrix},$$

即 $f_2(x)\dfrac{df_2(x)}{dx_8}$ 和 $\dfrac{ef_2(x)}{ex_8}$ 将 $f_2(x)$ 的 1 个奇异矩阵, 变换成 1 个可逆的非奇异矩阵和 1 个对角奇异矩阵的和.

这里要注意的是, 虽然有 $f_2(x)\dfrac{df_2(x)}{dx_8} \cdot \dfrac{ef_2(x)}{ex_8} = 0$, 但却有 $\left[f_2(x)\dfrac{df_2(x)}{dx_8}\right] \cdot \left[\dfrac{ef_2(x)}{ex_8}\right] \neq 0$(矩阵 [0],即两矩阵相乘, 乘积为 0 阵). 这是因为, 由矩阵表示出的函数和矩阵是两个不同的概念, 并不是同一个东西.

由 $f_2(x)\dfrac{df_2(x)}{dx_8} = X^{\mathrm{T}}\left[f_2(x)\dfrac{df_2(x)}{dx_8}\right]X$ 和 $\dfrac{ef_2(x)}{ex_8} = X^{\mathrm{T}}\left[\dfrac{ef_2(x)}{ex_8}\right]X$, 可直接求得

$$w_t\left(f_2(x)\frac{df_2(x)}{dx_8}\right) = 2^{n-2} = 64, \quad w_t\left(\frac{ef_2(x)}{ex_8}\right) = 2^{n-1} = 128;$$

$$\frac{d(1+f_2(x))}{dx_i} = \frac{df_2(x)}{dx_i} \quad (i=1,2,3,4,5,6,7,8),$$

且有

$$\frac{df_2(x)}{dx_1} = \frac{df_2(x)}{dx_2} = \frac{df_2(x)}{dx_5} = x_4 + \sum_{i=6}^{8} x_i,$$

$$\frac{df_2(x)}{dx_3} = \sum_{i=6}^{8} x_i,$$

$$\frac{df_2(x)}{dx_4} = \frac{df_2(x)}{dx_6} = \frac{df_2(x)}{dx_7} = x_5 + x_8 + \sum_{i=1}^{3} x_i,$$

$$\frac{df_2(x)}{dx_8} = 1 + \sum_{i=1}^{7} x_i.$$

所以, 对一切 $i = 1, 2, 3, 4, 5, 6, 7, 8$, 有

$$\deg\left(\frac{d(1+f_2(x))}{dx_i}\right) = \deg\left(\frac{df_2(x)}{dx_i}\right) = 1,$$

$$w_t\left(\frac{d(1+f_2(x))}{dx_i}\right) = w_t\left(\frac{df_2(x)}{dx_i}\right) = 2^{8-1} = 128,$$

即 $1 + f_2(x)$ 和 $f_2(x)$ 均为 H 布尔函数.

　　由于 $\frac{ef_2(x)}{ex_8} = \sum_{i=1}^{7} x_i$, 即 $\frac{ef_2(x)}{ex_8}$ 是一个有 $n - 1 = 7$ 个 1 次项的 1 次函数,
所以, 对任意 $1 \leqslant w_t(\omega) \leqslant n - 2 = 6$ 的 ωx, 都有

$$\deg\left(\frac{ef_2(x)}{ex_8} + \omega x\right) = 1, \quad w_t\left(\frac{ef_2(x)}{ex_8} + \omega x\right) = 2^{8-1} = 128.$$

又由于有

$$f_2(x)\frac{df_2(x)}{dx_8} \cdot \frac{ef_2(x)}{ex_8} = 0, \quad w_t\left(f_2(x)\frac{df_2(x)}{dx_8}\right) = 2^{8-2} = 64,$$

所以, 对任意 $1 \leqslant w_t(\omega) \leqslant n - 2 = 6$ 的 ωx, 都有

$$w_t\left(f_2(x)\frac{df_2(x)}{dx_8} + \omega x\right) = 2^{8-1} = 128.$$

对任意 $1 \leqslant w_t(\omega) \leqslant n - 2 = 6$ 的 ωx, 都有

$$w_t(f_2(x) + \omega x)$$

$$= w_t(f_2(x)\frac{df_2(x)}{dx_8} + \omega x) + w_t\left(\frac{ef_2(x)}{ex_8} + \omega x\right) - w_t(\omega x)$$

$$= 2^{8-1} + 2^{8-1} - 2^{8-1}$$

$$= 2^{8-1} = 128.$$

所以, $f_2(x)$ 是 $n-2=6$ 阶相关免疫布尔函数.

(b) 又因对任意 $1 \leqslant w_t(\omega) \leqslant n-2=6$ 的 ωx, 有

$$w_t(1+f_2(x)+\omega x) = w_t(f_2(x)+1+\omega x) = 2^{n-1} = 128,$$

即知 $1+f_2(x)$ 也是 $n-2=6$ 阶相关免疫布尔函数. 从而 $f_2(x), 1+f_2(x)$ 都是 $n-2=6$ 阶相关免疫 H 布尔函数.

由于当 n 为奇数时, 必有 $\left\lceil \dfrac{n}{2} \right\rceil = \dfrac{n+1}{2}$, 故有 $\left\lceil \dfrac{n}{2} \right\rceil - 1 = \dfrac{n-1}{2}$. 所以, 由定理 11.2.6 便可得到下面的定理 11.2.11.

定理 11.2.11　设有函数 $f(x) \in GF(2)^{GF(2)^n}$, n 为奇数, 且有 n 阶上三角矩阵 A 及 $n \times 1$ 矩阵 X:

$$A = \begin{bmatrix} 0 & 1 & 1 & 1 & \cdots & 1 & 1 \\ 0 & 0 & 1 & 1 & \cdots & 1 & 1 \\ 0 & 0 & 0 & 1 & \cdots & 1 & 1 \\ \vdots & \vdots & \vdots & \vdots & & \vdots & \vdots \\ 0 & 0 & 0 & 0 & \cdots & 0 & 1 \\ 0 & 0 & 0 & 0 & \cdots & 0 & 0 \end{bmatrix}, \quad X = \begin{bmatrix} x_1 \\ x_2 \\ x_3 \\ \vdots \\ x_{n-1} \\ x_n \end{bmatrix},$$

且 $f(x) = X^{\mathrm{T}} A X$. 则当

$$w_t\left(\frac{ef(x)}{ex_n}\right) = 2^{n-2} - 2^{\lceil \frac{n}{2} \rceil - 1},$$

且 $\left\lceil \dfrac{n}{2} \right\rceil - 1$ 是偶数时, $f(x)$ 是相关免疫的 2 次齐次完全旋转对称 H 布尔函数.

定理 11.2.11 虽然简单, 但却很重要. 这是因为: 由于 $w_t\left(f(x)\dfrac{df(x)}{dx_n}\right) = 2^{n-2}$, 所以有 $w_t(f(x)) = w_t\left(f(x)\dfrac{df(x)}{dx_n}\right) + w_t\left(\dfrac{ef(x)}{ex_n}\right) = 2^{n-1} - 2^{\lceil \frac{n}{2} \rceil - 1}$. 这一点对讨论 $f(x)$ 的非线性度和代数免疫性是有用的.

前面已经利用矩阵表示, 在 2 次齐次完全旋转对称布尔函数中, 给出了一个 Bent 函数. 如果再从矩阵表示中进一步寻找, 还可以找出更多的 Bent 函数. 下面的定理来讨论这一问题.

定理 11.2.12　设函数 $f(x) \in GF(2)^{GF(2)^n}$, n 为偶数, 有 n 阶上三角矩阵

A 及 $n \times 1$ 矩阵 X:

$$
A = \begin{bmatrix}
0 & 1 & 1 & 1 & \cdots & 1 & 1 \\
0 & 0 & 1 & 1 & \cdots & 1 & 1 \\
0 & 0 & 0 & 1 & \cdots & 1 & 1 \\
\vdots & \vdots & \vdots & \vdots & & \vdots & \vdots \\
0 & 0 & 0 & 0 & \cdots & 0 & 1 \\
0 & 0 & 0 & 0 & \cdots & 0 & 0
\end{bmatrix}, \quad
X = \begin{bmatrix}
x_1 \\
x_2 \\
x_3 \\
\vdots \\
x_{n-1} \\
x_n
\end{bmatrix},
$$

且 $f(x) = X^{\mathrm{T}} A X$. 则从矩阵 A 由 0 元组成的主对角线右上角与主对角线平行的斜线上及副对角线上的项中, 可得到较多的 Bent 函数.

这是由于 $f(x)$ 是 2 次齐次完全旋转对称布尔函数, $f(x)$ 包含了所有 C_n^2 个由 n 个变量 $x_1, x_2, \cdots, x_n$ 所能组成的、不相同的 2 次项. 除由 $x_1 x_{\frac{n}{2}+1} + x_2 x_{\frac{n}{2}+2} + \cdots + x_{\frac{n}{2}-1} x_{n-1} + x_{\frac{n}{2}} x_n$ 这条斜线上的所有项的和组成 Bent 函数外, 由于 n 为偶数, 所以, 或者在其他斜线上和副对角线上总能找出 $\frac{n}{2}$ 个项, 使得这些项包含 $x_1, x_2, \cdots, x_n$ 这所有 n 个变量, 且每个变量只含 1 个, 则这些项组成的函数将使任意 $\deg \left(\dfrac{\partial f'(x)}{\partial(x_{i1} x_{i2} \cdots x_{ir})} \right) = 1$, $w_t \left(\dfrac{\partial f'(x)}{\partial(x_{i1} x_{i2} \cdots x_{ir})} \right) = 2^{n-1}$ $(1 \leqslant i_1 \leqslant i_2 \leqslant \cdots \leqslant i_r \leqslant n, 1 \leqslant r \leqslant n)$. 所以, 定理 11.2.12 成立. 或者在除 $x_1 x_{\frac{n}{2}+1} + x_2 x_{\frac{n}{2}+2} + \cdots + x_{\frac{n}{2}-1} x_{n-1} + x_{\frac{n}{2}} x_n$ 这条斜线左下方与主对角线平行的每一条斜线上的项组成的函数, 也是 Bent 函数. 这里不再详细证明.

例如, 这些函数:

$$
\begin{aligned}
f_1(x) &= x_1 x_2 + x_3 x_4 + x_5 x_6 + x_7 x_8, \\
f_2(x) &= x_2 x_3 + x_4 x_5 + x_6 x_7 + x_1 x_8, \\
f_3(x) &= x_2 x_4 + x_5 x_7 + x_3 x_6 + x_1 x_8, \\
f_4(x) &= x_1 x_3 + x_2 x_4 + x_3 x_5 + x_4 x_6 + x_5 x_7 + x_6 x_8, \\
f_5(x) &= x_1 x_2 + x_2 x_3 + x_3 x_4 + x_4 x_5 + x_5 x_6 + x_6 x_7 + x_7 x_8
\end{aligned}
$$

等均为 Bent 函数. 从这里也可看出用矩阵表示 2 次齐次完全旋转对称布尔函数的好处. 这里要注意的是, 当 n 为奇数时, 定理 11.2.12 不成立.

从非齐次 2 次完全旋转对称布尔函数中, 还可以很容易地找出它所包含的任意 i 阶 $(1 < i < n-2)$ 相关免疫的 H 布尔函数. 这有定理 11.2.13.

定理 11.2.13　设有函数 $f(x) \in GF(2)^{GF(2)^n}$. $f(x)$ 为

$$
f(x) = 1 + [x_1, x_2, \cdots, x_n]
\begin{bmatrix}
1 & 1 & 1 & \cdots & 1 & 1 & 1 \\
0 & 1 & 1 & \cdots & 1 & 1 & 1 \\
0 & 0 & 1 & \cdots & 1 & 1 & 1 \\
\vdots & \vdots & \vdots & & \vdots & \vdots & \vdots \\
0 & 0 & 0 & \cdots & 1 & 1 & 1 \\
0 & 0 & 0 & \cdots & 0 & 1 & 1 \\
0 & 0 & 0 & \cdots & 0 & 0 & 1
\end{bmatrix}
\begin{bmatrix}
x_1 \\ x_2 \\ x_3 \\ x_4 \\ \vdots \\ x_{n-1} \\ x_n
\end{bmatrix}
= 1 + X^{\mathrm{T}} A X,
$$

即 $f(x)$ 是 2 次非齐次完全旋转对称布尔函数. $f(x)$ 又分解为

$$
f(x) = 1 + X^{\mathrm{T}}
\begin{bmatrix}
0 & 1 & 1 & \cdots & 1 & 0 & 0 & 1 & 0 & 1 \\
0 & 0 & 1 & \cdots & 1 & 0 & 0 & 1 & 0 & 1 \\
0 & 0 & 0 & \cdots & 1 & 0 & 0 & 1 & 0 & 1 \\
\vdots & \vdots & \vdots & & \vdots & \vdots & \vdots & \vdots & \vdots & \vdots \\
0 & 0 & 0 & \cdots & 0 & 0 & 0 & 1 & 0 & 1 \\
0 & 0 & 0 & \cdots & 0 & 1 & 1 & 0 & 1 & 0 \\
0 & 0 & 0 & \cdots & 0 & 0 & 1 & 0 & 1 & 0 \\
0 & 0 & 0 & \cdots & 0 & 0 & 0 & 0 & 0 & 1 \\
0 & 0 & 0 & \cdots & 0 & 0 & 0 & 0 & 1 & 0 \\
0 & 0 & 0 & \cdots & 0 & 0 & 0 & 0 & 0 & 0
\end{bmatrix} X
+ X^{\mathrm{T}}
\begin{bmatrix}
1 & 0 & 0 & \cdots & 0 & 1 & 1 & 0 & 1 & 0 \\
0 & 1 & 0 & \cdots & 0 & 1 & 1 & 0 & 1 & 0 \\
0 & 0 & 1 & \cdots & 0 & 1 & 1 & 0 & 1 & 0 \\
\vdots & \vdots & \vdots & & \vdots & \vdots & \vdots & \vdots & \vdots & \vdots \\
0 & 0 & 0 & \cdots & 1 & 1 & 1 & 0 & 1 & 0 \\
0 & 0 & 0 & \cdots & 0 & 0 & 0 & 1 & 0 & 1 \\
0 & 0 & 0 & \cdots & 0 & 0 & 0 & 1 & 0 & 1 \\
0 & 0 & 0 & \cdots & 0 & 0 & 0 & 1 & 1 & 0 \\
0 & 0 & 0 & \cdots & 0 & 0 & 0 & 0 & 0 & 1 \\
0 & 0 & 0 & \cdots & 0 & 0 & 0 & 0 & 0 & 1
\end{bmatrix} X
$$

$$
= 1 + X^{\mathrm{T}} A_1 X + X^{\mathrm{T}} A_2 X
$$

$$
= f_1(x) + f_2(x) \quad (f_1(x) = X^{\mathrm{T}} A_1 X, \quad f_2(x) = 1 + X^{\mathrm{T}} A_2 X),
$$

则 $f_2(x)$ 是 2 阶相关免疫 H 布尔函数, $f_1(x)$ 是 H 布尔函数.

证明　由于 $f_2(x) = 1 + X^{\mathrm{T}} A_2 X$ 包含有关于任一个变量 $x_i(i \in \{1, 2, \cdots, n\})$ 的 2 次项, 且若为 $x_i x_j (i \neq j)$, 则这样的 2 次项仅有 1 项. 所以, 对一切 $i = 1, 2, \cdots, n$, 在只对一个变量求导数时, 必有

$$
\deg\left(\frac{df_2(x)}{dx_i}\right) = 1, \quad w_t\left(\frac{df_2(x)}{dx_i}\right) = 2^{n-1} \quad (i = 1, 2, \cdots, n).
$$

所以, $f_2(x)$ 是 H 布尔函数.

又由于 $f(x)$ 是 H 布尔函数, 所以 $f_1(x)$ 也必为 H 布尔函数.

现在要利用 $f_2(x)$ 的 e-导数和导数来证明 $f_2(x)$ 的 2 阶相关免疫性.

求得 $f_2(x)$ 的 e-导数 $\dfrac{ef_2(x)}{ex_n}$ 为

$$\frac{ef_2(x)}{ex_n} = X^{\mathrm{T}} \begin{bmatrix} 0\,0\cdots0\,0\,0\,0\,0\,0 \\ 0\,0\cdots0\,0\,0\,0\,0\,0 \\ \vdots\;\vdots\quad\vdots\;\vdots\;\vdots\;\vdots\;\vdots\;\vdots \\ 0\,0\cdots0\,0\,0\,0\,0\,0 \\ 0\,0\cdots0\,1\,0\,0\,0\,0 \\ 0\,0\cdots0\,0\,1\,0\,0\,0 \\ 0\,0\cdots0\,0\,0\,0\,0\,0 \\ 0\,0\cdots0\,0\,0\,0\,1\,0 \\ 0\,0\cdots0\,0\,0\,0\,0\,0 \end{bmatrix} X;$$

$f_2(x)$ 的导数部分 $f_2(x)\dfrac{df_2(x)}{dx_n}$ 为

$$f_2(x)\frac{df_2(x)}{dx_n} = 1 + X^{\mathrm{T}} \begin{bmatrix} 1\,0\,0\cdots0\,1\,1\,0\,1\,0 \\ 0\,1\,0\cdots0\,1\,1\,0\,1\,0 \\ 0\,0\,1\cdots0\,1\,1\,0\,1\,0 \\ \vdots\;\vdots\;\vdots\quad\vdots\;\vdots\;\vdots\;\vdots\;\vdots\;\vdots \\ 0\,0\,0\cdots1\,1\,1\,0\,1\,0 \\ 0\,0\,0\cdots0\,1\,0\,1\,0\,1 \\ 0\,0\,0\cdots0\,0\,1\,1\,0\,1 \\ 0\,0\,0\cdots0\,0\,0\,1\,1\,0 \\ 0\,0\,0\cdots0\,0\,0\,0\,1\,1 \\ 0\,0\,0\cdots0\,0\,0\,0\,0\,1 \end{bmatrix} X,$$

可知, $\dfrac{ef_2(x)}{ex_n} = x_{n-4} + x_{n-3} + x_{n-1}$, 即 $\dfrac{ef_2(x)}{ex_n}$ 是一个含 3 个变元, 且不含变元 x_n 而含有变元 x_{n-1} 的线性函数, 有

$$\deg\left(\frac{ef_2(x)}{ex_n}\right) = 1, \quad w_t\left(\frac{ef_2(x)}{ex_n}\right) = 2^{n-1}.$$

所以, 对任何 $1 \leqslant w_t(\omega) \leqslant 2$ 的 ωx, 有

$$w_t\left(\frac{ef_2(x)}{ex_n} + \omega x\right) = 2^{n-1}.$$

所以有

$$w_t\left(\omega x\frac{ef_2(x)}{ex_n}\right)=2^{n-2}.$$

又由 $f_2(x)$ 和 $\dfrac{ef_2(x)}{ex_n}$ 知, 有

$$\deg\left(f_2(x)\frac{df_2(x)}{dx_n}\right)=2,\quad w_t\left(f_2(x)\frac{df_2(x)}{dx_n}\right)=2^{n-2}.$$

所以, 对任何 $1\leqslant w_t(\omega)\leqslant 2$ 的 ωx, 也必有

$$w_t\left(\omega xf_2(x)\frac{df_2(x)}{dx_n}\right)=2^{n-2}.$$

所以有

$$w_t\left(f_2(x)\frac{df_2(x)}{dx_n}+\omega x\right)=2^{n-1}.$$

所以, 对任意 $1\leqslant w_t(\omega)\leqslant 2$ 的 ωx, 有

$$
\begin{aligned}
&w_t(f_2(x)+\omega x)\\
&=w_t\left(f_2(x)\frac{df_2(x)}{dx_n}+\omega x\right)+w_t\left(\frac{ef_2(x)}{ex_n}+\omega x\right)-w_t(\omega x)\\
&=2^{n-1}+2^{n-1}-2^{n-1}\\
&=2^{n-1},
\end{aligned}
$$

即 $f_2(x)$ 是 2 阶相关免疫布尔函数.

所以, $f_2(x)$ 是 2 阶相关免疫 H 布尔函数.

例 11.2.2　有 9 元 2 次完全旋转对称 H 布尔函数 $f(x)$ 为

$$f(x)=[x_1x_2x_3\cdots x_8x_9]\begin{bmatrix}1&1&1&\cdots&1&1\\0&1&1&\cdots&1&1\\0&0&1&\cdots&1&1\\\vdots&\vdots&\vdots& &\vdots&\vdots\\0&0&0&\cdots&1&1\\0&0&0&\cdots&0&1\end{bmatrix}\begin{bmatrix}x_1\\x_2\\x_3\\\vdots\\x_8\\x_9\end{bmatrix}=X^{\mathrm{T}}AX.$$

将 $f(x)$ 拆分为

$$f(x) = 1 + X^{\mathrm{T}} \begin{bmatrix} 0\,1\,1\,1\,0\,0\,1\,0\,1 \\ 0\,0\,1\,1\,0\,0\,1\,0\,1 \\ 0\,0\,0\,1\,0\,0\,1\,0\,1 \\ 0\,0\,0\,0\,0\,0\,1\,0\,1 \\ 0\,0\,0\,0\,1\,1\,0\,1\,0 \\ 0\,0\,0\,0\,0\,1\,0\,1\,0 \\ 0\,0\,0\,0\,0\,0\,0\,0\,1 \\ 0\,0\,0\,0\,0\,0\,0\,1\,0 \\ 0\,0\,0\,0\,0\,0\,0\,0\,0 \end{bmatrix} X + X^{\mathrm{T}} \begin{bmatrix} 1\,0\,0\,0\,1\,1\,0\,1\,0 \\ 0\,1\,0\,0\,1\,1\,0\,1\,0 \\ 0\,0\,1\,0\,1\,1\,0\,1\,0 \\ 0\,0\,0\,1\,1\,1\,0\,1\,0 \\ 0\,0\,0\,0\,0\,0\,1\,0\,1 \\ 0\,0\,0\,0\,0\,0\,1\,0\,1 \\ 0\,0\,0\,0\,0\,0\,1\,1\,0 \\ 0\,0\,0\,0\,0\,0\,0\,0\,1 \\ 0\,0\,0\,0\,0\,0\,0\,0\,1 \end{bmatrix} X$$

$$= 1 + X^{\mathrm{T}} A_1 X + X^{\mathrm{T}} A_2 X$$

$$= f_1(x) + f_2(x) \quad (f_1(x) = X^{\mathrm{T}} A_1 X, \quad f_2(x) = 1 + X^{\mathrm{T}} A_2 X).$$

则 $f_2(x)$ 是 2 阶相关免疫 H 布尔函数, $f_1(x)$ 是 H 布尔函数.

证明　(a) 对 $f_2(x) = 1 + X^{\mathrm{T}} A_2 X$ 求导数, 易得到对一切 $i = 1, 2, \cdots, 9$, 导数函数 $\dfrac{df_2(x)}{dx_i}$ 的矩阵均为对角阵, 如

$$\frac{df_2(x)}{dx_1} = 1 + X^{\mathrm{T}} \begin{bmatrix} 0\,0\,0\,0\,0\,0\,0\,0\,0 \\ 0\,0\,0\,0\,0\,0\,0\,0\,0 \\ 0\,0\,0\,0\,0\,0\,0\,0\,0 \\ 0\,0\,0\,0\,0\,0\,0\,0\,0 \\ 0\,0\,0\,0\,1\,0\,0\,0\,0 \\ 0\,0\,0\,0\,0\,1\,0\,0\,0 \\ 0\,0\,0\,0\,0\,0\,0\,0\,0 \\ 0\,0\,0\,0\,0\,0\,0\,1\,0 \\ 0\,0\,0\,0\,0\,0\,0\,0\,0 \end{bmatrix} X, \quad \frac{df_2(x)}{dx_5} = X^{\mathrm{T}} \begin{bmatrix} 1\,0\,0\,0\,0\,0\,0\,0\,0 \\ 0\,1\,0\,0\,0\,0\,0\,0\,0 \\ 0\,0\,1\,0\,0\,0\,0\,0\,0 \\ 0\,0\,0\,1\,0\,0\,0\,0\,0 \\ 0\,0\,0\,0\,0\,0\,0\,0\,0 \\ 0\,0\,0\,0\,0\,0\,0\,0\,0 \\ 0\,0\,0\,0\,0\,0\,1\,0\,0 \\ 0\,0\,0\,0\,0\,0\,0\,0\,0 \\ 0\,0\,0\,0\,0\,0\,0\,0\,1 \end{bmatrix} X,$$

$$\frac{df_2(x)}{dx_8} = X^{\mathrm{T}} \begin{bmatrix} 1\,0\,0\,0\,0\,0\,0\,0\,0 \\ 0\,1\,0\,0\,0\,0\,0\,0\,0 \\ 0\,0\,1\,0\,0\,0\,0\,0\,0 \\ 0\,0\,0\,1\,0\,0\,0\,0\,0 \\ 0\,0\,0\,0\,0\,0\,0\,0\,0 \\ 0\,0\,0\,0\,0\,0\,0\,0\,0 \\ 0\,0\,0\,0\,0\,0\,1\,0\,0 \\ 0\,0\,0\,0\,0\,0\,0\,0\,0 \\ 0\,0\,0\,0\,0\,0\,0\,0\,1 \end{bmatrix} X.$$

所以有

$$\deg\left(\frac{df_2(x)}{dx_i}\right) = 1, \quad w_t\left(\frac{df_2(x)}{dx_i}\right) = 2^{n-1} \quad (i = 1, 2, \cdots, 9).$$

所以, $f_2(x)$ 是 H 布尔函数.

(b) 现在来求 $f_2(x)$ 的 e-导数和导数部分.

求得 $f_2(x)$ 的 e-导数 $\dfrac{ef_2(x)}{ex_9}$ 为

$$\frac{ef_2(x)}{ex_9} = X^{\mathrm{T}} \begin{bmatrix} 0\,0\,0\,0\,0\,0\,0\,0\,0 \\ 0\,0\,0\,0\,0\,0\,0\,0\,0 \\ 0\,0\,0\,0\,0\,0\,0\,0\,0 \\ 0\,0\,0\,0\,0\,0\,0\,0\,0 \\ 0\,0\,0\,0\,1\,0\,0\,0\,0 \\ 0\,0\,0\,0\,0\,1\,0\,0\,0 \\ 0\,0\,0\,0\,0\,0\,0\,0\,0 \\ 0\,0\,0\,0\,0\,0\,0\,1\,0 \\ 0\,0\,0\,0\,0\,0\,0\,0\,0 \end{bmatrix} X;$$

求得 $f_2(x)$ 的导数部分 $f_2(x)\dfrac{df_2(x)}{dx_9}$ 为

$$f_2(x)\frac{df_2(x)}{dx_9} = 1 + X^{\mathrm{T}} \begin{bmatrix} 1\,0\,0\,0\,1\,1\,0\,1\,0 \\ 0\,1\,0\,0\,1\,1\,0\,1\,0 \\ 0\,0\,1\,0\,1\,1\,0\,1\,0 \\ 0\,0\,0\,1\,1\,1\,0\,1\,0 \\ 0\,0\,0\,0\,1\,0\,1\,0\,1 \\ 0\,0\,0\,0\,0\,1\,1\,0\,1 \\ 0\,0\,0\,0\,0\,0\,1\,1\,0 \\ 0\,0\,0\,0\,0\,0\,0\,1\,1 \\ 0\,0\,0\,0\,0\,0\,0\,0\,1 \end{bmatrix} X.$$

可知, $\dfrac{ef_2(x)}{ex_9} = x_5 + x_6 + x_8$, 即 $\dfrac{ef_2(x)}{ex_9}$ 是一个含 3 个变元,且不含变元 x_9 的线性函数, 有

$$\deg\left(\frac{ef_2(x)}{ex_9}\right) = 1, \quad w_t\left(\frac{ef_2(x)}{ex_9}\right) = 2^{9-1} = 256.$$

所以, 对任意 $1 \leqslant w_t(\omega) \leqslant 2$ 的 ωx, 有

$$w_t \left(\frac{ef_2(x)}{ex_9} + \omega x \right) = 2^{9-1} = 256.$$

所以有

$$w_t \left(\omega x \frac{ef_2(x)}{ex_9} \right) = 2^{9-2} = 128.$$

又由 $f_2(x) \dfrac{df_2(x)}{dx_9}$ 知, 有

$$\deg \left(f_2(x) \frac{df_2(x)}{dx_9} \right) = 2, \quad w_t \left(f_2(x) \frac{df_2(x)}{dx_9} \right) = 2^{9-2} = 128.$$

所以, 由 $f_2(x) \dfrac{df_2(x)}{dx_9}$ 和 $\dfrac{ef_2(x)}{ex_9}$ 知, 对任何 $1 \leqslant w_t(\omega) \leqslant 2$ 的 ωx, 必有

$$w_t \left(\omega x f_2(x) \frac{df_2(x)}{dx_9} \right) = 2^{9-2} = 128.$$

所以有

$$w_t \left(f_2(x) \frac{df_2(x)}{dx_9} + \omega x \right) = 2^{9-1} = 256.$$

所以, 对任意 $1 \leqslant w_t(\omega) \leqslant 2$ 的 ωx, 有

$$
\begin{aligned}
& w_t(f_2(x) + \omega x) \\
&= w_t \left(f_2(x) \frac{df_2(x)}{dx_9} + \omega x \right) + w_t \left(\frac{ef_2(x)}{ex_9} + \omega x \right) - w_t(\omega x) \\
&= 2^{9-1} + 2^{9-1} - 2^{9-1} \\
&= 2^{9-1} = 256,
\end{aligned}
$$

即 $f_2(x)$ 是 2 阶相关免疫布尔函数.

所以, $f_2(x)$ 是 2 阶相关免疫的 H 布尔函数.

利用布尔函数的导数、e-导数和完全旋转对称布尔函数, 还可以方便地找出下面这样一种相关免疫 H 布尔函数. 通过下面这样一种相关免疫 H 布尔函数, 可以给出重量为 $2^{n-1} - 2^{\frac{n}{2}-1}$(偶数元) 或 $2^{n-1} - 2^{\lceil \frac{n}{2} \rceil - 1}$(奇数元) 的布尔函数. 下面先给出关于这种相关免疫 H 布尔函数的定理 11.2.14.

定理 11.2.14　设有布尔函数 $f(x) \in GF(2)^{GF(2)^n}$, 有

$$
f(x)\frac{df(x)}{dx_n} = 1 + X^{\mathrm{T}}
\begin{bmatrix}
0\,0\cdots0\,0\,0\,0\,0\,0 \\
0\,0\cdots0\,0\,0\,0\,0\,0 \\
\vdots\ \vdots\quad\ \vdots\,\vdots\,\vdots\,\vdots\,\vdots\,\vdots \\
0\,0\cdots0\,0\,0\,0\,0\,0 \\
0\,0\cdots0\,1\,0\,0\,1\,1 \\
0\,0\cdots0\,0\,1\,0\,1\,0 \\
0\,0\cdots0\,0\,0\,1\,1\,1 \\
0\,0\cdots0\,0\,0\,0\,1\,1 \\
0\,0\cdots0\,0\,0\,0\,0\,1
\end{bmatrix}
X
$$

$$
+\left(
X^{\mathrm{T}}
\begin{bmatrix}
1\,0\cdots0\,0\,0\,0\,0\,0 \\
0\,0\cdots0\,0\,0\,0\,0\,0 \\
\vdots\ \vdots\quad\ \vdots\,\vdots\,\vdots\,\vdots\,\vdots\,\vdots \\
0\,0\cdots1\,0\,0\,0\,0\,0 \\
0\,0\cdots0\,0\,0\,0\,0\,0 \\
0\,0\cdots0\,0\,0\,0\,0\,0 \\
0\,0\cdots0\,0\,0\,0\,0\,0 \\
0\,0\cdots0\,0\,0\,0\,0\,0 \\
0\,0\cdots0\,0\,0\,0\,0\,0
\end{bmatrix}
X
\right)
$$

$$
\cdot\left(
X^{\mathrm{T}}
\begin{bmatrix}
0\,0\cdots0\,0\,0\,0 \\
0\,0\cdots0\,0\,0\,0 \\
\vdots\ \vdots\quad\ \vdots\,\vdots\,\vdots\,\vdots \\
0\,0\cdots0\,0\,0\,0 \\
0\,0\cdots0\,1\,0\,0 \\
0\,0\cdots0\,0\,0\,0 \\
0\,0\cdots0\,0\,0\,0 \\
0\,0\cdots0\,0\,0\,0 \\
0\,0\cdots0\,0\,0\,0
\end{bmatrix}
X(1+x_{n-3})
\right),
$$

$$
\frac{ef(x)}{ex_n} = X^{\mathrm{T}}
\begin{bmatrix}
0\,0\cdots0\,0\,0\,0\,0\,0 \\
0\,0\cdots0\,0\,0\,0\,0\,0 \\
\vdots\ \vdots\quad\ \vdots\,\vdots\,\vdots\,\vdots\,\vdots\,\vdots \\
0\,0\cdots0\,1\,1\,0\,0\,0 \\
0\,0\cdots0\,0\,1\,0\,0\,0 \\
0\,0\cdots0\,0\,0\,1\,1\,0 \\
0\,0\cdots0\,0\,0\,0\,0\,0 \\
0\,0\cdots0\,0\,0\,0\,0\,0 \\
0\,0\cdots0\,0\,0\,0\,0\,0
\end{bmatrix}
X
$$

$$+ \left(X^{\mathrm{T}} \begin{bmatrix} 1\,0\cdots0\,0\,0\,0\,0\,0 \\ 0\,1\cdots0\,0\,0\,0\,0\,0 \\ \vdots\,\vdots\quad\vdots\,\vdots\,\vdots\,\vdots \\ 0\,0\cdots1\,0\,0\,0\,0\,0 \\ 0\,0\cdots0\,0\,0\,0\,0\,0 \\ 0\,0\cdots0\,0\,0\,0\,0\,0 \\ 0\,0\cdots0\,0\,0\,0\,0\,0 \\ 0\,0\cdots0\,0\,0\,0\,0\,0 \\ 0\,0\cdots0\,0\,0\,0\,0\,0 \end{bmatrix} X \right) \left(X^{\mathrm{T}} \begin{bmatrix} 0\,0\cdots0\,0\,0\,0\,0\,0 \\ 0\,0\cdots0\,0\,0\,0\,0\,0 \\ \vdots\,\vdots\quad\vdots\,\vdots\,\vdots\,\vdots \\ 0\,0\cdots0\,0\,0\,0\,0\,0 \\ 0\,0\cdots0\,1\,0\,1\,1\,0 \\ 0\,0\cdots0\,0\,1\,1\,1\,0 \\ 0\,0\cdots0\,0\,0\,0\,0\,0 \\ 0\,0\cdots0\,0\,0\,0\,0\,0 \\ 0\,0\cdots0\,0\,0\,0\,0\,0 \end{bmatrix} X \right)$$

$$+ \left(X^{\mathrm{T}} \begin{bmatrix} 0\,0\cdots0\,0\,0\,0 \\ 0\,0\cdots0\,0\,0\,0 \\ \vdots\,\vdots\quad\vdots\,\vdots\,\vdots\,\vdots \\ 0\,0\cdots0\,0\,0\,0 \\ 0\,0\cdots0\,1\,1\,0 \\ 0\,0\cdots0\,0\,0\,0 \\ 0\,0\cdots0\,0\,0\,0 \end{bmatrix} X \right) x_{n-4} \quad (\text{上两式中的矩阵均为 } n \text{ 阶方阵}),$$

则 $f(x)$ 是相关免疫 H 布尔函数.

证明 (a) 先证 $f(x)$ 的相关免疫性.

对 $f(x)\dfrac{df(x)}{dx_n}$, 有

$$\frac{\partial\left(f(x)\dfrac{df(x)}{dx_n}\right)}{\partial(x_{n-5}x_{n-4}x_{n-3}x_{n-2}x_{n-1}x_n)} = 0.$$

所以, 对一切 $i = n, n-1, n-2, n-3, n-4, n-5$ 的 x_i, 有

$$w_t\left(f(x)\frac{df(x)}{dx_n}\,\bigg|\,x_i = 0\right) = w_t\left(f(x)\frac{df(x)}{dx_n}\,\bigg|\,x_i = 1\right) = 2^{-1}w_t\left(f(x)\frac{df(x)}{dx_n}\right),$$

即有 $w_t\left(f(x)\dfrac{df(x)}{dx_n} + x_i\right) = 2^{n-1}.$

又由于对 $f(x)\dfrac{df(x)}{dx_n}$ 有

$$w_t\left(f(x)\frac{df(x)}{dx_n}\right) = 2^{n-2}$$

及

$$w_t\left(f(x)\frac{df(x)}{dx_n} + x_{n-6}\right) = w_t\left(f(x)\frac{df(x)}{dx_n} + 1 + x_{n-6}\right) = 2^{n-1},$$

所以, 对 $i = 1, 2, \cdots, n - 7$ 的任意 x_i, 也有

$$w_t\left(f(x)\frac{df(x)}{dx_n} + x_i\right) = 2^{n-1}.$$

所以, $f(x)\dfrac{df(x)}{dx_n}$ 是相关免疫的导函数.

同样, 对 e-导数 $\dfrac{ef(x)}{ex_n}$, 也有

$$\frac{\partial\left(\dfrac{ef(x)}{ex_n}\right)}{\partial(x_{n-5}x_{n-4}x_{n-3}x_{n-2}x_{n-1}x_n)} = 0.$$

所以, 对一切 $i = n, n-1, n-2, n-3, n-4, n-5$ 的 x_i, 有

$$w_t\left(\left.\frac{ef(x)}{ex_n}\right| x_i = 0\right) = w_t\left(\left.\frac{ef(x)}{ex_n}\right| x_i = 1\right) = 2^{-1}w_t\left(\frac{ef(x)}{ex_n}\right),$$

即有

$$w_t\left(\frac{ef(x)}{ex_n} + x_i\right) = 2^{n-1}.$$

又由于对 $\dfrac{ef(x)}{ex_n}$, 有

$$w_t\left(\frac{ef(x)}{ex_n}\right) = 2^{n-3}$$

及

$$w_t\left(\frac{ef(x)}{ex_n} + x_{n-6}\right) = w_t\left(\frac{ef(x)}{ex_n} + 1 + x_{n-6}\right) = 2^{n-1},$$

所以, 对一切 $i = 1, 2, \cdots, n - 7$ 的任意 x_i, 也有

$$w_t\left(\frac{ef(x)}{ex_n} + x_i\right) = 2^{n-1}.$$

所以, e-导数函数 $\dfrac{ef(x)}{ex_n}$ 也是相关免疫函数.

所以, 对一切 $i = 1, 2, \cdots, n$ 的任意 x_i, 有

$$\begin{aligned}
&w_t(f(x) + x_i)\\
&= w_t\left(f(x)\frac{df(x)}{dx_n} + x_i\right) + w_t\left(\frac{ef(x)}{ex_n} + x_i\right) - w_t(x_i)\\
&= 2^{n-1} + 2^{n-1} - 2^{n-1}\\
&= 2^{n-1},
\end{aligned}$$

所以, $f(x)$ 是相关免疫函数.

(b) 现在证 $f(x)$ 是 H 布尔函数.

由于有

$$f(x) = f(x)\frac{df(x)}{dx_n} + \frac{ef(x)}{ex_n},$$

又由导数函数 $f(x)\dfrac{df(x)}{dx_n}$ 和 e-导数函数 $\dfrac{ef(x)}{ex_n}$ 知, 有

$$w_t\left(\frac{df(x)}{dx_n}\right)$$
$$= w_t\left(\frac{d\left(f(x)\frac{df(x)}{dx_n}\right)}{dx_n}\right) + w_t\left(\frac{d\left(\frac{ef(x)}{ex_n}\right)}{dx_n}\right) - 2w_t\left(\frac{d\left(f(x)\frac{df(x)}{dx_n}\right)}{dx_n}\frac{d\left(\frac{ef(x)}{ex_n}\right)}{dx_n}\right)$$
$$= 2^{n-1} + 0 - 2 \cdot 0$$
$$= 2^{n-1}.$$

对 $i = n-1, n-2, n-3$ 的 x_i, 有

$$w_t\left(\frac{df(x)}{dx_i}\right)$$
$$= w_t\left(\frac{d\left(f(x)\frac{df(x)}{dx_n}\right)}{dx_i}\right) + w_t\left(\frac{d\left(\frac{ef(x)}{ex_n}\right)}{dx_i}\right)$$
$$- 2w_t\left(\frac{d\left(f(x)\frac{df(x)}{dx_n}\right)}{dx_i}\frac{d\left(\frac{ef(x)}{ex_n}\right)}{dx_i}\right)$$
$$= 2^{n-1} + 2^{n-2} - 2 \cdot 2^{n-3}$$
$$= 2^{n-1},$$

又

$$w_t\left(\frac{df(x)}{dx_{n-4}}\right)$$
$$= w_t\left(\frac{d\left(f(x)\frac{df(x)}{dx_n}\right)}{dx_{n-4}}\right) + w_t\left(\frac{d\left(\frac{ef(x)}{ex_n}\right)}{dx_{n-4}}\right) - 2w_t\left(\frac{d\left(f(x)\frac{df(x)}{dx_n}\right)}{dx_{n-4}}\frac{d\left(\frac{ef(x)}{ex_n}\right)}{dx_{n-4}}\right)$$
$$= 2^{n-1} + 2^{n-2} - 2 \cdot 2^{n-3}$$
$$= 2^{n-1}.$$

对一切 $i = n-5, n-6, \cdots, 2, 1$ 的 x_i, 有

$$w_t\left(\frac{df(x)}{dx_i}\right)$$

$$= w_t\left(\frac{d\left(f(x)\dfrac{df(x)}{dx_n}\right)}{dx_i}\right) + w_t\left(\frac{d\left(\dfrac{ef(x)}{ex_n}\right)}{dx_i}\right) - 2w_t\left(\frac{d\left(f(x)\dfrac{df(x)}{dx_n}\right)}{dx_i}\frac{d\left(\dfrac{ef(x)}{ex_n}\right)}{dx_i}\right)$$

$$= 2^{n-1} + 2^{n-2} - 2 \cdot 2^{n-3}$$

$$= 2^{n-1},$$

所以 $f(x)$ 是 H 布尔函数.

所以, $f(x)$ 是相关免疫 H 布尔函数.

例 11.2.3　对 $n = 8$ 的布尔函数 $f(x)$, 有

$$f(x)$$

$$= 1 + X^{\mathrm{T}}\begin{bmatrix} 0&0&0&1&1&0&0&0 \\ 0&0&0&1&1&0&0&0 \\ 0&0&0&1&1&0&0&0 \\ 0&0&0&1&1&0&1&1 \\ 0&0&0&0&0&1&0&0 \\ 0&0&0&0&0&1&1&1 \\ 0&0&0&0&0&0&1&1 \\ 0&0&0&0&0&0&0&1 \end{bmatrix} X + \left(X^{\mathrm{T}}\begin{bmatrix} 1&0&0&0&0&0&0&0 \\ 0&1&0&0&0&0&0&0 \\ 0&0&1&0&0&0&0&0 \\ 0&0&0&1&0&0&0&0 \\ 0&0&0&0&0&0&0&0 \\ 0&0&0&0&0&0&0&0 \\ 0&0&0&0&0&0&0&0 \\ 0&0&0&0&0&0&0&0 \end{bmatrix} X\right)\left(X^{\mathrm{T}}\begin{bmatrix} 0&0&0&0&0&0&0&0 \\ 0&0&0&0&0&0&0&0 \\ 0&0&0&0&0&0&0&0 \\ 0&0&0&0&0&0&0&0 \\ 0&0&0&0&0&1&1&0 \\ 0&0&0&0&0&0&0&0 \\ 0&0&0&0&0&0&0&0 \\ 0&0&0&0&0&0&0&0 \end{bmatrix} X\right)$$

$$+ \left(X^{\mathrm{T}}\begin{bmatrix} 0&0&0&1&0&0&0&0 \\ 0&0&0&1&0&0&0&0 \\ 0&0&0&1&0&0&0&0 \\ 0&0&0&0&0&0&0&0 \\ 0&0&0&0&0&0&0&0 \\ 0&0&0&0&0&0&0&0 \\ 0&0&0&0&0&0&0&0 \\ 0&0&0&0&0&0&0&0 \end{bmatrix} X\right)\left(X^{\mathrm{T}}\begin{bmatrix} 0&0&0&0&0&0&0&0 \\ 0&0&0&0&0&0&0&0 \\ 0&0&0&0&0&0&0&0 \\ 0&0&0&0&0&0&0&0 \\ 0&0&0&0&0&1&0&0 \\ 0&0&0&0&0&0&0&0 \\ 0&0&0&0&0&0&0&0 \\ 0&0&0&0&0&0&0&0 \end{bmatrix} X\right)$$

(式中矩阵均为 8 阶方阵).

对 $i = 1, 2, \cdots, 8$ 的 x_i, 可直接求得

$$w_t(f(x) + x_i) = 128 = 2^{8-1},$$

$$w_t\left(\frac{df(x)}{dx_i}\right) = 128 = 2^{8-1},$$

即 $f(x)$ 是相关免疫 H 布尔函数.

定理 11.2.14 中的布尔函数 $f(x)$ 的重量为 $w_t(f(x)) = 2^{n-2} + 2^{n-3}$. 而利用这个布尔函数以及导数、e-导数, 可以构造出重量为 $2^{n-1} - 2^{\frac{n}{2}-1}$ 的布尔函数. 这里只以例 11.2.4 和例 11.2.5, 分别给出一个 6 元和一个 8 元的重量为 $2^{n-1} - 2^{\frac{n}{2}-1}$ 的布尔函数.

例 11.2.4 布尔函数 $f(x)$ 为

$$
\begin{aligned}
f(x) = {} & x_3 + x_3 x_5 + x_2(x_4 + x_6) + x_1(x_2 + x_3 + x_4) + x_3 x_5 x_6 + x_3 x_4(x_5 + x_6) \\
& + x_2 x_3(x_4 + x_6) + x_1 x_3(x_5 + x_6) + x_1 x_2(x_5 + x_6) + x_1 x_3 x_5 x_6 + x_1 x_2 x_3 x_6 \\
& + x_1 x_2 x_5 x_6 + x_1 x_3 x_4(x_5 + x_6) + x_1 x_2 x_4(x_5 + x_6),
\end{aligned}
$$

有 $w_t(f(x)) = 2^{n-1} - 2^{\frac{n}{2}-1} = 2^{6-1} - 2^{\frac{6}{2}-1} = 28$. 而

$$
N_f = w_t(f(x) + x_2 + x_3) = 20 = 2^{n-1} - 2^{\frac{n}{2}} - 2^{\frac{n}{2}-1}.
$$

由于有 $w_t\left(\dfrac{df(x)}{dx_1}\right) = 2^{n-2} = 16$, 所以, 布尔函数 $f(x)$ 并不是 Bent 函数.

例 11.2.5 布尔函数 $f(x)$ 为

$$
\begin{aligned}
f(x) = {} & x_4 + x_4 x_7 + x_2 x_4 + x_3 x_6 + x_3 x_8 + x_2 x_6 + x_1 x_5 + x_1 x_4 + x_1 x_3 \\
& + x_4 x_7 x_8 + x_4 x_6 x_7 + x_4 x_6 x_8 + x_2 x_4 x_7 + x_2 x_4 x_8 + x_2 x_3 x_6 + x_2 x_3 x_7 \\
& + x_2 x_3 x_8 + x_1 x_4 x_7 + x_1 x_4 x_8 + x_1 x_2 x_5 + x_1 x_2 x_6 + x_1 x_2 x_7 + x_1 x_2 x_8 \\
& + x_1 x_2 x_4 + x_2 x_4 x_7 x_8 + x_2 x_4 x_6 x_7 + x_2 x_4 x_6 x_8 + x_1 x_4 x_7 x_8 + x_1 x_4 x_6 x_7 \\
& + x_1 x_4 x_6 x_8 + x_1 x_3 x_7 x_8 + x_1 x_2 x_5 x_7 + x_1 x_2 x_5 x_8 + x_1 x_2 x_4 x_5 + x_1 x_2 x_4 x_7 \\
& + x_1 x_2 x_4 x_8 + x_1 x_2 x_3 x_7 + x_1 x_2 x_3 x_8 + x_1 x_2 x_4 x_7 x_8 + x_1 x_2 x_4 x_6 x_7 \\
& + x_1 x_2 x_4 x_6 x_8 + x_1 x_2 x_3 x_7 x_8 + x_1 x_2 x_3 x_6 x_7 + x_1 x_2 x_3 x_6 x_8 + x_1 x_2 x_3 x_4 x_6
\end{aligned}
$$

对这一 8 元的布尔函数 $f(x)$, 有 $w_t(f(x)) = 120 = 2^{n-1} - 2^{\frac{n}{2}-1}$. 但

$$
N_f = w_t(f(x) + x_3 + x_4) = 88 = 2^{n-1} - 2^{\frac{n}{2}+1} - 2^{\frac{n}{2}-1},
$$

有 $w_t\left(\dfrac{df(x)}{dx_1}\right) = 2^{n-1} - 2^{n-6} = 124$, 布尔函数 $f(x)$ 也不是 Bent 函数.

可见, 利用导数、e-导数与完全旋转对称布尔函数结合, 可以找到一些有一定意义的函数. 如例 11.2.4 和例 11.2.5 中的这两个函数 $f(x)$, 说明了它们有同一个重量 $w_t(f(x)) = 2^{n-1} - 2^{\frac{n}{2}-1}$, 但并不一定就有恒定的线性度, 也不是 Bent 函数.

例 11.2.4、例 11.2.5 给出的是重量为 $2^{n-1} - 2^{\frac{n}{2}-1}$ 的、但非线性度 $N_f < 2^{n-1} - 2^{\frac{n}{2}-1}$ 的函数. 而有意思的是: 利用导数和 e-导数, 可得到 2 次齐次完全旋转对称布尔函数的非线性度也达到 $2^{n-1} - 2^{\lceil \frac{n}{2} \rceil - 1}$ 的情形. 这有下面的定理.

定理 11.2.15　设布尔函数 $f(x) \in GF(2)^{GF(2)^n} \ (n < 20)$, 且 $f(x)$ 是 2 次齐次完全旋转对称布尔函数, 即 $f(x) = f^2(x)$. 则存在 $l_0(x) = 1 + \sum\limits_{i=1}^{n-1} x_i$, 有

$$N_f = \min_{l(x) \in L_n[x]} w_t(f(x) + l(x)) = w_t(f(x) + l_0(x)) = 2^{n-1} - 2^{\lceil \frac{n}{2} \rceil - 1}.$$

证明　对 $n_1 \neq n_2 \neq n_3$ 的 $f_{n_1}^2(x)$, $f_{n_2}^2(x)$ 和 $f_{n_3}^2(x)$, 可能有

$$w_t(f_{n_1}^2(x)) = 2^{n_1-1} + 2^{\lceil \frac{n_1}{2} \rceil - 1}, \ w_t(f_{n_2}^2(x)) = 2^{n_2-1}, \ w_t(f_{n_3}^2(x)) = 2^{n_3-1} - 2^{\lceil \frac{n_3}{2} \rceil - 1},$$

其中 n_1, n_2, n_3 任意.

(a) 若 $w_t(f(x)) = 2^{n-1} + 2^{\lceil \frac{n}{2} \rceil - 1}$, 则有

$$\frac{df(x)}{dx_n} = 1 + \sum_{i=1}^{n} x_i, \ w_t\left(f(x)\frac{df(x)}{dx_n}\right) = 2^{n-2}, \ w_t\left(\frac{ef(x)}{ex_n}\right) = 2^{n-1} + 2^{\lceil \frac{n}{2} \rceil - 1}.$$

所以有

$$\min_{l(x) \in L_n[x]} w_t\left(f(x)\frac{df(x)}{dx_n} + l(x)\right) = w_t\left(f(x)\frac{df(x)}{dx_n} + l_0(x)\right) = 2^{n-1} + 2^{n-2},$$

$$\min_{l(x) \in L_n[x]} w_t\left(\frac{ef(x)}{ex_n} + l(x)\right) = w_t\left(\frac{ef(x)}{ex_n} + l_0(x)\right) = 2^{n-2} - 2^{\lceil \frac{n}{2} \rceil - 1}.$$

所以有

$$N_f = \min_{l(x) \in L_n[x]} w_t(f(x) + l(x))$$
$$= \min_{l(x) \in L_n[x]} \left(w_t\left(f(x)\frac{df(x)}{dx_n} + l(x)\right) + w_t\left(\frac{ef(x)}{ex_n} + l(x)\right) - w_t(l(x)) \right)$$
$$= w_t\left(f(x)\frac{df(x)}{dx_n} + l_0(x)\right) + w_t\left(\frac{ef(x)}{ex_n} + l_0(x)\right) - w_t(l_0(x))$$
$$= 2^{n-1} + 2^{n-2} + 2^{n-2} - 2^{\lceil \frac{n}{2} \rceil - 1} - 2^{n-1}$$
$$= 2^{n-1} - 2^{\lceil \frac{n}{2} \rceil - 1}.$$

(b) 当 $f(x)$ 有 $w_t(f(x)) = 2^{n-1}$ 时, 有

$$w_t\left(f(x)\frac{df(x)}{dx_n}\right) = w_t\left(\frac{ef(x)}{ex_n}\right) = 2^{n-2},$$

$$\frac{df(x)}{dx_n} = 1 + \sum_{i=2}^{n-1} x_i.$$

取 $l_0(x) = 1 + \sum\limits_{i=1}^{n-1} x_i$, 有

$$l_0(x) = \left(1 + \sum_{i=2}^{n-1} x_i\right)_{n-1} + x_1\left(\left(1 + \sum_{i=2}^{n-1} x_i\right)_{n-1} + \left(1 + \sum_{i=2}^{n-1} x_i\right)_{n-1}\right)$$

$$= \left(1 + \sum_{i=2}^{n-1} x_i\right)_{n-1} + x_1(0)_{n-1}$$

$$= 1 + \sum_{i=1}^{n-1} x_i,$$

所以有

$$w_t\left(f(x)\frac{df(x)}{dx_n} + l_0(x)\right) = 2^{n-2} - 2^{\left\lceil\frac{n}{2}\right\rceil - 1},$$

$$w_t\left(\frac{ef(x)}{ex_n} + l_0(x)\right) = 2^{n-1} + 2^{n-2},$$

且有

$$w_t\left(f(x)\frac{df(x)}{dx_n} + l_0(x)\right) = \min_{l(x)\in L_n[x]} w_t\left(f(x)\frac{df(x)}{dx_n} + l(x)\right),$$

$$w_t\left(\frac{ef(x)}{ex_n} + l_0(x)\right) = \min_{l(x)\in L_n[x]} w_t\left(\frac{ef(x)}{ex_n} + l(x)\right).$$

所以, 同样有

$$N_f = w_t\left(f(x)\frac{df(x)}{dx_n} + l_0(x)\right) + w_t\left(\frac{ef(x)}{ex_n} + l_0(x)\right) - w_t(l_0(x))$$

$$= 2^{n-2} - 2^{\left\lceil\frac{n}{2}\right\rceil - 1} + 2^{n-1} + 2^{n-2} - 2^{n-1}$$

$$= 2^{n-1} - 2^{\left\lceil\frac{n}{2}\right\rceil - 1}.$$

(c) 当 $f(x)$ 有 $w_t(f(x)) = 2^{n-1} - 2^{\left\lceil\frac{n}{2}\right\rceil - 1}$ 时, 由于 $f(x)$ 是 2 次齐次完全旋转对称布尔函数, 是 H 布尔函数, 所以有

$$w_t\left(\frac{df(x)}{dx_n}\right) = 2^{n-1}.$$

所以必有

$$w_t\left(f(x)\frac{df(x)}{dx_n}\right) = 2^{n-2},$$

所以

$$w_t\left(\frac{ef(x)}{ex_n}\right) = 2^{n-2} - 2^{\lceil\frac{n}{2}\rceil-1}.$$

所以有

$$w_t\left(f(x)\frac{df(x)}{dx_n} + l_0(x)\right) = 2^{n-1} + 2^{n-2},$$

$$w_t\left(\frac{ef(x)}{ex_n} + l_0(x)\right) = 2^{n-2} - 2^{\lceil\frac{n}{2}\rceil-1}.$$

所以有

$$N_f = w_t(f(x) + l_0(x))$$
$$= w_t\left(f(x)\frac{df(x)}{dx_n} + l_0(x)\right) + w_t\left(\frac{ef(x)}{ex_n} + l_0(x)\right) - w_t(l_0(x))$$
$$= 2^{n-1} + 2^{n-2} + 2^{n-2} - 2^{\lceil\frac{n}{2}\rceil-1} - 2^{n-1}$$
$$= 2^{n-1} - 2^{\lceil\frac{n}{2}\rceil-1}.$$

例 11.2.6　设布尔函数 $f(x) \in GF(2)^{GF(2)^6}$, 有

$$f(x) = [x_1x_2x_3x_4x_5x_6]\begin{bmatrix} 0&1&1&1&1&1 \\ 0&0&1&1&1&1 \\ 0&0&0&1&1&1 \\ 0&0&0&0&1&1 \\ 0&0&0&0&0&1 \\ 0&0&0&0&0&0 \end{bmatrix}\begin{bmatrix} x_1 \\ x_2 \\ x_3 \\ x_4 \\ x_5 \\ x_6 \end{bmatrix} = X^{\mathrm{T}}AX,$$

有 $w_t(f(x)) = 36 = 2^{n-1} + 2^{\frac{n}{2}+1}$, 且有

$$N_f = 28 = 2^{n-1} - 2^{\frac{n}{2}-1}.$$

例 11.2.7　设布尔函数 $f(x) \in GF(2)^{GF(2)^7}$, 有

$$f(x) = [x_1x_2x_3x_4x_5x_6x_7]\begin{bmatrix} 0&1&1&1&1&1&1 \\ 0&0&1&1&1&1&1 \\ 0&0&0&1&1&1&1 \\ 0&0&0&0&1&1&1 \\ 0&0&0&0&0&1&1 \\ 0&0&0&0&0&0&1 \\ 0&0&0&0&0&0&0 \end{bmatrix}\begin{bmatrix} x_1 \\ x_2 \\ x_3 \\ x_4 \\ x_5 \\ x_6 \\ x_7 \end{bmatrix} = X^{\mathrm{T}}AX,$$

有 $w_t(f(x)) = 64 = 2^{n-1}$, 又有

$$N_f = 56 = 2^{n-1} - 2^{\lceil \frac{n}{2} \rceil - 1}.$$

例 11.2.8 设布尔函数 $f(x) \in GF(2)^{GF(2)^8}$, 有

$$f(x) = [x_1 x_2 x_3 x_4 x_5 x_6 x_7 x_8] \begin{bmatrix} 0\,1\,1\,1\,1\,1\,1\,1 \\ 0\,0\,1\,1\,1\,1\,1\,1 \\ 0\,0\,0\,1\,1\,1\,1\,1 \\ 0\,0\,0\,0\,1\,1\,1\,1 \\ 0\,0\,0\,0\,0\,1\,1\,1 \\ 0\,0\,0\,0\,0\,0\,1\,1 \\ 0\,0\,0\,0\,0\,0\,0\,1 \\ 0\,0\,0\,0\,0\,0\,0\,0 \end{bmatrix} \begin{bmatrix} x_1 \\ x_2 \\ x_3 \\ x_4 \\ x_5 \\ x_6 \\ x_7 \\ x_8 \end{bmatrix} = X^{\mathrm{T}} A X,$$

有 $w_t(f(x)) = 2^{n-1} - 2^{\frac{n}{2}-1} = 2^{8-1} - 2^{\frac{8}{2}-1} = 128 - 8 = 120$, 且有

$$N_f = 120 = 2^{n-1} - 2^{\frac{n}{2}-1}.$$

同样, 对 $f(x) \in GF(2)^{GF(2)^9}$, 有

$$f(x) = [x_1 x_2 x_3 x_4 x_5 x_6 x_7 x_8 x_9] \begin{bmatrix} 0\,1\,1\,1\,1\,1\,1\,1\,1 \\ 0\,0\,1\,1\,1\,1\,1\,1\,1 \\ 0\,0\,0\,1\,1\,1\,1\,1\,1 \\ 0\,0\,0\,0\,1\,1\,1\,1\,1 \\ 0\,0\,0\,0\,0\,1\,1\,1\,1 \\ 0\,0\,0\,0\,0\,0\,1\,1\,1 \\ 0\,0\,0\,0\,0\,0\,0\,1\,1 \\ 0\,0\,0\,0\,0\,0\,0\,0\,1 \\ 0\,0\,0\,0\,0\,0\,0\,0\,0 \end{bmatrix} \begin{bmatrix} x_1 \\ x_2 \\ x_3 \\ x_4 \\ x_5 \\ x_6 \\ x_7 \\ x_8 \\ x_9 \end{bmatrix} = X^{\mathrm{T}} A X,$$

有 $w_t(f(x)) = 240 = 2^{n-1} - 2^{\lceil \frac{n}{2} \rceil - 1}$, 且有

$$N_f = 240 = 2^{n-1} - 2^{\lceil \frac{n}{2} \rceil - 1}.$$

11.3 完全旋转对称布尔函数的代数免疫性

前面曾介绍过, 利用某些 Bent 函数的导数可以构造最优代数免疫函数, 也指出这些 Bent 函数本身并不是最优代数免疫函数. 前面也曾介绍过, 可从 2 次齐次

完全旋转对称布尔函数中找出 Bent 函数. 而实际上, 偶数元 2 次齐次完全旋转对称布尔函数是 n 次扩散函数, 从而也是 Bent 函数. 下面就给出这一问题的定理.

定理 11.3.1　设布尔函数 $f(x) \in GF(2)^{GF(2)^n}$, 有

$$f(x) = [x_1 x_2 \cdots x_{n-1} x_n] \begin{bmatrix} 0 & 1 & 1 & 1 & \cdots & 1 & 1 \\ 0 & 0 & 1 & 1 & \cdots & 1 & 1 \\ 0 & 0 & 0 & 1 & \cdots & 1 & 1 \\ \vdots & \vdots & \vdots & \vdots & & \vdots & \vdots \\ 0 & 0 & 0 & 0 & \cdots & 0 & 1 \\ 0 & 0 & 0 & 0 & \cdots & 0 & 0 \end{bmatrix}_{n \times n} \begin{bmatrix} x_1 \\ x_2 \\ \vdots \\ x_{n-1} \\ x_n \end{bmatrix},$$

且 n 为偶数. 则 $f(x) = f^2(x)$ 是 n 次扩散函数, 即 $f(x)$ 是 Bent 函数.

证明　当 n 为偶数时, $f^2(x)$ 的所有项中, 含 $\{x_1, x_2, \cdots, x_n\}$ 中任意 1 个变量 x_i(i 任意) 的 2 次项, 有且仅有奇数个项. 所以, 对任意 $1 \leqslant r \leqslant n$, 当 r 为奇数时, 有

$$w_t\left(\frac{\partial f^2(x)}{\partial(x_{i1} x_{i2} \cdots x_{ir})}\right)$$

$$= w_t\left(\underbrace{((1 + 1 + \cdots + 1))}_{\binom{r}{1} \uparrow 1} + \sum_{p=1}^{n} x_p + x_{i1} + x_{i2} + \cdots + x_{ir}\right)$$

$$(1 \leqslant i_1 \leqslant i_2 \leqslant \cdots \leqslant i_r \leqslant n).$$

$$= 2^{n-1},$$

而当 r 为偶数时, 有

$$w_t\left(\frac{\partial f^2(x)}{\partial(x_{i1} x_{i2} \cdots x_{ir})}\right)$$

$$= w_t(\underbrace{((1 + 1 + \cdots + 1))}_{\binom{r}{1} \uparrow 1} + x_{i1} + x_{i2} + \cdots + x_{ir}) \quad (1 \leqslant i_1 \leqslant i_2 \leqslant \cdots \leqslant i_r \leqslant n).$$

$$= 2^{n-1},$$

所以, $f(x) = f^2(x)$ 是 n 次扩散函数, 即 $f(x)$ 是 Bent 函数.

从偶数元 n 的 $f^2(x)$ 是 Bent 函数这一点可看出, 一定有 $f^2(x)$ 的非线性度 $N_{f^2} = 2^{n-1} - 2^{\frac{n}{2}-1}$. 也可看到, $f^2(x)$ 的重量并不一定是 $2^{n-1} - 2^{\frac{n}{2}-1}$. 所以只

可以说,Bent 函数是可以取到这一重量的, 即 Bent 函数 $f(x)$ 的重量 $w_t(f(x)) = 2^{n-1} - 2^{\frac{n}{2}-1}$, 这既非 Bent 函数的充分条件, 也非必要条件. 从这一点也可看到, 利用导数、e-导数来讨论 Bent 函数是有优势的, 可以更多地发现一些新的东西.

本章没有直接就完全旋转对称布尔函数的代数免疫性进行讨论, 而是先讨论了 2 次齐次完全旋转对称布尔函数的 Bent 函数问题. 原因在于, 本章讨论的上述这些问题, 以及下面将要讨论的完全旋转对称布尔函数的 1 阶代数免疫, 利用 $f^2(x)$ 的导数和 e-导数构造 3 阶代数免疫函数的问题, 以及最重要的找出完全旋转对称布尔函数中的最优代数免疫的完全旋转对称布尔函数的问题等, 有紧密的关系.

定理 11.3.2 ~ 定理 11.3.8 就来讨论完全旋转对称布尔函数的代数免疫性问题.

定理 11.3.2 设 $f(x) \in GF(2)^{GF(2)^n}$, $f(x)$ 是非齐次完全旋转对称布尔函数, 为

$$f(x) = f^2(x) + f^3(x) + f^4(x) + \cdots + f^{n-1}(x) + f^n(x),$$

且 n 为奇数. 则 $f^1(x)$ 是 $f(x)$ 的最低代数次数零化子; $f(x)$ 是 1 阶代数免疫函数, 即 $AI(f(x)) = 1$.

证明 对任意奇数 i, 由于 $\deg(f^1(x)) = 1$ 且 $f^1(x)$ 无 0 次项, 所以,

(a) 对 $f^1(x)f^{i-1}(x)$, 在其乘积项中, 有且仅有 $i-1$ 次项和 i 次项这样两种项. 但 $f^1(x)f^{i-1}(x)$ 中的每一个 $i-1$ 次项, 共有 $\binom{i-1}{1} = i-1$ 个项, 所以 $i-1$ 个 $i-1$ 次项相加结果为 0, 即每一个 $i-1$ 次项的 $i-1$ 个项相加为 0. 又 $f^1(x)f^{i-1}(x)$ 的乘积中, 每一个 i 次项共有 $\binom{i}{1} = i$ 个项, 所以 i 个 i 次项相加结果仍为该 i 次项. 所以, $f^1(x)f^{i-1}(x)$ 的乘积项中, 每个 i 次项都仍存在.

又由于

$$f^1(\rho_n^k(x))f^{i-1}(\rho_n^k(x)) = f^1(x)f^{i-1}(x),$$

所以

$$f^1(x)f^{i-1}(x) = f^i(x),$$

且 $f^i(x)$ 中有 $\binom{n}{i}$ 个 i 次项, 即 $f^i(x)$ 是 i 次齐次完全旋转对称布尔函数.

(b) 对 $f^1(x)f^i(x)$, 同样在其乘积项中, 有且仅有 i 次项和 $i+1$ 次项这样两

种项. 而 $f^1(x)f^i(x)$ 中的每一个 i 次项, 共计有 $\binom{i}{1} = i$ 个项; $f'(x)f^i(x)$ 乘积

中的每一个 $i+1$ 次项, 共计有 $\binom{i+1}{1} = i+1$ 个项. 所以 $i+1$ 个 $i+1$ 次项相

加必为 0, i 个 i 次项相加消掉 $i-1$ 个, 还保留有 1 个 i 次项. 所以必有

$$f^1(x)f^i(x) = f^i(x),$$

且 $f^i(x)$ 是 i 次齐次完全旋转对称布尔函数.

对任意 $i \in \{2, 3, \cdots, n\}$, 有

$$f^1(x)(f^{i-1}(x) + f^i(x)) = f^i(x) + f^i(x) = 0.$$

所以有

$$f^1(x)f(x)$$
$$= f^1(x)f^2(x) + f^1(x)f^3(x) + f^1(x)f^4(x) + \cdots + f^1(x)f^{n-1}(x) + f^1(x)f^n(x)$$
$$= (f^1(x)f^2(x) + f^1(x)f^3(x)) + (f^1(x)f^4(x) + f^1(x)f^5(x))$$
$$+ \cdots + (f^1(x)f^{n-1}(x) + f^1(x)f^n(x))$$
$$= 0.$$

又 $\deg(f^1(x)) = 1$, 所以 $f^1(x)$ 是 $f(x)$ 的最低代数次数零化子, 且 $AI(f(x)) = 1$.

对于定理 11.3.2, 是当 n 为奇数时的结果. 其实, 当 n 为偶数时, 仍有 $AI(f(x)) = 1$, 只不过当 n 为偶数时的证明与 n 为奇数时的证明是不一样的. 所以, 为清楚起见, 将 n 为偶数时的情形作为定理 11.3.3 给出.

定理 11.3.3　设 $f(x) \in GF(2)^{GF(2)^n}$, 且 n 为偶数, $f(x)$ 是非齐次完全旋转对称布尔函数, 为

$$f(x) = f^2(x) + f^3(x) + f^4(x) + \cdots + f^{n-1}(x) + f^n(x),$$

则 $f^1(x)$ 是 $f(x)$ 的最低代数次数零化子, $f(x)$ 是 1 阶代数免疫函数, 即 $AI(f(x)) = 1$.

证明　对任意偶数 i, 由于 $\deg(f^1(x)) = 1$ 且 $f^1(x)$ 无 0 次项, 且任意 k ($k = 1, 2, \cdots, n$) 的 $f^k(x)$ 都是齐次完全旋转对称布尔函数. 所以,

(a) 对 $f^1(x)f^i(x)$, 在其乘积项中, 只有 i 次项和 $i+1$ 次项这样两种项. 由于 $\binom{i}{1} = i$, 所以, 对每 1 个 i 次项, 都有 $f^1(x)$ 中与之相同的 i 个变元与该 i 次项相

乘, 所以有 i 个该 i 次项相加, 和为 0; 而每 1 个 $i+1$ 次项, 是由 $\begin{pmatrix} i+1 \\ 1 \end{pmatrix} = i+1$ 个 $f^1(x)$ 中的项与之相同的 $i+1$ 个变元与该 $i+1$ 次项相乘, 相乘时有 $i+1$ 个该 $i+1$ 次项取和, $i+1$ 是奇数, 所以和仍为该项. 所以有

$$f^1(x)f^i(x) = f^{i+1}(x).$$

由于 $f^1(x), f^i(x)$ 都是齐次完全旋转对称布尔函数, 所以 $f^{i+1}(x)$ 仍包含 $\begin{pmatrix} n \\ i+1 \end{pmatrix}$ 个 $i+1$ 次项, 即 $f^{i+1}(x)$ 仍是齐次完全旋转对称布尔函数.

(b) 同样的推理, 也有

$$f^1(x)f^{i+1}(x) = f^{i+1}(x),$$

$f^{i+1}(x)$ 是齐次完全旋转对称布尔函数.

于是有

$$
\begin{aligned}
&f^1(x)f(x) \\
=\ &(f^1(x)f^2(x) + f^1(x)f^3(x)) + (f^1(x)f^4(x) + f^1(x)f^5(x)) \\
&+ \cdots + (f^1(x)f^{n-2}(x) + f^1(x)f^{n-1}(x)) + f^1(x)f^n(x) \\
=\ &0 + 0 + \cdots + 0 + f^1(x)f^n(x).
\end{aligned}
$$

由于 $f^1(x) = \sum\limits_{i=1}^{n} x_i, f^n(x) = \prod\limits_{i=1}^{n} x_i$, 且 n 为偶数, 所以

$$f^1(x)f^n(x) = \left(\sum_{i=1}^{n} x_i\right)\left(\prod_{i=1}^{n} x_i\right) = \sum_{r=1}^{n}\left(\prod_{i=1}^{n} x_i\right)_r = 0.$$

所以

$$f^1(x)f(x) = 0.$$

又 $\deg(f^1(x)) = 1$, 所以, $f^1(x)$ 是 $f(x)$ 的最低代数次数零化子, 且 $AI(f(x)) = 1$, 即 $f(x)$ 是 1 阶代数免疫非齐次完全旋转对称布尔函数.

定理 11.3.4 设 $f(x) \in GF(2)^{GF(2)^n}$, 且 $f(x)$ 是非齐次完全旋转对称布尔函数, 有

$$
\begin{aligned}
f(x) = f^1(x) + f^3(x) + (f^4(x) + f^6(x)) + (f^8(x) + f^{10}(x)) + \cdots \\
+ (f^{4k}(x) + f^{4k+2}(x)) \quad \left(k = 1, 2, 3, \cdots, k \leqslant \frac{n-2}{4}\right).
\end{aligned}
$$

则 $AI(f(x)) = 2$, 即 $f(x)$ 是 2 阶代数免疫完全旋转对称布尔函数.

证明　由于 $f(x)$ 中有 $f^1(x)$ 和 $f^3(x)$, 又 $f^1(x)f^3(x) = f^3(x)$, 所以, $f(x)$ 和 $1 + f(x)$ 无 1 次零化子.

对 $f^2(x)$, 有

$$f^2(x)f^1(x) = f^3(x), \quad f^2(x)f^3(x) = f^3(x).$$

所以

$$f^2(x)(f^1(x) + f^3(x)) = f^2(x)f^1(x) + f^2(x)f^3(x) = f^3(x) + f^3(x) = 0.$$

(1) 对于 $f^2(x)(f^4(x) + f^6(x)) = f^2(x)f^4(x) + f^2(x)f^6(x)$.

① 对 $f^2(x)f^4(x)$, 两函数相乘时会产生 4 次项、5 次项和 6 次项. 对每 1 个任意 4 次项, 相乘时会产生 $\binom{4}{2} = 6$ 个相同的 4 次项, 这些 4 次项相加, 和为 0, 所以乘积结果中没有 4 次项. 对每 1 个任意 5 次项, 相乘时会产生 $\binom{4}{1} = 4$ 个相同的 5 次项, 这些 5 次项相加, 和为 0, 所以乘积结果中没有 5 次项. 对每 1 个任意 6 次项, 相乘时会产生 $\binom{6}{2} = 15$ 个相同的 6 次项, 这些 6 次项相加, 和仍为这个 6 次项. 所以,

$$f^2(x)f^4(x) = f^6(x).$$

② 对 $f^2(x)f^6(x)$, 两函数相乘时会产生 6 次项、7 次项和 8 次项. 对每 1 个任意 6 次项, 相乘时会产生 $\binom{6}{2} = 15$ 个相同的 6 次项, 这些 6 次项相加, 和仍为这个 6 次项. 对每 1 个任意 7 次项, 相乘时会产生 $\binom{6}{1} = 6$ 个相同的 7 次项, 这些 7 次项相加, 和为 0, 所以乘积结果中没有 7 次项. 对每 1 个任意 8 次项, 相乘时会产生 $\binom{8}{2} = 28$ 个相同的 8 次项, 这些 8 次项相加, 和为 0, 所以乘积结果中没有 8 次项. 所以

$$f^2(x)f^6(x) = f^6(x).$$

所以

$$f^2(x)(f^4(x) + f^6(x)) = f^6(x) + f^6(x) = 0.$$

(2) 对于 $f^2(x)(f^8(x)+f^{10}(x))=f^2(x)f^8(x)+f^2(x)f^{10}(x)$.

① 对 $f^2(x)f^8(x)$, 两函数相乘时只能产生 8 次项、9 次项和 10 次项. 对每 1 个任意 8 次项, 相乘时会产生 $\binom{8}{2}=28$ 个相同的 8 次项, 这些 8 次项相加, 和为 0, 所以乘积结果中没有 8 次项. 对每 1 个任意 9 次项, 相乘时会产生 $\binom{8}{1}=8$ 个相同的 9 次项, 这些 9 次项相加, 和为 0, 所以乘积结果中没有 9 次项. 对每 1 个任意 10 次项, 相乘时会产生 $\binom{10}{2}=45$ 个相同的 10 次项, 这些 10 次项相加, 和仍为这个 10 次项. 所以

$$f^2(x)f^8(x)=f^{10}(x).$$

② 对 $f^2(x)f^{10}(x)$, 两函数相乘时会产生 10 次项、11 次项和 12 次项. 对每 1 个任意 10 次项, 相乘时会产生 $\binom{10}{2}=45$ 个相同的 10 次项, 这些 10 次项相加, 和仍为这个 10 次项. 对每 1 个任意 11 次项, 相乘时会产生 $\binom{10}{1}=10$ 个相同的 11 次项, 这些 11 次项相加, 和为 0, 所以乘积结果中没有 11 次项. 对每 1 个任意 12 次项, 相乘时会产生 $\binom{12}{2}=66$ 个相同的 12 次项, 这些 12 次项相加, 和为 0, 所以乘积结果中没有 12 次项. 所以

$$f^2(x)f^{10}(x)=f^{10}(x).$$

所以
$$f^2(x)(f^8(x)+f^{10}(x))=f^{10}(x)+f^{10}(x)=0.$$

(3) 对于 $f^2(x)(f^{4k}(x)+f^{4k+2}(x))=f^2(x)f^{4k}(x)+f^2(x)f^{4k+2}(x)$.

① 对 $f^2(x)f^{4k}(x)$, 两函数相乘时只能产生 $4k$ 次项、$4k+1$ 次项和 $4k+2$ 次项. 对每 1 个任意 $4k$ 次项, 相乘时会产生 $\binom{4k}{2}=2k(4k-1)$ 个相同的 $4k$ 次项, 这些 $4k$ 次项相加, 和为 0, 所以乘积结果中没有 $4k$ 次项. 对每 1 个任意 $4k+1$ 次项, 相乘时会产生 $\binom{4k}{1}=4k$ 个相同的 $4k+1$ 次项, 这些 $4k+1$ 次项相加, 和

为 0, 所以乘积结果中没有 $4k+1$ 次项. 对每 1 个任意 $4k+2$ 次项, 相乘时会产生 $\begin{pmatrix} 4k+2 \\ 2 \end{pmatrix} = (2k+1)(4k+1)$ 个项, $2k+1$ 和 $4k+1$ 都是奇数, 所以 $\begin{pmatrix} 4k+2 \\ 2 \end{pmatrix}$ 是奇数, 所以 $f^2(x)f^{4k}(x)$ 两函数相乘后, 是奇数个相同的 $4k+2$ 次项相加, 这些 $4k+2$ 次项相加的结果仍为这个 $4k+2$ 次项. 所以, $f^2(x)f^{4k}(x)$ 两函数相乘的最后结果, 是所有 $4k+2$ 次项, 即 $\begin{pmatrix} n \\ 4k+2 \end{pmatrix}$ 个 $4k+2$ 次项的和, 即

$$f^2(x)f^{4k}(x) = f^{4k+2}(x).$$

② 对 $f^2(x)f^{4k+2}(x)$, 两函数相乘时会产生 $4k+2$ 次项、$4k+3$ 次项和 $4k+4$ 次项. 对每 1 个任意 $4k+2$ 次项, 相乘时会产生 $\begin{pmatrix} 4k+2 \\ 2 \end{pmatrix} = (2k+1)(4k+1)$ 个相同的 $4k+2$ 次项, 这些 $4k+2$ 次项相加, 和仍为这个 $4k+2$ 次项, 所以所有 $\begin{pmatrix} n \\ 4k+2 \end{pmatrix}$ 个 $4k+2$ 次项仍在乘积结果中. 对每 1 个任意 $4k+3$ 次项, 相乘时会产生 $\begin{pmatrix} 4k+2 \\ 1 \end{pmatrix} = 4k+2$ 个相同的 $4k+3$ 次项, 这些 $4k+3$ 次项相加, 和为 0, 所以乘积结果中没有 $4k+3$ 次项. 对每 1 个任意 $4k+4$ 次项, 相乘时会产生 $\begin{pmatrix} 4k+4 \\ 2 \end{pmatrix} = (2k+2)(4k+3)$ 个相同的 $4k+4$ 次项, 这些 $4k+4$ 次项相加, 和为 0, 所以乘积结果中没有 $4k+4$ 次项. 所以

$$f^2(x)f^{4k+2}(x) = f^{4k+2}(x).$$

所以

$$f^2(x)(f^{4k}(x) + f^{4k+2}(x)) = f^{4k+2}(x) + f^{4k+2}(x) = 0,$$

k 为任意不大于 $\dfrac{n-2}{4}$ 的正整数.

可知必有

$$f^2(x)f(x) = 0,$$

即 $f^2(x)$ 是 $f(x)$ 的零化子.

所以, $f(x)$ 和 $1 + f(x)$ 的最低代数次数零化子是 $f^2(x)$, $AI(f(x)) = 2$.

定理 11.3.5 设 $x = (x_1 x_2 \cdots x_{2^n}) \in GF(2)^{2^n}$, x 为 2^n 元变量. 有非齐次完全旋转对称布尔函数

$$f(x) = f^2(x) + f^4(x) + f^8(x) + \cdots + f^{2^{n-1}}(x),$$

则 $f(x)$ 是最优代数免疫函数.

证明 由于对任意 $r < i(i = 2^2, 2^3, \cdots, 2^{n-1})$, 由杨辉三角中组合数的性质知, 必有

$$f^{2^r}(x) f^{2^i}(x) = f^{2^r + 2^i}(x) \quad (i = 2^2, 2^3, \cdots, 2^{n-1}).$$

$1 + f(x)$ 自然是 $f(x)$ 的零化子.

现在要来证明 $f(x)$ 如果除了零化子 $1 + f(x)$ 外, 再没有其他非零零化子. 证明过程中, 需要用到定理 11.3.4 中已证明的公式.

于是, 假设 $f(x)$ 还有非零零化子 $g(x) \neq 1 + f(x)$, 即 $g(x)$ 是使

$$g(x) f^2(x), g(x) f^4(x), g(x) f^8(x), \cdots, g(x) f^{2^{n-1}}(x)$$

均为 0 的非零函数.

现在来求 $g(x)$. 由于 $f^2(x)$ 是完全旋转对称布尔函数, 所以有

$$\frac{df^2(x)}{dx_{2^n}} = \sum_{i=1}^{2^{n-1}} x_i,$$

$$\frac{d(1 + f^2(x))}{dx_{2^n}} = \frac{df^2(x)}{dx_{2^n}} = \sum_{i=1}^{2^{n-1}} x_i.$$

所以, $f^2(x)$ 不可能有 1 次零化子.

于是, 假设 $f^2(x)$ 有 2 次函数非零零化子. 又 4 元函数

$$f^2(x') + x_1 x_2 x_3 x_4,$$

由于有 2 次的 $f^2(x')$, 所以 $f^2(x') + x_1 x_2 x_3 x_4$ 不可能有 1 次零化子. 于是, 设 $f^2(x') + x_1 x_2 x_3 x_4$ 有 2 次函数零化子 $g'(x')$. 由于 $f^2(x) f^4(x) = f^6(x), f^2(x) f^8(x) = f^{10}(x), \cdots, f^2(x) f^{2^{n-1}}(x) = f^{2^n}(x)$, 所以, $f^2(x)$ 和 $f^{2^i}(x)$ 的零化子也是 $f^{2^i + 2}(x)$ 的零化子.

又齐次完全旋转对称布尔函数有

$$f_n^i(x) = f_{(n-1)}^{i-1}(x') + x_1 (f_{(n-1)}^{i-1}(x') + f_{(n-1)2}^{i-1}(x')),$$

所以, 4 元函数 $f^2(x') + x_1x_2x_3x_4$ 的零化子 $g'(x')$ 与 0 级联为 5 元函数 $g''(x'') = g(x') + x_0g(x')$ $(x'' = (x_0x_1x_2x_3x_4))$, $g''(x'')$ 一定是 5 元函数 $f^2(x') + x_1x_2x_3x_4$ 的零化子. 所以, $g'(x')$ 经逐步级联变换为 2^n 元函数时的函数 $g^{2^n}(x)$ 是 $f^2(x), f^4(x)$, $f^8(x), \cdots, f^{2^{n-1}}(x)$ 的最低代数次数非零零化子. 又显然有

$$\deg(g^{2^n}(x)) \geqslant 2^{n-1},$$

所以有

$$g(x) = g^{2^n}(x).$$

但 $f(x)$ 的另一个非零零化子是 $1 + f(x)$, 有

$$\deg(1 + f(x)) = 2^{n-1}.$$

所以, $f(x)$ 有且只有 2^{n-1} 次方的最低代数次数零化子, 且也只有已证得的 $g^{2^n}(x)$ 和 $1 + f(x)$ 这两个最低代数次数零化子. 所以可知, $1 + f(x)$ 也只有 $1 + f^{2^n}(x)$ 和 $f(x)$ 这两个最低代数次数零化子. 又

$$\deg(1 + f^{2^n}(x)) = \deg(f(x)) = 2^{n-1},$$

所以必有 $AI(f(x)) = 2^{n-1} = \frac{1}{2}(2^n)$. 又 $x \in GF(2)^{2^n}$, 所以 $f(x)$ 是最优代数免疫函数.

　　在定理 11.3.5 的证明中, 只用了一次布尔函数的导数, 但用导数证明的这个问题却是一个关键点之一. 因为, 若没有用导数对这个问题的证明, 我们后面讨论的问题就再也不能继续证明了, 后续的定理也就无法得到证明. 而利用导数来证明的定理 11.3.5 中的问题, 显然如果不用导数, 则无法证明. 可知, 导数和 e-导数是非常有用的研究工具.

　　利用 2 次齐次完全旋转对称布尔函数 $f^2(x)$ 和导数、e-导数, 还可以构造出 3 阶代数免疫的布尔函数. 对此, 有如下的定理.

　　定理 11.3.6　有 n 元布尔函数 $f(x)$ 和 n 元 2 次齐次完全旋转对称布尔函数 $f^2(x)$, $f(x)$, $f^2(x) \in GF(2)^{GF(2)^n}$, 且有

$$f(x)\frac{df(x)}{dx_n} = f^2(x)\frac{df^2(x)}{dx_n},$$

$$(1 + f(x))\frac{df(x)}{dx_n} = (1 + f^2(x))\frac{df^2(x)}{dx_n}.$$

(1) 若

$$\deg\left(\frac{ef(x)}{ex_n}\right) > \deg\left(\frac{ef^2(x)}{ex_n}\right),$$

则 $f(x), 1 + f(x)$ 的最低代数次数零化子 $g(x)$ 为

$$g(x) = f(x)\frac{df(x)}{dx_n},$$

且 $f(x)$ 为 3 阶代数免疫函数.

(2) 如果利用 2 次齐次完全旋转对称布尔函数 $f^2(x)$ 的 e-导数 $\dfrac{ef^2(x)}{ex_n}$ 来构造 $f(x)$ 的 e-导数, 而 $f(x)$ 的导数部分不改变, 仍为 $f(x)\dfrac{df(x)}{dx_n} = f^2(x)\dfrac{df^2(x)}{dx_n}$, 则可以构造出最低代数次数零化子仍为

$$g(x) = f(x)\frac{df(x)}{dx_n} = f^2(x)\frac{df^2(x)}{dx_n}$$

的函数 $f_1(x)$, 但所构造出的函数 $f_1(x)$ 是 3 阶代数免疫、代数次数为 $\deg(f_1(x)) = n - 2$ 的布尔函数.

证明 (1) 由于 $f^2(x)$ 有

$$f^2(x)\frac{df^2(x)}{dx_n}$$

$$= x_n \sum_{i=1}^{n-1} x_i + x_{n-2}x_{n-1} \sum_{i=1}^{n-3} x_i + x_{n-3}x_{n-1} \sum_{i=1}^{n-4} x_i + x_{n-4}x_{n-1} \sum_{i=1}^{n-5} x_i + x_{n-4}x_{n-2} \sum_{i=1}^{n-5} x_i$$

$$+ x_{n-4}x_{n-3} \sum_{i=1}^{n-5} x_i + x_{n-5}x_{n-1} \sum_{i=1}^{n-6} x_i + x_{n-5}x_{n-3} \sum_{i=1}^{n-6} x_i + x_{n-5}x_{n-4} \sum_{i=1}^{n-5} x_i + \cdots$$

$$+ x_3 x_4 \sum_{i=5}^{n-1} x_i + x_1 x_2 \sum_{i=3}^{n-1} x_i,$$

且有

$$\deg(f^2(x)) = 2.$$

所以必有

$$\deg\left(\frac{ef^2(x)}{ex_n}\right) = \deg\left(f^2(x)\frac{df^2(x)}{dx_n}\right) = 3.$$

由于 $1 + f^2(x)$ 是 2 次完全旋转对称布尔函数, 且 $1 + f^2(x)$ 无 1 次项, 又有

$$\deg(1 + f^2(x)) = 2,$$

$$(1 + f^2(x))\frac{df^2(x)}{dx_n} + f^2(x)\frac{df^2(x)}{dx_n} = \frac{df^2(x)}{dx_n},$$

所以必有

$$\deg\left((1 + f^2(x))\frac{df^2(x)}{dx_n}\right) = \deg\left(f^2(x)\frac{df^2(x)}{dx_n}\right) = 3$$

和

$$\deg\left(\frac{e(1+f^2(x))}{ex_n}\right) = \deg\left((1+f^2(x))+(1+f^2(x))\frac{df^2(x)}{dx_n}\right) = 3.$$

由已知条件, 有

$$f(x)\frac{df(x)}{dx_n} = f^2(x)\frac{df^2(x)}{dx_n},$$

$$(1+f(x))\frac{df(x)}{dx_n} = (1+f^2(x))\frac{df^2(x)}{dx_n}$$

和

$$\deg\left(\frac{ef(x)}{ex_n}\right) > \deg\left(\frac{ef^2(x)}{ex_n}\right),$$

可知, 必有

$$\deg(1+f(x)) > \deg(1+f^2(x)) = 2.$$

所以也有

$$\deg\left(\frac{e(1+f(x))}{ex_n}\right) > \deg\left((1+f(x))\frac{df(x)}{dx_n}\right) = 3,$$

$$\deg(f(x)) = \deg(1+f(x)) > 3.$$

又因 $f^2(x)$ 和 $1+f^2(x)$ 没有 1 次零化子, 所以, $f(x)$ 和 $1+f(x)$ 也没有 1 次零化子.

由于 $f^2(x)$ 的最低代数次数零化子是 $1+f^2(x)$, 而 $1+f^2(x)$ 的最低代数次数零化子是 $f^2(x)$, 又有

$$(1+f(x))\frac{df(x)}{dx_n}\cdot\frac{e(1+f(x))}{ex_n} = 0, \quad f(x)\frac{df(x)}{dx_n}\cdot\frac{ef(x)}{ex_n} = 0,$$

所以 $f(x)\dfrac{df(x)}{dx_n}$ 是 $1+f(x)$ 的最低代数次数零化子.

所以, $f(x)$ 和 $1+f(x)$ 的最低代数次数零化子 $g(x)$ 为

$$g(x) = f(x)\frac{df(x)}{dx_n},$$

有 $\deg(g(x)) = 3$. 所以, $AI(f(x)) = 3$.

(2) 下面要利用本定理的 (1) 中已证明的结果来构造 3 阶代数免疫、代数次数 $\deg(f(x)) = n-2$ 的布尔函数.

记 n 元 $f^2(x)$ 为 $f_n^2(x) = f_{n1}^2(x)$, $n-1$ 元 $f^2(x')$ 为 $f_{n-1}^2(x') = f_{(n-1)1}^2(x')$, 且有 $f_{(n-1)2}^2(x')$ 使

$$f_n^2(x) = f_{n1}^2(x) = f_{(n-1)1}^2(x') + x_1(f_{(n-1)1}^2(x') + f_{(n-1)2}^2(x'))$$

$$(\text{其中 } x' = (x_2 x_3 \cdots x_n) \in GF(2)^{n-1}).$$

所以有

$$f_n^2(x)\frac{df_n^2(x)}{dx_n} = f_{n1}^2(x)\frac{df_{n1}^2(x)}{dx_n}$$

$$= f_{(n-1)1}^2(x')\frac{df_{(n-1)1}^2(x')}{dx_n} + x_1\left(f_{(n-1)1}^2(x')\frac{df_{(n-1)1}^2(x')}{dx_n} + f_{(n-1)2}^2(x')\frac{df_{(n-1)2}^2(x')}{dx_n}\right),$$

$$\frac{ef_n^2(x)}{ex_n} = \frac{ef_{n1}^2(x)}{ex_n} = \frac{ef_{(n-1)1}^2(x')}{ex_n} + x_1\left(\frac{ef_{(n-1)1}^2(x')}{ex_n} + \frac{ef_{(n-1)2}^2(x')}{ex_n}\right)$$

$$= x_{n-2}x_{n-1} + x_{n-3}\sum_{i=n-2}^{n-1} x_i + x_{n-4}\sum_{i=n-3}^{n-1} x_i + \cdots + x_1\sum_{i=2}^{n-1} x_i + x_{n-2}x_{n-1}\sum_{i=1}^{n-3} x_i$$

$$+ x_{n-3}x_{n-1}\sum_{i=1}^{n-4} x_i + x_{n-3}x_{n-2}\sum_{i=1}^{n-4} x_i + x_{n-4}x_{n-1}\sum_{i=1}^{n-5} x_i + x_{n-4}x_{n-2}\sum_{i=1}^{n-5} x_i$$

$$+ x_{n-4}x_{n-3}\sum_{i=1}^{n-5} x_i + \cdots + x_3 x_4\sum_{i=5}^{n-1} x_i + x_1 x_2\sum_{i=3}^{n-1} x_i.$$

于是, 取函数

$$\frac{ef'(x)}{ex_n} = x_{n-5}x_{n-4}x_{n-3}(x_{n-2} + x_{n-1})\prod_{i=1}^{n-6}(1 + x_i),$$

有

$$\deg\left(\frac{ef'(x)}{ex_n}\right) = 2^{n-2}, \quad w_t\left(\frac{ef'(x)}{ex_n}\right) = 4, \quad \frac{d\left(\dfrac{ef'(x)}{ex_n}\right)}{dx_n} = 0.$$

取函数 $f(x)$, 使

$$f(x)\frac{df(x)}{dx_n} = f^2(x)\frac{df^2(x)}{dx_n}, \quad \frac{ef(x)}{ex_n} = \frac{ef^2(x)}{ex_n} + \frac{ef'(x)}{ex_n}.$$

则由于

$$f^2(x)\frac{df^2(x)}{dx_n} \cdot \frac{ef^2(x)}{ex_n} = 0,$$

且有

$$f^2(x)\frac{df^2(x)}{dx_n} \cdot \frac{ef'(x)}{ex_n} = 0,$$

所以必有

$$f(x)\frac{df(x)}{dx_n} \cdot \frac{ef(x)}{ex_n} = f(x)\frac{df(x)}{dx_n} \cdot \frac{ef(x)}{ex_n} + f(x)\frac{df(x)}{dx_n} \cdot \frac{ef'(x)}{ex_n} = 0.$$

所以有

$$f(x)\frac{df(x)}{dx_n}(1 + f(x)) = f(x)\frac{df(x)}{dx_n}\left(1 + f(x)\frac{df(x)}{dx_n} + \frac{ef(x)}{ex_n}\right)$$

$$= f(x)\frac{df(x)}{dx_n} + f(x)\frac{df(x)}{dx_n} + 0$$

$$= 0.$$

由于 $f^2(x)$ 只有唯一的 2 次零化子 $1 + f^2(x)$, 而 $1 + f^2(x)$ 只有唯一的 2 次零化子 $f^2(x)$, 且 $f^2(x)$ 和 $1 + f^2(x)$ 均无 1 次零化子, 又由于

$$\frac{ef'(x)}{ex_n} = \prod_{j=n-5}^{n-3} x_j(x_{n-2} + x_{n-1})\prod_{i=1}^{n-6}(1 + x_i),$$

$$w_t\left(\frac{ef'(x)}{ex_n}\right) = 4,$$

$$\frac{d\left(\frac{ef'(x)}{ex_n}\right)}{dx_n} = 0,$$

所以 $f(x)$ 和 $1 + f(x)$ 均无 1 次零化子和 2 次零化子.

所以, $f(x)$ 和 $1 + f(x)$ 的最低代数次数零化子为

$$g(x) = f(x)\frac{df(x)}{dx_n}.$$

所以, $\deg(g(x)) = 3$, $AI(f(x)) = 3$.

由于

$$\deg\left(f(x)\frac{df(x)}{dx_n}\right) = 3, \quad \deg\left(\frac{ef(x)}{ex_n}\right) = n - 2,$$

所以, $f(x)$ 是 $n - 2$ 次布尔函数.

定理 11.3.7 对任意小于 n 次的 n 元齐次完全旋转对称布尔函数 $f_n^i(x)$, $f_n^i(x) \in GF(2)^{GF(2)^n}$ $(i < n)$. 记 $n - 1$ 元的 i 次齐次完全旋转对称布尔函数为 $f_{(n-1)}^i(x')(x' = x_2x_3\cdots x_n)$, 则必有

$$f_n^i(x) = f_{(n-1)1}^i(x') + x_1(f_{(n-1)1}^i(x') + f_{(n-1)2}^i(x'))$$

(式中 $f_{(n-1)2}^i(x')$ 是使式子成立的 i 次齐次函数).

由 $f_n^i(x)$ 取 1 值的变量特点及组合公式取值便知, 定理 11.3.7 成立. 不再详细证明.

例 11.3.1 (1) 设函数 $f^2(x)$ 为

$$f^2(x) = [x_1 x_2 x_3 x_4 x_5 x_6] \begin{bmatrix} 0 & 1 & 1 & 1 & 1 & 1 \\ 0 & 0 & 1 & 1 & 1 & 1 \\ 0 & 0 & 0 & 1 & 1 & 1 \\ 0 & 0 & 0 & 0 & 1 & 1 \\ 0 & 0 & 0 & 0 & 0 & 1 \\ 0 & 0 & 0 & 0 & 0 & 0 \end{bmatrix} \begin{bmatrix} x_1 \\ x_2 \\ x_3 \\ x_4 \\ x_5 \\ x_6 \end{bmatrix},$$

证明 $f^2(x)$ 是 6 次扩散函数, 求 $w_t(f^2(x))$, $N_{f^2(x)}$.

(2) 设函数 $f^2(x)$ 为

$$f^2(x) = [x_1 x_2 x_3 x_4 x_5 x_6 x_7] \begin{bmatrix} 0 & 1 & 1 & 1 & 1 & 1 & 1 \\ 0 & 0 & 1 & 1 & 1 & 1 & 1 \\ 0 & 0 & 0 & 1 & 1 & 1 & 1 \\ 0 & 0 & 0 & 0 & 1 & 1 & 1 \\ 0 & 0 & 0 & 0 & 0 & 1 & 1 \\ 0 & 0 & 0 & 0 & 0 & 0 & 1 \\ 0 & 0 & 0 & 0 & 0 & 0 & 0 \end{bmatrix} \begin{bmatrix} x_1 \\ x_2 \\ x_3 \\ x_4 \\ x_5 \\ x_6 \\ x_7 \end{bmatrix},$$

求 $w_t(f^2(x))$ 和 $N_{f^2(x)}$.

解 (1) ① 对 $i = 1, 2, 3, 4, 5, 6$, 有

$$\frac{df^2(x)}{dx_i} = x_1 + x_2 + \cdots + x_{i-1} + x_{i+1} + \cdots + x_n, \quad w_t\left(\frac{df^2(x)}{dx_i}\right) = 2^{n-1}.$$

对任意 $1 \leqslant i < j \leqslant n$, 有

$$\frac{\partial f^2(x)}{\partial (x_i x_j)} = 1 + x_i + x_j, \quad w_t\left(\frac{\partial f^2(x)}{\partial (x_i x_j)}\right) = 2^{n-1}.$$

对任意 $1 \leqslant i < j < k \leqslant n$, 有

$$\frac{\partial f^2(x)}{\partial (x_i x_j x_k)} = 1 + x_r + x_s + x_t \ (r, s, t \neq i, j, k), \quad w_t\left(\frac{\partial f^2(x)}{\partial (x_i x_j x_k)}\right) = 2^{n-1}.$$

对任意 $1 \leqslant i < j < k < p \leqslant n$, 有

$$\frac{\partial f^2(x)}{\partial (x_i x_j x_k x_p)} = x_i + x_j + x_k + x_p, \quad w_t\left(\frac{\partial f^2(x)}{\partial (x_i x_j x_k x_p)}\right) = 2^{n-1}.$$

对任意 $1 \leqslant i < j < k < h < p \leqslant n$, 有

$$\frac{\partial f^2(x)}{\partial(x_i x_j x_k x_h x_p)} = x_r \ (r \neq i, j, k, h, p), \quad w_t\left(\frac{\partial f^2(x)}{\partial(x_i x_j x_k x_h x_p)}\right) = 2^{n-1}.$$

又有

$$\frac{\partial f^2(x)}{\partial(x_1 x_2 x_3 x_4 x_5 x_6)} = 1 + x_1 + x_2 + x_3 + x_4 + x_5 + x_6, \quad w_t\left(\frac{\partial f^2(x)}{\partial(x_1 x_2 x_3 x_4 x_5 x_6)}\right) = 2^{n-1}.$$

所以, 6 元函数 $f^2(x)$ 是 6 次扩散函数.

② 有

$$w_t\left(f^2(x)\frac{df^2(x)}{dx_n}\right) = 2^{n-2} = 16, \quad w_t\left(\frac{ef^2(x)}{ex_n}\right) = 2^{n-2} + 2^{\frac{n}{2}-1} = 20,$$

$$w_t(f^2(x)) = 36 = 2^{n-1} + 2^{\frac{n}{2}-1}.$$

③ 取 $l_0(x) = x_5 + x_6$(或取 $l_0(x) = x_5 + x_2 + x_1$), 有

$$N_{f^2(x)} = \min_{l(x) \in L_n[x]} w_t(f^2(x) + l(x)) = w_t(f^2(x) + l_0(x))$$

$$= 2^{n-1} - 2^{\frac{n}{2}-1} = 28.$$

(2) ① 有

$$w_t\left(f^2(x)\frac{df^2(x)}{dx_n}\right) = 32 = 2^{n-2}, \quad w_t\left(\frac{ef^2(x)}{ex_n}\right) = 32 = 2^{n-2},$$

$$w_t(f^2(x)) = 64 = 2^{n-1}.$$

② 取 $l_0(x) = x_5 + x_2 + x_1$, 有

$$N_{f^2(x)} = \min_{l(x) \in L_n[x]} w_t(f^2(x) + l(x)) = w_t(f^2(x) + l_0(x))$$

$$= 48 = 2^{n-1} - 2^{\lceil \frac{n}{2} \rceil}.$$

定理 11.3.8　设有 $f(x) \in GF(2)^{GF(2)^n}$ 是 3 次完全旋转对称布尔函数, 即 $f(x) = f^3(x)$, 则必有

$$\frac{ef(x)}{ex_n} = 0, \quad f(x)\frac{df(x)}{dx_n} = f(x),$$

$$w_t(f(x)) = 2^{-1}w_t\left(\frac{df(x)}{dx_n}\right).$$

证明 对任意 $3 \leqslant i \leqslant n$, 若 $C_i^3 = $ 奇数, 则必有 $C_{i+1}^3 = $ 偶数, $C_{i+2}^3 = $ 偶数, $C_{i-1}^3 = $ 偶数, $C_{i-2}^3 = $ 偶数 (其中, 当 $i \geqslant 5$ 时, 方有 C_{i-2}^3 和 C_{i-1}^3 的计算). 所以必有

$$\frac{ef(x)}{ex_n} = 0.$$

所以有

$$f(x) = f(x)\frac{df(x)}{dx_n},$$
$$w_t(f(x)) = 2^{-1}w_t\left(\frac{df(x)}{dx_n}\right).$$

例 11.3.2 设有函数 $f_n^3(x) \in GF(2)^{GF(2)^n}$.

(1) 通过直接计算求证: $\dfrac{ef_n^3(x)}{ex_n} = 0$.

(2) 证明: $f_n^3(x) = f_n^3(x)\dfrac{df_n^3(x)}{dx_n}, w_t\left(\dfrac{df_n^3(x)}{dx_n}\right) = 2w_t(f_n^3(x))$.

证明 (1) 有

$$f_n^3(x) = x_1x_2x_3 + \left([x_1x_2x_3]\begin{bmatrix}0&1&1\\0&0&1\\0&0&0\end{bmatrix}\begin{bmatrix}x_1\\x_2\\x_3\end{bmatrix}\right)x_4 + \left([x_1x_2x_3x_4]\begin{bmatrix}0&1&1&1\\0&0&1&1\\0&0&0&1\\0&0&0&0\end{bmatrix}\begin{bmatrix}x_1\\x_2\\x_3\\x_4\end{bmatrix}\right)x_5$$

$$+\left([x_1x_2x_3x_4x_5]\begin{bmatrix}0&1&1&1&1\\0&0&1&1&1\\0&0&0&1&1\\0&0&0&0&1\\0&0&0&0&0\end{bmatrix}\begin{bmatrix}x_1\\x_2\\x_3\\x_4\\x_5\end{bmatrix}\right)x_6 + \cdots$$

$$+\left([x_1x_2x_3\cdots x_{n-3}x_{n-2}x_{n-1}]\begin{bmatrix}0&1&1&\cdots&1&1&1\\0&0&1&\cdots&1&1&1\\0&0&0&\cdots&1&1&1\\\vdots&\vdots&\vdots& &\vdots&\vdots&\vdots\\0&0&0&\cdots&0&1&1\\0&0&0&\cdots&0&0&1\\0&0&0&\cdots&0&0&0\end{bmatrix}\begin{bmatrix}x_1\\x_2\\x_3\\\vdots\\x_{n-3}\\x_{n-2}\\x_{n-1}\end{bmatrix}\right)x_n,$$

取 $(x') = (x_1 x_2 \cdots x_{n-1})$, 便有

$$\frac{ef_n^3(x)}{ex_n} = f_{n-1}^3(x') + \left([x_1 x_2 x_3 \cdots x_{n-3} x_{n-2} x_{n-1}] \begin{bmatrix} 0 & 1 & 1 & \cdots & 1 & 1 & 1 \\ 0 & 0 & 1 & \cdots & 1 & 1 & 1 \\ 0 & 0 & 0 & \cdots & 1 & 1 & 1 \\ \vdots & \vdots & \vdots & & \vdots & \vdots & \vdots \\ 0 & 0 & 0 & \cdots & 0 & 1 & 1 \\ 0 & 0 & 0 & \cdots & 0 & 0 & 1 \\ 0 & 0 & 0 & \cdots & 0 & 0 & 0 \end{bmatrix} \begin{bmatrix} x_1 \\ x_2 \\ x_3 \\ \vdots \\ x_{n-3} \\ x_{n-2} \\ x_{n-1} \end{bmatrix} \right) x_n$$

$$+ f_{n-1}^3(x') \left([x_1 x_2 x_3 \cdots x_{n-4} x_{n-3} x_{n-2}] \begin{bmatrix} 0 & 1 & 1 & \cdots & 1 & 1 & 1 \\ 0 & 0 & 1 & \cdots & 1 & 1 & 1 \\ 0 & 0 & 0 & \cdots & 1 & 1 & 1 \\ \vdots & \vdots & \vdots & & \vdots & \vdots & \vdots \\ 0 & 0 & 0 & \cdots & 0 & 1 & 1 \\ 0 & 0 & 0 & \cdots & 0 & 0 & 1 \\ 0 & 0 & 0 & \cdots & 0 & 0 & 0 \end{bmatrix} \begin{bmatrix} x_1 \\ x_2 \\ x_3 \\ \vdots \\ x_{n-4} \\ x_{n-3} \\ x_{n-2} \end{bmatrix} \right)$$

$$+ f_{n-1}^3(x') \left(\begin{bmatrix} x_1 \\ x_2 \\ x_3 \\ \vdots \\ x_{n-4} \\ x_{n-3} \\ x_{n-2} \end{bmatrix} x_{n-1} \right)$$

$$+ \left([x_1 x_2 x_3 \cdots x_{n-3} x_{n-2} x_{n-1}] \begin{bmatrix} 0 & 1 & 1 & \cdots & 1 & 1 & 1 \\ 0 & 0 & 1 & \cdots & 1 & 1 & 1 \\ 0 & 0 & 0 & \cdots & 1 & 1 & 1 \\ \vdots & \vdots & \vdots & & \vdots & \vdots & \vdots \\ 0 & 0 & 0 & \cdots & 0 & 1 & 1 \\ 0 & 0 & 0 & \cdots & 0 & 0 & 1 \\ 0 & 0 & 0 & \cdots & 0 & 0 & 0 \end{bmatrix} \begin{bmatrix} x_1 \\ x_2 \\ x_3 \\ \vdots \\ x_{n-3} \\ x_{n-2} \\ x_{n-1} \end{bmatrix} \right) x_6$$

$$\cdot \left([x_1 x_2 x_3 \cdots x_{n-3} x_{n-2} x_{n-1}] \begin{bmatrix} 0 & 1 & 1 & \cdots & 1 & 1 & 1 \\ 0 & 0 & 1 & \cdots & 1 & 1 & 1 \\ 0 & 0 & 0 & \cdots & 1 & 1 & 1 \\ \vdots & \vdots & \vdots & & \vdots & \vdots & \vdots \\ 0 & 0 & 0 & \cdots & 0 & 1 & 1 \\ 0 & 0 & 0 & \cdots & 0 & 0 & 1 \\ 0 & 0 & 0 & \cdots & 0 & 0 & 0 \end{bmatrix} \begin{bmatrix} x_1 \\ x_2 \\ x_3 \\ \vdots \\ x_{n-3} \\ x_{n-2} \\ x_{n-1} \end{bmatrix} \right)$$

经计算, 有

$$f_{n-1}^3(x') \left([x_1 x_2 x_3 \cdots x_{n-4} x_{n-3} x_{n-2}] \begin{bmatrix} 0 & 1 & 1 & \cdots & 1 & 1 & 1 \\ 0 & 0 & 1 & \cdots & 1 & 1 & 1 \\ 0 & 0 & 0 & \cdots & 1 & 1 & 1 \\ \vdots & \vdots & \vdots & & \vdots & \vdots & \vdots \\ 0 & 0 & 0 & \cdots & 0 & 1 & 1 \\ 0 & 0 & 0 & \cdots & 0 & 0 & 1 \\ 0 & 0 & 0 & \cdots & 0 & 0 & 0 \end{bmatrix} \begin{bmatrix} x_1 \\ x_2 \\ x_3 \\ \vdots \\ x_{n-4} \\ x_{n-3} \\ x_{n-2} \end{bmatrix} \right) = f_{n-1}^3(x'),$$

$$f_{n-1}^3(x') \left(\begin{bmatrix} x_1 \\ x_2 \\ x_3 \\ \vdots \\ x_{n-4} \\ x_{n-3} \\ x_{n-2} \end{bmatrix} x_{n-1} \right) = 0.$$

所以有

$$\frac{e f_n^3(x)}{e x_n} = 0.$$

(2) 由于有

$$f_n^3(x) = f_n^3(x) \frac{d f_n^3(x)}{d x_n} + \frac{e f_n^3(x)}{e x_n}, \quad w_t \left(f_n^3(x) \frac{d f_n^3(x)}{d x_n} \right) = 2^{-1} w_t \left(\frac{d f_n^3(x)}{d x_n} \right),$$

所以有

$$f_n^3(x) = f_n^3(x) \frac{d f_n^3(x)}{d x_n}, \quad w_t \left(\frac{d f_n^3(x)}{d x_n} \right) = 2 w_t (f_n^3(x)).$$

2 次齐次完全旋转对称布尔函数 $f^2(x)$ 和 3 次齐次完全旋转对称布尔函数 $f^3(x)$ 的重量与其元数的关系, 各自都不能用单一的公式来表达. 对不同的元数 n, 它们各自有着不同的公式. 但 $f^2(x)$ 和 $f^3(x)$ 的非线性度, 却各自都有着单一的公式取值. 11.4 节就来讨论 $f^2(x)$ 和 $f^3(x)$ 的非线性度.

11.4　二类齐次完全旋转对称布尔函数的非线性度

本节只讨论 2 次齐次完全旋转对称布尔函数 $f^2(x)$ 和 3 次齐次完全旋转对称布尔函数 $f^3(x)$ 的非线性度. 在 11.2 节中, 初步讨论过 $n < 20$ 时 2 次齐次完全旋转对称布尔函数 $f^2(x)$ 的非线性度, 而本节则对任意 n 时的 $f^2(x)$ 的非线性度进行讨论. 现在讨论 2 次齐次完全旋转对称布尔函数的非线性度.

定理 11.4.1　设有 $f_n^2(x') \in GF(2)^{GF(2)^n}$ $((x') = (x_1 x_2 \cdots x_n))$ 是 n 元 2 次齐次完全旋转对称布尔函数, 且 n 为偶数. 又有 $f_{n+1}^2(x) \in GF(2)^{GF(2)^{n+1}}$ $((x) = (x_0 x_1 x_2 \cdots x_n))$ 是 $n+1$ 元 2 次齐次完全旋转对称布尔函数, $w_t(f_{n+1}^2(x)) = 2^n$, 且

$$f_{n+1}^2(x) = (1 + x_0) f_{n1}^2(x') + x_0 f_{n2}^2(x') \quad (n1 = n2 = n),$$

即有

$$f_{n+1}^2(x) = [x_0 x_1 x_2 \cdots x_{n-1} x_n] \begin{bmatrix} 0 & 1 & 1 & \cdots & 1 & 1 \\ 0 & 0 & 1 & \cdots & 1 & 1 \\ 0 & 0 & 0 & \cdots & 1 & 1 \\ \vdots & \vdots & \vdots & & \vdots & \vdots \\ 0 & 0 & 0 & \cdots & 0 & 1 \\ 0 & 0 & 0 & \cdots & 0 & 0 \end{bmatrix} \begin{bmatrix} x_0 \\ x_1 \\ x_2 \\ \vdots \\ x_{n-1} \\ x_n \end{bmatrix},$$

$$f_{n1}^2(x') = [x_1 x_2 x_3 \cdots x_{n-1} x_n] \begin{bmatrix} 0 & 1 & 1 & \cdots & 1 & 1 \\ 0 & 0 & 1 & \cdots & 1 & 1 \\ 0 & 0 & 0 & \cdots & 1 & 1 \\ \vdots & \vdots & \vdots & & \vdots & \vdots \\ 0 & 0 & 0 & \cdots & 0 & 1 \\ 0 & 0 & 0 & \cdots & 0 & 0 \end{bmatrix} \begin{bmatrix} x_1 \\ x_2 \\ x_3 \\ \vdots \\ x_{n-1} \\ x_n \end{bmatrix},$$

$$f_{n2}^2(x') = [x_1 x_2 x_3 \cdots x_{n-1} x_n] \begin{bmatrix} 0 & 1 & 1 & \cdots & 1 & 1 \\ 0 & 0 & 1 & \cdots & 1 & 1 \\ 0 & 0 & 0 & \cdots & 1 & 1 \\ \vdots & \vdots & \vdots & & \vdots & \vdots \\ 0 & 0 & 0 & \cdots & 0 & 1 \\ 0 & 0 & 0 & \cdots & 0 & 0 \end{bmatrix} \begin{bmatrix} x_1 \\ x_2 \\ x_3 \\ \vdots \\ x_{n-1} \\ x_n \end{bmatrix}$$

$$+ x_0 [x_1 x_2 x_3 \cdots x_{n-1} x_n] \begin{bmatrix} 1 & 0 & 0 & \cdots & 0 & 0 \\ 0 & 1 & 0 & \cdots & 0 & 0 \\ 0 & 0 & 1 & \cdots & 0 & 0 \\ \vdots & \vdots & \vdots & & \vdots & \vdots \\ 0 & 0 & 0 & \cdots & 1 & 0 \\ 0 & 0 & 0 & \cdots & 0 & 1 \end{bmatrix} \begin{bmatrix} x_1 \\ x_2 \\ x_3 \\ \vdots \\ x_{n-1} \\ x_n \end{bmatrix}.$$

则

(1) 当 $w_t(f_{n1}^2(x')) = 2^{n-1} + 2^{\frac{n}{2}-1}$ 时, 对

$$l_{01}(x') = 1 + \frac{df_{n1}^2(x')}{dx_n}, \quad l_{02}(x') = \frac{df_{n2}^2(x')}{dx_n},$$

有

$$N_{f_{n1}^2(x')} = w_t(f_{n1}^2(x') + l_{01}(x')) = \min_{l(x') \in L_n[x']} w_t(f_{n1}^2(x') + l(x')) = 2^{n-1} - 2^{\frac{n}{2}-1},$$

$$N_{f_{n2}^2(x')} = w_t(f_{n2}^2(x') + l_{02}(x')) = \min_{l(x') \in L_n[x']} w_t(f_{n2}^2(x') + l(x')) = 2^{n-1} - 2^{\frac{n}{2}-1},$$

$$l_0(x) = (1 + x_0)l_{01}(x') + x_0 l_{02}(x'),$$

$$N_{f_{n+1}^2(x)} = w_t(f_{n+1}^2(x) + l_0'(x)) = \min_{l(x) \in L_{n+1}[x]} w_t(f_{n+1}^2(x) + l_0(x))$$

$$= 2^{(n+1)-1} - 2^{\left\lceil \frac{n+1}{2} \right\rceil - 1}.$$

(2) 当 $w_t(f_{n1}^2(x')) = 2^{n-1} - 2^{\frac{n}{2}-1}$ 时, 对

$$l'_{01}(x') = \frac{df_{n1}^2(x')}{dx_n}, \quad l'_{02}(x') = 1 + \frac{df_{n2}^2(x')}{dx_n},$$

有

$$N_{f_{n1}^2(x')} = w_t(f_{n1}^2(x') + l'_{01}(x')) = \min_{l(x') \in L_n[x']} w_t(f_{n1}^2(x') + l(x')) = 2^{n-1} - 2^{\frac{n}{2}-1},$$

$$N_{f_{n2}^2(x')} = w_t(f_{n2}^2(x') + l'_{02}(x')) = \min_{l(x') \in L_n[x']} w_t(f_{n2}^2(x') + l(x')) = 2^{n-1} - 2^{\frac{n}{2}-1},$$

$$l'_0(x) = (1 + x_0)l'_{01}(x') + x_0 l'_{02}(x'),$$

$$N_{f_{n+1}^2(x)} = w_t(f_{n+1}^2(x) + l'_0(x)) = \min_{l(x) \in L_{n+1}[x]} w_t(f_{n+1}^2(x) + l_0(x))$$

$$= 2^{(n+1)-1} - 2^{\left\lceil \frac{n+1}{2} \right\rceil - 1}.$$

证明 (1) ① 先证 $f_{n1}^2(x')$ 的结果.

由于 $f_{n1}^2(x')$ 是关于 n 元变元 $(x')((x') = (x_1 x_2 \cdots x_n))$ 的 2 次齐次完全旋转对称布尔函数, 所以有

$$w_t\left(\frac{df_{n1}^2(x')}{dx_n}\right) = w_t\left(\sum_{i=1}^{n-1} x_i\right) = 2^{n-1}.$$

所以有

$$w_t\left(f_{n1}^2(x')\frac{df_{n1}^2(x')}{dx_n}\right) = 2^{n-2}.$$

又已知

$$w_t(f_{n1}^2(x')) = 2^{n-1} + 2^{\frac{n}{2}-1},$$

且因

$$w_t(f_{n1}^2(x')) = w_t\left(f_{n1}^2(x')\frac{df_{n1}^2(x')}{dx_n}\right) + w_t\left(\frac{ef_{n1}^2(x')}{ex_n}\right),$$

所以有

$$w_t\left(\frac{ef_{n1}^2(x')}{ex_n}\right) = 2^{n-2} + 2^{\frac{n}{2}-1}.$$

所以, 对 $l_{01}(x') = 1 + \dfrac{df_{n1}^2(x')}{dx_n}$, 有

$$
\begin{aligned}
& w_t(f_{n1}^2(x') + l_{01}(x')) \\
& = w_t\left(f_{n1}^2(x')\frac{df_{n1}^2(x')}{dx_n} + l_{01}(x')\right) + w_t\left(\frac{ef_{n1}^2(x')}{ex_n} + l_{01}(x')\right) - w_t(l_{01}(x')) \\
& = (2^{n-1} + 2^{n-2}) + (2^{n-1} - 2^{n-2} - 2^{\frac{n}{2}-1}) - 2^{n-1} \\
& = 2^{n-1} - 2^{\frac{n}{2}-1},
\end{aligned}
$$

又必有

$$\min_{l(x')\in L_n[x']} w_t(f_{n1}^2(x') + l(x')) = w_t(f_{n1}^2(x') + l_{01}(x')),$$

所以有

$$N_{f_{n1}^2(x')} = w_t(f_{n1}^2(x') + l_{01}(x')) = \min_{l(x')\in L_n[x']} w_t(f_{n1}^2(x') + l(x')) = 2^{n-1} - 2^{\frac{n}{2}-1}.$$

② 证 $f_{n2}^2(x')$ 的结果.

由于 $w_t(f_{n+1}^2(x')) = 2^{(n+1)-1}$, 所以有

$$w_t(f_{n2}^2(x')) = 2^{n-1} - 2^{\frac{n}{2}-1}.$$

又由 $f_{n2}^2(x')$ 知

$$w_t\left(\frac{df_{n2}^2(x')}{dx_n}\right) = w_t\left(1 + \sum_{i=1}^{n-1} x_i\right) = 2^{n-1}.$$

所以有

$$w_t\left(f_{n2}^2(x')\frac{df_{n2}^2(x')}{dx_n}\right) = 2^{n-2}, \quad w_t\left(\frac{ef_{n2}^2(x')}{ex_n}\right) = 2^{n-2} - 2^{\frac{n}{2}-1}.$$

所以, 对 $l_{02}(x') = \dfrac{df_{n2}^2(x')}{dx_n}$, 有

$$w_t(f_{n2}^2(x') + l_{02}(x'))$$
$$= w_t\left(f_{n2}^2(x')\frac{df_{n2}^2(x')}{dx_n} + l_{02}(x')\right) + w_t\left(\frac{ef_{n2}^2(x')}{ex_n} + l_{02}(x')\right) - w_t(l_{02}(x'))$$
$$= (2^{n-1} - 2^{n-2}) + (2^{n-1} + 2^{n-2} - 2^{\frac{n}{2}-1}) - 2^{n-1}.$$
$$= 2^{n-1} - 2^{\frac{n}{2}-1}.$$

又因 $\min\limits_{l(x')\in L_n[x']} w_t(f_{n2}^2(x') + l(x')) = w_t(f_{n2}^2(x') + l_{02}(x'))$, 所以有

$$N_{f_{n2}^2(x')} = w_t(f_{n2}^2(x') + l_{02}(x')) = 2^{n-1} - 2^{\frac{n}{2}-1}.$$

③ 由 $l_0(x) = (1+x_0)l_{01}(x') + x_0 l_{02}(x')$, 有

$$w_t(f_{n+1}^2(x) + l_0(x))$$
$$= w_t((1+x_0)(f_{n1}^2(x') + l_{01}(x'))) + w_t(x_0(f_{n2}^2(x') + l_{02}(x')))$$
$$= (2^{n-1} - 2^{\frac{n}{2}-1}) + (2^{n-1} - 2^{\frac{n}{2}-1})$$
$$= 2^n - 2^{\frac{n}{2}}.$$

由于 n 为偶数, $n+1$ 为奇数, 有 $\dfrac{n}{2} = \left\lceil\dfrac{n+1}{2}\right\rceil - 1$, 所以有

$$w_t(f_{n+1}^2(x) + l_0(x)) = 2^{(n+1)-1} - 2^{\left\lceil\frac{n+1}{2}\right\rceil-1}.$$

又有

$$N_{f_{n+1}^2(x)} = w_t(f_{n+1}^2(x) + l_0(x)) = \min\limits_{l(x)\in L_{n+1}[x]} w_t(f_{n+1}^2(x) + l_0(x)) = 2^{(n+1)-1} - 2^{\left\lceil\frac{n+1}{2}\right\rceil-1}.$$

(2) 当 $w_t(f_{n1}^2(x')) = 2^{n-1} - 2^{\frac{n}{2}-1}$ 时, 由于这时的 $w_t(f_{n2}^2(x'))$ 和本定理 (1) 中的 $w_t(f_{n2}^2(x'))$ 有差异, 从而 $l'_{01}(x'), l'_{02}(x')$ 和 (1) 中的也不一样, 使得运算有所不同. 所以, 对 (2) 也需要进行证明.

① 对 $f_{n1}^2(x')$, 同 1 中的证明一样, 有

$$w_t\left(\frac{df_{n1}^2(x')}{dx_n}\right) = w_t\left(\sum_{i=1}^{n-1} x_i\right) = 2^{n-1}.$$

所以有

$$w_t\left(f_{n1}^2(x')\frac{df_{n1}^2(x')}{dx_n}\right) = 2^{n-2}.$$

从而 $w_t\left(\dfrac{ef_{n1}^2(x')}{ex_n}\right) = 2^{n-2} - 2^{\frac{n}{2}-1}.$

所以, 取 $l_{01}'(x') = \dfrac{df_{n1}^2(x')}{dx_n}$, 有

$$N_{f_{n1}^2(x')} = w_t(f_{n1}^2(x') + l_{01}'(x'))$$

$$= w_t\left(f_{n1}^2(x')\dfrac{df_{n1}^2(x')}{dx_n} + l_{01}'(x')\right) + w_t\left(\dfrac{ef_{n1}^2(x')}{ex_n} + l_{01}'(x')\right) - w_t(l_{01}'(x'))$$

$$= (2^{n-1} - 2^{n-2}) + (2^{n-1} + 2^{n-2} - 2^{\frac{n}{2}-1}) - 2^{n-1}$$

$$= 2^{n-1} - 2^{\frac{n}{2}-1}.$$

② 对 $f_{n2}^2(x')$, 有

$$w_t(f_{n2}^2(x')) = 2^{n-1} + 2^{\frac{n}{2}-1},$$

$$w_t\left(f_{n2}^2(x')\dfrac{df_{n2}^2(x')}{dx_n}\right) = 2^{n-2}, \quad w_t\left(\dfrac{ef_{n2}^2(x')}{ex_n}\right) = 2^{n-2} + 2^{\frac{n}{2}-1}.$$

所以, 取 $l_{02}'(x') = 1 + \dfrac{df_{n2}^2(x')}{dx_n}$, 有

$$N_{f_{n2}^2(x')} = w_t(f_{n2}^2(x') + l_{02}'(x'))$$

$$= w_t\left(f_{n2}^2(x')\dfrac{df_{n2}^2(x')}{dx_n} + l_{02}'(x')\right) + w_t\left(\dfrac{ef_{n2}^2(x')}{ex_n} + l_{02}'(x')\right) - w_t(l_{02}'(x'))$$

$$= (2^{n-1} + 2^{n-2}) + (2^{n-1} - (2^{n-2} + 2^{\frac{n}{2}-1})) - 2^{n-1}$$

$$= 2^{n-1} - 2^{\frac{n}{2}-1}.$$

③ 所以有

$$l_0'(x) = (1 + x_0)l_{01}'(x') + x_0 l_{02}'(x'),$$

$$N_{f_{n+1}^2(x)} = w_t(f_{n+1}^2(x) + l_0'(x))$$

$$= w_t((1 + x_0)(f_{n1}^2(x') + l_{01}'(x'))) + w_t(x_0(f_{n2}^2(x') + l_{02}'(x')))$$

$$= 2^n - 2^{\frac{n}{2}}$$

$$= 2^{(n+1)-1} - 2^{\left\lceil\frac{n+1}{2}\right\rceil - 1} \quad (n \text{ 为偶数}).$$

下面给出例 11.4.1 和例 11.4.2.

例 11.4.1 有 $f_7^2(x) = (1 + x_1)f_{71}^2(x') + x_1 f_{72}^2(x')$, 有

$$f_{71}^2(x') = f_6^2(x') = [x_2 x_3 x_4 x_5 x_6 x_7] \begin{bmatrix} 0\,1\,1\,1\,1\,1 \\ 0\,0\,1\,1\,1\,1 \\ 0\,0\,0\,1\,1\,1 \\ 0\,0\,0\,0\,1\,1 \\ 0\,0\,0\,0\,0\,1 \\ 0\,0\,0\,0\,0\,0 \end{bmatrix} \begin{bmatrix} x_2 \\ x_3 \\ x_4 \\ x_5 \\ x_6 \\ x_7 \end{bmatrix},$$

$$f_{72}^2(x') = [x_2 x_3 x_4 x_5 x_6 x_7] \begin{bmatrix} 0\,1\,1\,1\,1\,1 \\ 0\,0\,1\,1\,1\,1 \\ 0\,0\,0\,1\,1\,1 \\ 0\,0\,0\,0\,1\,1 \\ 0\,0\,0\,0\,0\,1 \\ 0\,0\,0\,0\,0\,0 \end{bmatrix} \begin{bmatrix} x_2 \\ x_3 \\ x_4 \\ x_5 \\ x_6 \\ x_7 \end{bmatrix}$$

$$+ x_1 [x_2 x_3 x_4 x_5 x_6 x_7] \begin{bmatrix} 1\,0\,0\,0\,0\,0 \\ 0\,1\,0\,0\,0\,0 \\ 0\,0\,1\,0\,0\,0 \\ 0\,0\,0\,1\,0\,0 \\ 0\,0\,0\,0\,1\,0 \\ 0\,0\,0\,0\,0\,1 \end{bmatrix} \begin{bmatrix} x_2 \\ x_3 \\ x_4 \\ x_5 \\ x_6 \\ x_7 \end{bmatrix}.$$

解 $w_t(f_7^2(x)) = 64 = 2^{7-1}$,

$w_t(f_{71}^2(x')) = w_t(f_6^2(x')) = 36 = 2^{6-1} + 2^{\frac{6}{2}-1}$,

$w_t(f_{72}^2(x')) = 28 = 2^{6-1} - 2^{\frac{6}{2}-1}$;

$l_{01}(x') = 1 + \sum\limits_{i=2}^{6} x_i, \ l_{02}(x') = 1 + \sum\limits_{i=2}^{6} x_i$,

$N_{f_{71}^2(x')} = w_t(f_{71}^2(x') + l_{01}(x')) = 2^{6-1} - 2^{\frac{6}{2}-1} = 28$,

$N_{f_{72}^2(x')} = w_t(f_{72}^2(x') + l_{02}(x')) = 28 = 2^{6-1} - 2^{\frac{6}{2}-1}$;

$l_0(x) = 1 + \sum\limits_{i=2}^{6} x_i$,

$N_{f_7^2(x)} = w_t(f_7^2(x) + l_0(x)) = 56 = 2^{7-1} - 2^{\lceil\frac{7}{2}\rceil-1}$.

例 11.4.2　有 $f_{11}^2(x) = (1 + x_1)f_{111}^2(x') + x_1 f_{112}^2(x')$, 有

$$f_{111}^2(x') = f_{10}^2(x') = [x_2 x_3 \cdots x_{10} x_{11}] \begin{bmatrix} 0\,1\,1\,1\,\cdots\,1\,1 \\ 0\,0\,1\,1\,\cdots\,1\,1 \\ 0\,0\,0\,1\,\cdots\,1\,1 \\ \vdots\,\vdots\,\vdots\,\vdots\quad\vdots\,\vdots \\ 0\,0\,0\,0\,\cdots\,0\,1 \\ 0\,0\,0\,0\,\cdots\,0\,0 \end{bmatrix} \begin{bmatrix} x_2 \\ x_3 \\ x_4 \\ \vdots \\ x_{10} \\ x_{11} \end{bmatrix},$$

$$f_{112}^2(x') = [x_2 x_3 \cdots x_{10} x_{11}] \begin{bmatrix} 0\,1\,1\,1\,\cdots\,1\,1 \\ 0\,0\,1\,1\,\cdots\,1\,1 \\ 0\,0\,0\,1\,\cdots\,1\,1 \\ \vdots\,\vdots\,\vdots\,\vdots\quad\vdots\,\vdots \\ 0\,0\,0\,0\,\cdots\,0\,1 \\ 0\,0\,0\,0\,\cdots\,0\,0 \end{bmatrix} \begin{bmatrix} x_2 \\ x_3 \\ x_4 \\ \vdots \\ x_{10} \\ x_{11} \end{bmatrix}$$

$$+ [x_2 x_3 \cdots x_{10} x_{11}] \begin{bmatrix} 1\,0\,0\,0\,\cdots\,0\,0 \\ 0\,1\,0\,0\,\cdots\,0\,0 \\ 0\,0\,1\,0\,\cdots\,0\,0 \\ \vdots\,\vdots\,\vdots\,\vdots\quad\vdots\,\vdots \\ 0\,0\,0\,0\,\cdots\,1\,0 \\ 0\,0\,0\,0\,\cdots\,0\,1 \end{bmatrix} \begin{bmatrix} x_2 \\ x_3 \\ x_4 \\ \vdots \\ x_{10} \\ x_{11} \end{bmatrix} x_0.$$

解　$w_t(f_{11}^2(x)) = 1024 = 2^{11-1}$,

$w_t(f_{111}^2(x')) = w_t(f_{10}^2(x')) = 496 = 2^{10-1} - 2^{\frac{10}{2}-1}$,

$w_t(f_{112}^2(x')) = 528 = 2^{10-1} + 2^{\frac{10}{2}-1}$;

$l_{01}'(x') = \dfrac{df_{111}^2(x')}{dx_{11}} = \sum\limits_{i=2}^{10} x_i, l_{02}'(x') = 1 + \dfrac{df_{112}^2(x')}{dx_{11}} = \sum\limits_{i=2}^{10} x_i$,

$N_{f_{111}^2(x')} = w_t(f_{111}^2(x') + l_{01}'(x')) = 496 = 2^{10-1} - 2^{\frac{10}{2}-1}$,

$N_{f_{112}^2(x')} = w_t(f_{112}^2(x') + l_{02}'(x')) = 496 = 2^{10-1} - 2^{\frac{10}{2}-1}$;

$l_0'(x) = (1 + x_1)l_{01}'(x') + x_1 l_{02}'(x') = \sum\limits_{i=2}^{10} x_i$,

$N_{f_{11}^2(x)} = w_t(f_{11}^2(x) + l_{01}'(x)) = 992 = 2^{11-1} - 2^{\lceil \frac{11}{2} \rceil - 1}$.

推论　设有 $f_n^2(x) \in GF(2)^{GF(2)^n}$ 是 n 元 2 次齐次完全旋转对称布尔函数. 若 $w_t(f_n^2(x)) = 2^{n-1} \pm 2^{\frac{n}{2}-1}$, 则当 n 为偶数时, 有 $N_{f_n^2(x)} = 2^{n-1} - 2^{\frac{n}{2}-1}$; 而当 n 为奇数时, 有 $N_{f_n^2(x)} = 2^{n-1} - 2^{\lceil \frac{n}{2} \rceil - 1}$.

定理 11.4.2 设 n 为偶数, 有

$$f_n^2(x') \in GF(2)^{GF(2)^n} \ ((x') = (x_1 x_2 \cdots x_n) \in GF(2)^{GF(2)^n}),$$

$$f_{n+1}^2(x'') \in GF(2)^{GF(2)^{n+1}} \ ((x'') = (x_{02} x_1 x_2 \cdots x_n) \in GF(2)^{GF(2)^{n+1}}),$$

$$f_{n+2}^2(x) \in GF(2)^{GF(2)^{n+2}} \ ((x) = (x_{01} x_{02} x_1 x_2 \cdots x_n) \in GF(2)^{GF(2)^{n+2}}),$$

且有

$$f_n^2(x') = [x_1 x_2 x_3 \cdots x_{n-1} x_n]
\begin{bmatrix}
0 & 1 & 1 & 1 & \cdots & 1 & 1 \\
0 & 0 & 1 & 1 & \cdots & 1 & 1 \\
0 & 0 & 0 & 1 & \cdots & 1 & 1 \\
\vdots & \vdots & \vdots & \vdots & & \vdots & \vdots \\
0 & 0 & 0 & 0 & \cdots & 0 & 1 \\
0 & 0 & 0 & 0 & \cdots & 0 & 0
\end{bmatrix}
\begin{bmatrix}
x_1 \\ x_2 \\ x_3 \\ \vdots \\ x_{n-1} \\ x_n
\end{bmatrix},$$

$$f_{n+1}^2(x'') = [x_{02} x_1 x_2 x_3 \cdots x_{n-1} x_n]
\begin{bmatrix}
0 & 1 & 1 & 1 & \cdots & 1 & 1 \\
0 & 0 & 1 & 1 & \cdots & 1 & 1 \\
0 & 0 & 0 & 1 & \cdots & 1 & 1 \\
\vdots & \vdots & \vdots & \vdots & & \vdots & \vdots \\
0 & 0 & 0 & 0 & \cdots & 0 & 1 \\
0 & 0 & 0 & 0 & \cdots & 0 & 0
\end{bmatrix}
\begin{bmatrix}
x_{02} \\ x_1 \\ x_2 \\ \vdots \\ x_{n-1} \\ x_n
\end{bmatrix},$$

$$f_{n+2}^2(x) = [x_{01} x_{02} x_1 x_2 \cdots x_{n-1} x_n]
\begin{bmatrix}
0 & 1 & 1 & 1 & \cdots & 1 & 1 \\
0 & 0 & 1 & 1 & \cdots & 1 & 1 \\
0 & 0 & 0 & 1 & \cdots & 1 & 1 \\
\vdots & \vdots & \vdots & \vdots & & \vdots & \vdots \\
0 & 0 & 0 & 0 & \cdots & 0 & 1 \\
0 & 0 & 0 & 0 & \cdots & 0 & 0
\end{bmatrix}
\begin{bmatrix}
x_{01} \\ x_{02} \\ x_1 \\ \vdots \\ x_{n-1} \\ x_n
\end{bmatrix};$$

又有

$$w_t(f_n^2(x')) = 2^{n-1} - 2^{\frac{n}{2}-1}, \quad w_t(f_{n+1}^2(x'')) = 2^{(n+1)-1},$$

$$w_t(f_{n+2}^2(x)) = 2^{(n+2)-1} + 2^{\frac{n+2}{2}-1},$$

则必有

$$N_{f_n^2(x')} = 2^{n-1} - 2^{\frac{n}{2}-1}, \quad N_{f_{n+1}^2(x'')} = 2^{(n+1)-1} - 2^{\lceil \frac{n+1}{2} \rceil - 1},$$

$$N_{f_{n+2}^2(x)} = 2^{(n+2)-1} - 2^{\frac{n+2}{2}-1}.$$

证明　由定理 11.4.1 知，$N_{f_n^2(x')} = 2^{n-1} - 2^{\frac{n}{2}-1}$ 和 $N_{f_{n+1}^2(x'')} = 2^{(n+1)-1} - 2^{\lceil\frac{n+1}{2}\rceil-1}$ 都成立.

现在来证明 $N_{f_{n+2}^2(x)} = 2^{(n+2)-1} - 2^{\frac{n+2}{2}-1}$ 也成立.

由于

$$f_{n+2}^2(x) = (1 + x_{01})f_{(n+2)1}^2(x'') + x_{01}f_{(n+2)2}^2(x'')$$
$$= (1 + x_{01})((1 + x_{02})f_{(n+1)11}^2(x') + x_{02}f_{(n+1)12}^2(x'))$$
$$+ x_{01}((1 + x_{02})f_{(n+1)3}^2(x'') + x_{02}f_{(n+1)4}^2(x'')),$$

其中 $f_{(n+1)11}^2(x') = f_n^2(x')$.

由定理 11.4.2 的条件知

$$w_t(f_n^2(x')) = 2^{n-1} - 2^{\frac{n}{2}-1}, \quad w_t(f_{n+1}^2(x'')) = 2^{(n+1)-1},$$
$$w_t(f_{n+2}^2(x)) = 2^{(n+2)-1} + 2^{\frac{n+2}{2}-1},$$

所以, 由定理 11.4.2 的条件和定理 11.4.1 的证明有

$$w_t(f_{(n+1)11}^2(x')) = w_t\left(f_{(n+1)11}^2(x')\frac{df_{(n+1)11}^2(x')}{dx_n}\right) + w_t\left(\frac{ef_{(n+1)11}^2(x')}{ex_n}\right)$$
$$= 2^{n-2} + (2^{n-2} - 2^{\frac{n}{2}-1}),$$

$$w_t(f_{(n+1)12}^2(x')) = w_t\left(f_{(n+1)12}^2(x')\frac{df_{(n+1)12}^2(x')}{dx_n}\right) + w_t\left(\frac{ef_{(n+1)12}^2(x')}{ex_n}\right)$$
$$= 2^{n-2} + (2^{n-2} + 2^{\frac{n}{2}-1}),$$

$$w_t(f_{(n+1)3}^2(x'')) = w_t\left(f_{(n+1)3}^2(x'')\frac{df_{(n+1)3}^2(x'')}{dx_n}\right) + w_t\left(\frac{ef_{(n+1)3}^2(x'')}{ex_n}\right)$$
$$= 2^{n-2} + (2^{n-2} + 2^{\frac{n}{2}-1}),$$

$$w_t(f_{(n+1)4}^2(x'')) = w_t\left(f_{(n+1)4}^2(x'')\frac{df_{(n+1)4}^2(x'')}{dx_n}\right) + w_t\left(\frac{ef_{(n+1)4}^2(x'')}{ex_n}\right)$$
$$= 2^{n-2} + (2^{n-2} + 2^{\frac{n}{2}-1}).$$

于是, 取 $l_{01}(x') = \dfrac{df_{(n+1)1}^2(x'')}{dx_n}, l_{02}(x') = 1 + \dfrac{df_{(n+1)2}^2(x'')}{dx_n}$, 便有

$$N_{f_{(n+1)11}^2(x')} = N_{f_n^2(x')} = \min_{l(x')\in L_n[x']} w_t(f_{(n+1)11}^2(x') + l(x'))$$
$$= w_t(f_{(n+1)11}^2(x') + l_{01}(x'))$$

$$= (2^{n-1} - 2^{n-2}) + (2^{n-1} + 2^{n-2} - 2^{\frac{n}{2}-1}) - 2^{n-1}$$

$$= 2^{n-1} - 2^{\frac{n}{2}-1},$$

$$N_{f^2_{(n+1)12}(x')} = w_t(f^2_{(n+1)12}(x') + l_{02}(x'))$$

$$= (2^{n-1} + 2^{n-2}) + (2^{n-1} - (2^{n-2} + 2^{\frac{n}{2}-1})) - 2^{n-1}$$

$$= 2^{n-1} - 2^{\frac{n}{2}-1},$$

$$N_{f^2_{(n+1)3}(x'')} = N_{f^2_{(n+1)}(x'')}$$

$$= (2^{n-1} - 2^{\frac{n}{2}-1}) + (2^{n-1} - 2^{\frac{n}{2}-1}) = 2^n - 2^{\frac{n}{2}}$$

$$= 2^{(n+1)-1} - 2^{\lceil \frac{n+1}{2} \rceil - 1},$$

$$N_{f^2_{(n+1)4}(x'')} = 2^{(n+1)-1} - 2^{\lceil \frac{n+1}{2} \rceil - 1},$$

$$N_{f^2_{(n+2)}(x)} = 2(2^{(n+1)-1} - 2^{\lceil \frac{n+1}{2} \rceil - 1}) = 2^{(n+2)-1} - 2^{(\frac{n+2}{2})-1}.$$

定理 11.4.2 成立.

从定理 11.4.2 中可以看到, 要用到一些由函数的导数构成的线性函数, 这些线性函数的级联函数仍是线性函数. 这一点我们从例 11.4.1、例 11.4.2 中也看到了. 这一点是应该证明的, 在此不做证明. 因为, 不管是多少元的 2 次齐次完全旋转对称布尔函数, 其导数都是线性函数, 而且是相同的线性函数, 这一点是比较明显的, 所以不再证明.

定理 11.4.3 设 n 为偶数, 有

$$f^2_n(x') \in GF(2)^{GF(2)^n} ((x') = (x_1 x_2 \cdots x_n) \in GF(2)^{GF(2)^n}),$$

$$f^2_{n+1}(x'') \in GF(2)^{GF(2)^{n+1}} ((x'') = (x_{02} x_1 x_2 \cdots x_n) \in GF(2)^{GF(2)^{n+1}}),$$

$$f^2_{n+2}(x) \in GF(2)^{GF(2)^{n+2}} ((x) = (x_{01} x_{02} x_1 x_2 \cdots x_n) \in GF(2)^{GF(2)^{n+2}}),$$

且有

$$f^2_n(x') = [x_1 x_2 x_3 \cdots x_{n-1} x_n] \begin{bmatrix} 0 & 1 & 1 & 1 & \cdots & 1 & 1 \\ 0 & 0 & 1 & 1 & \cdots & 1 & 1 \\ 0 & 0 & 0 & 1 & \cdots & 1 & 1 \\ \vdots & \vdots & \vdots & \vdots & & \vdots & \vdots \\ 0 & 0 & 0 & 0 & \cdots & 0 & 1 \\ 0 & 0 & 0 & 0 & \cdots & 0 & 0 \end{bmatrix} \begin{bmatrix} x_1 \\ x_2 \\ x_3 \\ \vdots \\ x_{n-1} \\ x_n \end{bmatrix},$$

$$f_{n+1}^2(x'') = [x_{02}x_1x_2x_3\cdots x_{n-1}x_n] \begin{bmatrix} 0 & 1 & 1 & 1 & \cdots & 1 & 1 \\ 0 & 0 & 1 & 1 & \cdots & 1 & 1 \\ 0 & 0 & 0 & 1 & \cdots & 1 & 1 \\ \vdots & \vdots & \vdots & \vdots & & \vdots & \vdots \\ 0 & 0 & 0 & 0 & \cdots & 0 & 1 \\ 0 & 0 & 0 & 0 & \cdots & 0 & 0 \end{bmatrix} \begin{bmatrix} x_{02} \\ x_1 \\ x_2 \\ \vdots \\ x_{n-1} \\ x_n \end{bmatrix},$$

$$f_{n+2}^2(x) = [x_{01}x_{02}x_1x_2\cdots x_{n-1}x_n] \begin{bmatrix} 0 & 1 & 1 & 1 & \cdots & 1 & 1 \\ 0 & 0 & 1 & 1 & \cdots & 1 & 1 \\ 0 & 0 & 0 & 1 & \cdots & 1 & 1 \\ \vdots & \vdots & \vdots & \vdots & & \vdots & \vdots \\ 0 & 0 & 0 & 0 & \cdots & 0 & 1 \\ 0 & 0 & 0 & 0 & \cdots & 0 & 0 \end{bmatrix} \begin{bmatrix} x_{01} \\ x_{02} \\ x_1 \\ \vdots \\ x_{n-1} \\ x_n \end{bmatrix};$$

又有

$$w_t(f_n^2(x')) = 2^{n-1} + 2^{\frac{n}{2}-1}, \quad w_t(f_{n+1}^2(x'')) = 2^{(n+1)-1},$$
$$w_t(f_{n+2}^2(x)) = 2^{(n+2)-1} - 2^{\frac{n+2}{2}-1},$$

则必有

$$N_{f_n^2(x')} = 2^{n-1} - 2^{\frac{n}{2}-1}, \quad N_{f_{n+1}^2(x'')} = 2^{(n+1)-1} - 2^{\left\lceil\frac{n+1}{2}\right\rceil-1},$$
$$N_{f_{n+2}^2(x)} = 2^{(n+2)-1} - 2^{\frac{n+2}{2}-1}.$$

定理 11.4.3 的证明与定理 11.4.2 的证明基本相同, 不再证明.

例 11.4.3　设 $f_{10}^2(x') \in GF(2)^{GF(2)^{10}}$, $f_{11}^2(x'') \in GF(2)^{GF(2)^{11}}$, $f_{12}^2(x) \in GF(2)^{GF(2)^{12}}$, 且有

$$f_{10}^2(x') = [x_1x_2x_3\cdots x_9x_{10}] \begin{bmatrix} 0 & 1 & 1 & 1 & \cdots & 1 & 1 \\ 0 & 0 & 1 & 1 & \cdots & 1 & 1 \\ 0 & 0 & 0 & 1 & \cdots & 1 & 1 \\ \vdots & \vdots & \vdots & \vdots & & \vdots & \vdots \\ 0 & 0 & 0 & 0 & \cdots & 0 & 1 \\ 0 & 0 & 0 & 0 & \cdots & 0 & 0 \end{bmatrix} \begin{bmatrix} x_1 \\ x_2 \\ x_3 \\ \vdots \\ x_9 \\ x_{10} \end{bmatrix},$$

$$f_{11}^2(x'') = [x_{02}x_1x_2x_3\cdots x_9x_{10}] \begin{bmatrix} 0 & 1 & 1 & 1 & \cdots & 1 & 1 \\ 0 & 0 & 1 & 1 & \cdots & 1 & 1 \\ 0 & 0 & 0 & 1 & \cdots & 1 & 1 \\ \vdots & \vdots & \vdots & \vdots & & \vdots & \vdots \\ 0 & 0 & 0 & 0 & \cdots & 0 & 1 \\ 0 & 0 & 0 & 0 & \cdots & 0 & 0 \end{bmatrix} \begin{bmatrix} x_{02} \\ x_1 \\ x_2 \\ \vdots \\ x_9 \\ x_{10} \end{bmatrix},$$

$$f_{12}^2(x) = [x_{01}x_{02}x_1x_2\cdots x_9x_{10}] \begin{bmatrix} 0 & 1 & 1 & 1 & \cdots & 1 & 1 \\ 0 & 0 & 1 & 1 & \cdots & 1 & 1 \\ 0 & 0 & 0 & 1 & \cdots & 1 & 1 \\ \vdots & \vdots & \vdots & \vdots & & \vdots & \vdots \\ 0 & 0 & 0 & 0 & \cdots & 0 & 1 \\ 0 & 0 & 0 & 0 & \cdots & 0 & 0 \end{bmatrix} \begin{bmatrix} x_{01} \\ x_{02} \\ x_1 \\ \vdots \\ x_9 \\ x_{10} \end{bmatrix}.$$

解 有

$$w_t(f_{10}^2(x')) = 2^{10-1} + 2^{\frac{10}{2}-1} = 512 - 16 = 496,$$

$$w_t(f_{11}^2(x'')) = 2^{11-1} - 1024,$$

$$w_t(f_{12}^2(x)) = 2^{12-1} + 2^{\frac{12}{2}-1} = 2048 + 32 = 2080.$$

于是, 可求得

$$l_{010}(x') = \sum_{i=1}^{9} x_i,$$

$$N_{f_{10}^2(x')} = w_t(f_{10}^2(x') + l_{010}(x')) = 2^{10-1} - 2^{\frac{10}{2}-1} = 512 - 16 = 496;$$

$$l_{011}(x'') = \sum_{i=1}^{10} x_i,$$

$$N_{f_{11}^2(x'')} = w_t(f_{11}^2(x'') + l_{011}(x'')) = 2^{11-1} - 2^{\lceil\frac{11}{2}\rceil-1} = 1024 - 32 = 992;$$

$$l_{012}(x) = \sum_{i=1}^{11} x_i,$$

$$N_{f_{12}^2(x)} = w_t(f_{12}^2(x) + l_{012}(x)) = 2^{12-1} - 2^{\frac{12}{2}-1} = 2048 - 32 = 2016.$$

下面讨论 3 次齐次完全旋转对称布尔函数的非线性度.

3 次齐次完全旋转对称布尔函数有如下的关系, 见定理 11.4.4 和定理 11.4.10.

定理 11.4.4　设

$$f_{(n-1)1}(x'), f_{(n-1)2}(x') \in GF(2)^{GF(2)^{n-1}}(x') = (x_2 x_3 \cdots x_n) \in GF(2)^{GF(2)^{n-1}},$$

$$f_n^3(x) \in GF(2)^{GF(2)^n} \quad ((x) = (x_1 x_2 x_3 \cdots x_n) \in GF(2)^{GF(2)^n}),$$

且

$$f_n^3(x) = (1 + x_1)f_{(n-1)1}(x') + x_1 f_{(n-1)2}(x'),$$

即

$$f_n^3(x) = x_1 \begin{bmatrix} x_2 x_3 \cdots x_{n-1} x_n \end{bmatrix} \begin{bmatrix} 0 & 1 & 1 & 1 & \cdots & 1 & 1 \\ 0 & 0 & 1 & 1 & \cdots & 1 & 1 \\ 0 & 0 & 0 & 1 & \cdots & 1 & 1 \\ \vdots & \vdots & \vdots & \vdots & & \vdots & \vdots \\ 0 & 0 & 0 & 0 & \cdots & 0 & 1 \\ 0 & 0 & 0 & 0 & \cdots & 0 & 0 \end{bmatrix} \begin{bmatrix} x_2 \\ x_3 \\ x_4 \\ \vdots \\ x_{n-1} \\ x_n \end{bmatrix}$$

$$+ x_2 \begin{bmatrix} x_3 x_4 \cdots x_{n-1} x_n \end{bmatrix} \begin{bmatrix} 0 & 1 & 1 & 1 & \cdots & 1 & 1 \\ 0 & 0 & 1 & 1 & \cdots & 1 & 1 \\ 0 & 0 & 0 & 1 & \cdots & 1 & 1 \\ \vdots & \vdots & \vdots & \vdots & & \vdots & \vdots \\ 0 & 0 & 0 & 0 & \cdots & 0 & 1 \\ 0 & 0 & 0 & 0 & \cdots & 0 & 0 \end{bmatrix} \begin{bmatrix} x_3 \\ x_4 \\ x_5 \\ \vdots \\ x_{n-1} \\ x_n \end{bmatrix}$$

$$+ \cdots + x_{n-3} \begin{bmatrix} x_{n-2} x_{n-1} x_n \end{bmatrix} \begin{bmatrix} 0 & 1 & 1 \\ 0 & 0 & 1 \\ 0 & 0 & 0 \end{bmatrix} \begin{bmatrix} x_{n-2} \\ x_{n-1} \\ x_n \end{bmatrix} + x_{n-2} x_{n-1} x_n,$$

则必有

(1)

$$f_{(n-1)1}(x') = f_{(n-1)}^3(x')$$

$$= x_2 \begin{bmatrix} x_3 x_4 \cdots x_{n-1} x_n \end{bmatrix} \begin{bmatrix} 0 & 1 & 1 & 1 & \cdots & 1 & 1 \\ 0 & 0 & 1 & 1 & \cdots & 1 & 1 \\ 0 & 0 & 0 & 1 & \cdots & 1 & 1 \\ \vdots & \vdots & \vdots & \vdots & & \vdots & \vdots \\ 0 & 0 & 0 & 0 & \cdots & 0 & 1 \\ 0 & 0 & 0 & 0 & \cdots & 0 & 0 \end{bmatrix} \begin{bmatrix} x_3 \\ x_4 \\ x_5 \\ \vdots \\ x_{n-1} \\ x_n \end{bmatrix}$$

$$+ \cdots + x_{n-3} \begin{bmatrix} x_{n-2} x_{n-1} x_n \end{bmatrix} \begin{bmatrix} 0\ 1\ 1 \\ 0\ 0\ 1 \\ 0\ 0\ 0 \end{bmatrix} \begin{bmatrix} x_{n-2} \\ x_{n-1} \\ x_n \end{bmatrix} + x_{n-2} x_{n-1} x_n,$$

$$f_{(n-1)2}(x') = f^3_{(n-1)1}(x') + f^2_{(n-1)}(x')$$

$$= \left(x_2 \begin{bmatrix} x_3 x_4 \cdots x_{n-1} x_n \end{bmatrix} \begin{bmatrix} 0\ 1\ 1\ 1 \cdots 1\ 1 \\ 0\ 0\ 1\ 1 \cdots 1\ 1 \\ 0\ 0\ 0\ 1 \cdots 1\ 1 \\ \vdots\ \vdots\ \vdots\ \vdots \quad \vdots\ \vdots \\ 0\ 0\ 0\ 0 \cdots 0\ 1 \\ 0\ 0\ 0\ 0 \cdots 0\ 0 \end{bmatrix} \begin{bmatrix} x_3 \\ x_4 \\ x_5 \\ \vdots \\ x_{n-1} \\ x_n \end{bmatrix} \right.$$

$$\left. + \cdots + x_{n-3} \begin{bmatrix} x_{n-2} x_{n-1} x_n \end{bmatrix} \begin{bmatrix} 0\ 1\ 1 \\ 0\ 0\ 1 \\ 0\ 0\ 0 \end{bmatrix} \begin{bmatrix} x_{n-2} \\ x_{n-1} \\ x_n \end{bmatrix} + x_{n-2} x_{n-1} x_n \right)$$

$$+ \begin{bmatrix} x_2 x_3 \cdots x_{n-1} x_n \end{bmatrix} \begin{bmatrix} 0\ 1\ 1\ 1 \cdots 1\ 1 \\ 0\ 0\ 1\ 1 \cdots 1\ 1 \\ 0\ 0\ 0\ 1 \cdots 1\ 1 \\ \vdots\ \vdots\ \vdots\ \vdots \quad \vdots\ \vdots \\ 0\ 0\ 0\ 0 \cdots 0\ 1 \\ 0\ 0\ 0\ 0 \cdots 0\ 0 \end{bmatrix} \begin{bmatrix} x_2 \\ x_3 \\ x_4 \\ \vdots \\ x_{n-1} \\ x_n \end{bmatrix}$$

和

$$f_{(n-1)2}(x') = f^3_{(n-1)1}(x') + f^2_{(n-1)}(x').$$

(2) 当 $w_t(f^2_n(x')) = 2^{n-1}((x') = (x_1 x_2 x_3 \cdots x_n) \in GF(2)^{GF(2)^n})$ 时,$w_t(f^3_{n+1}(x)) = 2^{n-1}((x) = (x_0 x_1 x_2 \cdots x_n) \in GF(2)^{GF(2)^{n+1}})$.

证明 (1) 有

$$f^3_n(x) = (1 + x_1) f_{(n-1)1}(x') + x_1 f_{(n-1)2}(x'),$$

则显然, 由 $x_1 = 0$ 取值时 $f_{(n-1)1}(x') = f^3_{(n-1)}(x')$ 即成立.

由于有

$$f^3_n(x) = f^3_{(n-1)1}(x') + x_1(f^3_{(n-1)1}(x') + f_{(n-1)2}(x')),$$

又

$$f_n^3(x)$$

$$= x_2 \begin{bmatrix} x_3 x_4 \cdots x_{n-1} x_n \end{bmatrix} \begin{bmatrix} 0\,1\,1\,1\cdots 1\,1 \\ 0\,0\,1\,1\cdots 1\,1 \\ 0\,0\,0\,1\cdots 1\,1 \\ \vdots\,\vdots\,\vdots\,\vdots\quad\vdots\,\vdots \\ 0\,0\,0\,0\cdots\ 0\,1 \\ 0\,0\,0\,0\cdots 0\,0 \end{bmatrix} \begin{bmatrix} x_3 \\ x_4 \\ x_5 \\ \vdots \\ x_{n-1} \\ x_n \end{bmatrix}$$

$$+ \cdots + x_{n-3} \begin{bmatrix} x_{n-2} x_{n-1} x_n \end{bmatrix} \begin{bmatrix} 0\,1\,1 \\ 0\,0\,1 \\ 0\,0\,0 \end{bmatrix} \begin{bmatrix} x_{n-2} \\ x_{n-1} \\ x_n \end{bmatrix}$$

$$+ x_{n-2} x_{n-1} x_n + x_1 \begin{bmatrix} x_2 x_3 \cdots x_{n-1} x_n \end{bmatrix} \begin{bmatrix} 0\,1\,1\,1\cdots 1\,1 \\ 0\,0\,1\,1\cdots 1\,1 \\ 0\,0\,0\,1\cdots 1\,1 \\ \vdots\,\vdots\,\vdots\,\vdots\quad\vdots\,\vdots \\ 0\,0\,0\,0\cdots 0\,1 \\ 0\,0\,0\,0\cdots 0\,0 \end{bmatrix} \begin{bmatrix} x_2 \\ x_3 \\ x_4 \\ \vdots \\ x_{n-1} \\ x_n \end{bmatrix}$$

$$= f_{(n-1)1}^3(x') + x_1 \begin{bmatrix} x_2 x_3 \cdots x_{n-1} x_n \end{bmatrix} \begin{bmatrix} 0\,1\,1\,1\cdots 1\,1 \\ 0\,0\,1\,1\cdots 1\,1 \\ 0\,0\,0\,1\cdots 1\,1 \\ \vdots\,\vdots\,\vdots\,\vdots\quad\vdots\,\vdots \\ 0\,0\,0\,0\cdots 0\,1 \\ 0\,0\,0\,0\cdots 0\,0 \end{bmatrix} \begin{bmatrix} x_2 \\ x_3 \\ x_4 \\ \vdots \\ x_{n-1} \\ x_n \end{bmatrix}$$

$$= f_{n-1}^3(x') + x_1 (f_{(n-1)1}^3(x') + f_{(n-1)2}(x')),$$

所以

$$f_{(n-1)2}(x')$$

$$= f_{(n-1)1}^3(x') + \begin{bmatrix} x_2 x_3 x_4 \cdots x_{n-1} x_n \end{bmatrix} \begin{bmatrix} 0\,1\,1\,1\cdots 1\,1 \\ 0\,0\,1\,1\cdots 1\,1 \\ 0\,0\,0\,1\cdots 1\,1 \\ \vdots\,\vdots\,\vdots\,\vdots\quad\vdots\,\vdots \\ 0\,0\,0\,0\cdots 0\,1 \\ 0\,0\,0\,0\cdots 0\,0 \end{bmatrix} \begin{bmatrix} x_2 \\ x_3 \\ x_4 \\ \vdots \\ x_{n-1} \\ x_n \end{bmatrix}$$

$$= f_{(n-1)1}^3(x') + f_{n-1}^2(x').$$

(2) 由组合求值, 即可得出结果. 不再详证.

从 3 次齐次完全旋转对称布尔函数的矩阵形式, 可以很清楚地看出, 3 次齐次完全旋转对称布尔函数是由 1 个 3 次单项式和 $n-3$ 个 $x_i(i = n-3, n-4, \cdots, 1)$ 与相应 2 次齐次完全旋转对称布尔函数的乘积的和组成的. 2 次齐次完全旋转对称布尔函数的重量有 $2^{n-1}, 2^{n-1} \pm 2^{\frac{n}{2}-1}, 2^{n-1} \pm 2^{\left\lceil \frac{n}{2} \right\rceil - 1}$ 等不同类型的结果, 故而 3 次齐次完全旋转对称布尔函数的重量也应该有相似的类型. 事实上, 3 次齐次完全旋转对称布尔函数的重量也有 $2^{n-2}, 2^{n-2} \pm 2^{\frac{n}{2}-1}, 2^{n-2} \pm 2^{\left\lceil \frac{n}{2} \right\rceil - 1}$ 等多种与 2 次齐次完全旋转对称布尔函数相似类型的各种重量. 同样, 这里也不做证明, 可以通过例 11.4.4 看出.

例 11.4.4 有

$$f_6^3(x) = x_4 x_5 x_6 + x_3 \begin{bmatrix} x_4 x_5 x_6 \end{bmatrix} \begin{bmatrix} 0 & 1 & 1 \\ 0 & 0 & 1 \\ 0 & 0 & 0 \end{bmatrix} \begin{bmatrix} x_4 \\ x_5 \\ x_6 \end{bmatrix}$$

$$+ x_2 \begin{bmatrix} x_3 x_4 x_5 x_6 \end{bmatrix} \begin{bmatrix} 0 & 1 & 1 & 1 \\ 0 & 0 & 1 & 1 \\ 0 & 0 & 0 & 1 \\ 0 & 0 & 0 & 0 \end{bmatrix} \begin{bmatrix} x_3 \\ x_4 \\ x_5 \\ x_6 \end{bmatrix}$$

$$+ x_1 \begin{bmatrix} x_2 x_3 x_4 x_5 x_6 \end{bmatrix} \begin{bmatrix} 0 & 1 & 1 & 1 & 1 \\ 0 & 0 & 1 & 1 & 1 \\ 0 & 0 & 0 & 1 & 1 \\ 0 & 0 & 0 & 0 & 1 \\ 0 & 0 & 0 & 0 & 0 \end{bmatrix} \begin{bmatrix} x_2 \\ x_3 \\ x_4 \\ x_5 \\ x_6 \end{bmatrix}.$$

解 有

$$w_t(f_6^3(x)) = 2^{n-2} + 2^{\frac{n}{2}-1} = 2^4 + 2^{\frac{6}{2}-1} = 20,$$

也有

$$w_t(f_7^3(x)) = 2^{n-2} + 2^{\left\lceil \frac{n}{2} \right\rceil - 1} = 2^{7-2} + 2^{\left\lceil \frac{7}{2} \right\rceil - 1} = 2^5 + 2^2 = 36,$$

$$w_t(f_8^3(x)) = 2^{n-2} = 2^6 = 64,$$

$$w_t(f_9^3(x)) = 2^{n-2} - 2^{\left\lceil \frac{n}{2} \right\rceil - 1} = 2^7 - 2^3 = 128 - 8 = 120,$$

$$w_t(f_{10}^3(x)) = 2^{n-2} - 2^{\frac{n}{2}-1} = 2^8 - 2^4 = 256 - 16 = 240.$$

定理 11.4.5 设 $f_n^3(x) \in GF(2)^{GF(2)^n}$, 即 $f_n^3(x)$ 是 3 次齐次完全旋转对称布尔函数, 则必有

$$\frac{e f_n^3(x)}{e x_n} = 0, \quad f_n^3(x) = f_n^3(x) \frac{d f_n^3(x)}{d x_n}.$$

证明　对

$$f_n^3(x) = x_{n-2}x_{n-1}x_n + x_{n-3}\left[x_{n-2}x_{n-1}x_n\right]\begin{bmatrix} 0\,1\,1 \\ 0\,0\,1 \\ 0\,0\,0 \end{bmatrix}\begin{bmatrix} x_{n-2} \\ x_{n-1} \\ x_n \end{bmatrix}$$

$$+ \cdots + x_1\left[x_2x_3\cdots x_{n-1}x_n\right]\begin{bmatrix} 0\,1\,1\,1\cdots 1\,1 \\ 0\,0\,1\,1\cdots 1\,1 \\ 0\,0\,0\,1\cdots 1\,1 \\ \vdots\,\vdots\,\vdots\,\vdots\quad\vdots\,\vdots \\ 0\,0\,0\,0\cdots 0\,1 \\ 0\,0\,0\,0\cdots 0\,0 \end{bmatrix}\begin{bmatrix} x_2 \\ x_3 \\ x_4 \\ \vdots \\ x_{n-1} \\ x_n \end{bmatrix},$$

计算

$$\frac{ef_n^3(x)}{ex_n} = f_n^3(x) + f_n^3(x) = 0.$$

所以

$$f_n^3(x) = f_n^3(x)\frac{df_n^3(x)}{dx_n} + \frac{ef_n^3(x)}{ex_n} = f_n^3(x)\frac{df_n^3(x)}{dx_n}.$$

定理 11.4.5 成立.

定理 11.4.6　设 $f_n^3(x) \in GF(2)^{GF(2)^n}$, 且 n 为偶数,

$$f_n^3(x) = x_{n-2}x_{n-1}x_n + x_{n-3}\left[x_{n-2}x_{n-1}x_n\right]\begin{bmatrix} 0\,1\,1 \\ 0\,0\,1 \\ 0\,0\,0 \end{bmatrix}\begin{bmatrix} x_{n-2} \\ x_{n-1} \\ x_n \end{bmatrix}$$

$$+ x_{n-4}\left[x_{n-3}x_{n-2}x_{n-1}x_n\right]\begin{bmatrix} 0\,1\,1\,1 \\ 0\,0\,1\,1 \\ 0\,0\,0\,1 \\ 0\,0\,0\,0 \end{bmatrix}\begin{bmatrix} x_{n-3} \\ x_{n-2} \\ x_{n-1} \\ x_n \end{bmatrix} + \cdots$$

$$+ x_2\left[x_3x_4x_5\cdots x_{n-1}x_n\right]\begin{bmatrix} 0\,1\,1\,1\cdots 1\,1 \\ 0\,0\,1\,1\cdots 1\,1 \\ 0\,0\,0\,1\cdots 1\,1 \\ \vdots\,\vdots\,\vdots\,\vdots\quad\vdots\,\vdots \\ 0\,0\,0\,0\cdots 0\,1 \\ 0\,0\,0\,0\cdots 0\,0 \end{bmatrix}\begin{bmatrix} x_3 \\ x_4 \\ x_5 \\ \vdots \\ x_{n-1} \\ x_n \end{bmatrix}$$

$$+ x_1 [x_2 x_3 \cdots x_{n-1} x_n] \begin{bmatrix} 0 & 1 & 1 & 1 & \cdots & 1 & 1 \\ 0 & 0 & 1 & 1 & \cdots & 1 & 1 \\ 0 & 0 & 0 & 1 & \cdots & 1 & 1 \\ \vdots & \vdots & \vdots & \vdots & & \vdots & \vdots \\ 0 & 0 & 0 & 0 & \cdots & 0 & 1 \\ 0 & 0 & 0 & 0 & \cdots & 0 & 0 \end{bmatrix} \begin{bmatrix} x_2 \\ x_3 \\ x_4 \\ \vdots \\ x_{n-1} \\ x_n \end{bmatrix},$$

即 $f_n^3(x)$ 是偶数元 3 次齐次完全旋转对称布尔函数.

如果有 $w_t(f_n^3(x)) = 2^{n-2} + 2^{\frac{n}{2}-1}$, 则一定存在 $l_0(x) \in L_n[x]$, 使

$$N_{f_n^3(x)} = \min_{l(x) \in L_n[x]} w_t(f_n^3(x) + l(x)) = w_t(f_n^3(x) + l_0(x)) = 2^{n-1} - 2^{\frac{n}{2}-1}.$$

证明 $f_n^3(x)$ 对 x_n 求导数, 有

$$\frac{df_n^3(x)}{dx_n} = \frac{d}{dx_n} \left(x_{n-2} x_{n-1} x_n + x_{n-3} [x_{n-2} x_{n-1} x_n] \begin{bmatrix} 0 & 1 & 1 \\ 0 & 0 & 1 \\ 0 & 0 & 0 \end{bmatrix} \begin{bmatrix} x_{n-2} \\ x_{n-1} \\ x_n \end{bmatrix} \right.$$

$$+ x_{n-4} [x_{n-3} x_{n-2} x_{n-1} x_n] \begin{bmatrix} 0 & 1 & 1 & 1 \\ 0 & 0 & 1 & 1 \\ 0 & 0 & 0 & 1 \\ 0 & 0 & 0 & 0 \end{bmatrix} \begin{bmatrix} x_{n-3} \\ x_{n-2} \\ x_{n-1} \\ x_n \end{bmatrix}$$

$$+ \cdots + x_2 [x_3 x_4 x_5 \cdots x_{n-1} x_n] \begin{bmatrix} 0 & 1 & 1 & 1 & \cdots & 1 & 1 \\ 0 & 0 & 1 & 1 & \cdots & 1 & 1 \\ 0 & 0 & 0 & 1 & \cdots & 1 & 1 \\ \vdots & \vdots & \vdots & \vdots & & \vdots & \vdots \\ 0 & 0 & 0 & 0 & \cdots & 0 & 1 \\ 0 & 0 & 0 & 0 & \cdots & 0 & 0 \end{bmatrix} \begin{bmatrix} x_3 \\ x_4 \\ x_5 \\ \vdots \\ x_{n-1} \\ x_n \end{bmatrix}$$

$$+ x_1 [x_2 x_3 \cdots x_{n-1} x_n] \begin{bmatrix} 0 & 1 & 1 & 1 & \cdots & 1 & 1 \\ 0 & 0 & 1 & 1 & \cdots & 1 & 1 \\ 0 & 0 & 0 & 1 & \cdots & 1 & 1 \\ \vdots & \vdots & \vdots & \vdots & & \vdots & \vdots \\ 0 & 0 & 0 & 0 & \cdots & 0 & 1 \\ 0 & 0 & 0 & 0 & \cdots & 0 & 0 \end{bmatrix} \begin{bmatrix} x_2 \\ x_3 \\ x_4 \\ \vdots \\ x_{n-1} \\ x_n \end{bmatrix} \right)$$

$$= [x_1 x_2 x_3 \cdots x_{n-2} x_{n-1}] \begin{bmatrix} 0 & 1 & 1 & 1 & \cdots & 1 & 1 \\ 0 & 0 & 1 & 1 & \cdots & 1 & 1 \\ 0 & 0 & 0 & 1 & \cdots & 1 & 1 \\ \vdots & \vdots & \vdots & \vdots & & \vdots & \vdots \\ 0 & 0 & 0 & 0 & \cdots & 0 & 1 \\ 0 & 0 & 0 & 0 & \cdots & 0 & 0 \end{bmatrix} \begin{bmatrix} x_1 \\ x_2 \\ x_3 \\ \vdots \\ x_{n-2} \\ x_{n-1} \end{bmatrix}$$

$$= f_{n-1}^2(x') \quad (x' = (x_1 x_2 x_3 \cdots x_{n-1})).$$

已知 $w_t(f_n^3(x)) = 2^{n-2} + 2^{\frac{n}{2}-1}$，所以有 $w_t(f_{n-1}^2(x')) = 2^{(n-1)-1} + 2^{\lceil \frac{n-1}{2} \rceil - 1}$. 所以，由定理 11.4.2、定理 11.4.3 可知，必存在 $l_0(x') \in GF(2)^{GF(2)^{n-1}}$，使

$$N_{f_{n-1}^2(x')} = \min_{l(x) \in L_n[x]} w_t(f_{n-1}^2(x') + l(x')) = w_t(f_{n-1}^2(x') + l_0(x')) = 2^{n-1} - 2^{\lceil \frac{n-1}{2} \rceil - 1}.$$

但 $f_{n-1}^2(x')$ 是 $\dfrac{df_n^3(x)}{dx_n}$ 产生的, 所以有

$$\frac{df_n^3(x)}{dx_n} = f_{n-1}^2(x').$$

所以必有

$$w_t(l_0(x') f_{n-1}^2(x')) = 2^{(n-1)-2} - 2^{\lceil \frac{n-1}{2} \rceil - 1}.$$

所以, 必存在 $l_0(x')$, 使

$$w_t(l_0(x') f_n^3(x)) = 2^{n-3} + 2^{\lceil \frac{n-1}{2} \rceil - 1}.$$

又因 $w_t(f_n^3(x)) = 2^{n-2} + 2^{\frac{n}{2}-1}$, 所以对 $l_0(x')$, 有

$$\begin{aligned} N_{f_n^3(x)} &= \min_{l(x) \in L_n[x]} w_t(f_n^3(x) + l(x)) = w_t(f_n^3(x) + l_0(x')) \\ &= w_t(f_n^3(x)) + w_t(l_0(x')) - 2 w_t(l_0(x') f_n^3(x)) \\ &= 2^{n-2} + 2^{\frac{n}{2}-1} + 2^{n-1} - 2^{n-2} - 2^{\frac{n}{2}} \\ &= 2^{n-1} - 2^{\frac{n}{2}-1}. \end{aligned}$$

定理 11.4.6 证明中要注意的是, $\dfrac{df_n^3(x)}{dx_n} = f_{n-1}^2(x')$, 必然是 $w_t(f_n^3(x)) = 2^{n-2} + 2^{\frac{n}{2}-1}$, 则必有 $w_t(f_{n-1}^2(x')) = 2^{(n-1)-1} + 2^{\lceil \frac{n-1}{2} \rceil - 1}$. 所以, 有推论 1 和推论 2.

推论 1　n 为偶数, 则若 $w_t(f_{n-1}^2(x')) = 2^{(n-1)-1} + 2^{\lceil \frac{n-1}{2} \rceil - 1}$ 时, 必有 $w_t(f_n^3(x)) = 2^{n-2} + 2^{\frac{n}{2}-1} ((x) = (x_1 x_2 x_3 \cdots x_n), (x') = (x_1 x_2 x_3 \cdots x_{n-1}))$.

推论 2 对 $f_n^3(x)$ 和 $f_{n-1}^2(x')((x) = (x_1 x_2 x_3 \cdots x_n), (x') = (x_1 x_2 x_3 \cdots x_{n-1}))$, 则必有

$$\frac{df_n^3(x)}{dx_n} = f_{n-1}^2(x').$$

定理 11.4.7 设有 $f_n^3(x) \in GF(2)^{GF(2)^n}$, n 为偶数, 即 $f_n^3(x)$ 是 n 元 3 次齐次完全旋转对称布尔函数, 又有 $w_t(f_n^3(x)) = 2^{n-2}$, 则必存在 $l_0(x) \in L_n[x]$, 有

$$N_{f_n^3(x)} = \min_{l(x) \in L_n[x]} w_t(f_n^3(x) + l(x)) = w_t(f_n^3(x) + l_0(x)) = 2^{n-1} - 2^{\frac{n}{2}-1}.$$

定理 11.4.7 也和定理 11.4.6 一样, 要利用导数 $\dfrac{df_n^3(x)}{dx_n} = f_{n-1}^2(x')$ 和定理 11.4.2、定理 11.4.3 来证明. 证明方法相同, 计算也一样, 不再详证. 同样的道理, 下面三个相似的定理, 即定理 11.4.8 ∼ 定理 11.4.10, 也不再做证明.

定理 11.4.8 设有 $f_n^3(x) \in GF(2)^{GF(2)^n}$, n 为奇数, 即 $f_n^3(x)$ 是奇数元 3 次齐次完全旋转对称布尔函数, 且又有 $w_t(f_n^3(x)) = 2^{n-2} - 2^{\left[\frac{n}{2}\right]-1}$, 则必存在 $l_0(x) \in L_n[x]$, 有

$$N_{f_n^3(x)} = \min_{l(x) \in L_n[x]} w_t(f_n^3(x) + l(x)) = w_t(f_n^2(x') + l_0(x)) = 2^{n-1} - 2^{\left[\frac{n}{2}\right]-1}.$$

定理 11.4.9 设有 $f_n^3(x) \in GF(2)^{GF(2)^n}$, n 为偶数, 即 $f_n^3(x)$ 是偶数元 3 次齐次完全旋转对称布尔函数. 如果有 $w_t(f_n^3(x)) = 2^{n-2} - 2^{\frac{n}{2}-1}$, 则必存在 $l_0(x) \in L_n[x]$, 使

$$N_{f_n^3(x)} = \min_{l(x) \in L_n[x]} w_t(f_n^3(x) + l(x)) = w_t(f_n^3(x) + l_0(x)) = 2^{n-1} - 2^{\frac{n}{2}-1}.$$

推论 设 $f_n^3(x) \in GF(2)^{GF(2)^n}$, $f_n^3(x)$ 是 3 次齐次完全旋转对称布尔函数. 又设 $(x') = (x_1 x_2 \cdots x_{n-1}) \in GF(2)^{n-1}$, $(x) = (x_1 x_2 \cdots x_n) \in GF(2)^n$, $f_{n-1}^2(x')$ 是 $n-1$ 元 2 次齐次完全旋转对称布尔函数.

(1) 若 $w_t(f_{n-1}^2(x')) = 2^{(n-1)-1}$, 且 n 为偶数, 则

$$w_t(f_n^3(x)) = 2^{n-2}.$$

(2) 若 $w_t(f_{n-1}^2(x')) = 2^{(n-1)-1} - 2^{\frac{n-1}{2}-1}$, 且 n 为奇数, 则

$$w_t(f_n^3(x)) = 2^{n-2} - 2^{\left[\frac{n}{2}\right]-1}.$$

(3) 若 $w_t(f_{n-1}^2(x')) = 2^{(n-1)-1} - 2^{\left\lceil\frac{n-1}{2}\right\rceil-1}$, 且 n 为偶数, 则

$$w_t(f_n^3(x)) = 2^{n-2} - 2^{\frac{n}{2}-1}.$$

对上述几个定理, 举例如下 (例 11.4.5 ∼ 例 11.4.8).

例 11.4.5 设

$$f_7^3(x) = x_5x_6x_7 + x_4 \left[x_5x_6x_7\right] \begin{bmatrix} 0\,1\,1 \\ 0\,0\,1 \\ 0\,0\,0 \end{bmatrix} \begin{bmatrix} x_5 \\ x_6 \\ x_7 \end{bmatrix}$$

$$+ x_3 \left[x_4x_5x_6x_7\right] \begin{bmatrix} 0\,1\,1\,1 \\ 0\,0\,1\,1 \\ 0\,0\,0\,1 \\ 0\,0\,0\,0 \end{bmatrix} \begin{bmatrix} x_4 \\ x_5 \\ x_6 \\ x_7 \end{bmatrix} + x_2 \left[x_3x_4x_5x_6x_7\right] \begin{bmatrix} 0\,1\,1\,1\,1 \\ 0\,0\,1\,1\,1 \\ 0\,0\,0\,1\,1 \\ 0\,0\,0\,0\,1 \\ 0\,0\,0\,0\,0 \end{bmatrix} \begin{bmatrix} x_3 \\ x_4 \\ x_5 \\ x_6 \\ x_7 \end{bmatrix}$$

$$+ x_1 \left[x_2x_3x_4x_5x_6x_7\right] \begin{bmatrix} 0\,1\,1\,1\,1\,1 \\ 0\,0\,1\,1\,1\,1 \\ 0\,0\,0\,1\,1\,1 \\ 0\,0\,0\,0\,1\,1 \\ 0\,0\,0\,0\,0\,1 \\ 0\,0\,0\,0\,0\,0 \end{bmatrix} \begin{bmatrix} x_2 \\ x_3 \\ x_4 \\ x_5 \\ x_6 \\ x_7 \end{bmatrix} .$$

解　易于求得

$$w_t(f_7^3(x)) = 36 = 2^{n-2} + 2^{\left[\frac{n}{2}\right]-1}.$$

又有

$$\frac{df_7^3(x)}{dx_7} = [x_1x_2x_3x_4x_5x_6] \begin{bmatrix} 0\,1\,1\,1\,1\,1 \\ 0\,0\,1\,1\,1\,1 \\ 0\,0\,0\,1\,1\,1 \\ 0\,0\,0\,0\,1\,1 \\ 0\,0\,0\,0\,0\,1 \\ 0\,0\,0\,0\,0\,0 \end{bmatrix} \begin{bmatrix} x_1 \\ x_2 \\ x_3 \\ x_4 \\ x_5 \\ x_6 \end{bmatrix} = f_6^2(x').$$

将 $f_6^2(x')$ 看成 6 元 2 次齐次完全旋转对称布尔函数, 有

$$w_t(f_6^2(x')) = 36 = 2^{(n-1)-1} + 2^{\frac{n-1}{2}-1} \quad (n = 7).$$

将 $f_6^2(x')$ 看成 6 元函数时, 取 $l_{01}(x') = 1 + \sum_{i=1}^{5} x_i$, 有

$$N_{f_6^2(x')} = w_t(f_6^2(x') + l_{01}(x')) = 28 = 2^{(n-1)-1} - 2^{\frac{n-1}{2}-1} = 32 - 4 \quad (n = 7).$$

对 $f_7^3(x)$, 取 $l_{02}(x) = x_{n-1} + x_{n-6} = x_6 + x_1$, 有

$$N_{f_7^3(x)} = \min_{l(x) \in L_n[x]} w_t(f_7^3(x) + l(x)) = w_t(f_7^3(x) + l_{02}(x)) = 56 = 2^{n-1} - 2^{\left[\frac{n}{2}\right]-1}.$$

例 11.4.6 8 元 3 次齐次完全旋转对称布尔函数 $f_8^3(x)$ 为

$$f_8^3(x) = x_6x_7x_8 + x_5 [x_6x_7x_8] \begin{bmatrix} 0\,1\,1 \\ 0\,0\,1 \\ 0\,0\,0 \end{bmatrix} \begin{bmatrix} x_6 \\ x_7 \\ x_8 \end{bmatrix} + x_4 [x_5x_6x_7x_8] \begin{bmatrix} 0\,1\,1\,1 \\ 0\,0\,1\,1 \\ 0\,0\,0\,1 \\ 0\,0\,0\,0 \end{bmatrix} \begin{bmatrix} x_5 \\ x_6 \\ x_7 \\ x_8 \end{bmatrix}$$

$$+ x_3 [x_4x_5x_6x_7x_8] \begin{bmatrix} 0\,1\,1\,1\,1 \\ 0\,0\,1\,1\,1 \\ 0\,0\,0\,1\,1 \\ 0\,0\,0\,0\,1 \\ 0\,0\,0\,0\,0 \end{bmatrix} \begin{bmatrix} x_4 \\ x_5 \\ x_6 \\ x_7 \\ x_8 \end{bmatrix}$$

$$+ x_2 [x_3x_4x_5x_6x_7x_8] \begin{bmatrix} 0\,1\,1\,1\,1\,1 \\ 0\,0\,1\,1\,1\,1 \\ 0\,0\,0\,1\,1\,1 \\ 0\,0\,0\,0\,1\,1 \\ 0\,0\,0\,0\,0\,1 \\ 0\,0\,0\,0\,0\,0 \end{bmatrix} \begin{bmatrix} x_3 \\ x_4 \\ x_5 \\ x_6 \\ x_7 \\ x_8 \end{bmatrix}$$

$$+ x_1 [x_2x_3x_4x_5x_6x_7x_8] \begin{bmatrix} 0\,1\,1\,1\,1\,1\,1 \\ 0\,0\,1\,1\,1\,1\,1 \\ 0\,0\,0\,1\,1\,1\,1 \\ 0\,0\,0\,0\,1\,1\,1 \\ 0\,0\,0\,0\,0\,1\,1 \\ 0\,0\,0\,0\,0\,0\,1 \\ 0\,0\,0\,0\,0\,0\,0 \end{bmatrix} \begin{bmatrix} x_2 \\ x_3 \\ x_4 \\ x_5 \\ x_6 \\ x_7 \\ x_8 \end{bmatrix}.$$

解 易于求得

$$w_t(f_8^3(x)) = 64 = 2^{n-2}.$$

又有

$$\frac{df_8^3(x)}{dx_8} = [x_1x_2x_3x_4x_5x_6x_7] \begin{bmatrix} 0\,1\,1\,1\,1\,1\,1 \\ 0\,0\,1\,1\,1\,1\,1 \\ 0\,0\,0\,1\,1\,1\,1 \\ 0\,0\,0\,0\,1\,1\,1 \\ 0\,0\,0\,0\,0\,1\,1 \\ 0\,0\,0\,0\,0\,0\,1 \\ 0\,0\,0\,0\,0\,0\,0 \end{bmatrix} \begin{bmatrix} x_1 \\ x_2 \\ x_3 \\ x_4 \\ x_5 \\ x_6 \\ x_7 \end{bmatrix} = f_7^2(x').$$

将 $f_7^2(x')$ 看成 7 元 2 次齐次完全旋转对称布尔函数, 有

$$w_t(f_7^2(x')) = 64 = 2^{(n-1)-1} \quad (n = 8).$$

将 $f_7^2(x')$ 看成 7 元函数时, 取 $l_{01}(x') = x_7 + x_2 + x_1$, 有

$$N_{f_7^2(x')} = w_t(f_7^2(x') + l_{01}(x')) = 60 = 2^{(n-1)-1} - 2^{\left[\frac{n-1}{2}\right]-1} \quad (n = 8).$$

对 $f_8^3(x)$, 取 $l_{02}(x) = x_7 + x_2 + x_1$, 有

$$N_{f_8^3(x)} = \min_{l(x) \in L_n[x]} w_t(f_8^3(x) + l(x)) = w_t(f_8^3(x) + l_{02}(x)) = 120 = 2^{n-1} - 2^{\frac{n}{2}-1} \quad (n = 8).$$

例 11.4.7　9 元 3 次齐次完全旋转对称布尔函数 $f_9^3(x)$ 为

$$
f_9^3(x) = x_7 x_8 x_9 + x_6 [x_7 x_8 x_9] \begin{bmatrix} 0 & 1 & 1 \\ 0 & 0 & 1 \\ 0 & 0 & 0 \end{bmatrix} \begin{bmatrix} x_7 \\ x_8 \\ x_9 \end{bmatrix} + x_5 [x_6 x_7 x_8 x_9] \begin{bmatrix} 0 & 1 & 1 & 1 \\ 0 & 0 & 1 & 1 \\ 0 & 0 & 0 & 1 \\ 0 & 0 & 0 & 0 \end{bmatrix} \begin{bmatrix} x_6 \\ x_7 \\ x_8 \\ x_9 \end{bmatrix}
$$

$$
+ x_4 [x_5 x_6 x_7 x_8 x_9] \begin{bmatrix} 0 & 1 & 1 & 1 & 1 \\ 0 & 0 & 1 & 1 & 1 \\ 0 & 0 & 0 & 1 & 1 \\ 0 & 0 & 0 & 0 & 1 \\ 0 & 0 & 0 & 0 & 0 \end{bmatrix} \begin{bmatrix} x_5 \\ x_6 \\ x_7 \\ x_8 \\ x_9 \end{bmatrix}
$$

$$
+ x_3 [x_4 x_5 x_6 x_7 x_8 x_9] \begin{bmatrix} 0 & 1 & 1 & 1 & 1 & 1 \\ 0 & 0 & 1 & 1 & 1 & 1 \\ 0 & 0 & 0 & 1 & 1 & 1 \\ 0 & 0 & 0 & 0 & 1 & 1 \\ 0 & 0 & 0 & 0 & 0 & 1 \\ 0 & 0 & 0 & 0 & 0 & 0 \end{bmatrix} \begin{bmatrix} x_4 \\ x_5 \\ x_6 \\ x_7 \\ x_8 \\ x_9 \end{bmatrix}
$$

$$
+ x_2 [x_3 x_4 x_5 x_6 x_7 x_8 x_9] \begin{bmatrix} 0 & 1 & 1 & 1 & 1 & 1 & 1 \\ 0 & 0 & 1 & 1 & 1 & 1 & 1 \\ 0 & 0 & 0 & 1 & 1 & 1 & 1 \\ 0 & 0 & 0 & 0 & 1 & 1 & 1 \\ 0 & 0 & 0 & 0 & 0 & 1 & 1 \\ 0 & 0 & 0 & 0 & 0 & 0 & 1 \\ 0 & 0 & 0 & 0 & 0 & 0 & 0 \end{bmatrix} \begin{bmatrix} x_3 \\ x_4 \\ x_5 \\ x_6 \\ x_7 \\ x_8 \\ x_9 \end{bmatrix}
$$

$$
+ x_1 [x_2 x_3 x_4 x_5 x_6 x_7 x_8 x_9] \begin{bmatrix} 0 & 1 & 1 & 1 & 1 & 1 & 1 & 1 \\ 0 & 0 & 1 & 1 & 1 & 1 & 1 & 1 \\ 0 & 0 & 0 & 1 & 1 & 1 & 1 & 1 \\ 0 & 0 & 0 & 0 & 1 & 1 & 1 & 1 \\ 0 & 0 & 0 & 0 & 0 & 1 & 1 & 1 \\ 0 & 0 & 0 & 0 & 0 & 0 & 1 & 1 \\ 0 & 0 & 0 & 0 & 0 & 0 & 0 & 1 \\ 0 & 0 & 0 & 0 & 0 & 0 & 0 & 0 \end{bmatrix} \begin{bmatrix} x_2 \\ x_3 \\ x_4 \\ x_5 \\ x_6 \\ x_7 \\ x_8 \\ x_9 \end{bmatrix} .
$$

解 易于求得

$$w_t(f_9^3(x)) = 120 = 2^{n-2} - 2^{\left[\frac{n}{2}\right]-1} \quad (n = 9).$$

又求得

$$\frac{df_9^3(x)}{dx_9} = [x_1 x_2 x_3 x_4 x_5 x_6 x_7 x_8] \begin{bmatrix} 0 & 1 & 1 & 1 & 1 & 1 & 1 & 1 \\ 0 & 0 & 1 & 1 & 1 & 1 & 1 & 1 \\ 0 & 0 & 0 & 1 & 1 & 1 & 1 & 1 \\ 0 & 0 & 0 & 0 & 1 & 1 & 1 & 1 \\ 0 & 0 & 0 & 0 & 0 & 1 & 1 & 1 \\ 0 & 0 & 0 & 0 & 0 & 0 & 1 & 1 \\ 0 & 0 & 0 & 0 & 0 & 0 & 0 & 1 \\ 0 & 0 & 0 & 0 & 0 & 0 & 0 & 0 \end{bmatrix} \begin{bmatrix} x_1 \\ x_2 \\ x_3 \\ x_4 \\ x_5 \\ x_6 \\ x_7 \\ x_8 \end{bmatrix}$$

$$= f_8^2(x') \quad ((x') = (x_1 x_2 x_3 x_4 x_5 x_6 x_7 x_8)).$$

同样, 将 $f_8^2(x')$ 看成 8 元 2 次齐次完全旋转对称布尔函数, 有

$$w_t(f_8^2(x')) = 120 = 2^{(n-1)-1} - 2^{\frac{n-1}{2}-1} = 128 - 8 \quad (n = 9).$$

将 $f_8^2(x')$ 看成 8 元函数时, 取 $l_{01}(x') = 1 + x_{(n-1)-1} + x_{(n-1)-6} + x_{(n-1)-7} = 1 + x_7 + x_2 + x_1$, 有

$$N_{f_8^2(x')} = w_t(f_8^2(x') + l_{01}(x')) = 2^{(n-1)-1} - 2^{\frac{n-1}{2}-1} = 128 - 8 = 120 \quad (n = 9).$$

对 $f_9^3(x)$, 取 $l_{02}(x) = x_8 + x_2 + x_1 = x_{n-1} + x_{n-7} + x_{n-8}(n = 9)$, 便有

$$N_{f_9^3(x)} = \min_{l(x) \in L_n[x]} w_t(f_9^3(x) + l(x)) = w_t(f_9^3(x) + l_{02}(x)) = 248 = 2^{n-1} - 2^{\left[\frac{n}{2}\right]-1} \quad (n = 9).$$

例 11.4.8 10 元 3 次齐次完全旋转对称布尔函数 $f_{10}^3(x)$ 为

$$f_{10}^3(x) = x_8 x_9 x_{10} + x_7 [x_8 x_9 x_{10}] \begin{bmatrix} 0 & 1 & 1 \\ 0 & 0 & 1 \\ 0 & 0 & 0 \end{bmatrix} \begin{bmatrix} x_8 \\ x_9 \\ x_{10} \end{bmatrix}$$

$$+ x_6 [x_7 x_8 x_9 x_{10}] \begin{bmatrix} 0 & 1 & 1 & 1 \\ 0 & 0 & 1 & 1 \\ 0 & 0 & 0 & 1 \\ 0 & 0 & 0 & 0 \end{bmatrix} \begin{bmatrix} x_7 \\ x_8 \\ x_9 \\ x_{10} \end{bmatrix} + x_5 [x_6 x_7 x_8 x_9 x_{10}] \begin{bmatrix} 0 & 1 & 1 & 1 & 1 \\ 0 & 0 & 1 & 1 & 1 \\ 0 & 0 & 0 & 1 & 1 \\ 0 & 0 & 0 & 0 & 1 \\ 0 & 0 & 0 & 0 & 0 \end{bmatrix} \begin{bmatrix} x_6 \\ x_7 \\ x_8 \\ x_9 \\ x_{10} \end{bmatrix}$$

$$+ x_4 \left[x_5 x_6 x_7 x_8 x_9 x_{10}\right] \begin{bmatrix} 0 & 1 & 1 & 1 & 1 & 1 \\ 0 & 0 & 1 & 1 & 1 & 1 \\ 0 & 0 & 0 & 1 & 1 & 1 \\ 0 & 0 & 0 & 0 & 1 & 1 \\ 0 & 0 & 0 & 0 & 0 & 1 \\ 0 & 0 & 0 & 0 & 0 & 0 \end{bmatrix} \begin{bmatrix} x_5 \\ x_6 \\ x_7 \\ x_8 \\ x_9 \\ x_{10} \end{bmatrix}$$

$$+ x_3 \left[x_4 x_5 x_6 x_7 x_8 x_9 x_{10}\right] \begin{bmatrix} 0 & 1 & 1 & 1 & 1 & 1 & 1 \\ 0 & 0 & 1 & 1 & 1 & 1 & 1 \\ 0 & 0 & 0 & 1 & 1 & 1 & 1 \\ 0 & 0 & 0 & 0 & 1 & 1 & 1 \\ 0 & 0 & 0 & 0 & 0 & 1 & 1 \\ 0 & 0 & 0 & 0 & 0 & 0 & 1 \\ 0 & 0 & 0 & 0 & 0 & 0 & 0 \end{bmatrix} \begin{bmatrix} x_4 \\ x_5 \\ x_6 \\ x_7 \\ x_8 \\ x_9 \\ x_{10} \end{bmatrix}$$

$$+ x_2 \left[x_3 x_4 x_5 x_6 x_7 x_8 x_9 x_{10}\right] \begin{bmatrix} 0 & 1 & 1 & 1 & 1 & 1 & 1 & 1 \\ 0 & 0 & 1 & 1 & 1 & 1 & 1 & 1 \\ 0 & 0 & 0 & 1 & 1 & 1 & 1 & 1 \\ 0 & 0 & 0 & 0 & 1 & 1 & 1 & 1 \\ 0 & 0 & 0 & 0 & 0 & 1 & 1 & 1 \\ 0 & 0 & 0 & 0 & 0 & 0 & 1 & 1 \\ 0 & 0 & 0 & 0 & 0 & 0 & 0 & 1 \\ 0 & 0 & 0 & 0 & 0 & 0 & 0 & 0 \end{bmatrix} \begin{bmatrix} x_3 \\ x_4 \\ x_5 \\ x_6 \\ x_7 \\ x_8 \\ x_9 \\ x_{10} \end{bmatrix}$$

$$+ x_1 \left[x_2 x_3 x_4 x_5 x_6 x_7 x_8 x_9 x_{10}\right] \begin{bmatrix} 0 & 1 & 1 & 1 & 1 & 1 & 1 & 1 & 1 \\ 0 & 0 & 1 & 1 & 1 & 1 & 1 & 1 & 1 \\ 0 & 0 & 0 & 1 & 1 & 1 & 1 & 1 & 1 \\ 0 & 0 & 0 & 0 & 1 & 1 & 1 & 1 & 1 \\ 0 & 0 & 0 & 0 & 0 & 1 & 1 & 1 & 1 \\ 0 & 0 & 0 & 0 & 0 & 0 & 1 & 1 & 1 \\ 0 & 0 & 0 & 0 & 0 & 0 & 0 & 1 & 1 \\ 0 & 0 & 0 & 0 & 0 & 0 & 0 & 0 & 1 \\ 0 & 0 & 0 & 0 & 0 & 0 & 0 & 0 & 0 \end{bmatrix} \begin{bmatrix} x_2 \\ x_3 \\ x_4 \\ x_5 \\ x_6 \\ x_7 \\ x_8 \\ x_9 \\ x_{10} \end{bmatrix} .$$

解 易于求得

$$w_t(f_{10}^3(x)) = 240 = 256 - 16 = 2^{n-2} - 2^{\frac{n}{2}-1} \quad (n = 10),$$

可求得

$$\frac{df_{10}^3(x)}{dx_{10}} = [x_1 x_2 x_3 x_4 x_5 x_6 x_7 x_8 x_9] \begin{bmatrix} 0 & 1 & 1 & 1 & 1 & 1 & 1 & 1 & 1 \\ 0 & 0 & 1 & 1 & 1 & 1 & 1 & 1 & 1 \\ 0 & 0 & 0 & 1 & 1 & 1 & 1 & 1 & 1 \\ 0 & 0 & 0 & 0 & 1 & 1 & 1 & 1 & 1 \\ 0 & 0 & 0 & 0 & 0 & 1 & 1 & 1 & 1 \\ 0 & 0 & 0 & 0 & 0 & 0 & 1 & 1 & 1 \\ 0 & 0 & 0 & 0 & 0 & 0 & 0 & 1 & 1 \\ 0 & 0 & 0 & 0 & 0 & 0 & 0 & 0 & 1 \\ 0 & 0 & 0 & 0 & 0 & 0 & 0 & 0 & 0 \end{bmatrix} \begin{bmatrix} x_1 \\ x_2 \\ x_3 \\ x_4 \\ x_5 \\ x_6 \\ x_7 \\ x_8 \\ x_9 \end{bmatrix}$$

$$= f_9^2(x') \ ((x') = (x_1 x_2 x_3 x_4 x_5 x_6 x_7 x_8 x_9)).$$

同样, 将 $f_9^2(x')$ 看成 9 元 2 次齐次完全旋转对称布尔函数, 则有

$$w_t(f_9^2(x')) = 240 = 256 - 16 = 2^{(n-1)-1} - 2^{\left\lceil \frac{n-1}{2} \right\rceil - 1} \quad (n = 10).$$

将 $f_9^2(x')$ 看成 9 元 2 次齐次完全旋转对称布尔函数时, 取 $l_{01}(x') = 1 + x_8 + x_1$, 有

$$N_{f_9^2(x')} = w_t(f_9^2(x') + l_{01}(x')) = 240 = 256 - 16 = 2^{(n-1)-1} - 2^{\left\lceil \frac{n-1}{2} \right\rceil - 1} \ (n = 10).$$

对 $f_{10}^3(x)$, 取 $l_{02}(x) = 1 + x_9 + x_1$, 便有

$$N_{f_{10}^3(x)} = \min_{l(x) \in L_n[x]} w_t(f_{10}^3(x) + l(x)) = w_t(f_{10}^3(x) + l_{02}(x))$$

$$= 496 = 512 - 16 = 2^{n-1} - 2^{\frac{n}{2}-1} \quad (n = 10).$$

3 次齐次完全旋转对称布尔函数的非线性度是很高的, 这与 2 次齐次完全旋转对称布尔函数的非线性度相同. 在对 3 次齐次完全旋转对称布尔函数进行研究的过程中, 要利用导数找出 3 次齐次完全旋转对称布尔函数与 2 次齐次完全旋转对称布尔函数形式上的内在关系, 以及它们在重量上的联系, 才能对其进行证明. 这说明, 导数是很有用的研究工具. 如果不使用导数, 那么上述多个定理都很难得到证明.

上述几个定理都给出例子进行了说明. 列举较多例子的原因是: 3 次齐次完全旋转对称布尔函数不论其重量是多少, 其非线性度都很高, 偶数元 3 次齐次完全

旋转对称布尔函数的非线性度都是 $2^{n-1} - 2^{\frac{n}{2}-1}$, 而奇数元 3 次齐次完全旋转对称布尔函数的非线性度都是 $2^{n-1} - 2^{[\frac{n}{2}]-1}$, 需要多举几个实例, 以便阅读和验证.

　　虽然 3 次齐次完全旋转对称布尔函数的非线性度很高, 但 3 次齐次完全旋转对称布尔函数的代数免疫阶却只有 1 阶, 是很低的. 以定理 11.4.10 给出这一结论.

　　定理 11.4.10　设 $f(x) \in GF(2)^{GF(2)^n}$, $f(x)$ 是 3 次齐次完全旋转对称布尔函数, 有

$$f(x) = x_{n-2}x_{n-1}x_n + x_{n-3}\,[x_{n-2}x_{n-1}x_n]\begin{bmatrix} 0 & 1 & 1 \\ 0 & 0 & 1 \\ 0 & 0 & 0 \end{bmatrix}\begin{bmatrix} x_{n-2} \\ x_{n-1} \\ x_n \end{bmatrix}$$

$$+ x_{n-4}\,[x_{n-3}x_{n-2}x_{n-1}x_n]\begin{bmatrix} 0 & 1 & 1 & 1 \\ 0 & 0 & 1 & 1 \\ 0 & 0 & 0 & 1 \\ 0 & 0 & 0 & 0 \end{bmatrix}\begin{bmatrix} x_{n-3} \\ x_{n-2} \\ x_{n-1} \\ x_n \end{bmatrix} + \cdots$$

$$+ x_1\,[x_2x_3x_4x_5\cdots x_{n-1}x_n]\begin{bmatrix} 0 & 1 & 1 & 1 & 1 & \cdots & 1 & 1 \\ 0 & 0 & 1 & 1 & 1 & \cdots & 1 & 1 \\ 0 & 0 & 0 & 1 & 1 & \cdots & 1 & 1 \\ 0 & 0 & 0 & 0 & 1 & \cdots & 1 & 1 \\ \vdots & \vdots & \vdots & \vdots & \vdots & & \vdots & \vdots \\ 0 & 0 & 0 & 0 & 0 & \cdots & 0 & 1 \\ 0 & 0 & 0 & 0 & 0 & \cdots & 0 & 0 \end{bmatrix}\begin{bmatrix} x_2 \\ x_3 \\ x_4 \\ x_5 \\ \vdots \\ x_{n-1} \\ x_n \end{bmatrix},$$

则 $f(x)$ 只是 1 阶代数免疫函数, 即 $AI(f(x)) = 1$. 函数

$$g(x) = [x_1x_2x_3\cdots x_{n-1}x_n]\begin{bmatrix} 1 & 0 & 0 & \cdots & 0 & 0 \\ 0 & 1 & 0 & \cdots & 0 & 0 \\ 0 & 0 & 1 & \cdots & 0 & 0 \\ \vdots & \vdots & \vdots & & \vdots & \vdots \\ 0 & 0 & 0 & \cdots & 1 & 0 \\ 0 & 0 & 0 & \cdots & 0 & 1 \end{bmatrix}\begin{bmatrix} x_1 \\ x_2 \\ x_3 \\ \vdots \\ x_{n-1} \\ x_n \end{bmatrix} + 1 \stackrel{\text{记为}}{=} 1 + g_1(x)$$

是 $f(x)$ 的最低代数次数零化子.

　　定理 11.4.10 显然是很容易证明的, 不再详证.

　　11.5 节将讲述并非齐次完全旋转的一般齐次旋转对称布尔函数.

11.5 一类 2 次齐次旋转对称布尔函数

这一节讨论 2 次齐次旋转对称布尔函数 $f(x) = \sum\limits_{i=1}^{n} x_i x_{i+s}$ 的密码学性质. 本节将利用导数和 e-导数对这类 2 次齐次旋转对称布尔函数给予更进一步的讨论, 给出更深入的新结果.

定义 11.5.1 设 $f(x) = \sum\limits_{i=1}^{n} x_i x_{i+s} \in GF(2)^{GF(2)^n} (1 \leqslant r < n.$ 当 $i+r > n$ 时, 取为 $i+r-n$, 即 $i+r \bmod n$, 且 n 为偶数时, $r \neq \dfrac{n}{2}$), 称 $f(x)$ 是有一个循环圈的 2 次齐次旋转对称布尔函数, 简称 2 次齐次旋转对称布尔函数.

$f(x) = \sum\limits_{i=1}^{n} x_i x_{i+r}$ 是 2 次齐次式是显然的, $f(x)$ 是旋转对称布尔函数可通过旋转对称布尔函数的定义来验证得出. 这里直接以定义给出.

定义 11.5.2 设 $f(x) = \sum\limits_{i=1}^{n} (x_i x_{i+r} + x_i x_{i+s}) \in GF(2)^{GF(2)^n} (1 \leqslant r, s < n, r \neq s)$,

(1) 当 n 为偶数, 且 $s \neq n-r$ 时, 称 $f(x)$ 为有 2 个循环圈的 2 次齐次旋转对称布尔函数.

(2) 当 n 为奇数时, 称 $f(x)$ 为有 2 个循环圈的 2 次齐次旋转对称布尔函数.

由于当 $i+r > n$ 时, 变换取值为 $i+r \bmod n$, 即由 $i+r \to i+r \bmod n$. 所以当 n 为偶数、$r = \dfrac{n}{2}$ 时, $f(x) = \sum\limits_{i=1}^{n} x_i x_{i+\frac{n}{2}} \equiv 0$. 所以, 这一结果可作为定理 11.5.1.

定理 11.5.1 设 $f(x) = \sum\limits_{i=1}^{n} x_i x_{i+r} \in GF(2)^{GF(2)^n}$. 若 n 为偶数、$r = \dfrac{n}{2}$ 时, $f(x) \equiv 0$.

推论 1 对 $f(x) = \sum\limits_{i=1}^{n} x_i x_{i+r}$, 当 n 为偶数时, 记 $\sum\limits_{i=1}^{n} x_i x_{i+r} = f_r(x)$, 则 $\sum\limits_{r=1}^{n-1} f_r(x) \equiv 0$.

因为有 $f_r(x) = f_{n-r}(x)$, 所以推论 1 显然成立.

推论 2 记 $f_r(x) = \sum\limits_{i=1}^{n} x_i x_{i+r}$, 则 n 为奇数时, 也有 $\sum\limits_{r=1}^{n-1} f_r(x) = 0$.

函数 $f(x) = \sum\limits_{i=1}^{n} x_i x_{i+1}$ 是扩散次数较高的 2 次齐次函数. 虽然当 n 为偶数时, 函数 $f(x) = \sum\limits_{i=1}^{n} x_i x_{i+1}$ 只是 $\dfrac{n}{2} - 1$ 次扩散的函数, 但也算是扩散次数较高的 2 次齐次函数了. 而当 n 为奇数时, 函数 $f(x) = \sum\limits_{i=1}^{n} x_i x_{i+1}$ 是 $n-1$ 次扩散的函数, 与 Bent 函数的 n 次扩散次数只差 1 次, 非常高. 定理 11.5.2. 定理 11.5.2 的证明要利用导数来进行.

定理 11.5.2　设 $f(x) = \sum\limits_{i=1}^{n} x_i x_{i+1} \in GF(2)^{GF(2)^n}$ 是 2 次齐次旋转对称布尔函数,

(1) 当 n 为偶数, 则 $f(x) = \sum\limits_{i=1}^{n} x_i x_{i+1}$ 是 $\dfrac{n}{2} - 1$ 次扩散函数;

(2) 当 n 为奇数, 则 $f(x) = \sum\limits_{i=1}^{n} x_i x_{i+1}$ 是 $n - 1$ 次扩散函数.

证明　(1) 证明当 n 为偶数时, $f(x) = \sum\limits_{i=1}^{n} x_i x_{i+1}$ 是 $\dfrac{n}{2} - 1$ 次扩散函数.

$$\frac{df(x)}{dx_1} = x_2 + x_n, \quad \frac{df(x)}{dx_n} = x_{n-1} + x_1,$$

而对 $2 \leqslant i \leqslant n-1$, 有

$$\frac{df(x)}{dx_i} = x_{i-1} + x_{i+1}.$$

所以, 对一切 $i = 1, 2, \cdots, n$, 有

$$\deg\left(\frac{df(x)}{dx_i}\right) = 1, \quad w_t\left(\frac{df(x)}{dx_i}\right) = 2^{n-1}.$$

对任意 $\{i,\ i+r1,\ i+r2,\ \cdots,\ i+rk\} \in \{1, 2, \cdots, n\}$, 有

$$\deg\left(\frac{\partial f(x)}{\partial(x_i x_{i+r1} x_{i+r2} \cdots x_{i+rk})}\right) = \deg(x_{i-1} + x_{i+r1+1} + x_{i+r2+1} + \cdots + x_{i+rk+1})$$
$$= 1\left(i \geqslant 2, i+rk \leqslant n-1, 2 \leqslant |\{x_i, x_{i+r1}, x_{i+r2}, \cdots, x_{i+rk}\}| \leqslant \frac{n}{2} - 1\right).$$

所以,

$$w_t\left(\frac{\partial f(x)}{\partial(x_i x_{i+r1} x_{i+r2} \cdots x_{i+rk})}\right) = 2^{n-1},$$
$$\deg\left(\frac{\partial f(x)}{\partial(x_1 x_{i+r1} x_{i+r2} \cdots x_{i+rk})}\right) = \deg(x_2 + x_{i+r1+1} + x_{i+r2+1} + \cdots + x_{i+rk+1})$$
$$= 1\left(i+rk \leqslant n-1, 2 \leqslant |\{x_1, x_{i+r1}, x_{i+r2}, \cdots, x_{i+rk}\}| \leqslant \frac{n}{2} - 1\right).$$

所以

$$w_t\left(\frac{\partial f(x)}{\partial(x_1 x_{i+r1} x_{i+r2} \cdots x_{i+rk})}\right) = 2^{n-1},$$
$$\deg\left(\frac{\partial f(x)}{\partial(x_i x_{i+r1} x_{i+r2} \cdots x_{i+rk})}\right) = x_{i-1} + x_{i-2} + \cdots + x_{n-1} + x_1$$
$$\left(i+rk = n, 2 \leqslant |\{x_i, x_{i+r1}, x_{i+r2}, \cdots, x_{i+rk}\}| \leqslant \frac{n}{2} - 1\right).$$

所以

$$w_t\left(\frac{\partial f(x)}{\partial(x_i x_{i+r1} x_{i+r2} \cdots x_{i+rk})}\right) = 2^{n-1}.$$

但又有

$$\frac{\partial f(x)}{\partial(x_1 x_3 x_5 \cdots x_{n-3} x_{n-1})}$$

$$= \sum_{i=1}^{\frac{n}{2}}\left([x_1 x_2 x_3 \cdots x_{n-1} x_n]\begin{bmatrix} 0 & 0 & 0 & \cdots & 0 & 0 \\ 0 & 0 & 0 & \cdots & 0 & 0 \\ 0 & 0 & 0 & \cdots & 0 & 0 \\ \vdots & \vdots & \vdots & 2i & \vdots & \vdots \\ 0 & 0 & 0 & \cdots & 0 & 0 \\ 0 & 0 & 0 & \cdots & 0 & 0 \end{bmatrix}\begin{bmatrix} x_1 \\ x_2 \\ x_3 \\ \vdots \\ x_{n-1} \\ x_n \end{bmatrix}\right.$$

$$\left.+ [x_1 x_2 x_3 \cdots x_{n-1} x_n]\begin{bmatrix} 0 & 0 & 0 & \cdots & 0 & 0 \\ 0 & 0 & 0 & \cdots & 0 & 0 \\ 0 & 0 & 0 & \cdots & 0 & 0 \\ \vdots & \vdots & \vdots & 2i & \vdots & \vdots \\ 0 & 0 & 0 & \cdots & 0 & 0 \\ 0 & 0 & 0 & \cdots & 0 & 0 \end{bmatrix}\begin{bmatrix} x_1 \\ x_2 \\ x_3 \\ \vdots \\ x_{n-1} \\ x_n \end{bmatrix}\right]$$

$$= \sum_{i=1}^{\frac{n}{2}} 0 = 0 \quad \left(2i \text{ 为第 } i \text{ 行第 } i \text{ 列元素}, i = 1, 2, \cdots, \frac{n}{2}\right).$$

所以

$$w_t\left(\frac{\partial f(x)}{\partial(x_1 x_3 x_5 \cdots x_{n-3} x_{n-1})}\right) = 0.$$

所以, 当 n 为偶数时, $f(x) = \sum_{i=1}^{n} x_i x_{i+1}$ 是 $\frac{n}{2} - 1$ 次扩散函数.

(2) 当 n 为奇数时.

先求 n 阶导数. 观察 $f(x)$ 共有奇数 n 项, 并观察每一变量在 $f(x)$ 中存在的特点, 易知必有

$$\frac{\partial f(x)}{\partial(x_1 x_2 \cdots x_{n-1} x_n)}$$

$$= \sum_{i=1}^{n-1}\left(1 + [x_1 x_2 x_3 \cdots x_{n-1} x_n]\begin{bmatrix} 0 & 0 & 0 & \cdots & 0 & 0 & 0 & 0 \\ 0 & 0 & 0 & \cdots & 0 & 0 & 0 & 0 \\ \vdots & \vdots & \vdots & & \vdots & \vdots & \vdots & \vdots \\ 0 & 0 & \cdots & 1 & 0 & \cdots & 0 \\ 0 & 0 & \cdots & 0 & 1 & \cdots & 0 \\ \vdots & \vdots & \vdots & & \vdots & \vdots & \vdots & \vdots \\ 0 & 0 & 0 & \cdots & 0 & 0 & 0 & 0 \\ 0 & 0 & 0 & \cdots & 0 & 0 & 0 & 0 \end{bmatrix}\begin{bmatrix} x_1 \\ x_2 \\ x_3 \\ \vdots \\ x_{n-1} \\ x_n \end{bmatrix}\right.$$

$$+ \left(1 + [x_1 x_2 x_3 \cdots x_{n-1} x_n] \begin{bmatrix} 1 & 0 & 0 & \cdots & 0 & 0 \\ 0 & 0 & 0 & \cdots & 0 & 0 \\ 0 & 0 & 0 & \cdots & 0 & 0 \\ \vdots & \vdots & \vdots & \vdots & \vdots & \vdots \\ 0 & 0 & 0 & \cdots & 0 & 0 \\ 0 & 0 & 0 & \cdots & 0 & 1 \end{bmatrix} \begin{bmatrix} x_1 \\ x_2 \\ x_3 \\ \vdots \\ x_{n-1} \\ x_n \end{bmatrix} \right)$$

$$= 1$$

(第一个矩阵中的第一个 1, 为第 i 行第 i 列元素).

所以有

$$\deg\left(\frac{\partial f(x)}{\partial(x_1 x_2 \cdots x_n)}\right) = 0, \quad w_t\left(\frac{\partial f(x)}{\partial(x_1 x_2 \cdots x_n)}\right) = 2^n.$$

而显然, 对任意 $0 \leqslant i + r_s \leqslant n - 2$ 的 $1 + i + r_s$ 个变元的导数, 都有

$$\deg\left(\frac{\partial f(x)}{\partial(x_i x_{i+r1} x_{i+r2} \cdots x_{i+rs})}\right) = 1, \quad w_t\left(\frac{\partial f(x)}{\partial(x_i x_{i+r1} x_{i+r2} \cdots x_{i+rs})}\right) = 2^{n-1}.$$

所以可知, 奇数元的 2 次齐次旋转对称布尔函数 $f(x) = \sum\limits_{i=1}^{n} x_i x_{i+1}$ 是 $n - 1$ 次扩散函数.

推论 1　定理 11.5.1 的推论中的 2 次齐次旋转对称布尔函数 $f_n(x)$ 是 $\dfrac{n}{2} - 1$ 次扩散函数.

推论 2　对 $f(x) = \sum\limits_{i=1}^{n} x_i x_{i+1} \in GF(2)^{GF(2)^n}$, 当 n 为偶数时, 有

$$\frac{\partial f(x)}{\partial(x_2 x_4 \cdots x_n)} = 0.$$

由于函数 $f(x) = \sum\limits_{i=1}^{n} x_i x_{i+s}$ 是 2 次齐次且旋转对称的, 所以, 任意 x_i 在 $f(x)$ 中, 一定存在于 2 次项中. 所以有下面的推论.

推论 3　对 $f(x) = \sum\limits_{i=1}^{n} x_i x_{i+s} \in GF(2)^{GF(2)^n}$ ($i + s$ 要取为 $i + s \bmod n$). 则当 n 为奇数时, 有

$$\frac{\partial f(x)}{\partial(x_1 x_2 \cdots x_n)} = 1,$$

而当 n 为偶数时, 则有

$$\frac{\partial f(x)}{\partial(x_1 x_2 \cdots x_n)} = 0.$$

前面对 $f(x) = \sum\limits_{i=1}^{n} x_i x_{i+1}$ 的扩散性特别从 $\sum\limits_{i=1}^{n} x_i x_{i+s}$ 大类中提出来专门单独进行了研究, 这是因为, 和其他如 $\sum\limits_{i=1}^{n} x_i x_{i+2}$ 等函数相比, $f(x) = \sum\limits_{i=1}^{n} x_i x_{i+1}$ 的非线性度有不同的、独有的特性, 因此要对 $f(x) = \sum\limits_{i=1}^{n} x_i x_{i+1}$ 单独做更多的研究.

如果将 $f_1(x) = \sum\limits_{i=1}^{n} x_i x_{i+1}$ 和 $f_2(x) = \sum\limits_{i=1}^{n} x_i x_{i+2}$ 用矩阵表示出来, 将能清楚地看到这两个函数的不同之处, 也能看出它们的特点, 而且更能看到所有的 s 不同时应有什么样的矩阵结构. 也就能明白, 除了少数性质外, 更多的、更深入的内容需要通过将不同的 s 取值时的函数分开各自单独研究才能得到.

下面给出 $f_1(x) = \sum\limits_{i=1}^{n} x_i x_{i+1}$、$f_2(x) = \sum\limits_{i=1}^{n} x_i x_{i+2}$ 的各自的矩阵表示和 $f_1(x) + f_2(x)$ 的矩阵表示.

(1) 2 次齐次旋转对称布尔函数 $f_1(x) = \sum\limits_{i=1}^{n} x_i x_{i+1}(x = (x_1, x_2, \cdots, x_n) \in GF(2)^n)$ 有矩阵表示

$$f_1(x) = [x_1 x_2 x_3 \cdots x_{n-2} x_{n-1} x_n] \begin{bmatrix} 0 & 1 & 0 & 0 & \cdots & 0 & 0 & 1 \\ 0 & 0 & 1 & 0 & \cdots & 0 & 0 & 0 \\ 0 & 0 & 0 & 1 & \cdots & 0 & 0 & 0 \\ \vdots & \vdots & \vdots & \vdots & & \vdots & \vdots & \vdots \\ 0 & 0 & 0 & 0 & \cdots & 0 & 1 & 0 \\ 0 & 0 & 0 & 0 & \cdots & 0 & 0 & 1 \\ 0 & 0 & 0 & 0 & \cdots & 0 & 0 & 0 \end{bmatrix} \begin{bmatrix} x_1 \\ x_2 \\ x_3 \\ \vdots \\ x_{n-2} \\ x_{n-1} \\ x_n \end{bmatrix}.$$

(2) 2 次齐次旋转对称布尔函数 $f_2(x) = \sum\limits_{i=1}^{n} x_i x_{i+2}(x = (x_1, x_2, \cdots, x_n) \in GF(2)^n)$ 有矩阵表示

$$f_1(x) = [x_1 x_2 x_3 \cdots x_{n-2} x_{n-1} x_n] \begin{bmatrix} 0 & 0 & 1 & 0 & 0 & \cdots & 0 & 1 & 0 \\ 0 & 0 & 0 & 1 & 0 & \cdots & 0 & 0 & 1 \\ 0 & 0 & 0 & 0 & 1 & \cdots & 0 & 0 & 0 \\ \vdots & \vdots & \vdots & \vdots & \vdots & & \vdots & \vdots & \vdots \\ 0 & 0 & 0 & 0 & 0 & \cdots & 0 & 0 & 1 \\ 0 & 0 & 0 & 0 & 0 & \cdots & 0 & 0 & 0 \\ 0 & 0 & 0 & 0 & 0 & \cdots & 0 & 0 & 0 \end{bmatrix} \begin{bmatrix} x_1 \\ x_2 \\ x_3 \\ \vdots \\ x_{n-2} \\ x_{n-1} \\ x_n \end{bmatrix}.$$

(3) 有 2 个循环圈的 2 次齐次旋转对称布尔函数

$$f_3(x) = f_1(x) + f_2(x) = \sum\limits_{i=1}^{n} x_i x_{i+1} + \sum\limits_{i=1}^{n} x_i x_{i+2} = \sum\limits_{i=1}^{n} (x_i x_{i+1} + x_i x_{i+2})$$

$(x = (x_1, x_2, \cdots, x_n) \in GF(2)^n)$ 有矩阵表示

$$f_3(x) = [x_1 x_2 x_3 \cdots x_{n-2} x_{n-1} x_n] \begin{bmatrix} 0\,1\,1\,0\,0\cdots 0\,1\,1 \\ 0\,0\,1\,1\,0\cdots 0\,0\,1 \\ 0\,0\,0\,1\,1\cdots 0\,0\,0 \\ \vdots\,\vdots\,\vdots\,\vdots\,\vdots\quad \vdots\,\vdots\,\vdots \\ 0\,0\,0\,0\,0\cdots 0\,1\,1 \\ 0\,0\,0\,0\,0\cdots 0\,0\,1 \\ 0\,0\,0\,0\,0\cdots 0\,0\,0 \end{bmatrix} \begin{bmatrix} x_1 \\ x_2 \\ x_3 \\ \vdots \\ x_{n-2} \\ x_{n-1} \\ x_n \end{bmatrix}.$$

　　从 $f_1(x), f_2(x)$ 和 $f_3(x)$ 的矩阵表示中可以看出, $f_1(x)$, $f_2(x)$ 和 $f_3(x)$ 都是从 2 次齐次完全旋转对称布尔函数中按规律组成的一些项, 以加运算组合成的一些函数. 而这种按特殊规律组成的函数应该有一些特别的性质. 事实上, 在后面将会看到, 这些函数在扩散性、重量和非线性度上都有大体相似, 但又各具独特性而相异的性质. 而研究这些性质, 正是下面需要进一步深入开展的工作.

　　如定理 11.5.2 的推论 3 一样, $\sum\limits_{i=1}^{n} x_i x_{i+s}$ 也有 s 任意时的共同性质. 如扩散性上, $\sum\limits_{i=1}^{n} x_i x_{i+s}$ 就有 s 任意时的共同性质. 所以, 直接给出定理 11.5.3.

　　定理 11.5.3　设有任意 2 次齐次旋转对称布尔函数 $f(x), f(x) = \sum\limits_{i=1}^{n} x_i x_{i+s} \in GF(2)^{GF(2)^n} (1 \leqslant s \leqslant n-1)$. 则

　　(1) n 为偶数, 且 $s \neq \dfrac{n}{2}$, 则 $f(x) = \sum\limits_{i=1}^{n} x_i x_{i+s}$ 是 $\dfrac{n}{2} - 1$ 次扩散函数;

　　(2) n 为奇数, 则 $f(x) = \sum\limits_{i=1}^{n} x_i x_{i+s}$ 是 $n-1$ 次扩散函数.

　　证明　(1) n 为偶数.

　　① 当 $s = \dfrac{n}{2}$ 时, 有

$$f(x) = \sum_{i=1}^{n} x_i x_{i+\frac{n}{2}}$$
$$= x_1 x_{1+\frac{n}{2}} + x_2 x_{2+\frac{n}{2}} + \cdots + x_{\frac{n}{2}} x_n + x_{\frac{n}{2}+1} x_1 + x_{\frac{n}{2}+2} x_2 + \cdots + x_n x_{\frac{n}{2}}$$
$$= 0,$$

　　② 当 $s < \dfrac{n}{2}$ 时, 取 $s = 1, 2, \cdots, \dfrac{n}{2} - 1$, 又取 $r = n-1, n-2, \cdots, n - \left(\dfrac{n}{2} - 1\right) = \dfrac{n}{2} + 1$, 则对 $s = \left(\dfrac{n}{2} + r\right) \bmod n$, 有 $f_s(x) = \sum\limits_{i=1}^{n} x_i x_{i+s} = \sum\limits_{i=1}^{n} x_i x_{i+r} = f_r(x)$. 所以, 只需对 $s < \dfrac{n}{2}$ 的 $f(x) = \sum\limits_{i=1}^{n} x_i x_{i+s}$ 求导数, 即可推出 $f(x) = \sum\limits_{i=1}^{n} x_i x_{i+s} \, (s \leqslant n-1)$ 的扩散性.

下面来求 $s < \dfrac{n}{2}$ 时的 $f(x) = \sum\limits_{i=1}^{n} x_i x_{i+s}$ $\left(s < \dfrac{n}{2}\right)$ 的导数.

当 i 为奇数, s 也是奇数, 如 $\sum\limits_{i=1}^{n} x_i x_{i+1}$ 时, 有

$$
\frac{\partial f(x)}{\partial (x_1 x_3 x_5 \cdots x_{n-3} x_{n-1})}
$$

$$
= \left(1 + [x_1 x_2 \cdots x_n] \begin{bmatrix} 1 & 0 & 0 & \cdots & 0 & 0 \\ 0 & 0 & 0 & \cdots & 0 & 0 \\ 0 & 0 & 1 & \cdots & 0 & 0 \\ 0 & 0 & 0 & \cdots & 0 & 0 \\ \vdots & \vdots & \vdots & & \vdots & \vdots \\ 0 & 0 & 0 & \cdots & 1 & 0 \\ 0 & 0 & 0 & \cdots & 0 & 0 \end{bmatrix} \begin{bmatrix} x_1 \\ x_2 \\ x_3 \\ x_4 \\ \vdots \\ x_{n-1} \\ x_n \end{bmatrix} \right)
$$

$$
+ \left(1 + [x_1 x_2 \cdots x_n] \begin{bmatrix} 1 & 0 & 0 & \cdots & 0 & 0 \\ 0 & 0 & 0 & \cdots & 0 & 0 \\ 0 & 0 & 1 & \cdots & 0 & 0 \\ 0 & 0 & 0 & \cdots & 0 & 0 \\ \vdots & \vdots & \vdots & & \vdots & \vdots \\ 0 & 0 & 0 & \cdots & 1 & 0 \\ 0 & 0 & 0 & \cdots & 0 & 0 \end{bmatrix} \begin{bmatrix} x_1 \\ x_2 \\ x_3 \\ x_4 \\ \vdots \\ x_{n-1} \\ x_n \end{bmatrix} \right)
$$

$$
= 0,
$$

$$
\frac{\partial f(x)}{\partial (x_2 x_4 x_6 \cdots x_{n-2} x_n)}
$$

$$
= \left(1 + [x_1 x_2 \cdots x_n] \begin{bmatrix} 0 & 0 & 0 & 0 & \cdots & 0 & 0 \\ 0 & 1 & 0 & 0 & \cdots & 0 & 0 \\ 0 & 0 & 0 & 0 & \cdots & 0 & 0 \\ 0 & 0 & 0 & 1 & \cdots & 0 & 0 \\ \vdots & \vdots & \vdots & \vdots & & \vdots & \vdots \\ 0 & 0 & 0 & 0 & \cdots & 0 & 0 \\ 0 & 0 & 0 & 0 & \cdots & 0 & 1 \end{bmatrix} \begin{bmatrix} x_1 \\ x_2 \\ x_3 \\ x_4 \\ \vdots \\ x_{n-1} \\ x_n \end{bmatrix} \right)
$$

$$
+ \left(1 + [x_1 x_2 \cdots x_n] \begin{bmatrix} 0 & 0 & 0 & 0 & \cdots & 0 & 0 \\ 0 & 1 & 0 & 0 & \cdots & 0 & 0 \\ 0 & 0 & 0 & 0 & \cdots & 0 & 0 \\ 0 & 0 & 0 & 1 & \cdots & 0 & 0 \\ \vdots & \vdots & \vdots & \vdots & & \vdots & \vdots \\ 0 & 0 & 0 & 0 & \cdots & 0 & 0 \\ 0 & 0 & 0 & 0 & \cdots & 0 & 1 \end{bmatrix} \begin{bmatrix} x_1 \\ x_2 \\ x_3 \\ x_4 \\ \vdots \\ x_{n-1} \\ x_n \end{bmatrix} \right)
$$

$$
= 0,
$$

而由于 $f(x)$ 中每一个任意变元 x_i 只存在于 $f(x)$ 的 $n(n$ 为偶数$)$ 个项中的 2 个不同的项中, 所以, $f(x)$ 对小于 $\frac{n}{2}$ 个变量 $x_{i1}, x_{i2}, \cdots, x_{ir}\left(|\{i1, i2, \cdots, ir\}| < \frac{n}{2}\right)$ 求导数, 导数函数都有

$$\deg\left(\frac{\partial f(x)}{\partial(x_{i1}x_{i2}\cdots x_{ir})}\right) = 1, \quad w_t\left(\frac{\partial f(x)}{\partial(x_{i1}x_{i2}\cdots x_{ir})}\right) = 2^{n-1}.$$

所以, $f(x) = \sum\limits_{i=1}^{n} x_i x_{i+s}$ 是 $\frac{n}{2} - 1$ 次扩散函数.

(2) n 为奇数时.

函数 $f(x) = \sum\limits_{i=1}^{n} x_i x_{i+s}$ 中, 既有 2 个均奇数的下角标的变量的积构成的 2 次项, 以及 2 个均偶数的下角标的变量的积构成的 2 次项, 也有 1 个奇数下角标的变量与 1 个偶数下角标的变量的积构成的 2 次项. 而且任一变量 x_i 在 $f(x)$ 中存在, 且仅存在于 2 个项中. 又 $f(x)$ 共有奇数 n 个项, 所以, 求 $f(x)$ 对所有 n 个变量的导数, 必为

$$\frac{\partial f(x)}{\partial(x_1 x_2 \cdots x_n)} = 1.$$

而 $f(x)$ 对不超过 $n-1$ 个的所有任意个变量 $x_{i1}, x_{i2}, \cdots, x_{ir}(|\{i1, i2, \cdots, ir\}| \leqslant n-1, 1 \leqslant r \leqslant n-1)$ 的导数必有

$$\deg\left(\frac{\partial f(x)}{\partial(x_{i1}x_{i2}\cdots x_{ir})}\right) = 1, \quad w_t\left(\frac{\partial f(x)}{\partial(x_{i1}x_{i2}\cdots x_{ir})}\right) = 2^{n-1} \quad (1 \leqslant r \leqslant n-1).$$

所以, $f(x) = \sum\limits_{i=1}^{n} x_i x_{i+s}$ 有 $n-1$ 次的扩散次数.

定理 11.5.3 给出的结果说明, 2 次齐次旋转对称布尔函数有很高的扩散次数. 下面还需要对 $f(x) = \sum\limits_{i=1}^{n} x_i x_{i+s}$ 的其他性质进行讨论.

对定理 11.5.3, 再给出一个推论.

推论　设 $f(x) = \sum\limits_{i=1}^{n} x_i x_{i+s} \in GF(2)^{GF(2)^n}$, 且当 n 为偶数, $s \neq \frac{n}{2}$, 则 2 次齐次旋转对称布尔函数 $f(x)$ 必有

$$w_t\left(f(x)\frac{df(x)}{dx_n}\right) = 2^{n-2}.$$

下面对 $f(x) = \sum\limits_{i=1}^{n} x_i x_{i+s}$ 这一类 2 次齐次旋转对称布尔函数的非线性度是否很高, $f(x) = \sum\limits_{i=1}^{n} x_i x_{i+s}$ 的非线性度和 Hamming 重量是否相等的问题进行讨论.

定理 11.5.4 设 $f(x) \in GF(2)^{GF(2)^n}$ 且 $f(x)$ 是 2 次齐次旋转对称布尔函数, $f(x) = \sum\limits_{i=1}^{n} x_i x_{i+1}$, 有

(1) n 为奇数, 则 $w_t(f_n(x)) = 2^{n-1}, l_0(x) = x_{n-1}, N_{f_n(x)} = 2^{n-1} - 2^{\left\lceil \frac{n}{2} \right\rceil}$;

(2) n 为偶数, 则 $l_0(x) = x_{n-1} + x_1, w_t(f_n(x)) = N_{f_n(x)} = 2^{n-1} - 2^{\left\lceil \frac{n}{2} \right\rceil}$.

证明 (1) ① 先证 n 元 2 次齐次旋转对称布尔函数 $f_n(x) = \sum\limits_{i=1}^{n} x_i x_{i+1}$ 与 $n+1$ 元 2 次齐次旋转对称布尔函数 $f_{n+1}(x^*) = \sum\limits_{i=1}^{n+1} x_i x_{i+1}$ 的 e-导数的分段级联函数之间的关系.

(a) 设 $(x) = (x_1 x_2 \cdots x_n) \in GF(2)^n, (x') = (x_2 x_3 \cdots x_n) \in GF(2)^{n-1}, (x'') = (x_3 x_4 \cdots x_n) \in GF(2)^{n-2}$, 有 $f_n(x) = \sum\limits_{i=1}^{n} x_i x_{i+1}(i = i \bmod (n))$; 又设

$$f_n(x) = (1+x_1)f_{(n-1)1}(x') + x_1 f_{(n-1)2}(x')$$
$$= (1+x_1)((1+x_2)f_{n1}(x'') + x_2 f_{n2}(x'')) + x_1((1+x_2)f_{n3}(x'') + x_2 f_{n4}(x''))$$

于是, 有 $f_n(x)$ 的各级联函数:

$$f_{n1}(x'') = \sum_{i=3}^{n-1} x_i x_{i+1}, f_{n2}(x'') = x_3 + \sum_{i=3}^{n-1} x_i x_{i+1},$$
$$f_{n3}(x'') = x_n + \sum_{i=3}^{n-1} x_i x_{i+1}, f_{n4}(x'') = 1 + x_n + x_3 + \sum_{i=3}^{n-1} x_i x_{i+1},$$
$$f_{(n-1)1}(x') = \sum_{i=2}^{n-1} x_i x_{i+1}, f_{(n-1)2}(x') = x_n + x_2 + \sum_{i=2}^{n-1} x_i x_{i+1}.$$

又由

$$\frac{df_n(x)}{dx_n} = x_{n-1} + x_1$$

便有

$$f_n(x)\frac{df_n(x)}{dx_n} = x_1 x_2 + x_{n-1} x_n + x_{n-2} x_{n-1} + x_n x_1 + x_{n-1}\sum_{i=1}^{n-3} x_i x_{i+1} + x_1 \sum_{i=2}^{n-2} x_i x_{i+1}.$$

所以有

$$\frac{ef_n(x)}{ex_n} = \sum_{i=2}^{n-3} x_i x_{i+1} + x_{n-1}\sum_{i=1}^{n-3} x_i x_{i+1} + x_1 \sum_{i=2}^{n-2} x_i x_{i+1}.$$

于是, 可得到 $f_n(x)$ 的 e-导数 $\dfrac{ef_n(x)}{ex_n}$ 的各级联函数:

$$\frac{ef_{n1}(x'')}{ex_n} = (1 + x_{n-1}) \sum_{i=3}^{n-3} x_i x_{i+1},$$

$$\frac{ef_{n2}(x'')}{ex_n} = (1 + x_{n-1})\left(x_3 + \sum_{i=3}^{n-3} x_i x_{i+1}\right),$$

$$\frac{ef_{n3}(x'')}{ex_n} = x_{n-1}\left(x_{n-2} + \sum_{i=3}^{n-3} x_i x_{i+1}\right),$$

$$\frac{ef_{n4}(x'')}{ex_n} = x_{n-1}\left(1 + x_3 + x_{n-2} + \sum_{i=3}^{n-3} x_i x_{i+1}\right).$$

即有

$$\frac{ef_n(x)}{ex_n} = (1 + x_1)\left((1 + x_2)\frac{ef_{n1}(x'')}{ex_n} + x_2\frac{ef_{n2}(x'')}{ex_n}\right)$$
$$+ x_1\left((1 + x_2)\frac{ef_{n3}(x'')}{ex_n} + x_2\frac{ef_{n4}(x'')}{ex_n}\right).$$

所以有

$$\frac{ef_{(n-1)1}(x')}{ex_n} = (1 + x_{n-1}) \sum_{i=2}^{n-3} x_i x_{i+1}.$$

(b) 设 $(x^*) = (x_1 x_2 \cdots x_n x_{n+1}) \in GF(2)^{n+1}$, 有 $n+1$ 元 2 次齐次旋转对称布尔函数

$$f_{n+1}(x^*) = \sum_{i=1}^{n+1} x_i x_{i+1} \quad (i = i \bmod (n+1)).$$

又设 $(x^{*'}) = (x_2 x_3 \cdots x_n x_{n+1}) \in GF(2)^n, (x^{*''}) = (x_3 x_4 \cdots x_n x_{n+1}) \in GF(2)^{n-1}$, 有

$$f_{n+1}(x^*) = (1 + x_1)f_{((n+1)-1)1}(x^{*'}) + x_1 f_{((n+1)-1)2}(x^{*'})$$
$$= (1 + x_1)((1 + x_2)f_{(n+1)1}(x^{*''}) + x_2 f_{(n+1)2}(x^{*''}))$$
$$+ x_1((1 + x_2)f_{(n+1)3}(x^{*''}) + x_2 f_{(n+1)4}(x^{*''})).$$

于是, 有 $f_{n+1}(x^*)$ 的各级联函数:

$$f_{(n+1)1}(x^{*''}) = \sum_{i=3}^{n} x_i x_{i+1}, \quad f_{(n+1)2}(x^{*''}) = x_3 + \sum_{i=3}^{n} x_i x_{i+1},$$

$$f_{(n+1)3}(x^{*''}) = x_{n+1} + \sum_{i=3}^{n} x_i x_{i+1}, \quad f_{(n+1)1}(x^{*''}) = 1 + x_{n+1} + x_3 + \sum_{i=3}^{n} x_i x_{i+1}.$$

又有

$$\frac{ef_{(n+1)1}(x^{*''})}{ex_{n+1}} = (1 + x_n) \sum_{i=3}^{n-2} x_i x_{i+1},$$

$$\frac{ef_{(n+1)2}(x^{*''})}{ex_{n+1}} = (1 + x_n) \left(x_3 + \sum_{i=3}^{n-2} x_i x_{i+1} \right),$$

$$\frac{ef_{(n+1)3}(x^{*''})}{ex_{n+1}} = x_n \left(x_{n-1} + \sum_{i=3}^{n-2} x_i x_{i+1} \right),$$

$$\frac{ef_{(n+1)4}(x^{*''})}{ex_{n+1}} = x_n \left(1 + x_3 + x_{n-1} + \sum_{i=3}^{n-2} x_i x_{i+1} \right).$$

将 $f_{(n+1)1}(x^{*''}) = \sum\limits_{i=3}^{n} x_i x_{i+1}$ 的变量 $(x^*) = (x_1 x_2 \cdots x_n x_{n+1})$ 作旋转变换

$$\rho_{n+1}^n(x_i) = x_{(i+n) \bmod (n+1)},$$

则有

$$\rho_{n+1}^n(x^{*''}) = (x_{n+1} x_1 x_2 \cdots x_n),$$

$$f_{(n+1)1}(\rho_{n+1}^n(x^{*''})) = \sum_{i=2}^{n-1} x_i x_{i+1}.$$

所以必有

$$f_{(n+1)1}(x^{*''}) = f_{(n+1)1}(\rho_{n+1}^n(x^{*''})) = f_{(n-1)1}(x') = \sum_{i=2}^{n-1} x_i x_{i+1}.$$

即找出了 $f_{n+1}(x^*)$ 的级联函数 $f_{(n+1)1}(x^{*''})$ 和 $f_n(x)$ 的级联函数 $f_{(n-1)1}(x')$ 的取值关系, 有

$$f_{(n+1)1}(x^{*''}) + f_{(n-1)1}(x') = 0,$$

$$f_{(n+1)1}(x^{*''}) \cdot f_{(n-1)1}(x') = f_{(n+1)1}(x^{*''}) = f_{(n-1)1}(x').$$

所以必有

$$\frac{ef_{(n+1)1}(x^{*''})}{ex_{n+1}} + \frac{ef_{(n-1)1}(x')}{ex_n} = 0,$$

$$\frac{ef_{(n+1)1}(x^{*''})}{ex_{n+1}} \cdot \frac{ef_{(n-1)1}(x')}{ex_n} = \frac{ef_{(n+1)1}(x^{*''})}{ex_{n+1}} = \frac{ef_{(n-1)1}(x')}{ex_n}.$$

② 现在要求当 n 为奇数, $n = 2k + 1(k = 2, 3, \cdots)$ 时, 2 次齐次旋转对称布尔函数 $f_n(x) = \sum\limits_{i=1}^{n} x_i x_{i+1} (i = i \bmod n)$ 的重量 $w_t(f_n(x))$.

为方便记述, 后面将对 (x), (x'), (x'') 等不再区分, 一律以 x 表示.

由于有

$$\frac{d\left(f_n(x)\dfrac{df_n(x)}{dx_n}\right)}{dx_n} = \frac{df_n(x)}{dx_n} = x_{n-1} + x_1,$$

所以有

$$w_t\left(f_n(x)\frac{df_n(x)}{dx_n}\right) = 2^{n-2}.$$

又由于有

$$\frac{\partial f_n(x)}{\partial(x_1 x_2 \cdots x_n)} = 1, \quad \deg\left(\frac{\partial f_n(x)}{\partial(x_1 x_2 \cdots x_n)}\right) = 0, \quad w_t\left(\frac{\partial f_n(x)}{\partial(x_1 x_2 \cdots x_n)}\right) = 2^n,$$

所以必有

$$\frac{\partial\left(\dfrac{ef_n(x)}{ex_n}\right)}{\partial(x_1 x_2 \cdots x_n)} = 1 + x_{n-1} + x_1, \quad \frac{e\left(\dfrac{ef_n(x)}{ex_n}\right)}{e(x_1 x_2 \cdots x_n)} = 0,$$

$$\deg\left(\frac{\partial\left(\dfrac{ef_n(x)}{ex_n}\right)}{\partial(x_1 x_2 \cdots x_n)}\right) = 1, \quad w_t\left(\frac{\partial\left(\dfrac{ef_n(x)}{ex_n}\right)}{\partial(x_1 x_2 \cdots x_n)}\right) = 2^{n-1}.$$

所以有

$$w_t\left(\frac{ef_n(x)}{ex_n}\right) = 2^{-1}w_t\left(\frac{\partial\left(\dfrac{ef_n(x)}{ex_n}\right)}{\partial(x_1 x_2 \cdots x_n)}\right) + w_t\left(\frac{e\left(\dfrac{ef_n(x)}{ex_n}\right)}{e(x_1 x_2 \cdots x_n)}\right) = 2^{n-2}.$$

所以, 奇数元 2 次齐次旋转对称布尔函数 $f_n(x)$ 的重量为

$$w_t(f_n(x)) = 2^{-1}w_t\left(\frac{df_n(x)}{dx_n}\right) + w_t\left(\frac{ef_n(x)}{ex_n}\right) = 2^{n-1}.$$

③ 现在要来求 $\dfrac{ef_n(x)}{ex_n}$ 的级联函数 $\dfrac{ef_{ni}(x)}{ex_n}$ $(i = 1, 2, 3, 4)$ 的重量.

(a) 先求 $\dfrac{ef_{n1}(x)}{ex_n}$ 的重量.

$$\frac{ef_{n1}(x)}{ex_n} = (1 + x_{n-1})\sum_{i=3}^{n-3} x_i x_{i+1},$$

便有

$$\frac{d}{dx_{n-2}}\left(\frac{ef_{n1}(x)}{ex_n}\right) = (1+x_{n-1})x_{n-3},$$

$$\frac{e}{ex_{n-2}}\left(\frac{ef_{n1}(x)}{ex_n}\right) = (1+x_{n-1})(1+x_{n-3})\sum_{i=3}^{n-5} x_i x_{i+1},$$

$$w_t\left(\frac{d}{dx_{n-2}}\left(\frac{ef_{n1}(x)}{ex_n}\right)\right) = 2^{(n-2)-2} = 2^{n-4}.$$

又有

$$\frac{d}{dx_{n-4}}\left(\frac{e}{ex_{n-2}}\left(\frac{ef_{n1}(x)}{ex_n}\right)\right) = (1+x_{n-1})(1+x_{n-3})x_{n-5},$$

$$\frac{e}{ex_{n-4}}\left(\frac{e}{ex_{n-2}}\left(\frac{ef_{n1}(x)}{ex_n}\right)\right) = (1+x_{n-1})(1+x_{n-3})(1+x_{n-5})\sum_{i=3}^{n-7} x_i x_{i+1},$$

$$w_t\left(\frac{d}{dx_{n-4}}\left(\frac{e}{ex_{n-2}}\left(\frac{ef_{n1}(x)}{ex_n}\right)\right)\right) = 2^{(n-2)-3} = 2^{n-5}.$$

又有

$$\frac{d}{dx_{n-6}}\left(\frac{e}{ex_{n-4}}\left(\frac{e}{ex_{n-2}}\left(\frac{ef_{n1}(x)}{ex_n}\right)\right)\right) = (1+x_{n-1})(1+x_{n-3})(1+x_{n-5})x_{n-7},$$

$$\frac{e}{ex_{n-6}}\left(\frac{e}{ex_{n-4}}\left(\frac{e}{ex_{n-2}}\left(\frac{ef_{n1}(x)}{ex_n}\right)\right)\right) =$$

$$\cdot(1+x_{n-1})(1+x_{n-3})(1+x_{n-5})(1+x_{n-7})\sum_{i=3}^{n-9} x_i x_{i+1},$$

$$w_t\left(\frac{d}{dx_{n-6}}\left(\frac{e}{ex_{n-4}}\left(\frac{e}{ex_{n-2}}\left(\frac{ef_{n1}(x)}{ex_n}\right)\right)\right)\right) = 2^{(n-2)-4} = 2^{n-6}.$$

依此类推. 省略.

于是有

$$\frac{d}{dx_7}\left(\frac{e}{ex_9}\left(\frac{e}{ex_{11}}\left(\cdots\left(\frac{ef_{n1}(x)}{ex_n}\right)\cdots\right)\right)\right)$$

$$= (1+x_{n-1})(1+x_{n-3})\cdots(1+x_8)x_6,$$

$$\frac{e}{ex_7}\left(\frac{e}{ex_9}\left(\frac{e}{ex_{11}}\left(\cdots\left(\frac{ef_{n1}(x)}{ex_n}\right)\cdots\right)\right)\right)$$

$$= (1+x_{n-1})(1+x_{n-3})\cdots(1+x_8)(1+x_6)(x_3 x_4 + x_4 x_5),$$

$$w_t\left(\frac{d}{dx_7}\left(\frac{e}{ex_9}\left(\frac{e}{ex_{11}}\left(\cdots\left(\frac{ef_{n1}(x)}{ex_n}\right)\cdots\right)\right)\right)\right)$$

$$= 2^{(n-2)-([\frac{n}{2}]-1)} = 2^{[\frac{n}{2}]},$$

$$\frac{d}{dx_5}\left(\frac{e}{ex_7}\left(\frac{e}{ex_9}\left(\cdots\left(\frac{ef_{n1}(x)}{ex_n}\right)\cdots\right)\right)\right)$$

$$= (1+x_{n-1})(1+x_{n-3})\cdots(1+x_8)(1+x_6)x_4,$$

$$\frac{e}{ex_5}\left(\frac{e}{ex_7}\left(\frac{e}{ex_9}\left(\cdots\left(\frac{ef_{n1}(x)}{ex_n}\right)\cdots\right)\right)\right)$$

$$= (1+x_{n-1})(1+x_{n-3})\cdots(1+x_8)(1+x_6)\cdot 0 = 0,$$

$$w_t\left(\frac{d}{dx_5}\left(\frac{e}{ex_7}\left(\frac{e}{ex_9}\left(\cdots\left(\frac{ef_{n1}(x)}{ex_n}\right)\cdots\right)\right)\right)\right)$$

$$= 2^{(n-2)-[\frac{n}{2}]} = 2^{[\frac{n}{2}]-1}.$$

所以

$$w_t\left(\frac{ef_{n1}(x)}{ex_n}\right) = 2^{-1}w_t\left(\frac{d}{dx_{n-2}}\left(\frac{ef_{n1}(x)}{ex_n}\right)\right) + w_t\left(\frac{e}{ex_{n-2}}\left(\frac{ef_{n1}(x)}{ex_n}\right)\right)$$

$$= 2^{-1}w_t\left(\frac{d}{dx_{n-2}}\left(\frac{ef_{n1}(x)}{ex_n}\right)\right) + 2^{-1}w_t\left(\frac{d}{dx_{n-4}}\left(\frac{e}{ex_{n-2}}\left(\frac{ef_{n1}(x)}{ex_n}\right)\right)\right)$$

$$+ 2^{-1}w_t\left(\frac{d}{dx_{n-6}}\left(\frac{e}{ex_{n-4}}\left(\frac{e}{ex_{n-2}}\left(\frac{ef_{n1}(x)}{ex_n}\right)\right)\right)\right)$$

$$+ \cdots + 2^{-1}w_t\left(\frac{d}{dx_7}\left(\frac{e}{ex_9}\left(\frac{e}{ex_{11}}\left(\cdots\left(\frac{ef_{n1}(x)}{ex_n}\right)\cdots\right)\right)\right)\right)$$

$$+ 2^{-1}w_t\left(\frac{d}{dx_5}\left(\frac{e}{ex_7}\left(\frac{e}{ex_9}\left(\cdots\left(\frac{ef_{n1}(x)}{ex_n}\right)\cdots\right)\right)\right)\right)$$

$$= 2^{n-5} + 2^{n-6} + 2^{n-7} + \cdots + 2^{[\frac{n}{2}]+1} + 2^{[\frac{n}{2}]} + 2^{[\frac{n}{2}]-1}$$

$$= 2^{n-5} + 2^{n-6} + 2^{n-7} + \cdots + 2^{[\frac{n}{2}]+1} + 2^{[\frac{n}{2}]} + 2^{[\frac{n}{2}]} - 2^{[\frac{n}{2}]-1}$$

$$= 2^{n-5} + 2^{n-6} + 2^{n-7} + \cdots + 2^{[\frac{n}{2}]+1} + 2^{[\frac{n}{2}]+1} - 2^{[\frac{n}{2}]-1}$$

$$= \cdots = 2^{n-4} - 2^{[\frac{n}{2}]-1}$$

(b) 由于

$$w_t\left(\frac{ef_n(x)}{ex_n}\right) = 2^{n-2},$$

$$\frac{\partial\left(\dfrac{ef_n(x)}{ex_n}\right)}{\partial(x_1 x_2 \cdots x_n)} = 1 + x_{n-1} + x_1,$$

$$w_t\left(\frac{\partial\left(\dfrac{ef_n(x)}{ex_n}\right)}{\partial(x_1 x_2 \cdots x_n)}\right) = 2^{n-1},$$

所以有

$$w_t\left(\frac{ef_{n4}(x)}{ex_n}\right) = 2^{n-4} + 2^{\left[\frac{n}{2}\right]-1}$$

$$w_t\left(\frac{ef_{n4}(x)}{ex_n}\right) + w_t\left(\frac{ef_{n1}(x)}{ex_n}\right) = 2^{n-3},$$

$$w_t\left(\frac{ef_{n2}(x)}{ex_n}\right) + w_t\left(\frac{ef_{n3}(x)}{ex_n}\right) = 2^{n-3}.$$

(c) 现在要求 $\dfrac{ef_{n2}(x)}{ex_n}$ 的重量 $w_t\left(\dfrac{ef_{n2}(x)}{ex_n}\right)$.

$$\frac{ef_{n2}(x)}{ex_n} = (1 + x_{n-1})\left(x_3 + \sum_{i=3}^{n-3} x_i x_{i+1}\right).$$

和求 $\dfrac{ef_{n1}(x)}{ex_n}$ 相同的导数、e-导数算法，和求 $\dfrac{ef_{n1}(x)}{ex_n}$ 的逐级导数、e-导数，

除 $\dfrac{e}{ex_5}(\cdots)$ 不同外，其余均相同，有

$$\frac{d}{dx_5}\left(\frac{e}{ex_7}\left(\frac{e}{ex_9}\left(\cdots\left(\frac{ef_{n2}(x)}{ex_n}\right)\cdots\right)\right)\right)$$

$$= (1 + x_{n-1})(1 + x_{n-3})\cdots(1 + x_8)(1 + x_6)x_4,$$

$$\frac{e}{ex_5}\left(\frac{e}{ex_7}\left(\frac{e}{ex_9}\left(\cdots\left(\frac{ef_{n2}(x)}{ex_n}\right)\cdots\right)\right)\right)$$

$$= (1 + x_{n-1})(1 + x_{n-3})\cdots(1 + x_8)(1 + x_6)(1 + x_4)x_3.$$

所以

$$w_t\left(\frac{ef_{n2}(x)}{ex_n}\right) = 2^{n-5} + 2^{n-6} + 2^{n-7} + \cdots + 2^{\left[\frac{n}{2}\right]+1} + 2^{\left[\frac{n}{2}\right]} + 2^{\left[\frac{n}{2}\right]-1} + 2^{\left[\frac{n}{2}\right]-1}$$

$$= 2^{n-4},$$

所以又有

$$w_t\left(\frac{ef_{n3}(x)}{ex_n}\right) = 2^{n-4}.$$

④ 现在要求 n 为奇数时，$f_n(x) = \sum\limits_{i=1}^{n} x_i x_{i+1}$ 的非线性度 $N_{f_n(x)}$.

由于

$$w_t\left(\frac{ef_{n1}(x)}{ex_n}\right) = 2^{n-4} - 2^{\left[\frac{n}{2}\right]-1}, \quad w_t\left(\frac{ef_{n4}(x)}{ex_n}\right) = 2^{n-4} + 2^{\left[\frac{n}{2}\right]-1},$$

$$w_t\left(\frac{ef_{n2}(x)}{ex_n}\right) = w_t\left(\frac{ef_{n3}(x)}{ex_n}\right) = 2^{n-4},$$

所以

$$w_t\left(\frac{ef_{(n-1)1}(x)}{ex_n}\right) = 2^{n-3} - 2^{\left[\frac{n}{2}\right]-1}, \quad w_t\left(\frac{ef_{(n-1)2}(x)}{ex_n}\right) = 2^{n-3} + 2^{\left[\frac{n}{2}\right]-1}.$$

由于

$$\frac{df_n(x)}{dx_n} = \frac{d(f_n(x)\frac{df_n(x)}{dx_n})}{dx_n} = x_{n-1} + x_1,$$

$$w_t\left(f_n(x)\frac{df_n(x)}{dx_n}\right) = 2^{n-2}, \quad \frac{\partial}{\partial(x_1 x_2 \cdots x_n)}\left(\frac{d(f_n(x)\frac{df_n(x)}{dx_n})}{dx_n}\right) = 0,$$

所以

$$w_t\left(f_{(n-1)1}(x)\frac{df_{(n-1)1}(x)}{dx_n}\right) = w_t\left(f_{(n-1)2}(x)\frac{df_{(n-1)2}(x)}{dx_n}\right)$$

$$= 2^{-1}w_t\left(f_n(x)\frac{df_n(x)}{dx_n}\right) = 2^{n-3}.$$

所以

$$w_t\left(f_{(n-1)1}(x)\frac{df_{(n-1)1}(x)}{dx_n}\right) > w_t\left(\frac{ef_{(n-1)1}(x)}{ex_n}\right),$$

$$w_t\left(f_{(n-1)2}(x)\frac{df_{(n-1)2}(x)}{dx_n}\right) < w_t\left(\frac{ef_{(n-1)2}(x)}{ex_n}\right).$$

所以, 取 $l_0(x) = x_{n-1}$, 有

$$N_{f_n(x)} = \min_{l(x)\in L_n[x]} w_t(f_n(x) + l(x)) = w_t(f_n(x) + l_0(x))$$

$$= (2^{n-3} + 2^{n-3} - 2^{\left[\frac{n}{2}\right]-1}) + (2^{n-2} - (2^{n-3} + 2^{\left[\frac{n}{2}\right]-1}) + 2^{n-3})$$

$$= 2^{n-1} - 2^{\left[\frac{n}{2}\right]}.$$

在前面 (1) 的 ② 中, 已证得 $w_t(f_n(x)) = 2^{n-1}$, 所以有结论: 奇数 n 元 2 次齐次旋转对称布尔函数 $f_n(x) = \sum\limits_{i=1}^{n} x_i x_{i+1}$ 的重量 $w_t(f_n(x)) = 2^{n-1}$, 大于它的非线性度 $N_{f_n(x)} = 2^{n-1} - 2^{\left[\frac{n}{2}\right]}$.

(2) 现在来证 n 为偶数时, $f_n(x) = \sum\limits_{i=1}^{n} x_i x_{i+1}$ 的重量和非线性度相等.

由于 n 为偶数, 则 $n-1$ 是奇数, $n+1$ 也是奇数, 则 $f_n(x)$ 与 $g_{(n-1)}(x) =$

$\sum\limits_{i=1}^{n-1} x_i x_{i+1}, h_{(n+1)}(x) = \sum\limits_{i=1}^{n+1} x_i x_{i+1}$ 之间, 由前面 1 的证明可知, 必有

$$\frac{ef_{n1}(x)}{ex_n} = \frac{eg_{(n-1)1}(x)}{ex_n}, \quad \frac{ef_{(n-1)1}(x)}{ex_n} = \frac{eh_{(n+1)1}(x)}{ex_n},$$

$$w_t\left(\frac{ef_{n1}(x)}{ex_n}\right) = w_t\left(\frac{eg_{(n-1)1}(x)}{ex_n}\right) = 2^{(n-1)-3} - 2^{[\frac{n-1}{2}]} = 2^{n-4} - 2^{[\frac{n}{2}]-1},$$

$$w_t\left(\frac{ef_{(n-1)1}(x)}{ex_n}\right) = w_t\left(\frac{eh_{(n+1)1}(x)}{ex_n}\right) = 2^{(n+1)-4} - 2^{[\frac{n+1}{2}]-1} = 2^{n-3} - 2^{[\frac{n}{2}]}.$$

由于 n 为偶数, 所以有

$$\frac{\partial f_n(x)}{\partial(x_1 x_2 \cdots x_n)} = 0.$$

所以

$$\frac{\partial\left(f_n(x)\dfrac{df_n(x)}{dx_n}\right)}{\partial(x_1 x_2 \cdots x_n)} = 0, \quad \frac{\partial\left(\dfrac{ef_n(x)}{ex_n}\right)}{\partial(x_1 x_2 \cdots x_n)} = 0.$$

所以

$$w_t\left(\frac{ef_{(n-1)2}(x)}{ex_n}\right) = 2^{n-3} - 2^{[\frac{n}{2}]-1}, \quad w_t\left(\frac{ef_n(x)}{ex_n}\right) = 2^{n-2} - 2^{[\frac{n}{2}]},$$

$$w_t\left(f_{(n-1)1}(x)\frac{df_{(n-1)1}(x)}{dx_n}\right) = w_t\left(f_{(n-1)2}(x)\frac{df_{(n-1)2}(x)}{dx_n}\right).$$

又由于

$$\frac{df_n(x)}{dx_n} = x_{n-1} + x_1, \quad w_t\left(\frac{df_n(x)}{dx_n}\right) = 2^{n-1},$$

所以

$$w_t\left(f_n(x)\frac{df_n(x)}{dx_n}\right) = 2^{n-2}.$$

所以

$$w_t(f_n(x)) = w_t\left(f_n(x)\frac{df_n(x)}{dx_n}\right) + w_t\left(\frac{ef_n(x)}{ex_n}\right) = 2^{n-1} - 2^{[\frac{n}{2}]}.$$

可取 $l_0(x) = x_{n-1} + x_1$, 有

$$N_{f_n(x)} = \min_{l(x) \in L_n[x]} w_t(f_n(x) + l(x)) = w_t(f_n(x) + l_0(x))$$

$$= w_t\left(f_n(x)\frac{df_n(x)}{dx_n} + l_0(x)\right) + w_t\left(\frac{ef_n(x)}{ex_n} + l_0(x)\right) - w_t(l_0(x))$$

$$= 2^{n-2} + (2^{n-1} + (2^{n-2} - 2^{[\frac{n}{2}]})) - 2^{n-1}$$

$$= 2^{n-1} - 2^{[\frac{n}{2}]}.$$

所以, 当 n 为偶数时, 2 次齐次旋转对称布尔函数 $f_n(x) = \sum\limits_{i=1}^{n} x_i x_{i+1}$ 有

$$w_t(f_n(x)) = N_{f_n(x)} = 2^{n-1} - 2^{\left[\frac{n}{2}\right]}.$$

定理 11.5.4 很重要, 很有意义. 一是该定理得出了一类非线性度很高的 2 次齐次旋转对称布尔函数 $f_n(x) = \sum\limits_{i=1}^{n} x_i x_{i+1}$, 其非线性度与 Bent 函数的非线性度 $(N_f = 2^{n-1} - 2^{\frac{n}{2}-1})$ 很相近; 二是该定理不仅明确了 2 次齐次旋转对称布尔函数 $f_n(x) = \sum\limits_{i=1}^{n} x_i x_{i+1}$ 只对 n 为偶数时的偶数元函数, 才有函数的重量与非线性度相等的关系, 而 n 为奇数时的奇数元函数, 其重量大于非线性度, 二者不相等. 并且, 该定理中还具体给出了这类 2 次齐次旋转对称布尔函数的非线性度和在偶数元、奇数元时的不同的具体重量; 三是该定理的导数、e-导数的证明方法很有特色, 并再次说明了布尔函数的导数、e-导数在对布尔函数的研究中, 有重要的、不可替代的作用.

为了更清楚地说明定理 11.5.4 的结论以及该定理的证明方法, 下面给出几个例子 (例 11.5.1~ 例 11.5.6).

例 11.5.1　求 15 元 2 次齐次旋转对称布尔函数 $f_{15}(x) = \sum\limits_{i=1}^{15} x_i x_{i+1}$ 的重量 $w_t(f_{15}(x))$ 和非线性度 $N_{f_{15}(x)}$, 并比较大小.

解　(a) 先求 $w_t\left(\dfrac{ef_{(15)1}(x)}{ex_{15}}\right)$.

由 $\dfrac{df_{15}(x)}{dx_{15}} = x_{14} + x_1$, 便得

$$f_{15}(x)\frac{df_{15}(x)}{dx_{15}} = x_1 x_2 + x_{14} x_{15} + x_{13} x_{14} + x_{15} x_1 + x_{14} \sum_{i=1}^{12} x_i x_{i+1} + x_1 \sum_{i=2}^{13} x_i x_{i+1}.$$

所以

$$\frac{ef_{15}(x)}{ex_{15}} = \sum_{i=2}^{12} x_i x_{i+1} + x_{14} \sum_{i=1}^{12} x_i x_{i+1} + x_1 \sum_{i=2}^{13} x_i x_{i+1}.$$

所以有

$$\frac{ef_{(15)1}(x)}{ex_{15}} = (1 + x_{14}) \sum_{i=3}^{12} x_i x_{i+1},$$

(同样, 从这里开始, 对 $\dfrac{ef_{15}(x)}{ex_{15}}$ 和 $\dfrac{ef_{(15)1}(x)}{ex_{15}}$, 虽然 (x) 的元数不同, 但为方便记述, 将对 (x), (x'), (x'') 等不再区分, 一律以 x 表示. 在阅看时, 应注意元数的

区分.)

$$\frac{ef_{(15)2}(x)}{ex_{15}} = (1 + x_{14})\left(x_3 + \sum_{i=3}^{12} x_i x_{i+1}\right),$$

$$\frac{ef_{(15)3}(x)}{ex_{15}} = x_{14}\left(x_{13} + \sum_{i=3}^{12} x_i x_{i+1}\right),$$

$$\frac{ef_{(15)4}(x)}{ex_{15}} = x_{14}\left(1 + x_3 + x_{13} + \sum_{i=3}^{12} x_i x_{i+1}\right).$$

所以, 对

$$\frac{ef_{15}(x)}{ex_{15}} = (1 + x_1)\frac{ef_{(14)1}(x)}{ex_{15}} + x_1\frac{ef_{(14)2}(x)}{ex_{15}},$$

有

$$\frac{ef_{(14)1}(x)}{ex_{15}} = (1 + x_{14})\sum_{i=2}^{12} x_i x_{i+1}.$$

对

$$\frac{ef_{(15)1}(x)}{ex_{15}} = (1 + x_{14})\sum_{i=3}^{12} x_i x_{i+1},$$

有

$$\frac{d}{dx_{13}}\left(\frac{ef_{(15)1}(x)}{ex_{15}}\right) = (1 + x_{14})x_{12},$$

$$\frac{e}{ex_{13}}\left(\frac{ef_{(15)1}(x)}{ex_{15}}\right) = (1 + x_{14})(1 + x_{12})\sum_{i=3}^{10} x_i x_{i+1},$$

$$w_t\left(\frac{d}{dx_{13}}\left(\frac{ef_{(15)1}(x)}{ex_{15}}\right)\right) = 2^{(n-2)-2} = 2^{n-4},$$

有

$$\frac{d}{dx_{11}}\left(\frac{e}{ex_{13}}\left(\frac{ef_{(15)1}(x)}{ex_{15}}\right)\right) = (1 + x_{14})(1 + x_{12})x_{10},$$

$$\frac{e}{ex_{11}}\left(\frac{e}{ex_{13}}\left(\frac{ef_{(15)1}(x)}{ex_{15}}\right)\right) = (1 + x_{14})(1 + x_{12})(1 + x_{10})\sum_{i=3}^{8} x_i x_{i+1},$$

$$w_t\left(\frac{d}{dx_{11}}\left(\frac{e}{ex_{13}}\left(\frac{ef_{(15)1}(x)}{ex_{15}}\right)\right)\right) = 2^{(n-2)-3} = 2^{n-5}.$$

又有

$$\frac{d}{dx_9}\left(\frac{e}{ex_{11}}\left(\frac{e}{ex_{13}}\left(\frac{ef_{(15)1}(x)}{ex_{15}}\right)\right)\right)=(1+x_{14})(1+x_{12})(1+x_{10})x_8,$$

$$\frac{e}{ex_9}\left(\frac{e}{ex_{11}}\left(\frac{e}{ex_{13}}\left(\frac{ef_{(15)1}(x)}{ex_{15}}\right)\right)\right)$$

$$=(1+x_{14})(1+x_{12})(1+x_{10})(1+x_8)\sum_{i=3}^{6}x_ix_{i+1},$$

$$w_t\left(\frac{d}{dx_9}\left(\frac{e}{ex_{11}}\left(\frac{e}{ex_{13}}\left(\frac{ef_{(15)1}(x)}{ex_{15}}\right)\right)\right)\right)=2^{(n-2)-4}=2^{n-6}.$$

又有

$$\frac{d}{dx_7}\left(\frac{e}{ex_9}\left(\frac{e}{ex_{11}}\left(\frac{e}{ex_{13}}\left(\frac{ef_{(15)1}(x)}{ex_{15}}\right)\right)\right)\right)$$

$$=(1+x_{14})(1+x_{12})(1+x_{10})(1+x_8)x_6,$$

$$\frac{e}{ex_7}\left(\frac{e}{ex_9}\left(\frac{e}{ex_{11}}\left(\frac{e}{ex_{13}}\left(\frac{ef_{(15)1}(x)}{ex_{15}}\right)\right)\right)\right)$$

$$=(1+x_{14})(1+x_{12})(1+x_{10})(1+x_8)(1+x_6)(x_3x_4+x_4x_5),$$

$$w_t\left(\frac{d}{dx_7}\left(\frac{e}{ex_9}\left(\frac{e}{ex_{11}}\left(\frac{e}{ex_{13}}\left(\frac{ef_{(15)1}(x)}{ex_{15}}\right)\right)\right)\right)\right)=2^{(n-2)-5}=2^{n-7}.$$

又有

$$\frac{d}{dx_5}\left(\frac{e}{ex_7}\left(\frac{e}{ex_9}\left(\frac{e}{ex_{11}}\left(\frac{e}{ex_{13}}\left(\frac{ef_{(15)1}(x)}{ex_{15}}\right)\right)\right)\right)\right)$$

$$=(1+x_{14})(1+x_{12})(1+x_{10})(1+x_8)(1+x_6)(1+x_4),$$

$$\frac{e}{ex_5}\left(\frac{e}{ex_7}\left(\frac{e}{ex_9}\left(\frac{e}{ex_{11}}\left(\frac{e}{ex_{13}}\left(\frac{ef_{(15)1}(x)}{ex_{15}}\right)\right)\right)\right)\right)=0,$$

$$w_t\left(\frac{d}{dx_5}\left(\frac{e}{ex_7}\left(\frac{e}{ex_9}\left(\frac{e}{ex_{11}}\left(\frac{e}{ex_{13}}\left(\frac{ef_{(15)1}(x)}{ex_{15}}\right)\right)\right)\right)\right)\right)=2^{(n-2)-6}=2^{n-8}.$$

所以

$$w_t\left(\frac{ef_{(15)1}(x)}{ex_{15}}\right)=2^{n-5}+2^{n-6}+2^{n-7}+2^{n-8}+2^{n-9}$$

$$=2^{n-5}+2^{n-6}+2^{n-7}+2^{n-8}+2^{n-8}-2^{n-9}$$

$$=2^{n-4}-2^{[\frac{n}{2}]-1}.$$

(b) 现在来求 $w_t\left(\dfrac{ef_{(15)2}(x)}{ex_{15}}\right)$.

由于 $\dfrac{ef_{(15)2}(x)}{ex_{15}} = (1+x_{14})\left(x_3 + \sum\limits_{i=3}^{12} x_i x_{i+1}\right)$，所以有

$$\frac{e}{ex_5}\left(\frac{e}{ex_7}\left(\frac{e}{ex_9}\left(\frac{e}{ex_{11}}\left(\frac{e}{ex_{13}}\left(\frac{ef_{(15)2}(x)}{ex_{15}}\right)\right)\right)\right)\right)$$

$$= (1+x_{14})(1+x_{12})(1+x_{10})(1+x_8)(1+x_6)(1+x_4)x_3.$$

所以

$$w_t\left(\frac{ef_{(15)2}(x)}{ex_{15}}\right)$$

$$= 2^{-1}w_t\left(\frac{d}{dx_{13}}\left(\frac{ef_{(15)2}(x)}{ex_{15}}\right)\right) + \cdots$$

$$+ 2^{-1}w_t\left(\frac{d}{dx_5}\left(\frac{e}{ex_7}\left(\frac{e}{ex_9}\left(\frac{e}{ex_{11}}\left(\frac{e}{ex_{13}}\left(\frac{ef_{(15)2}(x)}{ex_{15}}\right)\right)\right)\right)\right)\right)$$

$$+ w_t\left(\frac{e}{ex_5}\left(\frac{e}{ex_7}\left(\frac{e}{ex_9}\left(\frac{e}{ex_{11}}\left(\frac{e}{ex_{13}}\left(\frac{ef_{(15)2}(x)}{ex_{15}}\right)\right)\right)\right)\right)\right)$$

$$= 2^{n-5} + 2^{n-6} + 2^{n-7} + 2^{n-8} + 2^{n-9} + 2^{(n-2)-7}$$

$$- 2^{n-4}.$$

(c) 对 $\dfrac{ef_{(15)3}(x)}{ex_{15}} = x_{14}\left(x_{13} + \sum\limits_{i=3}^{12} x_i x_{i+1}\right)$，仍然由求导数、e-导数来求它的重量来对定理 11.5.4 进行验证，有

$$\frac{d}{dx_3}\left(\frac{ef_{(15)3}(x)}{ex_{15}}\right) = x_{14}x_4,$$

$$\frac{e}{ex_3}\left(\frac{ef_{(15)3}(x)}{ex_{15}}\right) = x_{14}(1+x_4)\left(x_{13} + \sum\limits_{i=5}^{12} x_i x_{i+1}\right),$$

$$w_t\left(\frac{d}{dx_3}\left(\frac{ef_{(15)3}(x)}{ex_{15}}\right)\right) = 2^{(n-2)-2} = 2^{n-4}.$$

又有

$$\frac{d}{dx_5}\left(\frac{e}{ex_3}\left(\frac{ef_{(15)3}(x)}{ex_{15}}\right)\right) = x_{14}(1+x_4)x_6,$$

$$\frac{e}{ex_5}\left(\frac{e}{ex_3}\left(\frac{ef_{(15)3}(x)}{ex_{15}}\right)\right) = x_{14}(1+x_4)(1+x_6)\left(x_{13} + \sum\limits_{i=7}^{12} x_i x_{i+1}\right),$$

$$w_t\left(\frac{d}{dx_5}\left(\frac{e}{ex_3}\left(\frac{ef_{(15)3}(x)}{ex_{15}}\right)\right)\right) = 2^{(n-2)-3} = 2^{n-5}.$$

又有

$$\frac{d}{dx_7}\left(\frac{e}{ex_5}\left(\frac{e}{ex_3}\left(\frac{ef_{(15)3}(x)}{ex_{15}}\right)\right)\right)=x_{14}(1+x_4)(1+x_6)x_8,$$

$$\frac{e}{ex_7}\left(\frac{e}{ex_5}\left(\frac{e}{ex_3}\left(\frac{ef_{(15)3}(x)}{ex_{15}}\right)\right)\right)=x_{14}(1+x_4)(1+x_6)(1+x_8)\left(x_{13}+\sum_{i=9}^{12}x_ix_{i+1}\right),$$

$$w_t\left(\frac{d}{dx_7}\left(\frac{e}{ex_5}\left(\frac{e}{ex_3}\left(\frac{ef_{(15)3}(x)}{ex_{15}}\right)\right)\right)\right)=2^{(n-2)-4}=2^{n-6}.$$

又有

$$\frac{d}{dx_9}\left(\frac{e}{ex_7}\left(\frac{e}{ex_5}\left(\frac{e}{ex_3}\left(\frac{ef_{(15)3}(x)}{ex_{15}}\right)\right)\right)\right)=x_{14}(1+x_4)(1+x_6)(1+x_8)x_{10},$$

$$\frac{e}{ex_9}\left(\frac{e}{ex_7}\left(\frac{e}{ex_5}\left(\frac{e}{ex_3}\left(\frac{ef_{(15)3}(x)}{ex_{15}}\right)\right)\right)\right)$$
$$=x_{14}(1+x_4)(1+x_6)(1+x_8)(1+x_{10})(x_{13}+x_{11}x_{12}+x_{12}x_{13}),$$

$$w_t\left(\frac{d}{dx_9}\left(\frac{e}{ex_7}\left(\frac{e}{ex_5}\left(\frac{e}{ex_3}\left(\frac{ef_{(15)3}(x)}{ex_{15}}\right)\right)\right)\right)\right)=2^{(n-2)-5}=2^{n-7}.$$

又有

$$\frac{d}{dx_{11}}\left(\frac{e}{ex_9}\left(\frac{e}{ex_7}\left(\frac{e}{ex_5}\left(\frac{e}{ex_3}\left(\frac{ef_{(15)3}(x)}{ex_{15}}\right)\right)\right)\right)\right)$$
$$=x_{14}(1+x_4)(1+x_6)(1+x_8)(1+x_{10})x_{12},$$

$$\frac{e}{ex_{11}}\left(\frac{e}{ex_9}\left(\frac{e}{ex_7}\left(\frac{e}{ex_5}\left(\frac{e}{ex_3}\left(\frac{ef_{(15)3}(x)}{ex_{15}}\right)\right)\right)\right)\right)$$
$$=x_{14}(1+x_4)(1+x_6)(1+x_8)(1+x_{10})(1+x_{12})x_{13},$$

$$w_t\left(\frac{d}{dx_{11}}\left(\frac{e}{ex_9}\left(\frac{e}{ex_7}\left(\frac{e}{ex_5}\left(\frac{e}{ex_3}\left(\frac{ef_{(15)3}(x)}{ex_{15}}\right)\right)\right)\right)\right)\right)$$
$$=2^{(n-2)-6}=2^{n-8},$$

$$w_t\left(\frac{e}{ex_{11}}\left(\frac{e}{ex_9}\left(\frac{e}{ex_7}\left(\frac{e}{ex_5}\left(\frac{e}{ex_3}\left(\frac{ef_{(15)3}(x)}{ex_{15}}\right)\right)\right)\right)\right)\right)$$
$$=2^{(n-2)-7}=2^{n-9}.$$

所以

$$w_t\left(\frac{ef_{(15)3}(x)}{ex_{15}}\right)=2^{n-5}+2^{n-6}+2^{n-7}+2^{n-8}+2^{n-9}+2^{n-9}=2^{n-4}.$$

(d) 由于

$$\frac{\partial\left(\frac{ef_{15}(x)}{ex_{15}}\right)}{\partial(x_1x_2\cdots x_{15})}=1+x_{14}+x_1,\qquad \frac{e\left(\frac{ef_{15}(x)}{ex_{15}}\right)}{e(x_1x_2\cdots x_{15})}=0,$$

所以

$$w_t\left(\frac{ef_{15}(x)}{ex_{15}}\right) = 2^{-1} \cdot 2^{n-1} + 0 = 2^{n-2}.$$

所以

$$w_t\left(\frac{ef_{(15)4}(x)}{ex_{15}}\right) = 2^{n-4} + 2^{[\frac{n}{2}]-1}.$$

所以

$$w_t\left(\frac{ef_{(14)1}(x)}{ex_{15}}\right) = 2^{n-3} - 2^{[\frac{n}{2}]-1}, \quad w_t\left(\frac{ef_{(14)2}(x)}{ex_{15}}\right) = 2^{n-3} + 2^{[\frac{n}{2}]-1}.$$

由于

$$w_t\left(\frac{df_{15}(x)}{dx_{15}}\right) = w_t\left(\frac{d\left(f_{15}(x)\frac{df_{15}(x)}{dx_{15}}\right)}{dx_{15}}\right) = w_t(x_{14} + x_1) = 2^{n-1},$$

所以

$$w_t\left(f_{15}(x)\frac{df_{15}(x)}{dx_{15}}\right) = 2^{n-2} \quad (n = 15),$$

$$w_t(f_{15}(x)) = w_t\left(f_{15}(x)\frac{df_{15}(x)}{dx_{15}}\right) + w_t\left(\frac{ef_{15}(x)}{ex_{15}}\right) = 2^{n-2} + 2^{n-2} = 2^{n-1}.$$

又有

$$\partial\left(\frac{d\left(f_{15}(x)\frac{df_{15}(x)}{dx_{15}}\right)}{dx_{15}}\right) \bigg/ \partial(x_1 x_2 \cdots x_{15}) = 0,$$

所以

$$w_t\left(f_{(14)1}(x)\frac{df_{(14)1}(x)}{dx_{15}}\right) = w_t\left(f_{(14)2}(x)\frac{df_{(14)2}(x)}{dx_{15}}\right)$$

$$= 2^{-1}w_t\left(f_{15}(x)\frac{df_{15}(x)}{dx_{15}}\right) = 2^{n-3}.$$

所以

$$w_t\left(f_{(14)1}(x)\frac{df_{(14)1}(x)}{dx_{15}}\right) > w_t\left(\frac{ef_{(14)1}(x)}{ex_{15}}\right),$$

$$w_t\left(f_{(14)2}(x)\frac{df_{(14)2}(x)}{dx_{15}}\right) < w_t\left(\frac{ef_{(14)2}(x)}{ex_{15}}\right).$$

所以, 取 $l_0(x) = x_{14}$, 有

$$
\begin{aligned}
N_{f_{15}(x)} &= \min_{l(x) \in L_n[x]} w_t(f_{15}(x) + l(x)) = w_t(f_{15}(x) + l_0(x)) \\
&= (2^{n-3} + 2^{n-3} - 2^{[\frac{n}{2}]-1}) + (2^{n-2} - (2^{n-3} + 2^{[\frac{n}{2}]-1}) + 2^{n-3}) \\
&= 2^{n-1} - 2^{[\frac{n}{2}]}.
\end{aligned}
$$

所以有

$$
w_t(f_{15}(x)) > N_{f_{15}(x)}.
$$

可知, 奇数元 2 次齐次旋转对称布尔函数 $f_{15}(x) = \sum_{i=1}^{15} x_i x_{i+1}$ 的重量大于它的非线性度.

由定理 11.5.4 可知, 一定有奇数 17 元 2 次齐次旋转对称布尔函数 $f_{17}(x) = \sum_{i=1}^{17} x_i x_{i+1}$, 一定有

$$
\frac{ef_{(17)1}(x)}{ex_{17}} = (1 + x_{16}) \sum_{i=3}^{15} x_i x_{i+1}, \quad w_t\left(\frac{ef_{(17)1}(x)}{ex_{17}}\right) = 2^{n-4} - 2^{[\frac{n}{2}]-1} \quad (n = 17).
$$

在下面的偶数 16 元 2 次齐次旋转对称布尔函数的例子 (例 11.5.2) 中, 要直接用到这个结果.

例 11.5.2　求 16 元 2 次齐次旋转对称布尔函数 $f_{16}(x) = \sum_{i=1}^{16} x_i x_{i+1}$ 的重量 $w_t(f_{16}(x))$ 和非线性度 $N_{f_{16}(x)}$, 并比较大小.

解　(a) 由 $\dfrac{df_{16}(x)}{dx_{16}} = x_{15} + x_1$, 便得

$$
f_{16}(x)\frac{df_{16}(x)}{dx_{16}} = x_1 x_2 + x_{15} x_{16} + x_{14} x_{15} + x_{16} x_1 + x_{15} \sum_{i=1}^{13} x_i x_{i+1} + x_1 \sum_{i=2}^{14} x_i x_{i+1},
$$

$$
\frac{ef_{16}(x)}{ex_{16}} = \sum_{i=2}^{13} x_i x_{i+1} + x_{15} \sum_{i=1}^{13} x_i x_{i+1} + x_1 \sum_{i=2}^{14} x_i x_{i+1}.
$$

又因 15 元 2 次齐次旋转对称布尔函数 $f_{15}(x) = \sum_{i=1}^{15} x_i x_{i+1}$, 有 $w_t\left(\dfrac{ef_{(14)1}(x)}{ex_{15}}\right) = 2^{15-3} - 2^{[\frac{15}{2}]-1}$; 17 元 2 次齐次旋转对称布尔函数 $f_{17}(x) = \sum_{i=1}^{17} x_i x_{i+1}$, 有 $w_t\left(\dfrac{ef_{(17)1}(x)}{ex_{17}}\right) = 2^{17-4} - 2^{[\frac{17}{2}]-1}$, 所以 16 元 2 次齐次旋转对称布尔函数 $f_{16}(x) =$

$\sum\limits_{i=1}^{16} x_i x_{i+1}$ 必有

$$w_t\left(\frac{ef_{(15)1}(x)}{ex_{16}}\right) = 2^{16-3} - 2^{\left[\frac{16}{2}\right]} = 2^{n-3} - 2^{\left[\frac{n}{2}\right]},$$

$$w_t\left(\frac{ef_{(16)1}(x)}{ex_{16}}\right) = 2^{n-4} - 2^{\left[\frac{n}{2}\right]-1}.$$

由于 $n = 16$ 为偶数, 所以有

$$\frac{\partial f_{16}(x)}{\partial(x_1 x_2 \cdots x_{16})} = 0.$$

所以有

$$\frac{\partial\left(f_{16}(x)\frac{df_{16}(x)}{dx_{16}}\right)}{\partial(x_1 x_2 \cdots x_{16})} = 0, \qquad \frac{\partial\left(\frac{ef_{16}(x)}{ex_{16}}\right)}{\partial(x_1 x_2 \cdots x_{16})} = 0.$$

所以有

$$w_t\left(\frac{ef_{(15)2}(x)}{ex_{16}}\right) = 2^{16-3} - 2^{\left[\frac{16}{2}\right]-1}, \quad w_t\left(\frac{ef_{16}(x)}{ex_{16}}\right) = 2^{16-2} - 2^{\left[\frac{16}{2}\right]},$$

$$w_t\left(f_{(15)1}(x)\frac{df_{(15)1}(x)}{dx_{16}}\right) = w_t\left(f_{(15)2}(x)\frac{df_{(15)2}(x)}{dx_{16}}\right).$$

又由于

$$\frac{df_{16}(x)}{dx_{16}} = x_{15} + x_1, \quad w_t\left(\frac{df_{16}(x)}{dx_{16}}\right) = 2^{16-1},$$

所以

$$w_t\left(f_{16}(x)\frac{df_{16}(x)}{dx_{16}}\right) = 2^{16-2}.$$

所以

$$w_t(f_{16}(x)) = w_t\left(f_{16}(x)\frac{df_{16}(x)}{dx_{16}}\right) + w_t\left(\frac{ef_{16}(x)}{ex_{16}}\right) = 2^{16-1} - 2^{\left[\frac{16}{2}\right]}.$$

(b) 可取 $l_0(x) = x_{n-1} + x_1$, 有

$$N_{f_{16}(x)} = \min_{l(x)\in L_n[x]} w_t(f_{16}(x) + l(x)) = w_t(f_{16}(x) + l_0(x))$$

$$= w_t\left(f_{16}(x)\frac{df_{16}(x)}{dx_{16}} + l_0(x)\right) + w_t\left(\frac{ef_{16}(x)}{ex_{16}} + l_0(x)\right) - w_t(l_0(x))$$

$$= 2^{16-2} + \left(2^{16-1} + \left(2^{16-2} - 2^{\left[\frac{n}{2}\right]}\right)\right) - 2^{16-1}$$

$$= 2^{16-1} - 2^{\left[\frac{16}{2}\right]},$$

所以, 偶数 $n = 16$ 元 2 次齐次旋转对称布尔函数 $f_{16}(x) = \sum\limits_{i=1}^{16} x_i x_{i+1}$ 的重量 $w_t(f_{16}(x))$ 和非线性度 $N_{f_{16}(x)}$ 相等, 均等于 $2^{16-1} - 2^{\left[\frac{16}{2}\right]} = 2^{16-1} - 2^{\frac{16}{2}}$.

对 $f_n(x) = \sum\limits_{i=1}^{n} x_i x_{i+2}$ 这种 2 次齐次旋转对称布尔函数, 下面仅给出 3 个 n 分别为奇数和偶数时的例子 (例 11.5.3 ∼ 11.5.5).

例 11.5.3　对 7 元 2 次齐次旋转对称布尔函数

$$f_7(x) = \sum_{i=1}^{7} x_i x_{i+2} = x_1 x_3 + x_2 x_4 + x_3 x_5 + x_4 x_6 + x_5 x_7 + x_6 x_1 + x_7 x_2,$$

求它的重量 $w_t(f_7(x))$ 和非线性度 $N_{f_7(x)}$, 并比较二者的大小.

解　(a) 先求 $w_t(f_7(x))$.

由于

$$\frac{df_7(x)}{dx_7} = \frac{d\left(f_7(x)\dfrac{df_7(x)}{dx_7}\right)}{dx_7} = x_5 + x_2,$$

所以,

$$f_7(x)\frac{df_7(x)}{dx_7} = x_2 x_4 + x_3 x_5 + x_5 x_7 + x_7 x_2 + x_4 x_5 x_6 + x_2 x_4 x_6$$
$$+ x_2 x_4 x_5 + x_2 x_3 x_5 + x_1 x_5 x_6 + x_1 x_3 x_5,$$
$$\frac{ef_7(x)}{ex_7} = x_1 x_3 + x_4 x_6 + x_6 x_1 + x_4 x_5 x_6 + x_2 x_4 x_6 + x_2 x_4 x_5$$
$$+ x_2 x_3 x_5 + x_1 x_5 x_6 + x_1 x_3 x_5,$$
$$w_t\left(f_7(x)\frac{df_7(x)}{dx_7}\right) = 2^{n-2}.$$

由

$$\frac{\partial\left(\dfrac{ef_7(x)}{ex_7}\right)}{\partial(x_6 x_7)} = x_4 + x_4 x_5 + x_2 x_4 + x_1 + x_1 x_5 + x_1 x_2,$$

$$\frac{d\left(\dfrac{\partial\left(\dfrac{ef_7(x)}{ex_7}\right)}{\partial(x_6 x_7)}\right)}{dx_4} = 1 + x_5 + x_2, \qquad \frac{e\left(\dfrac{\partial\left(\dfrac{ef_7(x)}{ex_7}\right)}{\partial(x_6 x_7)}\right)}{ex_4} = 0,$$

有

$$w_t\left(\frac{\partial\left(\dfrac{ef_7(x)}{ex_7}\right)}{\partial(x_6 x_7)}\right) = 2^{-1} \cdot 2^{n-1} + 0 = 2^{n-2},$$

又有

$$
\frac{e\left(\dfrac{ef_7(x)}{ex_7}\right)}{e(x_6 x_7)}
$$

$$
= x_1 x_3 x_4 + x_1 x_3 x_5 + x_2 x_3 x_4 + x_2 x_3 x_5 + x_1 x_2 x_3 x_4 + x_1 x_2 x_4 x_5 + x_1 x_3 x_4 x_5,
$$

$$
\frac{d\left(\dfrac{e\left(\dfrac{ef_7(x)}{ex_7}\right)}{e(x_6 x_7)}\right)}{dx_4}
$$

$$
= x_1 x_3 + x_2 x_3 + x_1 x_2 x_3 + x_1 x_2 x_5 + x_1 x_3 x_5,
$$

$$
\frac{e\left(\dfrac{e\left(\dfrac{ef_7(x)}{ex_7}\right)}{e(x_6 x_7)}\right)}{ex_4} = 0.
$$

又有

$$
\frac{\partial\left(\dfrac{d\left(\dfrac{e\left(\dfrac{ef_7(x)}{ex_7}\right)}{e(x_6 x_7)}\right)}{dx_4}\right)}{\partial(x_1 x_2 \cdots x_7)} = 1 + x_3 + x_5, \qquad \frac{e\left(\dfrac{d\left(\dfrac{e\left(\dfrac{ef_7(x)}{ex_7}\right)}{e(x_6 x_7)}\right)}{dx_4}\right)}{e(x_1 x_2 \cdots x_7)} = 0,
$$

所以

$$
w_t\left(\frac{d\left(\dfrac{e\left(\dfrac{ef_7(x)}{ex_7}\right)}{e(x_6 x_7)}\right)}{dx_4}\right) = 2^{-1} \cdot 2^{n-1} + 0 = 2^{n-2},
$$

$$
w_t\left(\frac{e\left(\dfrac{ef_7(x)}{ex_7}\right)}{e(x_6 x_7)}\right) = 2^{-1} \cdot 2^{n-2} + 0 = 2^{n-3}.
$$

所以

$$w_t \left(\frac{ef_7(x)}{ex_7} \right) = 2^{-1} \cdot 2^{n-2} + 2^{n-3} = 2^{n-2},$$

$$w_t(f_7(x)) = w_t \left(f_7(x) \frac{df_7(x)}{dx_7} \right) + w_t \left(\frac{ef_7(x)}{ex_7} \right) = 2^{n-1}.$$

(b) 现在来求 $N_{f_7(x)}$.

由于

$$w_t \left(f_7(x) \frac{df_7(x)}{dx_7} \right) = w_t \left(\frac{ef_7(x)}{ex_7} \right) = 2^{n-2}, \quad f_7(x) \frac{df_7(x)}{dx_7} \cdot \frac{ef_7(x)}{ex_7} = 0,$$

$$\frac{d \left(f_7(x) \frac{df_7(x)}{dx_7} \right)}{dx_7} = x_5 + x_2,$$

所以

$$w_t \left(f_7(x) \frac{df_7(x)}{dx_7} + x_{n-1} \right) = w_t \left(f_7(x) \frac{df_7(x)}{dx_7} + 1 + x_{n-1} \right) = 2^{n-1}.$$

又因

$$w_t \left(\frac{ef_7(x)}{ex_7} + x_{n-1} \right) = 56 = 2^{n-1} - 2^{[\frac{n}{2}]}, \quad w_t \left(\frac{ef_7(x)}{ex_7} + 1 + x_{n-1} \right) = 70,$$

$$w_t \left(\frac{ef_7(x)}{ex_7} + 1 + x_{n-1} \right) > w_t \left(\frac{ef_7(x)}{ex_7} + x_{n-1} \right).$$

取 $l_0(x) = x_{n-1} = x_6$, 有

$$w_t \left(f_7(x) \frac{df_7(x)}{dx_7} + l_0(x) \right) = w_t \left(f_7(x) \frac{df_7(x)}{dx_7} + x_6 \right) = 64 = 2^{n-1}.$$

所以

$$N_{f_7(x)} = w_t(f_7(x) + l_0(x))$$
$$= w_t \left(f_7(x) \frac{df_7(x)}{dx_7} + l_0(x) \right) + w_t \left(\frac{ef_7(x)}{ex_7} + l_0(x) \right) - w_t(l_0(x))$$
$$= 2^{n-1} + 2^{n-1} - 2^{[\frac{n}{2}]} - 2^{n-1}$$
$$= 2^{n-1} - 2^{[\frac{n}{2}]}.$$

所以 $w_t(f_7(x)) > N_{f_7(x)}$.

同样, 当 $n = 7$ 时, 2 次齐次旋转对称布尔函数 $f_7(x) = \sum_{i=1}^{7} x_i x_{i+2}$ 的重量大于它的非线性度, 且 $f_7(x)$ 的非线性度很高, 与布尔函数的最高非线性度 $2^{n-1} - 2^{\frac{n}{2}-1}$ (n 为偶数), 即 Bent 函数的非线性度很接近.

例 11.5.4 对 9 元 2 次齐次旋转对称布尔函数

$$f_9(x) = \sum_{i=1}^{9} x_i x_{i+2} = x_1 x_3 + x_2 x_4 + x_3 x_5 + x_4 x_6 + x_5 x_7 + x_6 x_8 + x_7 x_9 + x_8 x_1 + x_9 x_2,$$

求它的重量 $w_t(f_9(x))$ 和非线性度 $N_{f_9(x)}$，并比较二者的大小.

解　(a) 先求 $w_t(f_9(x))$.

由于

$$\frac{d\left(f_9(x)\dfrac{df_9(x)}{dx_9}\right)}{dx_9} = \frac{df_9(x)}{dx_9} = x_7 + x_2,$$

所以，

$$f_9(x)\frac{df_9(x)}{dx_9} = x_2 x_4 + x_5 x_7 + x_7 x_9 + x_9 x_2 + x_1 x_2 x_3 + x_1 x_2 x_8 + x_1 x_3 x_7$$

$$+ x_1 x_7 x_8 + x_2 x_3 x_5 + x_2 x_4 x_6 + x_2 x_4 x_7 + x_2 x_5 x_7 + x_2 x_6 x_8$$

$$+ x_3 x_5 x_7 + x_4 x_6 x_7 + x_6 x_7 x_8,$$

$$\frac{ef_9(x)}{ex_9} = x_1 x_3 + x_3 x_5 + x_4 x_6 + x_6 x_8 + x_8 x_1 + x_1 x_2 x_3 + x_1 x_2 x_8$$

$$+ x_1 x_3 x_7 + x_1 x_7 x_8 + x_2 x_3 x_5 + x_2 x_4 x_6 + x_2 x_4 x_7 + x_2 x_5 x_7$$

$$+ x_2 x_6 x_8 + x_3 x_5 x_7 + x_3 x_6 x_8 + x_6 x_7 x_8,$$

$$w_t\left(f_9(x)\frac{df_9(x)}{dx_9}\right) = 2^{n-2}.$$

又有

$$\frac{\partial\left(\dfrac{ef_9(x)}{ex_9}\right)}{\partial(x_8 x_9)} = x_1 + x_6 + x_1 x_2 + x_1 x_7 + x_2 x_6 + x_6 x_7,$$

$$\frac{d\left(\dfrac{\partial\left(\dfrac{ef_9(x)}{ex_9}\right)}{\partial(x_8 x_9)}\right)}{dx_6} = 1 + x_2 + x_7, \qquad \frac{e\left(\dfrac{\partial\left(\dfrac{ef_9(x)}{ex_9}\right)}{\partial(x_8 x_9)}\right)}{ex_6} = 0,$$

所以

$$w_t\left(\frac{\partial\left(\dfrac{ef_9(x)}{ex_9}\right)}{\partial(x_8 x_9)}\right) = 2^{-1} \cdot 2^{n-1} + 0 = 2^{n-2}.$$

又有

$$
\frac{e\left(\dfrac{ef_9(x)}{ex_9}\right)}{e(x_8x_9)} = x_3x_5 + x_1x_3x_5 + x_1x_3x_6 + x_1x_4x_6 + x_2x_3x_5 + x_2x_4x_7 + x_2x_5x_7
$$

$$
+ x_3x_5x_6 + x_3x_5x_7 + x_1x_2x_3x_5 + x_1x_2x_3x_6 + x_1x_2x_4x_6 + x_1x_2x_4x_7
$$

$$
+ x_1x_2x_5x_7 + x_1x_3x_5x_7 + x_1x_3x_6x_7 + x_1x_4x_6x_7 + x_2x_4x_6x_7,
$$

又有

$$
\frac{d\left(\dfrac{e\left(\dfrac{ef_9(x)}{ex_9}\right)}{e(x_8x_9)}\right)}{dx_6} = x_1x_3 + x_1x_4 + x_3x_5 + x_1x_3x_7 + x_1x_4x_7
$$

$$
+ x_2x_3x_5 + x_2x_4x_7 + x_2x_6x_7 + x_3x_5x_7,
$$

$$
\frac{e\left(\dfrac{e\left(\dfrac{ef_9(x)}{ex_9}\right)}{e(x_8x_9)}\right)}{ex_6} = 0.
$$

又有

$$
\frac{\partial\left(\dfrac{d\left(\dfrac{e(\dfrac{ef_9(x)}{ex_9})}{e(x_8x_9)}\right)}{dx_6}\right)}{\partial(x_1x_2\cdots x_9)} = 1 + x_2 + x_7, \qquad
\frac{e\left(\dfrac{d\left(\dfrac{e(\dfrac{ef_9(x)}{ex_9})}{e(x_8x_9)}\right)}{dx_6}\right)}{e(x_1x_2\cdots x_9)} = 0,
$$

所以

$$
w_t\left(\frac{d\left(\dfrac{e(\dfrac{ef_9(x)}{ex_9})}{e(x_8x_9)}\right)}{dx_6}\right) = 2^{-1}\cdot 2^{n-1} + 0 = 2^{n-2},
$$

$$w_t \left(\frac{e\left(\dfrac{ef_9(x)}{ex_9}\right)}{e(x_8 x_9)} \right) = 2^{-1} \cdot 2^{n-2} + 0 = 2^{n-3},$$

$$w_t \left(\frac{ef_9(x)}{ex_9} \right) = 2^{-1} \cdot 2^{n-2} + 2^{n-3} = 2^{n-2}.$$

所以

$$w_t(f_9(x)) = w_t \left(f_9(x) \frac{df_9(x)}{dx_9} \right) + w_t \left(\frac{ef_9(x)}{ex_9} \right) = 2^{n-1}.$$

(b) 现在来求 $N_{f_9(x)}$.

因有

$$w_t \left(f_9(x) \frac{df_9(x)}{dx_9} \right) = w_t \left(\frac{ef_9(x)}{ex_9} \right) = 2^{n-2}, \quad f_9(x) \frac{df_9(x)}{dx_9} \cdot \frac{ef_9(x)}{ex_9} = 0,$$

$$w_t \left(\frac{d\left(f_9(x) \dfrac{df_9(x)}{dx_9} \right)}{dx_9} \right) = w_t(x_7 + x_2) = 2^{n-1},$$

所以,

$$w_t \left(f_9(x) \frac{df_9(x)}{dx_9} + x_{n-1} \right) = w_t \left(f_9(x) \frac{df_9(x)}{dx_9} + 1 + x_{n-1} \right) = 2^{n-1}.$$

又因

$$w_t \left(\frac{ef_9(x)}{ex_9} + x_{n-1} \right) = 240 = 2^{n-1} - 2^{\left[\frac{n}{2}\right]},$$

$$w_t \left(\frac{ef_9(x)}{ex_9} + 1 + x_{n-1} \right) = 272 = 2^{n-1} + 2^{\left[\frac{n}{2}\right]},$$

即有

$$w_t \left(\frac{ef_9(x)}{ex_9} + x_{n-1} \right) < w_t \left(\frac{ef_9(x)}{ex_9} + 1 + x_{n-1} \right).$$

所以, 取 $l_0(x) = x_{n-1}$, 有

$$N_{f_9(x)} = \min_{l(x) \in L_n[x]} w_t(f_9(x) + l(x)) = w_t(f_9(x) + l_0(x))$$

$$= w_t \left(f_9(x) \frac{df_9(x)}{dx_9} + l_0(x) \right) + w_t \left(\frac{ef_9(x)}{ex_9} + l_0(x) \right) - w_t(l_0(x))$$

$$= 2^{n-1} + 2^{n-1} - 2^{\left[\frac{n}{2}\right]} - 2^{n-1}$$

$$= 2^{n-1} - 2^{\left[\frac{n}{2}\right]}.$$

故 $w_t(f_9(x)) > N_{f_9(x)}$.

对 $f_n(x) = \sum\limits_{i=1}^{n} x_i x_{i+2}$ 这种类型的 2 次齐次旋转对称布尔函数, 例 11.5.3 和例 11.5.4 给出了 n 为奇数时的 $f_n(x)$ 的重量与非线性度及其大小的关系. 例 11.5.5、例 11.5.6 给出 n 为偶数时的情形.

例 11.5.5　对 6 元 2 次齐次旋转对称布尔函数

$$f_6(x) = \sum_{i=1}^{6} x_i x_{i+2} = x_1 x_3 + x_2 x_4 + x_3 x_5 + x_4 x_6 + x_5 x_1 + x_6 x_2,$$

求它的重量 $w_t(f_6(x))$ 和非线性度 $N_{f_6(x)}$, 并比较二者的大小.

解　(a) 先求 $w_t(f_6(x))$.

由于有

$$\frac{d\left(f_6(x)\dfrac{df_6(x)}{dx_6}\right)}{dx_6} = \frac{df_6(x)}{dx_6} = x_4 + x_2,$$

所以

$$w_t\left(f_6(x)\frac{df_6(x)}{dx_6}\right) = 2^{n-2},$$

$$f_6(x)\frac{df_6(x)}{dx_6} = x_2 x_6 + x_4 x_6 + x_1 x_2 x_3 + x_1 x_2 x_5 + x_1 x_3 x_4 + x_1 x_4 x_5$$
$$+ x_2 x_3 x_5 + x_2 x_4 x_5,$$

所以

$$\frac{ef_6(x)}{ex_6} = x_1 x_3 + x_1 x_5 + x_2 x_4 + x_3 x_5 + x_1 x_2 x_3 + x_1 x_2 x_5 + x_1 x_3 x_4$$
$$+ x_1 x_4 x_5 + x_2 x_3 x_5 + x_3 x_4 x_5,$$

有

$$\frac{\partial\left(\dfrac{ef_6(x)}{ex_6}\right)}{\partial(x_5 x_6)} = x_1 + x_3 + x_1 x_2 + x_1 x_4 + x_2 x_3 + x_3 x_4,$$

$$\frac{d\left(\dfrac{\partial\left(\dfrac{ef_6(x)}{ex_6}\right)}{\partial(x_5 x_6)}\right)}{dx_4} = x_1 + x_3, \qquad \frac{e\left(\dfrac{\partial\left(\dfrac{ef_6(x)}{ex_6}\right)}{\partial(x_5 x_6)}\right)}{ex_4} = 0,$$

所以有

$$w_t\left(\frac{\partial\left(\dfrac{ef_6(x)}{ex_6}\right)}{\partial(x_5 x_6)}\right) = 2^{n-2}.$$

又有
$$\frac{e\left(\frac{ef_6(x)}{ex_6}\right)}{e(x_5x_6)} = x_1x_3 + x_2x_4 + x_1x_2x_3 + x_1x_2x_4 + x_1x_3x_4 + x_2x_3x_4.$$

又有
$$\frac{d\left(\frac{e\left(\frac{ef_6(x)}{ex_6}\right)}{e(x_5x_6)}\right)}{dx_4} = x_2 + x_1x_2 + x_1x_3 + x_2x_3,$$

$$\frac{e\left(\frac{e\left(\frac{ef_6(x)}{ex_6}\right)}{e(x_5x_6)}\right)}{ex_4} = 0.$$

又有
$$\frac{d\left(\frac{d\left(\frac{e\left(\frac{ef_6(x)}{ex_6}\right)}{e(x_5x_6)}\right)}{dx_4}\right)}{dx_3} = x_1 + x_2, \qquad \frac{e\left(\frac{d\left(\frac{e\left(\frac{ef_6(x)}{ex_6}\right)}{e(x_5x_6)}\right)}{dx_4}\right)}{ex_3} = 0,$$

所以有
$$w_t\left(\frac{d\left(\frac{e\left(\frac{ef_6(x)}{ex_6}\right)}{e(x_5x_6)}\right)}{dx_4}\right) = 2^{-1} \cdot 2^{n-1} + 0 = 2^{n-2},$$

$$w_t\left(\frac{e\left(\frac{ef_6(x)}{ex_6}\right)}{e(x_5x_6)}\right) = 2^{-1} \cdot 2^{n-2} + 0 = 2^{n-3},$$

$$w_t\left(\frac{ef_6(x)}{ex_6}\right) = 2^{-1} \cdot 2^{n-2} + 2^{n-3} = 2^{n-2}.$$

所以有

$$w_t(f_6(x)) = w_t\left(f_6(x)\frac{df_6(x)}{dx_6}\right) + w_t\left(\frac{ef_6(x)}{ex_6}\right) = 2^{n-1}.$$

(b) 现在来求 $N_{f_6(x)}$.

由于有

$$w_t\left(\frac{ef_6(x)}{ex_6}\right) = 2^{n-2}, \quad w_t\left(f_6(x)\frac{df_6(x)}{dx_6}\right) = 2^{n-2},$$

$$w_t\left(\frac{d\left(f_6(x)\dfrac{df_6(x)}{dx_6}\right)}{dx_6}\right) = w_t(x_2 + x_4) = 2^{n-1},$$

$$\frac{d\left(\dfrac{d\left(f_6(x)\dfrac{df_6(x)}{dx_6}\right)}{dx_6}\right)}{dx_4} = 1,$$

所以有

$$w_t\left(\frac{ef_6(x)}{ex_6} + x_6\right) = w_t\left(\frac{ef_6(x)}{ex_6} + 1 + x_6\right) = 2^{n-1}.$$

又可计算

$$w_t\left(f_6(x)\frac{df_6(x)}{dx_6} + x_6\right) = w_t\left(f_6(x)\frac{df_6(x)}{dx_6} + 1 + x_6\right) = 2^{n-1},$$

$$w_t\left(f_6(x)\frac{df_6(x)}{dx_6} + x_1 + x_6\right) = 24 = 2^{n-1} - 2^{[\frac{n}{2}]},$$

$$w_t\left(f_6(x)\frac{df_6(x)}{dx_6} + 1 + x_6\right) = 2^{n-1},$$

所以, 取 $l_0(x) = x_1 + x_6$, 有

$$N_{f_6(x)} = \min_{l(x)\in L_n[x]} w_t(f_6(x) + l(x)) = w_t(f_6(x) + l_0(x))$$
$$= w_t\left(f_6(x)\frac{df_6(x)}{dx_6} + l_0(x)\right) + w_t\left(\frac{ef_6(x)}{ex_6} + l_0(x)\right) - w_t(l_0(x))$$
$$= 2^{n-1} - 2^{[\frac{n}{2}]} + 2^{n-1} - 2^{n-1}$$
$$= 2^{n-1} - 2^{[\frac{n}{2}]}.$$

所以, 6 元 2 次齐次旋转对称布尔函数 $f_6(x)$, 有

$$w_t(f_6(x)) > N_{f_6(x)}.$$

例 11.5.6 对 8 元 2 次齐次旋转对称布尔函数

$$f_8(x) = \sum_{i=1}^{8} x_i x_{i+2} = x_1 x_3 + x_2 x_4 + x_3 x_5 + x_4 x_6 + x_5 x_7 + x_6 x_8 + x_7 x_1 + x_8 x_2,$$

求它的重量 $w_t(f_8(x))$ 和非线性度 $N_{f_8(x)}$，并比较二者的大小.

解 (a) 先求 $w_t(f_8(x))$.

由于有

$$\frac{d\left(f_8(x)\dfrac{df_8(x)}{dx_8}\right)}{dx_8} = \frac{df_8(x)}{dx_8} = x_6 + x_2,$$

所以

$$w_t\left(f_8(x)\frac{df_8(x)}{dx_8}\right) = 2^{n-2},$$

$$\begin{aligned}
f_8(x)\frac{df_8(x)}{dx_8} =\ & x_2 x_4 + x_4 x_6 + x_6 x_8 + x_8 x_2 + x_1 x_2 x_3 + x_1 x_2 x_7 + x_1 x_3 x_6 \\
& + x_1 x_6 x_7 + x_2 x_3 x_5 + x_2 x_5 x_7 + x_3 x_5 x_6 + x_5 x_6 x_7,
\end{aligned}$$

所以

$$\begin{aligned}
\frac{ef_8(x)}{ex_8} =\ & x_1 x_3 + x_3 x_5 + x_5 x_7 + x_7 x_1 + x_1 x_2 x_3 + x_1 x_2 x_7 + x_1 x_3 x_6 \\
& + x_1 x_6 x_7 + x_2 x_3 x_5 + x_2 x_5 x_7 + x_3 x_5 x_6 + x_5 x_6 x_7,
\end{aligned}$$

有

$$\frac{\partial\left(\dfrac{ef_8(x)}{ex_8}\right)}{\partial(x_7 x_8)} = x_1 + x_5 + x_1 x_2 + x_1 x_6 + x_2 x_5 + x_5 x_6,$$

$$\frac{e\left(\dfrac{ef_8(x)}{ex_8}\right)}{e(x_7 x_8)} = 0.$$

又有

$$\frac{d\left(\dfrac{\partial\left(\dfrac{ef_8(x)}{ex_8}\right)}{\partial(x_7 x_8)}\right)}{dx_5} = 1 + x_6 + x_2, \qquad \frac{e\left(\dfrac{\partial\left(\dfrac{ef_8(x)}{ex_8}\right)}{\partial(x_7 x_8)}\right)}{ex_5} = 0,$$

所以, 有

$$w_t\left(\frac{\partial\left(\dfrac{ef_8(x)}{ex_8}\right)}{\partial(x_7x_8)}\right) = 2^{-1}\cdot 2^{n-1} + 0 = 2^{n-2},$$

$$w_t\left(\frac{ef_8(x)}{ex_8}\right) = 2^{-1}\cdot 2^{n-2} + 0 = 2^{n-3}.$$

所以, $f_8(x)$ 的重量为

$$w_t(f_8(x)) = w_t\left(f_8(x)\frac{df_8(x)}{dx_8}\right) + w_t\left(\frac{ef_8(x)}{ex_8}\right) = 2^{n-2} + 2^{n-3} = 2^{n-1} - 2^{n-3}.$$

(b) 现在来求 $f_8(x)$ 的非线性度 $N_{f_8(x)}$.

由于

$$\frac{d\left(f_8(x)\dfrac{df_8(x)}{dx_8}\right)}{dx_8} = x_6 + x_2, \quad \frac{d\left(\dfrac{d\left(f_8(x)\dfrac{df_8(x)}{dx_8}\right)}{dx_8}\right)}{dx_6} = 1,$$

且

$$w_t\left(f_8(x)\frac{df_8(x)}{dx_8}\right) > w_t\left(\frac{ef_8(x)}{ex_8}\right),$$

$$w_t\left(f_8(x)\frac{df_8(x)}{dx_8} + x_7\right) = w_t\left(f_8(x)\frac{df_8(x)}{dx_8} + 1 + x_7\right) = 2^{n-1},$$

所以取 $l_0(x)$ 为含 x_7, 不含 x_8 的线性函数.

由于

$$\frac{d\left(\dfrac{ef_8(x)}{ex_8}\right)}{dx_3} = x_1 + x_5 + x_5x_6 + x_2x_5 + x_1x_6 + x_1x_2 = \frac{\partial\left(\dfrac{ef_8(x)}{ex_8}\right)}{\partial(x_7x_8)},$$

所以

$$w_t\left(\frac{d\left(\dfrac{ef_8(x)}{ex_8}\right)}{dx_3}\right) = 2^{n-2}.$$

由此, 有

$$w_t\left(\frac{ef_8(x)}{ex_8} + x_7\right) = w_t\left(\frac{ef_8(x)}{ex_8} + 1 + x_7\right) = 2^{n-1} + 2^{n-3}.$$

所以, 取 $l_1(x) = x_3 + x_7, l_2(x) = 1 + x_3 + x_7$, 有

$$w_t\left(\frac{ef_8(x)}{ex_8} + l_1(x)\right) = 2^{n-3} + 2^{n-1} - 2^{n-2} = 2^{n-1} - 2^{n-3},$$

$$w_t\left(\frac{ef_8(x)}{ex_8} + l_2(x)\right) = 2^{n-3} + 2^{n-1} - 0 = 2^{n-1} + 2^{n-3},$$

有

$$w_t\left(\frac{ef_8(x)}{ex_8} + l_2(x)\right) > w_t\left(\frac{ef_8(x)}{ex_8} + l_1(x)\right).$$

所以, 取 $l_0(x) = l_1(x) = x_3 + x_7$, 有

$$N_{f_8(x)} = \min_{l(x)\in L_n[x]} w_t(f_8(x) + l(x)) = w_t(f_8(x) + l_0(x))$$

$$= w_t\left(f_8(x)\frac{df_8(x)}{dx_8} + l_0(x)\right) + w_t\left(\frac{ef_8(x)}{ex_8} + l_0(x)\right) - w_t(l_0(x))$$

$$= 2^{n-1} + 2^{n-1} - 2^{n-3} - 2^{n-1}$$

$$= 2^{n-1} - 2^{n-3}.$$

所以, 8 元 2 次齐次旋转对称布尔函数 $f_8(x)$ 有

$$w_t(f_8(x)) = N_{f_8(x)} = 2^{n-1} - 2^{n-3}.$$

和 2 次齐次旋转对称布尔函数 $f'_n(x) = \sum_{i=1}^{n} x_i x_{i+1}$ 不同, 2 次齐次旋转对称布尔函数 $f_n(x) = \sum_{i=1}^{n} x_i x_{i+2}$ 在 n 为偶数时, 8 元函数 $f_8(x) = \sum_{i=1}^{8} x_i x_{i+2}$ 有

$$w_t(f_8(x)) = N_{f_8(x)} = 2^{n-1} - 2^{n-3};$$

而 6 元函数 $f_6(x) = \sum_{i=1}^{6} x_i x_{i+2}$ 有

$$w_t(f_6(x)) = 2^{n-1}, \quad N_{f_6(x)} = 2^{n-1} - 2^{\left[\frac{n}{2}\right]}, \quad w_t(f_6(x)) > N_{f_6(x)}.$$

所以可知, 2 次齐次旋转对称布尔函数

$$f_n(x) = \sum_{i=1}^{n} x_i x_{i+s} \ (s \text{ 为任意小于 } n \text{ 的常整数})$$

的重量 $w_t(f_n(x))$ 和非线性度 $N_{f_n(x)}$ 的大小关系, 对任意小于 n 的常数 s 来说, 是没有统一定论的. 只有当 $s = 1$, 对 n 为偶数和 n 为奇数时, 2 次齐次旋转对称布尔函数 $f_n(x) = \sum_{i=1}^{n} x_i x_{i+1}$ 的重量和非线性度的大小关系, 有不同的统一结论.

参 考 文 献

程代展, 赵寅, 徐相如. 2011. 从布尔代数到布尔微积分 [J]. 控制理论与应用, 28(10): 1513–1523

曹浩, 卓泽朋. 2017. 具有最优代数免疫阶平衡布尔函数的递归构造 [J]. 计算机工程与应用, 53(7): 133–135, 140

曹浩, 魏仕民, 卓泽鹏, 王会歌. 2010. 具有最大代数免疫阶的布尔函数的新构造 [J]. 北京大学学报 (自然科学版), 46(5): 704–708

陈偕雄, 沈继忠. 2001. 近代数字理论 [M]. 杭州: 浙江大学出版社

陈偕雄, 余党军. 2004. 数字逻辑的图形方法 [M]. 北京: 机械工业出版社

陈绵云. 1994. 趋势关联度及其在灰色建模中的应用 [J]. 华中理工大学学报, 22(8): 66–68

陈永义. 1981. 布尔方程的一种通用解法 [J]. 兰州大学学报, 17(3): 1–8

陈鲁生, 符方伟. 2001. 关于多输出布尔函数的非线性度 [J]. 南开大学学报 (自然科学版), 34(4): 28–33

陈银冬, 陆佩忠. 2009. 偶数变元代数免疫最优布尔函数的构造方法 [J]. 通信学报, 30(11): 64–70, 78

陈银冬, 陆佩忠. 2011. 互补对称布尔函数的非线性度 [J]. 计算机工程与科学, 33(10): 51–56

陈银冬, 张亚楠, 田威. 2014. 具有最优代数免疫度的偶数元旋转对称布尔函数的构造 [J]. 密码学报, 1(5): 437–448

丁石孙. 1982. 线性移位寄存器序列 [M]. 上海: 上海科学技术出版社

邓聚龙. 1996. 灰色系统理论与应用进展的若干问题 [M]. 武汉: 华中理工大学出版社

杜蛟, 温巧燕, 张劼, 庞善起. 2013. 素数元旋转对称弹性布尔函数的构造与计数 [J]. 通信学报, 34(3): 6–13

杜蛟, 尚玉婧, 赵金玲, 董乐, 张恩. 2017. 8 元多输出旋转对称弹性函数的构造与计数 [J]. 通信学报, 38(7): 47–55

方伟杰, 厉晓华, 杭国强. 2013. 特殊逻辑函数布尔差分及布尔 e-导数的性质研究 [J]. 浙江大学学报 (理学版), 40(5): 535–538

马汝星. 2014. 基于分解表计算逻辑函数 e-导数的新方法 [J]. 科技通报, 30(1): 141–144

马汝星, 陈偕雄. 2013. 基于最小项表计算 e-导数的方法 [J]. 浙江大学学报 (理学版), 40(5): 531–534

马汝星, 陈偕雄, 杜歆. 2014. 基于逻辑函数 e-导数的双逻辑综合 [J]. 浙江大学学报 (理学版), 41(1): 55–57

冯克勤, 廖群英. 2008. 对称布尔函数的代数免疫性 [J]. 工程数学学报, 25(2): 191–198

冯登国, 肖国镇. 1996. 关于高度非线性平衡布尔函数的构造 [J]. 电子学报, 24(4): 95–97

高随祥, 杨德庄. 2002. 布尔函数的判定树复杂性及问题 [J]. 数学研究与评论, 22(4): 531–537

高光普. 2017. 旋转对称布尔函数研究综述 [J]. 密码学报, 4(3): 273–290

高光普, 程庆丰, 王磊. 2015. 三次旋转对称 Bent 函数的构造 [J]. 密码学报, 2(4): 372–380

高光普, 刘文芬. 2012. 关于旋转对称布尔函数线性结构的几点注记 [J]. 电子与信息学报, 34(9): 2273–2276

黄景廉, 王卓. 2012. H 布尔函数的相关免疫性与重量的关系 [J]. 通信学报, 33(2): 110–118

黄景廉, 王卓. 2016. 最高非线性度旋转对称布尔函数与最优代数免疫函数 [J]. 计算机科学, 43(11): 230–233, 241

黄景廉, 王卓. 2016. 变换旋转对称布尔函数构造相关免疫的最优代数免疫函数 [J]. 佳木斯大学学报, 34(5): 818–820, 833

黄景廉, 王卓, 李娟. 2015. 一类 H 布尔函数的代数次数、相关免疫性与代数免疫性的关系 [J]. 计算机科学, 42(3): 153–157

黄景廉, 王卓, 李娟. 2016. 2-分解 H 布尔函数和高非线性度布尔函数 [J]. 计算机科学, 43(7): 166–170, 202

黄景廉, 王卓, 张志杰. 2013. 满足严格雪崩准则相关免疫函数的代数免疫阶 [J]. 计算机科学, 40(4): 147–151

黄景廉, 王卓. 2012. 相关免疫 H 布尔函数的代数免疫和代数次数 [J]. 信息安全与通信保密, 36(6): 62–64

黄景廉, 张椿玲. 2012. 一次扩散布尔函数的一些密码学性质 [J]. 通信技术, 45(3): 43–45, 48

黄景廉, 王卓. 2013. 2 次旋转对称布尔函数的两个密码学性质 [J]. 通信技术, 46(2): 106–108

黄民强. 2017. 布尔变量的形式概率分析 [J]. 中国科学: 数学, 47(11): 1571–1578

何亮, 王卓. 2009. 一类 H 布尔函数的较高阶相关免疫函数的构造算法 [J]. 山东师范大学学报, 24(4): 77–80

何亮, 王卓, 李卫卫. 2010. 减小平衡 H 布尔函数相关度的算法和相关问题研究 [J]. 通信学报, 31(2): 93–99

何亮, 王卓. H 布尔函数与相关免疫性的一些关系 [J]. 山东师范大学学报, 23(4): 32–35

何良生. 2006. 一类具有最高代数免疫阶的布尔函数 [J]. 计算机学报, 29(9): 1579–1583

阚海斌, 彭杰, 王启春. 2014. 安全的布尔函数构造 [M]. 北京: 科学出版社

厉晓华. 2009 a. 检测旋转对称函数的表格方法 [J]. 浙江大学学报 (理学版), 36(4): 412–415

厉晓华. 2009 b. 基于分解图检测含任意项特殊逻辑函数的方法 [J]. 浙江大学学报 (理学版), 36(5): 545–548

厉晓华, 杭国强. 2012. 计算布尔 E-导数的新算法 [J]. 电路与系统学报, 17(5): 1–5

厉晓华, 杭国强. 2013. 简化分解图在计算布尔 e-导数中的应用 [J]. 浙江大学学报 (理学版), 40(6): 646–649

厉晓华, 郑强, 杭国强. 2013. 基于 K 图的布尔 E-导数计算的图形方法 [J]. 浙江大学学报 (理学版), 40(3): 260–262

刘观生. 2007. 数字理论的表格方法研究 [D]. 杭州: 浙江大学

刘春和. 1981. 布尔差分的快速算法 [J]. 计算机学报, 4(1): 48–55

刘思峰, 杨英杰, 吴利丰, 等. 2014. 灰色系统理论及其应用 [M]. 7 版. 北京: 科学出版社

刘倩, 王怀柱, 张丽娜. 2017. 具有高非线性度和最优代数次数的弹性函数的构造 [J]. 四川大学学报 (自然科学版), 54(1): 61–64

刘健, 陈鲁生. 2014. 关于多输出布尔函数的第二类非线性度 [J]. 工程数学学报, 31(1): 9–22

罗文强, 王伦耀, 夏银水. 2018. 逻辑函数高阶布尔 e-偏导数求解算法的实现 [J]. 浙江大学学报 (理学版), 45(4): 420–426

李建伟. 2015. 计算布尔 e-导数的最小项编码分组方法 [J]. 电子技术, 48(9): 80–82

李卫卫. 2016. 多元平衡 H 布尔函数的相关免疫性研究 [J]. 兰州理工大学学报, 42(3): 113–115

李卫卫, 王卓. 2008. 多元 E-偏导数的一些密码学性质 [J]. 山东师范大学学报, 23(2): 71–73

李卫卫, 王卓, 何亮. 2008. 一种简化计算的 Bent 函数判定方法 [J]. 佳木斯大学学报 (自然科学版), 26(3): 383–385

李卫卫, 王卓, 张志杰. 2008. 导数和 e-导数在研究 H 布尔函数中的应用 [A]. 中国通信学会第五届学术年会论文集 [C]: 267–271

李超. 2011. 密码函数的安全性指标分析 [M]. 北京: 科学出版社

李世取, 曾本胜, 廉玉忠, 等. 2003. 密码学中的逻辑函数 [M]. 北京: 北京中软电子出版社

李龙, 古天龙, 常亮, 徐周波, 钱俊彦. 2018. 快速解密且私钥定长的密文策略属性基加密方案 [J]. 电子与信息学报, 40(7): 1661–1668

李世取, 曾本胜, 廉玉忠, 逯海军. 2000. 布尔函数的非仿射逼近及二次 Bent 函数的不存在性证明 [J]. 信息工程大学学报, 1(4): 24–27

李春雷, 张焕国, 曾祥勇, 胡磊. 2012. 一类 Bent 函数的二阶非线性度下界 [J]. 计算机学报, 35(8): 1588–1593

李骏, 何金龙. 2016. 旋转对称逻辑公式的构造 [J]. 模糊系统与数学, 30(3): 149–157

李泉, 高光普, 刘文芬. 2012. k-阶旋转对称函数性质分析与轨道计数 [J]. 通信学报, 33(1): 114–119

莫骄, 温巧燕. 2009. 具有最高代数免疫阶的布尔函数的构造 [J]. 北京邮电大学学报, 32(4): 73–76

孟强, 陈鲁生, 符方伟. 2010. 一类代数免疫度达到最优的布尔函数的构造 [J]. 软件学报, 21(7): 1758–1767

孟庆树, 张焕国, 王张宜, 覃中平, 彭文灵. 2004. Bent 函数的演化设计 [J]. 电子学报, 32(11): 1901–1903

佩捷. 2013. 从布尔到豪斯道夫: 布尔方程与格论漫谈 [M]. 哈尔滨: 哈尔滨工业大学出版社

彼得·哈默, 刘彦佩, 布鲁诺·席莫昂. 1990. 组合最优化中的布尔方法 [J]. 数学研究与评论, 10(2): 300–312

彭杰, Tan C H, 阚海斌. 2017. 一类 PSap 向量 bent 函数的存在性 [J]. 中国科学: 数学, 47(9): 995–1010

邱晓华, 陈偕雄. 2013. 关于高阶 e-导数性质之研究 [J]. 浙江大学学报 (理学版), 40(4): 424–427

祁传达, 俞迎达. 2012. 一类布尔函数零化子的代数次数 [J]. 电子学报, 40(6): 1177–1179

诺伯特·维纳. 2009. 控制论 (或关于在动物和机器中控制和通信的科学)[M]. 2 版. 郝季仁译. 北京: 科学出版社

孙光洪, 武传坤. 2010. 几类旋转对称布尔函数的密码学性质 [J]. 软件学报, 21(12): 3165–3174

孙光洪, 武传坤. 2014. 几类对称布尔函数的非线性度、代数次数和代数免疫阶 [J]. 计算机学报, 37(11): 2247–2255

涂自然, 邓映蒲. 2011. 代数免疫度为 1 的布尔函数 [J]. 系统科学与数学, 31(5): 512–518

温巧燕, 钮心忻, 杨义先. 2000. 现代密码学中的布尔函数 [M]. 北京: 科学出版社

温巧燕, 张劼, 钮心忻, 杨义先. 2004. 现代密码学中的布尔函数研究综述 [J]. 电信科学, (12) 25(12): 43–46

吴保峰, 林东岱. 2014. 具有良好密码学性质的布尔函数的级联构造 [J]. 密码学报, 1(1): 64–71

吴菊英, 韦永壮, 王选明. 2005. 多输出 bent 函数的优化设计 [J]. 电子学报, 33(3): 521–523

王国俊, 王伟. 2000. 用反链方法估计可分布尔函数的个数 [J]. 数学学报, 43(5): 829–832

王筱琛, 陈克非, 沈忠华, 程慧洁. 2018. 一类平衡的最优代数免疫度布尔函数的构造 [J]. 计算机应用与软件, 35(1): 325–329

王永娟, 曾本胜, 李世取. 2005. 利用特征矩阵构造 Bent 函数 [J]. 信息安全与通信保密, 27(7): 70–73

王斌, 张习勇, 陈卫红. 2012. 一类 4 次旋转对称布尔函数的汉明重量和非线性度 [J]. 数学学报, 55(4): 613–626

王卓, 黄景廉, 王文康, 纪金水, 李春蔚. 2005. 布尔代数与自动机 [M]. 兰州: 甘肃科学技术出版社

熊晓雯, 魏爱国, 张智军. 2012. 构造具有良好密码学性质的旋转对称布尔函数 [J]. 电子与信息学报, 34(10): 2358–2362

熊和金, 徐华中. 2005. 灰色控制 [M]. 北京: 国防工业出版社

吴麒, 王诗瑟. 2006. 自动控制原理 [M]. 2 版. 北京: 清华大学出版社

夏婷婷, 孙玉娟, 解春雷. 2018. 弱半 bent 正交序列集的构造 [J] . 密码学报, 5(1): 43–54

谢涛, 陈媛, 曾祥勇. 2015. 一类 4-差分置换的构造 [J]. 系统科学与数学, 35(10): 1194–1208

谢佳, 王天择. 2010. 寻找布尔函数的零化子 [J]. 电子学报, 38(11): 2686–2690

杨炳儒. 2008. 布尔代数及其泛化结构 [M]. 北京: 科学出版社

杨义先. 1988. n 元 H-布尔函数 [J]. 北京邮电学院学报, 11(3): 1–9

杨义先, 林须端. 1992. 编码密码学 [M]. 北京: 人民邮电出版社

杨义先, 邢育森. 1997. n 元 H-布尔函数 (II)[J]. 电子科学学刊, 19(2): 214–216

赵美玲. 2014. 基于布尔 e-导数的特殊逻辑函数检测方法 [J]. 浙江大学学报 (理学版), 41(4): 424–426

曾祥勇, 胡磊. 2010. Bent 函数的一种迭代构造 [J]. 电子学报, 38(12): 2724–2728

周锦程, 许道云. 2017. 布尔函数量子计算的可行性 [J]. 贵州大学学报 (自然科学版), 34(3): 47–52, 57

郑东, 严宏超, 赵庆兰. 2018. 一类旋转对称 bent 函数的构造 [J]. 西安邮电大学学报, 23(2): 17–21

张志杰, 王卓, 李卫卫. 2008. E-导数在 bent 函数研究中的应用 [A]. 中国通信学会第五届学术年会论文集 [C]. 278–283

张焕国, 李春雷, 唐明. 2013. 演化密码对抗差分密码分析能力的研究 [J]. 中国科学: 信息科学, 43(4): 545–554

张卫国, 李路阳. 2017. 流密码中的布尔函数设计研究进展 [J]. 河南师范大学学报 (自然科学版), 45(3): 24–33, 133

张文政. 1994. 布尔函数若干设计准则的研究 [J]. 通信保密, 16(2): 68–84

张文英, 武传坤, 于静之. 2006. 密码学中布尔函数的零化子 [J]. 电子学报, 34(1): 51–54

张卫国, 肖国镇. 2011. 具有偶数个变元的高非线性度平衡布尔函数的构造 [J]. 电子学报, 39(3): 727–728

张鹏, 付绍静, 屈龙江, 李超. 2012. 平衡旋转对称布尔函数的计数 [J]. 应用科学学报, 30(1): 45–51

张佳乐, 赵彦超, 陈兵, 胡峰, 朱琨. 2018. 边缘计算数据安全与隐私保护研究综述 [J]. 通信学报, 39(3): 1–21

张习勇, 祁应红, 高光普, 李玉娟. 2015. 一种计算旋转对称布尔函数的汉明重量和非线性度的新方法 [J]. 电子与信息学报, 37(11): 2691–2696

张志杰, 岳立柱. 2017. 导数、e-导数与非线性度、代数免疫性 [J]. 辽宁工程技术大学学报 (自然科学版), 36(9): 983–989

"10000 个科学难题" 数学编委会. 2009. 10000 个科学难题·数学卷 [M]. 北京: 科学出版社

"10000 个科学难题" 信息科学编委会. 2011. 10000 个科学难题·信息科学卷 [M]. 北京: 科学出版社

Agaian S S, Panetta K A, Nercessian S C, Danahy E E. 2010. Boolean derivatives with application to edge detection for imaging systems[J]. IEEE Transactions on Systems Man and Cybernetics, 40(2): 371–382

Akers S B. On a theory of Boolean functions[J]. Journal of the Society for Industrial and Applied Mathematics, 1959, 7(4): 487–498

Brown A, Cusick T W. 2013. Equivalence classes for cubic rotation symmetric functions[J]. Cryptography and Communications, 5(2): 85–118

Cao X W, Hu L. 2011. A construction of hyperbent functions with polynomial trace form[J]. Science China(Mathematics), 54(10): 2229–2234

Canteaut A, Charpin P, Kyureghyan G M. 2007. A new class of monomial bent functions[J]. Finite Fields and Their Applications, 14(1): 221–241

Carlet C, Gaborit P. 2005. Hyper-bent functions and cyclic codes[J]. Journal of Combinatorial Theory, Series A, 113(3): 466–482

Carlet C, Charpin P, Zinoviev V. 1998. Codes, bent functions and permutations suitable for DES-like cryptosystems[J]. Designs, Codes and Cryptography, 15(2): 125–156

Cusick T W. 2015. Permutation equivalence of cubic rotation symmetric Boolean functions[J]. International Journal of Computer Mathematics, 92(8): 1568–1573

Cusick T W, Cheon Y W. 2014. Affine equivalence of quartic homogeneous rotation symmetric Boolean functions[J]. Information Sciences, 259(20): 192–211

Duan M, Yang M H, Sun X R, Zhu B, Lai X J. 2014. Distinguishing properties and applications of higher order derivatives of Boolean functions[J]. Information Sciences, 271(7): 224–235

Ding Y J, Wang Z, Ye J H. 2010. Initial-value problem of the Boolean function's primary function and its application in cryptographic system[J]. Kybernetes, 39(6): 900–906

Dobbertin H, Leander G, Canteaut A, Carlet C, Felke P, Gaborit P. 2006. Construction of bent functions via Niho power functions[J]. Journal of Combinatorial Theory, Series A, 113(5): 779–798

Du J, Pang S Q, Wen Q Y, Liao X. 2014. Construction and count of 1-Resilient rotation symmetric Boolean functions on p~r variables[J]. Chinese Journal of Electronics, 23(4): 816–820

Feng K Q, Yang J. 2011. Vectorial Boolean functions with good cryptographic properties. Int. J. Found. Comput, Sci., 22(6): 1271–1282

Fu S J, Li C, Qu L J. 2010. On the number of rotation symmetric Boolean functions[J]. Science China (Information Sciences), 53(3): 537–545

Huang J L, Zhuo Wang. The algebraic immunity and the optimal algebraic immunity functions of a class of correlation immune H Boolean functions[C]. MATEC Web of Conferences. 61: 262–266

Huang J L, Wang Z. 2016. The algebraic immunity of a class of correlation immune H Boolean functions[C]. MATEC Web of Conferences, AEST: 779–787

Huang J L, Wang Z. 2016. The annihilators and the correlation immunity of H Boolean function[C]. DEStech Publications, IECT: 494–500

Huang J L. 2016. Construction of the optimal algebraic immunity Boolean functions with correlation immunity from transformation RSBFs[C]. Jinglian Huang. MATEC Web of Conferences. 61: 272–276

Huang J L, Wang Z. 2016. On Relevance of nonlinearity, derivative, and e-derivative for Boolean functions[C]. DEStech Publications, ICIST: 360–364

Huang J L, Wang Z, Zhang C L. 2016. On higher-order correlation immunity and higher nonlinearity for a class of Boolean functions[C]. DEStech Publications, IECT: 489–493

Huang J L, Wang Z. 2016. On relevance of derivative, e-derivative, and correlation immunity of sum and product for Boolean functions[C]. DEStech Publications, ICMSIE: 277–284

Kong F Y, Diao L H, Yu J, Jiang Y L, Zhou D S. 2013. Effects of e-Derivative on algebraic immunity, correlation immunity and algebraic degree of Boolean functions[J] . Applied Mechanics and Materials, (411): 45–48

Li H T, Wang Y Z. 2012. Boolean derivative calculation with application to fault detection of combinational circuits via the semi-tensor product method[J]. Automatica, 48(4): 688–693

Li W W, Wang Z, Huang J L. 2011. The e-derivative of Boolean functions and its application in the fault detection and cryptographic system[J]. Kybernetes, 40(5/6): 905–911

Li L Y, Zhang W G. 2016. Constructions of vectorial Boolean functions with good cryptographic properties[J]. Science China (Information Sciences), 59(11): 233–234

Li N, Helleseth T, Tang X, Kholosha A. 2013. Several New Classes of Bent Functions From Dillon Exponents[J]. IEEE Transactions on Information Theory, 59(3): 1818–1831

Liu Z, Wang Y, Li H. 2014. New approach to derivative calculation of multi-valued logical functions with application to fault detection of digital circuits[J]. IET Control Theory&Applications, 8(8): 554–560

Lee S C, Aula F T. 2013. Fault detection in word-level NanoICs using vector Boolean derivative[C]. Proceedings of SPIE-Nanosensors, Biosensors, and Info-Tech Sensors and Systems, San Diego: USA

Mesnager S. 2011. Bent and hyper-bent functions in polynomial form and their link with some exponential sums and dickson polynomials. IEEE Transactions on Information Theory. 57(9): 5996–6009

Mesnager S. 2011. A new class of bent and hyper-bent Boolean functions in polynomial forms[J]. Designs Codes and Cryptography, 59(1–3): 265–279

Pasalic E, Zhang W G. 2012. On multiple output bent functions[J]. Information Processing Letters, 112(21): 811–815

Pieprzyk J, Qu C X. 1999. Fast hashing and rotation symmetric Boolean functions[J]. Journal of Universal Computer Science, 5(1): 20–31

Smith D H, Ward R P, Perkins S. 2009. Gold codes, Hadamard partitions and the security of CDMA systems[J]. Designs, Codes and Cryptography, 51(3): 231–243

Shannon C E. 2001. A mathematical theory of communication[J]. ACM SIGMOBILE Mobile Computing and Communications Review, 5(1): 3–55

Sarkar P, Maitra S. 2007. Balancedness and correlation immunity of symmetric Boolean functions[J]. Discrete Mathematics, 307(19–20): 2351–2358

Su S H, Tang X H. 2014. Construction of rotation symmetric Boolean functions with optimal algebraic immunity and high nonlinearity[J]. Designs, Codes and Cryptography, 71(2): 183–199

Tang D, Zhang W G, Tang X H. 2013. Construction of balanced Boolean functions with high nonlinearity and good autocorrelation properties[J] . Designs, Codes and Cryptography, 67(1): 77–91

Tu Z R, Deng Y P. 2011. Boolean functions optimizing most of the cryptographic criteria[J]. Discrete Applied Mathematics, 160(4–5): 427–435

Wang F. 2013. Research on properties of e-partial derivative[J]. Journal of Theoretical and Applied Information Technology, 47(1): 201–205

Xiao G Z, Massey J L. 1988. Spectral characterization of correlation-immune combining functions [J]. IEEE Transactions on Information Theory, 34(3): 569–571

Zhang F R, Hu Y P, Xie M, et al. 2012. Constructions of cryptographically significant Boolean permutations [J]. Applied Mathematics.&.Information Sciences, 6(1): 117–123

Zhang W G, Xie C L, Pasalic E. 2016. Large sets of orthogonal sequences suitable for applications in CDMA systems[J]. IEEE Transactions on Information Theory, 62(6): 3757–3767

Zhang W G, Jiang F Q, Tang D. 2014. Construction of highly nonlinear resilient Boolean functions satisfying strict avalanche criterion[J]. Science China (Information Sciences), 57(4): 293–298

Zhang Y, Liu M C, Lin D D. 2013. On the immunity of rotation symmetric Boolean functions against fast algebraic attacks[J]. Discrete Applied Mathematics, 162(10): 17–27

附录　椭圆曲线和费马大定理

在椭圆曲线公钥密码理论中, 直接给出了椭圆曲线就是满足一定条件的二元三次方程 (Weierstrass 方程) 表示的曲线的概念. 为什么要把这样的二元三次方程表示的曲线称为 "椭圆曲线"? 曲线与椭圆有关系吗? 这自然会引起很多人的疑问. 而在椭圆曲线公钥密码理论提出 8 年后的 1993 年, 英国剑桥的年轻数学家安德鲁·维尔斯用椭圆曲线理论证明了近 400 年来数学家们一直未能证明的费马大定理成立. 这一轰动世界的成果使更广泛的人群知道了椭圆曲线的初步概念, 也引起更多的人对椭圆曲线概念的关注、对费马大定理与椭圆曲线之间关系的关心, 而要对椭圆曲线的概念进行更深入一点的了解, 还必然会接触到现在密码学界正在研究的后量子密码 "格密码" 中一个在十七八世纪即已产生的数学概念、"格" 的初步概念. 另外, 从后量子密码的研究中, 也会接触到超奇异椭圆曲线的概念. 所以, 这里对椭圆曲线的由来及与之相关的费马大定理证明完成的大致情况做简要介绍. 在这一介绍中, 还会接触到 "2 维周期格".

现在人们一般认为, 对椭圆曲线的研究导致 "代数几何" 这门分支学科的产生. 从历史上看, 椭圆曲线理论来源于求椭圆弧长、椭圆积分和椭圆函数. 维尔斯在证明费马大定理中用到的模形式、模曲线的概念也与椭圆积分和椭圆函数有关.

A.1 椭圆积分

假设给定一个椭圆

$$x = a\cos\theta, \quad y = b\sin\theta \quad (0 \leqslant \theta < 2\pi),$$

其中 a 为长半轴,b 为短半轴, 离心率 $e = \sqrt{1 - (b/a)^2}$, 则点 $(a,0)$ 与点 (x,y) 之间的弧长 L 由椭圆积分

$$L = a\int_0^\theta \sqrt{1 - e^2\sin^2\varphi}d\varphi \tag{A-1}$$

给出. 如图 A-1 所示.

可知, 正是由于积分 (A-1) 是求椭圆的弧长而得, 故称为椭圆积分. 由此, 便可以得出更一般性的概念.

又如, 双纽线 $r^2 = \cos 2\theta$ 上到原点 O 的距离为 r 的点与 O 之间的弧长 (图 A-2)

$$s(r) = \int_0^r \frac{d\rho}{\sqrt{1 - \rho^4}}, \tag{A-2}$$

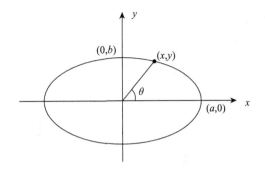

图 A-1　椭圆积分和椭圆弧长例图

积分 (A-2) 也称为椭圆积分.

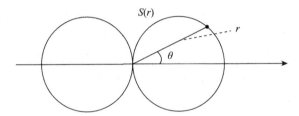

图 A-2　椭圆积分和椭圆弧长例图

积分

$$s(t) = a \int_0^t \frac{(1 - k^2 u^2) du}{\sqrt{(1 - u^2)(1 - k^2 u^2)}}$$

是天文学中椭圆弧长计算导致的积分, 也是椭圆积分.

也有处理弹性问题得到的积分

$$\int_0^t \frac{(\alpha + \beta x + r x^2) dx}{\sqrt{a^4 - (\alpha + \beta x + r x^2)^2}}$$

也属椭圆积分. 这类积分是不能用代数函数或三角函数、指数函数、对数函数等初等函数、超越函数表示出来的.

一般地, 形如

$$\int R(z, \sqrt{P(z)}) dz \quad \text{(其中的 } R \text{ 代表关于变量 } z \text{ 的有理函数)} \tag{A-3}$$

的积分.

如果 P 是两个不同零点的二次多项式, 则称积分为有理积分;

如果 P 是有两个不同零点的三次或四次多项式, 则称积分为椭圆积分;

如果 P 是有两个不同零点的五次或六次多项式, 则称积分为超椭圆积分.

A.2 椭圆函数

对 (A-2) 式

$$s(r) = \int_0^r \frac{d\rho}{\sqrt{1-\rho^4}},$$

由于

$$s'(r) = \frac{1}{\sqrt{1-r^4}} > 0 \quad (-1 < r < 1),$$

因而在 $(-1, 1)$ 上 $s(r)$ 有反函数. 记

$$u = \int_0^1 \frac{d\rho}{\sqrt{1-\rho^4}},$$

则 $s(r)$ 的反函数为 $r = sls \ (-u < s < u)$. 现在把函数拓展到复自变量: 用代换 $t = i\rho$, 便有 $s(ir) = is(r)$. 于是可得 $sl(is) = isl(s) \ (s \in R)$. $sl(s)$ 有一个实周期 $4u$, 还有一个纯虚周期 $4ui$, $sl(s)$ 是一个有双周期的亚纯函数, 这类函数称为椭圆函数. 可知, 椭圆函数是由椭圆积分的局部反函数解析延拓到复平面而得到的.

又如椭圆积分

$$f(z) = \int_0^z \frac{dx}{\sqrt{(1-x^2)(1-k^2x^2)}} \quad (-1 < z < 1),$$

有

$$f'(z) = \frac{dx}{\sqrt{(1-z^2)(1-k^2z^2)}} > 0 \quad (-1 < z < 1).$$

所以, $f(z)$ 在 $(-1, 1)$ 单调递增, 有反函数 $z = \mathrm{sn}(t)$. $\mathrm{sn}(t)$ 可以拓展到复平面 c 上, 拓展后即是椭圆函数, 即双周期的亚纯函数.

一般地, 若记 $\bar{c} = c \bigcup \{\infty\}$($c$ 为复数域), 则有下面的定义.

椭圆函数是双周期亚纯函数:

$$f : c \to \bar{c},$$

即存在两个非零复数 u_1 和 u_2, 使得

$$f(z + u_i) = f(z) \quad (z \in c, i = 1, 2). \tag{A-4}$$

令 $\tau = u_2/u_1$, 并将两个周期按 $I_m \tau > 0$ 排序, 由 (A-4) 便可得到

$$f(z + nu_1 + mu_2) = f(z) \quad (m, n \in I, z \in c).$$

于是有下面周期格的定义.

周期格: 集合 $\Gamma = \{nu_1 + mu_2 \,|\, m, n \in I\}$ 称为由 u_1 和 u_2 生成的周期格.

魏尔斯特拉斯 P 函数: 给定 u_1 和 u_2, 由 u_1 和 u_2 生成一个周期格 $\forall z \in c - \Gamma$, 令

$$P(z) = \frac{1}{z^2} \sum_{g \in \Gamma}' \left(\frac{1}{(z-g)^2} - \frac{1}{g^2} \right),$$

其中 $\sum'$ 表示格点 g 不在求和号中.

于是, 若取

$$e_1 = P\left(\frac{u_1}{2}\right), \quad e_2 = P\left(\frac{u_1 + u_2}{2}\right), \quad e_3 = P\left(\frac{u_2}{2}\right),$$

$$g_2 = -4(e_1 e_2 + e_1 e_3 + e_2 e_3), \quad g_3 = 4 e_1 e_2 e_3,$$

则可得多项式

$$4(z - e_1)(z - e_2)(z - e_3) = 4z^3 - g_2 z - g_3.$$

可以证明, P 函数是椭圆函数, 周期是 u_1 和 u_2. 对 $\forall z \in c - \Gamma$, 函数 $u = P(z)$ 满足方程

$$u^2 = 4(u - e_1)(u - e_2)(u - e_3).$$

A.3 模形式

利用魏尔斯特拉斯 P 函数, 可以计算任意椭圆积分. 为了解决这一问题, 需先解决 P 函数的反演问题, 即根据 P 函数的某些给定不变量求出周期格. 而这一工作又导致了模形式理论的产生. 模形式理论在数论、代数几何 (如后面要介绍的弗雷猜想、谷村–志山猜想等)、π 值的计算, 以及高能物理中的弦论中都有重要应用. 但这里不能对魏尔斯特拉斯 P 函数反演问题与模形式理论产生之间的推演做过多叙述, 只解释一些初步概念.

(1) 默比乌斯变换: 如果 $a, b, c, d \in C$, 且 $ad - bc \neq 0$, 则变换

$$f(z) = \frac{az + b}{cz + d}$$

称为默比乌斯变换. 其中规定:

(i) 对 $c = 0$, 令 $f(\infty) = \infty$;

(ii) 对 $c \neq 0$, 令 $f(\infty) = a/c$, 且 $f(-d/c) = \infty$.

设

$$H = \{z \in c \,|\, \mathrm{Im}\, z > 0\},$$

即 H 表示上半平面.

(2) 模变换: 形如

$$\eta = \frac{a\tau + b}{c\tau + d}$$

的变换称为模变换. 其中 $a, b, c, d \in I$, 且 $ad - bc = 1$.

模变换把 H 双全纯映射到自身.

(3) 模群: 所有模变换的集合是一个群, 称为模群. 可用 Γ 表示模群.

(4) 模形式: 若亚纯函数 $f : H \to \bar{c}$ 对所有的 $\tau \in H$ 和所有模变换有

$$f\left(\frac{a\tau + b}{c\tau + d}\right) = (c\tau + d)^k f(\tau),$$

则称亚纯函数为权重为 k 的模形式. 当 $k = 0$ 时, 称之为模函数.

(5) 模曲线: 以 $\tilde{\Gamma}$ 表示模群 Γ 中一个有限指数的子群. 则确切地说, 模曲线是由商空间 $H/\tilde{\Gamma}$(这里 H 为上半平面) 和有限多个抛物点 (H 的边界点关于 $\tilde{\Gamma}$ 的等价类) 所得到的一条完全的代数曲线. 模曲线总是定义在一个代数数域上.

A.4 椭圆曲线和黎曼面

从椭圆曲线的定义复平面上选取一个有关复区域, 经一定的拓扑处理而得到一个曲面 R, 使椭圆函数在这个曲面 R 上是单值的, 这个曲面 R 称为黎曼面.

(1) 黎曼面: 一个连通的、光滑的一维复流形.

简单的黎曼面就是复平面 C. 它对复数是一维的, 但看作实空间时, 则同构于 R^2, 是二维的. 可知, "曲线" 和 "曲面" 两个概念是描述了同一个对象在不同条件下才相异的概念. 又如黎曼球面:

$$S = \left\{(x, y, \zeta) \in R^3 \,\middle|\, (x^2 + y^2 + \zeta^2) = 1\right\}$$

能变换为一维复流形. n 维空间就是一个 "流形".

黎曼面同胚于一个有 g 个环柄的球面, 称 g 为黎曼面的亏格.

黎曼球的亏格 $g = 0$; 安装了一个环柄的黎曼球 (或一个环面) 的亏格 $g = 1$; 安装了 g 个环柄的黎曼球的亏格为 g, 如图 A-3 所示.

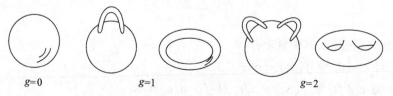

$g=0$　　　　　　$g=1$　　　　　　　　$g=2$

图 A-3　亏格图

通常用亏格 $g = 1$ 来定义椭圆曲线, 而亏格和椭圆曲线是由曲线的参数化联系起来的.

平面代数曲线的单值化定理: 将平面曲线 $C: P(x, y, z) = 0$ 进行参数化:

$$x = x(t), \quad y = y(t), \quad z = z(t), \quad t \in T,$$

则 T 是一个黎曼面, 即连通的、光滑的一维复流形.

于是, 有曲线的亏格的定义: 曲线 C 的亏格是单值化定理参数空间 T 的亏格 g:

(i) 若 T 同胚于黎曼球, 则曲线 C 的亏格 $g = 0$;

(ii) 若 T 同胚于一个环面 (或一个手柄的球面), 则曲线 C 的亏格 $g = 1$;

(iii) 若 T 同胚于一个安装有 g 个手柄的黎曼球面, 则曲线 C 的亏格为 g.

(2) 椭圆曲线: 由前面给出的魏尔斯特拉斯 P 函数, 可得到方程

$$u^2 = 4z^3 - g_2 z - g_3, \tag{A-5}$$

则积分

$$J = \int R(z, \sqrt{4z^3 - g_2 z - g_3}) dz$$

是椭圆积分. 由于方程 (A-5) 和椭圆积分理论关联, 故称方程 (A-5) 所表示的曲线为一条椭圆曲线.

虽然椭圆曲线的概念源自它与椭圆积分的关联, 但对椭圆曲线的研究推动了椭圆积分和椭圆函数理论的发展.

由于曲线和黎曼面的关系, 对椭圆曲线, 可由亏格定义.

(3) 曲线的亏格:

(i) 一条曲线是有理曲线, 当且仅当曲线亏格 $g = 0$.

有理曲线包括直线、二次曲线和有奇点的三次曲线.

(ii) 光滑的三次曲线的亏格 $g = 1$, 称这样的曲线为椭圆曲线.

(iii) 没有奇点的 n 次不可约曲线的亏格 $g = (n-1)(n-2)/2 \ (n = 1, 2, 3, \cdots)$.

从上面的叙述可以看到, 模形式和椭圆曲线都与魏尔斯特拉斯 P 函数的反演问题有一定关系. 那么, 可以猜想, 椭圆函数与模形式之间应有一定关系. 于是, 由椭圆曲线可得到模椭圆曲线, 简称 "模曲线", 即椭圆曲线可以用一些函数进行参数表示. 如果参数表示所用的函数能用模形式, 就称之为模椭圆曲线, 简称模曲线. 而这一点, 正是使费马大定理证明问题得到最终解决的关键.

下面就叙述用代数几何这门学科的椭圆曲线理论是如何解决另一数学学科初等数论中的费马大定理的证明问题的.

A.5 费马大定理的最终证明

三百多年前的 1637 年, 法国数学家皮埃尔·德·费马提出定理.

当整数 $n \geqslant 3$ 时, 不定方程

$$x^n + y^n = z^n$$

没有整数解.

费马在一本数学书的边页提出这个定理, 并宣称他已能给出证明, 因书的边页不够写下而未写出证明. 但对这一定理的证明, 却以异常的艰难使后世历代数学家的智慧备受煎熬. 以致后世的数学家将这一定理称为费马大定理.

$n = 2$ 时, 费马大定理为勾股定理: $x^2 + y^2 = z^2$ $(x > 0,\ y > 0,\ z > 0)$ 有且有正整数解 $x = 2mn, y = m^2 - n^2, z = m^2 + n^2$. 其中 $m, n \in N - \{0\}$, 且 $m > n, (m, n) = 1$.

费马大定理中 $n = 4$ 的情形, 一般都认为是费马证明的. 费马使用一种无限递降法来证明 $n = 4$ 的情形. 证明过程如下:

要证: (1) $u^4 + v^4 = w^4$ 无正整数解, 只需证明

(2) $x^4 + y^4 = z^2$　$(x = u,\ y = v,\ z = w^2)$ 无正整数解即可.

假设 (2) 有正整数解, 记 (2) 的所有正整数解的集合为 A. 于是在 A 中, 必有一组解使 z^2 的值最小. 设这个最小值为 t^2. 使 z 取这个值 t 的解, 也可能不止一组而有若干组. 取其中任一组, 记为 $r,\ s,\ t$, 即有

$$r^4 + s^4 = t^2.$$

而经过巧妙的推理, 可以推得有另一组数 $r',\ s',\ t'$ 也满足方程 (2), 即有

$$r'^4 + s'^4 = t'^2.$$

而且还有 $r'^2 < r^2$ 的关系. 这与 r^2 最小矛盾, 所以有 $A = \varnothing$, 即 (2) 没有正整数解. 从而知 (1) 也没有正整数解.

当 $n = 4$ 时费马大定理成立.

由此可推知, 当 k 为正整数, $n = 4k$ 时, 费马大定理即 $x^n + y^n = z^n$ 无正整数解也成立. 因对 $x^n + y^n = z^n$, 当 $n = 4k$ 时, 有

$$\left(x^k\right)^4 + \left(y^k\right)^4 = \left(z^k\right)^4.$$

令 $x^k = u, y^k = v, z^k = w$, 则有

$$u^4 + v^4 = w^4.$$

而已证明 $u^4 + v^4 = w^4$ 无正整数解, 所以

$$\left(x^k\right)^4 + \left(y^k\right)^4 = \left(z^k\right)^4$$

也必无正整数解. 所以, 当 $n = 4k(k$ 为正整数) 时,

$$x^n + y^n = z^n$$

无正整数解.

于是, 对费马大定理的证明, 只需再证明当 $p \geqslant 3$ 且 p 为素数时,

$$x^p + y^p = z^p$$

无正整数解即可.

$n = 3$ 时的费马大定理 $(x^3 + y^3 = z^3)$ 为欧拉所证明. 欧拉采用的基本证明方法是费马的无穷递降法. 证明中还用到了整数的唯一因子分解定理. 欧拉把整数的唯一因子分解定理用到数系 $\{a + b\sqrt{-3}\}(a, b$ 是任意整数) 中是碰巧成立. 对数系 $\{a + b\sqrt{-5}\}(a, b$ 是任意整数), 整数的唯一因子分解定理就不成立了. 所以, 要证明 $n = 5$ 时的费马大定理, 就不能使用整数的唯一因子分解定理. 但欧拉的证明思想是具有启发性的.

欧拉在 1753 年证明了 $n = 3$ 时的费马大定理, 但直到过了将近百年的 1825 年, 勒让德和狄利克雷才证明了 $n = 5$ 时费马大定理成立. 他们所用的证明方法本质上是欧拉证明 $n = 3$ 时方法的推广, 但避开了整数的唯一因子分解定理 1839 年, 法国数学家拉梅证明了 $n = 7$ 的情形. 至此, 数学家们证明费马大定理 $n = 3, 4, 5, 7, 4k$ 的情形时所用的方法, 都属于初等数论学科的方法.

德国数学家库默尔从 1844 年起陆续发表文章对整数唯一因子分解定理进行研究. 在证明分圆整数唯一因子分解定理不成立的同时, 设法解决证明费马大定理中整数的唯一因子分解定理这一关键问题. 库默尔在分圆整数中引入 "理想素因子" 的概念, 从而使分圆整数以及像 $\{a + b\sqrt{-3}\}$ 的数, 可以由唯一因子分解推出其重要性质, 进而使费马大定理的研究取得一种一般形式性质的异常大进展. 库默尔证明了对于所有小于 100 的素指数 p, 费马大定理成立. 实现了一般化的、对一整批指数 n 证明了费马大定理. 库默尔的研究方法属于代数数论方法. 这说明, 一些数学问题会导致不同数学学科之间的相互关联, 采取跨学科的研究方法, 会对费马大定理证明问题的解决带来帮助.

1922 年, 英国数学家莫德尔研究椭圆曲线上的有理点后, 提出如下猜想:

设 $f(x, y)$ 是任意一个有理数域上的不可约二元多项式. 当 f 的亏格 $g \geqslant 2$ 时, 最多存在有限个有理点 (x_i, y_i), 使 $f(x_i, y_i) = 0$.

1983 年, 德国数学家法尔廷斯证明了莫德尔猜想. 于是, 由于多项式 $x^n + y^n - 1$ 当 $n \geqslant 4$ 时, 其亏格 $g = (n-1)(n-2)/2 > 2$, 所以, 方程 $x^n + y^n - 1 = 0 \ (n \geqslant 4)$ 至多有有限多个整数解. 从而可推知, 齐次方程 $x^n + y^n = z^n \ (n \geqslant 4)$ 只可能有有

限多个整数解. 所以, 如果能再进一步证明这有限多个整数解的集为空集, 那就证明了费马大定理. 莫德尔猜想和法尔廷斯的证明已属代数几何学科.

1985 年, 德国数学家弗雷给出了如下结果: 若费马方程 $x^p + y^p = z^p$(p 为不小于 5 的素数) 有非零解 (A, B, C), 即有 $A^p + B^p = C^p$, 则用这组数 A, B, C 构造的椭圆曲线 $y^2 = x(x + B^p)(x + C^p)$(后来被称为 "弗雷曲线") 不是模曲线.

弗雷当时未能严格证明其结果. 严格的证明由美国数学家里贝特在 1986 年给出.

既然弗雷曲线, 即满足 $A^p + B^p = C^p$($p \geqslant 5$ 的素数) 的椭圆曲线 $y^2 = x(x + B^p)(x + C^p)$ 是非模椭圆曲线. 那么, 只要能证明日本数学家谷山丰、志村五郎 1955 年提出的谷山–志村猜想 "有理数域上的椭圆曲线都是模的", 那费马大定理就被证明了. 或者至少证明半稳定的椭圆曲线 (即 3 个根满足质数特定条件的椭圆曲线) 是模曲线, 即谷山–志村猜想对半稳定椭圆曲线成立, 同样也就证明了费马大定理. 因为弗雷曲线也是半稳定的椭圆曲线.

英国剑桥的年轻数学家安德鲁 · 维尔斯当时已在国际数学界有一定声望. 当维尔斯听到里贝特严格证明了弗雷命题的消息后, 立刻意识到完成费马大定理证明的时机已到, 维尔斯立刻全力投入费马大定理的证明中. 经过 7 年努力, 维尔斯于 1993 年 1 月在剑桥大学牛顿研究所的小型会议上宣布了他的证明: 半稳定椭圆曲线都是模曲线, 并指出费马大定理得到了证明. 又经一年努力, 维尔斯将其完全正确的证明结果整理成论文, 于 1994 年在普林斯顿的《数学年刊》上发表. 至此, 将近 400 年一直未能得到证明的费马大定理的证明, 终于由维尔斯用代数几何的方法最后完成. 维尔斯的成果是轰动性的. 这一成果也说明, 不同数学学科之间可能有不同寻常的内在联系.

2001 年, 法国数学家布雷尔和怀尔斯以前的三个博士学生孔拉德、戴尔蒙德和泰勒, 遵循怀尔斯对半稳定椭圆曲线的研究方法, 证明了所有的椭圆曲线都是模的, 最后解决了谷山–志村猜想.